高等学校教材

高等数学（第二版）

河北师范大学数学科学学院

中国教育出版传媒集团
高等教育出版社·北京

内容提要

本书是为了适应当前高等教育改革新形式，按照高等学校非数学类理工科专业教学要求和教学特点编写而成的。具有逻辑严谨、论述清晰、例习题丰富等特点。

本书内容包括空间解析几何与向量代数，函数、极限与连续，函数的导数与微分，微分中值定理及其应用，积分学，曲线积分与曲面积分，无穷级数，常微分方程等。附录为数学软件 MATLAB 简介和应用举例、常用三角函数公式和部分习题参考答案。

本次再版在保持第一版内容结构和特色的基础上，对一些内容做了适当补充，并配置了数字资源，包含章末自测题、典型例题讲解等。

本书可作为高等学校非数学类理工科专业本科生的高等数学教材使用，也可供从事高等数学教学的教师和科研工作者参考。

图书在版编目(CIP)数据

高等数学 / 河北师范大学数学科学学院编. -- 2 版. -- 北京 : 高等教育出版社, 2022.7

ISBN 978-7-04-058792-0

Ⅰ.①高… Ⅱ.①河… Ⅲ.①高等数学-高等学校-教材 Ⅳ.①O13

中国版本图书馆 CIP 数据核字(2022)第 106048 号

Gaodeng Shuxue

策划编辑 贾翠萍　责任编辑 贾翠萍　封面设计 王 洋　版式设计 李彩丽

责任绘图 于 博　责任校对 吕红颖　责任印制 耿 轩

出版发行 高等教育出版社
社　　址 北京市西城区德外大街 4 号
邮政编码 100120
印　　刷 北京宏伟双华印刷有限公司
开　　本 787mm×1092mm 1/16
印　　张 22.25
字　　数 550 千字
购书热线 010-58581118
咨询电话 400-810-0598

网　　址 http://www.hep.edu.cn
　　　　 http://www.hep.com.cn
网上订购 http://www.hepmall.com.cn
　　　　 http://www.hepmall.com
　　　　 http://www.hepmall.cn
版　　次 2012 年 6 月第 1 版
　　　　 2022 年 7 月第 2 版
印　　次 2022 年 7 月第 1 次印刷
定　　价 46.20 元

物 料 号 58792-00

第二版前言

本书自2012年出版以来,至今已有十载。随着信息技术的发展,为适应新形势下大学数学教育教学理念及教学方法的发展,编者对本书进行了修订,主要修订如下:

1. 为保证大学数学与中学数学教学内容的衔接,根据多方建议,将三角函数公式加入附录,方便学生使用;

2. 为了方便某些专业的学生学习,增加了方向导数和梯度的内容;

3. 适当增减了一些例题、作业题;

4. 为了便于读者自主学习,提升学习效果,配置了典型例题讲解、章末自测题等数字资源。

本次修订,丁雁鸿负责第1,2章,李巧銮负责第3,4章,张金莲负责第5,6章,周丽娜负责第7,8章,刘丽霞主持并负责全书修订的统筹工作。

在本次修订过程中,得到了河北师范大学授课教师和高等教育出版社编辑的关心和帮助,在此表示诚挚感谢,同时感谢在本书修订和出版过程中积极提出建议的所有人。

编 者

2022年2月

第一版前言

高等数学是高等学校非数学类理工科专业重要的基础课程，对培养学生的逻辑思维能力、计算与应用能力和分析判断能力有着极为重要的作用。随着科学技术的飞速发展和社会的进步，各个学科领域的知识相互交叉渗透，其中数学作为重要的工具显示着巨大的威力，起到不可或缺的作用。

为了适应当前高等教育改革的新形势，我们按照高等学校非数学类理工科专业的教学要求和教学特点，并结合编者的教学实践经验编写了这部教材。本书具有如下特点：

1. 注重基础，兼顾深入。与高等教育步入“大众化阶段”的形势相适应，本书的编写注重基本概念、基本理论和基本技巧的介绍，同时为了满足程度较高的学生的学习要求，在每章的总习题中加入了一些技巧性较强的习题。

2. 内容编排整体优化。按照学科发展和学生思维发展规律，将一元函数与多元函数统一安排，保持了知识的系统性和完整性。

3. 加强应用，扩大知识面。在例题和习题的配置上，增加了应用题的比重，体现了高等数学应用的广泛性。

4. 渗透数学史的知识。在每一章的最后，增加了数学史的内容，并设计为“读一读”版块，帮助学生简要了解本章所涉及内容的历史背景、发展历程以及著名数学家的贡献。

全书内容包括空间解析几何与向量代数，函数、极限与连续，函数的导数与微分，微分中值定理及其应用，积分学，曲线与曲面积分，无穷级数，常微分方程。参加本书编写工作的有丁雁鸿、高印芝、郭志芬、谷丽彦、郝国辉、纪奎、李巧銮、梁志和、刘彩坤、刘淑娟、刘献军、田义、徐芳、闫雪芳、杨戈、张金莲、赵振虎、周丽娜。马凯、韩力文、田海燕编写了附录中 MATLAB 概要部分，曹鹏浩为本书绘制了插图。全书的统稿和审校工作由王彦英、朱玉峻和刘丽霞完成。

由于编者水平与经验所限，本书难免存在不足之处，恳请各位专家、读者提出宝贵意见。

编 者

2012 年 2 月

目　录

第 1 章 空间解析几何与向量代数

解析几何的基本思想是用代数的方法来研究几何问题,基本方法是坐标法.空间解析几何知识是学习多元函数微积分的基础.本章首先介绍向量及其运算,其次引进空间直角坐标系,然后介绍曲面的方程,并以向量为工具介绍空间直线、平面与二次曲面的相关知识.

1.1 向量及其线性运算

1.1.1 向量的概念

在工程技术和日常生活中经常遇到的量一般分为两类:一类是只有大小的量,如长度、面积、质量等,这一类量称为数量;另一类是既有大小又有方向的量,如力、速度等,这一类量称为向量.

定义 1 既有大小又有方向的量称为**向量**(或**矢量**).

在数学上,常用有向线段表示向量,有向线段的长度表示向量的大小,有向线段的方向表示向量的方向.以 A 为始点、B 为终点的有向线段所表示的向量,记作 $\overrightarrow{AB}$,如图 1.1.向量也可以用一个**黑体的**小写字母(书写时,在字母上面加箭头)来表示,如 $\boldsymbol{a},\boldsymbol{b},\boldsymbol{c}$ 或 $\vec{a},\vec{b},\vec{c}$ 等.

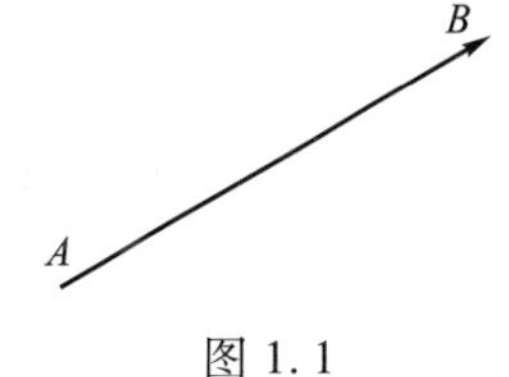

图 1.1

向量的大小称为向量的**模**,也称为向量的**长度**.向量 $\overrightarrow{AB}$ 的模记作 $|\overrightarrow{AB}|$.

模为 1 的向量称为**单位向量**.与非零向量 $\boldsymbol{a}$ 具有相同方向的单位向量称为向量 $\boldsymbol{a}$ 的单位向量,记作 $\boldsymbol{a}^0$.

模为 0 的向量称为**零向量**,记作 $\mathbf{0}$.零向量的方向不确定,可以认为它的方向是任意的.

在数学上研究的向量是指可在空间作自由平行移动的向量,它的起点可以是空间中的任意一点,这种向量称为**自由向量**.

定义 2 如果两个向量的模相等且方向相同,那么叫做**相等向量**.所有的零向量都相等,向量 $\boldsymbol{a}$ 与向量 $\boldsymbol{b}$ 相等,记作 $\boldsymbol{a}=\boldsymbol{b}$.

定义 3 平行于同一直线的一组向量叫做**共线向量**(或**平行向量**).

定义 4 平行于同一平面的一组向量叫做**共面向量**.

1.1.2　向量的加减法

定义 5　已知向量 $\boldsymbol{a}$,$\boldsymbol{b}$,以空间任意一点 O 为始点依次作向量$\overrightarrow{OA}=\boldsymbol{a}$,$\overrightarrow{AB}=\boldsymbol{b}$得折线 OAB,从折线的端点 O 到另一端点 B 的向量$\overrightarrow{OB}=\boldsymbol{c}$,$\boldsymbol{c}$ 叫做**两向量 $\boldsymbol{a}$ 与 $\boldsymbol{b}$ 的和**,记作 $\boldsymbol{c}=\boldsymbol{a}+\boldsymbol{b}$. 这种求两向量的和的方法叫做**三角形法则**,如图 1.2 所示.

根据图 1.3 和定义 2 可得

定理 1　**如果以两个向量$\overrightarrow{OA}$,$\overrightarrow{OB}$为邻边作一个平行四边形 $OACB$,那么对角线向量$\overrightarrow{OC}=\overrightarrow{OA}+\overrightarrow{OB}$.**

这种求两向量的和的方法叫做**平行四边形法则**.

定理 2　**向量的加法满足下面的运算规律:**

(1) **交换律**:$\boldsymbol{a}+\boldsymbol{b}=\boldsymbol{b}+\boldsymbol{a}$;

(2) **结合律**:$(\boldsymbol{a}+\boldsymbol{b})+\boldsymbol{c}=\boldsymbol{a}+(\boldsymbol{b}+\boldsymbol{c})$.

定义 6　若 $\boldsymbol{b}+\boldsymbol{c}=\boldsymbol{a}$,则称 $\boldsymbol{c}$ 为**向量 $\boldsymbol{a}$ 与 $\boldsymbol{b}$ 的差**,并记作 $\boldsymbol{c}=\boldsymbol{a}-\boldsymbol{b}$.

如果把 $\boldsymbol{a}$ 和 $\boldsymbol{b}$ 的起点放在一起,那么,$\boldsymbol{a}-\boldsymbol{b}$ 就是由 $\boldsymbol{b}$ 的终点到 $\boldsymbol{a}$ 的终点的向量,如图 1.4 所示.

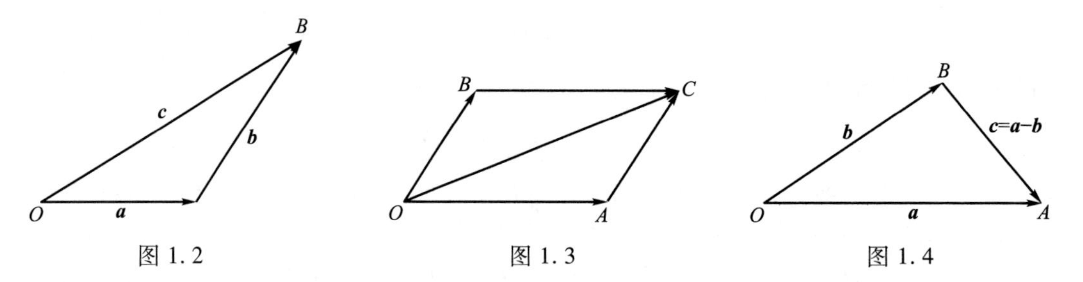

图 1.2　　　图 1.3　　　图 1.4

这样对于每一个向量 $\boldsymbol{a}$,$\boldsymbol{0}-\boldsymbol{a}$ 是与 $\boldsymbol{a}$ 大小相等、方向相反的向量,称为**向量 $\boldsymbol{a}$ 的负向量**,记作 $-\boldsymbol{a}$. 这样 $\boldsymbol{a}-\boldsymbol{b}=\boldsymbol{a}+(-\boldsymbol{b})$.

由三角形两边长度之和大于第三边长度的性质,可得下列不等式:

$$|\boldsymbol{a}+\boldsymbol{b}|\leqslant|\boldsymbol{a}|+|\boldsymbol{b}| \quad 及 \quad |\boldsymbol{a}-\boldsymbol{b}|\leqslant|\boldsymbol{a}|+|\boldsymbol{b}|.$$

1.1.3　数量与向量的乘法

定义 7　**实数 λ 与向量 $\boldsymbol{a}$ 的乘积**(简称为**数乘**)是一个向量,记作 $\lambda\boldsymbol{a}$,其模为 $|\lambda\boldsymbol{a}|=|\lambda||\boldsymbol{a}|$. 当 $\lambda>0$ 时,$\lambda\boldsymbol{a}$ 与 $\boldsymbol{a}$ 方向相同;当 $\lambda<0$ 时,$\lambda\boldsymbol{a}$ 与 $\boldsymbol{a}$ 方向相反;当 $\lambda=0$ 时,$\lambda\boldsymbol{a}$ 是零向量,方向不定.

由数与向量乘积的定义知,向量 $\boldsymbol{a}$ 与它的单位向量 $\boldsymbol{a}^0$ 有以下关系:

$$\boldsymbol{a}=|\boldsymbol{a}|\boldsymbol{a}^0 \quad 或 \quad \boldsymbol{a}^0=\frac{\boldsymbol{a}}{|\boldsymbol{a}|}.$$

实数与向量的乘法满足以下运算规律:

(1) $1\boldsymbol{a}=\boldsymbol{a}$,$(-1)\boldsymbol{a}=-\boldsymbol{a}$;

(2) 结合律:$\lambda(\mu\boldsymbol{a})=(\lambda\mu)\boldsymbol{a}$;

(3) 第一分配律:$(\lambda+\mu)\boldsymbol{a}=\lambda\boldsymbol{a}+\mu\boldsymbol{a}$;

(4) 第二分配律：$\lambda(\boldsymbol{a}+\boldsymbol{b})=\lambda\boldsymbol{a}+\lambda\boldsymbol{b}$.

向量的加法、减法以及实数与向量的乘法称为**向量的线性运算**.

例 1　化简 $(x-y)(\boldsymbol{a}+\boldsymbol{b})-(x+y)(\boldsymbol{a}-\boldsymbol{b})$.

解

$$\begin{aligned}&(x-y)(\boldsymbol{a}+\boldsymbol{b})-(x+y)(\boldsymbol{a}-\boldsymbol{b})\\=&(x-y)\boldsymbol{a}+(x-y)\boldsymbol{b}-(x+y)\boldsymbol{a}+(x+y)\boldsymbol{b}\\=&-2y\boldsymbol{a}+2x\boldsymbol{b}.\end{aligned}$$

例 2　证明两非零向量 $\boldsymbol{a}$ 和 $\boldsymbol{b}$ 共线的充要条件是存在实数 λ 使得 $\boldsymbol{a}=\lambda\boldsymbol{b}$.

证明　如果 $\boldsymbol{a}$ 和 $\boldsymbol{b}$ 共线，则取 $|\lambda|=\dfrac{|\boldsymbol{a}|}{|\boldsymbol{b}|}$，得 $\boldsymbol{a}=\lambda\boldsymbol{b}$，其中 λ 的正负取决于向量 $\boldsymbol{a}$ 和 $\boldsymbol{b}$ 是同向还是反向. 反之，如果 $\boldsymbol{a}=\lambda\boldsymbol{b}$，由数乘的定义知，$\boldsymbol{a}$ 和 $\boldsymbol{b}$ 共线.

例 3　如图 1.5 所示， 设 AM 是 $\triangle ABC$ 的中线，求证 $\overrightarrow{AM}=\dfrac{1}{2}(\overrightarrow{AB}+\overrightarrow{AC})$.

证明　因为

$$\overrightarrow{AM}=\overrightarrow{AB}+\overrightarrow{BM},\overrightarrow{AM}=\overrightarrow{AC}+\overrightarrow{CM},$$

所以

$$2\overrightarrow{AM}=(\overrightarrow{AB}+\overrightarrow{AC})+(\overrightarrow{BM}+\overrightarrow{CM}).$$

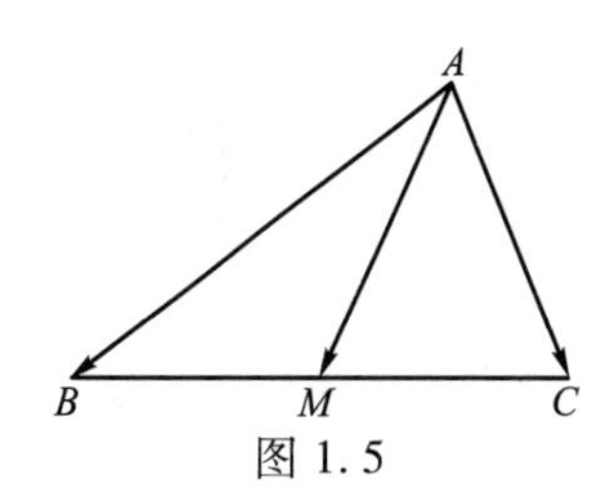

图 1.5

但

$$\overrightarrow{BM}+\overrightarrow{CM}=\overrightarrow{BM}+\overrightarrow{MB}=\mathbf{0},$$

因而

$$2\overrightarrow{AM}=\overrightarrow{AB}+\overrightarrow{AC},$$

即

$$\overrightarrow{AM}=\frac{1}{2}(\overrightarrow{AB}+\overrightarrow{AC}).$$

习　题　1.1

1. 要使下列各式成立，向量 $\boldsymbol{a},\boldsymbol{b}$ 应满足什么条件？

(1) $|\boldsymbol{a}+\boldsymbol{b}|=|\boldsymbol{a}-\boldsymbol{b}|$；　(2) $|\boldsymbol{a}+\boldsymbol{b}|=|\boldsymbol{a}|+|\boldsymbol{b}|$；

(3) $|\boldsymbol{a}+\boldsymbol{b}|=|\boldsymbol{a}|-|\boldsymbol{b}|$；　(4) $|\boldsymbol{a}-\boldsymbol{b}|=|\boldsymbol{a}|+|\boldsymbol{b}|$；

(5) $|\boldsymbol{a}-\boldsymbol{b}|=|\boldsymbol{a}|-|\boldsymbol{b}|$.

2. 如图 1.6 所示， 设 $ABCD-EFGH$ 是一个平行六面体，在下列各对向量中，找出相等的向量和互为负向量的向量：(1) $\overrightarrow{AB},\overrightarrow{CD}$；(2) $\overrightarrow{AE},\overrightarrow{CG}$；(3) $\overrightarrow{AC},\overrightarrow{EG}$；(4) $\overrightarrow{AD},\overrightarrow{GF}$；(5) $\overrightarrow{BE},\overrightarrow{CH}$.

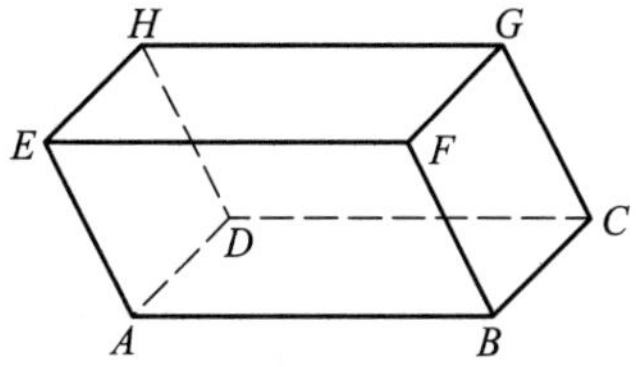

图 1.6

3. 在平行四边形 $ABCD$ 中，设 $\overrightarrow{AB}=\boldsymbol{a},\overrightarrow{AD}=\boldsymbol{b}$，试用 $\boldsymbol{a}$ 和 $\boldsymbol{b}$ 表示向量 $\overrightarrow{MA}$，$\overrightarrow{MB}$，$\overrightarrow{MC}$ 和 $\overrightarrow{MD}$，这里 M 是平行四边形对角线的交点.

4. 已知四边形 $ABCD$ 中，$\overrightarrow{AB}=\boldsymbol{a}-2\boldsymbol{c}$，$\overrightarrow{CD}=5\boldsymbol{a}+6\boldsymbol{b}-8\boldsymbol{c}$，对角线 AC,BD 的中点分别为 E,F，求 $\overrightarrow{EF}$.

1.2　空间直角坐标系

代数运算的基本对象是数，几何图形的基本元素是点. 能把空间中的点和一组有序实数一一对应起来的最好工具是坐标系，通过坐标系，我们可以利用代数方法解决几何问题.

1.2.1　点、向量的直角坐标

1. 空间直角坐标系

过空间一点 O，作三条两两互相垂直的数轴 Ox，Oy 与 Oz，它们都以 O 为**坐标原点**，且有相同的长度单位，数轴 Ox，Oy，Oz 分别叫做 x **轴**，y **轴**，z **轴**，统称**坐标轴**. 一般情况下，我们还规定 x 轴，y 轴，z 轴顺序构成**右手系**（图 1.7），即如果右手拇指指向 x 轴的正向，食指指向 y 轴的正向，则中指指向 z 轴的正向. 这样就建立了一个**空间直角坐标系**. 称 O 为坐标系的原点，设 $\boldsymbol{i}$，$\boldsymbol{j}$，$\boldsymbol{k}$ 分别是与 x 轴，y 轴，z 轴正向同向的单位向量，称为**基本单位向量**. 由于空间直角坐标系完全由 O，$\boldsymbol{i}$，$\boldsymbol{j}$，$\boldsymbol{k}$ 决定，因此，空间直角坐标系也可用 $\{O,\boldsymbol{i},\boldsymbol{j},\boldsymbol{k}\}$ 来表示.

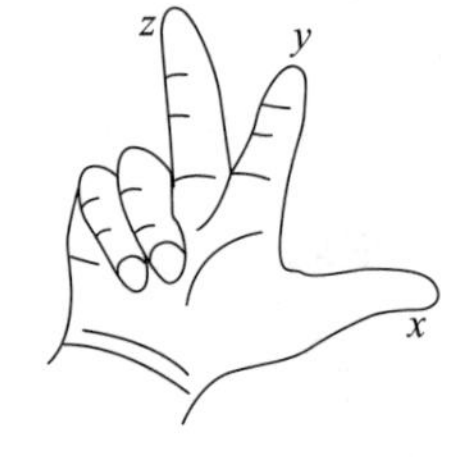

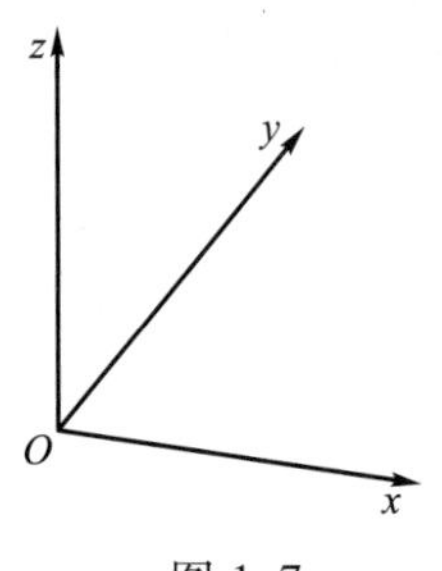

图 1.7

在空间直角坐标系中，三个坐标轴两两决定互相垂直的三个平面 xOy，yOz，zOx，称为**坐标平面**. 这三个坐标平面把空间分成八个部分，称为**卦限**（图 1.8）. 在 xOy 平面上方，对应该平面的四个象限的部分分别称为第Ⅰ，Ⅱ，Ⅲ，Ⅳ卦限；在 xOy 平面下方，对应该平面的四个象限的部分分别称为第Ⅴ，Ⅵ，Ⅶ，Ⅷ卦限.

2. 点的直角坐标表示

建立了空间直角坐标系，空间中的点就可以和有序数组建立对应关系，点可以用其直角坐标表示.

设 M 是空间中任意一点，过点 M 分别作与 x 轴，y 轴，z 轴垂直的平面，这三个平面与三条坐标轴的交点分别为 P，Q，R，在三条坐标轴上的坐标分别为 x，y，z，于是点 M 就唯一地确定了一组有序实数 x，y，z，如图 1.9 所示.

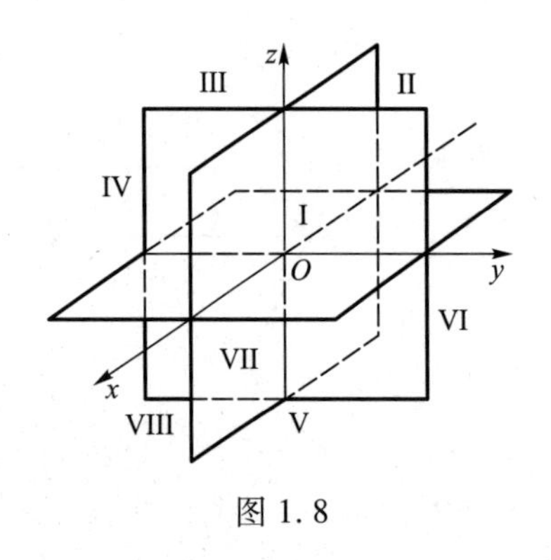

图 1.8

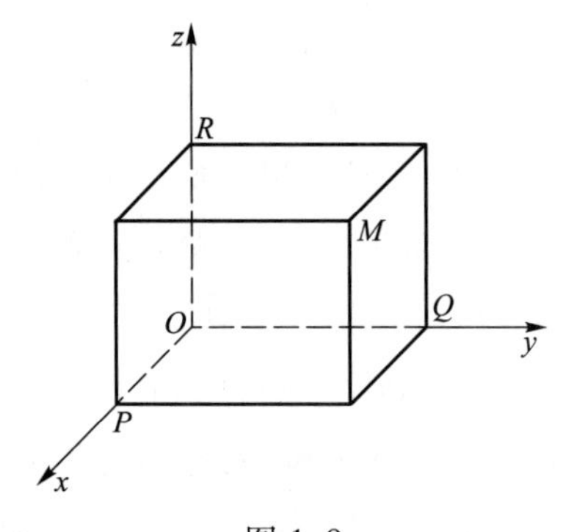

图 1.9

反过来,任意给定一组有序实数 x,y,z,可分别在 x 轴,y 轴,z 轴上取坐标是 x,y,z 的三个点 P,Q,R,过这三点分别作与 x 轴,y 轴,z 轴垂直的平面,三个平面交于空间唯一的一点 M. 可见一组有序实数 x,y,z 唯一确定了空间一个点 M,这样通过空间直角坐标系,就建立了空间的点 M 和有序实数组 x,y,z 的一一对应关系,称 x,y,z 为点 M 的**坐标**,记作 $M(x,y,z)$.

3. 向径及其直角坐标表示

定义 1 在空间直角坐标系下,起点是坐标原点 O,终点是任意一点 M 的向量 $\overrightarrow{OM}$ 称为**点 M 的向径**.

如图 1.9,设 $M(x,y,z)$,则 $\overrightarrow{OP}=x\boldsymbol{i}$,$\overrightarrow{OQ}=y\boldsymbol{j}$,$\overrightarrow{OR}=z\boldsymbol{k}$,由向量的加法法则知,$\overrightarrow{OM}=\overrightarrow{OP}+\overrightarrow{OQ}+\overrightarrow{OR}=x\boldsymbol{i}+y\boldsymbol{j}+z\boldsymbol{k}$,其中 x,y,z 称为**向径 $\overrightarrow{OM}$ 在直角坐标系下的坐标**,记为 $\overrightarrow{OM}=(x,y,z)$.

4. 向量的直角坐标表示

在空间直角坐标系中,设向量 $\overrightarrow{M_1M_2}$ 的起点为 $M_1(x_1,y_1,z_1)$,终点为 $M_2(x_2,y_2,z_2)$,则向径 $\overrightarrow{OM_1}=x_1\boldsymbol{i}+y_1\boldsymbol{j}+z_1\boldsymbol{k}$,$\overrightarrow{OM_2}=x_2\boldsymbol{i}+y_2\boldsymbol{j}+z_2\boldsymbol{k}$,由向量的减法法则知

$$\begin{aligned}\overrightarrow{M_1M_2}&=\overrightarrow{OM_2}-\overrightarrow{OM_1}=(x_2\boldsymbol{i}+y_2\boldsymbol{j}+z_2\boldsymbol{k})-(x_1\boldsymbol{i}+y_1\boldsymbol{j}+z_1\boldsymbol{k})\\&=(x_2-x_1)\boldsymbol{i}+(y_2-y_1)\boldsymbol{j}+(z_2-z_1)\boldsymbol{k},\end{aligned}$$

其中 x_2-x_1,y_2-y_1,z_2-z_1 称为**向量 $\overrightarrow{M_1M_2}$ 的坐标**,$\overrightarrow{M_1M_2}=(x_2-x_1,y_2-y_1,z_2-z_1)$ 称为**向量 $\overrightarrow{M_1M_2}$ 的坐标表达式**. 于是得到

定理 1 **向量的坐标等于其终点坐标减去其起点坐标.**

1.2.2 用坐标作向量的运算

有了向量的坐标表示,对向量进行加减法、数乘运算,只需对其坐标进行相应的数量运算即可.

定理 2 **设向量 $\boldsymbol{a}=(x_1,y_1,z_1)$,$\boldsymbol{b}=(x_2,y_2,z_2)$,则有**

(1) **两向量的和的坐标等于两向量对应坐标的和,即**

$$\boldsymbol{a}+\boldsymbol{b}=(x_1+x_2,y_1+y_2,z_1+z_2);$$

(2) **数乘向量的坐标等于这个数与向量的对应坐标的积,即** $\lambda\boldsymbol{a}=(\lambda x_1,\lambda y_1,\lambda z_1)$;

(3) **两向量相等的充要条件是对应坐标相等,即** $\boldsymbol{a}=\boldsymbol{b}\Leftrightarrow x_1=x_2,y_1=y_2,z_1=z_2$;

(4) **两非零向量共线的充要条件是对应坐标成比例,即**

$$\boldsymbol{a}/\!/\boldsymbol{b}\Leftrightarrow\frac{x_1}{x_2}=\frac{y_1}{y_2}=\frac{z_1}{z_2}.$$

约定:当分母为零时,分子也为零.

证明 下面给出(1)和(4)的证明.

(1) 设 $\boldsymbol{a}=(x_1,y_1,z_1)$,$\boldsymbol{b}=(x_2,y_2,z_2)$,则 $\boldsymbol{a}=x_1\boldsymbol{i}+y_1\boldsymbol{j}+z_1\boldsymbol{k}$,$\boldsymbol{b}=x_2\boldsymbol{i}+y_2\boldsymbol{j}+z_2\boldsymbol{k}$,由向量的加法法则知

$$\begin{aligned}\boldsymbol{a}+\boldsymbol{b}&=(x_1,y_1,z_1)+(x_2,y_2,z_2)\\&=(x_1\boldsymbol{i}+y_1\boldsymbol{j}+z_1\boldsymbol{k})+(x_2\boldsymbol{i}+y_2\boldsymbol{j}+z_2\boldsymbol{k})\\&=(x_1+x_2)\boldsymbol{i}+(y_1+y_2)\boldsymbol{j}+(z_1+z_2)\boldsymbol{k}\\&=(x_1+x_2,y_1+y_2,z_1+z_2).\end{aligned}$$

(4) 由上节例2知,两非零向量 $\boldsymbol{a}$ 和 $\boldsymbol{b}$ 平行的充要条件是存在实数 λ 使得 $\boldsymbol{a}=\lambda\boldsymbol{b}$,即 $(x_1,y_1,z_1)=\lambda(x_2,y_2,z_2)$,所以 $x_1=\lambda x_2,y_1=\lambda y_2,z_1=\lambda z_2$,即 $\boldsymbol{a}/\!/\boldsymbol{b}\Leftrightarrow\frac{x_1}{x_2}=\frac{y_1}{y_2}=\frac{z_1}{z_2}$.

定义2　对于有向线段 $\overrightarrow{P_1P_2}(P_1\neq P_2)$,如果点 P 满足 $\overrightarrow{P_1P}=\lambda\overrightarrow{PP_2}$,则称点 P **是把有向线段 $\overrightarrow{P_1P_2}$ 分成定比 λ 的分点.**

定理3　设有向线段 $\overrightarrow{P_1P_2}$ 的始点 $P_1(x_1,y_1,z_1)$,终点 $P_2(x_2,y_2,z_2)$,那么分有向线段 $\overrightarrow{P_1P_2}$ 成定比 $\lambda(\lambda\neq-1)$ 的分点 P 的坐标是 $x=\frac{x_1+\lambda x_2}{1+\lambda},y=\frac{y_1+\lambda y_2}{1+\lambda},z=\frac{z_1+\lambda z_2}{1+\lambda}$.

证明　设 O 为坐标原点,由已知条件知

$$\overrightarrow{P_1P}=\lambda\overrightarrow{PP_2},$$

而

$$\overrightarrow{P_1P}=\overrightarrow{OP}-\overrightarrow{OP_1},\quad \overrightarrow{PP_2}=\overrightarrow{OP_2}-\overrightarrow{OP},$$

因此

$$\overrightarrow{OP}-\overrightarrow{OP_1}=\lambda(\overrightarrow{OP_2}-\overrightarrow{OP}),$$

从而

$$\overrightarrow{OP}=\frac{\overrightarrow{OP_1}+\lambda\overrightarrow{OP_2}}{1+\lambda},$$

把 $\overrightarrow{OP},\overrightarrow{OP_1},\overrightarrow{OP_2}$ 的坐标代入,得到分点 P 的坐标是

$$x=\frac{x_1+\lambda x_2}{1+\lambda},\quad y=\frac{y_1+\lambda y_2}{1+\lambda},\quad z=\frac{z_1+\lambda z_2}{1+\lambda}.$$

习　题　1.2

1. 已知 $A(1,2,-4)$,$\overrightarrow{AB}=(2,3,5)$,求点 B 的坐标.
2. 在空间直角坐标系下,求点 $Q(a,b,c)$ 关于(1) 坐标原点,(2) 坐标轴,(3) 坐标平面的各个对称点的坐标.
3. 已知线段 AB 被点 $C(2,0,2)$ 和 $D(5,-2,0)$ 三等分,试求这个线段两端点 A 和 B 的坐标.

1.3　数量积、向量积、混合积

在向量代数中除了数量和向量的乘积之外,还有其他乘积,本节介绍两向量的数量积、向量积和三向量的混合积.

1.3.1　两向量的数量积

向量的数量积、向量积与两向量的夹角的大小有关,现在来规定两向量的夹角.

定义 1 设 $\boldsymbol{a},\boldsymbol{b}$ 是两个非零向量,自空间任意一点 O 作 $\overrightarrow{OA}=\boldsymbol{a}$, $\overrightarrow{OB}=\boldsymbol{b}$,则由射线 OA 和射线 OB 构成的在 0 和 π 之间的角叫做向量 $\boldsymbol{a}$ 和 $\boldsymbol{b}$ 的夹角,记作 $\angle(\boldsymbol{a},\boldsymbol{b})$. 当 $\angle(\boldsymbol{a},\boldsymbol{b})=\dfrac{\pi}{2}$ 时,称向量 $\boldsymbol{a}$ 与 $\boldsymbol{b}$ 是相互垂直的,记作 $\boldsymbol{a}\perp\boldsymbol{b}$.

定义 2 两个向量 $\boldsymbol{a}$ 和 $\boldsymbol{b}$ 的模和它们夹角 $\theta=\angle(\boldsymbol{a},\boldsymbol{b})$ 的余弦的乘积,叫做**向量 $\boldsymbol{a}$ 与 $\boldsymbol{b}$ 的数量积**(也称**内积**或**点积**),记为 $\boldsymbol{a}\cdot\boldsymbol{b}$,即 $\boldsymbol{a}\cdot\boldsymbol{b}=|\boldsymbol{a}|\,|\boldsymbol{b}|\cos\theta$.

向量的数量积有以下运算规律:

(1) 交换律:$\boldsymbol{a}\cdot\boldsymbol{b}=\boldsymbol{b}\cdot\boldsymbol{a}$.

(2) 结合律:$\lambda(\boldsymbol{a}\cdot\boldsymbol{b})=(\lambda\boldsymbol{a})\cdot\boldsymbol{b}=\boldsymbol{a}\cdot(\lambda\boldsymbol{b})$.

(3) 分配律:$(\boldsymbol{a}+\boldsymbol{b})\cdot\boldsymbol{c}=\boldsymbol{a}\cdot\boldsymbol{c}+\boldsymbol{b}\cdot\boldsymbol{c}$.

由向量的数量积的定义及其运算规律还可得到以下结论:

(4) $\boldsymbol{a}\cdot\boldsymbol{a}=|\boldsymbol{a}|^2$,叫做 $\boldsymbol{a}$ 的数量乘方,记作 $\boldsymbol{a}^2$.

(5) 两非零向量互相垂直的充要条件是它们的数量积等于零,即 $\boldsymbol{a}\perp\boldsymbol{b}\Leftrightarrow\boldsymbol{a}\cdot\boldsymbol{b}=0$.

(6) $\cos\angle(\boldsymbol{a},\boldsymbol{b})=\dfrac{\boldsymbol{a}\cdot\boldsymbol{b}}{|\boldsymbol{a}|\,|\boldsymbol{b}|}$.

在直角坐标系下,向量的数量积有以下性质:

(7) 对于基本单位向量 $\boldsymbol{i},\boldsymbol{j},\boldsymbol{k}$,有 $\boldsymbol{i}\cdot\boldsymbol{i}=\boldsymbol{j}\cdot\boldsymbol{j}=\boldsymbol{k}\cdot\boldsymbol{k}=1$, $\boldsymbol{i}\cdot\boldsymbol{j}=\boldsymbol{j}\cdot\boldsymbol{k}=\boldsymbol{k}\cdot\boldsymbol{i}=0$.

(8) 设 $\boldsymbol{a}=(x_1,y_1,z_1)$, $\boldsymbol{b}=(x_2,y_2,z_2)$,则有

$$\boldsymbol{a}\cdot\boldsymbol{b}=x_1x_2+y_1y_2+z_1z_2,$$

$$\boldsymbol{a}\cdot\boldsymbol{b}=0\Leftrightarrow x_1x_2+y_1y_2+z_1z_2=0,$$

$$|\boldsymbol{a}|=\sqrt{x_1^2+y_1^2+z_1^2},$$

$$\cos\angle(\boldsymbol{a},\boldsymbol{b})=\frac{x_1x_2+y_1y_2+z_1z_2}{\sqrt{x_1^2+y_1^2+z_1^2}\sqrt{x_2^2+y_2^2+z_2^2}}.$$

由于空间两点 P,Q 之间的距离可以看成向量 $\overrightarrow{PQ}$ 的模,因而有

(9) 空间两点 $P(x_1,y_1,z_1)$, $Q(x_2,y_2,z_2)$ 之间的距离为

$$d=\sqrt{(x_2-x_1)^2+(y_2-y_1)^2+(z_2-z_1)^2}.$$

例 1 已知 $\boldsymbol{a}=(1,1,-4)$, $\boldsymbol{b}=(1,-2,2)$,求(1) $\boldsymbol{a}\cdot\boldsymbol{b}$;(2) $\boldsymbol{a}$ 与 $\boldsymbol{b}$ 的夹角.

解 (1) $\boldsymbol{a}\cdot\boldsymbol{b}=1\times1+1\times(-2)+(-4)\times2=-9$;

(2) 设 $\boldsymbol{a}$ 与 $\boldsymbol{b}$ 的夹角为 θ,则 $\cos\theta=\dfrac{\boldsymbol{a}\cdot\boldsymbol{b}}{|\boldsymbol{a}|\,|\boldsymbol{b}|}=\dfrac{-9}{\sqrt{1+1+16}\,\sqrt{1+4+4}}=-\dfrac{1}{\sqrt{2}}$,所以 $\theta=\dfrac{3\pi}{4}$.

例 2 证明三角形的三条高线交于一点.

证明 如图 1.10 所示,设 $\triangle ABC$ 的两条高线 BE, CF 交于点 M,连接 AM. 因为 $BE\perp AC$,所以

$$\overrightarrow{BM}\cdot\overrightarrow{AC}=0,$$

从而

$$(\overrightarrow{AM}-\overrightarrow{AB})\cdot\overrightarrow{AC}=0,$$

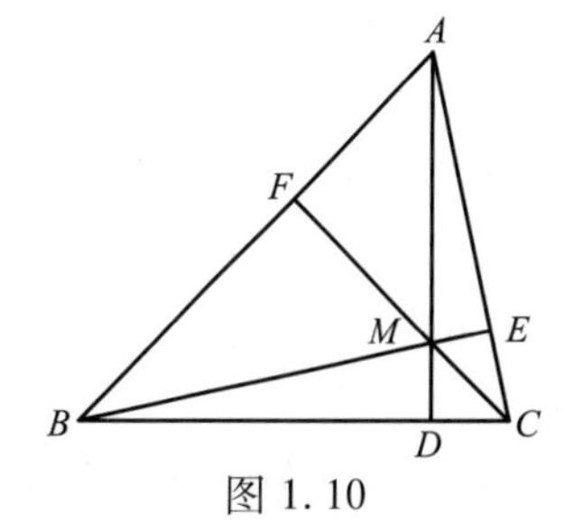

图 1.10

即

$$\overrightarrow{AM}\cdot\overrightarrow{AC}=\overrightarrow{AB}\cdot\overrightarrow{AC}.$$

同理,由

$$CF\perp AB,$$

可得

$$\overrightarrow{AM}\cdot\overrightarrow{AB}=\overrightarrow{AC}\cdot\overrightarrow{AB}.$$

所以

$$\overrightarrow{AM}\cdot\overrightarrow{AC}=\overrightarrow{AM}\cdot\overrightarrow{AB},$$

即

$$\overrightarrow{AM}\cdot\overrightarrow{BC}=0,\quad \overrightarrow{AM}\perp\overrightarrow{BC}.$$

延长 AM 交 BC 于 D,则 AD 为 BC 边上的高,即三条高线交于一点 M.

定义 3　在空间直角坐标系中,向量与三个坐标轴的正向所成的角叫做向量的**方向角**,记为 α,β,γ. 方向角的余弦叫做向量的**方向余弦**,记为 $\cos\alpha,\cos\beta,\cos\gamma$.

由方向余弦的定义和两向量夹角公式知,若 $\boldsymbol{a}=\{x,y,z\}$,则

$$\cos\alpha=\frac{x}{\sqrt{x^2+y^2+z^2}},$$

$$\cos\beta=\frac{y}{\sqrt{x^2+y^2+z^2}},$$

$$\cos\gamma=\frac{z}{\sqrt{x^2+y^2+z^2}},$$

且

$$\cos^2\alpha+\cos^2\beta+\cos^2\gamma=1.$$

1.3.2　两向量的向量积

定义 4　两个向量 $\boldsymbol{a}$ 与 $\boldsymbol{b}$ 的**向量积** $\boldsymbol{a}\times\boldsymbol{b}$ 是一个向量:(1) 它的模为 $|\boldsymbol{a}\times\boldsymbol{b}|=|\boldsymbol{a}||\boldsymbol{b}|\cdot\sin\angle(\boldsymbol{a},\boldsymbol{b})$;(2) 它的方向与 $\boldsymbol{a},\boldsymbol{b}$ 都垂直,且使 $\boldsymbol{a},\boldsymbol{b},\boldsymbol{a}\times\boldsymbol{b}$ 构成右手系.

向量的向量积有以下运算规律:

(1) 反交换律:$\boldsymbol{a}\times\boldsymbol{b}=-\boldsymbol{b}\times\boldsymbol{a}$.

(2) 结合律:$\lambda(\boldsymbol{a}\times\boldsymbol{b})=(\lambda\boldsymbol{a})\times\boldsymbol{b}=\boldsymbol{a}\times(\lambda\boldsymbol{b})$.

(3) 分配律:$(\boldsymbol{a}+\boldsymbol{b})\times\boldsymbol{c}=\boldsymbol{a}\times\boldsymbol{c}+\boldsymbol{b}\times\boldsymbol{c},\ \boldsymbol{c}\times(\boldsymbol{a}+\boldsymbol{b})=\boldsymbol{c}\times\boldsymbol{a}+\boldsymbol{c}\times\boldsymbol{b}$.

由向量积的定义及其运算规律还可得到以下结论:

(4) $|\boldsymbol{a}\times\boldsymbol{b}|$ 表示以 $\boldsymbol{a},\boldsymbol{b}$ 为邻边的平行四边形的面积.

(5) 若 $\boldsymbol{a},\boldsymbol{b}$ 中有一个为 $\boldsymbol{0}$,则 $\boldsymbol{a}\times\boldsymbol{b}=\boldsymbol{0}$.

(6) 两个向量平行(共线)的充要条件是它们的向量积等于零向量,即

$$\boldsymbol{a}\times\boldsymbol{b}=\boldsymbol{0}\Leftrightarrow\boldsymbol{a}\parallel\boldsymbol{b}.$$

在右手直角坐标系中,向量积有以下表示:

(7) 基本单位向量 $\boldsymbol{i},\boldsymbol{j},\boldsymbol{k}$ 满足以下关系：

$$\boldsymbol{i}\times\boldsymbol{i}=\boldsymbol{j}\times\boldsymbol{j}=\boldsymbol{k}\times\boldsymbol{k}=\boldsymbol{0};$$

$$\boldsymbol{i}\times\boldsymbol{j}=\boldsymbol{k},\quad \boldsymbol{j}\times\boldsymbol{k}=\boldsymbol{i},\quad \boldsymbol{k}\times\boldsymbol{i}=\boldsymbol{j};$$

$$\boldsymbol{j}\times\boldsymbol{i}=-\boldsymbol{k},\quad \boldsymbol{k}\times\boldsymbol{j}=-\boldsymbol{i},\quad \boldsymbol{i}\times\boldsymbol{k}=-\boldsymbol{j}.$$

(8) 设 $\boldsymbol{a}=(x_1,y_1,z_1)$，$\boldsymbol{b}=(x_2,y_2,z_2)$，则

$$\begin{aligned}\boldsymbol{a}\times\boldsymbol{b}&=(y_1z_2-y_2z_1,z_1x_2-z_2x_1,x_1y_2-x_2y_1)\\&=\left(\begin{vmatrix}y_1&z_1\\y_2&z_2\end{vmatrix},\begin{vmatrix}z_1&x_1\\z_2&x_2\end{vmatrix},\begin{vmatrix}x_1&y_1\\x_2&y_2\end{vmatrix}\right)\\&=\begin{vmatrix}\boldsymbol{i}&\boldsymbol{j}&\boldsymbol{k}\\x_1&y_1&z_1\\x_2&y_2&z_2\end{vmatrix}.\end{aligned}$$

例 3 计算 $(\boldsymbol{a}+\boldsymbol{b})\times(\boldsymbol{a}-\boldsymbol{b})$.

解

$$\begin{aligned}&(\boldsymbol{a}+\boldsymbol{b})\times(\boldsymbol{a}-\boldsymbol{b})\\=&\boldsymbol{a}\times\boldsymbol{a}-\boldsymbol{a}\times\boldsymbol{b}+\boldsymbol{b}\times\boldsymbol{a}-\boldsymbol{b}\times\boldsymbol{b}\\=&-\boldsymbol{a}\times\boldsymbol{b}-\boldsymbol{a}\times\boldsymbol{b}\\=&-2\boldsymbol{a}\times\boldsymbol{b}.\end{aligned}$$

例 4 已知空间三点 $A(1,2,3)$，$B(2,-1,5)$，$C(3,2,-5)$，试求：(1) $\triangle ABC$ 的面积；(2) $\triangle ABC$ 的边 AB 上的高.

解 由

$$\overrightarrow{AB}=(1,-3,2),\overrightarrow{AC}=(2,0,-8),$$

得

$$\overrightarrow{AB}\times\overrightarrow{AC}=(24,12,6),$$

$$|\overrightarrow{AB}|=\sqrt{14},\quad |\overrightarrow{AB}\times\overrightarrow{AC}|=6\sqrt{21}.$$

所以 $\triangle ABC$ 的面积为

$$S_{\triangle ABC}=\frac{1}{2}|\overrightarrow{AB}\times\overrightarrow{AC}|=3\sqrt{21},$$

$\triangle ABC$ 的边 AB 上的高为

$$\frac{|\overrightarrow{AB}\times\overrightarrow{AC}|}{|\overrightarrow{AB}|}=\frac{6\sqrt{21}}{\sqrt{14}}=3\sqrt{6}.$$

1.3.3 三向量的混合积

定义 5 给定空间三个向量 $\boldsymbol{a},\boldsymbol{b},\boldsymbol{c}$，如果先作两个向量 $\boldsymbol{a}$ 与 $\boldsymbol{b}$ 的向量积，再作所得向量与第三个向量 $\boldsymbol{c}$ 的数量积，最后得到的这个数称为**三向量 $\boldsymbol{a},\boldsymbol{b},\boldsymbol{c}$ 的混合积**，记作 $(\boldsymbol{a}\times\boldsymbol{b})\cdot\boldsymbol{c}$ 或 $(\boldsymbol{a},\boldsymbol{b},\boldsymbol{c})$.

混合积具有以下性质：

(1) 三个不共面的向量 $\boldsymbol{a},\boldsymbol{b},\boldsymbol{c}$ 的混合积的绝对值等于以 $\boldsymbol{a},\boldsymbol{b},\boldsymbol{c}$ 为棱的平行六面体的体积，并且当 $\boldsymbol{a},\boldsymbol{b},\boldsymbol{c}$ 构成右手系时混合积是正数，当 $\boldsymbol{a},\boldsymbol{b},\boldsymbol{c}$ 构成左手系时混合积是负数.

(2) 三向量 $\boldsymbol{a},\boldsymbol{b},\boldsymbol{c}$ 共面的充要条件是 $(\boldsymbol{a},\boldsymbol{b},\boldsymbol{c})=0$.

(3) 轮换混合积的三个因子,并不改变它的值,对调任何两个因子要改变符号,即

$$(\boldsymbol{a},\boldsymbol{b},\boldsymbol{c})=(\boldsymbol{b},\boldsymbol{c},\boldsymbol{a})=(\boldsymbol{c},\boldsymbol{a},\boldsymbol{b})=-(\boldsymbol{b},\boldsymbol{a},\boldsymbol{c})=-(\boldsymbol{c},\boldsymbol{b},\boldsymbol{a})=-(\boldsymbol{a},\boldsymbol{c},\boldsymbol{b}).$$

(4) 混合积的直角坐标表示:在右手直角坐标系中,设 $\boldsymbol{a}=(x_1,y_1,z_1)$,$\boldsymbol{b}=(x_2,y_2,z_2)$,$\boldsymbol{c}=(x_3,y_3,z_3)$,则

$$(\boldsymbol{a},\boldsymbol{b},\boldsymbol{c})=\begin{vmatrix} x_1 & y_1 & z_1 \\ x_2 & y_2 & z_2 \\ x_3 & y_3 & z_3 \end{vmatrix}.$$

习　题　1.3

1. 已知向量 $\boldsymbol{a},\boldsymbol{b}$ 相互垂直,向量 $\boldsymbol{c}$ 与 $\boldsymbol{a},\boldsymbol{b}$ 的夹角都为 $60°$,且 $|\boldsymbol{a}|=1$, $|\boldsymbol{b}|=2$, $|\boldsymbol{c}|=3$,计算:(1) $(\boldsymbol{a}+\boldsymbol{b})^2$;(2) $(\boldsymbol{a}+\boldsymbol{b})\cdot(\boldsymbol{a}-\boldsymbol{b})$;(3) $(3\boldsymbol{a}-2\boldsymbol{b})\cdot(\boldsymbol{b}-3\boldsymbol{c})$;(4) $(\boldsymbol{a}+2\boldsymbol{b}-\boldsymbol{c})^2$.

2. 已知向量 $\boldsymbol{a},\boldsymbol{b},\boldsymbol{c}$ 两两垂直,且 $|\boldsymbol{a}|=1$, $|\boldsymbol{b}|=2$, $|\boldsymbol{c}|=3$,求 $\boldsymbol{r}=\boldsymbol{a}+\boldsymbol{b}+\boldsymbol{c}$ 的模及 $\boldsymbol{r}$ 与 $\boldsymbol{a},\boldsymbol{b},\boldsymbol{c}$ 的夹角.

3. 已知平行四边形以 $\boldsymbol{a}=(2,1,-1)$,$\boldsymbol{b}=(1,-2,1)$ 为两边,求:(1) 它的边长和内角;(2) 它的两对角线的长和夹角.

4. 已知 $|\boldsymbol{a}|=2$, $|\boldsymbol{b}|=5$, $\angle(\boldsymbol{a},\boldsymbol{b})=\dfrac{2}{3}\pi$,$\boldsymbol{p}=3\boldsymbol{a}-\boldsymbol{b}$,$\boldsymbol{q}=\lambda\boldsymbol{a}+17\boldsymbol{b}$,问当系数 λ 取何值时 $\boldsymbol{p}$ 与 $\boldsymbol{q}$ 垂直.

5. 已知向量 $\boldsymbol{a}=(5,7,8)$,$\boldsymbol{b}=(3,-4,6)$,$\boldsymbol{c}=(-6,-9,-5)$,求向量 $\boldsymbol{a}+\boldsymbol{b}+\boldsymbol{c}$ 的模和方向余弦.

6. 已知 $|\boldsymbol{a}|=1$, $|\boldsymbol{b}|=5$,$\boldsymbol{a}\cdot\boldsymbol{b}=3$,求:

(1) $|\boldsymbol{a}\times\boldsymbol{b}|$;　　(2) $[(\boldsymbol{a}+\boldsymbol{b})(\boldsymbol{a}-\boldsymbol{b})]^2$;

(3) $[(\boldsymbol{a}+\boldsymbol{b})\times(\boldsymbol{a}-\boldsymbol{b})]^2$.

7. 已知 $\boldsymbol{a}=(2,3,1)$,$\boldsymbol{b}=(5,6,4)$,求:(1) 以 $\boldsymbol{a},\boldsymbol{b}$ 为边的平行四边形的面积;(2) 平行四边形的两条高.

8. 已知下面直角坐标系内向量 $\boldsymbol{a},\boldsymbol{b},\boldsymbol{c}$ 的坐标,判别这些向量是否共面?若不共面,求出以它们为三条棱的平行六面体的体积:

(1) $\boldsymbol{a}=(3,4,5)$,$\boldsymbol{b}=(1,2,2)$,$\boldsymbol{c}=(9,14,16)$;

(2) $\boldsymbol{a}=(3,0,-1)$,$\boldsymbol{b}=(2,-4,3)$,$\boldsymbol{c}=(-1,-2,2)$.

1.4　曲 面 方 程

在空间建立坐标系之后,空间的点就和有序实数组 (x,y,z) 建立了一一对应关系.空间曲面方程的意义就在于,用点的坐标 x,y 与 z 之间的关系来表达曲面上的点的性质特征.本节介绍在空间直角坐标系下,曲面方程的概念及旋转曲面、柱面的方程.

1.4.1　曲面方程的概念

定义 1　如果一个曲面 S 与一个三元方程 $F(x,y,z)=0$ 具有以下关系:曲面 S 上任一点的坐标都满足方程 $F(x,y,z)=0$,满足方程 $F(x,y,z)=0$ 的点都在曲面 S 上,则称方程 $F(x,y,z)=0$ 为**曲面 S 的方程**,曲面 S 称为**方程 $F(x,y,z)=0$ 的图形**,如图 1.11.

下面来建立几个常见的曲面方程.

例 1 求坐标平面 xOy 的方程.

解 很容易看出,平面 xOy 是坐标 z 为零的点的轨迹,所以坐标平面 xOy 的方程为 $z=0$.

例 2 求球心在点 $C(a,b,c)$、半径为 r 的球面的方程.

解 设 $M(x,y,z)$ 是球面上任一点,如图 1.12,则点 M 的坐标满足

$$|\overrightarrow{CM}|=r.$$

由于

$$|\overrightarrow{CM}|=\sqrt{(x-a)^2+(y-b)^2+(z-c)^2},$$

所以

$$\sqrt{(x-a)^2+(y-b)^2+(z-c)^2}=r,$$

或

$$(x-a)^2+(y-b)^2+(z-c)^2=r^2.$$

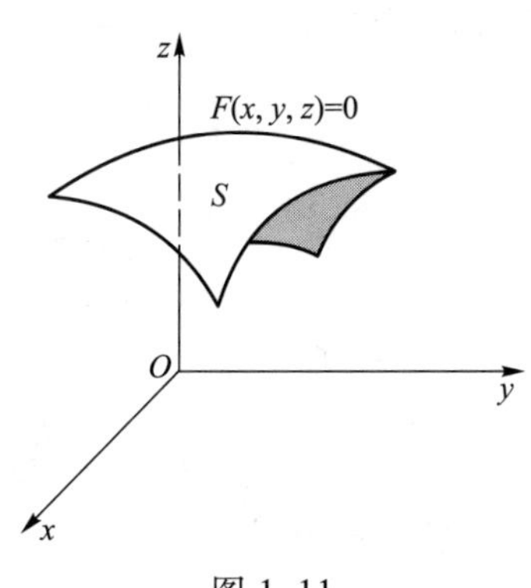

图 1.11

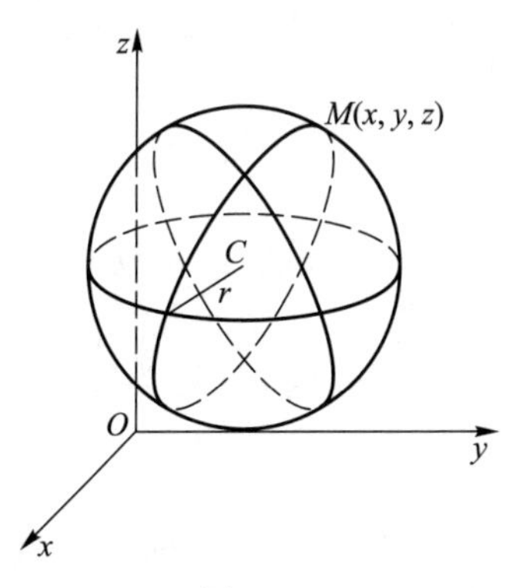

图 1.12

1.4.2 旋转曲面及其方程

定义 2 在空间,一条曲线 C 绕着定直线 l 旋转一周所产生的曲面叫**旋转曲面**,其中 l 称为**旋转轴**,C 称为**母线**,如图 1.13.

母线上任意一点在旋转时形成一个圆,该圆与轴垂直,称为**纬圆**. 过轴的半平面与旋转曲面的交线称为**经线**. 每一条经线均可作为母线,但反之不成立.

下面考虑母线在某个坐标平面内并绕此坐标平面的一个坐标轴旋转一周所成的旋转曲面的方程.

设母线 C 在 yOz 平面内,方程为$\begin{cases}F(y,z)=0,\\x=0,\end{cases}$绕 z 轴旋转,旋转曲面的方程可以如下求得:

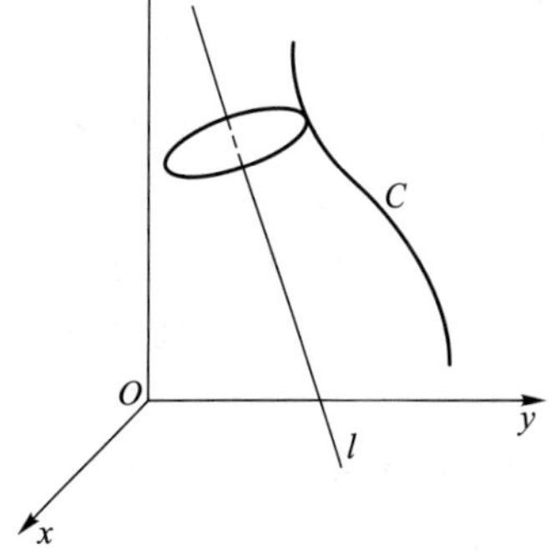

图 1.13

设点 $M(x,y,z)$ 是旋转曲面上任意一点,则存在 $M_1(0,y_1,z_1)$ 为母线 C 上一点,使得 M 是由 M_1 旋转而来,这时 $z=z_1$ 保持不变,且 M,M_1 到 z 轴的距离相等,即 $\sqrt{x^2+y^2}=|y_1|$.

又因为 M_1 在母线上,所以 M_1 满足 $F(y_1,z_1)=0$. 将 $z=z_1$ 和 $y_1=\pm\sqrt{x^2+y^2}$ 代入,就有

$$F(\pm\sqrt{x^2+y^2},z)=0,$$

这就是所求旋转曲面的方程.

由此可知,在方程 $F(y,z)=0$ 中,将 y 改写成 $\pm\sqrt{x^2+y^2}$,便得到母线绕 z 轴旋转所得的旋转曲面的方程.

例 3　若母线的方程为 $\begin{cases}F(y,z)=0,\\x=0,\end{cases}$ 绕 y 轴旋转,则旋转曲面的方程为 $F(y,\pm\sqrt{x^2+z^2})=0$.

例 4　母线 $\begin{cases}\dfrac{x^2}{a^2}+\dfrac{y^2}{b^2}=1,\\z=0\end{cases}$ 绕 y 轴旋转,所得旋转曲面的方程为 $\dfrac{x^2+z^2}{a^2}+\dfrac{y^2}{b^2}=1$,此曲面称为**旋转椭球面**.

例 5　母线 $\begin{cases}\dfrac{x^2}{a^2}-\dfrac{y^2}{b^2}=1,\\z=0\end{cases}$ 绕 x 轴旋转,所得旋转曲面的方程为 $\dfrac{x^2}{a^2}-\dfrac{y^2+z^2}{b^2}=1$,此曲面称为**旋转双叶双曲面**.

例 6　母线 $\begin{cases}y^2=2pz,\\x=0\end{cases}$ 绕 z 轴旋转,所得旋转曲面的方程为 $(\pm\sqrt{x^2+y^2})^2=2pz$,即 $x^2+y^2=2pz$,称为**旋转抛物面**;绕 y 轴旋转,所得旋转曲面的方程为 $y^2=\pm2p\sqrt{x^2+z^2}$.

例 7　母线 $\begin{cases}z=kx,\\y=0\end{cases}$ $(k>0)$ 绕 z 轴旋转,所得旋转曲面的方程为 $z=\pm k\sqrt{x^2+y^2}$,即 $z^2=k^2(x^2+y^2)$. 此曲面为顶点在原点、对称轴为 z 轴的**圆锥面**,如图 1.14 所示.

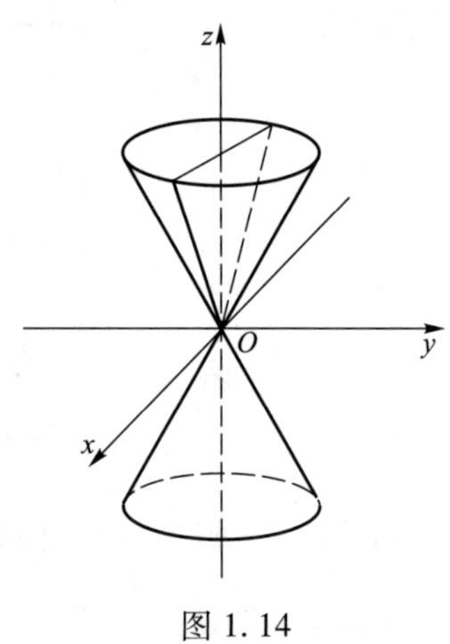

图 1.14

1.4.3　柱面

定义 3　当一条直线 l 沿着一条空间曲线 C 平行移动时所形成的曲面称为**柱面**,其中 l 称为**母线**,C 称为**准线**,如图 1.15 所示.

柱面的母线、准线不唯一.

下面只讨论母线平行于一条坐标轴的柱面方程.

定理　**若一个柱面的母线平行于 z 轴(或 x 轴,y 轴),则它的方程中不含 z(或 x,y). 反之,一个三元方程如果不含 z(或 x,y),则它一定表示一个母线平行于 z 轴(或 x 轴,y 轴)的柱面.**

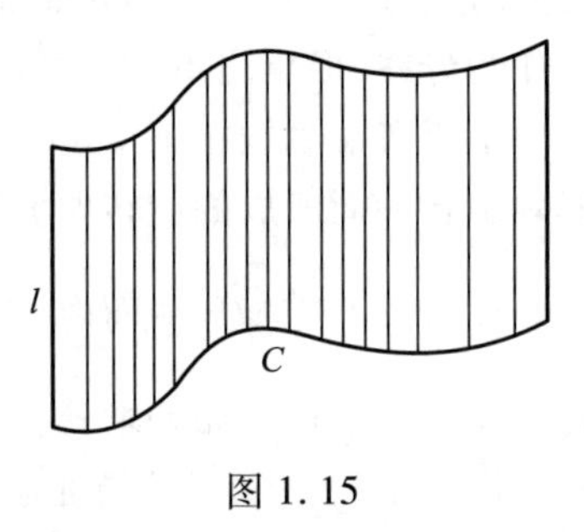

图 1.15

如果柱面的母线平行于 z 轴,并且柱面和坐标平面 xOy 的交线 l 的方程为 $\begin{cases}F(x,y)=0,\\z=0,\end{cases}$ 那么不仅交线上的点满足方程 $F(x,y)=0$,而且不论空间点的坐标 z 怎样,只要它的坐标 x 和坐标 y 满足方程 $F(x,y)=0$,那

么这些点就在曲面上. 这些空间点的全体,就是以 l 为准线,母线平行于 z 轴的柱面. 因此,柱面的方程为 $F(x,y)=0$.

同理 $G(y,z)=0$ 和 $H(z,x)=0$ 分别表示母线平行于 x 轴和 y 轴的柱面.

例 8 $\frac{x^2}{a^2}+\frac{y^2}{b^2}=1$ 表示一个母线平行于 z 轴的柱面,它的准线为椭圆 $\begin{cases}\frac{x^2}{a^2}+\frac{y^2}{b^2}=1,\\ z=0,\end{cases}$ 此曲面称为**椭圆柱面**,如图 1.16 所示.

例 9 $\frac{x^2}{a^2}-\frac{y^2}{b^2}=1$ 表示一个母线平行于 z 轴的柱面,它的准线为双曲线 $\begin{cases}\frac{x^2}{a^2}-\frac{y^2}{b^2}=1,\\ z=0,\end{cases}$ 此曲面称为**双曲柱面**,如图 1.17 所示.

例 10 $x^2=2py$ 表示一个母线平行于 z 轴的柱面,它的准线为抛物线 $\begin{cases}x^2=2py,\\ z=0,\end{cases}$ 此曲面称为**抛物柱面**,如图 1.18 所示.

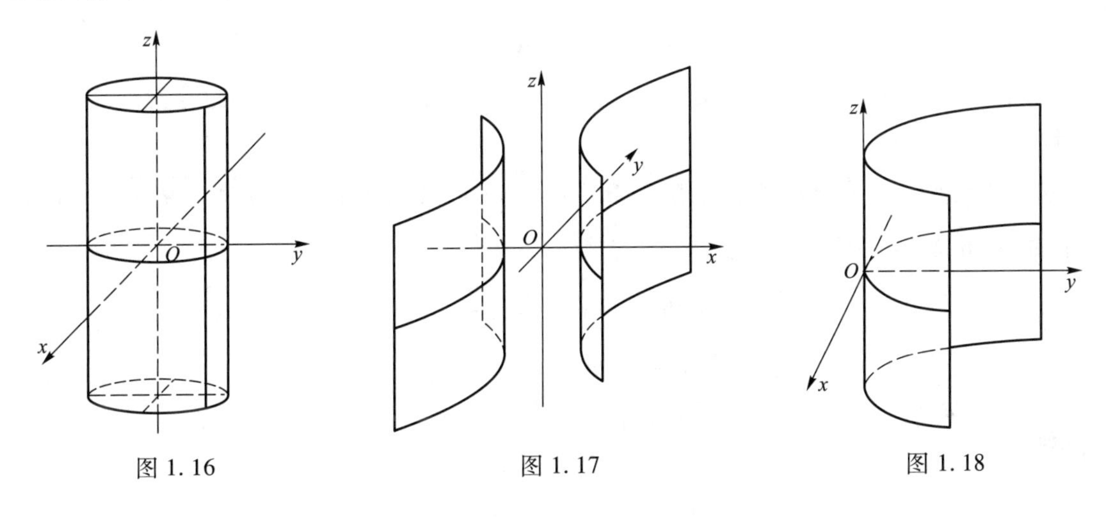

图 1.16　　图 1.17　　图 1.18

习　题　1.4

写出以 $C(1,-2,3)$ 为球心并通过坐标原点的球面的方程.

1.5　平面及其方程

平面和直线是最简单的曲面和曲线,本节和下节将以向量为工具,在空间直角坐标系中分别建立平面和空间直线的方程.

1.5.1　平面的点法式方程

在空间给定一个点 M_0 和一个非零向量 $\boldsymbol{n}$,则过定点 M_0 且垂直于向量 $\boldsymbol{n}$ 的平面 π 是唯一的. 向量 $\boldsymbol{n}$ 叫做此平面的**法向量**.

取空间直角坐标系 $\{O;\boldsymbol{i},\boldsymbol{j},\boldsymbol{k}\}$,现求过点 $M_0(x_0,y_0,z_0)$ 且法向量为 $\boldsymbol{n}=\{A,B,C\}$ 的平面 π 的方程.

任取点 $M(x,y,z)$,设点 M_0,M 的向径分别为 $\boldsymbol{r}_0,\boldsymbol{r}$,则点 M 在平面 π 上的充要条件是向量 $\overrightarrow{M_0M}=\boldsymbol{r}-\boldsymbol{r}_0$ 与 $\boldsymbol{n}$ 垂直(图 1.19),即

$$\boldsymbol{n}\cdot(\boldsymbol{r}-\boldsymbol{r}_0)=0, \tag{1.1}$$

或

$$A(x-x_0)+B(y-y_0)+C(z-z_0)=0. \tag{1.2}$$

方程(1.1)与方程(1.2)都叫做平面的**点法式方程**.

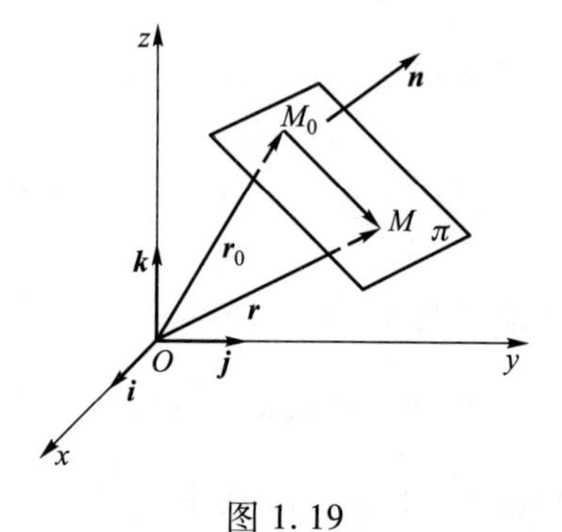

图 1.19

例 1　求过点 $M_0(2,-1,3)$ 且以 $\boldsymbol{n}=(5,7,-4)$ 为法向量的平面的方程.

解　由平面的点法式方程(1.2),得所求平面的方程为

$$5(x-2)+7(y+1)-4(z-3)=0,$$

即

$$5x+7y-4z+9=0.$$

例 2　已知不共线三点 $M_1(x_1,y_1,z_1)$,$M_2(x_2,y_2,z_2)$,$M_3(x_3,y_3,z_3)$,求通过这三点的平面的方程.

解　设点 $M(x,y,z)$ 是任意一点,则点 M 在所求平面上的充要条件是向量 $\overrightarrow{M_1M},\overrightarrow{M_1M_2},\overrightarrow{M_1M_3}$ 共面,即 $(\overrightarrow{M_1M},\overrightarrow{M_1M_2},\overrightarrow{M_1M_3})=0$,又

$$\overrightarrow{M_1M}=(x-x_1,y-y_1,z-z_1),$$

$$\overrightarrow{M_1M_2}=(x_2-x_1,y_2-y_1,z_2-z_1),$$

$$\overrightarrow{M_1M_3}=(x_3-x_1,y_3-y_1,z_3-z_1),$$

所以

$$\begin{vmatrix} x-x_1 & y-y_1 & z-z_1 \\ x_2-x_1 & y_2-y_1 & z_2-z_1 \\ x_3-x_1 & y_3-y_1 & z_3-z_1 \end{vmatrix}=0. \tag{1.3}$$

方程(1.3)称为平面的**三点式方程**.

1.5.2　平面的一般式方程

令 $D=-(Ax_0+By_0+Cz_0)$,则平面的点法式方程(1.2)便成为

$$Ax+By+Cz+D=0. \tag{1.4}$$

因为 A,B,C 不同时为零,这表明空间任一平面都可以用三元一次方程来表示;反之,任给一个关于 x,y,z 的三元一次方程,它一定表示一个平面. 事实上,任取方程(1.4)的一组解 x_0,y_0,z_0,即

$$Ax_0+By_0+Cz_0+D=0, \tag{1.5}$$

用式(1.4)减式(1.5)得

$$A(x-x_0)+B(y-y_0)+C(z-z_0)=0. \tag{1.6}$$

这正是过点 $M_0(x_0,y_0,z_0)$ 且法向量为 $\boldsymbol{n}=(A,B,C)$ 的平面的点法式方程. 由于方程(1.6)与方程(1.4)是同解方程,所以由方程(1.4)表示的任意一个三元一次方程的图形都是一个平面. 方程(1.4)称为平面的**一般式方程**,且一般式方程中的一次项系数 A,B,C 就是这个平面的法向量 $\boldsymbol{n}$ 的分量,即 $\boldsymbol{n}=(A,B,C)$,具有简明的几何意义.

现在来讨论方程(1.4)的几种特殊情况,也就是当方程(1.4)中的某些系数或常数项等于零时,平面对坐标系来说具有某种特殊位置的情况.

(1) 当 $D=0$ 时,方程(1.4)为 $Ax+By+Cz=0$,它表示过原点的一个平面;反之,如果方程(1.4)表示的平面通过原点,则显然有 $D=0$.

(2) 当 A,B,C 中有一个为零,如 $A=0$ 时,方程(1.4)为 $By+Cz+D=0$,此时若 $D=0$,它表示过 x 轴的平面;若 $D\neq 0$,就表示平行于 x 轴的平面.

对于 $B=0$ 或 $C=0$ 的情况,可以得出类似的结论.

(3) 当 A,B,C 中有两个为零,如 $A=B=0$ 时,方程(1.4)为 $Cz+D=0$,此时若 $D=0$,它表示 xOy 坐标平面;若 $D\neq 0$,就表示平行于 xOy 坐标平面的平面.

对于 $B=C=0$ 或 $A=C=0$ 的情况,可以得出类似的结论.

例 3 求通过 z 轴和点 $(3,-2,5)$ 的平面的方程.

解 因为平面通过 z 轴,故可设其方程为

$$Ax+By=0,$$

又平面过点 $(3,-2,5)$,所以有 $3A-2B=0$,即 $A:B=2:3$,所求的平面方程为

$$2x+3y=0.$$

1.5.3 平面的截距式方程

在平面的三点式方程(1.3)中,如果已知的三点为平面与三坐标轴的交点 $M_1(a,0,0)$,$M_2(0,b,0)$,$M_3(0,0,c)$(其中 $abc\neq 0$),那么由方程(1.3)得

$$\begin{vmatrix} x-a & y & z \\ -a & b & 0 \\ -a & 0 & c \end{vmatrix}=0,$$

将其展开得

$$bcx+acy+abz=abc,$$

由于 $abc\neq 0$,上式可改写为

$$\frac{x}{a}+\frac{y}{b}+\frac{z}{c}=1. \tag{1.7}$$

方程(1.7)称为平面的**截距式方程**,而 a,b,c 分别称为平面在 x 轴、y 轴、z 轴上的**截距**.

习 题 1.5

1. 指出下列平面的位置的特点:

(1) $3x-6z+1=0$;　　(2) $x+5y+3z=0$;

(3) $y-9=0$;　　　　(4) $8y+3z=0$;

(5) $x-y+6=0$;　　　　(6) $x=0$.

2. 求过点$(2,0,-1)$且与平面$3x-y+5z+2=0$平行的平面的方程.

3. 求过点$(1,-3,0)$,$(3,2,-1)$和$(2,-1,1)$的平面的方程.

4. 求平行于向量$\boldsymbol{\alpha}=(1,1,-1)$且过点$M_1(4,2,-3)$和$M_2(-1,0,2)$的平面的方程.

5. 求平行于向量$\boldsymbol{\alpha}=(2,-1,2)$且在$x$轴、$z$轴上的截距分别是$-2$和3的平面的方程.

6. 求下列平面的一般式方程:

(1) 通过y轴和点$(3,2,-5)$的平面;

(2) 平行于z轴且通过点$M_1(2,-5,3)$和$M_2(1,-1,0)$的平面;

(3) 原点O在所求平面上的正投影为$P(4,-9,7)$;

(4) 过点$M_1(3,0,1)$和$M_2(1,-2,2)$且垂直于平面$x-6y+3z-5=0$的平面.

1.6　空间直线及其方程

1.6.1　直线的一般方程

空间直线可以看成是两个相交平面的交线,设平面$\pi_1:A_1x+B_1y+C_1z+D_1=0$与$\pi_2:A_2x+B_2y+C_2z+D_2=0$的交线为$l$,则直线$l$上的任一点$M(x,y,z)$既在平面$\pi_1$上,又在平面$\pi_2$上,所以点$M$的坐标$x,y,z$必满足方程组

$$\begin{cases}A_1x+B_1y+C_1z+D_1=0,\\A_2x+B_2y+C_2z+D_2=0,\end{cases}\tag{1.8}$$

其中$A_1:B_1:C_1\neq A_2:B_2:C_2$.反之,坐标满足方程组(1.8)的点同时在两平面上,因而一定在这两平面的交线即直线l上.因此方程组(1.8)表示直线l的方程.我们把它叫做**直线的一般方程**.

因为通过直线l的平面有无穷多个,其中任意两个平面的交线都是直线l,因此,直线l的一般方程不是唯一的.例如,z轴所在直线的一般方程既可以是

$$\begin{cases}x=0,\\y=0,\end{cases}$$

又可以是

$$\begin{cases}x+y=0,\\x-y=0.\end{cases}$$

1.6.2　直线的参数方程与标准方程

在空间给定一个点M_0和非零向量$\boldsymbol{v}$,那么过点M_0且与向量$\boldsymbol{v}$平行的直线便唯一确定,向量$\boldsymbol{v}$(以及$k\boldsymbol{v},k\neq0$)叫做直线的**方向向量**.

取空间直角坐标系$\{O;\boldsymbol{i},\boldsymbol{j},\boldsymbol{k}\}$,现求过点$M_0(x_0,y_0,z_0)$且与向量$\boldsymbol{v}=\{X,Y,Z\}$平行的直线$l$的方程.

任取点$M(x,y,z)$,设点M_0,M的向径分别为$\boldsymbol{r}_0,\boldsymbol{r}$,则点$M$在直线$l$上的充要条件是向量

$\overrightarrow{M_0M}=\boldsymbol{r}-\boldsymbol{r}_0$ 与 $\boldsymbol{v}$ 共线(图 1.20),即存在唯一的实数 t,使得

$$\overrightarrow{M_0M}=t\boldsymbol{v},$$

即

$$\boldsymbol{r}-\boldsymbol{r}_0=t\boldsymbol{v}, \tag{1.9}$$

$$\boldsymbol{r}=\boldsymbol{r}_0+t\boldsymbol{v}.$$

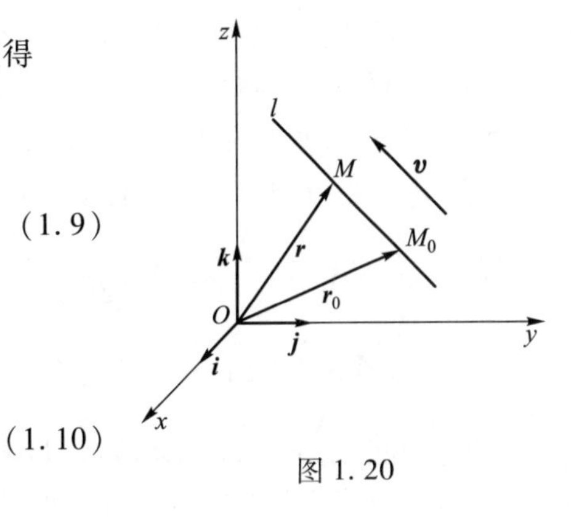

图 1.20

用向量的坐标来表示,上式变为

$$\begin{cases}x=x_0+Xt,\\ y=y_0+Yt,\\ z=z_0+Zt,\end{cases} \tag{1.10}$$

其中 t 为参数.

方程(1.9)和方程(1.10)分别称为直线的**向量式参数方程**和**坐标式参数方程**.

方程(1.10)消去参数 t,得到

$$\frac{x-x_0}{X}=\frac{y-y_0}{Y}=\frac{z-z_0}{Z}. \tag{1.11}$$

方程(1.11)称为直线的**标准方程**或**对称方程**.

例 1 求通过空间两点 $M_1(x_1,y_1,z_1)$ 和 $M_2(x_2,y_2,z_2)$ 的直线 l 的方程.

解 取 $\boldsymbol{v}=\overrightarrow{M_1M_2}$ 为直线 l 的方向向量,设 $M(x,y,z)$ 为直线 l 上的任意点(图 1.21),则

$$\boldsymbol{r}=\overrightarrow{OM}=(x,y,z),$$

$$\boldsymbol{r}_i=\overrightarrow{OM_i}=(x_i,y_i,z_i)\quad(i=1,2),$$

$$\boldsymbol{v}=\overrightarrow{M_1M_2}=\boldsymbol{r}_2-\boldsymbol{r}_1=(x_2-x_1,y_2-y_1,z_2-z_1),$$

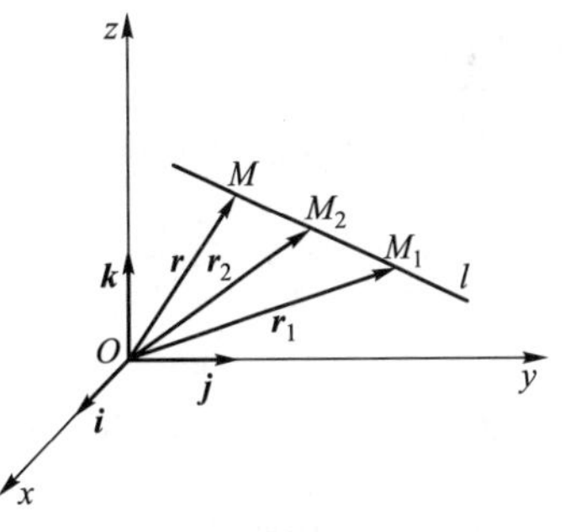

图 1.21

所以直线 l 的向量式参数方程为

$$\boldsymbol{r}=\boldsymbol{r}_1+t(\boldsymbol{r}_2-\boldsymbol{r}_1),\quad \text{其中 } t \text{ 为参数}; \tag{1.12}$$

坐标式参数方程为

$$\begin{cases}x=x_1+t(x_2-x_1),\\ y=y_1+t(y_2-y_1),\\ z=z_1+t(z_2-z_1),\end{cases}\quad \text{其中 } t \text{ 为参数}; \tag{1.13}$$

标准方程(或对称式方程)为

$$\frac{x-x_1}{x_2-x_1}=\frac{y-y_1}{y_2-y_1}=\frac{z-z_1}{z_2-z_1}. \tag{1.14}$$

方程(1.12)、(1.13)、(1.14)都称为直线 l 的**两点式方程**.

直线的方向向量 $\boldsymbol{v}$ 的方向角 α,β,γ 与方向余弦 $\cos\alpha,\cos\beta,\cos\gamma$ 分别叫做直线的**方向角**和**方向余弦**. 由于与直线共线的任何非零向量都可以作为直线的方向向量,因此,$\pi-\alpha,\pi-\beta,\pi-\gamma$ 以及 $\cos(\pi-\alpha)=-\cos\alpha,\cos(\pi-\beta)=-\cos\beta,\cos(\pi-\gamma)=-\cos\gamma$ 也可以看作是直线的方向角与方

向余弦;直线的方向向量 $\boldsymbol{v}$ 的坐标 X,Y,Z 或与它成比例的一组数 $l,m,n(l:m:n=X:Y:Z)$ 叫做直线的**方向数**. 我们将用 $X:Y:Z$ 来表示与非零向量$\{X,Y,Z\}$共线的直线的方向(数).

直线的一般方程与标准方程及参数方程是可以互相转化的,由标准方程(或参数方程)易得一般方程,由一般方程也可求得标准方程(或参数方程).

例 2　将直线 l 的一般方程$\begin{cases}x-2y+3z-3=0,\\2x+y-4z-1=0\end{cases}$化为标准方程和参数方程.

解　先求直线 l 上的一点,为此在上述方程组中,令 $z=0$,得$\begin{cases}x-2y-3=0,\\2x+y-1=0,\end{cases}$解此方程组得 $x=1$, $y=-1$,由此求得直线 l 上的一点$(1,-1,0)$. 再求直线 l 的一个方向向量 $\boldsymbol{v}$,因为直线 l 作为两个平面的交线,它与这两个平面的法向量 $\boldsymbol{n}_1=(1,-2,3)$ 和 $\boldsymbol{n}_2=(2,1,-4)$ 都垂直,所以可取直线 l 的方向向量为

$$\boldsymbol{v}=\boldsymbol{n}_1\times\boldsymbol{n}_2=\left(\begin{vmatrix}-2&3\\1&-4\end{vmatrix},\begin{vmatrix}3&1\\-4&2\end{vmatrix},\begin{vmatrix}1&-2\\2&1\end{vmatrix}\right)=5(1,2,1).$$

因此,所求直线 l 的标准方程为

$$\frac{x-1}{1}=\frac{y+1}{2}=\frac{z}{1},$$

参数方程为

$$\begin{cases}x=1+t,\\y=-1+2t,\\z=t,\end{cases}$$

其中 t 为参数.

例 3　求经过点 $M_0(1,-1,1)$ 且与直线 $l_1:\begin{cases}2x-4y+z=0,\\3x-y-2z+9=0\end{cases}$平行的直线 l 的方程.

解　因为所求直线 l 与直线 l_1 平行,所以直线 l_1 的方向向量 $\boldsymbol{v}$ 也是直线 l 的方向向量. 又

$$\boldsymbol{v}=\boldsymbol{n}_1\times\boldsymbol{n}_2=\left(\begin{vmatrix}-4&1\\-1&-2\end{vmatrix},\begin{vmatrix}1&2\\-2&3\end{vmatrix},\begin{vmatrix}2&-4\\3&-1\end{vmatrix}\right)=(9,7,10),$$

所以所求直线 l 的方程为

$$\frac{x-1}{9}=\frac{y+1}{7}=\frac{z-1}{10}.$$

例 4　求过点$(3,0,-5)$且与 xOy 坐标面垂直的直线方程.

解　由题知,xOy 坐标面的法向量 $\boldsymbol{n}=(0,0,1)$即为所求直线的方向向量,所以所求直线方程为

$$\frac{x-3}{0}=\frac{y}{0}=\frac{z+5}{1}.$$

典型例题讲解

直线的参数方程

1.6.3　平面束

定义 1　空间中通过同一条直线的所有平面的集合叫做**有轴平面束**,这条直线叫做**平面束的轴**.

定义 2 空间中平行于同一个平面的所有平面的集合叫做**平行平面束**.

定理 1 **如果两个平面**

$$\pi_1: A_1x+B_1y+C_1z+D_1=0,$$
$$\pi_2: A_2x+B_2y+C_2z+D_2=0$$

交于一条直线 l,那么以直线 l 为轴的有轴平面束的方程是

$$\lambda(A_1x+B_1y+C_1z+D_1)+\mu(A_2x+B_2y+C_2z+D_2)=0,$$

其中 λ,μ 是不全为零的任意实数.

定理 2 **如果两个平面**

$$\pi_1: A_1x+B_1y+C_1z+D_1=0,$$
$$\pi_2: A_2x+B_2y+C_2z+D_2=0$$

为平行平面,即 $A_1:A_2=B_1:B_2=C_1:C_2$,那么方程

$$\lambda(A_1x+B_1y+C_1z+D_1)+\mu(A_2x+B_2y+C_2z+D_2)=0$$

表示平行平面束,平面束里任何一个平面都和平面 π_1 或 π_2 平行,其中 λ,μ 是不全为零的任意实数,且 $-\mu:\lambda\neq A_1:A_2=B_1:B_2=C_1:C_2$.

推论 **由平面 $\pi: Ax+By+Cz+D=0$ 决定的平行平面束(即与平面 π 平行的全体平面)的方程是**

$$Ax+By+Cz+\lambda=0,$$

其中 λ 是任意实数.

典型例题讲解

平面束方程的应用

例 5 求与平面 $x-2y+3z-6=0$ 平行且过点 $(1,-2,3)$ 的平面的方程.

解 由题知可设所求平面的方程为 $x-2y+3z+\lambda=0$,又平面过点 $(1,-2,3)$,即 $1-2\times(-2)+3\times3+\lambda=0$,计算得 $\lambda=-14$. 故所求平面的方程为

$$x-2y+3z-14=0.$$

习 题 1.6

1. 求下列各直线的方程:

(1) 通过点 $A(1,0,-3)$ 和 $B(2,-5,1)$ 的直线;

(2) 通过点 $M(4,0,-1)$ 且与 x,y,z 三轴分别成角 $120°,45°,60°$ 的直线;

(3) 通过点 $M(2,-3,4)$ 且与平面 $6x-2y+5z-2=0$ 垂直的直线.

2. 化下列直线的一般方程为标准方程与参数方程:

(1) $\begin{cases} x+z-6=0, \\ 2x-4y-z+3=0; \end{cases}$ (2) $\begin{cases} x+y-z=0, \\ x=3. \end{cases}$

3. 求过点 $(-3,2,5)$ 且通过两平面 $x-4z-3=0$ 和 $2x-y-5z-1=0$ 的交线的平面的方程.

1.7 线性图形间的位置及度量关系

空间平面和直线的一般方程分别是三元一次方程以及两个独立的三元一次方程组成的方程

组,因此平面和直线称为**线性图形**. 本节将在直角坐标系下讨论线性图形的位置关系及度量关系.

1.7.1　两平面的位置及度量关系

空间两个平面的相关位置有三种情形,即相交、平行和重合. 设两平面的方程为

$$\pi_1: A_1x+B_1y+C_1z+D_1=0, \tag{1.15}$$

$$\pi_2: A_2x+B_2y+C_2z+D_2=0, \tag{1.16}$$

那么两平面 π_1 与 π_2 是相交还是平行或是重合,就决定于由方程(1.15)与(1.16)构成的方程组是有解还是无解,或是方程(1.15)与(1.16)仅相差一个不为零的数因子.

定理 1　两平面(1.15)与(1.16)相交的充要条件是

$$A_1:B_1:C_1\neq A_2:B_2:C_2,$$

平行的充要条件是

$$\frac{A_1}{A_2}=\frac{B_1}{B_2}=\frac{C_1}{C_2}\neq\frac{D_1}{D_2},$$

重合的充要条件是

$$\frac{A_1}{A_2}=\frac{B_1}{B_2}=\frac{C_1}{C_2}=\frac{D_1}{D_2}.$$

在直角坐标系下,两平面 π_1 与 π_2 的法向量分别为 $\boldsymbol{n}_1=(A_1,B_1,C_1)$ 与 $\boldsymbol{n}_2=(A_2,B_2,C_2)$,当两平面相交时,形成的二面角称为**两平面的夹角**. 设两平面 π_1 与 π_2 间的二面角用 $\angle(\pi_1,\pi_2)$ 来表示,而两平面的法向量 $\boldsymbol{n}_1$ 与 $\boldsymbol{n}_2$ 的夹角记为 $\theta=\angle(\boldsymbol{n}_1,\boldsymbol{n}_2)$,那么显然有 $\angle(\pi_1,\pi_2)=\theta$ 或 $\pi-\theta$(图 1.22). 因此我们得到

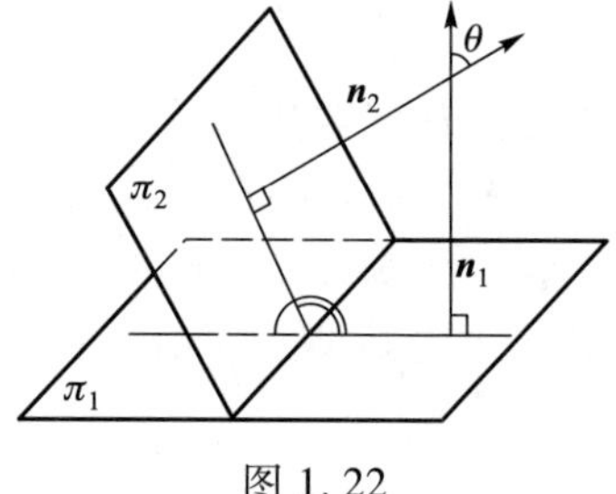

图 1.22

$$\cos\angle(\pi_1,\pi_2)=\pm\cos\theta=\pm\frac{\boldsymbol{n}_1\cdot\boldsymbol{n}_2}{|\boldsymbol{n}_1|\cdot|\boldsymbol{n}_2|}$$

$$=\pm\frac{A_1A_2+B_1B_2+C_1C_2}{\sqrt{A_1^2+B_1^2+C_1^2}\cdot\sqrt{A_2^2+B_2^2+C_2^2}}. \tag{1.17}$$

显然两平面 π_1 与 π_2 互相垂直的充要条件为 $\angle(\pi_1,\pi_2)=\frac{\pi}{2}$,即 $\cos\angle(\pi_1,\pi_2)=0$,因此从式(1.17)得到

定理 2　两平面(1.15)与(1.16)相互垂直的充要条件是

$$A_1A_2+B_1B_2+C_1C_2=0.$$

1.7.2　平面与直线的位置及度量关系

空间直线与平面的相关位置有直线与平面相交、直线与平面平行和直线在平面上三种情况. 设直线 l 与平面 π 的方程分别为

$$l:\frac{x-x_0}{X}=\frac{y-y_0}{Y}=\frac{z-z_0}{Z}, \tag{1.18}$$

$$\pi: Ax+By+Cz+D=0, \tag{1.19}$$

那么直线 l 与平面 π 的上述三种位置关系就取决于由方程(1.18)与(1.19)构成的方程组是只有一个解,无解还是有无穷多个解.

定理 3 **直线(1.18)与平面(1.19)的相互位置关系有下面的充要条件:**

(1) **相交**

$$AX+BY+CZ\neq 0;$$

(2) **平行**

$$AX+BY+CZ=0,$$
$$Ax_0+By_0+Cz_0+D\neq 0;$$

(3) **直线在平面上**

$$AX+BY+CZ=0,$$
$$Ax_0+By_0+Cz_0+D=0.$$

当直线不与平面垂直时,直线与平面间的角 φ 是指直线与它在这平面上的射影所构成的锐角;当直线与平面垂直时,规定直线与平面间的角 φ 为直角.

在直角坐标系下,直线 l 与平面 π 间的角 φ 可以由直线 l 的方向向量 $\boldsymbol{v}=(X,Y,Z)$ 与平面 π 的法向量 $\boldsymbol{n}=(A,B,C)$ 来决定. 设 $\boldsymbol{v}$ 和 $\boldsymbol{n}$ 的夹角为 $\angle(\boldsymbol{n},\boldsymbol{v})=\theta$,那么 $\varphi=\left|\dfrac{\pi}{2}-\theta\right|$,因而

$$\sin\varphi=|\cos\theta|=\frac{|\boldsymbol{n}\cdot\boldsymbol{v}|}{|\boldsymbol{n}|\cdot|\boldsymbol{v}|}=\frac{|AX+BY+CZ|}{\sqrt{A^2+B^2+C^2}\cdot\sqrt{X^2+Y^2+Z^2}}.$$

定理 4 **直线 l 与平面 π 垂直的充要条件为 $\boldsymbol{v}/\!/\boldsymbol{n}$,即**

$$\frac{A}{X}=\frac{B}{Y}=\frac{C}{Z}.$$

1.7.3 两直线的位置及度量关系

空间两直线的相关位置有异面与共面,在共面中又有相交、平行与重合三种情况. 设两直线 l_1 与 l_2 的方程为

$$l_1:\frac{x-x_1}{X_1}=\frac{y-y_1}{Y_1}=\frac{z-z_1}{Z_1}, \tag{1.20}$$

$$l_2:\frac{x-x_2}{X_2}=\frac{y-y_2}{Y_2}=\frac{z-z_2}{Z_2}, \tag{1.21}$$

这里的直线 l_i 是由点 $M_i(x_i,y_i,z_i)$ 与向量 $\boldsymbol{v}_i=(X_i,Y_i,Z_i)\ (i=1,2)$ 决定的. 从图 1.23 容易看出,两直线 l_1 与 l_2 的相关位置取决于三向量 $\overrightarrow{M_1M_2},\boldsymbol{v}_1,\boldsymbol{v}_2$ 的相互关系,当且仅当三向量 $\overrightarrow{M_1M_2},\boldsymbol{v}_1,\boldsymbol{v}_2$ 异面时,l_1 与 l_2 异面;当且仅当三向量 $\overrightarrow{M_1M_2},\boldsymbol{v}_1,\boldsymbol{v}_2$ 共面时,l_1 与 l_2 共面;在共面的情况下,如果 $\boldsymbol{v}_1$ 不平行于 $\boldsymbol{v}_2$,那么 l_1 与 l_2 相交,如果 $\boldsymbol{v}_1/\!/\boldsymbol{v}_2$,但不平行于 $\overrightarrow{M_1M_2}$,那么 l_1 与 l_2 平行,如果 $\boldsymbol{v}_1/\!/\boldsymbol{v}_2/\!/\overrightarrow{M_1M_2}$,那么 l_1 与 l_2 重合. 因此就得到了下面的定理.

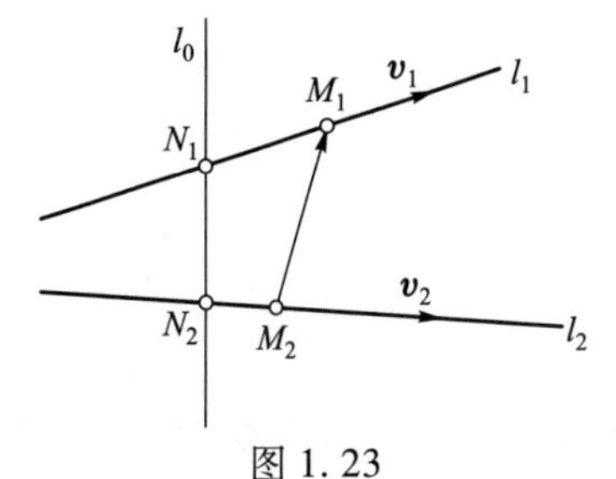

图 1.23

定理 5 判断空间两直线(1.20)与(1.21)的相关位置的充要条件为

（1）**异面**：

$$\Delta=\begin{vmatrix} x_2-x_1 & y_2-y_1 & z_2-z_1 \\ X_1 & Y_1 & Z_1 \\ X_2 & Y_2 & Z_2 \end{vmatrix}\neq 0;$$

（2）**相交**：

$$\Delta=0,\quad X_1:Y_1:Z_1\neq X_2:Y_2:Z_2;$$

（3）**平行**：

$$X_1:Y_1:Z_1=X_2:Y_2:Z_2\neq(x_2-x_1):(y_2-y_1):(z_2-z_1);$$

（4）**重合**：

$$X_1:Y_1:Z_1=X_2:Y_2:Z_2=(x_2-x_1):(y_2-y_1):(z_2-z_1).$$

空间两直线的方向向量间的夹角或其补角，叫做这**两直线的夹角**. 两直线 l_1 与 l_2 间的夹角记作$\angle(l_1,l_2)$.

若两直线 l_1 与 l_2 的方向向量分别用 $\boldsymbol{v}_1,\boldsymbol{v}_2$ 表示，则有

$$\angle(l_1,l_2)=\angle(\boldsymbol{v}_1,\boldsymbol{v}_2)\quad 或 \quad \angle(l_1,l_2)=\pi-\angle(\boldsymbol{v}_1,\boldsymbol{v}_2),$$

所以得

定理 6　在直角坐标系中，空间两直线(1.20)与(1.21)的夹角的余弦为

$$\cos\angle(l_1,l_2)=\pm\frac{X_1X_2+Y_1Y_2+Z_1Z_2}{\sqrt{X_1^2+Y_1^2+Z_1^2}\cdot\sqrt{X_2^2+Y_2^2+Z_2^2}}.$$

推论　两直线(1.20)与(1.21)垂直的充要条件是

$$X_1X_2+Y_1Y_2+Z_1Z_2=0.$$

1.7.4　点与平面、直线的位置及度量关系

空间的点与平面(直线)的位置关系有两种，即点在平面(直线)上或之外. 只需将点的坐标代入平面方程或直线方程便可判定，不再赘述.

下面介绍点到平面和直线的距离公式.

设 $M_0(x_0,y_0,z_0)$ 是平面 $\pi:Ax+By+Cz+D=0$ 外一点，则点 M_0 到平面 π 的距离公式为

$$d=\frac{|Ax_0+By_0+Cz_0+D|}{\sqrt{A^2+B^2+C^2}}.$$

典型例题讲解

求两平行平面间的距离

设 $M_0(x_0,y_0,z_0)$ 是直线 $l:\frac{x-x_1}{X}=\frac{y-y_1}{Y}=\frac{z-z_1}{Z}$外一点，则点 M_0 到直线 l 的距离公式为

$$d=\frac{|\boldsymbol{v}\times\overrightarrow{M_1M_0}|}{|\boldsymbol{v}|},$$

其中 $M_1(x_1,y_1,z_1)$ 为直线 l 上的已知点.

习 题 1.7

1. 判断下列各线性图形的相关位置：

(1) $2x-y-5=0$ 与 $x+3y-z+6=0$;

(2) $3x+9y-6z+4=0$ 与 $2x+6y-4z+1=0$;

(3) $\frac{x-3}{-2}=\frac{y+4}{-7}=\frac{z}{3}$ 与 $4x-2y-2z+1=0$;

(4) $\frac{x}{3}=\frac{y}{-2}=\frac{z}{7}$ 与 $3x-2y+7z-2=0$;

(5) $\begin{cases}5x-3y+2z-5=0,\\2x-y-z-1=0\end{cases}$ 与 $4x-3y+7z-7=0$;

(6) $\begin{cases}x=t,\\y=-2t+9,\\z=9t-4\end{cases}$ 与 $3x-4y+7z-12=0$;

(7) $\begin{cases}x-2y+2z=0,\\3x+2y-6=0\end{cases}$ 与 $\begin{cases}x+2y-z-11=0,\\2x+z-14=0;\end{cases}$

(8) $\frac{x-3}{3}=\frac{y-8}{-1}=\frac{z-3}{1}$ 与 $\frac{x+3}{-3}=\frac{y+7}{2}=\frac{z-6}{4}$;

(9) $\begin{cases}x=t,\\y=2t+1,\\z=-t-2\end{cases}$ 与 $\frac{x-1}{4}=\frac{y-4}{7}=\frac{z+2}{-5}$.

2. 确定 α,β 的值，使直线

$$\frac{x-4}{2-\alpha}=\frac{y}{2}=\frac{z-5}{\beta+6}$$

同时平行于平面 $3x-2y+2z=0$ 和 $x+3y-3z+1=0$.

1.8 二 次 曲 面

定义 1 在空间中，由三元二次方程

$$F(x,y,z)=a_{11}x^2+a_{22}y^2+a_{33}z^2+2a_{12}xy+2a_{13}xz+2a_{23}yz+2a_{14}x+2a_{24}y+2a_{34}z+a_{44}=0 \tag{1.22}$$

表示的曲面叫做**二次曲面**，其中诸 a_{ij} 为实常数，且二次项系数 $a_{11},a_{12},a_{13},a_{22},a_{23},a_{33}$ 不全为零.

适当选取空间直角坐标系，由方程(1.22)表示的二次曲面总能化简为 17 种二次曲面的标准方程之一，本节将介绍其中五种特殊的二次曲面，并用**截痕法**来讨论这些曲面的形状. 所谓截痕法，就是用坐标平面或平行于坐标平面的平面去截曲面，通过交线(即截痕)的形状，加以综合考虑来了解曲面的形状.

1.8.1 椭球面

定义 2 在直角坐标系下，由方程

$$\frac{x^2}{a^2}+\frac{y^2}{b^2}+\frac{z^2}{c^2}=1 \tag{1.23}$$

表示的曲面叫做**椭球面**,方程(1.23)叫做**椭球面的标准方程**,其中 a,b,c 为任意的正常数,称为椭球面的半轴. 显然,球面、旋转椭球面是椭球面的特殊情形.

因为方程(1.23)仅含有坐标的平方项,可见当点(x,y,z)满足方程(1.23)时,点$(\pm x,\pm y,\pm z)$也一定满足,其中正负号可任意选取,所以椭球面(1.23)关于三个坐标平面、三个坐标轴与坐标原点都对称. 它与三个坐标轴的交点分别为$(\pm a,0,0)$,$(0,\pm b,0)$,$(0,0,\pm c)$,这六个点叫做椭球面的**顶点**.

由方程(1.23)知,对椭球面上的任何一点的坐标(x,y,z)总有

$$|x|\leqslant a,\quad |y|\leqslant b,\quad |z|\leqslant c,$$

即椭球面在由六个平面 $x=\pm a, y=\pm b, z=\pm c$ 所围成的长方体内,因此曲面是有界的. 这是椭球面在二次曲面中最为突出的特点.

用平行于 xOy 面的平面 $z=h$ 去截椭球面,则

(1) 当 $|h|<c$ 时,截痕为平面 $z=h$ 上的椭圆:

$$\begin{cases}\dfrac{x^2}{a^2}+\dfrac{y^2}{b^2}=1-\dfrac{h^2}{c^2},\\ z=h;\end{cases}$$

(2) 当 $|h|=c$ 时,截痕为平面 $z=h$ 上的一个点$(0,0,c)$或$(0,0,-c)$;

(3) 当 $|h|>c$ 时,平面 $z=h$ 与椭球面无交点.

用平行于 yOz 面的平面 $x=h$ 及平行于 xOz 面的平面 $y=h$ 截取椭球面,也会得到类似的结论.

椭球面的形状如图 1.24 所示.

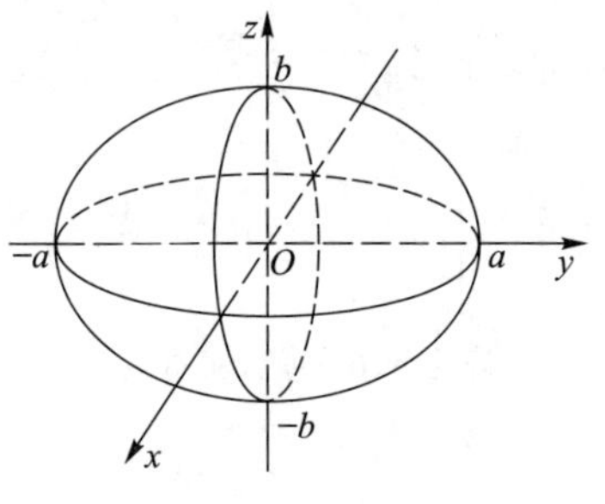

图 1.24

1.8.2 双曲面

1. 单叶双曲面

定义 3 在直角坐标系下,由方程

$$\frac{x^2}{a^2}+\frac{y^2}{b^2}-\frac{z^2}{c^2}=1 \tag{1.24}$$

表示的曲面叫做**单叶双曲面**,方程(1.24)叫做**单叶双曲面的标准方程**,其中 a,b,c 是任意的正常数.

显然,单叶双曲面(1.24)关于三个坐标平面、三个坐标轴以及坐标原点都对称.

双曲面(1.24)与 z 轴不相交,与 x 轴和 y 轴分别交于点$(\pm a,0,0)$与$(0,\pm b,0)$,这四点叫做单叶双曲面的顶点.

用平行于 xOy 面的平面 $z=h$ 去截单叶双曲面,截痕为该平面上的椭圆

$$\begin{cases}\dfrac{x^2}{a^2}+\dfrac{y^2}{b^2}=1+\dfrac{h^2}{c^2},\\ z=h,\end{cases}$$

用平行于 yOz 面的平面 $x=h$ 及平行于 xOz 面的平面 $y=h$ 去截该曲面,截痕都是双曲线或相交直线,其方程分别为

$$\begin{cases}\dfrac{y^2}{b^2}-\dfrac{z^2}{c^2}=1-\dfrac{h^2}{a^2},\\ x=h\end{cases}$$

和

$$\begin{cases}\dfrac{x^2}{a^2}-\dfrac{z^2}{c^2}=1-\dfrac{h^2}{b^2},\\ y=h.\end{cases}$$

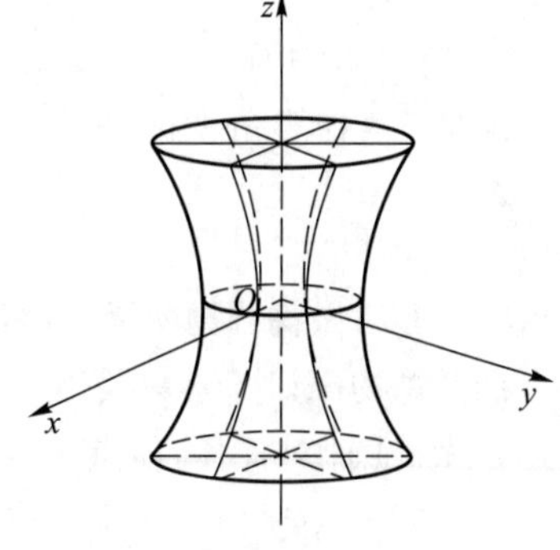

图 1.25

单叶双曲面的形状如图 1.25 所示.

2. 双叶双曲面

定义 4 在直角坐标系下,由方程

$$\frac{x^2}{a^2}+\frac{y^2}{b^2}-\frac{z^2}{c^2}=-1 \tag{1.25}$$

表示的图形叫做**双叶双曲面**,方程(1.25)叫做**双叶双曲面的标准方程**,其中 a,b,c 是任意的正常数.

显然,双叶双曲面(1.25)关于三个坐标平面、三个坐标轴以及坐标原点都对称.

双曲面(1.25)与 x 轴和 y 轴不相交,只与 z 轴交于两点$(0,0,\pm c)$,这两点叫做双叶双曲面的顶点.

用平行于 xOy 面的平面 $z=h$ 去截双叶双曲面,则

(1) 当 $|h|>c$ 时,截痕为平面 $z=h$ 上的椭圆

$$\begin{cases}\dfrac{x^2}{a^2}+\dfrac{y^2}{b^2}=\dfrac{h^2}{c^2}-1,\\ z=h;\end{cases}$$

(2) 当 $|h|=c$ 时,截痕为平面 $z=h$ 上的一个点$(0,0,c)$或$(0,0,-c)$;

(3) 当 $|h|<c$ 时,平面 $z=h$ 与双叶双曲面无交点.

用平行于 yOz 面的平面 $x=h$ 及平行于 xOz 面的平面 $y=h$ 截取该曲面,截痕都是双曲线,其方程分别为

$$\begin{cases}\dfrac{y^2}{b^2}-\dfrac{z^2}{c^2}=-1-\dfrac{h^2}{a^2},\\ x=h\end{cases}$$

和

$$\begin{cases}\dfrac{x^2}{a^2}-\dfrac{z^2}{c^2}=-1-\dfrac{h^2}{b^2},\\ y=h.\end{cases}$$

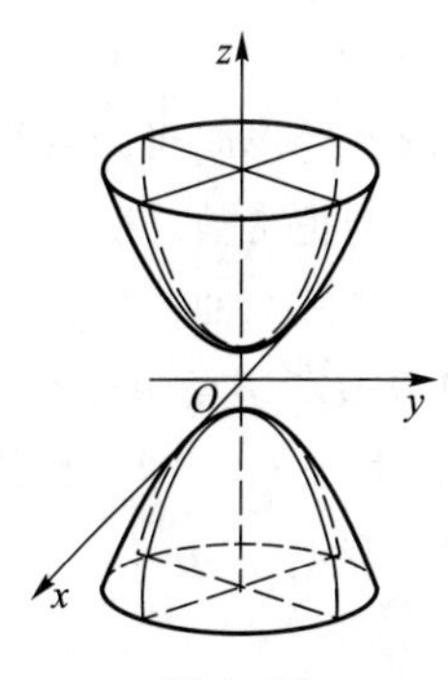

图 1.26

双叶双曲面的形状如图 1.26 所示.

1.8.3　抛物面

1. 椭圆抛物面

定义5　在直角坐标系下,由方程

$$\frac{x^2}{a^2}+\frac{y^2}{b^2}=2z \tag{1.26}$$

表示的图形叫做**椭圆抛物面**,方程(1.26)叫做**椭圆抛物面的标准方程**,其中 a,b 是任意的正常数.

椭圆抛物面(1.26)只关于 xOz 面、yOz 面及 z 轴对称,没有对称中心,它与 z 轴交于点(0,0,0),这点叫做椭圆抛物面的顶点.

用平行于 xOy 面的平面 $z=h$ 去截椭圆抛物面,则

(1) 当 $h>0$ 时,截痕为平面 $z=h$ 上的椭圆

$$\begin{cases}\dfrac{x^2}{a^2}+\dfrac{y^2}{b^2}=2h,\\ z=h;\end{cases}$$

(2) 当 $h=0$ 时,截痕为平面 $z=h(z=0)$ 上的一个点(0,0,0);

(3) 当 $h<0$ 时,平面 $z=h$ 与椭圆抛物面无交点.

用平行于 yOz 面的平面 $x=h$ 及平行于 xOz 面的平面 $y=h$ 截取该曲面,截痕都是抛物线,其方程分别为

$$\begin{cases}y^2=2b^2\left(z-\dfrac{h^2}{2a^2}\right),\\ x=h\end{cases}$$

和

$$\begin{cases}x^2=2a^2\left(z-\dfrac{h^2}{2b^2}\right),\\ y=h.\end{cases}$$

椭圆抛物面的形状如图1.27所示.

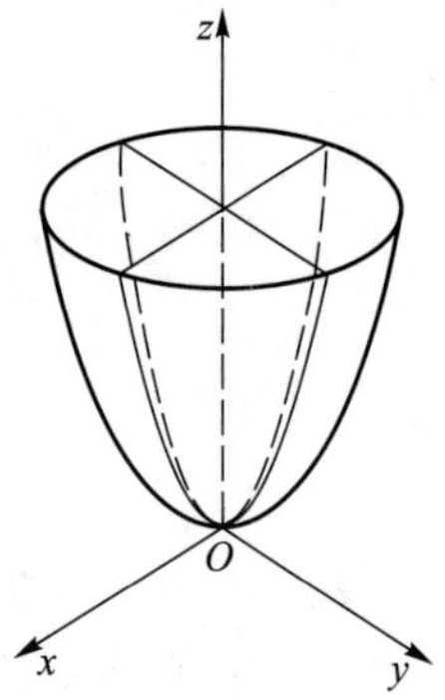

图1.27

2. 双曲抛物面

定义6　在直角坐标系下,由方程

$$\frac{x^2}{a^2}-\frac{y^2}{b^2}=2z \tag{1.27}$$

表示的图形叫做**双曲抛物面**,也称**马鞍面**,方程(1.27)叫做**双曲抛物面的标准方程**,其中 a,b 是任意的正常数.

显然双曲抛物面(1.27)只关于 xOz 面、yOz 面及 z 轴对称,没有对称中心,它与 z 轴交于点(0,0,0),这点叫做双曲抛物面的**顶点**.

用平行于 xOy 面的平面 $z=h$ 去截双曲抛物面,当 $h\neq0$ 时,截痕是双曲线

$$\begin{cases}\dfrac{x^2}{2a^2h}-\dfrac{y^2}{2b^2h}=1,\\ z=h;\end{cases}$$

当 $h=0$ 时,截痕是一对相交直线

$$\begin{cases}\dfrac{x^2}{a^2}-\dfrac{y^2}{b^2}=0,\\ z=0.\end{cases}$$

用平行于 yOz 面的平面 $x=h$ 及平行于 xOz 面的平面 $y=h$ 截取该曲面,截痕都是抛物线,其方程分别为

$$\begin{cases}y^2=2b^2\left(\dfrac{h^2}{2a^2}-z\right),\\ x=h\end{cases}$$

和

$$\begin{cases}x^2=2a^2\left(z+\dfrac{h^2}{2b^2}\right),\\ y=h.\end{cases}$$

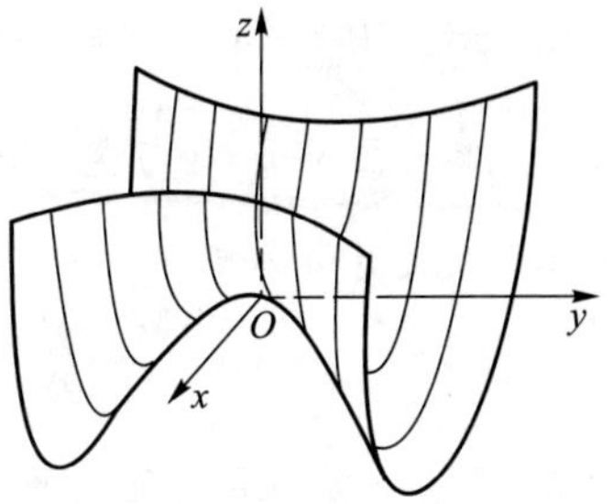

双曲抛物面的形状如图 1.28.

图 1.28

定义 7 椭圆柱面、双曲柱面和抛物柱面统称为**二次柱面**.

定义 8 在直角坐标系下,由方程

$$\frac{x^2}{a^2}+\frac{y^2}{b^2}-\frac{z^2}{c^2}=0$$

表示的图形叫做**二次锥面**,其中 a,b,c 是任意正常数.

习 题 1.8

1. 指出下列方程所表示的曲面的图形:

(1) $x^2-4y=0$;

(2) $x^2-4y^2+4z^2=4$;

(3) $x^2-4y^2+4z^2=-1$;

(4) $\dfrac{x^2}{4}+\dfrac{z^2}{2}=2y$;

(5) $\dfrac{x^2}{4}-\dfrac{z^2}{2}=2y$;

(6) $\dfrac{z^2}{3}=\dfrac{x^2}{4}+\dfrac{y^2}{9}$.

2. 已知椭球面的轴与坐标轴重合,且通过椭圆$\begin{cases}\dfrac{x^2}{9}+\dfrac{y^2}{16}=1,\\ z=0\end{cases}$与点 $M(1,2,\sqrt{23})$,求这个椭球面的方程.

3. 设动点与点(1,0,0)的距离等于此动点到平面 $x=4$ 的距离的一半,试求此动点的轨迹.

4. 设动点与点(4,0,0)的距离等于此动点到平面 $x=1$ 的距离的 2 倍,试求此动点的轨迹.

5. 已知椭圆抛物面的顶点在原点,对称面为 xOz 面与 yOz 面,且过点(1,2,6)和$\left(\dfrac{1}{3},-1,1\right)$,求这个椭圆抛物面的方程.

总 习 题 一

1. 求过点(1,2,-1)和(3,2,-4)且在 x 轴上的截距为 3 的平面的方程.

2. 求平行于向量 $\boldsymbol{a}=(2,-5,-3)$ 且在 x 轴,z 轴上的截距分别是 3 和 -3 的平面的方程.

3. 求到两平面 $3x-y+z+4=0$ 和 $x+y+3z-2=0$ 的距离相等的点的轨迹方程.

4. 求直线 $l_1:\begin{cases}5x+y+z=0,\\6x+y-2z+1=0\end{cases}$ 和 $l_2:\dfrac{x-1}{2}=\dfrac{y-2}{-2}=\dfrac{z+3}{-1}$ 的夹角.

5. 求点 $M_0(3,0,-5)$ 到直线 $\begin{cases}x-y+z-1=0,\\2x-y-2z-8=0\end{cases}$ 的距离.

6. 求点 $M_0(3,4,-1)$ 关于平面 $x-2y+2z-9=0$ 的对称点的坐标.

7. 求平面 $x-2=0$ 与椭球面 $\dfrac{x^2}{16}+\dfrac{y^2}{12}+\dfrac{z^2}{4}=1$ 相交的椭圆的半轴和顶点.

8. 椭球面

$$\frac{x^2}{a^2}+\frac{y^2}{b^2}+\frac{z^2}{c^2}=1$$

的中心沿某一方向到曲面上的一点的距离记为 r. 如果定方向的方向余弦为 λ,μ,ν,试证:

$$\frac{1}{r^2}=\frac{\lambda^2}{a^2}+\frac{\mu^2}{b^2}+\frac{\nu^2}{c^2}.$$

9. 将抛物线 $\Gamma:\begin{cases}x^2=2y,\\z=0\end{cases}$ 作平行移动,使得抛物线在移动时所在平面与平面 xOy 平行,并且其顶点位于抛物线 $C:\begin{cases}z^2=-4y,\\x=0\end{cases}$ 上,求动抛物线的轨迹.

10. 试求与两直线 $\begin{cases}y=0,\\z=1\end{cases}$ 和 $\begin{cases}x=0,\\z=-1\end{cases}$ 相切的球面的球心轨迹方程.

读一读

解析几何是借助坐标系,用代数方法研究几何对象的性质及之间关系的一个几何学分支,亦称为坐标几何. 图形和位置关系研究可以通过代数方程转化为对数量关系和计算问题的研究;反之,代数问题有了几何直观的解释,有利于发现其数学本质. 解析几何的建立实现了几何方法与代数方法的结合,使形与数统一起来,这是数学发展史上的一次重大突破.

自从欧几里得(Euclid,约公元前 300 年)的《原本》问世以来,人们一直把几何限定在研究位置和图形的范畴内,把代数限定在研究数及其关系的范畴内,几何与代数是彼此独立的两个分支,两者之间没有建立联系. 借助坐标来确定点的位置的思想古代曾经出现过,但未形成清晰的概念和方法. 解析几何的真正创建要归功于法国数学家笛卡儿(Descartes,1596—1650)和费马(Fermat,1601—1665). 笛卡儿在解决著名的希腊数学问题(帕波斯问题)的时候,萌发了建立坐标系和曲线方程的思想,并将这种思想系统总结整理为《几何学》,在《更好地指导推理和寻求科学真理的方法论》(1637)里作为附录出版. 费马是在竭力复原失传的古希腊数学著作时发明了解析几何方法,相关原理清晰体现在《平面和立体的轨迹引论》(1629)中.

16 世纪以来,对运动与变化的研究成了科学的中心问题. 解析几何的创建恰好适应了时代的需求,理论本身得到了极大发展,同时对微积分的诞生有着不可估量的作用. 可以说解析几何打开了近代数学的大门，在科学史上具有划时代的意义.

与平面解析几何类似，空间解析几何通过空间直角坐标系，建立点与三元实数组之间的一一对应关系，以及曲线、曲面与方程之间的一一对应关系. 通过向量代数建立空间解析几何理论，可以方便地处理空间图形的方程的相关运算.

自测题 1

第 2 章

函数、极限与连续

高等数学是以函数为主要研究对象的一门数学课程. 极限是高等数学的理论基础. 连续性是函数的一个重要性态. 本章介绍一元及多元函数、函数极限及函数连续性等基本概念和它们的基本性质.

2.1 函　　数

2.1.1 点集

1. 点集与邻域

常常用 $\mathbf{N}$ 表示自然数集, $\mathbf{Z}$ 表示整数集, $\mathbf{Q}$ 表示有理数集, $\mathbf{R}$ 表示实数集.

由平面解析几何知道,当在平面上引入了一个直角坐标系后,平面上的点 P 与有序二元实数组 (x,y) 之间就建立了一一对应关系. 于是,我们常把有序实数组 (x,y) 与平面上的点 P 视作是等同的. 这种建立了坐标系的平面称为坐标平面. 用 $\mathbf{R}^2=\mathbf{R}\times\mathbf{R}=\{(x,y)\mid x,y\in\mathbf{R}\}$ 表示坐标平面. 类似地,由第一章可知引入了一个空间直角坐标系后,空间中的点 P 与有序三元实数组 (x,y,z) 之间就建立了一一对应关系. 空间中所有点的集合 $\{(x,y,z)\mid x,y,z\in\mathbf{R}\}$ 表示为 $\mathbf{R}^3$. 一般地,定义集合 $\mathbf{R}^n=\{(x_1,x_2,\cdots,x_n)\mid x_i\in\mathbf{R},i=1,2,\cdots,n\}$. 为了将集合 $\mathbf{R}^n$ 中的元素之间建立联系,在 $\mathbf{R}^n$ 中定义线性运算如下:

设 $x=(x_1,x_2,\cdots,x_n)$, $y=(y_1,y_2,\cdots,y_n)$ 为 $\mathbf{R}^n$ 中任意两个元素, $\lambda\in\mathbf{R}$,规定

$$x+y=(x_1+y_1,x_2+y_2,\cdots,x_n+y_n),\quad \lambda x=(\lambda x_1,\lambda x_2,\cdots,\lambda x_n).$$

这种定义了线性运算的集合 $\mathbf{R}^n$ 称为 n **维空间**.

$\mathbf{R}^n$ 中点 $x=(x_1,x_2,\cdots,x_n)$ 和点 $y=(y_1,y_2,\cdots,y_n)$ 间的距离定义为

$$|x-y|=\sqrt{(x_1-y_1)^2+(x_2-y_2)^2+\cdots+(x_n-y_n)^2}.$$

显然,当 $n=1,2,3$ 时,上述规定与数轴上、平面上及空间中两点间的距离的定义一致.

$\mathbf{R}^n$ 中元素 $x=(x_1,x_2,\cdots,x_n)$ 与零元 0 之间的距离记作 $|x|$,即

$$|x|=\sqrt{x_1^2+x_2^2+\cdots+x_n^2}.$$

若 $D\subseteq\mathbf{R}^n$,称 D 为 n 维空间中的点集.

例如,数轴上的区间是一维空间中的点集. 平面上以原点为中心、r 为半径的圆内所有点的集合 $A=\{(x,y)\mid x^2+y^2<r^2\}$ 是二维空间中的点集. $B=\{(x,y,z)\mid a<x<b,c<y<d,e<z<f\}$ 是三维空间中的点集.

在 $\mathbf{R}^n$ 中定义了线性运算和距离以后,便可以引入点集的一系列概念. 设 $a=(a_1,a_2,\cdots,a_n)\in\mathbf{R}^n$,$\delta$ 是某一正数,则 n 维空间内的点集:

$$U(a,\delta)=\{x\mid x\in\mathbf{R}^n,\ |x-a|<\delta\}$$

称为 $\mathbf{R}^n$ **中点 a 的 δ 邻域**.

$$\mathring{U}(a,\delta)=\{x\mid x\in\mathbf{R}^n,0<|x-a|<\delta\}$$

称为 $\mathbf{R}^n$ **中点 a 的 δ 去心邻域**.

注 如果不需要强调邻域的半径 δ,则用 $U(a)$ 表示点 a 的某个邻域,用 $\mathring{U}(a)$ 表示点 a 的某个去心邻域.

例如,对于 $\mathbf{R}$ 中点 a,点 a 的 δ 邻域为 $(a-\delta,a+\delta)$,点 a 的 δ 去心邻域为 $(a-\delta,a)\cup(a,a+\delta)$.

例如,设 $P_0(x_0,y_0)$ 是 xOy 平面上的一个点,δ 是某一正数,与点 $P_0(x_0,y_0)$ 的距离小于 δ 的点 $P(x,y)$ 的全体,即为点 P_0 的 δ 邻域,即

$$U(P_0,\delta)=\{P\mid |P-P_0|<\delta\}$$

或

$$U(P_0,\delta)=\{(x,y)\mid \sqrt{(x-x_0)^2+(y-y_0)^2}<\delta\}.$$

点 P_0 的去心 δ 邻域为

$$\mathring{U}(P_0,\delta)=\{P\mid 0<|P_0-P|<\delta\}.$$

邻域的几何意义:$U(P_0,\delta)$ 表示 xOy 平面上以点 $P_0(x_0,y_0)$ 为中心,$\delta>0$ 为半径的圆的内部点 $P(x,y)$ 的全体.

2. 点与点集之间的关系

定义 1 设点 $P\in\mathbf{R}^n$,点集 $E\subseteq\mathbf{R}^n$. 如果存在点 P 的某一邻域 $U(P)$,使得 $U(P)\subset E$,则称 P 为 E 的**内点**;如果存在点 P 的某个邻域 $U(P)$,使得 $U(P)\cap E=\varnothing$,则称 P 为 E 的**外点**;如果存在点 P 的某个邻域 $U(P)$,使得 $U(P)\cap E=\{P\}$,则称 P 为 E 的**孤立点**;如果点 P 的任一邻域内既有属于 E 的点,也有不属于 E 的点,则称 P 为 E 的**边界点**;如果对于任意给定的 $\delta>0$,点 P 的去心邻域 $\mathring{U}(P,\delta)$ 内总有 E 中的点,则称 P 是 E 的**聚点**.

由以上定义可知,E 的内点必属于 E;E 的外点必定不属于 E;而 E 的边界点可能属于 E,也可能不属于 E. 点集 E 的聚点可能属于 E,也可能不属于 E.

例 1 对平面点集 $E=\{(x,y)\mid 1<x^2+y^2\leqslant 2\}$,满足 $1<x^2+y^2<2$ 的一切点 (x,y) 都是 E 的内点;满足 $x^2+y^2=1$ 的一切点 (x,y) 都是 E 的边界点,它们都不属于 E;满足 $x^2+y^2=2$ 的一切点 (x,y) 也是 E 的边界点,它们都属于 E;点集 E 中所有点以及它的一切边界点都是 E 的聚点.

定义 2 点集 E 的边界点的全体,称为 E 的**边界**,记作 ∂E. 如果点集 E 的点都是内点,则称 E 为**开集**. 如果点集的余集 E^C 为开集,则称 E 为**闭集**.

例 2 集合 $\{(x,y)\mid 1<x^2+y^2<2\}$ 是开集. 集合 $\{(x,y)\mid 1\leqslant x^2+y^2\leqslant 2\}$ 是闭集. 集合 $\{(x,y)\mid 1<x^2+y^2\leqslant 2\}$ 既非开集,也非闭集. 集合 $\{(x,y)\mid 1<x^2+y^2\leqslant 2\}$ 的边界 ∂E 是 $\{(x,y)\mid x^2+y^2=1$ 或 $x^2+y^2=2\}$.

定义3 设E是$\mathbf{R}^n$中的一个非空开集，如果点集E内任何两点，都可用折线连接起来，且该折线上的点都属于E，则称E为**连通开集**，或称为**开区域**. 开区域连同它的边界一起所构成的点集称为**闭区域**.

例3 $E=\{(x,y)\mid 1<x^2+y^2<2\}$是开区域. $E=\{(x,y)\mid 1\leqslant x^2+y^2\leqslant 2\}$是闭区域.

定义4 对于平面点集E，如果存在某一正数r，使得$E\subset U(O,r)$，其中O是坐标原点，则称E为有界集. 一个集合如果不是有界集，就称这集合为**无界集**.

例4 集合$\{(x,y)\mid 1<x^2+y^2\leqslant 2\}$是有界集. 集合$\{(x,y)\mid x+y>1\}$是无界开区域. 集合$\{(x,y)\mid x+y\geqslant 1\}$是无界闭区域.

2.1.2 函数的概念

定义5 设$X\subseteq\mathbf{R}^n$和$Y\subseteq\mathbf{R}$是两个非空集合，如果存在一个对应法则f，使得对X中每个元素x，按法则f有唯一确定的Y中元素y与之对应，则称f为**从X到Y的函数**，记作$f:X\to Y$或$y=f(x),x\in X$.

其中y称为元素x(在映射f下)的**像**，而元素x称为元素y(在映射f下)的一个**原像**，集合X称为函数f的**定义域**，记作D_f，即$D_f=X$. X中所有元素的像所组成的集合称为函数f的**值域**，记为R_f，或$f(X)$，即$R_f=f(X)=\{f(x)\mid x\in X\}$.

注 (1) 构成一个函数必须具备以下三个要素：定义域、值域和对应法则f；

(2) 对每个$x\in X$，元素x的像y是唯一的；而对每个$y\in R_f$，元素y的原像不一定是唯一的；函数f的值域R_f是Y的一个子集，不一定有$R_f=Y$.

(3) 当$x=(x_1,x_2,\cdots,x_n)$时，也记函数为$y=f(x_1,x_2,\cdots,x_n),(x_1,x_2,\cdots,x_n)\in X$. $x_1,x_2,\cdots,x_n$称为**自变量**，y称为**因变量**. 因此，我们也称这样的函数为n**元函数**.

例如，当$n=1$时的函数称为一元函数：$y=f(x),x\in X\subseteq\mathbf{R}$；

当$n=2$时的函数称为二元函数：$z=f(x,y),(x,y)\in X\subseteq\mathbf{R}^2$；

当$n=3$时的函数称为三元函数：$u=f(x,y,z),(x,y,z)\in X\subseteq\mathbf{R}^3$.

注 (1) 通常把一元函数简称为函数，二元及其以上函数称为多元函数；

(2) 在用解析式表达n元函数$y=f(x_1,x_2,\cdots,x_n)$时，如果函数的定义域是使这个表达式有意义的变元$(x_1,x_2,\cdots,x_n)$的全体组成的点集，则它的定义域不再特别标出.

例如，如果函数$z=\arcsin(x^2+y^2)$的定义域为$\{(x,y)\mid x^2+y^2\leqslant 1\}$时，就将之表示为$z=\arcsin(x^2+y^2)$. 如果函数$z=\arcsin(x^2+y^2)$的定义域为$\{(x,y)\mid x^2+y^2\leqslant 0.8\}$时，不应该将之表示为$z=\arcsin(x^2+y^2)$，而应该表示为$z=\arcsin(x^2+y^2),(x,y)\in\{(x,y)\mid x^2+y^2\leqslant 0.8\}$.

例5 求二元函数$z=\ln(x+y)$的定义域.

解 自变量x,y所取的值必须满足不等式$x+y>0$，即定义域为$X=\{(x,y)\mid x+y>0\}$.

点集X在xOy面上表示一个在直线$x+y=0$上方的半平面(不包含边界)，如图2.1所示，此时X为无界开区域.

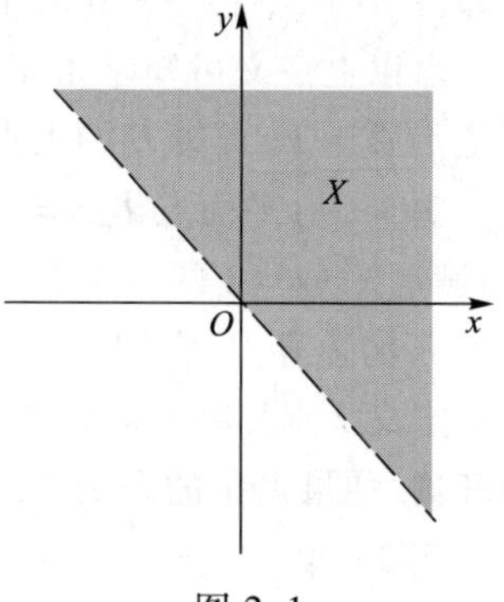

图2.1

例6 求二元函数$z=\sqrt{a^2-x^2-y^2}$的定义域$(a>0)$.

解 要使函数有意义，x,y 应满足不等式

$$a^2-x^2-y^2\geqslant 0,$$

于是，定义域 $X=\{(x,y)\mid x^2+y^2\leqslant a^2\}$.

点集 X 在 xOy 面上表示一个以原点为圆心，a 为半径的圆域，如图 2.2 所示，它是有界闭区域.

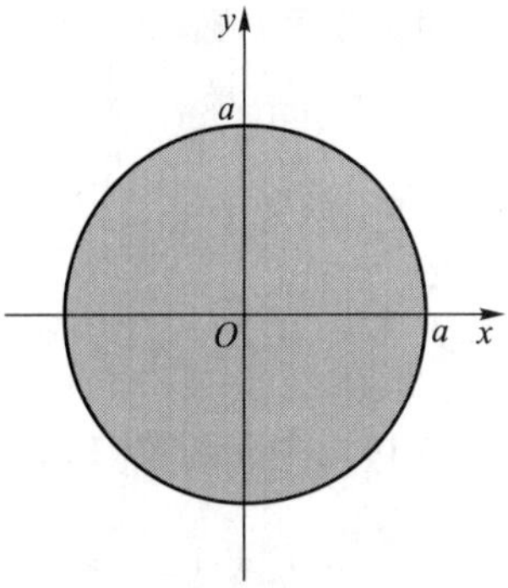

图 2.2

例 7 求二元函数 $z=\ln(x^2+y^2-1)+\sqrt{9-x^2-y^2}$ 的定义域.

解 该函数由 $\ln(x^2+y^2-1)$ 与 $\sqrt{9-x^2-y^2}$ 两部分组成，所以要使函数 z 有意义，x,y 应同时满足

$$\begin{cases}x^2+y^2-1>0,\\9-x^2-y^2\geqslant 0,\end{cases}$$

即

$$1<x^2+y^2\leqslant 9.$$

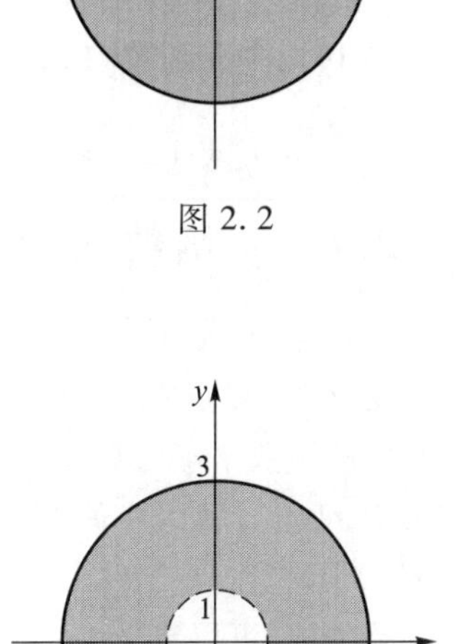

函数定义域为 $X=\{(x,y)\mid 1<x^2+y^2\leqslant 9\}$.

点集 X 在 xOy 面上表示一个以原点为圆心，以 1 和 3 为半径的两个圆围成的圆环域，它包含边界曲线外圆 $x^2+y^2=9$，但不包含边界曲线内圆 $x^2+y^2=1$，如图 2.3 所示.

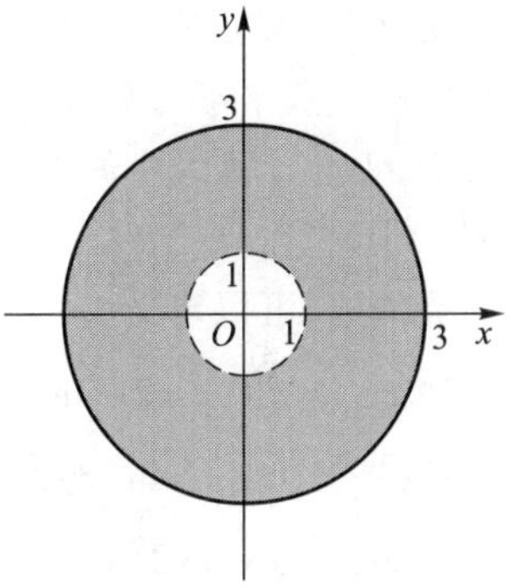

图 2.3

例 8 设 R 是电阻 R_1 和 R_2 并联后的总电阻. 求 R 与 R_1 和 R_2 之间的函数关系和定义域.

解 由电学知道，它们之间具有关系

$$R=\frac{R_1R_2}{R_1+R_2}.$$

由函数表达式和实际意义可知，函数的定义域为集合 $\{(R_1,R_2)\mid R_1>0,R_2>0\}$.

定义 6 点集 $\{(x_1,x_2,\cdots,x_n,y)\mid y=f(x_1,x_2,\cdots,x_n),(x_1,x_2,\cdots,x_n)\in X\}$ 称为 n 元函数 $y=f(x_1,x_2,\cdots,x_n)$ 的**图形**.

注 通常情况下，一元函数的图形是一条平面曲线，二元函数的图形是一张空间曲面.

例如，$z=ax+by+c$ 是一张平面，而函数 $z=x^2+y^2$ 的图形是旋转抛物面.

下面介绍一些特殊函数：

(1) **绝对值函数** $y=|x|=\begin{cases}x & x\geqslant 0,\\-x & x<0,\end{cases}$ 其定义域为 $X=(-\infty,+\infty)$，值域为 $R_f=[0,+\infty)$.

(2) **符号函数** $y=\operatorname{sgn} x=\begin{cases}1 & x>0,\\0 & x=0,\\-1 & x<0,\end{cases}$ 其定义域为 $X=(-\infty,+\infty)$，值域为 $R_f=\{-1,0,1\}$. 因此有 $x=\operatorname{sgn} x\cdot|x|$.

(3) **取整函数** 设 x 为任意实数. 不超过 x 的最大整数称为 x 的整数部分，记作 $[x]$. 函数 $y=[x]$ 称为取整函数，其定义域为 $X=(-\infty,+\infty)$，值域为 $R_f=\mathbf{Z}$.

例如，$\left[\frac{5}{7}\right]=0,[\sqrt{2}]=1,[\pi]=3,[-1]=-1,[-3.5]=-4$.

(4) **分段函数**　在自变量的不同变化范围中,对应法则用不同式子来表示的函数称为分段函数.

例9　函数 $y=\begin{cases}2\sqrt{x}, & 0\leqslant x\leqslant 1,\\ 1+x, & x>1\end{cases}$ 是一个分段函数,其定义域为 $X=[0,1]\cup(1,+\infty)=[0,+\infty)$,值域为 $R_f=[0,2]\cup(2,+\infty)=[0,+\infty)$. 当 $0\leqslant x\leqslant 1$ 时,$y=2\sqrt{x}$;当 $x>1$ 时,$y=1+x$.

例10　多元函数 $f(x,y)=\begin{cases}x^2+y^2, & x^2+y^2\leqslant 1,\\ x^2+1, & 其他\end{cases}$ 是一个多元分段函数,其定义域为 $X=\mathbf{R}^2$,值域为 $R_f=[0,1]\cup(2,+\infty)$.

2.1.3　函数的运算和初等函数

1. 复合函数

定义7　设函数 $y=f(u)$ 的定义域为 D_1,函数 $u=g(x)$ 的定义域为 D,并且 $g(D)\subseteq D_1$,则由下式确定的函数 $y=f[g(x)]$,$x\in D$ 称为由函数 $u=g(x)$ 和函数 $y=f(u)$ 构成的**复合函数**. 它的定义域为 D,变量 u 称为**中间变量**. 函数 g 与函数 f 构成的复合函数通常记为 $f\circ g$,即 $y=(f\circ g)(x)=f[g(x)]$.

类似地,可以定义多个函数的复合函数.

例如,$y=\sqrt{u}$,$u=2+\sin x$ 可复合成 $y=\sqrt{2+\sin x}$.

但是 $y=\sqrt{u}$,$u=\sin x-2$ 就不能复合.

例如,$y=\arctan 2^{\sqrt{x}}$ 可以看作是由 $y=\arctan u$,$u=2^v$,$v=\sqrt{x}$ 复合成的复合函数.

2. 反函数

定义8　设函数 $y=f(x)$ 的定义域为 D_f,值域为 R_f. 对于任意的 $y\in R_f$,在 D_f 上可以确定唯一的 x 与 y 对应,且满足 $y=f(x)$. 如果把 y 看作自变量,x 看作因变量,就可以得到一个新的函数 $x=f^{-1}(y)$. 我们称这个新的函数 $x=f^{-1}(y)$ 为函数 $y=f(x)$ 的**反函数**,而把函数 $y=f(x)$ 称为**直接函数**.

习惯上用 x 表示自变量,y 表示因变量,因此常将 $y=f(x)$ 的反函数记为 $y=f^{-1}(x)$.

一个函数若有反函数,则有恒等式 $f^{-1}[f(x)]\equiv x,x\in D_f$ 和 $f[f^{-1}(y)]\equiv y,y\in R_f$.

例11　直接函数 $y=f(x)=\dfrac{3}{4}x+3,x\in\mathbf{R}$ 的反函数为 $x=f^{-1}(y)=\dfrac{4}{3}(y-3),y\in\mathbf{R}$,并且有

$$f^{-1}[f(x)]=\frac{4}{3}\left[\left(\frac{3}{4}x+3\right)-3\right]\equiv x,\ f[f^{-1}(y)]=\frac{3}{4}\left[\frac{4}{3}(y-3)\right]+3\equiv y.$$

注　函数 $y=f(x)$ 与它的反函数 $y=f^{-1}(x)$ 的图形是关于直线 $y=x$ 对称的.

3. 初等函数

(1) 幂函数　$y=x^a(a\in\mathbf{R})$.

它的定义域和值域依 a 的取值不同而不同,但是无论 a 取何值,幂函数在 $x\in(0,+\infty)$ 内总有定义.

(2) 指数函数　$y=a^x(a>0,a\neq 1)$.

它的定义域为 $(-\infty,+\infty)$,值域为 $(0,+\infty)$. 指数函数的图形如图 2.4 所示.

(3) 对数函数　$y=\log_a x(a>0,a\neq 1)$.

定义域为$(0,+\infty)$,值域为$(-\infty,+\infty)$. 对数函数 $y=\log_a x$ 是指数函数$y=a^x$的反函数. 其图形如图 2.5 所示.

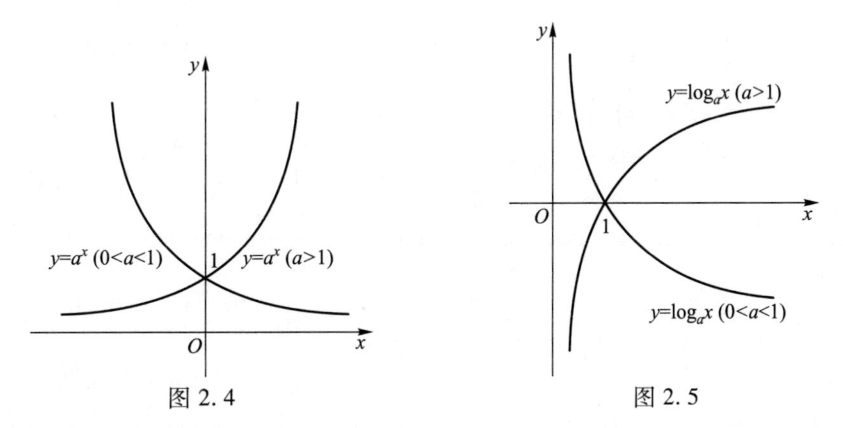

图 2.4　　　　图 2.5

在工程中,常以无理数 e=2.718 281 828…作为指数函数和对数函数的底,并且记 $\log_e x=\ln x$,而后者称为自然对数函数.

(4) 三角函数

正弦函数 $y=\sin x$,

余弦函数 $y=\cos x$,

正切函数 $y=\tan x$,

余切函数 $y=\cot x$,

正割函数 $y=\sec x$,

余割函数 $y=\csc x$,

其中正弦、余弦、正切和余切函数的图形分别如图 2.6(1)(2)(3)(4)所示.

(5) 反三角函数

反三角函数主要包括反正弦函数 $y=\arcsin x$、反余弦函数 $y=\arccos x$、反正切函数 $y=\arctan x$ 和反余切函数 $y=\operatorname{arccot} x$ 等. 它们的图形分别如图 2.7(1)(2)(3)(4)所示.

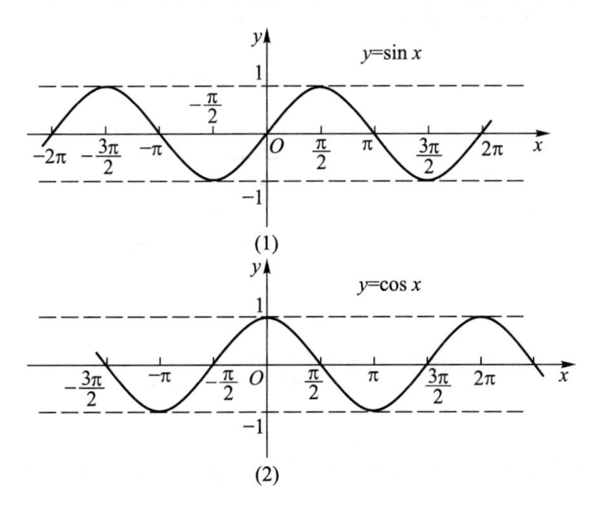

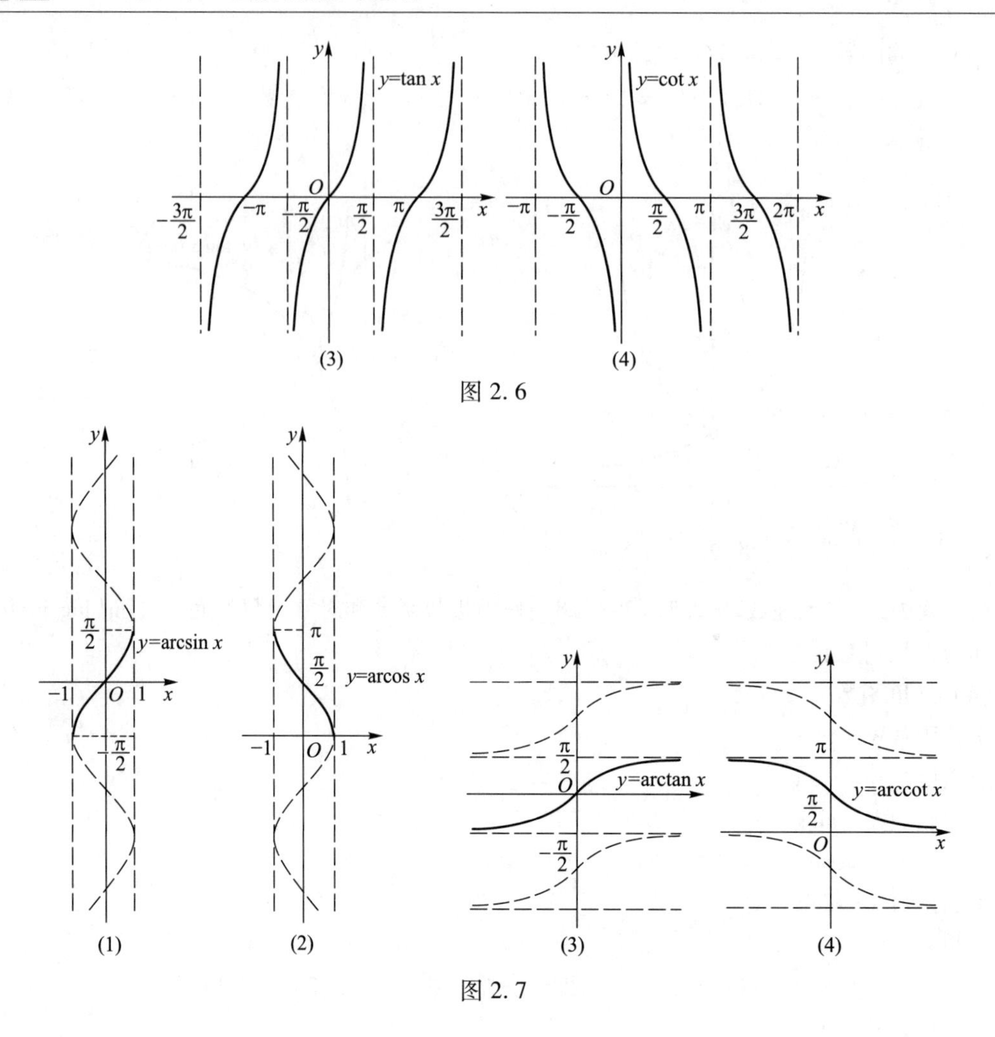

图 2.6

图 2.7

(6) 常函数

$$y=c \quad (c \text{ 为常数}),$$

定义域为$(-\infty,+\infty)$,函数的图形是一条水平的直线. 它们的图形如图 2.8 所示.

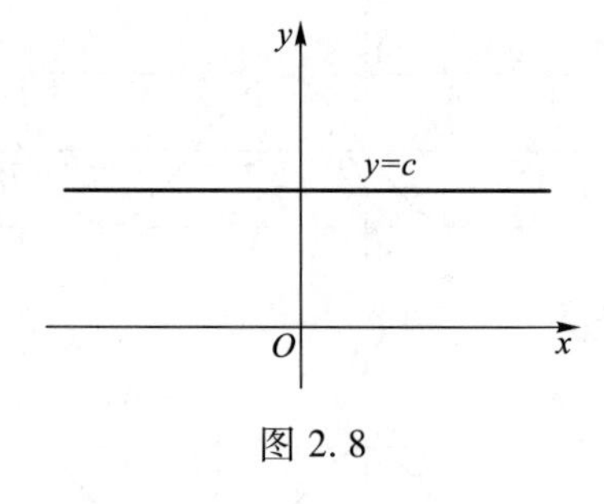

图 2.8

定义 9　幂函数、指数函数、对数函数、三角函数、反三角函数和常函数这 6 类函数叫做**基本初等函数**.

定义 10　由基本初等函数经过有限次的四则运算和有限次的复合所构成的,并用一个解析式表达的函数,称为**初等函数**.

例如,函数

$$y=\ln(\sin x+4),\quad y=e^{2x}\sin(3x+1)$$

都是初等函数.但是符号函数,取整函数 $y=[x]$ 就是非初等函数.

在微积分运算中,常把一个初等函数分解为基本初等函数来研究,学会分析初等函数的结构是十分重要的.

例 12 将下列函数分解成较简单函数:

(1) $y=\sin\cot(2x)$;

(2) $y=\lg(\arcsin\sqrt{2+x})$.

解 (1) 函数 $y=\sin\cot(2x)$ 由 $y=\sin u$, $u=\cot v$ 和 $v=2x$ 复合而成;

(2) 函数 $y=\lg(\arcsin\sqrt{2+x})$ 由 $y=\lg u$, $u=\arcsin v$, $v=\sqrt{w}$ 和 $w=2+x$ 复合而成.

2.1.4 函数的性质

1. **有界性**

定义 11 若存在正数 M,使得函数 $f(x)$ 在区间 I 上恒有 $|f(x)|\leqslant M$,则称 $f(x)$ 在区间 I 上是**有界函数**;否则,称 $f(x)$ 在区间 I 上是**无界函数**.

如果存在常数 M(不一定局限于正数),使得函数 $f(x)$ 在区间 I 上恒有 $f(x)\leqslant M$,则称 $f(x)$ 在区间 I 上有**上界**.任意一个满足 $N\geqslant M$ 的数 N 都是 $f(x)$ 在区间 I 上的一个上界.如果存在常数 m,使得函数 $f(x)$ 在区间 I 上恒有 $f(x)\geqslant m$,则称 $f(x)$ 在区间 I 上有**下界**.任意一个满足 $l\leqslant m$ 的数 l 都是 $f(x)$ 在区间 I 上的一个下界.

显然,函数 $f(x)$ 在区间 I 上有界的充要条件是 $f(x)$ 在区间 I 上既有上界又有下界.

2. **单调性**

定义 12 设函数 $f(x)$ 在区间 I 上有定义,若对 I 上任意两点 $x_1<x_2$,都有 $f(x_1)<f(x_2)$(或 $f(x_1)>f(x_2)$),则称 $y=f(x)$ 为区间 I 上的**严格单调递增**(或**严格单调递减**)**函数**.

如果函数 $f(x)$ 对区间 I 上的任意两点 $x_1<x_2$,都有 $f(x_1)\leqslant f(x_2)$(或 $f(x_1)\geqslant f(x_2)$),则称 $y=f(x)$ 为区间 I 上的**单调递增**(或**单调递减**)**函数**.

例 13 函数 $y=x^2$ 在区间 $(-\infty,0)$ 内是严格单调递减的;在区间 $(0,+\infty)$ 内是严格单调递增的.而函数 $y=x$, $y=x^3$ 在区间 $(-\infty,+\infty)$ 内都是严格单调递增的.

3. **奇偶性**

定义 13 若函数 $f(x)$ 在关于原点对称的区间 I 上有定义,并且满足 $f(-x)=f(x)$(或 $f(-x)=-f(x)$),则称 $f(x)$ 为**偶函数**(或**奇函数**).

易知,偶函数的图形是关于 y 轴对称的;奇函数的图形是关于原点对称的;两个偶(奇)函数的积为偶函数;一个偶函数与一个奇函数的积为奇函数.

例如,$f(x)=x^2$, $g(x)=x\sin x$ 在定义区间上都是偶函数.而 $F(x)=x$, $G(x)=x\cos x$ 在定义区间上都是奇函数.

4. **周期性**

定义 14 对于函数 $y=f(x)$,如果存在一个非零常数 T,使得对一切的 x 均有 $f(x+T)=f(x)$,

则称函数 $f(x)$ 为**周期函数**，并把 T 称为 $f(x)$ 的**周期**. 应当指出的是，通常讲的周期函数的周期是指最小的正周期.

例如，$y=\sin x$，$y=\cos x$ 都是以 2π 为周期的周期函数，而 $y=\tan x$，$y=\cot x$ 则是以 π 为周期的周期函数.

注　不是所有函数都具有单调性、奇偶性和周期性. 但是都具有有界性，即任意一个函数不是有界的就是无界的.

2.1.5　双曲函数和反双曲函数

双曲正弦：
$$\operatorname{sh} x=\frac{e^{x}-e^{-x}}{2},$$

双曲余弦：
$$\operatorname{ch} x=\frac{e^{x}+e^{-x}}{2},$$

函数图像如图 2.9 所示.

双曲正切：
$$\operatorname{th} x=\frac{\operatorname{sh} x}{\operatorname{ch} x}=\frac{e^{x}-e^{-x}}{e^{x}+e^{-x}}.$$

函数图像如图 2.10 所示.

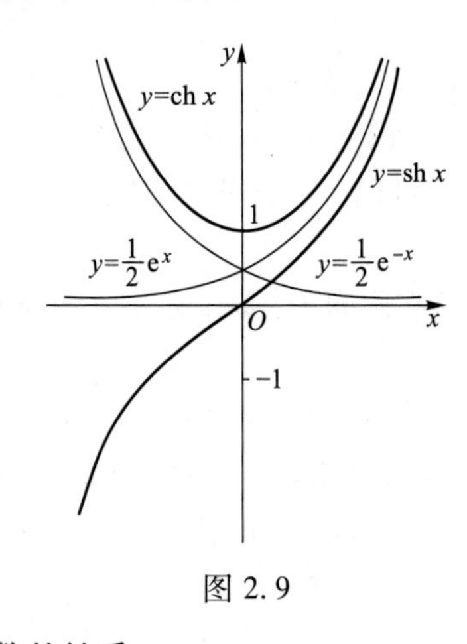

图 2.9

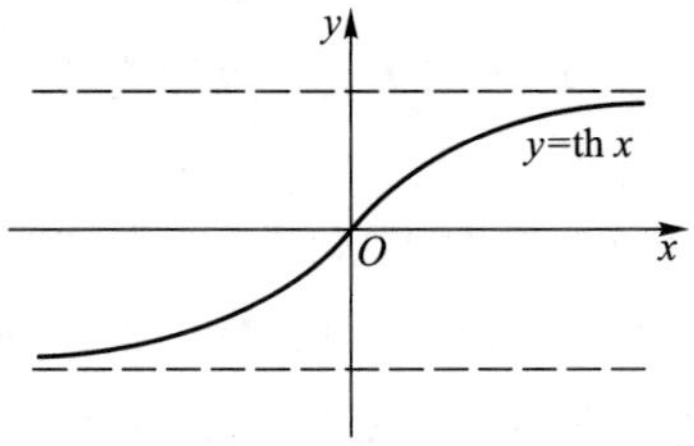

图 2.10

双曲函数的性质：

性质 1　$\operatorname{sh}(x\pm y)=\operatorname{sh} x\operatorname{ch} y\pm\operatorname{ch} x\operatorname{sh} y$；

性质 2　$\operatorname{ch}(x\pm y)=\operatorname{ch} x\operatorname{ch} y\pm\operatorname{sh} x\operatorname{sh} y$；

性质 3　$\operatorname{ch}^2 x-\operatorname{sh}^2 x=1$；

性质 4　$\operatorname{sh} 2x=2\operatorname{sh} x\operatorname{ch} x$；

性质 5　$\operatorname{ch} 2x=\operatorname{ch}^2 x+\operatorname{sh}^2 x$.

下面仅证明性质 1 中的 $\operatorname{sh}(x+y)=\operatorname{sh} x\operatorname{ch} y+\operatorname{ch} x\operatorname{sh} y$.

证明　右边 $=\operatorname{sh} x\operatorname{ch} y+\operatorname{ch} x\operatorname{sh} y=\dfrac{e^{x}-e^{-x}}{2}\cdot\dfrac{e^{y}+e^{-y}}{2}+\dfrac{e^{x}+e^{-x}}{2}\cdot\dfrac{e^{y}-e^{-y}}{2}$

$$=\frac{e^{x+y}-e^{y-x}+e^{x-y}-e^{-(x+y)}}{4}+\frac{e^{x+y}+e^{y-x}-e^{x-y}-e^{-(x+y)}}{4}$$

$$=\frac{e^{x+y}-e^{-(x+y)}}{2}=\text{sh}(x+y)=\text{左边}.$$

双曲函数 $y=\text{sh}\,x$, $y=\text{ch}\,x(x\geqslant 0)$, $y=\text{th}\,x$ 的反函数依次为

反双曲正弦函数：$y=\text{arsh}\,x$,

反双曲余弦函数：$y=\text{arch}\,x$,

反双曲正切函数：$y=\text{arth}\,x$.

反双曲函数的表达式：

由于 $y=\text{arsh}\,x$ 是 $x=\text{sh}\,y$ 的反函数，所以从 $x=\frac{e^y-e^{-y}}{2}$ 中解出 y 来就是 arsh x. 令 $u=e^y$，代入 $x=\frac{e^y-e^{-y}}{2}$ 得 $u^2-2xu-1=0$. 这是关于 u 的一个二次方程，它的根为 $u=x\pm\sqrt{x^2+1}$. 因为 $u=e^y>0$，故根号前应取正号，于是 $u=x+\sqrt{x^2+1}$. 由于 $y=\ln u$，故得 $y=\text{arsh}\,x=\ln(x+\sqrt{x^2+1})$.

函数 $y=\text{arsh}\,x$ 的定义域为 $(-\infty,+\infty)$，它是奇函数，在区间 $(-\infty,+\infty)$ 内为单调递增的.

类似地可得

$$y=\text{arch}\,x=\ln(x+\sqrt{x^2-1}),\quad y=\text{arth}\,x=\frac{1}{2}\ln\frac{1+x}{1-x}.$$

习 题 2.1

1. 求下列函数的定义域：

(1) $y=\frac{\sqrt{-x^2-3x+4}}{x}$;

(2) $y=\frac{\ln(x+1)}{\sqrt{-x^2-3x+4}}$;

(3) $y=\begin{cases}\sqrt{x+1}, & 0\leqslant x\leqslant 4,\\ x-3, & 4<x\leqslant 9;\end{cases}$

(4) $y=\frac{1}{\sqrt{5-x}}+\frac{1}{\sqrt{x-2}}$;

(5) $y=2x-1\quad(2\leqslant y\leqslant 5)$;

(6) $S=\pi r^2\quad$ (r 为圆半径).

2. 下列各组函数中，$f(x)$ 和 $g(x)$ 是否相同？为什么？

(1) $f(x)=\lg x^2$, $g(x)=2\lg x$;

(2) $f(x)=x$, $g(x)=\sqrt{x^2}$;

(3) $f(x)=\sqrt[3]{x^4-x^3}$, $g(x)=x\cdot\sqrt[3]{x-1}$;

(4) $f(x)=1$, $g(x)=\sec^2 x-\tan^2 x$.

3. 设

$$\varphi(x)=\begin{cases}|\sin x|, & |x|<\frac{\pi}{3},\\ 0, & |x|\geqslant\frac{\pi}{3},\end{cases}$$

求 $\varphi\left(\frac{\pi}{6}\right)$, $\varphi\left(\frac{\pi}{4}\right)$, $\varphi\left(-\frac{\pi}{4}\right)$, $\varphi(-2)$，并作出函数 $y=\varphi(x)$ 的图形.

4. 判断下列函数在指定区间内的单调性：

(1) $y=\frac{x}{1-x}$, $(-\infty,1)$;

(2) $y=x+\ln x$, $(0,+\infty)$.

5. 设 $f(x)$ 为定义在 $(-l,l)$ 内的奇函数，若 $f(x)$ 在 $(0,l)$ 内严格单调递增，证明 $f(x)$ 在 $(-l,0)$ 内也严格单调递增.

6. 下列函数中哪些是偶函数，哪些是奇函数，哪些是既非奇函数又非偶函数？

(1) $y=x^4(1-x^2)$；　(2) $y=3x^2-x^3$；

(3) $y=\dfrac{a^x+a^{-x}}{2}$；　(4) $y=x(x-1)(x+1)$.

7. 下列各函数中哪些是周期函数？对于周期函数，指出其周期：

(1) $y=\sin(x-2)$；　(2) $y=\sin 4x$；

(3) $y=\cos^2 x$；　(4) $y=x\sin x$.

8. 求下列函数的反函数：

(1) $y=\dfrac{2^x}{2^x+1}$；　(2) $f(x)=\sqrt{2x-4}\ (x\geqslant 4)$.

9. 试证：函数 $f(x)=\dfrac{x}{1+x^2}$，$x>0$ 是有界的.

10. 将下列函数分解成几个简单函数：

(1) $y=\cos[1+2\ln(x^2+1)]$；　(2) $y=2\cos^3(2x)$.

11. 设 $f(\tan x)=\cos 2x$，求 $f(x)$.

12. 判定下列平面点集中哪些是开集、闭集、有界集、无界集？并指出它们的边界 ∂E.

(1) $\{(x,y)\mid x\neq 0, y\neq 0\}$；

(2) $\{(x,y)\mid 4\leqslant x^2+y^2\leqslant 9\}$；

(3) $\{(x,y)\mid x>x^2\}$；

(4) $\{(x,y)\mid (x-1)^2+y^2\geqslant 1\}\cap\{(x,y)\mid (x-2)^2+y^2\leqslant 4\}$.

13. 已知函数 $f(x,y)=x^2-2y^4-x^3y\tan\dfrac{2x}{y}$，试求 $f(tx,ty)$.

14. 试证函数 $F(x,y)=\ln x\cdot\ln y$ 满足关系式：

$$F(xy,uv)=F(x,u)+F(x,v)+F(y,u)+F(y,v).$$

15. 已知函数 $f(u,v,w)=(2u)^w+w^{u+2v}$，试求 $f(x+y,x-y,xy)$.

16. 求下列各函数的定义域：

(1) $z=\ln(x^2-3y+4)$；

(2) $z=\dfrac{1}{\sqrt{2x-y}}-\dfrac{2}{\sqrt{x+2y}}$；

(3) $z=\sqrt{y-\sqrt{x}}$；

(4) $u=\sqrt{9-x^2-y^2-z^2}-\dfrac{3}{\sqrt{x^2+y^2+z^2-4}}$.

2.2　数列的极限

2.2.1　数列极限的概念

我们先介绍数列的概念：

定义 1 设 $x_n=f(n)$ 是一个定义在正整数集合上的函数(称为**整标函数**),当自变量 n 依次取值 1,2,3,…时,相应的函数值排成一串有序数:

$$x_1,x_2,x_3,\cdots,x_n,\cdots,$$

这样一串有次序的数就叫做**数列**,记为 $\{x_n\}$,其中第 n 项 x_n 叫做数列的**一般项**.

例如:

$$\frac{1}{2},\frac{2}{3},\frac{3}{4},\cdots,\frac{n}{n+1},\cdots;$$

$$2,4,6,8,\cdots,2n,\cdots;$$

$$\frac{1}{2},\frac{1}{4},\frac{1}{8},\cdots,\frac{1}{2^n},\cdots;$$

$$0,1,0,1,\cdots,\frac{1+(-1)^n}{2},\cdots;$$

$$1,-\frac{1}{2},\frac{1}{3},-\frac{1}{4},\cdots,\frac{(-1)^{n+1}}{n},\cdots$$

都是数列的例子,它们的一般项依次为

$$\frac{n}{n+1},\quad 2n,\quad \frac{1}{2^n},\quad \frac{1+(-1)^n}{2},\quad \frac{(-1)^{n+1}}{n}.$$

数列的几何意义:数列 $\{x_n\}$ 可以看成是数轴上一串随 n 变化的动点,如图 2.11所示.

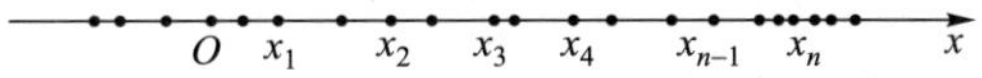

$O\quad x_1\quad x_2\quad x_3\quad x_4\quad x_{n-1}\quad x_n\quad x$

图 2.11

关于数列,这里主要讨论:当 n 无限增大(记为 $n\to\infty$,读作 n 趋于无穷大)时,对应的 x_n 的变化趋势.即随 n 变化的动点 x_n,当 n 无限增大时,能否无限接近于某个固定的常数,如果能的话,这个常数等于多少.

下面我们介绍刘徽的"割圆术":设有一圆,首先作内接正六边形,它的面积记为 A_1;再作内接正十二边形,它的面积记为 A_2;再作内接正二十四边形,它的面积记为 A_3;如此下去,每次边数加倍;一般把内接正 $6\times2^{n-1}$ 边形的面积记为 A_n.这样就得到一系列内接正多边形的面积:

$$A_1,A_2,A_3,\cdots,A_n,\cdots.$$

设想 n 无限增大,即内接正多边形的边数无限增加,在这个过程中,内接正多边形无限接近于圆,同时其面积 A_n 也无限接近于圆的面积.

我们再观察下面几个例子:

(1) $x_n=1+\dfrac{1}{n}:2,\dfrac{3}{2},\dfrac{4}{3},\dfrac{5}{4},\cdots;$

(2) $x_n=1-\dfrac{1}{n}:0,\dfrac{1}{2},\dfrac{2}{3},\dfrac{3}{4},\cdots;$

(3) $x_n=\dfrac{(-1)^{n-1}}{2^n}:\dfrac{1}{2},-\dfrac{1}{4},\dfrac{1}{8},-\dfrac{1}{16},\cdots;$

(4) $x_n=2n:2,4,6,8,\cdots.$

不难看出,随着 n 逐渐增大,它们有着各自的变化趋势.且就数列(1)(2)来说,当 n 无限增大时,

x_n 都无限地接近于 1.

我们知道,刻画两个数之间的接近程度,可以利用这两个数之差的绝对值,即两点之间的距离. 这样,x_n 无限接近于 1 等价于 $|x_n-1|$ 可以任意小,即在数列(1)(2)中,"当 n 无限增大时,$|x_n-1|$ 可以任意小". 当然小是相对的,例如,对于数列(1),当 $n>10\ 000$ 时,$|x_n-1|<\frac{1}{10\ 000}$,只不过说明 $|x_n-1|$ 小于万分之一而已,并不能说明可以任意小. "当 n 无限增大时,$|x_n-1|$ 可以任意小"是指:不论事先指定一个多么小的正数,在 n 无限增大的变化过程中,总有那么一个时刻(也就是 n 增大到一定程度),在此时刻以后,$|x_n-1|$ 即可小于那个事先指定的小的正数. 下面以数列(1)为例,来进一步说明这一点. 由于

$$|x_n-1|=\left|\left(1+\frac{1}{n}\right)-1\right|=\left|\frac{1}{n}\right|=\frac{1}{n},$$

如果指定一个小的正数,例如$\frac{1}{10}$,要使 $|x_n-1|<\frac{1}{10}$,即$\frac{1}{n}<\frac{1}{10}$,则只要取 $n>10$ 就可以了,也就是说,从数列的第 11 项开始,以后各项都满足 $|x_n-1|<\frac{1}{10}$. 如果再指定一个小的正数$\frac{1}{100}$,要使 $|x_n-1|<\frac{1}{100}$,即$\frac{1}{n}<\frac{1}{100}$,则只要取 $n>100$ 就可以了,也就是说,从数列的第 101 项开始,以后各项都满足 $|x_n-1|<\frac{1}{100}$. 同样地,如果指定一个更小的正数$\frac{1}{10\ 000}$,则从数列的第 10 001 项开始,以后各项都满足 $|x_n-1|<\frac{1}{10\ 000}$. 由此可见,对于数列(1),不论事先指定一个多么小的正数 ε,总存在一个正整数 N,使得对于当 $n>N$ 时的一切 x_n,不等式 $|x_n-1|<\varepsilon$ 恒成立.

一般来说,如果对于数列 $\{x_n\}$,当 n 无限增大时,x_n 无限地接近于常数 a,我们就称"数列 $\{x_n\}$ 以常数 a 为极限".

经上面的分析,可以给出数列极限的精确定义(俗称"$\varepsilon-N$"定义).

定义 2　如果数列 $\{x_n\}$ 与常数 a 有下列关系:对于任意给定的正数 ε(不论它多么小),总存在一个正整数 N,使得对于当 $n>N$ 时的一切 x_n,不等式

$$|x_n-a|<\varepsilon$$

都成立,则称常数 a 是**数列 $\{x_n\}$ 的极限**,或者称数列 $\{x_n\}$ **收敛于** a,记为

$$\lim_{n\to\infty} x_n=a \quad 或 \quad x_n\to a(n\to\infty).$$

如果数列没有极限,就说数列是**发散的**.

注　定义中的 ε 刻画 x_n 与 a 的接近程度,N 刻画总有那么一个时刻(即刻画 n 充分大的程度);ε 是任意给定的,N 是随 ε 而确定的,一般情况下,ε 越小,N 的取值越大.

数列 $\{x_n\}$ 以 a 为极限的几何解释:从几何上看,数列 $\{x_n\}$ 是数轴上的一串点,a 是数轴上一个确定的点,对任意给定的小正数 ε,在数轴上作出点 a 的 ε 邻域,即开区间$(a-\varepsilon,a+\varepsilon)$. 因不等式

$$|x_n-a|<\varepsilon$$

与不等式

$$a-\varepsilon<x_n<a+\varepsilon$$

等价，所以不论 ε 多么小，即不论区间 $(a-\varepsilon,a+\varepsilon)$ 多么小，总可以找到 N，从第 $N+1$ 项起，以后的一切项的值均落在这个开区间内，而只有有限多个点落在开区间外，如图 2.12 所示.

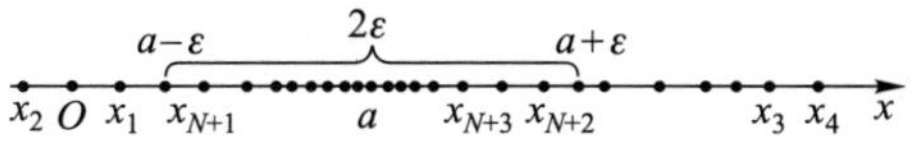

图 2.12

为方便表达，引入记号“$\forall$”表示“对任意给定的”或“对每一个”，记号“$\exists$”表示“存在”. 于是数列 $\{x_n\}$ 以 a 为极限的定义可以表述为：

$\lim\limits_{n\to\infty} x_n=a \Leftrightarrow \forall\ \varepsilon>0$，$\exists$ 正整数 N，当 $n>N$ 时，有 $|x_n-a|<\varepsilon$.

由以上讨论可知，圆的面积为 $\lim\limits_{n\to\infty} A_n$（其中 A_n 为圆的内接正 $6\times 2^{n-1}$ 边形的面积）. 实际上，极限概念正是由于求某些实际问题的精确解答而产生的.

数列极限的定义没有给出求极限值的方法，极限的求法以后我们会讲到. 下面举两个例子帮助大家进一步理解极限的概念.

例 1　证明 $\lim\limits_{n\to\infty}\dfrac{n+(-1)^{n-1}}{n}=1$.

证明　对于任意给定的 $\varepsilon>0$，要使

$$|x_n-1|=\left|\frac{n+(-1)^{n-1}}{n}-1\right|=\frac{1}{n}<\varepsilon,$$

只要 $n>\dfrac{1}{\varepsilon}$ 就可以了. 因此，$\forall\ \varepsilon>0$，取正整数 $N=\left[\dfrac{1}{\varepsilon}\right]$，则当 $n>N$ 时，$\left|\dfrac{n+(-1)^{n-1}}{n}-1\right|<\varepsilon$ 恒成立. 所以 $\lim\limits_{n\to\infty}\dfrac{n+(-1)^{n-1}}{n}=1$.

例 2　证明数列 $1,\dfrac{1}{2},\dfrac{1}{2^2},\cdots,\dfrac{1}{2^{n-1}},\cdots$ 的极限是 0.

证明　对于任意给定的 $\varepsilon>0$，要使

$$|x_n-0|=\left|\frac{1}{2^{n-1}}-0\right|=\frac{1}{2^{n-1}}<\varepsilon,$$

只要 $2^{n-1}>\dfrac{1}{\varepsilon}$，取对数得 $n-1>\log_2\dfrac{1}{\varepsilon}$，即 $n>\log_2\dfrac{1}{\varepsilon}+1$ 就可以了. 因此，$\forall\ \varepsilon>0\ (0<\varepsilon<1)$，取正整数 $N=\left[\log_2\dfrac{1}{\varepsilon}+1\right]$，则当 $n>N$ 时，$\left|\dfrac{1}{2^{n-1}}-0\right|<\varepsilon$ 恒成立. 所以 $\lim\limits_{n\to\infty}\dfrac{1}{2^{n-1}}=0$.

2.2.2　收敛数列的性质

定理 1（极限的唯一性）　如果数列 $\{x_n\}$ 收敛，那么它的极限唯一.

证明　反证法. 假设同时有 $\lim\limits_{n\to\infty} x_n=a$ 及 $\lim\limits_{n\to\infty} x_n=b$，且 $a\neq b$. 不妨设 $a<b$，根据极限的定义，对于 $\varepsilon=\dfrac{b-a}{2}>0$，由于 $\lim\limits_{n\to\infty} x_n=a$，则存在正整数 N_1，使当 $n>N_1$ 时，有

$$|x_n-a|<\varepsilon=\frac{b-a}{2}.$$

同时,由于$\lim\limits_{n\to\infty} x_n=b$,则存在正整数 N_2,使当 $n>N_2$ 时,有

$$|x_n-b|<\varepsilon=\frac{b-a}{2}.$$

取 $N=\max\{N_1,N_2\}$,则当 $n>N$ 时,

$$|x_n-a|<\varepsilon=\frac{b-a}{2}\quad 及\quad |x_n-b|<\varepsilon=\frac{b-a}{2}$$

同时成立,即同时有

$$x_n<\frac{b+a}{2}\quad 及\quad x_n>\frac{b+a}{2},$$

这是不可能的. 所以只能有 $a=b$.

对于数列$\{x_n\}$,如果存在正数 M,使得对一切 x_n 都满足不等式:

$$|x_n|\leqslant M,$$

则称数列$\{x_n\}$是**有界的**;如果这样的正数 M 不存在,就说数列$\{x_n\}$是**无界的**.

定理 2(收敛数列的有界性)　如果数列$\{x_n\}$收敛,那么数列$\{x_n\}$一定有界.

证明　设数列$\{x_n\}$收敛,且收敛于 a,根据数列极限的定义,对于 $\varepsilon=1$,存在正整数 N,当 $n>N$ 时,有

$$|x_n-a|<1,$$

于是,当 $n>N$ 时,

$$|x_n|=|(x_n-a)+a|\leqslant|x_n-a|+|a|<1+|a|.$$

取 $M=\max\{|x_1|,|x_2|,\cdots,|x_N|,1+|a|\}$,这样数列$\{x_n\}$中的一切 x_n 都满足不等式

$$|x_n|\leqslant M.$$

这就证明了数列$\{x_n\}$是有界的.

由定理 2 知,若数列$\{x_n\}$无界,则$\{x_n\}$发散. 应注意:有界数列未必收敛. 如,数列$\{x_n\}$:1,$-1,1,-1,\cdots,(-1)^{n-1},\cdots$有界,但它是发散的.

定理 3(收敛数列的保号性)　如果数列$\{x_n\}$收敛于 a,且 $a>0$(或 $a<0$),那么存在正整数 N,当 $n>N$ 时,有 $x_n>0$(或 $x_n<0$).

证明　只证 $a>0$ 的情形($a<0$ 的情形可类似证明). 由数列极限的定义,对 $\varepsilon=\frac{a}{2}>0$,存在正整数 N,当 $n>N$ 时,有

$$|x_n-a|<\frac{a}{2},$$

从而 $x_n>a-\frac{a}{2}=\frac{a}{2}>0$.

推论　如果数列$\{x_n\}$从某项起有 $x_n\geqslant0$(或 $x_n\leqslant0$),且数列$\{x_n\}$收敛于 a,那么 $a\geqslant0$(或 $a\leqslant0$).

证明　只证 $x_n\geqslant0$ 的情形($x_n\leqslant0$ 的情形可类似证明). 设数列$\{x_n\}$从第 N_1+1 项起,即当 $n>N_1$ 时,有 $x_n\geqslant0$. 用反证法,若 $a<0$,则由定理 3 知,存在正整数 N_2,当 $n>N_2$ 时,有 $x_n<0$. 取 $N=\max\{N_1,N_2\}$,则当 $n>N$ 时,按假定有 $x_n\geqslant0$,按定理 3 有 $x_n<0$,矛盾,所以 $a\geqslant0$.

在数列$\{x_n\}$中任意抽取无限多项并保持这些项在原数列中的先后次序,这样得到的一个数列称为原数列$\{x_n\}$的**子数列**.

例如,数列$\{x_n\}$:1,-1,1,-1,…,$(-1)^{n+1}$,…的一子数列为$\{x_{2n}\}$:-1,-1,-1,…,$(-1)^{2n+1}$,….

定理4(收敛数列与其子数列间的关系)　如果数列$\{x_n\}$收敛于a,那么它的任一子数列也收敛,且极限也是a.

证明略.

由定理4知,若数列$\{x_n\}$的某一子数列发散,则原数列发散.若数列$\{x_n\}$的两个子数列收敛,但其极限不同,则原数列发散.发散的数列的子数列未必发散.

例3　判断数列$\{x_n\}$:2,0,2,0,…,$(-1)^{n+1}+1$,…的敛散性.

解　容易看出,数列$\{x_n\}$的子数列$\{x_{2n}\}$收敛于0,而子数列$\{x_{2n-1}\}$收敛于2,因此数列$\{x_n\}$发散.

习　题　2.2

1. 观察下面数列是否有极限:

(1) $x_n=\dfrac{n}{n+1}$;　　(2) $x_n=\dfrac{(-1)^n}{n}$;

(3) $x_n=\dfrac{1}{n}+(-1)^n$;　　(4) $x_n=n-(-1)^n$.

2. 设$x_1=0.9,x_2=0.99,\cdots,x_n=0.\underbrace{99\cdots9}_{n个}$,求$\lim\limits_{n\to\infty}x_n$.并求出$N$,使当$n>N$时,$x_n$与其极限之差的绝对值小于正数$\varepsilon$.当取$\varepsilon=0.0001$时,求出$N$.

3. 根据极限的定义证明下列极限:

(1) $\lim\limits_{n\to\infty}\dfrac{3n+1}{2n-1}=\dfrac{3}{2}$;　　(2) $\lim\limits_{n\to\infty}\dfrac{1}{n}\sin\dfrac{\pi}{n}=0$;

(3) $\lim\limits_{n\to\infty}\left[1+\dfrac{(-1)^n}{2n+1}\right]=1$;　　(4) $\lim\limits_{n\to\infty}\dfrac{(-1)^n}{(n+1)^2}=0$.

4. 设$|q|<1$,证明等比数列

$$1,q,q^2,\cdots,q^{n-1},\cdots$$

的极限是0.

2.3　函数的极限

数列是定义于正整数集合上的函数,它的极限只是一种特殊的函数(即整标函数)的极限.现在我们讨论定义于实数集合上的函数$y=f(x)$的极限.

2.3.1　函数极限的定义

1. 当$x\to\infty$时函数$f(x)$的极限

例如,函数

$$y=1+\frac{1}{x}\quad(x\neq0),$$

我们知道,当$|x|$无限增大时,y无限地接近于1.也就是说,"当$|x|$无限增大时,$|y-1|$可以任

意小”. 为了把这个过程阐述得更加准确,在数学中我们使之量化,像数列的极限一样,作如下陈述:对于任意给定的 $\varepsilon>0$,要使

$$|y-1|=\left|\left(1+\frac{1}{x}\right)-1\right|=\left|\frac{1}{x}\right|<\varepsilon,$$

只要取 $|x|>\frac{1}{\varepsilon}$ 就可以了. 亦即当 x 进入区间 $\left(-\infty,-\frac{1}{\varepsilon}\right)\cup\left(\frac{1}{\varepsilon},+\infty\right)$ 时, $|y-1|<\varepsilon$ 恒成立. 这时我们就称“当 $x\to\infty$ 时,函数 $y=1+\frac{1}{x}$ 以 1 为极限”.

定义 1　设 $f(x)$ 当 $|x|$ 大于某一正数时有定义. 如果存在常数 A,对于任意给定的正数 ε(不论它多么小),总存在着正数 X,使得当 $|x|>X$ 时,不等式

$$|f(x)-A|<\varepsilon$$

恒成立,则常数 A 叫做**函数 $f(x)$ 当 $x\to\infty$ 时的极限**,记为

$$\lim_{x\to\infty}f(x)=A \quad 或 \quad f(x)\to A(x\to\infty).$$

有时我们还需要区分 x 趋于的无穷大的符号. 如果 x 从某一时刻起,往后总是取正值而且无限增大,则称 x 趋于正无穷大,记作 $x\to+\infty$,此时定义中的 $|x|>X$ 改为 $x>X$;类似地,如果 x 从某一时刻起,往后总是取负值,而且 $|x|$ 无限增大,则称 x 趋于负无穷大,记作 $x\to-\infty$,此时定义中的 $|x|>X$ 改为 $x<-X$.

显然
$$\lim_{x\to\infty}f(x)=A\Leftrightarrow\lim_{x\to-\infty}f(x)=A \quad 且 \quad \lim_{x\to+\infty}f(x)=A.$$

例 1　证明 $\lim\limits_{x\to\infty}\frac{x^2}{x^2+1}=1$.

证明　$\forall\varepsilon>0$,要使

$$|f(x)-1|=\left|\frac{x^2}{x^2+1}-1\right|=\frac{1}{x^2+1}<\frac{1}{x^2}<\varepsilon,$$

只要 $x^2>\frac{1}{\varepsilon}$,即 $|x|>\frac{1}{\sqrt{\varepsilon}}$ 就可以了. 因此, $\forall\varepsilon>0$,取 $X=\frac{1}{\sqrt{\varepsilon}}$,则当 $|x|>X$ 时,

$$|f(x)-1|=\left|\frac{x^2}{x^2+1}-1\right|<\varepsilon$$

恒成立. 所以 $\lim\limits_{x\to\infty}\frac{x^2}{x^2+1}=1$.

当 $x\to\infty$ 时函数 $f(x)$ 以 A 为极限的几何意义是:对任意给定的正数 ε,在坐标平面上作两平行直线 $y=A-\varepsilon$ 与 $y=A+\varepsilon$,两直线之间形成一个带形区域. 不论 ε 多么小,即不论带形区域多么窄,总可以找到 $X>0$,当点 $(x,f(x))$ 的横坐标 x 进入区间 $(-\infty,-X)\cup(X,+\infty)$ 时,纵坐标 $f(x)$ 全部落入区间 $(A-\varepsilon,A+\varepsilon)$ 内,此时 $y=f(x)$ 的图像处于带形区域之内. ε 越小,则带形区域越狭窄,如图 2.13 所示.

2. 当 $x\to x_0$ 时函数 $f(x)$ 的极限

对于函数 $y=f(x)$,除研究当 $x\to\infty$ 时 $f(x)$ 的极限外,还需要研究当 x 趋于某个常数 x_0 时, $f(x)$ 的变化趋势. 我们先看两个例子.

例 2　函数 $y=f(x)=x+2$ 定义于 $(-\infty,+\infty)$(图 2.14). 我们考察当 x 趋于 2 时,这个函数的

变化趋势. 为此,列成表 2.1:

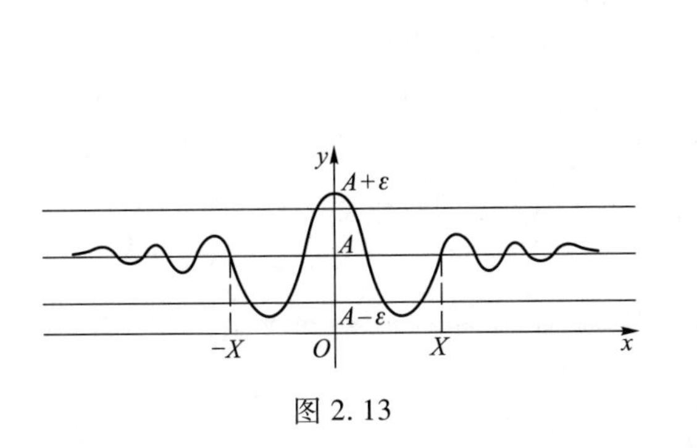

图 2.13

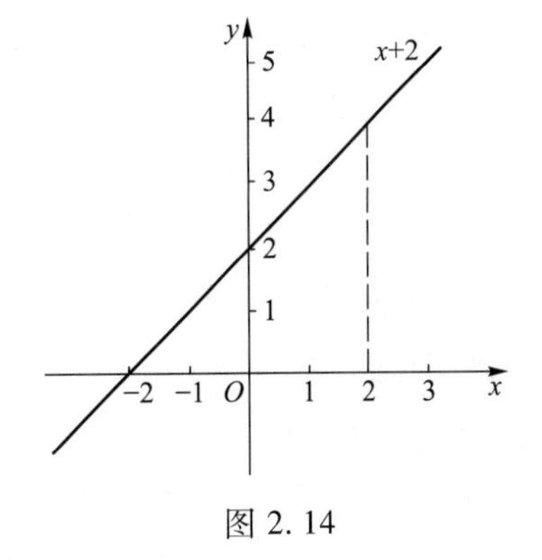

图 2.14

表 2.1　当 x 趋于 2 时,$f(x)$ 取值的变化趋势

x	1.5	1.6	1.8	1.9	1.99	…	2	…	2.01	2.1	2.4	2.5
$f(x)$	3.5	3.6	3.8	3.9	3.99	…	4	…	4.01	4.1	4.4	4.5

由表 2.1 可看出,当 x 越来越接近 2 时,$f(x)$ 越来越接近于 4. 事实上,当 x 无限接近 2 时,$|f(x)-4|$ 可以任意小. 因此,无论给定多么小的正数 ε,要使

$$|f(x)-4|=|(x+2)-4|=|x-2|<\varepsilon,$$

只要取 $|x-2|<\varepsilon$ 就可以了. 也就是说,当 x 进入 $x=2$ 的 ε 邻域 $(2-\varepsilon,2+\varepsilon)$ 时,$|f(x)-4|<\varepsilon$ 恒成立. 这时我们就称:当 x 趋于 2 时,$y=f(x)=x+2$ 以 4 为极限.

例 3　函数 $y=f(x)=\dfrac{x^2-4}{x-2}$ 定义于 $(-\infty,2)\cup(2,+\infty)$(图 2.15). 我们也考察当 x 趋于 2 时,这个函数的变化趋势. 显然表 2.1 中的所有数据,除 $x=2,y=4$ 这一对数据之外,其他数据均适用于这个函数. 可见,当 x 越来越接近 2 时,$f(x)=\dfrac{x^2-4}{x-2}$ 亦越来越接近 4,即当 x 无限接近 2 时,$|f(x)-4|$ 可以任意小. 因此,对于任意给定的小正数 ε,当 x 进入 $x=2$ 的去心的 ε 邻域时,$|f(x)-4|=\left|\dfrac{x^2-4}{x-2}-4\right|<\varepsilon$ 恒成立. 因此,当 x 趋于 2 时,$y=f(x)=\dfrac{x^2-4}{x-2}$ 也是以 4 为极限.

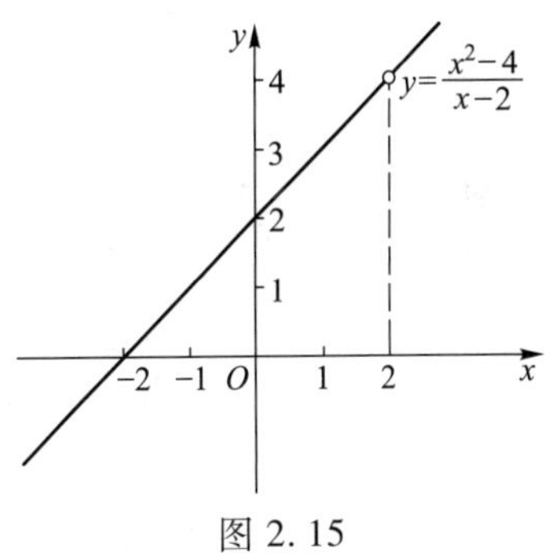

图 2.15

由以上两个例子可以看出,我们研究当 $x\to x_0$ 时函数 $f(x)$ 的极限,是考察当 x 无限接近 x_0 时 $f(x)$ 取值的变化趋势,而不是求 $f(x)$ 在点 x_0 处的函数值. 因此,我们研究当 $x\to x_0$ 时函数 $f(x)$ 的极限问题,与函数 $f(x)$ 在点 x_0 处是否有定义无关.

下面给出当 $x\to x_0$ 时函数 $f(x)$ 的极限的精确定义(俗称"$\varepsilon-\delta$"定义).

定义 2　设函数 $f(x)$ 在 x_0 的某一去心邻域内有定义. 如果存在常数 A,对于任意给定的正数 ε(不论它多么小),总存在正数 δ,使得当 $0<|x-x_0|<\delta$ 时,不等式

$$|f(x)-A|<\varepsilon$$

恒成立,那么常数 A 就叫做**函数 $f(x)$ 当 $x\to x_0$ 时的极限**,记为

$$\lim_{x\to x_0} f(x)=A \quad 或 \quad f(x)\to A(x\to x_0).$$

注　(1) 定义中的 ε 刻画 $f(x)$ 与 A 的接近程度，δ 刻画 x 与 x_0 的接近程度；ε 是任意给定的，δ 是随 ε 而确定的. 一般情形下，给定的 ε 越小，δ 的取值也越小.

(2) 定义中的 $0<|x-x_0|<\delta$，表示 x 与 x_0 的距离小于 δ，且 $x\neq x_0$. 因此，定义中的极限值 A 与函数 $f(x)$ 在点 x_0 处是否有定义无关.

请仿照图 2.13 给出当 $x\to x_0$ 时函数 $f(x)$ 以 A 为极限的几何意义.

例 4　证明 $\lim\limits_{x\to x_0} c=c$.

证明　这里 $|f(x)-A|=|c-c|=0$. 于是，$\forall\varepsilon>0$，可任取 $\delta>0$，当 $0<|x-x_0|<\delta$ 时，恒有 $|f(x)-A|=|c-c|=0$，所以 $\lim\limits_{x\to x_0} c=c$.

例 5　证明 $\lim\limits_{x\to x_0} x=x_0$.

证明　$\forall\varepsilon>0$，要使 $|f(x)-A|=|x-x_0|<\varepsilon$，只要 $|x-x_0|<\varepsilon$. 所以，$\forall\varepsilon>0$，取 $\delta=\varepsilon$，则当 $0<|x-x_0|<\delta$ 时，恒有

$$|f(x)-A|=|x-x_0|<\varepsilon$$

成立. 所以 $\lim\limits_{x\to x_0} x=x_0$.

例 6　证明 $\lim\limits_{x\to 1}\dfrac{x^2-1}{x-1}=2$.

证明　由 $|f(x)-A|=\left|\dfrac{x^2-1}{x-1}-2\right|=|x-1|$ 可知，$\forall\varepsilon>0$，取 $\delta=\varepsilon$，则当 $0<|x-1|<\delta$ 时，恒有

$$|f(x)-A|=\left|\frac{x^2-1}{x-1}-2\right|<\varepsilon$$

成立. 所以 $\lim\limits_{x\to 1}\dfrac{x^2-1}{x-1}=2$.

在定义 2 中，对于 x 如何趋于 x_0 没有限制，即 x 可以任意地趋于 x_0. 有时我们只考虑 x 从 x_0 的左侧或从 x_0 的右侧趋于 x_0，这就产生了左极限和右极限的概念.

定义 3　如果当 x 从 x_0 的左侧趋于 x_0（记为 $x\to x_0^-$）时，$f(x)$ 趋于常数 A，则称 A 为当 $x\to x_0$ 时 $f(x)$ 的**左极限**，或简称 $f(x)$ 在 x_0 处的左极限为 A. 记为

$$\lim_{x\to x_0^-} f(x)=A \quad 或 \quad f(x_0-0)=A.$$

如果当 x 从 x_0 的右侧趋于 x_0（记为 $x\to x_0^+$）时，$f(x)$ 趋于常数 A，则称 A 为当 $x\to x_0$ 时 $f(x)$ 的**右极限**，或简称 $f(x)$ 在 x_0 处的右极限为 A. 记为

$$\lim_{x\to x_0^+} f(x)=A \quad 或 \quad f(x_0+0)=A.$$

左极限和右极限统称**单侧极限**.

显然，函数 $f(x)$ 当 $x\to x_0$ 时极限存在的充要条件是：$f(x)$ 在 x_0 处的左、右极限都存在并且相等，即

$$\lim_{x\to x_0} f(x)=A \Leftrightarrow \lim_{x\to x_0^-} f(x)=\lim_{x\to x_0^+} f(x)=A.$$

例 7　设函数 $f(x)=\begin{cases}-1 & x<0,\\ 0 & x=0,\\ x & x>0,\end{cases}$ 讨论当 $x\to0$ 时，$f(x)$ 的极限是否存在.

解　当 $x<0$ 时，

$$\lim_{x\to0^-}f(x)=-1;$$

而当 $x>0$ 时，

$$\lim_{x\to0^+}f(x)=\lim_{x\to0^+}x=0.$$

可见函数 $f(x)$ 当 $x\to x_0$ 时，左、右极限都存在，但不相等. 所以 $\lim\limits_{x\to0}f(x)$ 不存在.

2.3.2　函数极限的性质

函数极限也有与收敛数列类似的一些性质，它们都可以根据函数极限的定义，运用类似于证明收敛数列性质的方法加以证明. 由于函数极限按自变量的变化过程共有 6 种不同的情况（$x\to\infty$，$x\to-\infty$，$x\to+\infty$，$x\to x_0$，$x\to x_0^-$，$x\to x_0^+$），下面仅以“$\lim\limits_{x\to x_0}f(x)$”这种形式为代表给出关于函数极限性质的一些定理及推论，证明从略. 至于其他形式的极限的性质，只要相应地做一些修改即可得出.

定理 1（函数极限的唯一性）　如果极限 $\lim\limits_{x\to x_0}f(x)$ 存在，那么这个极限唯一.

定理 2（函数极限的局部有界性）　如果 $\lim\limits_{x\to x_0}f(x)=A$，那么存在常数 $M>0$ 和 $\delta>0$，使得当 $0<|x-x_0|<\delta$ 时，不等式

$$|f(x)|\leqslant M$$

恒成立.

定理 3（函数极限的局部保号性）　如果 $\lim\limits_{x\to x_0}f(x)=A$，而且 $A>0$（或 $A<0$），那么存在常数 $\delta>0$，使得当 $0<|x-x_0|<\delta$ 时，有

$$f(x)>0\quad(\text{或} f(x)<0).$$

推论　如果在 x_0 的某一去心邻域内 $f(x)\geqslant0$（或 $f(x)\leqslant0$），而且 $\lim\limits_{x\to x_0}f(x)=A$，那么 $A\geqslant0$（或 $A\leqslant0$）.

定理 4（函数极限与数列极限的关系）　如果极限 $\lim\limits_{x\to x_0}f(x)$ 存在，$\{x_n\}$ 为 $f(x)$ 的定义域内任一收敛于 x_0 的数列，且满足 $x_n\neq x_0$，那么相应的函数值数列 $\{f(x_n)\}$ 必收敛，且

$$\lim_{n\to\infty}f(x_n)=\lim_{x\to x_0}f(x).$$

习　题　2.3

1. $\lim\limits_{x\to x_0}f(x)=A$ 就是：当 x 越来越接近 x_0 时（不达到 x_0），对应的函数值 $f(x)$ 越来越接近 A，这样理解对不对？

2. 根据极限的定义证明下列极限：

（1）$\lim\limits_{x\to\infty}\dfrac{6x+5}{x}=6$；　　（2）$\lim\limits_{x\to\infty}\dfrac{x^2-1}{x^2+3}=1$；

(3) $\lim\limits_{x\to 3}(3x-1)=8$；　　　　(4) $\lim\limits_{x\to 5}\dfrac{x^2-6x+5}{x-5}=4$.

3. 证明$\lim\limits_{x\to 2}x^2=4$，并进一步求出 δ 的值，使得当 $|x-2|<\delta$ 时，有 $|x^2-4|<0.001$（提示：因为 $x\to 2$，所以不妨设 $1<x<3$）.

4. 证明：函数 $f(x)$ 当 $x\to x_0$ 时极限存在的充要条件是：$f(x)$ 在 x_0 处的左、右极限都存在并且相等.

5. 证明极限 $\lim\limits_{x\to 0}\dfrac{|x|}{x}$不存在.

2.4　无穷小与无穷大

当我们研究函数的变化趋势时，经常会遇到两种情形：一是函数的绝对值“无限变小”，一是函数的绝对值“无限变大”. 下面我们分别研究这两种情形.

2.4.1　无穷小

定义 1　如果函数 $f(x)$ 当 $x\to x_0$（或 $x\to\infty$）时的极限为零，即对于任意给定的正数 ε（不论它多么小），总存在 $\delta>0$（或 $X>0$），使得当 $0<|x-x_0|<\delta$（或 $|x|>X$）时，$|f(x)|<\varepsilon$ 恒成立，那么称函数 $f(x)$ 为当 $x\to x_0$（或 $x\to\infty$）时的**无穷小**.

特别地，以零为极限的数列 $\{x_n\}$ 称为当 $n\to\infty$ 时的无穷小.

例如，因为 $\lim\limits_{x\to\infty}\dfrac{1}{x}=0$，所以函数$\dfrac{1}{x}$为当 $x\to\infty$ 时的无穷小. 同理，因为$\lim\limits_{x\to 1}(x-1)=0$，所以函数 $x-1$ 为当 $x\to 1$ 时的无穷小. 又 $\lim\limits_{n\to\infty}\dfrac{1}{n+1}=0$，所以数列$\left\{\dfrac{1}{n+1}\right\}$为当 $n\to\infty$ 时的无穷小.

注　(1) 无穷小不是一个很小的数，而是一个以零为极限的变量. 但零是可作为无穷小的唯一的常数. 这是因为，如果 $f(x)=0$，则在自变量的任何变化过程中 $f(x)$ 的极限均为 0. 而如果 $f(x)=a(a\neq 0)$，无论 a 是一个多么小的常数，由于在自变量的任何变化过程中其极限均为 a 而不是 0，所以 $f(x)=a(a\neq 0)$ 不是无穷小.

(2) 称一个函数 $f(x)$ 是无穷小，必须明确指出自变量的变化过程. 因为对同一个函数，在自变量不同的变化过程中，其极限是不同的. 例如，函数 $f(x)=\dfrac{1}{x}$，当 $x\to\infty$ 时，极限是 0，是无穷小；而当 $x\to 2$ 时，极限是$\dfrac{1}{2}$，就不是无穷小.

无穷小与函数极限的关系：

定理 1　**在自变量的同一变化过程 $x\to x_0$（或 $x\to\infty$）中，函数 $f(x)$ 以 A 为极限的充要条件是**

$$f(x)=A+\alpha,$$

其中 α 是无穷小.

证明　设$\lim\limits_{x\to x_0}f(x)=A$，则对于任意给定的 $\varepsilon>0$，存在 $\delta>0$，使得当 $0<|x-x_0|<\delta$ 时，恒有

$$|f(x)-A|<\varepsilon.$$

令 $\alpha=f(x)-A$，则 α 是 $x\to x_0$ 时的无穷小，且

$$f(x)=A+\alpha.$$

反之，设 $f(x)=A+\alpha$，其中 A 是常数，α 是当 $x\to x_0$ 时的无穷小，有

$$|f(x)-A|=|\alpha|.$$

因为 α 是 $x\to x_0$ 时的无穷小，所以对于任意给定的 $\varepsilon>0$，存在 $\delta>0$，使得当 $0<|x-x_0|<\delta$ 时，有

$$|\alpha|<\varepsilon \quad 即 \quad |f(x)-A|<\varepsilon,$$

这就证明了 $\lim\limits_{x\to x_0}f(x)=A$.

类似地可证明当 $x\to\infty$ 时的情形.

2.4.2　无穷大

定义 2　若当 $x\to x_0$（或 $x\to\infty$）时，函数 $f(x)$ 的绝对值 $|f(x)|$ 无限变大，即对于任意给定的正数 M（不论它多么大），总存在 $\delta>0$（或 $X>0$），使得当 $0<|x-x_0|<\delta$（或 $|x|>X$）时，$|f(x)|>M$ 恒成立，则称函数 $f(x)$ 为当 $x\to x_0$（或 $x\to\infty$）时的**无穷大**. 记为

$$\lim_{x\to x_0}f(x)=\infty \quad （或\lim_{x\to\infty}f(x)=\infty）.$$

注　(1) 当 $x\to x_0$（或 $x\to\infty$）时为无穷大的函数 $f(x)$，按函数极限定义来说，极限是不存在的. 但为了便于叙述函数的这一性态，我们也说"函数的极限是无穷大"，并记作

$$\lim_{x\to x_0}f(x)=\infty \quad （或\lim_{x\to\infty}f(x)=\infty）.$$

无穷大不是数，不能与很大的数相混淆.

(2) 无穷大与无界函数的关系：若在自变量的同一变化过程中，函数 $f(x)$ 是无穷大，则 $f(x)$ 是无界的，反之不一定. 例如，当 $x\to\infty$ 时，函数 $f(x)=x\cos x$ 是无界的，但它不是无穷大（证明留给读者）.

例　证明 $\lim\limits_{x\to 2}\dfrac{1}{x-2}=\infty$.

证明　对于任意给定的正数 M，存在 $\delta=\dfrac{1}{M}$，当 $0<|x-2|<\delta$ 时，有 $\left|\dfrac{1}{x-2}\right|>M$，所以 $\lim\limits_{x\to 2}\dfrac{1}{x-2}=\infty$.

定理 2（无穷大与无穷小之间的关系）　在自变量的同一变化过程中，

(1) 如果 $f(x)$ 为无穷大，则 $\dfrac{1}{f(x)}$ 为无穷小；

(2) 如果 $f(x)$ 为无穷小，且 $f(x)\neq 0$，则 $\dfrac{1}{f(x)}$ 为无穷大.

证明　只证 $x\to x_0$ 的情形.

(1) 设 $\lim\limits_{x\to x_0}f(x)=\infty$，则对于任意给定的 $\varepsilon>0$，取 $M=\dfrac{1}{\varepsilon}$，于是知，必存在 $\delta>0$，当 $0<|x-x_0|<\delta$ 时，有

$$|f(x)|>M=\frac{1}{\varepsilon},$$

从而 $\left|\dfrac{1}{f(x)}\right|<\varepsilon$ 成立，即 $\lim\limits_{x\to x_0}\dfrac{1}{f(x)}=0$.

(2) 设 $\lim\limits_{x\to x_0}f(x)=0$，且 $f(x)\neq 0$，则对于任意给定的正数 M，取 $\varepsilon=\dfrac{1}{M}$，则存在 $\delta>0$，当 $0<$

$|x-x_0|<\delta$ 时，有

$$|f(x)|<\varepsilon=\frac{1}{M}$$

成立. 又 $f(x)\neq 0$，因而有 $\left|\frac{1}{f(x)}\right|>M$，即 $\lim\limits_{x\to x_0}\frac{1}{f(x)}=\infty$.

类似地，可以证明当 $x\to\infty$ 时的情形.

例如，根据初等函数的性质知，当 $x\to+\infty$ 时，函数 2^x，e^x 都是无穷大，因而当 $x\to+\infty$ 时，函数 2^{-x}，e^{-x} 都是无穷小.

习　题　2.4

1. 根据定义证明：当 $x\to 3$ 时，函数 $y=\frac{x-3}{x}$ 是无穷小. 问 x 应满足什么条件，才能使 $|y|<\frac{1}{1\ 000}$？

2. 根据定义证明：当 $x\to 2$ 时，函数 $y=\frac{1}{x^2-4}$ 是无穷大. 问 x 应满足什么条件，才能使 $|y|>10^4$？

3. 在下列各题中指出哪些是无穷小，哪些是无穷大？

(1) $x\to+\infty$，$y=\frac{1}{2^x}$；　　(2) $x\to-\infty$，$y=\frac{1}{2^x}$；

(3) $x\to 3$，$y=\frac{x-3}{x}$；　　(4) $x\to 3$，$y=\frac{x}{x-3}$.

4. 证明：当 $x\to+\infty$ 时，函数 $f(x)=x\cos x$ 是无界的，但它不是无穷大.

2.5　极限运算法则

我们已经知道，由极限的定义只能验证某个常数是否是某个函数的极限，而不能求出函数的极限. 在这一节里，我们介绍函数极限的运算法则，并利用这些法则去求一些函数的极限.

为方便，在下面的讨论中，极限以“lim”表示，而不注明自变量的变化过程. 实际上，下面的定理对 $x\to x_0$ 或 $x\to\infty$ 都是成立的. 在论证时，我们只证明 $x\to x_0$ 的情形，只要把 δ 改为 X，把 $0<|x-x_0|<\delta$ 改为 $|x|>X$，就可以得到 $x\to\infty$ 情形的证明.

定理 1　两个无穷小的和也是无穷小.

证明　设 α 及 β 是当 $x\to x_0$ 时的两个无穷小，$\gamma=\alpha+\beta$. 对任意给定的 $\varepsilon>0$，因为 α 是当 $x\to x_0$ 时的无穷小，对于 $\frac{\varepsilon}{2}>0$ 存在着 $\delta_1>0$，当 $0<|x-x_0|<\delta_1$ 时，不等式 $|\alpha|<\frac{\varepsilon}{2}$ 成立；因为 β 是当 $x\to x_0$ 时的无穷小，对于 $\frac{\varepsilon}{2}>0$ 存在着 $\delta_2>0$，当 $0<|x-x_0|<\delta_2$ 时，不等式 $|\beta|<\frac{\varepsilon}{2}$ 成立. 取 $\delta=\min\{\delta_1,\delta_2\}$，则当 $0<|x-x_0|<\delta$ 时，$|\alpha|<\frac{\varepsilon}{2}$ 及 $|\beta|<\frac{\varepsilon}{2}$ 同时成立，从而 $|\gamma|=|\alpha+\beta|\leqslant|\alpha|+|\beta|<\frac{\varepsilon}{2}+\frac{\varepsilon}{2}=\varepsilon$ 成立. 这就证明了 γ 也是当 $x\to x_0$ 时的无穷小.

对于有限个无穷小之和的情形，可利用数学归纳法证明结论也正确.

定理 2 有界函数与无穷小的乘积是无穷小.

证明 设函数 u 在 x_0 的某一去心邻域 $\{x \mid 0<|x-x_0|<\delta_1\}$ 内有界,即存在 $M>0$,使得当 $0<|x-x_0|<\delta_1$ 时,有 $|u| \leqslant M$. 又设 α 是当 $x \to x_0$ 时的无穷小,即对任意给定的 $\varepsilon>0$,存在 $\delta_2>0$,使得当 $0<|x-x_0|<\delta_2$ 时,有 $|\alpha|<\dfrac{\varepsilon}{M}$. 取 $\delta=\min\{\delta_1,\delta_2\}$,则当 $0<|x-x_0|<\delta$ 时,有

$$|u\alpha|=|u||\alpha|<M \cdot \frac{\varepsilon}{M}=\varepsilon.$$

这说明 $u\alpha$ 也是无穷小.

例如,当 $x \to 0$ 时,x 是无穷小,而 $\sin \dfrac{1}{x}$ 是有界函数,从而 $x\sin \dfrac{1}{x}$ 也是无穷小.

推论 1 常数与无穷小的乘积是无穷小.

推论 2 有限个无穷小的乘积是无穷小.

推论 3 有限个无穷大的乘积是无穷大.

定理 3 有界函数与无穷大的和是无穷大.

证明从略.

例如,$\lim\limits_{x\to\infty}(x+C)=\infty$,其中 C 是任意常数,又由无穷大的倒数是无穷小,所以 $\lim\limits_{x\to\infty}\dfrac{1}{x+C}=0$.

定理 4 如果 $\lim f(x)=A, \lim g(x)=B$,**那么**

(1) $\lim[f(x) \pm g(x)]=\lim f(x) \pm \lim g(x)=A \pm B$;

(2) $\lim[f(x) g(x)]=\lim f(x) \lim g(x)=A \cdot B$;

(3) **若** $B \neq 0$,**则**

$$\lim \frac{f(x)}{g(x)}=\frac{\lim f(x)}{\lim g(x)}=\frac{A}{B}.$$

证明 下面只证(1),(2)(3)的证明从略.

因为 $\lim f(x)=A, \lim g(x)=B$,于是可令

$$f(x)=A+\alpha, \quad g(x)=B+\beta,$$

其中 α 及 β 均为无穷小. 这样

$$f(x) \pm g(x)=(A+\alpha) \pm(B+\beta)=(A \pm B)+(\alpha \pm \beta),$$

即 $f(x) \pm g(x)$ 可表示为常数 $(A \pm B)$ 与无穷小 $(\alpha \pm \beta)$ 之和. 因此

$$\lim[f(x) \pm g(x)]=A \pm B=\lim f(x) \pm \lim g(x).$$

定理 4 中的(1)和(2)可以推广到有限个函数的情形. 例如,若函数 $f(x), g(x), h(x)$ 的极限都存在,则

$$\lim[f(x)+g(x)-h(x)]=\lim f(x)+\lim g(x)-\lim h(x),$$

$$\lim[f(x) g(x) h(x)]=\lim f(x) \lim g(x) \lim h(x).$$

由此易得下面的推论.

推论 4 如果 $\lim f(x)$ **存在,而** C **为常数,则**

$$\lim[C f(x)]=C \lim f(x).$$

推论 5 如果 $\lim f(x)$ **存在,而** n **是正整数,则**

$$\lim[f(x)]^{n}=[\lim f(x)]^{n}.$$

注　当 n 为实数 α 时,结论仍然成立.

关于数列,也有类似的极限四则运算法则,也就是下面的定理.

定理 5　设有数列 $\{x_n\}$ 和 $\{y_n\}$. 如果

$$\lim_{n\to\infty} x_n = A, \quad \lim_{n\to\infty} y_n = B,$$

那么

(1) $\lim\limits_{n\to\infty}(x_n \pm y_n) = A \pm B$;

(2) $\lim\limits_{n\to\infty} x_n y_n = AB$;

(3) 当 $y_n \neq 0 (n=1,2,\cdots)$ 且 $B \neq 0$ 时, $\lim\limits_{n\to\infty} \dfrac{x_n}{y_n} = \dfrac{A}{B}$.

定理 6　如果 $\varphi(x) \leqslant \psi(x)$, 且 $\lim \varphi(x) = a$, $\lim \psi(x) = b$, 那么 $a \leqslant b$.

证明　令 $f(x) = \psi(x) - \varphi(x)$, 则 $f(x) \geqslant 0$. 于是

$$\lim f(x) = \lim[\psi(x) - \varphi(x)] = \lim \psi(x) - \lim \varphi(x) = b - a,$$

由 $\lim f(x) \geqslant 0$ 知, $b-a \geqslant 0$, 故 $a \leqslant b$.

例 1　求 $\lim\limits_{x\to 1}(3x+2)$.

解
$$\lim_{x\to 1}(3x+2) = \lim_{x\to 1} 3x + \lim_{x\to 1} 2 = 3\lim_{x\to 1} x + 2 = 3 \cdot 1 + 2 = 5.$$

例 2　设 $f(x) = a_0 x^n + a_1 x^{n-1} + \cdots + a_{n-1}x + a_n$, 求 $\lim\limits_{x\to x_0} f(x)$.

解
$$\begin{aligned}\lim_{x\to x_0} f(x) &= \lim_{x\to x_0}(a_0 x^n + a_1 x^{n-1} + \cdots + a_{n-1}x + a_n)\\ &= a_0(\lim_{x\to x_0} x)^n + a_1(\lim_{x\to x_0} x)^{n-1} + \cdots + a_{n-1}(\lim_{x\to x_0} x) + \lim_{x\to x_0} a_n\\ &= a_0 x_0^n + a_1 x_0^{n-1} + \cdots + a_{n-1}x_0 + a_n = f(x_0).\end{aligned}$$

由例 2 可以看出,在求多项式函数(亦称有理整函数)当 $x\to x_0$ 时的极限时,只需求出该函数在 x_0 处的函数值. 而对于有理分式函数 $\dfrac{P(x)}{Q(x)}$ (其中 $P(x)$, $Q(x)$ 为多项式函数), 当 $Q(x_0) \neq 0$ 时,则有

$$\lim_{x\to x_0} \frac{P(x)}{Q(x)} = \frac{\lim\limits_{x\to x_0} P(x)}{\lim\limits_{x\to x_0} Q(x)} = \frac{P(x_0)}{Q(x_0)}.$$

由此说明,对于有理分式函数 $\dfrac{P(x)}{Q(x)}$, 当分母在 x_0 处不为零时,当 $x\to x_0$ 时的极限为该函数在 x_0 处的函数值. 但当分母在 x_0 处为零时,由于关于商的极限运算法则不能应用,所以需要用其他的方法处理.

例 3　求 $\lim\limits_{x\to 1} \dfrac{2x^2-1}{x^3+3x-1}$.

解
$$\lim_{x\to 1} \frac{2x^2-1}{x^3+3x-1} = \frac{2\times 1^2 - 1}{1^3 + 3\times 1 - 1} = \frac{1}{3}.$$

例 4　求 $\lim\limits_{x\to 2} \dfrac{x-2}{x^2-4}$.

解　当 $x\to 2$ 时,分子及分母的极限均为零,于是关于商的极限运算法则不能应用. 因为当

$x\neq 2$ 时，函数 $f(x)=\dfrac{x-2}{x^2-4}$ 与 $g(x)=\dfrac{1}{x+2}$ $\left(\text{即约去 } f(x)=\dfrac{x-2}{x^2-4} \text{ 的分子与分母的公因式 } x-2 \text{ 所得函数}\right)$ 为相同的函数，而极限 $\lim\limits_{x\to 2}\dfrac{x-2}{x^2-4}$ 是当考察 $x\to 2(x\neq 2)$ 时函数 $f(x)=\dfrac{x-2}{x^2-4}$ 的变化情况，于是

$$\lim_{x\to 2}\frac{x-2}{x^2-4}=\lim_{x\to 2}\frac{x-2}{(x-2)(x+2)}=\lim_{x\to 2}\frac{1}{x+2}=\frac{1}{4}.$$

例 5 求 $\lim\limits_{x\to 1}\dfrac{3x+1}{x^2-6x+5}$.

解 因为分母的极限 $\lim\limits_{x\to 1}(x^2-6x+5)=1^2-6\times 1+5=0$，于是关于商的极限运算法则不能应用，而分子的极限 $\lim\limits_{x\to 1}(3x+1)=3\times 1+1=4$，因此 $\lim\limits_{x\to 1}\dfrac{x^2-6x+5}{3x+1}=0$. 由无穷小与无穷大的关系知 $\lim\limits_{x\to 1}\dfrac{3x+1}{x^2-6x+5}=\infty$.

例 6 求 $\lim\limits_{x\to 1}\left(\dfrac{1}{x-1}-\dfrac{3}{x^3-1}\right)$.

解

$$\begin{aligned}\lim_{x\to 1}\left(\frac{1}{x-1}-\frac{3}{x^3-1}\right)&=\lim_{x\to 1}\frac{x^2+x+1-3}{x^3-1}\\&=\lim_{x\to 1}\frac{(x+2)(x-1)}{(x-1)(x^2+x+1)}=\lim_{x\to 1}\frac{x+2}{x^2+x+1}=1.\end{aligned}$$

例 7 求 $\lim\limits_{x\to\infty}\dfrac{4x^3+3x-1}{7x^3-5x+2}$.

解 先用 x^3 去除分子及分母，然后取极限：

$$\lim_{x\to\infty}\frac{4x^3+3x-1}{7x^3-5x+2}=\lim_{x\to\infty}\frac{4+\dfrac{3}{x^2}-\dfrac{1}{x^3}}{7-\dfrac{5}{x^2}+\dfrac{2}{x^3}}=\frac{4}{7}.$$

例 8 求 $\lim\limits_{x\to\infty}\dfrac{2x^2+3x-1}{7x^3-5x+4}$.

解 先用 x^3 去除分子及分母，然后取极限：

$$\lim_{x\to\infty}\frac{2x^2+3x-1}{7x^3-5x+4}=\lim_{x\to\infty}\frac{\dfrac{2}{x}+\dfrac{3}{x^2}-\dfrac{1}{x^3}}{7-\dfrac{5}{x^2}+\dfrac{4}{x^3}}=0.$$

例 9 求 $\lim\limits_{x\to\infty}(x^2-2x+1)$.

解 因为 $\lim\limits_{x\to\infty}\dfrac{1}{x^2-2x+1}=\lim\limits_{x\to\infty}\dfrac{\dfrac{1}{x^2}}{1-\dfrac{2}{x}+\dfrac{1}{x^2}}=0$，所以 $\lim\limits_{x\to\infty}(x^2-2x+1)=\infty$.

由上面的几个例子可以看出，有些有理函数，当 $x\to\infty$ 时，分子、分母都是无穷大，此时商的极限运算法则不能直接应用，而是将分子、分母同除以 x 的最高次幂，然后再求极限.

例 10　求 $\lim\limits_{x\to\infty}\dfrac{(x+1)(x+2)(x+3)}{x(x-2)(x+5)}$.

解　将分子、分母同除以 x 的最高次幂 x^3，则

$$\lim_{x\to\infty}\frac{(x+1)(x+2)(x+3)}{x(x-2)(x+5)}=\lim_{x\to\infty}\frac{\left(1+\dfrac{1}{x}\right)\left(1+\dfrac{2}{x}\right)\left(1+\dfrac{3}{x}\right)}{\left(1-\dfrac{2}{x}\right)\left(1+\dfrac{5}{x}\right)}=1.$$

一般地，当 $a_0b_0\neq0$，m 和 n 为非负整数时，有

$$\lim_{x\to\infty}\frac{a_0x^m+a_1x^{m-1}+\cdots+a_m}{b_0x^n+b_1x^{n-1}+\cdots+b_n}=\begin{cases}\dfrac{a_0}{b_0}, & n=m,\\ 0, & n>m,\\ \infty, & n<m.\end{cases}$$

例 11　求 $\lim\limits_{n\to\infty}\dfrac{1+2+\cdots+n}{n^2}$.

解　当 $n\to\infty$ 时，分子中和式 $1+2+\cdots+n$ 的项数在无限增多，此时不能应用和的极限运算法则，由于

$$1+2+\cdots+n=\frac{n(n+1)}{2},$$

则

$$\lim_{n\to\infty}\frac{1+2+\cdots+n}{n^2}=\lim_{n\to\infty}\frac{\dfrac{1}{2}n(n+1)}{n^2}=\frac{1}{2}.$$

例 12　求 $\lim\limits_{x\to\infty}\dfrac{\cos x}{x}$.

解　当 $x\to\infty$ 时，分子及分母的极限均不存在，所以商的极限运算法则不能应用. 如果把 $\dfrac{\cos x}{x}$ 视为 $\cos x$ 与 $\dfrac{1}{x}$ 的乘积，由于当 $x\to\infty$ 时 $\dfrac{1}{x}$ 为无穷小，而 $\cos x$ 是有界函数，则 $\dfrac{1}{x}\cos x$ 是无穷小，所以 $\lim\limits_{x\to\infty}\dfrac{\cos x}{x}=0$.

定理 7（复合函数的极限运算法则）　设函数 $y=f[g(x)]$ 是由函数 $y=f(u)$ 与函数 $u=g(x)$ 复合而成，$f[g(x)]$ 在点 x_0 的某去心邻域内有定义，若

$$\lim_{x\to x_0}g(x)=u_0,\quad \lim_{u\to u_0}f(u)=A,$$

且在 x_0 的某去心邻域内 $g(x)\neq u_0$，则

$$\lim_{x\to x_0}f[g(x)]=\lim_{u\to u_0}f(u)=A.$$

证明从略.

注　把定理 7 中 $\lim\limits_{x\to x_0}g(x)=u_0$ 换成 $\lim\limits_{x\to x_0}g(x)=\infty$ 或 $\lim\limits_{x\to\infty}g(x)=\infty$，而把 $\lim\limits_{u\to u_0}f(u)=A$ 换成 $\lim\limits_{u\to\infty}f(u)=A$，可得类似结果.

定理 7 是利用变量替换求极限的理论基础，相当于在 $\lim\limits_{x\to x_0}f[g(x)]$ 中，令 $u=g(x)$，而当 $x\to x_0$

时 $u\to u_0$，所以 $\lim\limits_{x\to x_0} f[g(x)]=\lim\limits_{u\to u_0} f(u)=A$.

习 题 2.5

1. 计算下列极限：

(1) $\lim\limits_{x\to 2}\dfrac{x^2+5}{x-3}$；

(2) $\lim\limits_{x\to 0}\left(\dfrac{x^3-3x+1}{x-4}+1\right)$；

(3) $\lim\limits_{x\to 1}\dfrac{x}{1-x}$；

(4) $\lim\limits_{x\to 4}\dfrac{x^2-6x+8}{x^2-5x+4}$；

(5) $\lim\limits_{x\to 1}\dfrac{x^2-2x+1}{x^3-x}$；

(6) $\lim\limits_{h\to 0}\dfrac{(x+h)^3-x^3}{h}$；

(7) $\lim\limits_{x\to 1}\left(\dfrac{1}{x-1}-\dfrac{2}{x^2-1}\right)$；

(8) $\lim\limits_{x\to 1}\dfrac{x^n-1}{x-1}$ （n 为正整数）.

2. 计算下列极限：

(1) $\lim\limits_{x\to\infty}\left(2-\dfrac{1}{x}+\dfrac{1}{x^2}\right)$；

(2) $\lim\limits_{x\to\infty}(2x^3+x-1)$；

(3) $\lim\limits_{x\to\infty}\dfrac{x^2-1}{2x^2-x-1}$；

(4) $\lim\limits_{x\to\infty}\dfrac{x^3+x}{x^4-3x^2+1}$；

(5) $\lim\limits_{x\to\infty}\dfrac{x^4-5x}{x^2-3x+1}$；

(6) $\lim\limits_{x\to\infty}\left(\dfrac{x^3}{2x^2-1}-\dfrac{x^2}{2x+1}\right)$；

(7) $\lim\limits_{n\to\infty}\dfrac{1+2+3+\cdots+n}{n^2+2}$；

(8) $\lim\limits_{n\to\infty}\left(1+\dfrac{1}{2}+\dfrac{1}{4}+\cdots+\dfrac{1}{2^n}\right)$；

(9) $\lim\limits_{x\to\infty}\dfrac{(x+1)(x-2)(x+3)}{4x^3}$.

3. 计算下列极限：

(1) $\lim\limits_{x\to 0} x^2\sin\dfrac{1}{x}$；

(2) $\lim\limits_{x\to\infty}\dfrac{\arctan x}{x}$.

2.6 极限存在准则 两个重要极限

本节介绍极限存在的两个准则及由这些准则推出的两个重要极限：

$$\lim_{x\to 0}\frac{\sin x}{x}=1 \quad 及 \quad \lim_{x\to\infty}\left(1+\frac{1}{x}\right)^x=\mathrm{e}.$$

准则 I 如果数列 $\{x_n\}$，$\{y_n\}$ 及 $\{z_n\}$ 满足下列条件：

(1) $y_n\leqslant x_n\leqslant z_n(n=1,2,3,\cdots)$，

(2) $\lim\limits_{n\to\infty} y_n=a$，$\lim\limits_{n\to\infty} z_n=a$，

那么数列 $\{x_n\}$ 的极限存在，且 $\lim\limits_{n\to\infty} x_n=a$.

证明 因为 $\lim\limits_{n\to\infty} y_n=a$，$\lim\limits_{n\to\infty} z_n=a$，所以根据数列极限的定义，$\forall\,\varepsilon>0$，$\exists$ 正整数 N_1，当 $n>N_1$ 时，有 $|y_n-a|<\varepsilon$；又 $\exists$ 正整数 N_2，当 $n>N_2$ 时，有 $|z_n-a|<\varepsilon$. 取 $N=\max\{N_1,N_2\}$，则当 $n>N$ 时，有

$$|y_n-a|<\varepsilon,\quad |z_n-a|<\varepsilon$$

同时成立，即

$$a-\varepsilon<y_n<a+\varepsilon,\quad a-\varepsilon<z_n<a+\varepsilon$$

同时成立. 又因 $y_n\leqslant x_n\leqslant z_n(n=1,2,3,\cdots)$，所以当 $n>N$ 时，有

$$a-\varepsilon<y_n\leqslant x_n\leqslant z_n<a+\varepsilon$$

即

$$|x_n-a|<\varepsilon$$

成立. 这就证明了 $\lim\limits_{n\to\infty}x_n=a$.

上述数列极限存在准则可以推广到函数的极限.

准则 I′　如果函数 $f(x)$，$g(x)$ **及** $h(x)$ **满足下列条件：**

(1) $g(x)\leqslant f(x)\leqslant h(x)$，

(2) $\lim g(x)=A$，$\lim h(x)=A$，

那么 $\lim f(x)$ **存在，且** $\lim f(x)=A$.

注　上述当极限过程是 $x\to x_0$ 时，要求函数在 x_0 的某一去心邻域内有定义；极限过程是 $x\to\infty$ 时，要求函数当 $|x|>M$ 时有定义.

准则 I 及准则 I′称为**夹逼准则**.

例 1　证明 $\lim\limits_{x\to0}\sin x=0$.

证明　由 $0\leqslant|\sin x|\leqslant|x|$，$\lim\limits_{x\to0}|x|=0$，根据夹逼准则得 $\lim\limits_{x\to0}\sin x=0$.

例 2　证明 $\lim\limits_{x\to0}\cos x=1$.

典型例题讲解

利用夹逼准则求极限

证明　由 $0\leqslant1-\cos x=2\sin^2\dfrac{x}{2}\leqslant2\left(\dfrac{x}{2}\right)^2=\dfrac{1}{2}x^2$，及 $\lim\limits_{x\to0}\dfrac{1}{2}x^2=0$，根据夹逼准则得 $\lim\limits_{x\to0}(1-\cos x)=0$，从而 $\lim\limits_{x\to0}\cos x=1$.

下面根据准则 I′证明第一个重要极限：$\lim\limits_{x\to0}\dfrac{\sin x}{x}=1$.

首先注意到，函数 $\dfrac{\sin x}{x}$ 对于一切 $x\neq0$ 都有定义，且为偶函数，即当 x 改变符号时 $\dfrac{\sin x}{x}$ 的值不变. 故只讨论当 $x\to0^+$ 时，$\dfrac{\sin x}{x}$ 的极限就可以了.

参看图 2.16：图中的圆为单位圆，$BC\perp OA$，$DA\perp OA$，圆心角 $\angle AOB=x\left(0<x<\dfrac{\pi}{2}\right)$.

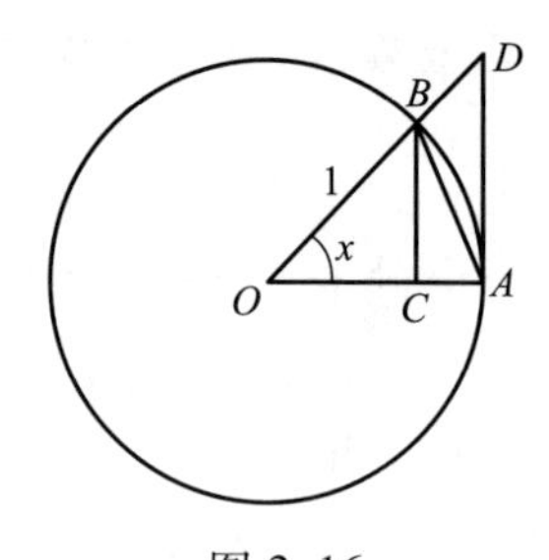

图 2.16

显然

$$\sin x=|CB|,x=|\overset{\frown}{AB}|,\tan x=|AD|.$$

因为△AOB 的面积<圆扇形 AOB 的面积<△AOD 的面积，所以

$$\frac{1}{2}\sin x<\frac{1}{2}x<\frac{1}{2}\tan x,$$

即

$$\sin x<x<\tan x,$$

不等号各边都除以 $\sin x$,就有

$$1<\frac{x}{\sin x}<\frac{1}{\cos x},$$

或

$$\cos x<\frac{\sin x}{x}<1.$$

而$\lim\limits_{x\to0}\cos x=1$,根据准则 I′,$\lim\limits_{x\to0^+}\frac{\sin x}{x}=1$,于是 $\lim\limits_{x\to0}\frac{\sin x}{x}=1$.

例 3 求 $\lim\limits_{x\to0}\frac{\tan x}{x}$.

解 $$\lim_{x\to0}\frac{\tan x}{x}=\lim_{x\to0}\frac{\sin x}{x}\cdot\frac{1}{\cos x}=\lim_{x\to0}\frac{\sin x}{x}\lim_{x\to0}\frac{1}{\cos x}=1\times1=1.$$

例 4 求 $\lim\limits_{x\to0}\frac{\sin kx}{x}\quad(k\neq0)$.

解 令 $t=kx$,则当 $x\to0$ 时 $t\to0$,于是有

$$\lim_{x\to0}\frac{\sin kx}{x}=k\lim_{x\to0}\frac{\sin kx}{kx}=k\lim_{t\to0}\frac{\sin t}{t}=k\times1=k.$$

事实上,在极限 $\lim\frac{\sin\alpha(x)}{\alpha(x)}$中,只要 $\alpha(x)$是无穷小,就有 $\lim\frac{\sin\alpha(x)}{\alpha(x)}=1$. 这是因为,令 $u=\alpha(x)$,则$u\to0$,于是 $\lim\frac{\sin\alpha(x)}{\alpha(x)}=\lim\limits_{u\to0}\frac{\sin u}{u}=1$. 由例 3 易知,$\lim\frac{\tan\alpha(x)}{\alpha(x)}=1$.

例 5 求$\lim\limits_{x\to\infty}x\sin\frac{1}{x}$.

解 当 $x\to\infty$ 时$\frac{1}{x}\to0$,于是有$\lim\limits_{x\to\infty}x\sin\frac{1}{x}=\lim\limits_{x\to\infty}\dfrac{\sin\frac{1}{x}}{\frac{1}{x}}=1$.

例 6 求 $\lim\limits_{x\to0}\frac{1-\cos x}{x^2}$.

解 $$\lim_{x\to0}\frac{1-\cos x}{x^2}=\lim_{x\to0}\frac{2\sin^2\frac{x}{2}}{x^2}=\frac{1}{2}\lim_{x\to0}\frac{\sin^2\frac{x}{2}}{\left(\frac{x}{2}\right)^2}$$

$$=\frac{1}{2}\lim_{x\to0}\left(\frac{\sin\frac{x}{2}}{\frac{x}{2}}\right)^2=\frac{1}{2}\left(\lim_{x\to0}\frac{\sin\frac{x}{2}}{\frac{x}{2}}\right)^2=\frac{1}{2}\times1^2=\frac{1}{2}.$$

例 7 求 $\lim\limits_{x\to0}\frac{\arcsin x}{x}$.

解 令 $t=\arcsin x$,则 $x=\sin t$,且当 $x\to0$ 时 $t\to0$,于是

$$\lim_{x\to0}\frac{\arcsin x}{x}=\lim_{t\to0}\frac{t}{\sin t}=1.$$

如果数列 $\{x_n\}$ 满足条件

$$x_1 \leqslant x_2 \leqslant x_3 \leqslant \cdots \leqslant x_n \leqslant x_{n+1} \leqslant \cdots,$$

就称数列 $\{x_n\}$ 是**单调增加**的;如果数列 $\{x_n\}$ 满足条件

$$x_1 \geqslant x_2 \geqslant x_3 \geqslant \cdots \geqslant x_n \geqslant x_{n+1} \geqslant \cdots,$$

就称数列 $\{x_n\}$ 是**单调减少**的. 单调增加数列和单调减少数列统称为**单调数列**.

准则 Ⅱ　单调有界数列必有极限.

该准则我们不作证明,仅从几何意义上加以解释.

如果数列 $\{x_n\}$ 单调增加(减少)且 $x_n \leqslant M(x_n \geqslant K)(n=1,2,3,\cdots)$,说明随着下标 n 的增大,点 x_n 只向右(左)一个方向移动,但它们绝不会跑到点 M(点 K)的右(左)侧. 因此,当 n 无限增大时,点 x_n 无限趋近于某一定点 a,如图 2.17 所示. 也就是说,数列 $\{x_n\}$ 有极限 a.

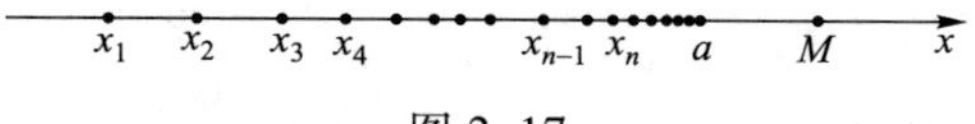

图 2.17

根据准则Ⅱ,我们讨论另一个重要极限 $\lim\limits_{x\to\infty}\left(1+\dfrac{1}{x}\right)^x$.

首先证明极限 $\lim\limits_{n\to\infty}\left(1+\dfrac{1}{n}\right)^n$ 存在.

设 $x_n=\left(1+\dfrac{1}{n}\right)^n$,现证明数列 $\{x_n\}$ 是单调有界的. 按牛顿二项公式,有

$$x_n=\left(1+\frac{1}{n}\right)^n=1+\frac{n}{1!}\cdot\frac{1}{n}+\frac{n(n-1)}{2!}\cdot\frac{1}{n^2}+\frac{n(n-1)(n-2)}{3!}\cdot\frac{1}{n^3}+\cdots+\frac{n(n-1)\cdots(n-n+1)}{n!}\cdot\frac{1}{n^n}$$

$$=1+1+\frac{1}{2!}\left(1-\frac{1}{n}\right)+\frac{1}{3!}\left(1-\frac{1}{n}\right)\left(1-\frac{2}{n}\right)+\cdots+\frac{1}{n!}\left(1-\frac{1}{n}\right)\left(1-\frac{2}{n}\right)\cdots\left(1-\frac{n-1}{n}\right),$$

类似地,

$$x_{n+1}=1+1+\frac{1}{2!}\left(1-\frac{1}{n+1}\right)+\frac{1}{3!}\left(1-\frac{1}{n+1}\right)\left(1-\frac{2}{n+1}\right)+\cdots+\frac{1}{n!}\left(1-\frac{1}{n+1}\right)\left(1-\frac{2}{n+1}\right)\cdots\left(1-\frac{n-1}{n+1}\right)+$$
$$\frac{1}{(n+1)!}\left(1-\frac{1}{n+1}\right)\left(1-\frac{2}{n+1}\right)\cdots\left(1-\frac{n}{n+1}\right).$$

比较 x_n 与 x_{n+1} 的展开式,可以看出除前两项外,x_n 的每一项都小于 x_{n+1} 的对应项,并且 x_{n+1} 还多了最后一项,其值大于 0,因此

$$x_n<x_{n+1},$$

这说明数列 $\{x_n\}$ 是单调增加的.

进一步地,将 x_n 的展开式中各项括号内的数用较大的数 1 代替,并注意到:

$$\frac{1}{k!}=\frac{1}{2\times3\times4\times\cdots\times k}<\frac{1}{2^{k-1}}\quad(3\leqslant k\leqslant n),$$

于是

$$x_n<1+1+\frac{1}{2!}+\frac{1}{3!}+\cdots+\frac{1}{n!}<1+1+\frac{1}{2}+\frac{1}{2^2}+\cdots+\frac{1}{2^{n-1}}$$

$$=1+\frac{1-\frac{1}{2^n}}{1-\frac{1}{2}}=3-\frac{1}{2^{n-1}}<3,$$

这说明数列$\{x_n\}$有界.

根据准则Ⅱ,数列$\{x_n\}$必有极限,这个极限我们用 e 来表示,即

$$\lim_{n\to\infty}\left(1+\frac{1}{n}\right)^n=\mathrm{e}.$$

可以证明,e 是个无理数,它的值是 e = 2. 718 281 828 459 045…,前面我们讲到的指数函数 $y=\mathrm{e}^x$ 以及对数函数 $y=\ln x$ 中的底 e 就是这个常数.

我们还可以证明$\lim\limits_{x\to\infty}\left(1+\frac{1}{x}\right)^x=\mathrm{e}$.

例 8 求$\lim\limits_{x\to\infty}\left(1-\frac{1}{x}\right)^x$.

解 令 $t=-x$,当 $x\to\infty$ 时,$t\to-\infty$. 于是

$$\lim_{x\to\infty}\left(1-\frac{1}{x}\right)^x=\lim_{t\to-\infty}\left(1+\frac{1}{t}\right)^{-t}=\lim_{t\to-\infty}\frac{1}{\left(1+\frac{1}{t}\right)^t}=\frac{1}{\lim\limits_{t\to-\infty}\left(1+\frac{1}{t}\right)^t}=\frac{1}{\mathrm{e}}.$$

事实上,在形如 $\lim[1+\alpha(x)]^{\frac{1}{\alpha(x)}}$ 极限中,只要 $\alpha(x)$ 是无穷小,就有

$$\lim[1+\alpha(x)]^{\frac{1}{\alpha(x)}}=\mathrm{e}.$$

这是因为,令 $u=\frac{1}{\alpha(x)}$,则 $u\to\infty$,于是 $\lim[1+\alpha(x)]^{\frac{1}{\alpha(x)}}=\lim\limits_{u\to\infty}\left(1+\frac{1}{u}\right)^u=\mathrm{e}$.

所以公式的形式通常也写为

$$\lim_{x\to0}(1+x)^{\frac{1}{x}}=\mathrm{e}.$$

例 9 求$\lim\limits_{x\to\infty}\left(1+\frac{2}{x}\right)^x$.

解 因为当 $x\to\infty$ 时,$\alpha(x)=\frac{2}{x}\to0$,所以

$$\lim_{x\to\infty}\left(1+\frac{2}{x}\right)^x=\lim_{x\to\infty}\left[\left(1+\frac{2}{x}\right)^{\frac{x}{2}}\right]^2=\left[\lim_{x\to\infty}\left(1+\frac{2}{x}\right)^{\frac{x}{2}}\right]^2=\mathrm{e}^2.$$

例 10 求$\lim\limits_{x\to0}(1+3\tan x)^{\cot x}$.

解 因为当 $x\to0$ 时,$3\tan x=\frac{3\sin x}{\cos x}\to0$,所以

$$\begin{aligned}\lim_{x\to0}(1+3\tan x)^{\cot x}&=\lim_{x\to0}\left[(1+3\tan x)^{\frac{1}{3\tan x}}\right]^3\\&=\left[\lim_{x\to0}(1+3\tan x)^{\frac{1}{3\tan x}}\right]^3=\mathrm{e}^3.\end{aligned}$$

例 11 连续复利问题:

设 A_0 是本金,年利率为 r,则一年后的本息之和为 $A_0(1+r)$. 假设一年计息 n 次,且前期的利

息归入本期的本金进行重复计息，由于每次利率为$\frac{r}{n}$，则一年后的本息之和为 $A_0\left(1+\frac{r}{n}\right)^n$. 连续复利就是计息的时间间隔任意小，所以当 n 无限增大时就得到在连续复利下一年后的本息之和 $A(r)$，因此

$$A(r)=\lim_{n\to\infty}A_0\left(1+\frac{r}{n}\right)^n=A_0\mathrm{e}^r.$$

进而易知，连续复利中，A_0 是本金，年利率为 r，t 年后的本息之和为 $A_t(r)=A_0\mathrm{e}^{tr}$.

习　题　2.6

1. 计算下列极限：

(1) $\lim\limits_{x\to0}\frac{\sin 5x}{3x}$；　　(2) $\lim\limits_{x\to0}\frac{\tan kx}{x}$；

(3) $\lim\limits_{x\to0}\frac{\sin 2x}{\sin 3x}$；　　(4) $\lim\limits_{x\to0}\frac{\tan 2x}{\sin 5x}$；

(5) $\lim\limits_{x\to0}x\cot 2x$；　　(6) $\lim\limits_{x\to0}\frac{1-\cos 2x}{x\sin x}$；

(7) $\lim\limits_{n\to\infty}3^n\sin\frac{x}{3^n}\quad(x\neq0)$；　　(8) $\lim\limits_{x\to0}\frac{\arctan x}{x}$.

2. 计算下列极限：

(1) $\lim\limits_{x\to0}(1+2x)^{\frac{1}{x}}$；　　(2) $\lim\limits_{x\to0}(1-x)^{\frac{k}{x}}$　（k 为正整数）；

(3) $\lim\limits_{x\to\infty}\left(\frac{x}{1+x}\right)^x$；　　(4) $\lim\limits_{n\to\infty}\left(\frac{2n+3}{2n+1}\right)^{n+1}$；

(5) $\lim\limits_{x\to\frac{\pi}{2}}(1+\cos x)^{3\sec x}$.

2.7　无穷小的比较

我们已经知道，两个无穷小的和、差、积依然是无穷小，而两个无穷小的商却会呈现差异极大的现象. 例如，当 $x\to0$ 时，$2x$，x^2，$\sin x$ 均为无穷小，而

$$\lim_{x\to0}\frac{x^2}{2x}=0,\quad \lim_{x\to0}\frac{2x}{x^2}=\infty,\quad \lim_{x\to0}\frac{\sin x}{2x}=\frac{1}{2}.$$

两个无穷小比值的极限的各种不同情况，反映了不同的无穷小趋于零的“快慢”程度.

定义　设 α 及 β 都是在同一个自变量的变化过程中的无穷小，则

(1) 如果 $\lim\frac{\alpha}{\beta}=0$，就说 α 是比 β **高阶的无穷小**，记为 $\alpha=o(\beta)$；

(2) 如果 $\lim\frac{\alpha}{\beta}=\infty$，就说 α 是比 β **低阶的无穷小**；

(3) 如果 $\lim\frac{\alpha}{\beta}=c(c\neq0)$，就说 α 与 β 是**同阶无穷小**；

(4) 如果 $\lim \frac{\alpha}{\beta^k}=c(c\neq 0)$, $k>0$,就说 α 是关于 β 的 k **阶无穷小**;

(5) 如果 $\lim \frac{\alpha}{\beta}=1$,就说 α 与 β 是**等价无穷小**,记为 $\alpha \sim \beta$.

对上面的定义,通俗些说,就是在自变量的同一变化过程中,同阶无穷小可以想象为它们趋于零的快慢速度成"倍数"关系,等价无穷小是指它们趋于零的快慢速度"一致",若 α 是比 β 高阶的无穷小,则意味着 α 比 β 趋于零的速度要快得多.

我们看下面的例子:

因为 $\lim\limits_{x\to 0}\frac{x^2}{x}=0$,所以当 $x\to 0$ 时,x^2 是比 x 高阶的无穷小,即 $x^2=o(x)\ (x\to 0)$.

因为 $\lim\limits_{n\to\infty}\frac{\frac{1}{n}}{\frac{1}{n^2}}=\infty$,所以当 $n\to\infty$ 时,$\frac{1}{n}$是比$\frac{1}{n^2}$低阶的无穷小.

因为 $\lim\limits_{x\to 0}\frac{\sin x}{x}=1$,所以当 $x\to 0$ 时,$\sin x$ 与 x 是等价无穷小,即 $\sin x\sim x\ (x\to 0)$.

因为 $\lim\limits_{x\to 0}\frac{1-\cos x}{x^2}=\frac{1}{2}$,所以当 $x\to 0$ 时,$1-\cos x$ 是关于 x 的 2 阶无穷小.

这里需要注意的是,并非任意两个在同一个自变量的变化过程中的无穷小都能比较它们趋于零的速度. 例如,当 $x\to 0$ 时,$x\sin\frac{1}{x}$与 x 都是无穷小,但是由于 $\lim\limits_{x\to 0}\frac{x\sin\frac{1}{x}}{x}=\lim\limits_{x\to 0}\sin\frac{1}{x}$不存在,所以这两个无穷小趋于零的速度是不可比较的.

关于等价无穷小的有关定理:

定理 1 两个无穷小 α 与 β 为等价无穷小的充要条件为 $\beta-\alpha=o(\alpha)$.

证明 必要性:由 $\alpha\sim\beta$,知 $\lim\left(\frac{\beta-\alpha}{\alpha}\right)=\lim\left(\frac{\beta}{\alpha}-1\right)=\lim\frac{\beta}{\alpha}-1=0$,因此 $\beta-\alpha=o(\alpha)$.

充分性:由 $\beta-\alpha=o(\alpha)$,则 $\lim\frac{\beta}{\alpha}=\lim\frac{\alpha+o(\alpha)}{\alpha}=\lim\left[1+\frac{o(\alpha)}{\alpha}\right]=1$,因此 $\alpha\sim\beta$.

定理 1 表明,当 $\alpha\sim\beta$ 时,由 β 代替 α 所引起的误差比 α 要小得多. 例如,当 $x\to 0$ 时,$\sin x\sim x$,所以 $\sin x-x=o(x)$,因此,当 $|x|$ 很小时(记为 $|x|\ll 1$),近似公式 $\sin x\approx x$ 的误差很小. 同理,当 $|x|$ 很小时,近似公式 $1-\cos x\approx\frac{1}{2}x^2$, $\tan x\approx x$ 的误差也很小.

定理 2 若 $\alpha\sim\alpha'$, $\beta\sim\beta'$,且 $\lim\frac{\alpha'}{\beta'}$存在,则 $\lim\frac{\alpha}{\beta}$也存在,并有 $\lim\frac{\alpha}{\beta}=\lim\frac{\alpha'}{\beta'}$.

证明 $\lim\frac{\beta}{\alpha}=\lim\frac{\beta}{\beta'}\cdot\frac{\beta'}{\alpha'}\cdot\frac{\alpha'}{\alpha}=\lim\frac{\beta}{\beta'}\cdot\lim\frac{\beta'}{\alpha'}\cdot\lim\frac{\alpha'}{\alpha}=\lim\frac{\beta'}{\alpha'}$.

定理 2 表明,在求两个无穷小之比的极限时,分子及分母都可用等价无穷小来代替. 因此,如果用来代替的无穷小选取得适当,则可使计算简化.

例 1 求 $\lim\limits_{x\to 0}\frac{\tan 3x}{\sin 2x}$.

解　因为当 $x\to0$ 时, $\tan 3x\sim3x$, $\sin 2x\sim2x$, 于是

$$\lim_{x\to0}\frac{\tan 3x}{\sin 2x}=\lim_{x\to0}\frac{3x}{2x}=\frac{3}{2}.$$

例 2　求 $\lim\limits_{x\to0}\dfrac{\arcsin x}{x^2+3x}$.

解　当 $x\to0$ 时, $\arcsin x\sim x$, 无穷小 x^2+3x 与其自身等价, 所以

$$\lim_{x\to0}\frac{\arcsin x}{x^2+3x}=\lim_{x\to0}\frac{x}{x^2+3x}=\lim_{x\to0}\frac{1}{x+3}=\frac{1}{3}.$$

为便于大家记忆及应用, 下面我们列出一些常用的等价无穷小:

当 $x\to0$ 时: $\sin x\sim x$, $\tan x\sim x$, $\ln(1+x)\sim x$, $e^x-1\sim x$, $1-\cos x\sim\dfrac{1}{2}x^2$, $\arcsin x\sim x$, $\arctan x\sim x$, $a^x-1\sim x\ln a\,(a>0,a\neq1)$, $\sqrt[n]{(1+x)}-1\sim\dfrac{1}{n}x$.

"当 $x\to0$ 时, $\ln(1+x)\sim x$, $e^x-1\sim x$"的证明, 我们将在 2.9 节给出; "当 $x\to0$ 时, $\arctan x\sim x$, $a^x-1\sim x\ln a\,(a>0,a\neq1)$, $\sqrt[n]{(1+x)}-1\sim\dfrac{1}{n}x$"的证明留给读者作为练习.

例 3　求 $\lim\limits_{x\to0}\dfrac{(1+x^3)^{\frac{1}{3}}-1}{x(1-\cos 3x)}$.

解　由于当 $x\to0$ 时, $(1+x^3)^{\frac{1}{3}}-1\sim\dfrac{1}{3}x^3$, $1-\cos 3x\sim\dfrac{1}{2}(3x)^2$, 所以

$$\lim_{x\to0}\frac{(1+x^3)^{\frac{1}{3}}-1}{x(1-\cos 3x)}=\lim_{x\to0}\frac{\frac{1}{3}x^3}{x\cdot\frac{1}{2}(3x)^2}=\frac{2}{27}.$$

例 4　求证: 当 $x\to0$ 时 $\sin\sin x\sim\ln(1+x)$.

证明　当 $x\to0$ 时, $\sin\sin x\sim\sin x$, $\ln(1+x)\sim x$, 则

$$\lim_{x\to0}\frac{\sin\sin x}{\ln(1+x)}=\lim_{x\to0}\frac{\sin x}{x}=1,$$

所以, 当 $x\to0$ 时 $\sin\sin x\sim\ln(1+x)$.

由上面的例子可知, 在求某些无穷小之比$\left(\text{可称为}\dfrac{0}{0}\text{型}\right)$的极限时, 可将极限式子中整个分子或分母用其等价无穷小代换. 如果分子或分母为若干个因式的乘积, 则可对其中的任意一个或几个无穷小因式作等价无穷小代换. 但如果分子或分母不是积或商的形式, 而是几个无穷小的代数和, 切记此时等价无穷小的代换一般是不适用的. 例如

$$\lim_{x\to0}\frac{\tan x-\sin x}{x^3}=\lim_{x\to0}\frac{(1-\cos x)\tan x}{x^3}=\lim_{x\to0}\frac{\frac{1}{2}x^2\cdot x}{x^3}=\frac{1}{2}.$$

典型例题讲解
利用等价无穷小求极限

如果对 $\tan x$ 和 $\sin x$ 分别作等价无穷小代换, 则有

$$\lim_{x\to0}\frac{\tan x-\sin x}{x^3}=\lim_{x\to0}\frac{x-x}{x^3}=0.$$

显然这种做法是错误的.

习 题 2.7

1. 当 $x\to0$ 时,$3x-x^2$ 与 x^2+x^3 相比,哪一个是高阶无穷小?

2. 当 $x\to1$ 时,无穷小 $1-x$ 与(1) $1-\sqrt{x}$,(2) $2(1-\sqrt{x})$是否同阶? 是否等价?

3. 证明:当 $x\to0$ 时,有

(1) $\frac{1}{2}(x+\sin x)\sim x$;　　　(2) $\sec x-1\sim\frac{x^2}{2}$.

4. 利用等价无穷小的性质,求下列极限:

(1) $\lim\limits_{x\to0}\frac{\tan 5x}{7x}$;　　　(2) $\lim\limits_{x\to0}\frac{\sin(x^n)}{(\sin x)^m}$ (n,m 为正整数);

(3) $\lim\limits_{x\to0}\frac{\tan x-\sin x}{\sin^3 x}$;　　　(4) $\lim\limits_{x\to0}\frac{\arcsin x^2}{(e^x-1)\tan x}$;

(5) $\lim\limits_{x\to0}\frac{(1+x^2)^{\frac{1}{3}}-1}{1-\cos 3x}$;　　　(6) $\lim\limits_{x\to\frac{1}{2}}\frac{\arcsin(1-2x)}{4x^2-1}$;

(7) $\lim\limits_{x\to0}\frac{\sin 4x}{\sqrt{x+1}-1}$.

2.8 函数的连续性与间断点

2.8.1 函数的连续性

在自然界和日常生活中,有许多现象,如气温高低的变化、生物生长高度的变化等,都是随时间连续变化着的,当时间变化很微小时,它们的变化也很微小. 这些现象在数学上的反映就是函数的连续性,其图形的特点是连续而无间断的曲线. 本节从数量关系上给出能精确描绘这种现象的数学定义,以便用数学工具研究这类现象.

首先引入变量增量(改变量)的概念.

定义 1 设变量 u 从它的初值 u_1 变到终值 u_2,终值与初值的差 u_2-u_1 叫做变量 u 的**增量**(**改变量**),记作 Δu,即 $\Delta u=u_2-u_1$.

注 变量的增量(改变量),可以是正的也可以是负的,有时还可能为零.

设函数 $y=f(x)$ 在点 x_0 的某一个邻域内有定义,当自变量 x 在这邻域内从 x_0 变到 $x_0+\Delta x$ 时,函数 y 相应地从 $f(x_0)$ 变到 $f(x_0+\Delta x)$,因此函数 y 相应的增量为 Δy,即

$$\Delta y=f(x_0+\Delta x)-f(x_0).$$

对于图 2.18 所对应的函数而言,当自变量 x 在点 x_0 处取得极其微小的增量 Δx 时,函数 y 相应的增量 Δy 也是极其微小的,且当 Δx 趋于 0 时,Δy 也趋于 0. 而对于图 2.19 所对应的函数来说,在点 x_0 处就不满足这个条件,曲线在点 x_0 处是断开的.

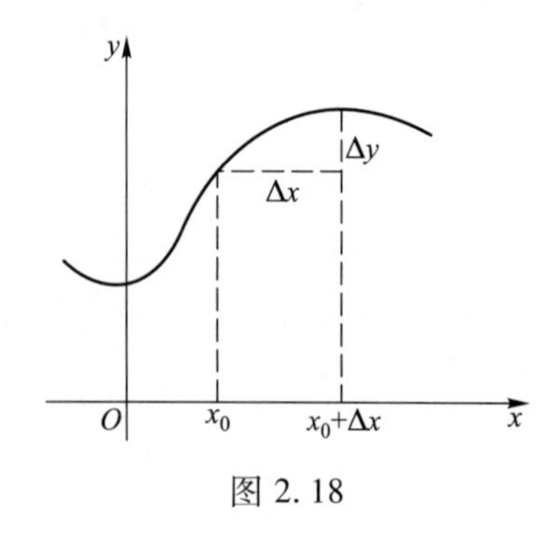

图 2.18

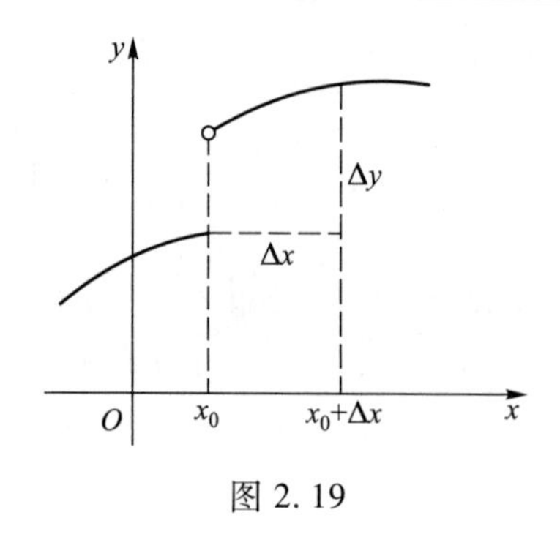

图 2.19

下面给出函数在一点处连续的定义.

定义 2　设函数 $y=f(x)$ 在点 x_0 的某一个邻域内有定义,如果当自变量 x 在点 x_0 处取得的增量 Δx 趋于零时,对应的函数的增量 $\Delta y=f(x_0+\Delta x)-f(x_0)$ 也趋于零,即

$$\lim_{\Delta x\to 0}\Delta y=0$$

或写成

$$\lim_{\Delta x\to 0}[f(x_0+\Delta x)-f(x_0)]=0,$$

那么就称**函数 $y=f(x)$ 在点 x_0 处连续**.

例 1　证明函数 $y=\sin x$ 在给定点 x_0 处连续.

证明　当自变量 x 在点 x_0 处取得增量 Δx 时,函数 $y=\sin x$ 相应的增量为

$$\Delta y=\sin(x_0+\Delta x)-\sin x_0=2\sin\frac{\Delta x}{2}\cos\left(x_0+\frac{\Delta x}{2}\right).$$

因为 $\left|\cos\left(x_0+\frac{\Delta x}{2}\right)\right|\leqslant 1$,且当 Δx 趋于 0 时,$\sin\frac{\Delta x}{2}$ 为无穷小,所以 $\lim\limits_{\Delta x\to 0}\Delta y=0$. 于是函数 $y=\sin x$ 在给定点 x_0 处连续.

为了应用方便起见,下面把函数 $y=f(x)$ 在点 x_0 处连续的定义用不同的形式来叙述.

设 $x=x_0+\Delta x$,则 $\Delta x\to 0$ 就是 $x\to x_0$. 又

$$\Delta y=f(x_0+\Delta x)-f(x_0)=f(x)-f(x_0),$$

即

$$f(x)=f(x_0)+\Delta y,$$

因此

$$\lim_{\Delta x\to 0}\Delta y=0\Leftrightarrow\lim_{x\to x_0}f(x)=f(x_0).$$

定义 3　设函数 $y=f(x)$ 在点 x_0 的某一个邻域内有定义,如果当 $x\to x_0$ 时,函数 $f(x)$ 的极限存在,且极限值等于 $f(x)$ 在点 x_0 处的函数值 $f(x_0)$,即

$$\lim_{x\to x_0}f(x)=f(x_0),$$

那么就称**函数 $y=f(x)$ 在点 x_0 处连续**.

下面给出左连续及右连续的概念.

如果 $\lim\limits_{x\to x_0^-}f(x)=f(x_0)$,则称 $y=f(x)$ 在点 x_0 处**左连续**.

如果 $\lim\limits_{x\to x_0^+}f(x)=f(x_0)$，则称 $y=f(x)$ 在点 x_0 处**右连续**.

可见，函数 $y=f(x)$ 在点 x_0 处连续当且仅当函数 $y=f(x)$ 在点 x_0 处左连续且右连续.

若函数 $f(x)$ 在某开区间 (a,b) 内的每一点都连续，叫做函数 $f(x)$ 在**开区间 (a,b) 内连续**，或者说函数 $f(x)$ 是**区间 (a,b) 内的连续函数**. 如果函数 $f(x)$ 在开区间 (a,b) 内连续，且在右端点 b 处左连续，在左端点 a 处右连续，则称函数 $f(x)$ 在**闭区间 $[a,b]$ 上连续**，或者说，函数 $f(x)$ 是**闭区间 $[a,b]$ 上的连续函数**. 此时，函数 $y=f(x)$ 的图形是一条连续而不间断的曲线.

如果 $f(x)$ 是多项式函数，则函数 $f(x)$ 在区间 $(-\infty,+\infty)$ 内是连续的. 这是因为，$f(x)$ 在 $(-\infty,+\infty)$ 内任意一点 x_0 处有定义，且均有 $\lim\limits_{x\to x_0}f(x)=f(x_0)$.

有理分式函数 $F(x)=\dfrac{P(x)}{Q(x)}$，只要 $Q(x_0)\neq 0$，均有 $\lim\limits_{x\to x_0}F(x)=F(x_0)$，因此有理分式函数在其定义域内的每一点都是连续的.

由例 1 知，函数 $y=\sin x$ 在区间 $(-\infty,+\infty)$ 内是连续的.

类似地，可以证明 $y=\cos x$ 在区间 $(-\infty,+\infty)$ 内连续.

2.8.2　函数的间断点

定义 4　如果函数 $f(x)$ 在点 x_0 处不满足连续的条件，则称 $f(x)$ 在点 x_0 **不连续**，或称函数 $f(x)$ 在点 x_0 处**间断**，点 x_0 称为 $f(x)$ 的**间断点**.

显然，如果函数 $f(x)$ 在点 x_0 处有下列三种情形之一，则点 x_0 为 $f(x)$ 的间断点：

(1) 在点 x_0 处没有定义；

(2) 虽然在点 x_0 处有定义，但 $\lim\limits_{x\to x_0}f(x)$ 不存在；

(3) 虽然在点 x_0 处有定义且 $\lim\limits_{x\to x_0}f(x)$ 存在，但 $\lim\limits_{x\to x_0}f(x)\neq f(x_0)$.

下面举例说明函数的几种常见的间断点.

例 2　函数 $y=\dfrac{1}{x}$ 在点 $x=0$ 处没有定义，所以点 $x=0$ 是函数 $y=\dfrac{1}{x}$ 的间断点. 因为 $\lim\limits_{x\to 0}\dfrac{1}{x}=\infty$，如图 2.20 所示，故称 $x=0$ 为函数 $y=\dfrac{1}{x}$ 的**无穷间断点**.

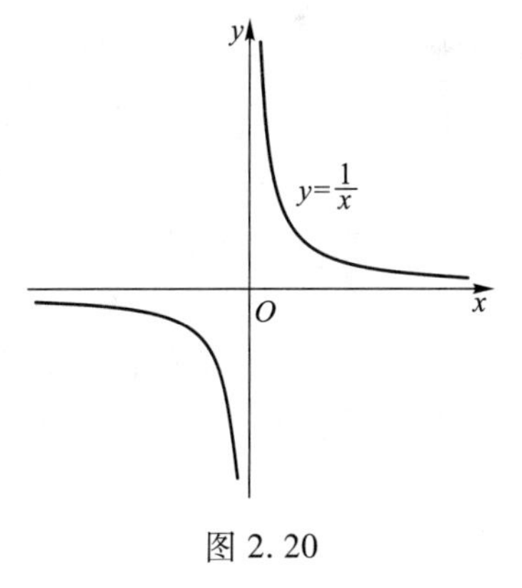

图 2.20

例 3　函数 $f(x)=\sin\dfrac{1}{x}$ 在点 $x=0$ 处没有定义，所以点 $x=0$ 是函数 $\sin\dfrac{1}{x}$ 的间断点.

由于当 $x\to 0$ 时，函数值在 -1 与 $+1$ 之间无限多次地变动，如图 2.21 所示，所以点 $x=0$ 称为函数 $\sin\dfrac{1}{x}$ 的**振荡间断点**.

例 4　函数 $f(x)=\dfrac{x^2-1}{x-1}$ 在点 $x=1$ 处没有定义，所以点 $x=1$ 是函数的间断点，如图 2.22 所示.

因为 $\lim\limits_{x\to1}\dfrac{x^2-1}{x-1}=\lim\limits_{x\to1}(x+1)=2$，如果补充定义：令 $f(1)=2$，则所给函数在 $x=1$ 处连续，我们称 $x=1$ 为该函数的**可去间断点**.

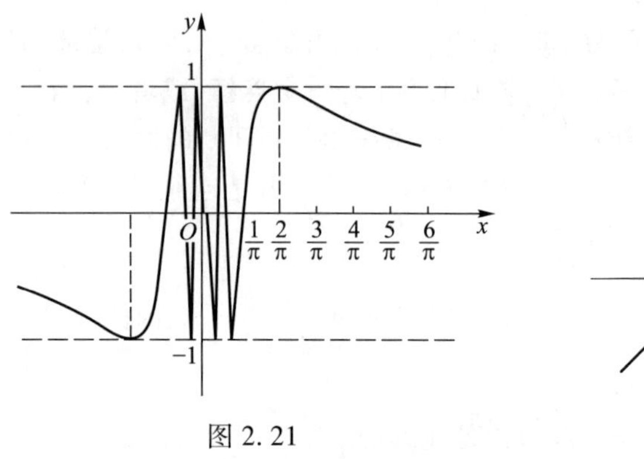

图 2.21

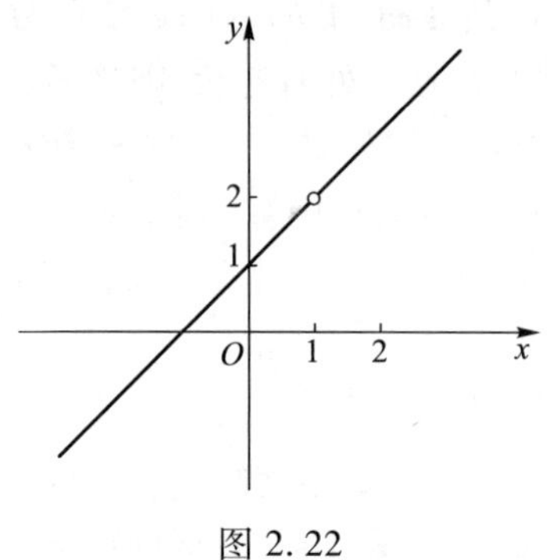

图 2.22

例 5　确定常数 a，使函数 $f(x)=\begin{cases}\dfrac{\sin(x-1)}{x^2-1}, & x\neq1,\\ a, & x=1\end{cases}$ 在 $x=1$ 处连续.

解　由连续的定义，当 $\lim\limits_{x\to1}f(x)=f(1)$ 时，函数在 $x=1$ 处连续. 因为

$$\lim_{x\to1}f(x)=\lim_{x\to1}\frac{\sin(x-1)}{x^2-1}=\lim_{x\to1}\frac{\sin(x-1)}{x-1}\lim_{x\to1}\frac{1}{x+1}=1\times\frac{1}{2}=\frac{1}{2},$$

又 $f(1)=a$，所以当取 $a=\dfrac{1}{2}$ 时，函数在 $x=1$ 处连续.

例 6　设函数 $f(x)=\begin{cases}x^2, & x<0,\\ x+1, & x\geqslant0,\end{cases}$ 因为

$$\lim_{x\to0^-}f(x)=\lim_{x\to0^-}x^2=0,\quad \lim_{x\to0^+}f(x)=\lim_{x\to0^+}(x+1)=1,$$

函数左、右极限都存在但不相等，所以 $\lim\limits_{x\to0}f(x)$ 不存在，点 $x=0$ 是函数的间断点. 此时函数的图形在 $x=0$ 处产生跳跃现象，如图 2.23 所示，所以我们称 $x=0$ 为函数 $f(x)$ 的**跳跃间断点**.

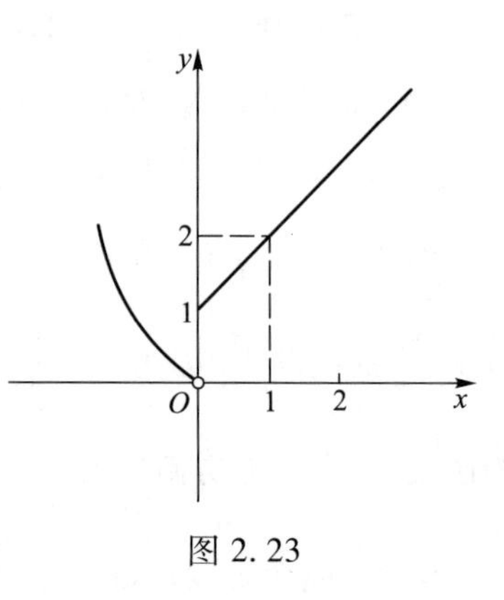

图 2.23

上面举了一些间断点的例子，通常我们把间断点分为两类：一类的主要特征是函数在该点的左、右极限都存在，具有这种特征的间断点统称为**第一类间断点**，其余的任何间断点称为**第二类间断点**. 可去间断点或跳跃间断点都是第一类间断点，无穷间断点及振荡间断点都是第二类间断点.

习　题　2.8

1. 设 $f(x)=\begin{cases}x-1, & 0<x\leqslant1,\\ 2-x, & 1<x\leqslant3,\end{cases}$

(1) 求 $f(x)$ 在 $x\to1$ 时的左、右极限，并判断当 $x\to1$ 时 $f(x)$ 的极限是否存在；

(2) 在 $x=1$ 处,$f(x)$连续吗?

(3) 求函数 $f(x)$ 的连续区间;

(4) 求 $\lim\limits_{x\to 2}f(x)$ 及 $\lim\limits_{x\to \frac{1}{2}}f(x)$.

2. 说明下列函数在指出的点处间断,并判断这些间断点属于哪一类,如果是可去间断点,则补充函数的定义使它连续:

(1) $y=\dfrac{x^2-1}{x^2-3x+2}$,$x=1$,$x=2$;

(2) $y=\dfrac{x}{\sin x}$,$x=k\pi(k=0,\pm1,\pm2\cdots)$;

(3) $y=(1+x)^{\frac{1}{x}}$,$x=0$;

(4) $y=x\sin\dfrac{1}{x}$,$x=0$.

3. 确定常数 a,使函数 $f(x)=\begin{cases}x^2-1, & x\leqslant 1,\\ 2x^3+a, & x>1\end{cases}$ 在定义域内连续.

4. 讨论函数 $f(x)=\lim\limits_{n\to\infty}\dfrac{x^{2n}}{1+x^{2n}}$ 在 $x=1$ 处的连续性.

2.9 连续函数的运算与初等函数的连续性

2.9.1 连续函数的和、差、积、商的连续性

由函数在某点连续的定义及极限的四则运算法则,可得下面定理:

定理 1 **设函数 $f(x)$ 和 $g(x)$ 在点 x_0 处连续,则函数**

$$f(x)\pm g(x),\quad f(x)g(x),\quad \frac{f(x)}{g(x)}(g(x_0)\neq 0)$$

在点 x_0 处也连续.

例如,由 $\sin x$,$\cos x$ 都在区间$(-\infty,+\infty)$内连续,根据定理 1 知 $\tan x$,$\cot x$在它们的定义域内也是连续的.

2.9.2 反函数与复合函数的连续性

定理 2 **如果函数 $f(x)$ 在区间$[a,b]$上单调增加(或单调减少)且连续,那么它的反函数 $x=f^{-1}(y)$ 也在对应的区间$[f(a),f(b)]$(或$[f(b),f(a)]$)上单调增加(或单调减少)且连续.**

证明从略.

例如,由于 $y=\tan x$ 在区间$\left(-\dfrac{\pi}{2},\dfrac{\pi}{2}\right)$内单调增加且连续,所以它的反函数 $y=\arctan x$ 在区间$(-\infty,+\infty)$内也是单调增加且连续的.

同样,反三角函数 $\arcsin x$,$\arccos x$,$\operatorname{arccot} x$ 在它们的定义域内也都是连续的.

我们指出(但不详细讨论),指数函数 $a^x(a>0,a\neq 1)$ 对于一切实数 x 都有定义,且在区间$(-\infty,+\infty)$内单调且连续,它的值域为$(0,+\infty)$.

由指数函数的单调性和连续性,由定理2可得:对数函数 $\log_a x(a>0,a\neq 1)$ 在区间 $(0,+\infty)$ 内单调且连续.

由2.5节的定理7易得如下定理:

定理3　设函数 $u=\varphi(x)$,当 $x\to x_0$ 时其极限存在,且等于 a,即

$$\lim_{x\to x_0}\varphi(x)=a,$$

而函数 $y=f(u)$ 在点 $u=a$ 处连续,则复合函数 $y=f[\varphi(x)]$ 当 $x\to x_0$ 时极限存在,且等于 $f(a)$,即

$$\lim_{x\to x_0}f[\varphi(x)]=f(a).$$

在定理3中,因为 $\lim\limits_{x\to x_0}\varphi(x)=a$,因此上式又可以写成

$$\lim_{x\to x_0}f[\varphi(x)]=f[\lim_{x\to x_0}\varphi(x)].$$

这说明在定理条件满足的前提下,函数符号 f 与极限符号 $\lim\limits_{x\to x_0}$ 可以交换次序.

把定理3中的 $x\to x_0$ 换成 $x\to\infty$,可得类似的结论.

例1　求 $\lim\limits_{x\to 2}\sqrt{\dfrac{x^2-4}{x-2}}$.

解　$\sqrt{\dfrac{x^2-4}{x-2}}$ 为 $\sqrt{u}$ 与 $u=\dfrac{x^2-4}{x-2}$ 复合而成. 当 $x\to 2$ 时,$u\to 4$,而函数 $y=\sqrt{u}$ 在点 $u=4$ 处连续,所以

$$\lim_{x\to 2}\sqrt{\frac{x^2-4}{x-2}}=\sqrt{\lim_{x\to 2}\frac{x^2-4}{x-2}}=\sqrt{4}=2.$$

例2　证明当 $x\to 0$ 时,$\ln(1+x)\sim x$.

证明　令 $u=(1+x)^{\frac{1}{x}}$,则当 $x\to 0$ 时,$u\to\mathrm{e}$,又函数 $y=\ln u$ 在点 $u=\mathrm{e}$ 处连续,所以

$$\lim_{x\to 0}\frac{\ln(1+x)}{x}=\lim_{x\to 0}\frac{1}{x}\ln(1+x)=\lim_{x\to 0}\ln(1+x)^{\frac{1}{x}}=\ln[\lim_{x\to 0}(1+x)^{\frac{1}{x}}]=\ln\mathrm{e}=1.$$

这就证明了,当 $x\to 0$ 时,$\ln(1+x)\sim x$.

例3　证明当 $x\to 0$ 时,$\mathrm{e}^x-1\sim x$.

证明　令 $u=\mathrm{e}^x-1$,则 $x=\ln(1+u)$,当 $x\to 0$ 时,$u\to 0$,因此

$$\lim_{x\to 0}\frac{\mathrm{e}^x-1}{x}=\lim_{u\to 0}\frac{u}{\ln(1+u)}=\lim_{u\to 0}\frac{1}{\ln(1+u)^{\frac{1}{u}}}=\frac{1}{\lim\limits_{u\to 0}\ln(1+u)^{\frac{1}{u}}}=\frac{1}{\ln\mathrm{e}}=1.$$

这就证明了,当 $x\to 0$ 时,$\mathrm{e}^x-1\sim x$.

定理4　设函数 $u=\varphi(x)$ 在点 x_0 处连续,且 $\varphi(x_0)=u_0$,而函数 $y=f(u)$ 在点 u_0 处连续,则复合函数 $y=f[\varphi(x)]$ 在点 x_0 处连续.

证明　由定理的条件知,$\lim\limits_{x\to x_0}\varphi(x)=\varphi(x_0)=u_0$,所以只要在定理3中令 $a=u_0=\varphi(x_0)$,就有

$$\lim_{x\to x_0}f[\varphi(x)]=f(u_0)=f[\varphi(x_0)].$$

该式说明复合函数 $y=f[\varphi(x)]$ 在点 x_0 处连续.

例4　讨论函数 $y=\cos\dfrac{1}{x}$ 的连续性.

解　函数 $y=\cos\dfrac{1}{x}$,可视为由 $y=\cos u$ 及 $u=\dfrac{1}{x}$ 复合而成的. $\cos u$ 在 $(-\infty,+\infty)$ 内是连续的,

$\frac{1}{x}$在$(-\infty,0)$和$(0,+\infty)$内是连续的.根据定理4知,函数$y=\cos\frac{1}{x}$在$(-\infty,0)$和$(0,+\infty)$内是连续的.

2.9.3 初等函数的连续性

前面我们已经证明了三角函数及反三角函数在它们的定义域内是连续的.实际上,可以进一步证明,基本初等函数在它们的定义域内都是连续的.

根据初等函数的定义及本节有关定理可得下列重要结论:**一切初等函数在其定义区间内都是连续的**.所谓定义区间,就是包含在定义域内的区间.

根据函数在点x_0处连续的定义及初等函数的连续性,在求极限$\lim\limits_{x\to x_0}f(x)$时,如果$f(x)$是初等函数,且$x_0$是$f(x)$的定义区间内的点,则极限值等于$x_0$处的函数值,即

$$\lim_{x\to x_0}f(x)=f(x_0).$$

例如,点$x_0=0$是初等函数$f(x)=\frac{1}{\sqrt{1-x^2}}$的定义区间$(-1,1)$内的点,所以$\lim\limits_{x\to 0}\frac{1}{\sqrt{1-x^2}}=\frac{1}{\sqrt{1}}=1$;又如点$x_0=\frac{\pi}{6}$是初等函数$f(x)=\ln(2\sin x)$的定义区间$(0,\pi)$内的点,所以$\lim\limits_{x\to\frac{\pi}{6}}\ln(2\sin x)=\ln\left(2\sin\frac{\pi}{6}\right)=0$.

例5 求$\lim\limits_{x\to 0}\frac{e^{x^2}\cos x}{\arcsin(1+x)}$.

解 函数$f(x)=\frac{e^{x^2}\cos x}{\arcsin(1+x)}$是初等函数,且$f(0)$有意义,所以$x=0$为函数的连续点,则

$$\lim_{x\to 0}\frac{e^{x^2}\cos x}{\arcsin(1+x)}=\frac{e^0\cos 0}{\arcsin 1}=\frac{1}{\frac{\pi}{2}}=\frac{2}{\pi}.$$

例6 求$\lim\limits_{x\to 0}\frac{\sqrt{1+x^2}-1}{x}$.

解 当$x\to 0$时,分子、分母的极限均为零,所以商的极限运算法则不能运用.分子、分母同乘分子的共轭根式,于是有

$$\lim_{x\to 0}\frac{\sqrt{1+x^2}-1}{x}=\lim_{x\to 0}\frac{(\sqrt{1+x^2}-1)(\sqrt{1+x^2}+1)}{x(\sqrt{1+x^2}+1)}=\lim_{x\to 0}\frac{x}{(\sqrt{1+x^2}+1)}=0.$$

习 题 2.9

1. 求下列极限:

(1) $\lim\limits_{x\to 0}\sqrt{x^3-2x+3}$;

(2) $\lim\limits_{x\to\frac{\pi}{4}}\ln(\sin 2x)^5$;

(3) $\lim\limits_{\Delta x\to 0}\frac{\sqrt{x+\Delta x}-\sqrt{x}}{\Delta x}$;

(4) $\lim\limits_{x\to 4}\frac{\sqrt{2x+1}-3}{\sqrt{x-2}-\sqrt{2}}$.

2. 求下列极限：

(1) $\lim\limits_{x\to 0}\dfrac{\ln(1+2x)}{x}$；　　(2) $\lim\limits_{x\to 0}\ln\dfrac{\sin 2x}{x}$；

(3) $\lim\limits_{x\to\infty}e^{\frac{1}{x}}$；　　(4) $\lim\limits_{x\to 0}\cos(1+x)^{\frac{1}{x}}$.

3. 证明：当 $x\to 0$ 时，(1) $a^x-1\sim x\ln a$；(2) $\sqrt[n]{1+x}-1\sim\dfrac{1}{n}x$.

4. (1) 设 $\lim\limits_{x\to x_0}f(x)=a(a>0)$，$\lim\limits_{x\to x_0}g(x)=b$，证明 $\lim\limits_{x\to x_0}f(x)^{g(x)}=a^b$；

(2) 求极限 $\lim\limits_{x\to 0}(1+x)^{\frac{2}{\sin x}}$.

2.10　闭区间上连续函数的性质

闭区间上的连续函数具有一些很重要的性质，其中有些性质从几何直观上看是很明显的，但理论证明并非容易，本节将以定理的形式把这些性质叙述出来，略去其证明.

设函数 $f(x)$ 在区间 I 上有定义，如果有 $x_0\in I$，使得对于任一 $x\in I$ 都有

$$f(x)\leqslant f(x_0)\ (f(x)\geqslant f(x_0)),$$

则称 $f(x_0)$ 是函数 $f(x)$ 在区间 I 上的**最大值**(**最小值**).

定理 1(**最大值和最小值定理**)　**设函数 $f(x)$ 在闭区间 $[a,b]$ 上连续，则函数 $f(x)$ 在闭区间 $[a,b]$ 上一定能取得它的最大值和最小值.**

注　如果函数在开区间内连续，或函数在闭区间上有间断点，那么函数在该区间上就不一定有最大值或最小值. 例如，函数 $y=x^3$ 在开区间 $(-1,1)$ 内连续，但无最大值和最小值. 又如，函数

$$f(x)=\begin{cases}1-x, & 0\leqslant x<1,\\ 1, & x=1,\\ 3-x, & 1<x\leqslant 2\end{cases}$$

在 $x=1$ 处不连续，函数在闭区间 $[0,2]$ 上无最大值和最小值，如图 2.24 所示.

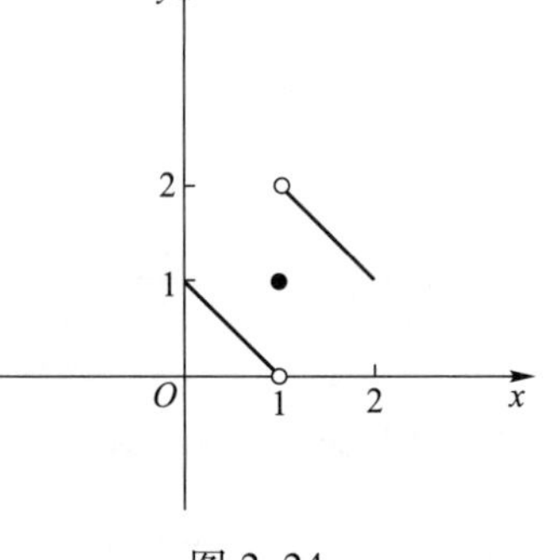

图 2.24

由定理 1 易得

定理 2(**有界性定理**)　**闭区间上的连续函数有界.**

定理 3(**介值定理**)　**设函数 $f(x)$ 在闭区间 $[a,b]$ 上连续，且 $f(a)\neq f(b)$，那么，对于 $f(a)$ 与 $f(b)$ 之间的任意一个数 c，在开区间 (a,b) 内至少有一点 ξ，使得 $f(\xi)=c$.**

定理 3 的几何意义是：连续曲线弧 $y=f(x)$ 与水平直线 $y=c\,(f(a)<c<f(b)$ 或 $f(a)>c>f(b))$ 至少有一个交点，如图 2.25 所示.

推论 1　**在闭区间上连续的函数必取得介于最大值 M 与最小值 m 之间的任何值.**

如果 x_0 使 $f(x_0)=0$，则称 x_0 为函数 $y=f(x)$ 的**零点**.

推论 2(**零点定理**)　**设函数 $f(x)$ 在闭区间 $[a,b]$ 上连续，且 $f(a)$ 与 $f(b)$ 异号，那么在开区间 (a,b) 内至少有一点 x_0，使 $f(x_0)=0$.**

从几何角度而言，如果连续曲线弧 $y=f(x)$ 的两个端点分别位于 x 轴的上下两侧，那么这段

曲线弧与 x 轴至少有一个交点,如图 2.26 所示.

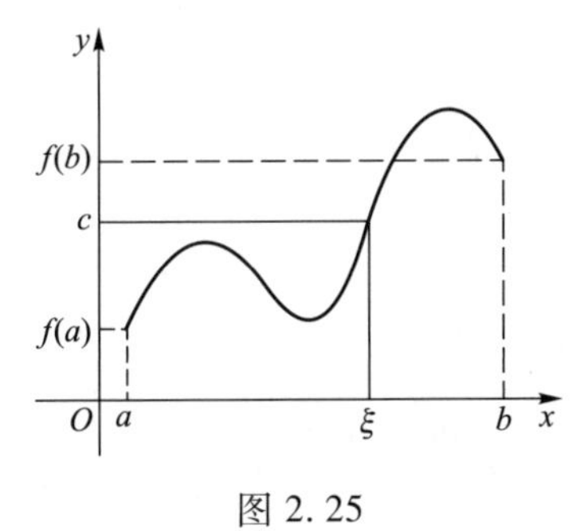

图 2.25

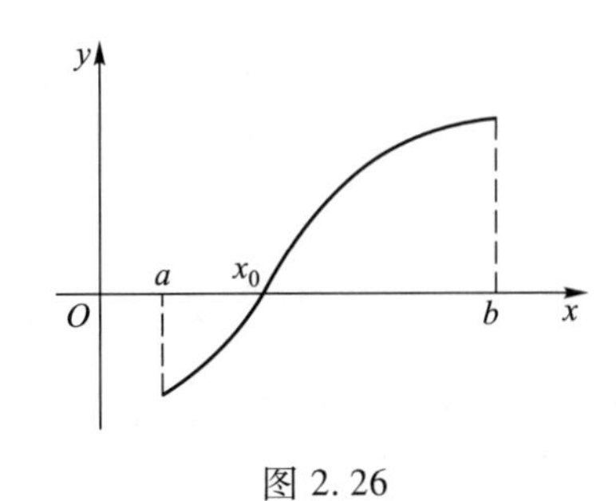

图 2.26

例 证明方程 $2^x=x^2$ 在区间$(-1,1)$内至少有一个实根.

证明 设函数 $f(x)=2^x-x^2$,则该函数在闭区间$[-1,1]$上连续,又 $f(-1)=-\dfrac{1}{2}$,$f(1)=1$,根据零点定理,在$(-1,1)$内至少有一点 x_0,使得 $f(x_0)=0$,即 $2^{x_0}-x_0^2=0$. 这等式说明方程 $2^x=x^2$ 在区间$(-1,1)$内至少有一个实根.

习 题 2.10

1. 证明方程 $x^5-3x=1$ 在区间$(1,2)$内至少有一个实根.

2. 证明方程 $2^x x=1$ 至少有一个小于 1 的正根.

3. 证明方程 $x=a\sin x+b$ 至少有一个正根,并且不超过 $a+b$,其中 $a>0,b>0$.

4. 设 $f(x),g(x)$ 是区间$[a,b]$上的两个连续函数,并且 $f(a)>g(a)$,$f(b)<g(b)$,试证:至少存在一点 x_0,$a<x_0<b$,使得 $f(x_0)=g(x_0)$.

2.11 多元函数的极限与连续性

2.11.1 多元函数的极限

定义 1 设二元函数 $f(P)=f(x,y)$ 的定义域为 D,$P_0(x_0,y_0)$是 D 的聚点. 如果存在常数 A,对于任意给定的正数 ε,总存在正数 δ,使得当 $P(x,y)\in D\cap \mathring{U}(P_0,\delta)$时,都有

$$|f(P)-A|=|f(x,y)-A|<\varepsilon$$

成立,则称**常数 A 为函数 $f(x,y)$ 当 $P(x,y)\to P_0(x_0,y_0)$ 时的极限**,记为

$$\lim_{(x,y)\to(x_0,y_0)} f(x,y)=A \text{ 或 } f(x,y)\to A((x,y)\to(x_0,y_0)),$$

也记作

$$\lim_{P\to P_0} f(P)=A \quad \text{或} \quad f(P)\to A(P\to P_0).$$

上述定义的极限也称为**二重极限**.

例 1　设 $f(x,y)=(x^2+y^2)\sin\frac{1}{x^2+y^2}$，求证 $\lim\limits_{(x,y)\to(0,0)} f(x,y)=0$.

证明　因为

$$|f(x,y)-0| = \left|(x^2+y^2)\sin\frac{1}{x^2+y^2}-0\right| = |x^2+y^2|\cdot\left|\sin\frac{1}{x^2+y^2}\right| \leqslant x^2+y^2,$$

可见 $\forall\varepsilon>0$，取 $\delta=\sqrt{\varepsilon}$，则当

$$0<\sqrt{(x-0)^2+(y-0)^2}<\delta,$$

即 $P(x,y)\in D\cap\mathring{U}(O,\delta)$ 时，总有 $|f(x,y)-0|<\varepsilon$，因此 $\lim\limits_{(x,y)\to(0,0)} f(x,y)=0$.

注　(1) 二重极限存在，是指当 P 以任何方式趋于 P_0 时，函数都无限接近于常数 A.

(2) 如果当 P 以两种不同方式趋于 P_0 时，函数趋于不同的值，则函数的极限不存在.

例 2　讨论：

函数 $f(x,y)=\begin{cases}\dfrac{xy}{x^2+y^2} & x^2+y^2\neq 0,\\ 0 & x^2+y^2=0\end{cases}$ 在点 $(0,0)$ 处是否有极限？

解　当点 $P(x,y)$ 沿直线 $y=kx$ 趋于点 $(0,0)$ 时，有

$$\lim_{\substack{(x,y)\to(0,0)\\ y=kx}}\frac{xy}{x^2+y^2}=\lim_{x\to 0}\frac{kx^2}{x^2+k^2x^2}=\frac{k}{1+k^2}.$$

当 k 取不同的值时，上述极限也不同. 因此，函数 $f(x,y)$ 在点 $(0,0)$ 处无极限.

极限概念可推广到 n 元函数.

定义 2　设 n 元函数 $f(P)=f(x_1,x_2,\cdots,x_n)$ 的定义域为 $D\subseteq\mathbf{R}^n$，P_0 是 D 的聚点. 如果存在常数 A，对于任意给定的正数 ε，总存在正数 δ，使得当 $P\in D\cap\mathring{U}(P_0,\delta)$ 时，都有

$$|f(P)-A|<\varepsilon$$

成立，则称**常数 A 为函数 $f(P)$ 当 $P\to P_0$ 时的极限**（亦称为 n **重极限**），记为

$$\lim_{P\to P_0} f(P)=A \quad 或 \quad f(P)\to A(P\to P_0).$$

注　对于一元函数，x 仅需沿 x 轴从 x_0 的左、右两个方向趋于 x_0. 但是对于 n 元函数，P 趋于 P_0 的路线有无穷多条. $\lim\limits_{P\to P_0} f(P)=A$ 是指当 P 以任何方式趋于 P_0 时，$f(P)$ 必须趋于同一确定的常数 A. 只要当 P 沿两条不同路线趋于 P_0 时，函数 $f(P)$ 的值趋于不同的常数，则 n 元函数在 P_0 点极限就不存在.

定义 3　若当 $x\to a$ 时（y 看作常数），函数 $f(x,y)$ 存在极限，设 $\lim\limits_{x\to a} f(x,y)=g(y)$；同时当 $y\to b$ 时，$g(y)$ 也存在极限，设 $\lim\limits_{y\to b} g(y)=A$，则称 A 是函数 $f(x,y)$ 在点 $P(a,b)$ 的**累次极限**，记为 $\lim\limits_{y\to b}\lim\limits_{x\to a} f(x,y)=A$.

同样可定义另一个不同次序的累次极限，即 $\lim\limits_{x\to a}\lim\limits_{y\to b} f(x,y)=B$.

注　(1) 同一个函数的两个累次极限可以相等也可以不相等，所以计算累次极限时一定要注意不能随意改变它们的次序.

(2) 两个累次极限都存在且相等，但是二重极限可能不存在.

例如，对于上述的例 2，我们有

$$\lim_{x\to 0}\lim_{y\to 0}\frac{xy}{x^2+y^2}=\lim_{y\to 0}\lim_{x\to 0}\frac{xy}{x^2+y^2}=0,$$

而 $\lim\limits_{(x,y)\to(0,0)}\dfrac{xy}{x^2+y^2}$不存在.

(3) 二重极限存在,但是两个累次极限可能都不存在.

例如,

$$\lim_{(x,y)\to(0,0)}\left(x\sin\frac{1}{y}+y\sin\frac{1}{x}\right)=0,$$

而

$$\lim_{y\to 0}\lim_{x\to 0}\left(x\sin\frac{1}{y}+y\sin\frac{1}{x}\right)$$

与

$$\lim_{x\to 0}\lim_{y\to 0}\left(x\sin\frac{1}{y}+y\sin\frac{1}{x}\right)$$

都不存在. 因为当 $x\to 0$ 时(y 看作常数),$\sin\dfrac{1}{x}$不存在极限;当 $y\to 0$ 时(x 看作常数),$\sin\dfrac{1}{y}$不存在极限,所以这两个累次极限都不存在.

(4) 若$f(x,y)$在点(x_0,y_0)的重极限 $\lim\limits_{(x,y)\to(x_0,y_0)}f(x,y)$与累次极限 $\lim\limits_{x\to x_0}\lim\limits_{y\to y_0}f(x,y)$ (或 $\lim\limits_{y\to y_0}\lim\limits_{x\to x_0}f(x,y)$)都存在,则它们必相等.

(5) 若累次极限 $\lim\limits_{x\to x_0}\lim\limits_{y\to y_0}f(x,y)$ 和 $\lim\limits_{y\to y_0}\lim\limits_{x\to x_0}f(x,y)$ 存在但不相等,则重极限 $\lim\limits_{(x,y)\to(x_0,y_0)}f(x,y)$必不存在.

一元函数求极限的方法和公式都可以用来求多元函数的重极限和累次极限.

例 3 求极限 $\lim\limits_{(x,y)\to(0,2)}\dfrac{\sin(xy)}{x}$.

解

$$\lim_{(x,y)\to(0,2)}\frac{\sin(xy)}{x}=\lim_{(x,y)\to(0,2)}\frac{\sin(xy)}{xy}\cdot y$$

$$=\lim_{(x,y)\to(0,2)}\frac{\sin(xy)}{xy}\cdot\lim_{(x,y)\to(0,2)}y=1\times 2=2.$$

例 4 求极限 $\lim\limits_{(x,y)\to(0,0)}\dfrac{xy}{\sqrt{xy+1}-1}$.

解

$$\lim_{(x,y)\to(0,0)}\frac{xy}{\sqrt{xy+1}-1}=\lim_{(x,y)\to(0,0)}\frac{xy(\sqrt{xy+1}+1)}{xy}.$$

$$=\lim_{(x,y)\to(0,0)}(\sqrt{xy+1}+1)=2.$$

例 5 求极限 $\lim\limits_{(x,y)\to(+\infty,+\infty)}\left(\dfrac{xy}{x^2+y^2}\right)^{x^2}$.

解 注意到当 $x>0,y>0$ 时,$x^2+y^2\geqslant 2xy>0$,故

$$0<\frac{xy}{x^2+y^2}\leqslant\frac{1}{2},\quad 0<\left(\frac{xy}{x^2+y^2}\right)^{x^2}\leqslant\left(\frac{1}{2}\right)^{x^2}.$$

而 $\lim\limits_{x\to+\infty}\left(\frac{1}{2}\right)^{x^2}=0$，由夹逼准则可知 $\lim\limits_{(x,y)\to(+\infty,+\infty)}\left(\frac{xy}{x^2+y^2}\right)^{x^2}=0$.

例 6　设函数 $f(x,y)=\begin{cases}\frac{x^2y}{x^2+y^2}, & (x,y)\neq(0,0),\\ 0, & (x,y)=(0,0),\end{cases}$ 证明 $\lim\limits_{(x,y)\to(0,0)}f(x,y)=0$.

证明　因为 $|f(x,y)-0|=\frac{x^2|y|}{x^2+y^2}\leqslant\frac{x^2|y|}{x^2}=|y|$，所以，当 $(x,y)\to(0,0)$ 时，$f(x,y)\to0$.

例 7　求函数 $f(x,y)=\frac{x^3y-x^3+y^5}{xy^3+x^3+y^5}$ 在 $(0,0)$ 点的两个累次极限.

解

$$\lim_{x\to0}\lim_{y\to0}f(x,y)=\lim_{x\to0}\lim_{y\to0}\frac{x^3y-x^3+y^5}{xy^3+x^3+y^5}=-1,$$

$$\lim_{y\to0}\lim_{x\to0}f(x,y)=\lim_{y\to0}\lim_{x\to0}\frac{x^3y-x^3+y^5}{xy^3+x^3+y^5}=1.$$

2.11.2　多元函数的连续性

定义 4　设 $f(P)=f(x,y)$ 为定义在 D 上的二元函数，点 $P_0(x_0,y_0)\in D$. 如果 $\forall\varepsilon>0$，都 $\exists\delta>0$，当 $P(x,y)\in U(P_0,\delta)\cap D$ 时，有

$$|f(x,y)-f(x_0,y_0)|<\varepsilon,$$

则称**函数 $f(x,y)$ 在点 $P_0(x_0,y_0)$ 连续**.

由上述定义可知，若 $P_0(x_0,y_0)$ 是 D 的孤立点，则函数 f 必定在点 $P_0(x_0,y_0)$ 连续；若 $P_0(x_0,y_0)$ 是 D 的聚点，则函数 f 关于 D 在点 $P_0(x_0,y_0)$ 连续等价于

$$\lim_{(x,y)\to(x_0,y_0)}f(x,y)=f(x_0,y_0).$$

二元函数的连续性概念可相应地推广到 n 元函数上去.

定义 5　设 $f(P)=f(x_1,x_2,\cdots,x_n)$ 为定义在 D 上的 n 元函数，点 $P_0\in D$. 如果 $\forall\varepsilon>0$，都 $\exists\delta>0$，当 $P\in U(P_0,\delta)\cap D$ 时，有

$$|f(P)-f(P_0)|<\varepsilon,$$

则称**函数 $f(x,y)$ 在点 P_0 连续**.

如果函数 $f(P)$ 在区域 D 的每一点都连续，那么就称函数 $f(P)$ **在 D 上连续**，或者称 $f(P)$ 是 **D 上的连续函数**.

定理 1　（**多元连续函数的运算**）

(1) **两个多元连续函数的和、差、积在它们的公共定义域内为连续函数；**

(2) **在分母不为零处，两个多元连续函数的商在它们的公共定义域内为连续函数；**

(3) **两个多元连续函数的复合函数是连续函数.**

例 8　设 $f(x,y)=\sin x$，证明 $f(x,y)$ 是 $\mathbf{R}^2$ 上的连续函数.

证明　对于任意的 $P_0(x_0,y_0)\in\mathbf{R}^2$. 因为

$$\lim_{(x,y)\to(x_0,y_0)}f(x,y)=\lim_{(x,y)\to(x_0,y_0)}\sin x=\sin x_0=f(x_0,y_0),$$

所以函数 $f(x,y)=\sin x$ 在点 $P_0(x_0,y_0)$ 连续. 由 P_0 的任意性知，$\sin x$ 作为 x,y 的二元函数在 $\mathbf{R}^2$ 上连续.

类似的讨论可知,一元基本初等函数看成二元函数或二元以上的多元函数时,它们在各自的定义域内都是连续的.

定义 6 设函数 $f(x,y)$ 的定义域为 D, $P_0(x_0,y_0)$ 是 D 的聚点.如果函数 $f(x,y)$ 在点 $P_0(x_0,y_0)$ 不连续,则称 $P_0(x_0,y_0)$ 为函数 $f(x,y)$ 的**间断点**.

例如,函数

$$f(x,y)=\begin{cases}\dfrac{xy}{x^2+y^2} & x^2+y^2\neq 0,\\ 0 & x^2+y^2=0\end{cases}$$

的定义域为 $D=\mathbf{R}^2$,$(0,0)$ 是 D 的聚点.当 $(x,y)\to(0,0)$ 时 $f(x,y)$ 的极限不存在,所以点 $(0,0)$ 是该函数的一个间断点.

又如,函数 $f(x,y)=\sin\dfrac{1}{x^2+y^2-1}$,其定义域为 $D=\{(x,y)\mid x^2+y^2\neq 1\}$,圆周 $C=\{(x,y)\mid x^2+y^2=1\}$ 上的点都是 $f(x,y)$ 的间断点.

注 间断点可能是孤立点也可能是曲线上的点.

定义 7 多元初等函数是指可用一个式子表示的多元函数,这个式子是由常数及具有不同自变量的一元基本初等函数经过有限次的四则运算和复合运算而得到的.

例如,$\dfrac{x+x^2-y^2}{1+y^2}$, $\sin(x+y)$, $\mathrm{e}^{x^2+y^2+z^2}$ 都是多元初等函数.

定理 2 一切多元初等函数在其定义区域内是连续的,所谓定义区域是指包含在定义域内的开区域或闭区域.

如果 $f(P)$ 是初等函数,且 P_0 是 $f(P)$ 的定义域的内点,则 $f(P)$ 在点 P_0 处连续,于是

$$\lim_{P\to P_0}f(P)=f(P_0).$$

例 9 求 $\lim\limits_{(x,y)\to(1,2)}\dfrac{x+y}{xy}$.

解 函数 $f(x,y)=\dfrac{x+y}{xy}$ 是初等函数,它的定义域为 $D=\{(x,y)\mid x\neq 0,y\neq 0\}$.因为 $P_0(1,2)$ 为 D 的内点,故存在 P_0 的某一邻域 $U(P_0)\subset D$,使得 $f(x,y)$ 在 $U(P_0)$ 内连续.因此

$$\lim_{(x,y)\to(1,2)}f(x,y)=f(1,2)=\frac{3}{2}.$$

2.11.3 多元连续函数的性质

性质 1(有界性) 在有界闭区域 D 上的多元连续函数,必定在 D 上有界.

即若 $f(D)$ 在有界闭区域 D 上连续,则必定存在常数 $M>0$,使得对一切 $P\in D$,有 $|f(P)|\leqslant M$.

性质 2(最大值最小值定理) 在有界闭区域 D 上的多元连续函数,必定在 D 上能取得它的最大值和最小值.

即存在 $P_1,P_2\in D$,使得 $f(P_1)=\max\{f(P)\mid P\in D\}$, $f(P_2)=\min\{f(P)\mid P\in D\}$.

性质 3(介值定理) 在有界闭区域 D 上的多元连续函数,如果在 D 上取得两个不同的函数值,则它在 D 上取得介于这两个值之间的任何值至少一次.

即若 P_1,P_2 为 D 中任意两点，且 $f(P_1)<f(P_2)$，则对任何满足不等式 $f(P_1)<\mu<f(P_2)$ 的实数 μ，必存在点 $P_0\in D$，使得 $f(P_0)=\mu$.

推论　在有界闭区域 D 上的多元连续函数必取得介于最大值和最小值之间的任何值.

例 10　讨论函数

$$f(x,y)=\begin{cases}\dfrac{\tan(x^2y)}{y}, & y\neq 0,\\ x^2, & y=0\end{cases}$$

的连续性.

解　(1) 当 $y_0\neq 0$ 时，

$$\lim_{(x,y)\to(x_0,y_0)} f(x,y)=\frac{\tan(x_0^2y_0)}{y_0}=f(x_0,y_0).$$

(2) 当 $y_0=0$ 时，$f(x_0,0)=x_0^2$，而

$$\lim_{(x,y)\to(x_0,0)} f(x,y)=\lim_{(x,y)\to(x_0,0)}\frac{\tan(x^2y)}{y}=\lim_{(x,y)\to(x_0,0)}\frac{\tan(x^2y)}{x^2y}\cdot x^2=x_0^2=f(x_0,0).$$

故 $f(x,y)$ 处处连续.

例 11　在求极限 $\lim\limits_{(x,y)\to(0,0)}\dfrac{xy}{\sqrt{x^2+y^2}}$ 时，如下解法是否正确：

$$\frac{xy}{\sqrt{x^2+y^2}}=\frac{x}{\sqrt{\left(\dfrac{x}{y}\right)^2+1}},$$

因为 $\lim\limits_{(x,y)\to(0,0)} x=0$，而 $\lim\limits_{(x,y)\to(0,0)}\sqrt{\left(\dfrac{x}{y}\right)^2+1}\neq 0$，所以，

$$原式=\lim_{(x,y)\to(0,0)}\frac{x}{\sqrt{\left(\dfrac{x}{y}\right)^2+1}}=0.$$

分析　一元函数极限的四则运算法则，对多元函数仍适用，此题可利用若 $\lim\limits_{(x,y)\to(x_0,y_0)} f(x,y)=A$，$\lim\limits_{(x,y)\to(x_0,y_0)} g(x,y)=B\ (B\neq 0)$，则 $\lim\limits_{(x,y)\to(x_0,y_0)}\dfrac{f(x,y)}{g(x,y)}=\dfrac{A}{B}$ 来解题. 但由于 (x,y) 当沿直线 $y=kx$ $(k\neq 0)$ 变化时，有

$$\lim_{\substack{(x,y)\to(0,0)\\ y=kx}}\sqrt{\left(\frac{x}{y}\right)^2+1}=\lim_{x\to 0}\sqrt{\left(\frac{x}{kx}\right)^2+1}=\sqrt{\left(\frac{1}{k}\right)^2+1},$$

结果与 k 有关，且随着 k 的取值不同而不同，故 $\lim\limits_{\substack{(x,y)\to(0,0)\\ y=kx}}\sqrt{\left(\dfrac{x}{y}\right)^2+1}$ 不存在，所以不能用商的极限运算法则求解. 因此，如上解法是错误的.

正确的解法：因为

$$0\leqslant\left|\frac{xy}{\sqrt{x^2+y^2}}\right|\leqslant\frac{1}{\sqrt{x^2+y^2}}\cdot\frac{x^2+y^2}{2}=\frac{\sqrt{x^2+y^2}}{2},$$

而 $\lim\limits_{(x,y)\to(0,0)}\dfrac{\sqrt{x^2+y^2}}{2}=0$，由夹逼准则，得 $\lim\limits_{(x,y)\to(0,0)}\dfrac{xy}{\sqrt{x^2+y^2}}=0.$

习 题 2.11

1. 求下列各极限：

(1) $\lim\limits_{(x,y)\to(2,0)}\dfrac{\ln(y+e^x)}{\sqrt{x^2+y^2}}$；　(2) $\lim\limits_{(x,y)\to(0,0)}\dfrac{3-\sqrt{xy+9}}{xy}$；

(3) $\lim\limits_{(x,y)\to(0,0)}\dfrac{(x^2+y^2)x^2y^2}{1-\cos(x^2+y^2)}$；　(4) $\lim\limits_{(x,y)\to(0,0)}\dfrac{\sin(x^2y)}{x^2+y^2}$.

2. 求下列函数在点(0,0)的两个累次极限，并且证明它们在点(0,0)的重极限不存在：

(1) $f(x,y)=\dfrac{x-y}{x+y}$；　(2) $f(x,y)=\dfrac{x^3y}{x^6+y^2}$.

3. 函数 $z=\dfrac{y^2+3x}{y^2-3x}$ 在何处是间断的？

4. 讨论下列函数在点(0,0)的连续性：

$$f(x,y)=\begin{cases}\dfrac{x^3+y^3}{x^2+y^2}, & (x,y)\neq(0,0),\\ 0, & (x,y)=(0,0).\end{cases}$$

5. 证明 $\lim\limits_{(x,y)\to(0,0)}(x^2+y^2)\sin\dfrac{1}{x^2+y^2}=0.$

总 习 题 二

1. 求下列函数的定义域：

(1) $z=\dfrac{1}{\sqrt{x^2+y^2-1}}+\sqrt{4-x^2-y^2}$；

(2) $y=\begin{cases}\dfrac{1}{x-2}, & x>2,\\ \ln x, & x\leqslant 2.\end{cases}$

2. 设 $f(x)=x^2-x+1$，计算 $\lim\limits_{\Delta x\to 0}\dfrac{f(2+\Delta x)-f(2)}{\Delta x}$.

3. 把一个半径为 R 的圆形铁片自中心处剪去中心角为 α 的一扇形后，将剩下的部分围成一个无底圆锥，试将此圆锥体积表达成 α 的函数.

4. 求函数 $f(x,y)=\dfrac{x^2y}{x^4+y^2}$ 的间断点.

5. 求下列函数的极限：

(1) $\lim\limits_{x\to\sqrt{3}}\dfrac{x^2-3}{x^2+1}$；　(2) $\lim\limits_{x\to 0}\ln\dfrac{\sin x}{x}$；

(3) $\lim\limits_{x\to 1}\left(\dfrac{1}{1-x}-\dfrac{3}{1-x^3}\right)$；　(4) $\lim\limits_{x\to 2}\dfrac{x^3+2x^2}{(x-2)^2}$；

(5) $\lim\limits_{x\to0}x^2\sin\dfrac{1}{x}$；

(6) $\lim\limits_{x\to0}\dfrac{\sqrt{1+x}-\sqrt{1-x}}{\sin x}$；

(7) $\lim\limits_{x\to\infty}\left(\dfrac{x^2-1}{x^2+1}\right)^{x^2}$；

(8) $\lim\limits_{x\to\infty}\left(1-\dfrac{2}{x}\right)^{3x}$；

(9) $\lim\limits_{x\to0}(1+2x)^{\frac{1}{x}}$；

(10) $\lim\limits_{x\to\infty}\left(\dfrac{3-x}{1-x}\right)^{x}$；

(11) $\lim\limits_{(x,y)\to(0.0)}\dfrac{\sin(x^2y)}{x^2+y^2}$；

(12) $\lim\limits_{(x,y)\to(0,0)}\dfrac{\ln(1+x^2+y^2)}{x^2+y^2}$.

6. 利用极限存在准则证明

$$\lim_{n\to\infty}n\left(\frac{1}{n^2+\pi}+\frac{1}{n^2+2\pi}+\cdots+\frac{1}{n^2+n\pi}\right)=1.$$

7. 求下列函数的间断点，并且指出它们属于哪一类：

(1) $y=\dfrac{x^2-1}{x^2-3x+2}$；

(2) $y=\begin{cases}x-1, & x\leqslant1,\\ 3-x, & x>1.\end{cases}$

8. 设函数 $f(x)=\begin{cases}e^x, & x<0,\\ a+x, & x\geqslant0,\end{cases}$ 应怎样选择 a，使 $f(x)$ 在 $(-\infty,+\infty)$ 内连续.

9. 证明方程 $x^3+x-3=0$ 至少有一个正根.

10. 证明极限 $\lim\limits_{(x,y)\to(0,0)}\dfrac{x^2y}{x^4+y^2}$ 不存在.

11. 证明：当 $x\to0$ 时，有 $\sec x-1\sim\dfrac{x^2}{2}$.

12. 设 $f(x)$，$g(x)$ 在 $[a,b]$ 上连续，且 $f(a)<g(a)$，$f(b)>g(b)$，证明在 (a,b) 内必存在一点 ξ，使得 $f(\xi)=g(\xi)$.

读一读

函数概念的形成经历了漫长的发展过程，直到18世纪中叶以前还是非常模糊的. 1837年，狄利克雷(Dirichlet,1805—1859)才给出函数的现代形式的定义. 函数是数学学科中最重要的基础概念之一，本教材中的极限、连续、微分、积分等理论均是以函数作为研究对象的；诸如物理学等其他自然学科也常将函数作为研究问题和解决问题的工具.

人们在研究曲线切线、弓形面积、球体积等数学问题，以及瞬时速率、变速运动位移等物理问题时，遇到了难以克服的困难：计算过程都涉及无穷小计算或无穷的运算过程. 数学家们曾发明多种特殊的办法来应对上述种种难题，虽然有些得到了正确的结果，但都缺少一般性和理论基础. 在柯西(Cauchy,1789—1857)、魏尔斯特拉斯(Weierstrass,1815—1897)等数学家的努力下，才得到现代的"极限"概念，把连续、微分、积分等概念建立在极限之上，整个分析的严格化工作才得以完成. "极限"贯穿本教材始末，是本课程的核心工具. 同学们要认真学习和理解极限概念，这对于学好本课程十分重要.

"连续性"界定出一类函数，是我们主要的研究对象，这类函数具有很重要的性质. 从最直观的角度来看,连续函数的图形是连绵不断的. 在历史上很长一段时期内,函数的连续性质被认为是函数的自然属性. 随着研究的深入,人们才发现某些函数还具有“间断点”,即图形上出现了断点.

多元函数的极限和连续概念是在一元函数基础上的推广,两者既有区别又有联系,但由于自变量的变化过程由直线向多维拓广而变得复杂.

自测题 2

第 3 章

函数的导数与微分

本章研究函数的导数和微分,这两者是微分学的基本概念.我们主要讨论函数的导数和微分的基本概念,并建立起一整套微分法公式与法则,从而系统解决初等函数的求导数(求微分)的问题.

3.1 导数的概念

3.1.1 导数的定义

我们先通过两个实例来看导数概念的由来.

1. 曲线的切线

设曲线 $y=y(x)$ 的图形如图 3.1 所示,点 $M_0(x_0,y(x_0))$ 为曲线上一定点,在曲线上另取一点 $M(x_0+\Delta x,y(x_0+\Delta x))$,过 M_0 与 M 作曲线的割线 M_0M,设其倾斜角为 φ,该割线 M_0M 的斜率为

$$\tan\varphi=\frac{\Delta y}{\Delta x}=\frac{y(x_0+\Delta x)-y(x_0)}{\Delta x}.$$

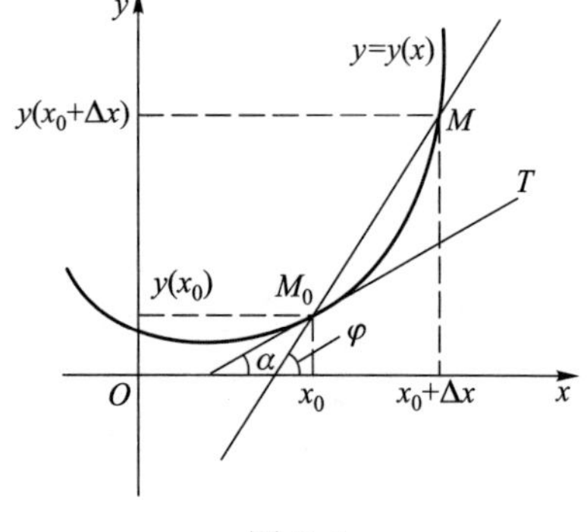

图 3.1

当 $\Delta x\to 0$ 时,点 M 沿着曲线趋于 M_0,与此同时割线 M_0M 趋于一个极限位置 M_0T(图 3.1),我们称 M_0T 为曲线在点 M_0 处的切线.显然,此时倾斜角 φ 趋于切线 M_0T 的倾斜角 α,即切线 M_0T 的斜率为

$$k=\tan\alpha=\lim_{\Delta x\to 0}\tan\varphi=\lim_{\Delta x\to 0}\frac{y(x_0+\Delta x)-y(x_0)}{\Delta x}. \qquad (3.1)$$

切线的斜率确定了,根据解析几何中直线的点斜式方程就可得出切线的方程为

$$y-y(x_0)=k(x-x_0).$$

因此解决切线问题的关键是求出形如(3.1)式右端的极限.

2. 变速直线运动的瞬时速度

设一质点沿 x 轴运动,其位置 s 是时间 t 的函数 $s=f(t)$,求它在 t_0 时刻的瞬时速度 $v(t_0)$.

当时间从 t_0 改变到 $t_0+\Delta t$ 时,该质点在 Δt 这一段时间内所经过的路程为

$$\Delta s=f(t_0+\Delta t)-f(t_0).$$

因此,在此段时间内质点的平均速度为

$$\bar{v}=\frac{\Delta s}{\Delta t}=\frac{f(t_0+\Delta t)-f(t_0)}{\Delta t}.$$

若质点匀速运动,则这就是其在时刻 t_0 的瞬时速度;若质点非匀速直线运动,则这不是质点在 t_0 时刻的瞬时速度,显然当 Δt 无限地接近于 0 时,此平均速度会无限地接近于质点在 t_0 时刻的瞬时速度. 当 $\Delta t\to0$ 时,若平均速度 $\bar{v}$ 的极限存在,则称此极限为质点在 t_0 时刻的瞬时速度,即

$$v(t_0)=\lim_{\Delta t\to0}\frac{\Delta s}{\Delta t}=\lim_{\Delta t\to0}\frac{f(t_0+\Delta t)-f(t_0)}{\Delta t}. \tag{3.2}$$

上面两个例子所涉及的背景虽然不同,一个是几何问题,一个是物理问题,但是从数学结构上看,却具有完全相同的形式,即极限(3.1)与(3.2),都归结为计算函数的增量与自变量增量之比当自变量增量趋于 0 时的极限. 这种特殊的极限称为函数的导数.

定义 1 设函数 $y=f(x)$ 在点 x_0 的某一邻域内有定义,当自变量 x 在 x_0 处有增量 Δx($x+\Delta x$ 也在该邻域内)时,相应地,函数有增量 $\Delta y=f(x_0+\Delta x)-f(x_0)$,若当 $\Delta x\to0$ 时,极限

$$\lim_{\Delta x\to0}\frac{\Delta y}{\Delta x}=\lim_{\Delta x\to0}\frac{f(x_0+\Delta x)-f(x_0)}{\Delta x} \tag{3.3}$$

存在,则称函数 $y=f(x)$ 在**点 x_0 处可导**,并称此极限为函数 $y=f(x)$ **在 x_0 处的导数**,记作 $f'(x_0)$, $y'\big|_{x=x_0}$, $\left.\frac{\mathrm{d}y}{\mathrm{d}x}\right|_{x=x_0}$ 或 $\left.\frac{\mathrm{d}f(x)}{\mathrm{d}x}\right|_{x=x_0}$.

当极限不存在时,则称函数 $y=f(x)$ 在点 x_0 处不可导. 如果不可导的原因是由于当 $\Delta x\to0$ 时,比式 $\frac{\Delta y}{\Delta x}\to\infty$,为了方便起见,也往往说 $y=f(x)$ 在点 x_0 处的导数为无穷大.

在(3.3)式中,若记 $x=x_0+\Delta x$,则增量

$$\Delta x=x-x_0,\quad \Delta y=f(x)-f(x_0),$$

当 $\Delta x\to0$ 时,$x\to x_0$,从而导数的定义又可写成

$$f'(x_0)=\lim_{x\to x_0}\frac{f(x)-f(x_0)}{x-x_0}. \tag{3.4}$$

有时在探讨问题时,采用(3.4)式作为导数的定义往往会更方便.

定义 2 若极限 $\lim\limits_{\substack{\Delta x\to0^+\\(\text{或}\Delta x\to0^-)}}\frac{\Delta y}{\Delta x}=\lim\limits_{\substack{\Delta x\to0^+\\(\text{或}\Delta x\to0^-)}}\frac{f(x_0+\Delta x)-f(x_0)}{\Delta x}$ 存在,则称此极限为 $f(x)$ 在 x_0 处的**右(左)导数**,记作 $f'_+(x_0)$(或 $f'_-(x_0)$).

左导数与右导数统称为**单侧导数**.

根据左、右极限的性质,我们有下面的定理.

定理 1 **函数 $y=f(x)$ 在 x_0 可导的充要条件是它在 x_0 的左、右导数都存在且相等.**

如果函数 $y=f(x)$ 在区间 I 上的每一点处都可导(在闭区间的左端点只需右可导,在右端点只需左可导),那么就称**函数 $f(x)$ 在 I 上可导**. 这时,对应于 I 的每一个 x 值必存在一个导数,因而在区间 I 上确定了一个新的函数,称为 $f(x)$ 的**导函数**,简称为**导数**. 记作

$$f'(x),\quad y',\quad \frac{\mathrm{d}y}{\mathrm{d}x}\quad \text{或}\quad \frac{\mathrm{d}f(x)}{\mathrm{d}x}.$$

把式(3.3)中的 x_0 换成 x,即得导数的定义

$$f'(x)=\lim_{\Delta x\to 0}\frac{f(x+\Delta x)-f(x)}{\Delta x}.$$

显然,$f(x)$ 在 x_0 的导数 $f'(x_0)$ 就是导函数 $f'(x)$ 在点 $x=x_0$ 处的函数值.

下面我们举几个利用定义求导数的例子.

例 1　求函数 $f(x)=C$(C 为常数)的导数.

解　$f'(x)=(C)'=\lim\limits_{\Delta x\to 0}\dfrac{f(x+\Delta x)-f(x)}{\Delta x}=\lim\limits_{\Delta x\to 0}\dfrac{C-C}{\Delta x}=0$,

这表明常数的导数等于 0.

例 2　求幂函数 $f(x)=x^n(n\in \mathbf{N}_+)$ 的导数.

解　$f'(x)=\lim\limits_{\Delta x\to 0}\dfrac{f(x+\Delta x)-f(x)}{\Delta x}=\lim\limits_{\Delta x\to 0}\dfrac{(x+\Delta x)^n-x^n}{\Delta x}=\lim\limits_{\Delta x\to 0}\dfrac{x^n\left[\left(1+\dfrac{\Delta x}{x}\right)^n-1\right]}{\Delta x}$,当 $\Delta x\to 0$ 时,

$\left(1+\dfrac{\Delta x}{x}\right)^n-1\sim n\dfrac{\Delta x}{x}$,于是

$$f'(x)=(x^n)'=\lim_{\Delta x\to 0}\frac{x^n\cdot n\dfrac{\Delta x}{x}}{\Delta x}=nx^{n-1}.$$

顺便指出,当指数不是正整数 n,而是任意实数 μ 时,也有完全相同的公式:

$$(x^\mu)'=\mu x^{\mu-1}.$$

利用这个公式可以很方便地求出幂函数的导数,例如:

$$\left(\frac{1}{x}\right)'=(x^{-1})'=-x^{-1-1}=-\frac{1}{x^2},$$

$$(\sqrt{x})'=(x^{\frac{1}{2}})'=\frac{1}{2}x^{\frac{1}{2}-1}=\frac{1}{2\sqrt{x}}\quad(x>0).$$

例 3　求指数函数 $f(x)=a^x(a>0,a\neq 1)$ 的导数.

解

$$\begin{aligned}f'(x)=(a^x)'&=\lim_{\Delta x\to 0}\frac{f(x+\Delta x)-f(x)}{\Delta x}=\lim_{\Delta x\to 0}\frac{a^{x+\Delta x}-a^x}{\Delta x}=a^x\lim_{\Delta x\to 0}\frac{a^{\Delta x}-1}{\Delta x}\\&=a^x\lim_{\Delta x\to 0}\frac{\mathrm{e}^{\Delta x\ln a}-1}{\Delta x}=a^x\lim_{\Delta x\to 0}\frac{\Delta x\ln a}{\Delta x}=a^x\ln a.\end{aligned}$$

特别地,有 $(\mathrm{e}^x)'=\mathrm{e}^x$.

例 4　求对数函数 $f(x)=\log_a x(a>0,a\neq 1)$ 的导数.

解

$$\begin{aligned}f'(x)=(\log_a x)'&=\lim_{\Delta x\to 0}\frac{\log_a(x+\Delta x)-\log_a x}{\Delta x}=\lim_{\Delta x\to 0}\frac{\log_a\left(1+\dfrac{\Delta x}{x}\right)}{\Delta x}\\&=\lim_{\Delta x\to 0}\frac{1}{x}\log_a\left(1+\frac{\Delta x}{x}\right)^{\frac{x}{\Delta x}}=\frac{1}{x}\log_a\mathrm{e}=\frac{1}{x\ln a}.\end{aligned}$$

特别地,有 $(\ln x)'=\dfrac{1}{x}$.

例 5　求三角函数 $f(x)=\sin x$ 的导数.

解 $f'(x)=(\sin x)'=\lim\limits_{\Delta x\to 0}\dfrac{\sin(x+\Delta x)-\sin x}{\Delta x}=\lim\limits_{\Delta x\to 0}\dfrac{2\cos\left(x+\dfrac{\Delta x}{2}\right)\sin\dfrac{\Delta x}{2}}{\Delta x}$

$$=\lim_{\Delta x\to 0}\cos\left(x+\frac{\Delta x}{2}\right)\frac{\sin\left(\dfrac{\Delta x}{2}\right)}{\dfrac{\Delta x}{2}}=\cos x.$$

用类似方法,可求得$(\cos x)'=-\sin x$.

例 6 求函数$f(x)=|x|$在$x=0$处的导数.

解 由于$\lim\limits_{\Delta x\to 0}\dfrac{f(0+\Delta x)-f(0)}{\Delta x}=\lim\limits_{\Delta x\to 0}\dfrac{|\Delta x|-0}{\Delta x}=\lim\limits_{\Delta x\to 0}\dfrac{|\Delta x|}{\Delta x}=\begin{cases}1, & \Delta x>0,\\ -1, & \Delta x<0,\end{cases}$所以$f'_+(0)=1$,$f'_-(0)=-1$,由$f'_+(0)\neq f'_-(0)$,得$f(x)$在$x=0$处不可导.

3.1.2 导数的几何意义

从上一节中的切线问题及导数的定义可知,函数$y=f(x)$在点x_0的导数$f'(x_0)$在几何上表示曲线$y=f(x)$在点$M(x_0,f(x_0))$处切线的斜率,即

$$f'(x_0)=\tan\alpha,$$

其中α是切线的倾斜角(图 3.1).从而可知曲线$y=f(x)$在点$M(x_0,f(x_0))$处的**切线方程**为

$$y-f(x_0)=f'(x_0)(x-x_0).$$

过点$M(x_0,f(x_0))$且与切线垂直的直线叫做曲线$y=f(x)$在M点处的**法线**,若$f'(x_0)\neq 0$,则其**法线方程**为

$$y-f(x_0)=-\frac{1}{f'(x_0)}(x-x_0).$$

若$f'(x_0)=0$,则曲线$y=f(x)$在点M处的切线方程为$y=f(x_0)$,法线方程为$x=x_0$.

若$y=f(x)$在点x_0的导数为无穷大,且在点x_0处连续,则曲线$y=f(x)$在点$M(x_0,f(x_0))$处的切线垂直于x轴.这时曲线$y=f(x)$在点M处的切线方程为$x=x_0$,法线方程为$y=f(x_0)$.

例 7 求曲线$y=x^2$在点(1,1)处的切线方程和法线方程.

解 因为$y'=2x$,所以曲线在点(1,1)处的切线斜率为

$$k=y'|_{x=1}=2x|_{x=1}=2,$$

故切线方程为

$$y-1=2(x-1).$$

法线方程为

$$y-1=-\frac{1}{2}(x-1).$$

3.1.3 函数的可导性与连续性

定理 2 如果函数 $y=f(x)$ 在 x 点处可导,则函数在 x 点处必连续.

证明 函数$y=f(x)$在x点处可导,即

$$\lim_{\Delta x \to 0} \frac{\Delta y}{\Delta x} = f'(x)$$

存在，由函数极限与无穷小的关系可知

$$\frac{\Delta y}{\Delta x} = f'(x) + \alpha,$$

其中 α 为当 $\Delta x \to 0$ 时的无穷小. 上式两边同乘 Δx，得

$$\Delta y = f'(x)\Delta x + \alpha \Delta x. \tag{3.5}$$

这个公式称为函数的**增量公式**. 由此可见，当 $\Delta x \to 0$ 时，$\Delta y \to 0$. 这就是说，函数 $y=f(x)$ 在 x 点处是连续的.

注　这个定理的逆命题不成立，即在 x 点处连续的函数 $y=f(x)$，在 x 点处不一定可导.

例 8　函数 $f(x)=|x|$ 在 $x=0$ 处是连续的，但它在 $x=0$ 处不可导（见例 6）.

例 9　讨论 $f(x)=\begin{cases} x\sin\dfrac{1}{x}, & x \neq 0, \\ 0, & x=0 \end{cases}$ 在 $x=0$ 处的可导性和连续性.

解　因为 $\lim\limits_{x \to 0} f(x) = \lim\limits_{x \to 0} x\sin\dfrac{1}{x} = 0 = f(0)$，所以 $f(x)$ 在 $x=0$ 处连续.

但 $\lim\limits_{x \to 0} \dfrac{f(x)-f(0)}{x-0} = \lim\limits_{x \to 0} \sin\dfrac{1}{x}$ 不存在，故 $f(x)$ 在 $x=0$ 处不可导.

由以上讨论可知，函数在某点连续是函数在该点可导的必要条件，但不是充分条件.

习　题　3.1

1. 利用导数的定义，求下列函数在给定点处的导数：

（1）$f(x)=1-2x^2$，$x_0=1$；

（2）$f(x)=\begin{cases} x^2\sin\dfrac{1}{x}, & x \neq 0, \\ 0, & x=0, \end{cases}$　$x_0=0$.

2. 利用导数的定义求下列函数的导数：

（1）$f(x)=\dfrac{1}{x^2}$；　　（2）$f(x)=\cos x$.

3. 设 $f'(x_0)$ 存在，求下列各式的极限：

（1）$\lim\limits_{\Delta x \to 0} \dfrac{f(x_0+2\Delta x)-f(x_0)}{\Delta x}$；　　（2）$\lim\limits_{h \to 0} \dfrac{f(x_0+h)-f(x_0-h)}{h}$.

4. 求曲线 $y=\sqrt{x}$ 在点 $(1,1)$ 处的切线方程和法线方程.

5. 讨论下列函数在 $x=0$ 处的可导性和连续性：

（1）$f(x)=x|x|$；

（2）$f(x)=\begin{cases} x^2\cos\dfrac{1}{x}, & 0<x<2, \\ x, & x \leqslant 0. \end{cases}$

6. 设 $f(x)=\begin{cases} e^{2x}+b, & x<0, \\ \sin ax, & x \geqslant 0, \end{cases}$ 试确定 a,b 的值，使 $f(x)$ 在 $x=0$ 处可导.

3.2　导数的求导法则与基本公式

在上一节中我们给出了导数的定义,但同时也看到,有时利用定义求导难度较大.本节我们将介绍一些求导的运算法则和基本公式,以此达到简化求导数计算的目的.

3.2.1　导数的四则运算法则

定理 1　**若函数 $u(x)$ 和 $v(x)$ 在点 x 处可导,则它们的和、差、积、商(分母不为零的点)在点 x 处均可导,且**

(1) $[u(x)\pm v(x)]'=u'(x)\pm v'(x)$;

(2) $[u(x)v(x)]'=u'(x)v(x)+u(x)v'(x)$;

(3) $\left[\dfrac{u(x)}{v(x)}\right]'=\dfrac{u'(x)v(x)-u(x)v'(x)}{v^2(x)}(v(x)\neq 0)$.

证明　(1)(3)的证明略(请读者自己完成),现在证明(2).

$$
\begin{aligned}
[u(x)v(x)]'&=\lim_{\Delta x\to 0}\frac{u(x+\Delta x)v(x+\Delta x)-u(x)v(x)}{\Delta x}\\
&=\lim_{\Delta x\to 0}\left[\frac{u(x+\Delta x)-u(x)}{\Delta x}\cdot v(x+\Delta x)+u(x)\cdot\frac{v(x+\Delta x)-v(x)}{\Delta x}\right]\\
&=\lim_{\Delta x\to 0}\frac{u(x+\Delta x)-u(x)}{\Delta x}\cdot\lim_{\Delta x\to 0}v(x+\Delta x)+u(x)\cdot\lim_{\Delta x\to 0}\frac{v(x+\Delta x)-v(x)}{\Delta x}\\
&=u'(x)v(x)+u(x)v'(x).
\end{aligned}
$$

定理 1 中的(1)(2)可推广到有限个可导函数的情形,我们有如下结果:

推论 1　**若 $f_i(x)(i=1,2,\cdots,n)$ 均可导,则有**

(1) $\left[\sum\limits_{i=1}^{n}f_i(x)\right]'=\sum\limits_{i=1}^{n}f_i'(x)$;

(2) $[Cf_i(x)]'=Cf_i'(x)$,　C **为常数**;

(3) $\left[\prod\limits_{i=1}^{n}f_i(x)\right]'=f_1'(x)f_2(x)\cdots f_n(x)+f_1(x)f_2'(x)\cdots f_n(x)+\cdots+f_1(x)f_2(x)\cdots f_n'(x)$.

例 1　设 $f(x)=x^3+4\cos x+\sin\dfrac{\pi}{2}$,求 $f'(x)$ 及 $f'\left(\dfrac{\pi}{2}\right)$.

解

$$
\begin{aligned}
f'(x)&=(x^3)'+4(\cos x)'+\left(\sin\frac{\pi}{2}\right)'=3x^2-4\sin x+0\\
&=3x^2-4\sin x,
\end{aligned}
$$

$$
f'\left(\frac{\pi}{2}\right)=\frac{3}{4}\pi^2-4.
$$

例 2　设 $f(x)=\sin x\ln x$,求 $f'(x)$.

解

$$
\begin{aligned}
f'(x)&=(\sin x\ln x)'=(\sin x)'\ln x+\sin x(\ln x)'\\
&=\cos x\ln x+\frac{\sin x}{x}.
\end{aligned}
$$

例 3　设 $f(x)=\tan x$,求 $f'(x)$.

解
$$f'(x)=(\tan x)'=\left(\frac{\sin x}{\cos x}\right)'=\frac{(\sin x)'\cos x-\sin x(\cos x)'}{(\cos x)^2}$$
$$=\frac{\cos^2 x+\sin^2 x}{\cos^2 x}=\frac{1}{\cos^2 x}=\sec^2 x.$$

即
$$(\tan x)'=\sec^2 x.$$

同理可得
$$(\cot x)'=-\csc^2 x.$$

例 4　设 $f(x)=\sec x$,求 $f'(x)$.

解
$$f'(x)=(\sec x)'=\left(\frac{1}{\cos x}\right)'=\frac{(1)'\cos x-1\cdot(\cos x)'}{(\cos x)^2}$$
$$=\frac{\sin x}{\cos^2 x}=\sec x\tan x.$$

即
$$(\sec x)'=\sec x\tan x.$$

同理可得
$$(\csc x)'=-\csc x\cot x.$$

3.2.2　反函数的求导法则

定理 2　**若函数 $x=\varphi(y)$ 在区间 I_y 内单调、可导且 $\varphi'(y)\neq 0$,则它的反函数 $y=f(x)$ 在区间 $I_x=\{x\mid x=\varphi(y),y\in I_y\}$ 内也可导,且**
$$f'(x)=\frac{1}{\varphi'(y)}\quad \text{或}\quad \frac{\mathrm{d}y}{\mathrm{d}x}=\frac{1}{\frac{\mathrm{d}x}{\mathrm{d}y}}.$$

证明　因为函数 $x=\varphi(y)$ 在区间 I_y 内单调、可导(必连续),所以其反函数 $y=f(x)$ 在相应的区间 I_x 内也单调、连续. 因此当 $\Delta x\neq 0$ 时,$\Delta y\neq 0$,并且当 $\Delta x\to 0$ 时,有 $\Delta y\to 0$. 于是
$$f'(x)=\lim_{\Delta x\to 0}\frac{\Delta y}{\Delta x}=\lim_{\Delta y\to 0}\frac{1}{\frac{\Delta x}{\Delta y}}=\frac{1}{\varphi'(y)}.$$

例 5　设 $f(x)=\arcsin x$,求 $f'(x)$.

解　因为 $x=\sin y$ 在 $\left(-\frac{\pi}{2},\frac{\pi}{2}\right)$ 内单调、可导,且 $(\sin y)'=\cos y>0$,所以在 $(-1,1)$ 内有
$$(\arcsin x)'=\frac{1}{(\sin y)'}=\frac{1}{\cos y}=\frac{1}{\sqrt{1-\sin^2 y}}=\frac{1}{\sqrt{1-x^2}}.$$

同理可得
$$(\arccos x)'=-\frac{1}{\sqrt{1-x^2}}.$$

例 6 设 $f(x)=\arctan x$,求 $f'(x)$.

解 因为 $x=\tan y$ 在 $\left(-\frac{\pi}{2},\frac{\pi}{2}\right)$ 内单调、可导,且 $(\tan y)'=\sec^2 y>0$,所以在 $(-\infty,+\infty)$ 内有

$$(\arctan x)'=\frac{1}{(\tan y)'}=\frac{1}{\sec^2 y}=\frac{1}{1+\tan^2 y}=\frac{1}{1+x^2}.$$

同理可得

$$(\operatorname{arccot} x)'=-\frac{1}{1+x^2}.$$

3.2.3 复合函数的求导法则

定理 3 **如果函数** $u=\varphi(x)$ **在点** x **处可导,而函数** $y=f(u)$ **在对应的** u **点可导,那么复合函数** $y=f(\varphi(x))$ **也在** x **点可导,且有**

$$\frac{\mathrm{d}y}{\mathrm{d}x}=\frac{\mathrm{d}y}{\mathrm{d}u}\cdot\frac{\mathrm{d}u}{\mathrm{d}x}=f'(\varphi(x))\cdot\varphi'(x).$$

证明 由 $y=f(u)$ 在 u 点可导,有

$$\lim_{\Delta x\to 0}\frac{\Delta y}{\Delta u}=f'(u).$$

根据增量公式(3.5)得

$$\Delta y=f'(u)\Delta u+\alpha\Delta u\quad(\lim_{\Delta u\to 0}\alpha=0).$$

所以

$$\lim_{\Delta x\to 0}\frac{\Delta y}{\Delta x}=\lim_{\Delta x\to 0}\left(f'(u)\frac{\Delta u}{\Delta x}+\alpha\frac{\Delta u}{\Delta x}\right)$$

$$=f'(u)\lim_{\Delta x\to 0}\frac{\Delta u}{\Delta x}+\lim_{\Delta x\to 0}\alpha\lim_{\Delta x\to 0}\frac{\Delta u}{\Delta x}=f'(u)\varphi'(x).$$

即

$$\frac{\mathrm{d}y}{\mathrm{d}x}=f'(u)\cdot\varphi'(x)=f'(\varphi(x))\cdot\varphi'(x).$$

复合函数的求导法亦称为**链式求导法**,它可推广到多个中间变量的情形.下面以两个中间变量为例来说明.**设** $y=f(u),u=\varphi(v),v=\psi(x)$ **都是可导函数,则复合函数** $y=f\{\varphi[\psi(x)]\}$ **的导数为**

$$\frac{\mathrm{d}y}{\mathrm{d}x}=\frac{\mathrm{d}y}{\mathrm{d}u}\cdot\frac{\mathrm{d}u}{\mathrm{d}v}\cdot\frac{\mathrm{d}v}{\mathrm{d}x}.$$

例 7 求函数 $y=\ln\cos x$ 的导数.

解 令 $y=\ln u,u=\cos x$,则

$$\frac{\mathrm{d}y}{\mathrm{d}x}=\frac{\mathrm{d}y}{\mathrm{d}u}\cdot\frac{\mathrm{d}u}{\mathrm{d}x}=\frac{1}{u}\cdot(-\sin x)=-\frac{\sin x}{\cos x}=-\tan x.$$

例 8 求幂函数 $y=x^{\mu}$ ($x>0,\mu$ 为任意实数)的导数.

解 由于 $x^{\mu}=\mathrm{e}^{\mu\ln x}$,所以令 $y=\mathrm{e}^{u},u=\mu\ln x$,则

$$\frac{\mathrm{d}y}{\mathrm{d}x}=\frac{\mathrm{d}y}{\mathrm{d}u}\cdot\frac{\mathrm{d}u}{\mathrm{d}x}=\mathrm{e}^{u}\cdot\left(\mu\cdot\frac{1}{x}\right)=\mathrm{e}^{\mu\ln x}\frac{\mu}{x}=\mu x^{\mu-1}.$$

即
$$(x^{\mu})'=\mu x^{\mu-1}.$$

例 9　求函数 $y=\mathrm{e}^{\sin\frac{1}{x}}$的导数.

解　令 $y=\mathrm{e}^{u},u=\sin v,v=\frac{1}{x}$,则

$$\frac{\mathrm{d}y}{\mathrm{d}x}=\frac{\mathrm{d}y}{\mathrm{d}u}\cdot\frac{\mathrm{d}u}{\mathrm{d}v}\cdot\frac{\mathrm{d}v}{\mathrm{d}x}=\mathrm{e}^{u}\cdot\cos v\cdot\left(-\frac{1}{x^{2}}\right)=-\frac{1}{x^{2}}\mathrm{e}^{\sin\frac{1}{x}}\cos\frac{1}{x}.$$

由以上例子看出,应用复合函数的求导法则,关键是将复合函数分解为若干简单的函数,而这些简单函数的导数我们已经会求. 当运算熟练后,可不必写出中间变量,只要分清楚函数的复合关系,做到心中有数,就可以直接求出复合函数对自变量的导数.

例 10　求函数 $y=\ln(x+\sqrt{1+x^{2}})$的导数.

解
$$\frac{\mathrm{d}y}{\mathrm{d}x}=\frac{1}{x+\sqrt{1+x^{2}}}(x+\sqrt{1+x^{2}})'=\frac{1}{x+\sqrt{1+x^{2}}}\left[1+\frac{1}{2}(1+x^{2})^{-\frac{1}{2}}(1+x^{2})'\right]$$
$$=\frac{1}{x+\sqrt{1+x^{2}}}\left(1+\frac{2x}{2\sqrt{1+x^{2}}}\right)=\frac{1}{\sqrt{1+x^{2}}}.$$

例 11　求函数 $y=\arctan\frac{1+x}{1-x}$的导数.

解
$$\frac{\mathrm{d}y}{\mathrm{d}x}=\frac{1}{1+\left(\frac{1+x}{1-x}\right)^{2}}\left(\frac{1+x}{1-x}\right)'=\frac{1}{1+\left(\frac{1+x}{1-x}\right)^{2}}\cdot\frac{(1+x)'(1-x)-(1+x)(1-x)'}{(1-x)^{2}}$$
$$=\frac{2}{(1+x)^{2}+(1-x)^{2}}=\frac{1}{1+x^{2}}.$$

3.2.4　求导的基本公式和法则

由前面的例子可见,基本初等函数的求导公式和求导法则在初等函数的求导运算中起着非常重要的作用. 现将前面导出的一些基本初等函数的求导公式和求导法则汇总在一起,以便查阅,也有利于记忆.

1. 常数和基本初等函数的求导公式

(1) $(C)'=0$;

(2) $(x^{\mu})'=\mu x^{\mu-1}$;

(3) $(a^{x})'=a^{x}\ln a\quad(a>0$ 且 $a\neq1)$;

(4) $(\mathrm{e}^{x})'=\mathrm{e}^{x}$;

(5) $(\log_{a}x)'=\frac{1}{x\ln a}\quad(a>0$ 且 $a\neq1)$;

(6) $(\ln x)'=\frac{1}{x}$;

(7) $(\sin x)'=\cos x$;

(8) $(\cos x)'=-\sin x$;

(9) $(\tan x)'=\sec^{2}x$;

(10) $(\cot x)'=-\csc^{2}x$;

(11) $(\sec x)'=\sec x\tan x$;

(12) $(\csc x)'=-\csc x\cot x$;

(13) $(\arcsin x)'=\frac{1}{\sqrt{1-x^{2}}}$;

(14) $(\arccos x)'=-\frac{1}{\sqrt{1-x^{2}}}$;

(15) $(\arctan x)'=\frac{1}{1+x^{2}}$;

(16) $(\operatorname{arccot} x)'=-\frac{1}{1+x^{2}}$.

2. 函数的四则运算的求导法则

设 $u=u(x)$ 及 $v=v(x)$ 均可导，则

(1) $(u\pm v)'=u'\pm v'$;　　(2) $(Cu)'=Cu'$;

(3) $(uv)'=u'v+uv'$;　　(4) $\left(\dfrac{u}{v}\right)'=\dfrac{u'v-uv'}{v^2}(v\neq0)$.

3. 反函数的求导法则

设函数 $x=\varphi(y)$ 在区间 I_y 内单调、可导且 $\varphi'(y)\neq0$，则它的反函数 $y=f(x)$ 在对应区间 $I_x=\{x\mid x=\varphi(y),y\in I_y\}$ 上的导数为

$$f'(x)=\frac{1}{\varphi'(y)}\quad 或\quad \frac{\mathrm{d}y}{\mathrm{d}x}=\frac{1}{\dfrac{\mathrm{d}x}{\mathrm{d}y}}.$$

4. 复合函数的求导法则

设 $y=f(u)$ 及 $u=\varphi(x)$ 均可导，则复合函数 $y=f[\varphi(x)]$ 的导数为

$$\frac{\mathrm{d}y}{\mathrm{d}x}=\frac{\mathrm{d}y}{\mathrm{d}u}\cdot\frac{\mathrm{d}u}{\mathrm{d}x}=f'(\varphi(x))\cdot\varphi'(x).$$

习　题　3.2

1. 求下列函数的导数：

(1) $y=4x^3-\dfrac{2}{x^2}+3$;　　(2) $y=x^2-\tan x+2\mathrm{e}^x$;

(3) $y=\sqrt{x}\tan x$;　　(4) $y=(2x-1)\arcsin x$;

(5) $y=\dfrac{\cos x}{x^2}$;　　(6) $y=\dfrac{x\sin x}{1+x^2}$;

(7) $y=\log_2x+x\sqrt{x}$;　　(8) $y=x\sin x\ln x$.

2. 求下列函数的导数：

(1) $y=(3x^2+2)^5$;　　(2) $y=\arccos\dfrac{1}{x}$;

(3) $y=\cot^2x$;　　(4) $y=\ln\sin x$;

(5) $y=\ln\sqrt{1-2x}$;　　(6) $y=x\mathrm{e}^{-2x}$;

(7) $y=\arcsin\dfrac{3x-2}{\sqrt{2}}$;　　(8) $y=\mathrm{e}^{\cos\frac{1}{x}}$;

(9) $y=\ln(x+\sqrt{x^2+a^2})$;　　(10) $y=\sqrt{x+\sqrt{x}}$.

3. 设 $f(x)$ 是可导函数，求下列函数的导数：

(1) $y=f(x^2)$;　　(2) $y=f(\sin x)+f(\cos x^2)$.

4. 设 $f(x)$ 在 $(-\infty,+\infty)$ 内可导，证明：

(1) 若 $f(x)$ 为奇函数，则 $f'(x)$ 为偶函数；

(2) 若 $f(x)$ 为偶函数，则 $f'(x)$ 为奇函数.

3.3　隐函数、幂指函数、由参数方程所确定的函数与分段函数的导数

利用复合函数的求导法则,还可以推出以下几类特殊函数的求导方法:

3.3.1　隐函数的导数

前面讨论的函数大多是以 $y=f(x)$ 的形式表达出来的,这样的函数称为**显函数**.

在通常情况下,一个含有 x 与 y 的二元方程能确定 y 是 x 的函数,例如在方程 $x-y+1=0$ 中,任给 x 一个值,相应地就有一个确定的 y 值与之对应,故这个方程确定了 y 是 x 的函数. 但应注意,并非每一个二元方程都一定能确定 y 是 x 的函数. 方程 $x^2+y^2+1=0$ 就是一例,因为当 x 取定一个值时,满足此方程的 y 值在实数范围内是不存在的.

一般说来,在二元方程 $F(x,y)=0$ 中,如果 x 在区间 I 上取值,相应地总有满足方程的 y 值与之对应,那么就称该方程在区间 I 上确定了 x 的**隐函数** y. 把一个隐函数化成显函数的形式,叫做**隐函数的显化**. 但有些隐函数是不能显化或并不是很容易化为显函数的,那么在求其导数时该如何呢? 下面让我们来解决这个问题.

隐函数求导法　设 $y=y(x)$ 是由方程 $F(x,y)=0$ 所确定的隐函数,把 $y=y(x)$ 代入方程便得恒等式 $F[x,y(x)]\equiv 0$. 让方程两边同时对 x 求导,并把 y 看成 x 的函数,利用复合函数的求导法则就会得到一个含有 $\frac{dy}{dx}$(或 y')的方程,从方程中解出 $\frac{dy}{dx}$ 即可.

例 1　求由方程 $e^y+xy-e=0$ 所确定的隐函数 $y=y(x)$ 的导数.

解　方程两边对 x 求导,注意到 y 是 x 的函数,有

$$e^y\cdot\frac{dy}{dx}+y+x\cdot\frac{dy}{dx}=0,$$

解得

$$\frac{dy}{dx}=-\frac{y}{x+e^y}.$$

例 2　求曲线 $x^2+xy+y^2=4$ 在点 $(2,-2)$ 处的切线方程.

解　方程两边对 x 求导,注意到 y 是 x 的函数,有

$$2x+y+xy'+2yy'=0,$$

解出 y' 得

$$y'=-\frac{2x+y}{x+2y}.$$

由

$$y'\big|_{(2,-2)}=1,$$

于是曲线在点 $(2,-2)$ 处的切线方程为

$$y-(-2)=1\cdot(x-2),$$

即
$$y=x-4.$$

3.3.2 幂指函数的导数

形如 $y=f(x)^{g(x)}(f(x)>0)$ 的函数,称为**幂指函数**. 对于该函数的求导运算,既不能将它看成幂函数而用幂函数的求导公式,又不能将它看成指数函数去用指数函数的求导公式. 它的求导方法有以下两种:

方法 1 将 $y=f(x)^{g(x)}$ 写成
$$y=\mathrm{e}^{g(x)\ln f(x)},$$
由复合函数的求导法则有
$$\begin{aligned}\frac{\mathrm{d}y}{\mathrm{d}x}&=\mathrm{e}^{g(x)\ln f(x)}[g(x)\ln f(x)]'\\&=\mathrm{e}^{g(x)\ln f(x)}\left[g'(x)\ln f(x)+g(x)\frac{f'(x)}{f(x)}\right]\\&=f(x)^{g(x)}\left[g'(x)\ln f(x)+\frac{g(x)f'(x)}{f(x)}\right].\end{aligned}$$

方法 2 对 $y=f(x)^{g(x)}$ 取对数得
$$\ln y=g(x)\ln f(x),$$
等式两边对 x 求导(注意 y 是 x 的函数)得
$$\frac{1}{y}y'=g'(x)\ln f(x)+g(x)\frac{f'(x)}{f(x)},$$
从而
$$\begin{aligned}y'&=y\left[g'(x)\ln f(x)+g(x)\frac{f'(x)}{f(x)}\right]\\&=f(x)^{g(x)}\left[g'(x)\ln f(x)+\frac{g(x)f'(x)}{f(x)}\right].\end{aligned}$$

例 3 求 $y=x^x(x>0)$ 的导数.

解法 1 由于
$$y=x^x=\mathrm{e}^{x\ln x},$$
所以
$$y'=\mathrm{e}^{x\ln x}(x\ln x)'=x^x\left(\ln x+x\cdot\frac{1}{x}\right)=x^x(\ln x+1).$$

解法 2 等式两边取对数得
$$\ln y=x\ln x,$$
上式两边对 x 求导得
$$\frac{1}{y}y'=\ln x+x\cdot\frac{1}{x},$$
所以
$$y'=y(\ln x+1)=x^x(\ln x+1).$$

方法 2 是对函数先取自然对数,通过对数运算法则化简后,再利用隐函数求导法则求出函数的导数,这种方法称为**对数求导法**. 它适用于幂指函数和多个函数相乘除的情形.

例 4 求 $y=\dfrac{(x+1)^3\sqrt{x-1}}{(x+4)^2\mathrm{e}^x}$ 的导数.

解　等式两边取对数得

$$\ln y=3\ln(x+1)+\frac{1}{2}\ln(x-1)-2\ln(x+4)-x,$$

上式两边对 x 求导得

$$\frac{1}{y}y'=\frac{3}{x+1}+\frac{1}{2(x-1)}-\frac{2}{x+4}-1,$$

所以
$$y'=\frac{(x+1)^3\sqrt{x-1}}{(x+4)^2\mathrm{e}^x}\left[\frac{3}{x+1}+\frac{1}{2(x-1)}-\frac{2}{x+4}-1\right].$$

3.3.3　由参数方程所确定的函数的导数

一般地,若参数方程$\begin{cases}x=\varphi(t),\\y=\psi(t)\end{cases}$确定 y 与 x 之间的函数关系,则称为**由参数方程确定的函数**.如果从参数方程中消去参数比较困难,如何计算该函数的导数呢? 我们有

定理　设有参数方程$\begin{cases}x=\varphi(t),\\y=\psi(t),\end{cases}$**若** $\varphi(t),\psi(t)$ **可导,且** $\varphi'(t)\neq 0$**,则**

$$\frac{\mathrm{d}y}{\mathrm{d}x}=\frac{\frac{\mathrm{d}y}{\mathrm{d}t}}{\frac{\mathrm{d}x}{\mathrm{d}t}}=\frac{\psi'(t)}{\varphi'(t)}.$$

证明　由于 $x=\varphi(t)$ 可导,且 $\varphi'(t)\neq 0$,由 3.2 节定理 2 可知,它有可导的反函数 $t=\varphi^{-1}(x)$,且

$$\frac{\mathrm{d}t}{\mathrm{d}x}=\frac{1}{\frac{\mathrm{d}x}{\mathrm{d}t}}=\frac{1}{\varphi'(t)},$$

由 $y=\psi(t)=\psi(\varphi^{-1}(x))$ 可导,根据复合函数的求导法则得

$$\frac{\mathrm{d}y}{\mathrm{d}x}=\psi'(t)\frac{\mathrm{d}t}{\mathrm{d}x}=\frac{\psi'(t)}{\varphi'(t)}.$$

例 5　求由参数方程$\begin{cases}x=a\cos t,\\y=b\sin t\end{cases}$所确定的函数的导数.

解
$$\frac{\mathrm{d}y}{\mathrm{d}x}=\frac{\frac{\mathrm{d}y}{\mathrm{d}t}}{\frac{\mathrm{d}x}{\mathrm{d}t}}=\frac{b\cos t}{-a\sin t}=-\frac{b}{a}\cot t.$$

例 6　求摆线$\begin{cases}x=a(t-\sin t),\\y=a(1-\cos t)\end{cases}$在 $t=\frac{\pi}{3}$所对应的点处的切线方程和法线方程.

解　将 $t=\frac{\pi}{3}$代入曲线方程,有 $x=a\left(\frac{\pi}{3}-\frac{\sqrt{3}}{2}\right)$,$y=\frac{a}{2}$,从而得到切点的坐标$\left(a\left(\frac{\pi}{3}-\frac{\sqrt{3}}{2}\right),\frac{a}{2}\right)$,又

$$\frac{\mathrm{d}y}{\mathrm{d}x}=\frac{\frac{\mathrm{d}y}{\mathrm{d}t}}{\frac{\mathrm{d}x}{\mathrm{d}t}}=\frac{a\sin t}{a(1-\cos t)}=\frac{\sin t}{1-\cos t},$$

所以切线的斜率为 $k=\left.\frac{\mathrm{d}y}{\mathrm{d}x}\right|_{t=\frac{\pi}{3}}=\sqrt{3}$，故所求的切线方程为

$$y-\frac{a}{2}=\sqrt{3}\left[x-a\left(\frac{\pi}{3}-\frac{\sqrt{3}}{2}\right)\right]，\text{即}\quad y=\sqrt{3}x-\frac{\pi a}{\sqrt{3}}+2a；$$

法线方程为

$$y-\frac{a}{2}=-\frac{1}{\sqrt{3}}\left[x-a\left(\frac{\pi}{3}-\frac{\sqrt{3}}{2}\right)\right]，\text{即}\quad x+\sqrt{3}y=\frac{\pi}{3}a.$$

3.3.4 分段函数的导数

对分段函数求导，由于它在各分段子区间内的表达式往往都是初等函数，所以先分别用求导公式求出它在各子区间内的导数，再按导数的定义求出它在各子区间的分界点处的导数，最后将所有结果用分段函数表示出来.

例 7 求分段函数 $f(x)=\begin{cases}\mathrm{e}^{2x}-x-1, & x<0,\\ x, & x\geqslant 0\end{cases}$ 的导数.

解 当 $x<0$ 时，$f'(x)=2\mathrm{e}^{2x}-1$；

当 $x>0$ 时，$f'(x)=1$；

当 $x=0$ 时，$f'_-(0)=\lim\limits_{x\to 0^-}\frac{f(x)-f(0)}{x-0}=\lim\limits_{x\to 0^-}\frac{\mathrm{e}^{2x}-x-1}{x}=\lim\limits_{x\to 0^-}\left(\frac{\mathrm{e}^{2x}-1}{x}-1\right)$，由于当 $x\to 0$ 时，$\mathrm{e}^{2x}-1\sim 2x$，从而

$$f'_-(0)=\lim_{x\to 0^-}\left(\frac{\mathrm{e}^{2x}-1}{x}-1\right)=\lim_{x\to 0^-}\left(\frac{2x}{x}-1\right)=1,$$

又

$$f'_+(0)=\lim_{x\to 0^+}\frac{f(x)-f(0)}{x-0}=\lim_{x\to 0^+}\frac{x}{x}=1,$$

典型例题讲解
分段函数的导数

由此知函数在 $x=0$ 处的左、右导数都存在且相等，所以 $f'(0)=1$.

综上所述，有

$$f'(x)=\begin{cases}2\mathrm{e}^{2x}-1, & x<0,\\ 1, & x\geqslant 0.\end{cases}$$

习　题　3.3

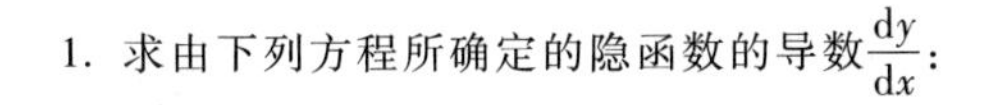

1. 求由下列方程所确定的隐函数的导数 $\frac{\mathrm{d}y}{\mathrm{d}x}$：

(1) $x^3-y^3-2xy=2x$；　　(2) $xy=\mathrm{e}^{x+y}$；

(3) $\ln(x^2+y^2)=x+y-1$；　　(4) $y=\tan(x+y)$；

(5) $y=1-x\mathrm{e}^y$；　　(6) $x=y+\arctan y$.

2. 用对数求导法求下列函数的导数：

(1) $y=x^{\sin x}$；　　(2) $y=x^{\cos\frac{x}{2}}$；

(3) $y=\left(1+\frac{1}{x}\right)^{x}$;　　(4) $y=\sqrt{\frac{(x-1)(x-2)}{(x-3)(x-4)}}$.

3. 求椭圆$\frac{x^2}{4}+y^2=1$在点$M\left(\sqrt{2},\frac{\sqrt{2}}{2}\right)$处的切线方程和法线方程.

4. 求由下列参数方程所确定的函数的导数$\frac{dy}{dx}$:

(1) $\begin{cases}x=2e^{t},\\ y=e^{-t};\end{cases}$　　(2) $\begin{cases}x=\frac{t^2}{2},\\ y=1-t;\end{cases}$

(3) $\begin{cases}x=\cos t,\\ y=2\sin t;\end{cases}$　　(4) $\begin{cases}x=\ln(1+t^2),\\ y=t-\arctan t\end{cases}$

5. 已知$\begin{cases}x=e^{t}\sin t,\\ y=e^{t}\cos t,\end{cases}$求当$t=\frac{\pi}{3}$时$\frac{dy}{dx}$的值.

6. 设函数$f(x)=\begin{cases}\sin 2x, & x>0,\\ x^2+x, & x\leqslant 0,\end{cases}$求$f'(x)$.

7. 设函数$f(x)=\begin{cases}x^2, & x\leqslant x_0,\\ ax+b, & x>x_0\end{cases}$在点$x_0$可导,求常数$a,b$.

3.4　函数的微分

3.4.1　微分的定义

前面讨论了导数表示函数相对于自变量变化的快慢程度(变化率),有时我们还需要了解当自变量作微小变化时,相应的函数的改变量的大小,这就引进了微分的概念.

我们先看一个具体例子:设有一个正方形,其边长由x_0变到了$x_0+\Delta x$,则它的面积A改变了多少(图3.2)?

设正方形的边长为x,则$A=x^2$,当其边长由x_0变到$x_0+\Delta x$时,面积A相应的增量为ΔA,即$\Delta A=(x_0+\Delta x)^2-x_0^2=2x_0\Delta x+(\Delta x)^2$. 从上式我们可以看出,$\Delta A$分成两部分,第一部分$2x_0\Delta x$是$\Delta x$的线性函数,即图3.2中带斜线部分;第二部分$(\Delta x)^2$即图中的交叉线部分,当$\Delta x\to 0$时,它是$\Delta x$的高阶无穷小,表示为$o(\Delta x)$.

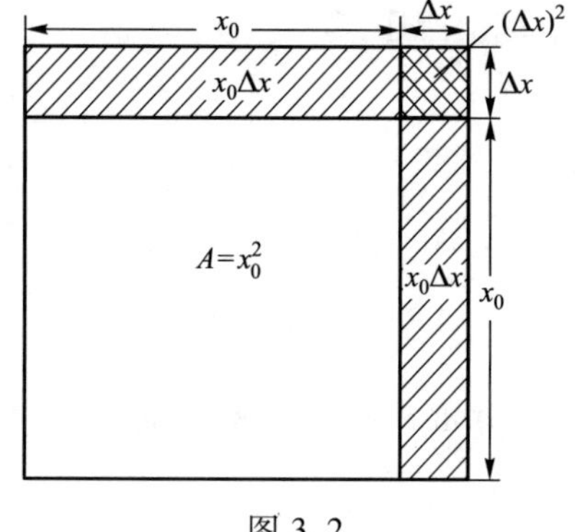

图3.2

由此我们可以发现,如果边长变化很小,面积的改变量可以近似地用第一部分来代替. 下面我们给出微分的数学定义.

定义1　设函数$y=f(x)$在点x_0的某邻域内有定义,若函数的增量$\Delta y=f(x_0+\Delta x)-f(x_0)$可表示为$\Delta y=A\Delta x+o(\Delta x)$,其中$A$是不依赖于$\Delta x$的常数,$o(\Delta x)$是$\Delta x$的高阶无穷小,则称函数$y=f(x)$在点$x_0$处是可微的,$A\Delta x$叫做函数$y=f(x)$在点$x_0$处的**微分**,记作$dy|_{x=x_0}$,即

$$\mathrm{d}y|_{x=x_0}=A\Delta x.$$

由上述定义可知,微分 $\mathrm{d}y$ 是自变量的改变量 Δx 的线性函数,$\mathrm{d}y$ 与 Δy 的差 $o(\Delta x)$ 是关于 Δx 的高阶无穷小,我们把 $\mathrm{d}y$ 称作 Δy 的线性主部. 于是我们又得出:当 $\Delta x\to 0$ 时,$\Delta y\approx \mathrm{d}y$.

对于函数 $A=x^2$,由于 $\Delta A=(x_0+\Delta x)^2-x_0^2=2x_0\Delta x+(\Delta x)^2$,完全符合微分的定义,所以 $A=x^2$ 在点 x_0 处可微,且

$$\mathrm{d}A\,|_{x=x_0}=2x_0\Delta x.$$

定理 1　函数 $y=f(x)$ 在点 x_0 处可微的充要条件是函数 $f(x)$ 在点 x_0 处可导,且 $\mathrm{d}y|_{x=x_0}=f'(x_0)\Delta x$.

证明　必要性. 因为 $y=f(x)$ 在点 x_0 处可微,所以 $\Delta y=A\Delta x+o(\Delta x)$,两边同除以 Δx 得

$$\frac{\Delta y}{\Delta x}=A+\frac{o(\Delta x)}{\Delta x}.$$

当 $\Delta x\to 0$ 时,由上式可得

$$\lim_{\Delta x\to 0}\frac{\Delta y}{\Delta x}=A+\lim_{\Delta x\to 0}\frac{o(\Delta x)}{\Delta x}=A.$$

即函数 $y=f(x)$ 在 x_0 处可导,且 $A=f'(x_0)$.

充分性. 因为函数 $f(x)$ 在点 x_0 处可导,所以 $\lim\limits_{\Delta x\to 0}\dfrac{\Delta y}{\Delta x}=f'(x_0)$,由极限与无穷小的关系知

$$\frac{\Delta y}{\Delta x}=f'(x_0)+\alpha,$$

其中 $\lim\limits_{\Delta x\to 0}\alpha=0$,所以

$$\Delta y=f'(x_0)\Delta x+\alpha\Delta x, \tag{3.6}$$

上式中 $\Delta x\neq 0$. 对于(3.6)式,规定当 $\Delta x=0$ 时,$\alpha=0$. 这时 $\Delta y=f(x_0+\Delta x)-f(x_0)=0$. 因此(3.6)式对于 $\Delta x=0$ 也成立. 所以函数 $y=f(x)$ 在点 x_0 处可微,且 $\mathrm{d}y|_{x=x_0}=f'(x_0)\Delta x$.

定义 2　若函数 $y=f(x)$ 在区间 I 上每一点都可微,则称函数 $y=f(x)$ **在区间 I 上可微**,它在区间 I 上任意一点 x 处的微分记为 $\mathrm{d}y$,即有 $\mathrm{d}y=f'(x)\Delta x$.

若设函数 $y=x$,则它在任一点 x 处的微分为

$$\mathrm{d}y=\mathrm{d}x=1\cdot\Delta x=\Delta x.$$

通常我们在微分公式 $\mathrm{d}y=f'(x)\Delta x$ 中,将 Δx 换成 $\mathrm{d}x$,于是有

$$\mathrm{d}y=f'(x)\,\mathrm{d}x.$$

在上式两边除以 $\mathrm{d}x$ 得

$$\frac{\mathrm{d}y}{\mathrm{d}x}=f'(x),$$

这样导数就有了另一种解释,即导数是微分之商,故导数也称为**微商**.

有了微分公式 $\mathrm{d}y=f'(x)\,\mathrm{d}x$,就可以借助于导数计算微分了.

例 1　求函数 $y=x^3+x+1$ 当 $x=2,\Delta x=0.01$ 时的微分.

解　由于 $\mathrm{d}y=(x^3+x+1)'\mathrm{d}x=(3x^2+1)\,\mathrm{d}x$,所以

$$\mathrm{d}y\,|_{x=2,\Delta x=0.01}=(3x^2+1)\Delta x\,|_{x=2,\Delta x=0.01}=0.13.$$

例 2　求函数 $y=\mathrm{e}^{x\sin x}$ 的微分.

解　因为 $y'=\mathrm{e}^{x\sin x}(\sin x+x\cos x)$，所以 $\mathrm{d}y=\mathrm{e}^{x\sin x}(\sin x+x\cos x)\mathrm{d}x$.

3.4.2　微分的几何意义

下面通过几何图形来说明函数微分的几何意义.

如图 3.3 所示，在直角坐标系中，可微函数 $y=f(x)$ 的图形是一条曲线，$M(x_0,y_0)$ 是曲线上的一点，当自变量有增量 Δx 时，就得到曲线上另一点 $N(x_0+\Delta x,y_0+\Delta y)$，由图 3.3 可知 $MQ=\Delta x$，$QN=\Delta y$.

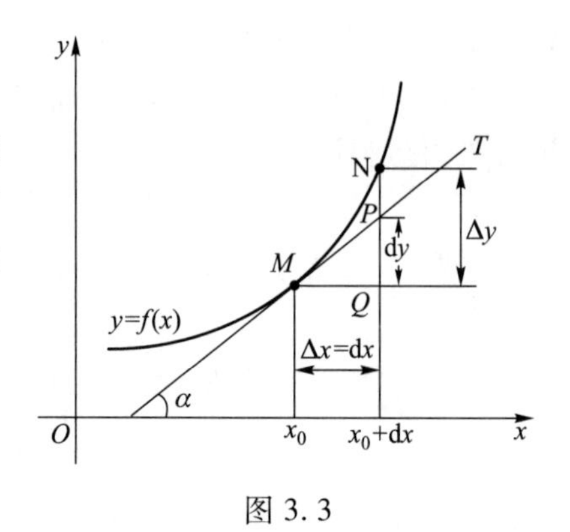

图 3.3

过点 M 作曲线的切线 MT，它的倾斜角为 α，则

$$QP=MQ\cdot\tan\alpha=\Delta x\cdot f'(x_0)=\mathrm{d}y,$$

即

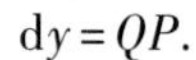

$$\mathrm{d}y=QP.$$

由此可知，函数在点 x_0 处的微分 $\mathrm{d}y$ 就是曲线 $y=f(x)$ 在点 $M(x_0,y_0)$ 处切线的纵坐标的增量，而 $\Delta y=QN$ 则表示曲线在点 $M(x_0,y_0)$ 处纵坐标的增量. 图中线段 PN 是 Δy 与 $\mathrm{d}y$ 之差，它是 Δx 的高阶无穷小. 因此在点 M 的附近，我们可用切线段来近似代替曲线段.

3.4.3　基本微分公式与运算法则

由公式 $\mathrm{d}y=f'(x)\mathrm{d}x$ 以及基本初等函数的求导公式，易得基本初等函数的微分公式. 这里不详细列举，请读者自行给出.

由求导的四则运算法则易推出微分的四则运算法则.

定理 2　**设 $u=u(x)$，$v=v(x)$ 都是可微函数，则**

$$\mathrm{d}(u\pm v)=\mathrm{d}u\pm\mathrm{d}v,\quad \mathrm{d}(uv)=u\mathrm{d}v+v\mathrm{d}u,$$

$$\mathrm{d}(cu)=c\mathrm{d}u,\quad \mathrm{d}\left(\frac{u}{v}\right)=\frac{v\mathrm{d}u-u\mathrm{d}v}{v^2}\quad(v\neq 0).$$

由复合函数的求导法则还可推出复合函数的微分法则.

定理 3（微分形式的不变性）　**设 $y=f(u)$，$u=\varphi(x)$ 都是可微函数，则复合函数 $y=f(\varphi(x))$ 的微分为**

$$\mathrm{d}y=f'(u)\mathrm{d}u,$$

其中 $u=\varphi(x)$，$\mathrm{d}u=\varphi'(x)\mathrm{d}x$.

证明　$\mathrm{d}y=[f(\varphi(x))]'\mathrm{d}x=f'(\varphi(x))\varphi'(x)\mathrm{d}x=f'(\varphi(x))\mathrm{d}\varphi(x)=f'(u)\mathrm{d}u$.

由此可见，对函数 $y=f(u)$ 来说，不论 u 是自变量还是中间变量，它的微分形式都是 $\mathrm{d}y=f'(u)\mathrm{d}u$，所以定理 3 称为**微分形式的不变性**.

例 3　设 $y=\mathrm{e}^x\sin x$，求 $\mathrm{d}y$.

解法 1　$\mathrm{d}y=(\mathrm{e}^x\sin x)'\mathrm{d}x=(\mathrm{e}^x\sin x+\mathrm{e}^x\cos x)\mathrm{d}x=\mathrm{e}^x(\sin x+\cos x)\mathrm{d}x$.

解法 2

$$\begin{aligned}\mathrm{d}y&=\mathrm{d}(\mathrm{e}^x\sin x)=\sin x\mathrm{d}\mathrm{e}^x+\mathrm{e}^x\,\mathrm{d}\sin x=\mathrm{e}^x\sin x\mathrm{d}x+\mathrm{e}^x\cos x\mathrm{d}x\\&=\mathrm{e}^x(\sin x+\cos x)\mathrm{d}x.\end{aligned}$$

例 4　设 $y=\ln(1+\mathrm{e}^{x^2})$，求 $\mathrm{d}y$.

解 $$dy=d\ln(1+e^{x^2})=\frac{1}{1+e^{x^2}}d(1+e^{x^2})=\frac{e^{x^2}}{1+e^{x^2}}dx^2=\frac{2xe^{x^2}}{1+e^{x^2}}dx.$$

3.4.4 高阶导数与微分

设函数 $y=f(x)$ 可导,则它的导函数 $f'(x)$ 和微分函数 $dy=f'(x)dx$ 都是 x 的函数,对这两个函数,我们仍然可以考虑它们的可导性和可微性,这就引出了高阶导数和高阶微分的概念.

1. 高阶导数

定义 3 如果函数 $y=f(x)$ 的导数 $f'(x)$ 在点 x 处可导,则称 $f'(x)$ 在点 x 处的导数为函数 $f(x)$ 在点 x 处的**二阶导数**,记作 y'' 或 $\frac{d^2y}{dx^2}$. 相应地,把 $y=f(x)$ 的导数 $f'(x)$ 叫做它的一阶导数. 类似地,二阶导数的导数称为**三阶导数**,记作 y''' 或 $\frac{d^3y}{dx^3}$.

一般地,我们定义 $y=f(x)$ 的 n **阶导数**为它的 $(n-1)$ 阶导数的导数,记作 $y^{(n)}$ 或 $\frac{d^ny}{dx^n}$. 二阶和二阶以上的导数统称为**高阶导数**. 函数 $f(x)$ 的各阶导数在点 $x=x_0$ 处的值分别记为

$$f'(x_0),f''(x_0),\cdots,f^{(n)}(x_0)$$

或 $$y'|_{x=x_0},y''|_{x=x_0},\cdots,y^{(n)}|_{x=x_0}.$$

由求导法则可直接推得下面高阶导数的求导法则:

定理 4 **设函数 $u=u(x)$, $v=v(x)$ 在点 x 处具有 n 阶导数, C 为常数,则 $u(x)\pm v(x)$, $Cu(x)$ 及 $u(x)\cdot v(x)$ 在点 x 处也具有 n 阶导数,且**

(1) $(u\pm v)^{(n)}=u^{(n)}\pm v^{(n)}$;

(2) $(Cu)^{(n)}=Cu^{(n)}$;

(3) $(uv)^{(n)}=\sum\limits_{k=0}^{n}C_n^k u^{(k)}v^{(n-k)}$,其中 $C_n^k=\frac{n!}{k!\ (n-k)!}$, $u^{(0)}=u$.

公式(3)叫做莱布尼茨公式.

例 5 设 $y=y(x)$ 是由方程 $\ln\sqrt{x^2+y^2}=\arctan\frac{y}{x}$ 确定的隐函数,求 $\frac{d^2y}{dx^2}$.

解 方程两边同时对 x 求导,注意 y 是 x 的函数,得

$$\frac{1}{2}\cdot\frac{2x+2yy'}{x^2+y^2}=\frac{1}{1+\frac{y^2}{x^2}}\cdot\frac{y'x-y}{x^2},$$

化简得到

$$y'=\frac{x+y}{x-y}.$$

故 $$y''=\left(\frac{x+y}{x-y}\right)'=\frac{(1+y')(x-y)-(x+y)(1-y')}{(x-y)^2}=\frac{2(x^2+y^2)}{(x-y)^3}.$$

例 6 求幂函数 $y=x^\mu$ 的 n 阶导数.

解 $y'=\mu x^{\mu-1}$, $y''=\mu(\mu-1)x^{\mu-2}$, $y'''=\mu(\mu-1)(\mu-2)x^{\mu-3}$, $\cdots$,归纳出

$$y^{(n)}=(x^\mu)^{(n)}=\mu(\mu-1)(\mu-2)\cdots(\mu-n+1)x^{\mu-n}.$$

当 $\mu=n$ 时,得到

$$(x^n)^{(n)}=n(n-1)(n-2)\cdots3\cdot2\cdot1=n!,$$

而

$$(x^n)^{(n+1)}=0.$$

例7　求指数函数 $y=\mathrm{e}^x$ 的 n 阶导数.

解　$y'=\mathrm{e}^x, y''=\mathrm{e}^x,\cdots$,归纳出

$$y^{(n)}=(\mathrm{e}^x)^{(n)}=\mathrm{e}^x.$$

例8　求三角函数 $y=\sin x$ 和 $y=\cos x$ 的 n 阶导数.

解　$(\sin x)'=\cos x=\sin\left(x+\frac{\pi}{2}\right),(\sin x)''=\cos\left(x+\frac{\pi}{2}\right)=\sin\left(x+2\cdot\frac{\pi}{2}\right),(\sin x)'''=\cos\left(x+2\cdot\frac{\pi}{2}\right)=\sin\left(x+3\cdot\frac{\pi}{2}\right),\cdots$,归纳出

$$(\sin x)^{(n)}=\sin\left(x+n\cdot\frac{\pi}{2}\right).$$

用类似的方法可得

$$(\cos x)^{(n)}=\cos\left(x+n\cdot\frac{\pi}{2}\right).$$

例9　求函数 $y=\ln(1+x)$ 的 n 阶导数.

解　$y'=\frac{1}{1+x}, y''=-\frac{1}{(1+x)^2}, y'''=\frac{1\cdot2}{(1+x)^3}, y^{(4)}=-\frac{1\cdot2\cdot3}{(1+x)^4},\cdots$,归纳出

$$y^{(n)}=[\ln(1+x)]^{(n)}=(-1)^{n-1}\frac{(n-1)!}{(1+x)^n}.$$

例10　已知 $y=x^2\sin x$,求 $y^{(20)}$.

解　由于

$$(x^2)^{(k)}=0, k>2,$$

因此,由莱布尼茨公式可得

$$\begin{aligned}y^{(20)}&=(x^2\sin x)^{(20)}=x^2(\sin x)^{(20)}+20(x^2)'(\sin x)^{(19)}+\frac{20\cdot19}{2!}(x^2)''(\sin x)^{(18)}\\&=x^2\sin\left(x+20\cdot\frac{\pi}{2}\right)+40x\sin\left(x+19\cdot\frac{\pi}{2}\right)+380\sin\left(x+18\cdot\frac{\pi}{2}\right)\\&=x^2\sin x-40x\cos x-380\sin x.\end{aligned}$$

2. 高阶微分

定义4　若函数 $y=f(x)$ 的微分 $\mathrm{d}y$ 关于 x 可微,则称 $y=f(x)$ 关于 x 二阶可微,且称 $\mathrm{d}y$ 关于 x 的微分为 $y=f(x)$ 的**二阶微分**,记作 d^2y,即 $\mathrm{d}^2y=\mathrm{d}(\mathrm{d}y)$.

$$\mathrm{d}^2y=\mathrm{d}(\mathrm{d}y)=\mathrm{d}(f'(x)\mathrm{d}x)=(f'(x)\mathrm{d}x)'\mathrm{d}x=f''(x)(\mathrm{d}x)^2.$$

这里 $\mathrm{d}x=\Delta x$ 是与 x 无关的常数,通常记 $(\mathrm{d}x)^2=\mathrm{d}x^2$,于是

$$\mathrm{d}^2y=f''(x)\mathrm{d}x^2.$$

类似地,可定义更高阶的微分.若该函数 n 阶可微,则它的 **n 阶微分**为

$$\mathrm{d}^ny=\mathrm{d}(\mathrm{d}^{(n-1)}y)=f^{(n)}(x)\mathrm{d}x^n.$$

为统一起见,函数的微分也称为函数的一阶微分,二阶和二阶以上的微分统称为高阶微分.

应当注意的是:高阶微分不再具有形式不变性!

习 题 3.4

1. 设 $y=x^2+x+1$,计算当 $x=2,\Delta x=0.01$ 时的 Δy 及 $\mathrm{d}y$.

2. 求下列函数的微分:

(1) $y=\dfrac{1}{x}+\ln x$;　　(2) $y=\mathrm{e}^x\cos 2x$;

(3) $y=\arcsin\sqrt{1-x^2}$;　　(4) $y=\dfrac{x}{1+x^2}$;

(5) $y=\tan^2(1+2x^2)$;　　(6) $y=(\sin x^3)^2$.

3. 将适当的函数填入下列括号使等式成立:

(1) $\mathrm{d}(\quad)=3\mathrm{d}x$;　　(2) $\mathrm{d}(\quad)=\dfrac{1}{x}\mathrm{d}x$;

(3) $\mathrm{d}(\quad)=x\mathrm{d}x$;　　(4) $\mathrm{d}(\quad)=\sec^2x\mathrm{d}x$;

(5) $\mathrm{d}(\quad)=\dfrac{1}{\sqrt{x}}\mathrm{d}x$;　　(6) $\mathrm{d}(\quad)=\mathrm{e}^{2x}\mathrm{d}x$;

(7) $\mathrm{d}(\quad)=\dfrac{3}{1+x^2}\mathrm{d}x$;　　(8) $\mathrm{d}(\quad)=\cos 2x\mathrm{d}x$.

4. 求由方程 $\mathrm{e}^{x+y}=xy$ 所确定的函数 $y=f(x)$ 的微分 $\mathrm{d}y$.

5. 求下列函数的二阶导数:

(1) $y=2x^3+x^2-\ln x$;　　(2) $y=\mathrm{e}^{-x^2}$;

(3) $y=\dfrac{1}{1+x^3}$.

6. 求下列函数的 n 阶导数:

(1) $y=(1+x)^{\mu}$;　　(2) $y=x\mathrm{e}^x$;

(3) $y=\dfrac{1}{1-x}$;　　(4) $y=\sin^2x$.

7. 设函数 $y=f(x)$ 是由方程 $y=1-x\mathrm{e}^y$ 所确定,求$\dfrac{\mathrm{d}^2y}{\mathrm{d}x^2}$.

8. 设$\begin{cases}x=\ln(1+t^2),\\ y=t-\arctan t,\end{cases}$求$\dfrac{\mathrm{d}^2y}{\mathrm{d}x^2}$.

9. 设 $y=x^2\cos x$,求 $y^{(30)}$.

3.5 偏导数与全微分

3.5.1 偏导数的概念与计算

我们从一元函数微分学中知道,一元函数 $y=f(x)$ 对自变量 x 的变化率,就是函数的导数

$$\frac{\mathrm{d}y}{\mathrm{d}x}=\lim_{\Delta x\to 0}\frac{f(x+\Delta x)-f(x)}{\Delta x}.$$

对于多元函数同样需要讨论它的变化率.由于多元函数的自变量不止一个,因变量与自变量的关系要比一元函数复杂得多,我们先考虑多元函数对其中一个自变量的变化率,以二元函数 $z=f(x,y)$ 为例,如果只有自变量 x 变化,而自变量 y 固定(即保持不变,看作常量),这时函数就只是关于 x 的一元函数,此函数对 x 的导数,就称为二元函数 $z=f(x,y)$ 对 x 的偏导数,即有如下定义:

定义 1　设函数 $z=f(x,y)$ 在点 (x_0,y_0) 的某邻域内有定义,当 y 取固定值 y_0,而 x 在 x_0 处有增量 Δx 时,相应的函数的增量(称为对 x 的偏增量)为

$$\Delta_x z=f(x_0+\Delta x,y_0)-f(x_0,y_0).$$

如果极限

$$\lim_{\Delta x\to 0}\frac{\Delta_x z}{\Delta x}=\lim_{\Delta x\to 0}\frac{f(x_0+\Delta x,y_0)-f(x_0,y_0)}{\Delta x}$$

存在,则称此极限值为**函数** $z=f(x,y)$ **在点** (x_0,y_0) **处对** x **的偏导数**,记作

$$\left.\frac{\partial z}{\partial x}\right|_{\substack{x=x_0\\y=y_0}},\quad \left.\frac{\partial f}{\partial x}\right|_{\substack{x=x_0\\y=y_0}},\quad z_x\Big|_{\substack{x=x_0\\y=y_0}},\quad f_x(x_0,y_0).$$

即

$$f_x(x_0,y_0)=\lim_{\Delta x\to 0}\frac{f(x_0+\Delta x,y_0)-f(x_0,y_0)}{\Delta x}.$$

类似地,当自变量 x 取固定值 x_0,而 y 在 y_0 处有增量 Δy 时,函数的增量(称为对 y 的偏增量)相应地为

$$\Delta_y z=f(x_0,y_0+\Delta y)-f(x_0,y_0),$$

如果极限

$$\lim_{\Delta y\to 0}\frac{\Delta_y z}{\Delta y}=\lim_{\Delta y\to 0}\frac{f(x_0,y_0+\Delta y)-f(x_0,y_0)}{\Delta y}$$

存在,则称此极限值为**函数** $z=f(x,y)$ **在** (x_0,y_0) **处对** y **的偏导数**,记作

$$\left.\frac{\partial z}{\partial y}\right|_{\substack{x=x_0\\y=y_0}},\quad \left.\frac{\partial f}{\partial y}\right|_{\substack{x=x_0\\y=y_0}},\quad z_y\Big|_{\substack{x=x_0\\y=y_0}},\quad f_y(x_0,y_0).$$

即

$$f_y(x_0,y_0)=\lim_{\Delta y\to 0}\frac{f(x_0,y_0+\Delta y)-f(x_0,y_0)}{\Delta y}.$$

如果函数 $z=f(x,y)$ 在区域 D 内每一点 (x,y) 处对 x 的偏导数都存在,那么函数 $z=f(x,y)$ 在 (x,y) 处对 x 的偏导数是 x,y 的函数,此函数为 $z=f(x,y)$ **对自变量** x **的偏导函数**,记作

$$\frac{\partial z}{\partial x},\quad \frac{\partial f}{\partial x},\quad z_x,\quad f_x(x,y),f'_1(x,y).$$

例如

$$f_x(x,y)=\lim_{\Delta x\to 0}\frac{f(x+\Delta x,y)-f(x,y)}{\Delta x}.$$

注　这里“$\frac{\partial z}{\partial x}$”“$\frac{\partial f}{\partial x}$”是整体的偏导数记号,不能当作分子除以分母.

类似地,可以定义函数 $z=f(x,y)$ 对自变量 y 的偏导函数,记作

$$\frac{\partial z}{\partial y},\quad \frac{\partial f}{\partial y},\quad z_y,\quad f_y(x,y),f_2'(x,y).$$

例如

$$f_y(x,y)=\lim_{\Delta y\to 0}\frac{f(x,y+\Delta y)-f(x,y)}{\Delta y}.$$

由偏导数的概念可知,函数 $z=f(x,y)$ 在 (x_0,y_0) 处对 x 的偏导数 $f_x(x_0,y_0)$ 是一元函数 $f(x,y_0)$ 在 x_0 处的导数,即

$$f_x(x_0,y_0)=\left.\frac{\mathrm{d}f(x,y_0)}{\mathrm{d}x}\right|_{x=x_0}.$$

同时,$f_x(x_0,y_0)$ 也是偏导函数 $f_x(x,y)$ 在 (x_0,y_0) 处的函数值,即

$$f_x(x_0,y_0)=f_x(x,y)\Big|_{\substack{x=x_0\\ y=y_0}}.$$

类似地,函数 $z=f(x,y)$ 在 (x_0,y_0) 处对 y 的偏导数 $f_y(x_0,y_0)$ 是一元函数 $f(x_0,y)$ 在 y_0 处的导数,即

$$f_y(x_0,y_0)=\left.\frac{\mathrm{d}f(x_0,y)}{\mathrm{d}y}\right|_{y=y_0}.$$

同时,$f_y(x_0,y_0)$ 也是偏导函数 $f_y(x,y)$ 在 (x_0,y_0) 处的函数值,即

$$f_y(x_0,y_0)=f_y(x,y)\Big|_{\substack{x=x_0\\ y=y_0}}.$$

与一元函数的导数类似,以后在不至于混淆的情况下,也把偏导函数简称为偏导数.

如果函数 $z=f(x,y)$ 在点 (x_0,y_0) 处的两个偏导数都存在,也称函数 $f(x,y)$ 在点 (x_0,y_0) 处是可导的.

二元函数偏导数的概念可以推广到二元以上的多元函数. 例如三元函数 $u=f(x,y,z)$ 在点 (x,y,z) 处对 x 的偏导数定义为

$$f_x(x,y,z)=\lim_{\Delta x\to 0}\frac{f(x+\Delta x,y,z)-f(x,y,z)}{\Delta x},$$

其中 (x,y,z) 是函数 $u=f(x,y,z)$ 的定义域中的内点.

求多元函数对其中某一个变量的偏导数,只需把此函数当成该变量的一元函数对该变量求导,而将其他变量暂时看作常数,所以仍然是一元函数的微分法问题. 例如 $z=f(x,y)$,求 $\frac{\partial f}{\partial x}$,只需将 y 暂时看作常数,把 $f(x,y)$ 当成 x 的一元函数对 x 求导;求 $\frac{\partial f}{\partial y}$,只需将 x 暂时看作常数,把 $f(x,y)$ 当成 y 的一元函数对 y 求导.

例 1 求 $z=x^3+y^3-xy^2$ 在点 $(1,2)$ 处的偏导数.

解 把 y 看作常数,对 x 求导得

$$\frac{\partial z}{\partial x}=3x^2-y^2,$$

把 x 看作常数,对 y 求导得

$$\frac{\partial z}{\partial y}=3y^2-2xy,$$

把 $x=1,y=2$ 代入偏导函数,得出所求的偏导函数值

$$\left.\frac{\partial z}{\partial x}\right|_{\substack{x=1\\y=2}}=-1,\quad \left.\frac{\partial z}{\partial y}\right|_{\substack{x=1\\y=2}}=8.$$

例2　求 $z=x^3y^2\sin(2xy)$ 的偏导数.

解　把 y 看作常数,对 x 求导得

$$\frac{\partial z}{\partial x}=3x^2y^2\sin(2xy)+2x^3y^3\cos(2xy),$$

把 x 看作常数,对 y 求导得

$$\frac{\partial z}{\partial y}=2x^3y\sin(2xy)+2x^4y^2\cos(2xy).$$

例3　设 $z=x^y(x>0,x\neq1)$,求证:$\frac{x}{y}\frac{\partial z}{\partial x}+\frac{1}{\ln x}\frac{\partial z}{\partial y}=2z.$

证明　因为

$$\frac{\partial z}{\partial x}=yx^{y-1},\quad \frac{\partial z}{\partial y}=x^y\ln x,$$

所以

$$\frac{x}{y}\frac{\partial z}{\partial x}+\frac{1}{\ln x}\frac{\partial z}{\partial y}=\frac{x}{y}yx^{y-1}+\frac{1}{\ln x}x^y\ln x=x^y+x^y=2z.$$

例4　设 $u=\sqrt{x^2+y^2+z^2}$,求证:$\left(\frac{\partial u}{\partial x}\right)^2+\left(\frac{\partial u}{\partial y}\right)^2+\left(\frac{\partial u}{\partial z}\right)^2=1.$

证明

$$\frac{\partial u}{\partial x}=\frac{1}{2\sqrt{x^2+y^2+z^2}}\cdot 2x=\frac{x}{u},$$

同理可得

$$\frac{\partial u}{\partial y}=\frac{y}{u},\quad \frac{\partial u}{\partial z}=\frac{z}{u},$$

所以有

$$\left(\frac{\partial u}{\partial x}\right)^2+\left(\frac{\partial u}{\partial y}\right)^2+\left(\frac{\partial u}{\partial z}\right)^2=\frac{x^2+y^2+z^2}{u^2}=\frac{u^2}{u^2}=1.$$

例5　设

$$f(x,y)=\begin{cases}\dfrac{xy}{x^2+y^2}, & x^2+y^2\neq0,\\ 0, & x^2+y^2=0,\end{cases}$$

求 $f_x(0,0)$ 和 $f_y(0,0)$.

解　与一元函数相仿,对于分段函数在“分界点”处的偏导数,必须按定义计算:

$$f_x(0,0)=\lim_{\Delta x\to0}\frac{f(0+\Delta x,0)-f(0,0)}{\Delta x}=\lim_{\Delta x\to0}\frac{0-0}{\Delta x}=0.$$

同理可得　$f_y(0,0)=0.$

这里函数 $f(x,y)$ 在点 $(0,0)$ 处的两个偏导数都存在,但该函数在点 $(0,0)$ 处不连续. 这就表明,对于多元函数来说,即使在某点处各个偏导数都存在,也不能保证函数在该点处连

续,也就是说,“一元函数若在某点处可导,则在该点连续”的结论对于多元函数已不再成立.

二元函数 $z=f(x,y)$ 在点 $P_0(x_0,y_0)$ 处的偏导数有以下几何意义:

设 $M_0(x_0,y_0,f(x_0,y_0))$ 为曲面 $z=f(x,y)$ 上的一点,过 M_0 作平面 $y=y_0$,截此曲面得一曲线 $\begin{cases}y=y_0,\\z=f(x,y),\end{cases}$ 此曲线在平面 $y=y_0$ 上的方程为 $z=f(x,y_0)$,它在 M_0 处的切线对 x 轴的斜率为

$$\frac{\mathrm{d}}{\mathrm{d}x}f(x,y_0)\bigg|_{x=x_0}=f_x(x_0,y_0).$$

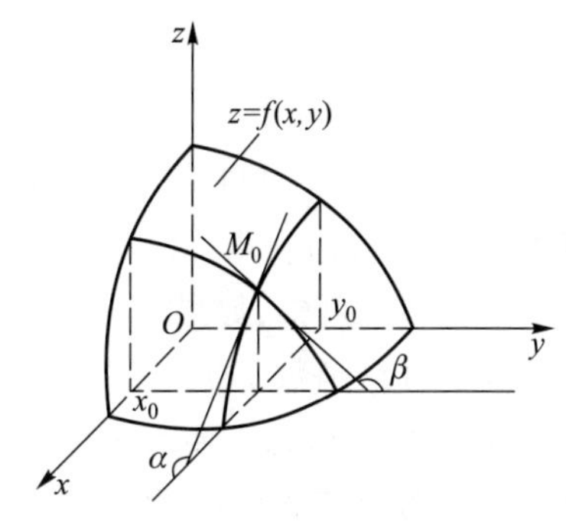

图 3.4

故偏导数 $f_x(x_0,y_0)$ 在几何上等于曲面 $z=f(x,y)$ 被平面 $y=y_0$ 所截得的曲线在 M_0 处的切线对 x 轴的斜率(如图 3.4),即 $f_x(x_0,y_0)=\tan\alpha$.

同理,偏导数 $f_y(x_0,y_0)$ 在几何上等于曲面 $z=f(x,y)$ 被平面 $x=x_0$ 所截得的曲线在 M_0 处的切线对 y 轴的斜率(如图 3.4),即 $f_y(x_0,y_0)=\tan\beta$.

3.5.2 全微分的概念及其应用

在实际问题中,有时需要研究多元函数中各个自变量都取得增量时因变量所获得的增量,即所谓全增量的问题.下面以二元函数为例进行讨论.

设二元函数 $z=f(x,y)$ 在点 $P_0(x_0,y_0)$ 的某邻域内有定义,并设 $P'(x_0+\Delta x,y_0+\Delta y)$ 为该邻域内的任意一点,称这两点的函数值之差 $f(x_0+\Delta x,y_0+\Delta y)-f(x_0,y_0)$ 为函数在点 $P_0(x_0,y_0)$ 处对应于自变量增量 $\Delta x,\Delta y$ 的全增量,记作 Δz,即

$$\Delta z=f(x_0+\Delta x,y_0+\Delta y)-f(x_0,y_0).$$

一般说来,计算全增量 Δz 比较复杂,与一元函数的情形类似,我们希望用自变量的增量 Δx, Δy 的线性函数来近似地代替函数的全增量 Δz,从而引入二元函数全微分的定义.

定义 2 如果函数 $z=f(x,y)$ 在点 (x_0,y_0) 的全增量

$$\Delta z=f(x_0+\Delta x,y_0+\Delta y)-f(x_0,y_0)$$

可以表示为

$$\Delta z=A\Delta x+B\Delta y+o(\rho),$$

其中 A,B 与 $\Delta x,\Delta y$ 无关,而仅与 x_0,y_0 有关,$\rho=\sqrt{(\Delta x)^2+(\Delta y)^2}$,$o(\rho)$ 是 ρ 的高阶无穷小 $\left(\text{即}\lim\limits_{\rho\to0}\frac{o(\rho)}{\rho}=0\right)$,则函数 $z=f(x,y)$ 在点 (x_0,y_0) 处可微,而 $A\Delta x+B\Delta y$ 称为函数 $z=f(x,y)$ 在点 (x_0,y_0) 处的全微分,记作

$$\mathrm{d}z=A\Delta x+B\Delta y.$$

如果函数在区域 D 内各点 (x,y) 处都可微,则称该函数在 D 内可微,或称该函数是 D 内的可微函数.

前面我们曾经指出,多元函数即使在某点处的各个偏导数都存在,也不能保证函数在该点连续.但是从上述全微分的定义可得如下定理:

定理 1 如果函数 $z=f(x,y)$ 在点 (x_0,y_0) 处可微,则函数在该点处必连续.

证明　因为函数 $z=f(x,y)$ 在点 (x_0,y_0) 处可微,所以有

$$\Delta z=f(x_0+\Delta x,y_0+\Delta y)-f(x_0,y_0)=A\Delta x+B\Delta y+o(\rho),$$

其中 $o(\rho)$ 是 ρ 的高阶无穷小(当 $\rho\to 0$ 时).于是,当 $\Delta x\to 0,\Delta y\to 0$(即 $\rho\to 0$)时,有 $o(\rho)\to 0$,而且

$$\lim_{(\Delta x,\Delta y)\to(0,0)}\Delta z=\lim_{(\Delta x,\Delta y)\to(0,0)}(A\Delta x+B\Delta y)+\lim_{(\Delta x,\Delta y)\to(0,0)}(o(\rho))=0.$$

而

$$f(x_0+\Delta x,y_0+\Delta y)=f(x_0,y_0)+\Delta z,$$

故

$$\lim_{(\Delta x,\Delta y)\to(0,0)}f(x_0+\Delta x,y_0+\Delta y)=\lim_{(\Delta x,\Delta y)\to(0,0)}[f(x_0,y_0)+\Delta z]=f(x_0,y_0).$$

即函数 $z=f(x,y)$ 在点 (x_0,y_0) 处连续.

由定理 1 可知,如果 $z=f(x,y)$ 在点 (x_0,y_0) 处不连续,则 $z=f(x,y)$ 在点 (x_0,y_0) 处不可微.

以下讨论函数 $z=f(x,y)$ 在点 (x_0,y_0) 处可微的条件.

定理 2(可微的必要条件)　设函数 $z=f(x,y)$ 在点 (x_0,y_0) 处可微,则函数 $f(x,y)$ 在点 (x_0,y_0) 处的两个偏导数都存在,且

$$\mathrm{d}z=f_x(x_0,y_0)\Delta x+f_y(x_0,y_0)\Delta y.$$

证明　因为函数 $z=f(x,y)$ 在点 (x_0,y_0) 处可微,所以有

$$\Delta z=A\Delta x+B\Delta y+o(\rho),$$

其中 A,B 与 $\Delta x,\Delta y$ 无关,且 $\lim\limits_{\rho\to 0}\dfrac{o(\rho)}{\rho}=0$.

取 $\Delta y=0$,这时 $\rho=|\Delta x|$,则全增量转化为偏增量

$$\Delta_x z=f(x_0+\Delta x,y_0)-f(x_0,y_0)=A\Delta x+o(|\Delta x|),$$

且当 $\Delta x\to 0$ 时,$\rho\to 0$.上式两边同除以 Δx,并令 $\Delta x\to 0$,得

$$f_x(x_0,y_0)=\lim_{\Delta x\to 0}\frac{\Delta_x z}{\Delta x}=\lim_{\Delta x\to 0}\frac{f(x_0+\Delta x,y_0)-f(x_0,y_0)}{\Delta x}=\lim_{\Delta x\to 0}\frac{A\Delta x+o(|\Delta x|)}{\Delta x}=A.$$

同理可得　$f_y(x_0,y_0)=B.$

综上,当函数 $f(x,y)$ 在点 (x_0,y_0) 处可微时,在点 (x_0,y_0) 处的两个偏导数都存在,且

$$\mathrm{d}z=f_x(x_0,y_0)\Delta x+f_y(x_0,y_0)\Delta y.$$

注　函数在某点处连续且偏导数都存在,不能保证函数在该点可微.

例如函数

$$f(x,y)=\begin{cases}\dfrac{xy}{x^2+y^2}, & x^2+y^2\neq 0,\\ 0, & x^2+y^2=0\end{cases}$$

在点 $(0,0)$ 处的两个偏导数都存在 $f_x(0,0)=f_y(0,0)=0$,但这个函数在点 $(0,0)$ 处不连续,由定理 1 知该函数在点 $(0,0)$ 处不可微.

又如函数

$$f(x,y)=\begin{cases}\dfrac{xy}{\sqrt{x^2+y^2}}, & x^2+y^2\neq 0,\\ 0, & x^2+y^2=0\end{cases}$$

在点(0,0)处连续,且由偏导数定义可得$f_x(0,0)=f_y(0,0)=0$. 但由于

$$\frac{\Delta z-[f_x(0,0)\Delta x+f_y(0,0)\Delta y]}{\rho}=\frac{\Delta x\Delta y}{(\Delta x)^2+(\Delta y)^2},$$

当$\Delta y=\Delta x\to 0$时,有$\rho\to 0$,而

$$\frac{\Delta x\Delta y}{(\Delta x)^2+(\Delta y)^2}=\frac{\Delta x\Delta x}{(\Delta x)^2+(\Delta x)^2}=\frac{1}{2},$$

说明$\Delta z-[f_x(0,0)\Delta x+f_y(0,0)\Delta y]$不是$\rho$的高阶无穷小,所以函数在点(0,0)处不可微.

下面给出二元函数可微的充分条件.

定理3(可微的充分条件)　若函数$z=f(x,y)$在点(x_0,y_0)处的偏导数$f_x(x,y)$和$f_y(x,y)$都存在且连续,则函数在该点可微.

证明略.

和一元函数一样,我们习惯上把变量的增量$\Delta x,\Delta y$分别记作$\mathrm{d}x,\mathrm{d}y$,并称为自变量x,y的微分. 则函数$z=f(x,y)$在点(x,y)处的全微分(简称为函数$z=f(x,y)$的全微分)可写作

$$\mathrm{d}z=f_x(x,y)\mathrm{d}x+f_y(x,y)\mathrm{d}y,$$

其中$f_x(x,y)\mathrm{d}x$和$f_y(x,y)\mathrm{d}y$分别称为函数$z=f(x,y)$对x和y的偏微分.

类似地,可以把二元函数的全微分概念推广到二元以上的多元函数的情形. 设三元函数$u=f(x,y,z)$,如果三个偏导数$\frac{\partial u}{\partial x},\frac{\partial u}{\partial y},\frac{\partial u}{\partial z}$连续,则它可微且全微分为

$$\mathrm{d}u=\frac{\partial u}{\partial x}\mathrm{d}x+\frac{\partial u}{\partial y}\mathrm{d}y+\frac{\partial u}{\partial z}\mathrm{d}z.$$

例6　求函数$z=\mathrm{e}^{xy}$在点(2,1)处的全微分.

解　$\frac{\partial z}{\partial x}=y\mathrm{e}^{xy}$,　$\frac{\partial z}{\partial y}=x\mathrm{e}^{xy}$,

$\left.\frac{\partial z}{\partial x}\right|_{\substack{x=2\\y=1}}=\mathrm{e}^2$,　$\left.\frac{\partial z}{\partial y}\right|_{\substack{x=2\\y=1}}=2\mathrm{e}^2$,

$$\mathrm{d}z=\mathrm{e}^2\mathrm{d}x+2\mathrm{e}^2\mathrm{d}y.$$

例7　求函数$z=xy$在点(2,3)处当$\Delta x=0.1,\Delta y=0.2$时的全增量与全微分.

解　全增量　$\Delta z=(x+\Delta x)(y+\Delta y)-xy=(2+0.1)\times(3+0.2)-2\times 3=0.72$,

全微分　$\mathrm{d}z=\frac{\partial u}{\partial x}\Delta x+\frac{\partial u}{\partial y}\Delta y=y\Delta x+x\Delta y=3\times 0.1+2\times 0.2=0.7.$

例8　求函数$u=x^2+\sin 3y+\mathrm{e}^{yz}$的全微分.

解

$$\frac{\partial u}{\partial x}=2x,\quad \frac{\partial u}{\partial y}=3\cos 3y+z\mathrm{e}^{yz},\quad \frac{\partial u}{\partial z}=y\mathrm{e}^{yz},$$

$$\mathrm{d}u=2x\mathrm{d}x+(3\cos 3y+z\mathrm{e}^{yz})\mathrm{d}y+y\mathrm{e}^{yz}\mathrm{d}z.$$

典型例题讲解

二元函数可微性

以下简单讨论全微分在近似计算中的应用.

二元函数的全微分具有与一元函数的微分相仿的两个特性:

(1) $\mathrm{d}z$是关于Δx与Δy的线性函数;

(2) 当$\rho=\sqrt{(\Delta x)^2+(\Delta y)^2}\to 0$时,$\mathrm{d}z$与$\Delta z$之差是一个比$\rho$高阶的无穷小.

因此,当二元函数$z=f(x,y)$在点(x,y)的两个偏导数连续,并且$|\Delta x|,|\Delta y|$都较小时,可以

用关于 $\Delta x,\Delta y$ 的简单线性表达式 dz 来近似替代 Δz,即有近似等式

$$\Delta z \approx dz = f_x(x,y)\Delta x + f_y(x,y)\Delta y,$$

或写作

$$f(x+\Delta x, y+\Delta y) \approx f(x,y) + f_x(x,y)\Delta x + f_y(x,y)\Delta y.$$

例 9　计算 $1.04^{2.02}$ 的近似值.

解　设函数 $f(x,y)=x^y$,所计算的值就是函数在点 $(1.04,2.02)$ 处的函数值 $f(1.04,2.02)$.

取 $x=1,y=2,\Delta x=0.04,\Delta y=0.02$,有

$$f(1,2)=1,$$

$$f_x(x,y)=yx^{y-1},\quad f_y(x,y)=x^y\ln x,$$

$$f_x(1,2)=2,\quad f_y(1,2)=0.$$

于是,得

$$\begin{aligned}1.04^{2.02} &= f(1+0.04,2+0.02) \approx f(1,2)+f_x(1,2)\times 0.04+f_y(1,2)\times 0.02\\ &= 1+2\times 0.04+0\times 0.02=1.08.\end{aligned}$$

例 10　有一圆柱体,受压后变形,直径由原来的 20 cm 增大到 20.05 cm,高度由原来的 100 cm 减小到 99 cm,求圆柱体体积改变量的近似值.

解　设圆柱体的半径、高和体积分别为 r,h 和 V,则有

$$V=\pi r^2 h.$$

记 r,h 和 V 的增量分别为 $\Delta r,\Delta h$ 和 ΔV,有

$$\Delta V \approx dV = V_r\Delta r + V_h\Delta h = 2\pi rh\Delta r + \pi r^2\Delta h,$$

代入

$$r=20,h=100,\Delta r=0.05,\Delta h=-1,$$

得

$$\Delta V \approx 2\pi\times 20\times 100\times 0.05+\pi\times 20^2\times(-1)=-200\pi\approx -628(\mathrm{cm})^3.$$

即圆柱体在受压后体积减小了 $628(\mathrm{cm})^3$.

习　题　3.5

1. 求函数 $f(x,y)=x+y-\sqrt{x^2+y^2}$ 在点 $(3,4)$ 处的偏导数.

2. 设 $z=\ln\left(x+\dfrac{y}{2x}\right)$,求 $\left.\dfrac{\partial z}{\partial y}\right|_{\substack{x=1\\y=0}}$.

3. 求下列函数的偏导数:

(1) $z=x^2y-y^2x$;　　(2) $z=\sqrt{\ln(xy)}$;

(3) $z=x\sin(x+y)$;　　(4) $z=\ln\left[\tan\left(\dfrac{2x}{y}\right)\right]$;

(5) $z=\dfrac{xe^y}{y^2}$;　　(6) $z=\dfrac{x^2+y^2}{xy}$;

(7) $z=(1+xy)^3$;　　(8) $z=\arctan(x-y)^2$.

4. 曲线 $\begin{cases} z=\dfrac{x^2+y^2}{4}, \\ y=4 \end{cases}$ 在点 $(2,4,5)$ 处的切线对于 x 轴的倾斜角是多少?

5. 设 $u=x+\frac{x-y}{y-z}$,求证:$\frac{\partial u}{\partial x}+\frac{\partial u}{\partial y}+\frac{\partial u}{\partial z}=1$.

6. 求下列函数的全微分:

(1) $z=e^{\frac{x}{y}}$;　　(2) $z=\ln\sqrt{x^2+y^2}$;

(3) $z=\arctan\frac{x}{y}$;　　(4) $u=x^{yz}$.

7. 求函数 $z=\ln(1+x^2+y^2)$ 在点(3,4)处的全增量和全微分.

8. 求函数 $z=\frac{x}{y}$ 当 $x=2,y=1,\Delta x=0.1,\Delta y=-0.2$ 时的全增量和全微分.

9. 求 $\sqrt{\frac{0.93}{1.02}}$ 的近似值.

10. 设圆锥体的底半径由 30 cm 增加到 30.1 cm,高由 60 cm 减少到 59.5 cm,试求此圆锥体体积变化量的近似值.

3.6 多元复合函数的偏导数与隐函数的偏导数

在一元函数中,我们已经学习了复合函数的求导法则——链式法则,即如果 $y=f(u)$ 对 u 可导且 $u=\varphi(x)$ 对 x 可导,则复合函数 $y=f(\varphi(x))$ 对 x 的导数为

$$\frac{dy}{dx}=\frac{dy}{du}\cdot\frac{du}{dx}=f'(u)\cdot\varphi'(x).$$

本节将一元复合函数的链式法则推广到多元复合函数.

3.6.1 多元复合函数偏导数的求法

1. 中间变量均为一元函数的情形

定理 1　设函数 $u=\varphi(x),v=\psi(x)$ 均在点 x 处可导,函数 $z=f(u,v)$ 在 x 对应点 (u,v) 处可微,则复合函数 $z=f(\varphi(x),\psi(x))$ 在点 x 处可导,且其导数可用下列公式计算

$$\frac{dz}{dx}=\frac{\partial z}{\partial u}\cdot\frac{du}{dx}+\frac{\partial z}{\partial v}\cdot\frac{dv}{dx}.$$

证明　设当自变量 x 有增量 Δx 时,函数 $u=\varphi(x),v=\psi(x)$ 对应的增量分别为 Δu 和 Δv,从而函数 $z=f(u,v)$ 也获得全增量

$$\Delta z=f(u+\Delta u,v+\Delta v)-f(u,v).$$

由于函数 $z=f(u,v)$ 在点 (u,v) 处可微,从而有

$$\Delta z=\frac{\partial z}{\partial u}\Delta u+\frac{\partial z}{\partial v}\Delta v+o(\rho),$$

其中 $o(\rho)$ 是 $\rho=\sqrt{(\Delta u)^2+(\Delta v)^2}$ 的高阶无穷小,即 $\lim\limits_{\rho\to 0}\frac{o(\rho)}{\rho}=0$. 于是有

$$\begin{aligned}\lim_{\Delta x\to 0}\left|\frac{o(\rho)}{\Delta x}\right|&=\lim_{\Delta x\to 0}\left|\frac{o(\rho)}{\rho}\cdot\frac{\rho}{\Delta x}\right|\\&=\lim_{\Delta x\to 0}\left|\frac{o(\rho)}{\rho}\cdot\sqrt{\left(\frac{\Delta u}{\Delta x}\right)^2+\left(\frac{\Delta v}{\Delta x}\right)^2}\cdot\frac{|\Delta x|}{\Delta x}\right|\end{aligned}$$

$$=\sqrt{\varphi'^2(x)+\psi'^2(x)}\cdot\lim_{\Delta x\to 0}\left|\frac{o(\rho)}{\rho}\right|=0,$$

所以

$$\lim_{\Delta x\to 0}\frac{o(\rho)}{\Delta x}=0,$$

于是

$$\frac{\mathrm{d}z}{\mathrm{d}x}=\lim_{\Delta x\to 0}\frac{\Delta z}{\Delta x}=\lim_{\Delta x\to 0}\left(\frac{\partial z}{\partial u}\cdot\frac{\Delta u}{\Delta x}\right)+\lim_{\Delta x\to 0}\left(\frac{\partial z}{\partial v}\cdot\frac{\Delta v}{\Delta x}\right),$$

即得

$$\frac{\mathrm{d}z}{\mathrm{d}x}=\frac{\partial z}{\partial u}\cdot\frac{\mathrm{d}u}{\mathrm{d}x}+\frac{\partial z}{\partial v}\cdot\frac{\mathrm{d}v}{\mathrm{d}x}.$$

这里 z 是 x 的一元函数,为了和偏导数加以区分,称导数$\frac{\mathrm{d}z}{\mathrm{d}x}$为**全导数**.

上式可用树形结构图表示(如图 3.5).

2. 中间变量均为二元函数的情形

定理 2　设函数 $u=\varphi(x,y)$,$v=\psi(x,y)$ 在点(x,y)处的偏导数均都存在,函数 $z=f(u,v)$ 在(x,y)对应点(u,v)处可微,则复合函数 $z=f(\varphi(x,y),\psi(x,y))$ 在点(x,y)处的偏导数存在,且其偏导数为

$$\frac{\partial z}{\partial x}=\frac{\partial z}{\partial u}\cdot\frac{\partial u}{\partial x}+\frac{\partial z}{\partial v}\cdot\frac{\partial v}{\partial x},\quad \frac{\partial z}{\partial y}=\frac{\partial z}{\partial u}\cdot\frac{\partial u}{\partial y}+\frac{\partial z}{\partial v}\cdot\frac{\partial v}{\partial y}.$$

证明略. 此公式也称为多元复合函数链式求导法则.

上式可用树形结构图表示(如图 3.6).

3. 中间变量既有一元函数又有二元函数的情形

定理 3　设函数 $u=\varphi(x,y)$ 在点(x,y)处的偏导数都存在,$v=\psi(x)$ 在点 x 处可导,函数 $z=f(u,v)$ 在对应点(u,v)处可微,则复合函数 $z=f(\varphi(x,y),\psi(x))$ 在点(x,y)处的偏导数存在,且有公式

$$\frac{\partial z}{\partial x}=\frac{\partial z}{\partial u}\cdot\frac{\partial u}{\partial x}+\frac{\partial z}{\partial v}\cdot\frac{\mathrm{d}v}{\mathrm{d}x},\quad \frac{\partial z}{\partial y}=\frac{\partial z}{\partial u}\cdot\frac{\partial u}{\partial y}.$$

其树形结构图为图 3.7.

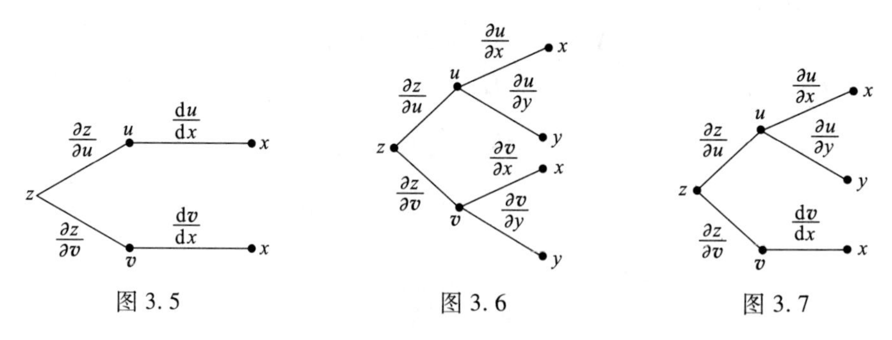

图 3.5　　图 3.6　　图 3.7

例 1　设 $z=u^2v^3$,$u=\sin x$,$v=\mathrm{e}^x$. 求全导数$\frac{\mathrm{d}z}{\mathrm{d}x}$.

解 $$\frac{\mathrm{d}z}{\mathrm{d}x}=\frac{\partial z}{\partial u}\cdot\frac{\mathrm{d}u}{\mathrm{d}x}+\frac{\partial z}{\partial v}\cdot\frac{\mathrm{d}v}{\mathrm{d}x}=2uv^3\cos x+3u^2v^2\mathrm{e}^x$$

$$=2\sin x\cdot(\mathrm{e}^x)^3\cdot\cos x+3\sin^2x\cdot(\mathrm{e}^x)^2\cdot\mathrm{e}^x=\mathrm{e}^{3x}(\sin 2x+3\sin^2x).$$

本例也可先把 $u=\sin x, v=\mathrm{e}^x$ 代入 $z=u^2v^3$ 中,再用一元函数求导法则求解,所得结果相同,读者可自行验证.

例 2 设 $z=u^2\ln v, u=\frac{y}{x}, v=3y-2x$,求$\frac{\partial z}{\partial x},\frac{\partial z}{\partial y}$.

解 $$\frac{\partial z}{\partial x}=\frac{\partial z}{\partial u}\cdot\frac{\partial u}{\partial x}+\frac{\partial z}{\partial v}\cdot\frac{\partial v}{\partial x}$$

$$=2u\ln v\cdot\left(-\frac{y}{x^2}\right)+u^2\cdot\frac{1}{v}\cdot(-2)$$

$$=-2\frac{y^2}{x^3}\ln(3y-2x)-\frac{2y^2}{x^2(3y-2x)}=-\frac{2y^2}{x^2}\left[\frac{1}{x}\ln(3y-2x)+\frac{1}{3y-2x}\right],$$

$$\frac{\partial z}{\partial y}=\frac{\partial z}{\partial u}\cdot\frac{\partial u}{\partial y}+\frac{\partial z}{\partial v}\cdot\frac{\partial v}{\partial y}=2u\ln v\cdot\frac{1}{x}+u^2\cdot\frac{1}{v}\cdot 3=\frac{y}{x^2}\left[2\ln(3y-2x)+\frac{3y}{3y-2x}\right].$$

例 3 设 $z=\mathrm{e}^{uv}, u=xy, v=\cos x$. 求$\frac{\partial z}{\partial x},\frac{\partial z}{\partial y}$.

解 $$\frac{\partial z}{\partial x}=\frac{\partial z}{\partial u}\cdot\frac{\partial u}{\partial x}+\frac{\partial z}{\partial v}\cdot\frac{\mathrm{d}v}{\mathrm{d}x}=\mathrm{e}^{uv}vy+\mathrm{e}^{uv}u(-\sin x)=\mathrm{e}^{xy\cos x}(y\cos x-xy\sin x),$$

$$\frac{\partial z}{\partial y}=\frac{\partial z}{\partial u}\cdot\frac{\partial u}{\partial y}=\mathrm{e}^{uv}vx=\mathrm{e}^{xy\cos x}x\cos x.$$

例 4 设 $z=f(x^2-y^2,\mathrm{e}^{xy})$,求$\frac{\partial z}{\partial x},\frac{\partial z}{\partial y}$.

解 令

$$u=x^2-y^2, v=\mathrm{e}^{xy},$$

则

$$\frac{\partial z}{\partial x}=\frac{\partial f}{\partial u}\cdot\frac{\partial u}{\partial x}+\frac{\partial f}{\partial v}\cdot\frac{\partial v}{\partial x}=f_1'2x+f_2'\mathrm{e}^{xy}y=2xf_1'+y\mathrm{e}^{xy}f_2',$$

$$\frac{\partial z}{\partial y}=\frac{\partial f}{\partial u}\cdot\frac{\partial u}{\partial y}+\frac{\partial f}{\partial v}\cdot\frac{\partial v}{\partial y}=f_1'(-2y)+f_2'\mathrm{e}^{xy}x=-2yf_1'+x\mathrm{e}^{xy}f_2'.$$

对于其他类型的复合函数,如只含一个中间变量或含有多于两个中间变量或多于两个自变量等,只要画出结构图,用以上方法进行分析,就可直接写出偏导数公式.

例 5 设 $z=x\varphi(x-2y)+y\psi(2x+y)$,其中 φ,ψ 是一阶可导函数,求$\frac{\partial z}{\partial x},\frac{\partial z}{\partial y}$.

解 令

$$u=x-2y, v=2x+y,$$

由复合结构图(如图 3.8),有

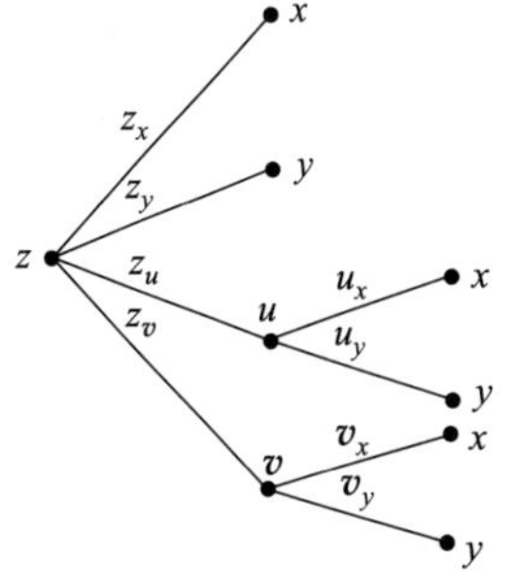

图 3.8

$$\begin{aligned}\frac{\partial z}{\partial x}&=\varphi(u)+x\cdot\frac{\mathrm{d}\varphi}{\mathrm{d}u}\cdot\frac{\partial u}{\partial x}+y\frac{\mathrm{d}\psi}{\mathrm{d}v}\cdot\frac{\partial v}{\partial x}\\&=\varphi(x-2y)+x\varphi'(x-2y)\cdot 1+y\psi'(2x+y)\cdot 2\\&=x\varphi'(x-2y)+2y\psi'(2x+y)+\varphi(x-2y),\end{aligned}$$

$$\begin{aligned}\frac{\partial z}{\partial y}&=x\cdot\frac{\mathrm{d}\varphi}{\mathrm{d}u}\cdot\frac{\partial u}{\partial y}+\psi(v)+y\cdot\frac{\mathrm{d}\psi}{\mathrm{d}v}\cdot\frac{\partial v}{\partial y}\\&=x\varphi'(x-2y)\cdot(-2)+\psi(2x+y)+y\psi'(2x+y)\cdot 1\\&=-2x\varphi'(x-2y)+y\psi'(2x+y)+\psi(2x+y).\end{aligned}$$

3.6.2　全微分形式不变性

一元函数具有一阶微分形式不变性,多元函数也同样有一阶全微分形式不变性.

设函数 $z=f(u,v)$ 可微,则无论 z 是自变量 u,v 的函数,还是中间变量 u,v 的函数,它的全微分形式都是 $\mathrm{d}z=\frac{\partial z}{\partial u}\mathrm{d}u+\frac{\partial z}{\partial v}\mathrm{d}v$.

(1) 当 z 是自变量 u,v 的函数时,若函数 $z=f(u,v)$ 可微,则函数的全微分存在,且有形式

$$\mathrm{d}z=\frac{\partial z}{\partial u}\mathrm{d}u+\frac{\partial z}{\partial v}\mathrm{d}v.$$

(2) 当 z 是中间变量 u,v 的函数时,若函数 $z=f(u,v)$ 可微,函数 $u=\varphi(x,y)$,$v=\psi(x,y)$ 也可微,则复合函数 $z=f(\varphi(x,y),\psi(x,y))$ 的全微分为

$$\mathrm{d}z=\frac{\partial z}{\partial x}\mathrm{d}x+\frac{\partial z}{\partial y}\mathrm{d}y.$$

而 $\frac{\partial z}{\partial x}=\frac{\partial z}{\partial u}\cdot\frac{\partial u}{\partial x}+\frac{\partial z}{\partial v}\cdot\frac{\partial v}{\partial x},\frac{\partial z}{\partial y}=\frac{\partial z}{\partial u}\cdot\frac{\partial u}{\partial y}+\frac{\partial z}{\partial v}\cdot\frac{\partial v}{\partial y}$,将其代入上式得

$$\begin{aligned}\mathrm{d}z&=\left(\frac{\partial z}{\partial u}\cdot\frac{\partial u}{\partial x}+\frac{\partial z}{\partial v}\cdot\frac{\partial v}{\partial x}\right)\mathrm{d}x+\left(\frac{\partial z}{\partial u}\cdot\frac{\partial u}{\partial y}+\frac{\partial z}{\partial v}\cdot\frac{\partial v}{\partial y}\right)\mathrm{d}y\\&=\frac{\partial z}{\partial u}\left(\frac{\partial u}{\partial x}\mathrm{d}x+\frac{\partial u}{\partial y}\mathrm{d}y\right)+\frac{\partial z}{\partial v}\left(\frac{\partial v}{\partial x}\mathrm{d}x+\frac{\partial v}{\partial y}\mathrm{d}y\right)\\&=\frac{\partial z}{\partial u}\mathrm{d}u+\frac{\partial z}{\partial v}\mathrm{d}v.\end{aligned}$$

这说明,不用分辨 u,v 是自变量还是中间变量,其全微分的形式都可以用同一个式子表示,这个性质称为**一阶全微分形式不变性**.

利用这一性质容易证明:

(1) $\mathrm{d}(u\pm v)=\mathrm{d}u\pm\mathrm{d}v$;

(2) $\mathrm{d}(uv)=v\mathrm{d}u+u\mathrm{d}v$;

(3) $\mathrm{d}\left(\frac{u}{v}\right)=\frac{v\mathrm{d}u-u\mathrm{d}v}{v^2}$.

例 6　设 $z=f\left(xy,\frac{x}{y}\right)$,且 f 具有连续的一阶偏导数,利用全微分形式不变性求函数的全微分 $\mathrm{d}z$ 及偏导数 $\frac{\partial z}{\partial x},\frac{\partial z}{\partial y}$.

解 令 $u=xy, v=\dfrac{x}{y}$,由全微分形式不变性,得

$$\begin{aligned}\mathrm{d}z &=\frac{\partial f}{\partial u}\mathrm{d}u+\frac{\partial f}{\partial v}\mathrm{d}v=\frac{\partial f}{\partial u}(y\mathrm{d}x+x\mathrm{d}y)+\frac{\partial f}{\partial v}\left(\frac{1}{y}\mathrm{d}x-\frac{x}{y^2}\mathrm{d}y\right)\\&=\left(y\frac{\partial f}{\partial u}+\frac{1}{y}\frac{\partial f}{\partial v}\right)\mathrm{d}x+\left(x\frac{\partial f}{\partial u}-\frac{x}{y^2}\frac{\partial f}{\partial v}\right)\mathrm{d}y=\left(yf_1'+\frac{1}{y}f_2'\right)\mathrm{d}x+\left(xf_1'-\frac{x}{y^2}f_2'\right)\mathrm{d}y,\end{aligned}$$

所以

$$\frac{\partial z}{\partial x}=y\frac{\partial f}{\partial u}+\frac{1}{y}\frac{\partial f}{\partial v},\quad \frac{\partial z}{\partial y}=x\frac{\partial f}{\partial u}-\frac{x}{y^2}\frac{\partial f}{\partial v},$$

或

$$\frac{\partial z}{\partial x}=yf_1'+\frac{1}{y}f_2',\quad \frac{\partial z}{\partial y}=xf_1'-\frac{x}{y^2}f_2'.$$

3.6.3 多元隐函数偏导数的求法

1. 一个方程的情形

定理 4(一元隐函数存在定理) 设函数 $F(x,y)$ 在点 (x_0,y_0) 的某一邻域内具有连续的偏导数,且 $F(x_0,y_0)=0$ 及 $F_y(x_0,y_0)\neq 0$,则在点 (x_0,y_0) 的某邻域内存在唯一单值、连续且有连续导数的函数 $y=f(x)$,它满足 $y_0=f(x_0)$,并满足方程 $F(x,y)=0$,即对该邻域内的任意 x 有 $F(x,f(x))\equiv 0$,且有 $\dfrac{\mathrm{d}y}{\mathrm{d}x}=-\dfrac{F_x}{F_y}$.

证明略.

例 7 设方程 $y-\dfrac{1}{2}\sin y-x=0$ 确定函数 $y=f(x)$,求 $\dfrac{\mathrm{d}y}{\mathrm{d}x}$.

解 令 $F(x,y)=y-\dfrac{1}{2}\sin y-x$,则

$$F_x=-1,F_y=1-\frac{1}{2}\cos y,$$

所以

$$\frac{\mathrm{d}y}{\mathrm{d}x}=-\frac{F_x}{F_y}=-\frac{-1}{1-\dfrac{1}{2}\cos y}=\frac{2}{2-\cos y}.$$

同样,对由方程 $F(x,y,z)=0$ 所确定的隐函数 $z=f(x,y)$ 在满足一定的条件下有相应的结论,叙述如下:

定理 5(二元隐函数存在定理) 设函数 $F(x,y,z)$ 在点 (x_0,y_0,z_0) 的某一邻域内具有连续的偏导数且 $F(x_0,y_0,z_0)=0$ 及 $F_z(x_0,y_0,z_0)\neq 0$,则在点 (x_0,y_0,z_0) 的某邻域内存在唯一单值、连续且有连续导数的函数 $z=f(x,y)$,它满足 $z_0=f(x_0,y_0)$,并满足方程 $F(x,y,z)=0$,即对该邻域内的任意 (x,y),有 $F(x,y,f(x,y))\equiv 0$,且有 $\dfrac{\partial z}{\partial x}=-\dfrac{F_x}{F_z},\dfrac{\partial z}{\partial y}=-\dfrac{F_y}{F_z}$.

证明略.

例 8　设由方程 $z^2y-xz^3-1=0$ 确定隐函数 $z=f(x,y)$，求$\frac{\partial z}{\partial x},\frac{\partial z}{\partial y}$.

解　令 $F(x,y,z)=z^2y-xz^3-1$，则

$$F_x=-z^3,F_y=z^2,F_z=2zy-3xz^2,$$

所以

$$\frac{\partial z}{\partial x}=-\frac{F_x}{F_z}=-\frac{-z^3}{2zy-3xz^2}=\frac{z^2}{2y-3xz},$$

$$\frac{\partial z}{\partial y}=-\frac{F_y}{F_z}=-\frac{z^2}{2zy-3xz^2}=\frac{z}{3xz-2y}\quad(2y-3xz\neq 0).$$

2. 方程组的情形

以下举例说明如何求由方程组所确定的隐函数的导数.

例 9　设$\begin{cases}x+y+z=2,\\ x^2+y^2=\frac{1}{2}z^2\end{cases}$　$(y>0,z>0)$，求$\frac{\mathrm{d}y}{\mathrm{d}x},\frac{\mathrm{d}z}{\mathrm{d}x}$.

解　在方程组中，每个方程两边对 x 求导得

$$\begin{cases}1+\frac{\mathrm{d}y}{\mathrm{d}x}+\frac{\mathrm{d}z}{\mathrm{d}x}=0,\\ 2x+2y\frac{\mathrm{d}y}{\mathrm{d}x}=z\frac{\mathrm{d}z}{\mathrm{d}x},\end{cases}$$

解以$\frac{\mathrm{d}y}{\mathrm{d}x}$与$\frac{\mathrm{d}z}{\mathrm{d}x}$为未知数的方程组得$\begin{cases}\frac{\mathrm{d}y}{\mathrm{d}x}=-\frac{z+2x}{z+2y},\\ \frac{\mathrm{d}z}{\mathrm{d}x}=\frac{2x-2y}{z+2y}.\end{cases}$

例 10　求由方程组$\begin{cases}xu-yv=0,\\ yu+xv=1\end{cases}$　所确定的隐函数 $u=\varphi(x,y),v=\psi(x,y)$ 对 x,y 的偏导数.

解　在方程组中，每个方程两边对 x 求偏导数得

$$\begin{cases}u+x\frac{\partial u}{\partial x}-y\frac{\partial v}{\partial x}=0,\\ y\frac{\partial u}{\partial x}+v+x\frac{\partial v}{\partial x}=0,\end{cases}$$

解以$\frac{\partial u}{\partial x}$与$\frac{\partial v}{\partial x}$为未知数的方程组得

$$\begin{cases}\frac{\partial u}{\partial x}=-\frac{xu+yv}{x^2+y^2},\\ \frac{\partial v}{\partial x}=\frac{yu-xv}{x^2+y^2}.\end{cases}$$

同样，在方程组中，每个方程两边对 y 求偏导数得

$$\begin{cases}x\frac{\partial u}{\partial y}-v-y\frac{\partial v}{\partial y}=0,\\ u+y\frac{\partial u}{\partial y}+x\frac{\partial v}{\partial y}=0,\end{cases}$$

解以$\frac{\partial u}{\partial y}$与$\frac{\partial v}{\partial y}$为未知数的方程组得

$$\begin{cases}\dfrac{\partial u}{\partial y}=\dfrac{xv-yu}{x^2+y^2},\\ \dfrac{\partial v}{\partial y}=-\dfrac{xu+yv}{x^2+y^2}.\end{cases}$$

3.6.4 高阶偏导数

设函数 $z=f(x,y)$ 在区域 D 内有偏导数 $f_x(x,y)$ 与 $f_y(x,y)$，若这两个偏导数在 D 内也有偏导数，这就导出 $f(x,y)$ 的二阶偏导数.

$f(x,y)$ 的二阶偏导数有四个，分别记作

$$\frac{\partial}{\partial x}\left(\frac{\partial z}{\partial x}\right)=\frac{\partial^2 z}{\partial x^2}=f_{xx}(x,y),\quad \frac{\partial}{\partial y}\left(\frac{\partial z}{\partial x}\right)=\frac{\partial^2 z}{\partial x\partial y}=f_{xy}(x,y),$$

$$\frac{\partial}{\partial x}\left(\frac{\partial z}{\partial y}\right)=\frac{\partial^2 z}{\partial y\partial x}=f_{yx}(x,y),\quad \frac{\partial}{\partial y}\left(\frac{\partial z}{\partial y}\right)=\frac{\partial^2 z}{\partial y^2}=f_{yy}(x,y),$$

其中 $f_{xy}(x,y)$ 与 $f_{yx}(x,y)$ 称为二阶混合偏导数.

例 11 设 $z=\ln(x^2+y^2)$，求 z 的各个二阶偏导数.

解 一阶偏导数为

$$\frac{\partial z}{\partial x}=\frac{2x}{x^2+y^2},\quad \frac{\partial z}{\partial y}=\frac{2y}{x^2+y^2},$$

所以二阶偏导数分别为

$$\frac{\partial^2 z}{\partial x^2}=\frac{2y^2-2x^2}{(x^2+y^2)^2},\quad \frac{\partial^2 z}{\partial y^2}=\frac{2x^2-2y^2}{(x^2+y^2)^2},$$

$$\frac{\partial^2 z}{\partial x\partial y}=\frac{-4xy}{(x^2+y^2)^2},\quad \frac{\partial^2 z}{\partial y\partial x}=\frac{-4xy}{(x^2+y^2)^2}.$$

定理 6 **若函数 $z=f(x,y)$ 的两个二阶混合偏导数 $\frac{\partial^2 z}{\partial x\partial y}$ 及 $\frac{\partial^2 z}{\partial y\partial x}$ 在区域 D 内连续，则在区域 D 内，这两个混合偏导数必相等，即有 $\frac{\partial^2 z}{\partial x\partial y}=\frac{\partial^2 z}{\partial y\partial x}$.**

该定理说明，二阶混合偏导数在连续的条件下与求导顺序无关. 我们也称此结果为**混合偏导数的唯一性**.

习 题 3.6

1. 设 $z=\sin\frac{v}{u}$，而 $u=x^2$，$v=\mathrm{e}^x$，求 $\frac{\mathrm{d}z}{\mathrm{d}x}$.

2. 设 $z=u\ln(1+v)$，而 $u=2xy$，$v=x^2+y^2$，求 $\frac{\partial z}{\partial x}$ 和 $\frac{\partial z}{\partial y}$.

3. 设 $z=uv+\sin t$，而 $u=\mathrm{e}^{2t}$，$v=\cos t$，求 $\frac{\mathrm{d}z}{\mathrm{d}t}$.

4. 求下列函数的一阶偏导数(其中 f 具有连续的偏导数)：

(1) $z=f\left(\cos y,\dfrac{y}{x}\right)$；　　(2) $z=f(x,\sin(xy),xy^2)$.

5. 设 $z=f(x^2+y^2)$，且 f 一阶可微，求证：$x\dfrac{\partial z}{\partial y}-y\dfrac{\partial z}{\partial x}=0$.

6. 设 $\ln\sqrt{x^2+y^2}=\arctan\dfrac{y}{x}$，求 $\dfrac{\mathrm{d}y}{\mathrm{d}x}$.

7. 设 $\mathrm{e}^z-xyz=0$，求 $\dfrac{\partial z}{\partial x}$，$\dfrac{\partial z}{\partial y}$ 及 $\dfrac{\partial y}{\partial x}$.

8. 设 $f(x-y,y-z)=0$ 确定函数 $z=z(x,y)$，证明：$\dfrac{\partial z}{\partial x}+\dfrac{\partial z}{\partial y}=1$.

9. 求由方程组 $\begin{cases}z=x^2+y^2,\\x^2+2y^2+3z^2=10\end{cases}$ 所确定的隐函数 $z=z(x)$ 及 $y=y(x)$ 的导数 $\dfrac{\mathrm{d}z}{\mathrm{d}x}$ 及 $\dfrac{\mathrm{d}y}{\mathrm{d}x}$.

10. 求由方程组 $\begin{cases}u+v=x,\\u^2+v^2=y\end{cases}$ 所确定的隐函数 $u=u(x,y)$ 及 $v=v(x,y)$ 对 x 和 y 的偏导数.

11. 求下列函数的二阶偏导数(其中 f 具有连续的二阶偏导数)：

(1) $z=f(x^2y,y)$；　　(2) $z=f\left(x,\dfrac{y}{x}\right)$；

(3) $z=f(\sin x,xy^2)$.

总 习 题 三

1. 设 $\varphi(x)$ 在 $x=a$ 处连续，试证：$f(x)=|x-a|\varphi(x)$ 在 $x=a$ 处可导的充要条件是 $\varphi(a)=0$.

2. 设 $y=x(x+1)(x+2)\cdots(x+n)$，求 $\left.\dfrac{\mathrm{d}y}{\mathrm{d}x}\right|_{x=0}$.

3. 设函数 $f(x)$ 二阶可导，$y=f(\sin x^2)$，求 y'，y''.

4. 设 $y=\sqrt[3]{x+\sqrt{x+\sqrt{x}}}$，求 $\mathrm{d}y$.

5. 设 $f(x)$ 是可微函数，且 $y^2f(x)+xf(y)=x^2$，求 $\dfrac{\mathrm{d}y}{\mathrm{d}x}$.

6. 设 $y=y(x)$ 由 $\mathrm{e}^{x+y}+\cos(xy)=0$ 确定，求 $\dfrac{\mathrm{d}y}{\mathrm{d}x}$.

7. 设 $y=x\ln x$，求 $y^{(n)}$.

8. 求下列函数的一阶和二阶偏导数：

(1) $z=\ln(x+y^2)$；　　(2) $z=x^y$.

9. 设 $f(x,y)=\begin{cases}\dfrac{x^2y^2}{(x^2+y^2)^{\frac{3}{2}}}, & x^2+y^2\neq 0,\\0, & x^2+y^2=0,\end{cases}$ 证明 $f(x,y)$ 在点 $(0,0)$ 处存在偏导数，但不可微.

10. 设 $f(x+y,x-y)=\dfrac{x^2-y^2}{2(x^2+y^2)}$，求 $f_x(x,y)$ 和 $f_y(x,y)$.

11. 设 $z=\dfrac{y^2}{3x}+\arcsin(xy)$，证明：$x^2\dfrac{\partial z}{\partial x}-xy\dfrac{\partial z}{\partial y}+y^2=0$.

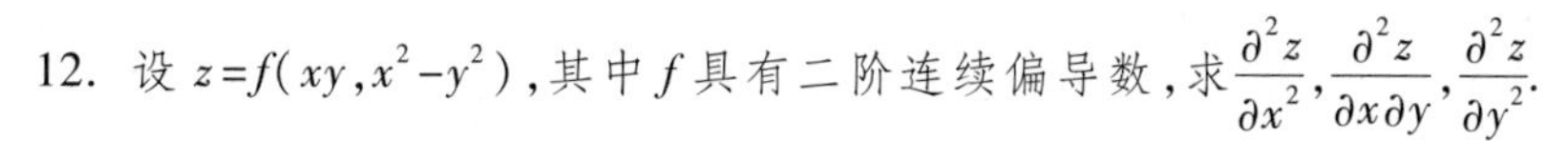

12\. 设 $z=f(xy,x^2-y^2)$，其中 f 具有二阶连续偏导数，求 $\dfrac{\partial^2 z}{\partial x^2},\dfrac{\partial^2 z}{\partial x\partial y},\dfrac{\partial^2 z}{\partial y^2}$.

13\. 设 $z=z(x,y)$ 是由方程 $\mathrm{e}^{x+y}+\sin(x+z)=0$ 所确定的隐函数，求 $\mathrm{d}z$.

14\. 求由方程组 $\begin{cases}x=u+v,\\ y=u^2+v^2,\\ z=u^3+v^3\end{cases}$ 所确定的隐函数 $z=f(x,y)$ 在点 $(1,1)$ 处的偏导数 $\dfrac{\partial z}{\partial x},\dfrac{\partial z}{\partial y}$.

读一读

“导数”是当自变量的增量趋于零时，函数的增量与自变量的增量之商的极限. 因此可以说，导数(导函数)是由原函数导出或派生出的函数，这也是该概念命名的缘由. 在实际应用中，曲线弧的微小局部可以用直线段去近似替代，微分的思想就是一个线性近似的观念，即“以直代曲”. 函数可微与函数可导是等价的概念，两者之间具有密切的联系.

对于导数和微分的研究起源很晚，到 17 世纪以前还很少有真正意义上的研究例子. 17 世纪上半叶，一系列重大科学事件——开普勒(Kepler,1571—1630)公布行星运动三定律、伽利略(Galilei,1564—1642)建立自由落体定律并发明天文望远镜等——使得蓬勃发展的自然科学迈入综合与突破阶段，此时面临的数学问题包括：求曲线的切线、求瞬时变化率、求函数的极值和最值. 而这些正是微分学的基本问题，激起了科学大师们的兴趣.

笛卡儿在《几何学》(1637)中提出用代数方法求曲线切线的“圆法”，对于推动微分学发展影响深远. 同年，费马的一份手稿中给出了求函数极值的代数方法，除了符号区别之外，费马的方法几乎相当于现今微分学中所用的方法. 巴罗(Barrow,1630—1677)的《几何讲义》(1670)给出了求曲线切线的方法，他使用的是几何方法，但实际上是求解变化率问题的几何版本.

牛顿(Newton,1643—1727)于 1666 年将自己的研究成果整理成《流数简论》在朋友间传阅，是历史上第一篇系统的微积分文献，其中不仅给出了微积分理论，还用该理论求解曲线的切线、曲率、拐点、弧长，以及求积、求引力等 16 类问题. 同时代的德国数学家莱布尼茨(Leibniz,1646—1716)独立创立了微积分，于 1684 年发表《一种求极大与极小值和求切线的新方法》，是数学史上第一篇正式发表的微积分文献.

自测题 3

第 4 章 微分中值定理及其应用

本章首先介绍微分学中几个中值定理,它们是联系导数和函数的纽带,是应用导数研究函数性态的理论基础,也是导数应用的理论基础. 通过这些定理,可利用导数研究未定式极限以及函数的诸多性质,既包含函数的局部性质(如函数极值、泰勒公式等),又包含函数在区间上的整体性质(如函数的单调性、凹凸性等),并应用函数的这些性质描绘出函数的图形. 此外,还利用这些知识解决一些工作和生活中的实际问题.

4.1 中 值 定 理

要借助于导数研究函数在一个区间上的性态,需要在区间上建立函数与其导数之间的联系,这就是本节要介绍的微分学的基本定理. 因为这些定理都具有中值性,所以统称为中值定理. 微分中值定理包括罗尔(Rolle)定理、拉格朗日(Lagrange)中值定理、柯西(Cauchy)中值定理和泰勒(Taylor)定理.

4.1.1 罗尔定理

定义 1 设函数 $f(x)$ 在点 x_0 的某邻域 $U(x_0)$ 内有定义,若对任意的 $x\in U(x_0)$ 有

$$f(x)\leqslant f(x_0)\ (\text{或}\ f(x)\geqslant f(x_0)),$$

则称 $f(x_0)$ 为函数 $f(x)$ 的一个**极大值**(或**极小值**),并称点 x_0 为 $f(x)$ 的**极大值点**(或**极小值点**).

函数的极大值、极小值统称为函数的**极值**,极大值点、极小值点统称为**极值点**.

引理(费马引理)　设函数 $f(x)$ 在点 x_0 的某邻域 $U(x_0)$ 内有定义,且在点 x_0 处可导,若 x_0 为 $f(x)$ 的极值点,则 $f'(x_0)=0$.

证明　不妨设 $x\in U(x_0)$, $f(x)\leqslant f(x_0)$ ($f(x)\geqslant f(x_0)$ 情形可以类似证明). 设自变量 x 在点 x_0 处有改变量 Δx 且 $x_0+\Delta x\in U(x_0)$,则

$$f(x_0+\Delta x)\leqslant f(x_0).$$

当 $\Delta x>0$ 时,

$$\frac{f(x_0+\Delta x)-f(x_0)}{\Delta x}\leqslant 0;$$

当 $\Delta x<0$ 时,

$$\frac{f(x_0+\Delta x)-f(x_0)}{\Delta x}\geqslant 0.$$

由极限的保号性,有

$$f'_+(x_0)=\lim_{\Delta x\to 0^+}\frac{f(x_0+\Delta x)-f(x_0)}{\Delta x}\leqslant 0,$$

$$f'_-(x_0)=\lim_{\Delta x\to 0^-}\frac{f(x_0+\Delta x)-f(x_0)}{\Delta x}\geqslant 0.$$

又由于 $f(x)$ 在点 x_0 可导,则

$$f'(x_0)=f'_+(x_0)=f'_-(x_0).$$

因此,必有 $f'(x_0)=0$.

导数为零的点亦称为**驻点**(或**稳定点**、**临界点**). 由费马引理可知,可导的极值点必为驻点,即驻点是可导函数取得极值的必要条件,而驻点不一定是极值点.

费马引理的几何意义是:若曲线在极值点有切线,则切线必平行于 x 轴(图 4.1).

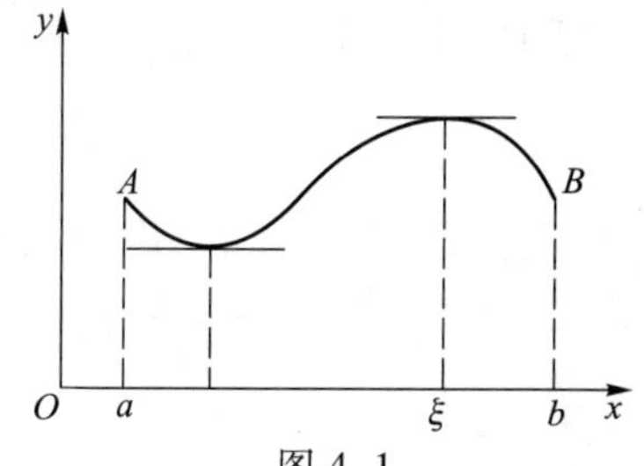

图 4.1

定理 1(罗尔定理) 设函数 $f(x)$ 在闭区间 $[a,b]$ 上连续,在开区间 (a,b) 内可导,且在区间两端点的函数值相等,即 $f(a)=f(b)$,则在开区间 (a,b) 内至少存在一点 ξ,使得 $f'(\xi)=0$.

证明 由于 $f(x)$ 在闭区间 $[a,b]$ 上连续,根据闭区间上连续函数的最大值最小值定理,$f(x)$ 在闭区间 $[a,b]$ 上必定取得最大值 M 及最小值 m.

若 $M=m$,则 $f(x)$ 在闭区间 $[a,b]$ 上为常数,可任取 $\xi\in(a,b)$,有 $f'(\xi)=0$.

若 $M>m$,由于 $f(a)=f(b)$,故 M,m 中至少有一个不等于 $f(a)=f(b)$. 不妨设 $m\neq f(a)$($M\neq f(a)$ 情形可以类似证明),于是存在 $\xi\in(a,b)$,$f(\xi)=m$. 因此,对任意 $x\in(a,b)$,有 $f(x)\geqslant f(\xi)$,故由费马引理可得 $f'(\xi)=0$.

罗尔定理的几何意义是:在每点都有切线的一段曲线上,若两端点的高度相同,则在该曲线上至少存在一条水平切线(图 4.1).

注 (1) 定理中的三个条件缺一不可,否则定理的结论就不一定成立;

(2) 满足定理的 ξ 点不一定唯一.

例 1 验证函数 $f(x)=x^2-2x-3$ 在区间 $[-1,3]$ 上满足罗尔定理的条件,并求 ξ 的值.

解 由于 $f(x)=x^2-2x-3$ 是初等函数,定义域为 $(-\infty,+\infty)$,故函数在闭区间 $[-1,3]$ 上连续且在开区间 $(-1,3)$ 内可导,又 $f(-1)=f(3)=0$,因此满足罗尔定理的条件,从而存在 $\xi\in(-1,3)$,使得

$$f'(\xi)=0.$$

又

$$f'(x)=2x-2=2(x-1),$$

解得 $\xi=1$ 即为所求.

4.1.2　拉格朗日中值定理

罗尔定理的条件 $f(a)=f(b)$ 很特殊,一般的函数均不满足,因此在大多数情况罗尔定理不能直接应用,将此条件去掉,就得到拉格朗日中值定理.

定理 2(拉格朗日中值定理)　设函数 $f(x)$ 在闭区间 $[a,b]$ 上连续,在开区间 (a,b) 内可导,则在开区间 (a,b) 内至少存在一点 ξ,使得

$$f'(\xi)=\frac{f(b)-f(a)}{b-a},\tag{4.1}$$

或

$$f(b)-f(a)=f'(\xi)(b-a).\tag{4.2}$$

证明　构造辅助函数

$$F(x)=f(x)-f(a)-\frac{f(b)-f(a)}{b-a}(x-a),$$

显然,函数 $F(x)$ 在 $[a,b]$ 上连续,在 (a,b) 内可导,且 $F(a)=F(b)=0$. 由罗尔定理可知,在开区间 (a,b) 内至少存在一点 ξ,使得

$$F'(\xi)=f'(\xi)-\frac{f(b)-f(a)}{b-a}=0,$$

即

$$f'(\xi)=\frac{f(b)-f(a)}{b-a}.$$

易见,式(4.1)或式(4.2)对 $b<a$ 亦成立. 式(4.1)或式(4.2)称为**拉格朗日中值公式**.

由于 ξ 介于 a,b 之间,故亦可写为

$$\xi=a+\theta(b-a)\quad(0<\theta<1),$$

因而式(4.2)可写为

$$f(b)-f(a)=f'[a+\theta(b-a)](b-a)\quad(0<\theta<1).\tag{4.3}$$

若对 $x,x+\Delta x\in[a,b]$,则在由 $x,x+\Delta x$ 构成的区间上,有

$$\Delta y=f(x+\Delta x)-f(x)=f'(x+\theta\Delta x)\Delta x\quad(0<\theta<1).\tag{4.4}$$

该等式给出了当自变量有任意增量 Δx(Δx 无须趋向于零)时,函数增量的精确表达式,称式(4.4)为**有限增量公式**.

当 $f(a)=f(b)$ 时,拉格朗日中值定理即为罗尔定理. 拉格朗日中值定理的条件,一般的函数均可满足,因此该定理应用较为广泛,在微分学中占有重要地位,故有时亦称为**微分中值定理**.

拉格朗日中值定理的几何意义是:在每一点都有切线的一段曲线上至少存在一点 $P(\xi,f(\xi))$,使曲线在该点的切线平行于两端点的连线(见图 4.2).

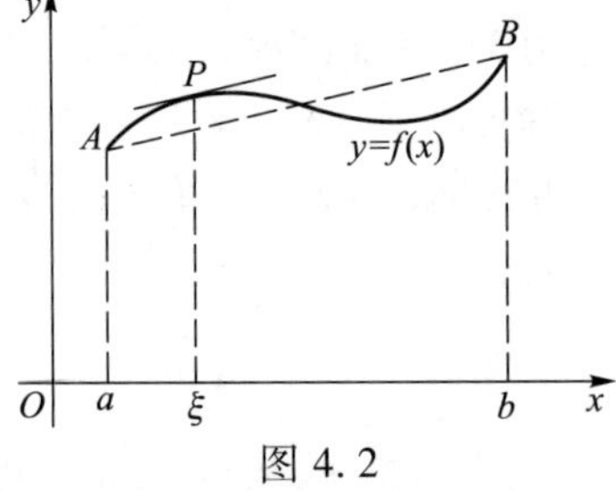

图 4.2

例 2　验证函数 $f(x)=x-x^3$ 在区间 $[-2,1]$ 上满足拉格朗日中值定理的条件,并求 ξ 的值.

解　由 $f(x)=x-x^3$ 是初等函数,其定义域为 $(-\infty,+\infty)$,故函数在闭区间 $[-2,1]$ 上连续且

在开区间$(-2,1)$内可导,因此满足拉格朗日中值定理的条件,从而存在$\xi\in(-2,1)$,使得

$$f'(\xi)=\frac{f(1)-f(-2)}{1-(-2)}=-2,$$

又

$$f'(x)=1-3x^2,$$

则有

$$1-3\xi^2=-2,$$

解得$\xi=\pm1$.而在$(-2,1)$内,$\xi=-1$为所求(1舍去).

由拉格朗日中值定理,可得如下两个推论:

推论 1　设函数$f(x)$在(a,b)内可导,且$f'(x)\equiv0$,则$f(x)$在区间(a,b)内是一个常数.

证明从略.

推论 2　设函数$f(x)$和$g(x)$在(a,b)内可导,且$f'(x)=g'(x)$,则$f(x)$和$g(x)$相差一个常数C,即$f(x)=g(x)+C$.

证明从略.

4.1.3　柯西中值定理

定理 3　设函数$f(x)$与$g(x)$在闭区间$[a,b]$上连续,在开区间(a,b)内可导,且$g'(x)$在(a,b)内的每一点处均不为零,则在(a,b)内至少存在一点ξ,使得

$$\frac{f'(\xi)}{g'(\xi)}=\frac{f(b)-f(a)}{g(b)-g(a)}.$$

证明　类似拉格朗日中值定理的证明,构造辅助函数

$$F(x)=f(x)-f(a)-\frac{f(b)-f(a)}{g(b)-g(a)}[g(x)-g(a)].$$

容易验证函数$F(x)$满足罗尔定理的条件,由罗尔定理可证明.

典型例题讲解
中值定理的应用

当$g(x)=x$时,柯西中值定理即为拉格朗日中值定理.

在三个中值定理中,罗尔定理是基础,拉格朗日中值定理是核心.它们均说明:在定理条件下,曲线上至少存在一点,它的切线平行于连接曲线两端点的连线.

4.1.4　泰勒定理

对于一些较复杂的函数,为了便于研究,往往希望用一些简单的函数来近似它.多项式函数是较为简单的一种函数,因此我们经常用多项式来近似表达一般函数,而泰勒定理就是用多项式来近似一般函数的重要定理.

我们知道,若函数$f(x)$在点x_0可微,则在x_0点附近有

$$f(x)\approx f(x_0)+f'(x_0)(x-x_0),$$

即可用一次多项式(线性函数)来近似表示$f(x)$,其误差为$o(x-x_0)(x\to x_0)$.一次多项式计算简单,但近似的精度不高,要提高精度,常用$(x-x_0)$的高次多项式作为近似函数.

问题转化为能否找到一个$(x-x_0)$的$n(n>1)$次多项式

$$P_n(x)=a_0+a_1(x-x_0)+a_2(x-x_0)^2+\cdots+a_n(x-x_0)^n$$

来近似$f(x)$，并使得误差为$(x-x_0)^n$的高阶无穷小，以及如何确定系数$a_0,a_1,a_2,\cdots,a_n$.

设$f(x)$在点x_0处具有直到n阶的导数，令

$$P_n^{(k)}(x_0)=f^{(k)}(x_0),\quad k=0,1,\cdots,n,$$

而$P_n^{(k)}(x_0)=a_k k!$，于是可得$a_k=\dfrac{P_n^{(k)}(x_0)}{k!}=\dfrac{f^{(k)}(x_0)}{k!}$，即

$$P_n(x)=f(x_0)+f'(x_0)(x-x_0)+\frac{f''(x_0)}{2!}(x-x_0)^2+\cdots+\frac{f^{(n)}(x_0)}{n!}(x-x_0)^n.$$

应用柯西中值定理可得下面的定理，该定理表明多项式$P_n(x)$即为所求.

定理4（泰勒定理）　设函数$f(x)$在点x_0的某个邻域$U(x_0)$内具有直到$n+1$阶导数，则对任意的点$x\in U(x_0)$有

$$f(x)=f(x_0)+f'(x_0)(x-x_0)+\frac{f''(x_0)}{2!}(x-x_0)^2+\cdots+\frac{f^{(n)}(x_0)}{n!}(x-x_0)^n+R_n(x),\qquad(4.5)$$

其中

$$R_n(x)=\frac{f^{(n+1)}(\xi)}{(n+1)!}(x-x_0)^{n+1},$$

这里ξ介于x与x_0之间.

证明从略.

多项式$P_n(x)$称为$f(x)$在点x_0的n**阶泰勒多项式**. 公式(4.5)称为$f(x)$按$(x-x_0)$的幂展开的**带有拉格朗日型余项的n阶泰勒公式**，$R_n(x)$的表达式称为**拉格朗日型余项**.

对于$x\in U(x_0)$，若$f^{(n+1)}(x)$有界，则当$x\to x_0$时，$R_n(x)$是较$(x-x_0)^n$高阶的无穷小，即

$$R_n(x)=o[(x-x_0)^n].\qquad(4.6)$$

当不需要余项的精确表达式时，n阶泰勒公式亦可写为

$$f(x)=f(x_0)+f'(x_0)(x-x_0)+\frac{f''(x_0)}{2!}(x-x_0)^2+\cdots+\frac{f^{(n)}(x_0)}{n!}(x-x_0)^n+o[(x-x_0)^n].\qquad(4.7)$$

$R_n(x)$的表达式(4.6)称为**佩亚诺(Peano)型余项**，公式(4.7)称为$f(x)$按$(x-x_0)$的幂展开的**带有佩亚诺型余项的n阶泰勒公式**.

在公式(4.5)中，取$n=0$，则得到拉格朗日中值公式，在公式(4.7)中，取$n=1$，则得到微分公式. 故带有拉格朗日型余项的n阶泰勒公式是拉格朗日中值公式的推广，而带有佩亚诺型余项的n阶泰勒公式是微分公式的推广. 拉格朗日型余项较佩亚诺型余项更便于对误差进行精确估计.

对于$x\in U(x_0)$，若$f^{(n+1)}(x)$有界，即存在正数M，使得对任意$x\in U(x_0)$，恒有$|f^{(n+1)}(x)|\leqslant M$，则用$n$阶泰勒多项式$P_n(x)$近似$f(x)$，其误差估计式为

$$|R_n(x)|=\left|\frac{f^{(n+1)}(\xi)}{(n+1)!}(x-x_0)^{n+1}\right|\leqslant\frac{M}{(n+1)!}|x-x_0|^{n+1}.$$

在泰勒公式(4.5)中取$x_0=0$，即为**带有拉格朗日型余项的麦克劳林(Maclaurin)公式**

$$f(x)=f(0)+f'(0)x+\frac{f''(0)}{2!}x^2+\cdots+\frac{f^{(n)}(0)}{n!}x^n+\frac{f^{(n+1)}(\theta x)}{(n+1)!}x^{n+1}\quad(0<\theta<1).$$

在泰勒公式(4.7)中取 $x_0=0$,即为**带有佩亚诺型余项的麦克劳林公式**

$$f(x)=f(0)+f'(0)x+\frac{f''(0)}{2!}x^2+\cdots+\frac{f^{(n)}(0)}{n!}x^n+o(x^n).$$

下面给出几个常用初等函数的麦克劳林公式.

(1) $e^x=1+x+\frac{x^2}{2!}+\cdots+\frac{x^n}{n!}+R_n(x).$ (4.8)

拉格朗日型余项 $R_n(x)=\frac{e^{\theta x}}{(n+1)!}x^{n+1},0<\theta<1.$

佩亚诺型余项 $R_n(x)=o(x^n).$

(2) $\sin x=x-\frac{x^3}{3!}+\frac{x^5}{5!}-\frac{x^7}{7!}+\cdots+(-1)^{m-1}\frac{x^{2m-1}}{(2m-1)!}+R_{2m}(x).$ (4.9)

拉格朗日型余项 $R_{2m}(x)=\frac{\sin\left[\theta x+(2m+1)\frac{\pi}{2}\right]}{(2m+1)!}x^{2m+1},0<\theta<1.$

佩亚诺型余项 $R_{2m}(x)=o(x^{2m-1}).$

(3) $\cos x=1-\frac{x^2}{2!}+\frac{x^4}{4!}-\frac{x^6}{6!}+\cdots+(-1)^m\frac{x^{2m}}{(2m)!}+R_{2m+1}(x).$ (4.10)

拉格朗日型余项 $R_{2m+1}(x)=\frac{\cos[\theta x+(m+1)\pi]}{(2m+2)!}x^{2m+2},0<\theta<1.$

佩亚诺型余项 $R_{2m+1}(x)=o(x^{2m}).$

(4) $\ln(1+x)=x-\frac{x^2}{2}+\frac{x^3}{3}-\frac{x^4}{4}+\cdots+(-1)^{n-1}\frac{x^n}{n}+R_n(x).$ (4.11)

拉格朗日型余项 $R_n(x)=\frac{(-1)^n}{(n+1)(1+\theta x)^{n+1}}x^{n+1},0<\theta<1.$

佩亚诺型余项 $R_n(x)=o(x^n).$

(5) $(1+x)^\alpha=1+\alpha x+\frac{\alpha(\alpha-1)}{2!}x^2+\cdots+\frac{\alpha(\alpha-1)\cdots(\alpha-n+1)}{n!}x^n+R_n(x).$ (4.12)

拉格朗日型余项 $R_n(x)=\frac{\alpha(\alpha-1)\cdots(\alpha-n)}{(n+1)!}(1+\theta x)^{\alpha-n-1}x^{n+1},0<\theta<1.$

佩亚诺型余项 $R_n(x)=o(x^n).$

下面介绍泰勒公式的两个应用.

(1) 近似计算.

例 3 计算 e 的近似值,使其误差小于 10^{-5}.

解 在带有拉格朗日型余项的麦克劳林公式(4.8)中取 $x=1$,有

$$e=1+1+\frac{1}{2!}+\cdots+\frac{1}{n!}+\frac{e^\theta}{(n+1)!},\quad 0<\theta<1.$$

由 $e^\theta<e<3$,故

$$R_n(1)=\frac{e^\theta}{(n+1)!}<\frac{3}{(n+1)!},$$

取 $n=8$,有

$$R_8(1)=\frac{e^{\theta}}{(8+1)!}<10^{-5},$$

则 e 的近似值为

$$e\approx 1+1+\frac{1}{2!}+\cdots+\frac{1}{8!}\approx 2.718\,28.$$

（2）求极限.

典型例题讲解

利用泰勒公式求极限

例 4　计算 $\lim\limits_{x\to 0}\dfrac{e^x\left(x-\dfrac{x^3}{6}\right)-x(1+x)}{x^3}$.

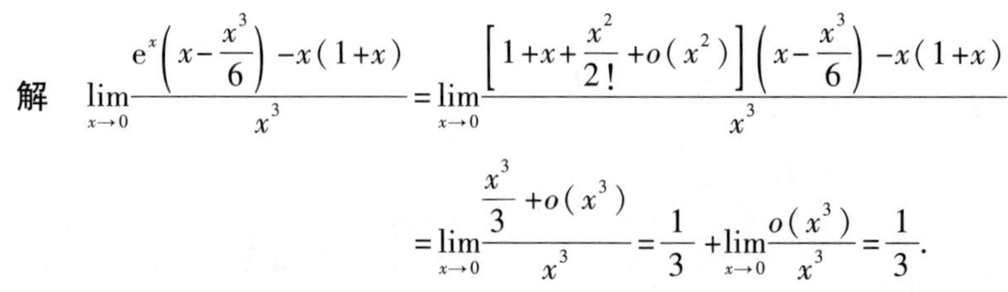

解　$$\lim_{x\to 0}\frac{e^x\left(x-\dfrac{x^3}{6}\right)-x(1+x)}{x^3}=\lim_{x\to 0}\frac{\left[1+x+\dfrac{x^2}{2!}+o(x^2)\right]\left(x-\dfrac{x^3}{6}\right)-x(1+x)}{x^3}$$

$$=\lim_{x\to 0}\frac{\dfrac{x^3}{3}+o(x^3)}{x^3}=\frac{1}{3}+\lim_{x\to 0}\frac{o(x^3)}{x^3}=\frac{1}{3}.$$

习　题　4.1

1. 下列函数在给定区间上是否满足罗尔定理条件？如满足，求出定理中的 ξ 值.

（1）$f(x)=2-|x|$，$[-1,1]$；

（2）$f(x)=\dfrac{1}{1+x^2}$，$[-2,2]$；

（3）$f(x)=e^{x^2}-1$，$[-1,1]$.

2. 不求出函数 $f(x)=(x-1)(x-2)(x-3)(x-4)$ 的导数，说明方程 $f'(x)=0$ 有几个实根？并指出它们所在的区间.

3. 下列函数在给定区间上是否满足拉格朗日中值定理的条件？如满足，求出 ξ 的值.

（1）$f(x)=\ln x$，$[1,2]$；

（2）$f(x)=\sin x$，$\left[0,\dfrac{\pi}{2}\right]$.

4. 函数 $f(x)=x^3$ 与 $g(x)=x^2+1$ 在区间 $[1,2]$ 上是否满足柯西定理的条件？如满足，求出 ξ 的值.

5. 证明推论 1 与推论 2.

6. 证明恒等式：$\arcsin x+\arccos x=\dfrac{\pi}{2}$，$x\in[-1,1]$.

7. 证明不等式：当 $a>b>0$ 时，$\dfrac{a-b}{a}<\ln\dfrac{a}{b}<\dfrac{a-b}{b}$.

8. 写出下列函数在指定点处的带佩亚诺型余项的三阶泰勒公式：

（1）$f(x)=\dfrac{1}{x}$，$x_0=-1$；　　（2）$f(x)=e^{2x}$，$x_0=1$.

9. 求下列函数带佩亚诺型余项的 n 阶麦克劳林公式：

（1）$f(x)=xe^x$；　　（2）$f(x)=\ln(1-x)$.

10. 应用三阶泰勒公式求下列函数的近似值，并估计误差：

（1）$\sin 18°$；　　（2）$\ln 1.2$.

11. 若函数 $f(x)$ 在 (a,b) 内具有二阶导数，且 $f(x_1)=f(x_2)=f(x_3)$，其中 $x_1<x_2<x_3\in(a,b)$，证明：存在 $\xi\in(x_1,x_3)$，使得 $f''(\xi)=0$.

12. 设 $f(x)$ 在 $[a,b]$ 上连续，在 (a,b) 内可导，且 $a>0$，用柯西定理证明：存在 $\xi\in(a,b)$，使得

$$f(b)-f(a)=\xi f'(\xi)\ln\frac{b}{a}.$$

13. 利用泰勒公式求下列极限：

（1）$\lim\limits_{x\to\infty}\left[x-x^2\ln\left(1+\frac{1}{x}\right)\right]$；　　（2）$\lim\limits_{x\to0}\frac{\sin x-x}{x^3}$.

4.2　洛必达法则

如果当 $x\to x_0$（或 $x\to\infty$）时，函数 $f(x)$ 与 $g(x)$ 均趋向于零或均趋向于无穷大，那么极限 $\lim\limits_{\substack{x\to x_0\\(x\to\infty)}}\frac{f(x)}{g(x)}$ 可能存在，也可能不存在. 通常称这种极限为**未定式极限**，并分别记为 $\frac{0}{0}$ 型或 $\frac{\infty}{\infty}$ 型，如 $\lim\limits_{x\to0}\frac{\sin x}{x}$ 和 $\lim\limits_{x\to+\infty}\frac{x^2}{e^x}$. 此类极限不能使用商的极限法则来计算. 因此，由柯西中值定理我们可以得到一种求此类极限的比较简便、可行的方法，称为洛必达（L' Hospital）法则. 我们重点讨论当 $x\to x_0$ 时未定式的情形，其他情形可类似得到.

4.2.1　$\frac{0}{0}$ 型与 $\frac{\infty}{\infty}$ 型的未定式

定理（洛必达法则）　如果函数 $f(x)$ 和 $g(x)$ 满足

（1）$\lim\limits_{x\to x_0}f(x)=0,\lim\limits_{x\to x_0}g(x)=0$，

（2）**$f(x)$ 与 $g(x)$ 在 x_0 的某个空心邻域内都可导，且 $g'(x)\neq0$，**

（3）$\lim\limits_{x\to x_0}\frac{f'(x)}{g'(x)}=A$　**（或 ∞），**

则

$$\lim_{x\to x_0}\frac{f(x)}{g(x)}=\lim_{x\to x_0}\frac{f'(x)}{g'(x)}=A\quad（或\ \infty）.$$

证明　补充定义，令 $f(x_0)=g(x_0)=0$. 在 x_0 附近任取一点 x，在以 x_0,x 为端点的区间上应用柯西中值定理，有

$$\frac{f(x)-f(x_0)}{g(x)-g(x_0)}=\frac{f'(\xi)}{g'(\xi)}\quad（\xi\ 在\ x_0\ 与\ x\ 之间），$$

即

$$\frac{f(x)}{g(x)}=\frac{f'(\xi)}{g'(\xi)}\quad（\xi\ 在\ x_0\ 与\ x\ 之间）.$$

由于当 $x\to x_0$ 时，也有 $\xi\to x_0$，因此

$$\lim_{x\to x_0}\frac{f(x)}{g(x)}=\lim_{\xi\to x_0}\frac{f'(\xi)}{g'(\xi)}=\lim_{x\to x_0}\frac{f'(x)}{g'(x)}=A\quad（或\ \infty）.$$

注　(1) 定理对于当 $x\to\infty$ 时满足定理条件的 $\frac{0}{0}$ 型的未定式亦成立；

(2) 定理对于当 $x\to x_0$ 或 $x\to\infty$ 时满足定理条件的 $\frac{\infty}{\infty}$ 型的未定式亦成立；

(3) 若施行一次洛必达法则后，问题尚未解决，而函数 $f'(x)$，$g'(x)$ 仍满足定理条件，则可继续使用洛必达法则，即

$$\lim_{x\to x_0}\frac{f'(x)}{g'(x)}=\lim_{x\to x_0}\frac{f''(x)}{g''(x)}=\cdots=\lim_{x\to x_0}\frac{f^{(n)}(x)}{g^{(n)}(x)}.$$

例1　求 $\lim\limits_{x\to-1}\frac{x^2-x-2}{x^2+6x+5}\left(\frac{0}{0}\text{型}\right)$.

解　$\lim\limits_{x\to-1}\frac{x^2-x-2}{x^2+6x+5}=\lim\limits_{x\to-1}\frac{2x-1}{2x+6}=-\frac{3}{4}$.

此极限也可用极限的运算法则求解，但用洛必达法则相对更简单.

例2　求 $\lim\limits_{x\to0}\frac{\sin ax}{\sin bx}(b\neq0)\left(\frac{0}{0}\text{型}\right)$.

解　$\lim\limits_{x\to0}\frac{\sin ax}{\sin bx}=\lim\limits_{x\to0}\frac{a\cos ax}{b\cos bx}=\frac{a}{b}$.

例3　求 $\lim\limits_{x\to0}\frac{e^x-e^{-x}-2x}{x-\sin x}\left(\frac{0}{0}\text{型}\right)$.

解　连续运用洛必达法则三次，得

$$\lim_{x\to0}\frac{e^x-e^{-x}-2x}{x-\sin x}=\lim_{x\to0}\frac{e^x+e^{-x}-2}{1-\cos x}=\lim_{x\to0}\frac{e^x-e^{-x}}{\sin x}=\lim_{x\to0}\frac{e^x+e^{-x}}{\cos x}=2.$$

例4　求 $\lim\limits_{x\to+\infty}\frac{\frac{\pi}{2}-\arctan x}{\frac{1}{x}}\left(\frac{0}{0}\text{型}\right)$.

解　$\lim\limits_{x\to+\infty}\frac{\frac{\pi}{2}-\arctan x}{\frac{1}{x}}=\lim\limits_{x\to+\infty}\frac{-\frac{1}{1+x^2}}{-\frac{1}{x^2}}=\lim\limits_{x\to+\infty}\frac{x^2}{1+x^2}=1$.

例5　求 $\lim\limits_{x\to0^+}\frac{\ln\cot x}{\ln x}\left(\frac{\infty}{\infty}\text{型}\right)$.

解　$\lim\limits_{x\to0^+}\frac{\ln\cot x}{\ln x}=\lim\limits_{x\to0^+}\frac{\frac{1}{\cot x}\left(-\frac{1}{\sin^2x}\right)}{\frac{1}{x}}$

$$=-\lim_{x\to0^+}\frac{x}{\sin x\cos x}=-\lim_{x\to0^+}\frac{x}{\sin x}\lim_{x\to0^+}\frac{1}{\cos x}=-1.$$

例6　求 $\lim\limits_{x\to+\infty}\frac{\ln x}{x^n}(n>0)\left(\frac{\infty}{\infty}\text{型}\right)$.

解　$\lim\limits_{x\to+\infty}\frac{\ln x}{x^n}=\lim\limits_{x\to+\infty}\frac{x^{-1}}{nx^{n-1}}=\lim\limits_{x\to+\infty}\frac{1}{nx^n}=0$.

例 7 求 $\lim\limits_{x\to+\infty}\dfrac{x^n}{e^x}$($n$ 为正整数)$\left(\dfrac{\infty}{\infty}\text{型}\right)$.

解 连续运用洛必达法则 n 次,得

$$\lim_{x\to+\infty}\frac{x^n}{e^x}=\lim_{x\to+\infty}\frac{nx^{n-1}}{e^x}=\lim_{x\to+\infty}\frac{n(n-1)x^{n-2}}{e^x}=\cdots=\lim_{x\to+\infty}\frac{n!}{e^x}=0.$$

从例 6 和例 7 可见,当 $x\to+\infty$ 时,$\ln x$,x^n 和 e^x 均为无穷大,但他们趋向于无穷大的速度不同,指数函数 e^x 是较幂函数 x^n 高阶的无穷大,而幂函数 x^n 是较对数函数 $\ln x$ 高阶的无穷大.

注 (1) 每次使用洛必达法则前,必须检验是否满足定理条件$\left(\text{即是否为}\dfrac{0}{0}\text{或}\dfrac{\infty}{\infty}\text{型的未定式}\right)$,若不是则不能继续应用洛必达法则.

如下面的解法是错误的:

$$\lim_{x\to+\infty}\frac{x-\sin x}{x+\sin x}=\lim_{x\to+\infty}\frac{1-\cos x}{1+\cos x}=\lim_{x\to+\infty}\frac{\sin x}{-\sin x}=-1.$$

因为 $\lim\limits_{x\to+\infty}\dfrac{1-\cos x}{1+\cos x}$已不再是未定式极限. 正确的解法为

$$\lim_{x\to+\infty}\frac{x-\sin x}{x+\sin x}=\lim_{x\to+\infty}\frac{1-\dfrac{\sin x}{x}}{1+\dfrac{\sin x}{x}}=\frac{1-0}{1+0}=1.$$

(2) 定理的条件是充分的,但不是必要的. 当条件(3)不满足,即极限$\lim\limits_{x\to x_0}\dfrac{f'(x)}{g'(x)}=\lim\limits_{x\to x_0}\dfrac{f''(x)}{g''(x)}=\cdots=\lim\limits_{x\to x_0}\dfrac{f^{(n)}(x)}{g^{(n)}(x)}$不存在时,原极限亦可能存在,只是说明不能用洛必达法则得到. 如

$$\lim_{x\to\infty}\frac{x+\sin x}{x}=\lim_{x\to\infty}\frac{1+\cos x}{1}=\lim_{x\to\infty}(1+\cos x)$$

不存在,但

$$\lim_{x\to\infty}\frac{x+\sin x}{x}=\lim_{x\to\infty}\left(1+\frac{\sin x}{x}\right)=1.$$

4.2.2 其他类型的未定式

其他类型的未定式,如 $0\cdot\infty$,$\infty-\infty$,0^0,1^∞,∞^0 型等,总可通过适当变形将其转化为$\dfrac{0}{0}$或$\dfrac{\infty}{\infty}$型的未定式来计算.

例 8 求 $\lim\limits_{x\to0^+}x\ln x$($0\cdot\infty$ 型).

解 $\lim\limits_{x\to0^+}x\ln x=\lim\limits_{x\to0^+}\dfrac{\ln x}{\dfrac{1}{x}}=\lim\limits_{x\to0^+}\dfrac{\dfrac{1}{x}}{-\dfrac{1}{x^2}}=\lim\limits_{x\to0^+}(-x)=0.$

例 9 求 $\lim\limits_{x\to0}\left(\dfrac{1}{x}-\dfrac{1}{e^x-1}\right)$($\infty-\infty$ 型).

解　将两个分式通分合并为一个分式得

$$\lim_{x\to 0}\left(\frac{1}{x}-\frac{1}{\mathrm{e}^x-1}\right)=\lim_{x\to 0}\frac{\mathrm{e}^x-1-x}{x(\mathrm{e}^x-1)}=\lim_{x\to 0}\frac{\mathrm{e}^x-1}{\mathrm{e}^x-1+x\mathrm{e}^x}$$

$$=\lim_{x\to 0}\frac{\mathrm{e}^x}{\mathrm{e}^x+\mathrm{e}^x+x\mathrm{e}^x}=\lim_{x\to 0}\frac{1}{2+x}=\frac{1}{2}.$$

例 10　求 $\lim\limits_{x\to 0^+}x^x$（$0^0$ 型）.

解　令

$$y=x^x,\ln y=x\ln x,$$

则

$$\lim_{x\to 0^+}\ln y=\lim_{x\to 0^+}x\ln x=0\quad（见例 8）.$$

由 $y=\mathrm{e}^{\ln y}$，有 $\lim\limits_{x\to 0^+}x^x=\lim\limits_{x\to 0^+}y=\mathrm{e}^0=1$.

例 11　求 $\lim\limits_{x\to 1}x^{\frac{1}{1-x}}$（$1^\infty$ 型）.

解

$$\lim_{x\to 1}x^{\frac{1}{1-x}}=\lim_{x\to 1}\mathrm{e}^{\frac{1}{1-x}\ln x}=\mathrm{e}^{\lim\limits_{x\to 1}\frac{1}{1-x}\ln x},$$

典型例题讲解

利用洛必达法则求极限

而

$$\lim_{x\to 1}\frac{1}{1-x}\ln x=\lim_{x\to 1}\frac{\ln x}{1-x}=\lim_{x\to 1}\frac{x^{-1}}{-1}=-1,$$

所以

$$\lim_{x\to 1}x^{\frac{1}{1-x}}=\mathrm{e}^{-1}.$$

例 12　求 $\lim\limits_{x\to +\infty}x^{\frac{1}{x}}$（$\infty^0$ 型）.

解　$\lim\limits_{x\to +\infty}x^{\frac{1}{x}}=\lim\limits_{x\to +\infty}\mathrm{e}^{\frac{\ln x}{x}}=\mathrm{e}^{\lim\limits_{x\to +\infty}\frac{\ln x}{x}}=\mathrm{e}^0=1.$

习　题　4.2

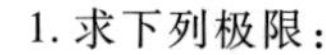

1. 求下列极限：

（1）$\lim\limits_{x\to 1}\dfrac{x^2-6x+5}{2x^3-2}$；　（2）$\lim\limits_{x\to 1}\dfrac{\ln x}{x-1}$；

（3）$\lim\limits_{x\to +\infty}\dfrac{\ln\left(1+\frac{1}{x}\right)}{\operatorname{arccot} x}$；　（4）$\lim\limits_{x\to \infty}\dfrac{1-\mathrm{e}^{\frac{1}{x}}}{\sin\frac{1}{x}}$；

（5）$\lim\limits_{x\to \frac{\pi}{2}}\dfrac{\tan x}{\tan 3x}$；　（6）$\lim\limits_{x\to 0^+}\dfrac{\cot x}{\ln x}$；

（7）$\lim\limits_{x\to +\infty}\dfrac{(\ln x)^2}{x}$；　（8）$\lim\limits_{x\to +\infty}\dfrac{\mathrm{e}^x-\mathrm{e}^{-x}}{\mathrm{e}^x+\mathrm{e}^{-x}}$.

2. 求下列极限：

（1）$\lim\limits_{x\to 0}x^2\mathrm{e}^{\frac{1}{x^2}}$；　（2）$\lim\limits_{x\to 1}\left(\dfrac{x}{x-1}-\dfrac{1}{\ln x}\right)$；　（3）$\lim\limits_{x\to 0^+}x^{\sin x}$；

(4) $\lim\limits_{x\to 0}(1+\sin x)^{\frac{1}{x}}$;　　(5) $\lim\limits_{x\to 0^+}\left(\ln\frac{1}{x}\right)^x$.

3. 判断极限$\lim\limits_{x\to 0}\dfrac{x^2\sin\frac{1}{x}}{\sin x}$能否用洛必达法则计算,并求值.

4. 设$f(x)=\begin{cases}(\cos x)^{\frac{1}{x}}, & x\neq 0,\\ a, & x=0\end{cases}$是连续函数,求 a.

4.3 函数的性态

有了导数之后,我们就可以运用导数来研究函数的各种性态,主要包括单调性、极值、最值、凹凸性、拐点、渐近线等.

4.3.1 函数单调性的判别法

单调性是函数的重要性态之一,它能帮助我们研究函数的极值,分析函数的图形. 第二章里已给出函数单调性的定义,下面利用拉格朗日中值定理来得到用导数判定函数单调性的方法.

定理 1 设函数 $y=f(x)$ 在$[a,b]$上连续,在(a,b)内可导,

(1) 若在(a,b)内 $f'(x)>0$,则 $f(x)$ 在$[a,b]$上严格单调增加;

(2) 若在(a,b)内 $f'(x)<0$,则 $f(x)$ 在$[a,b]$上严格单调减少.

证明 设 x_1,x_2 是$[a,b]$上任意两点,且 $x_1<x_2$,在区间$[x_1,x_2]$上应用拉格朗日中值定理

$$f(x_2)-f(x_1)=f'(\xi)(x_2-x_1)\quad (x_1<\xi<x_2).$$

如果 $f'(x)>0$,则必有 $f'(\xi)>0$,又 $x_2-x_1>0$,所以有 $f(x_2)-f(x_1)>0$,即

$$f(x_1)<f(x_2).$$

由 x_1,x_2 的任意性,知函数 $f(x)$ 在$[a,b]$上严格单调增加. 同理可证明,若 $f'(x)<0$,则函数 $f(x)$ 在$[a,b]$上严格单调减少.

定理 1 的几何意义是:如果曲线 $y=f(x)$ 在某区间内的切线与 x 轴正向的夹角 α 为锐角,切线的斜率大于零,即 $y=f(x)$ 在相应点处的导数大于零,则该曲线在该区间内上升(图 4.3(a));如果这个夹角 α 为钝角,切线的斜率小于零,即 $y=f(x)$ 在相应点处的导数小于零,则该曲线在该区间内下降(图 4.3(b)).

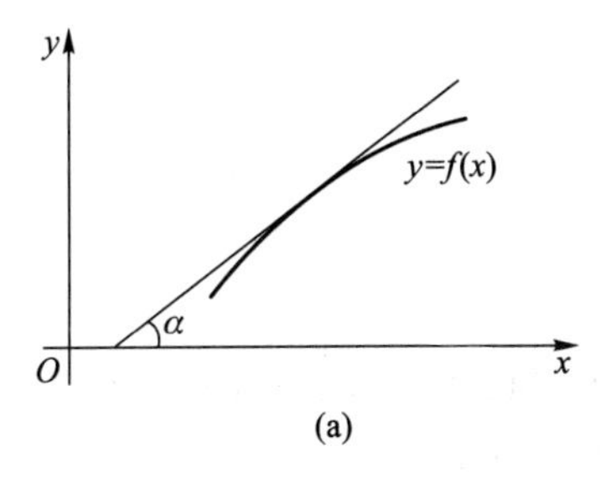

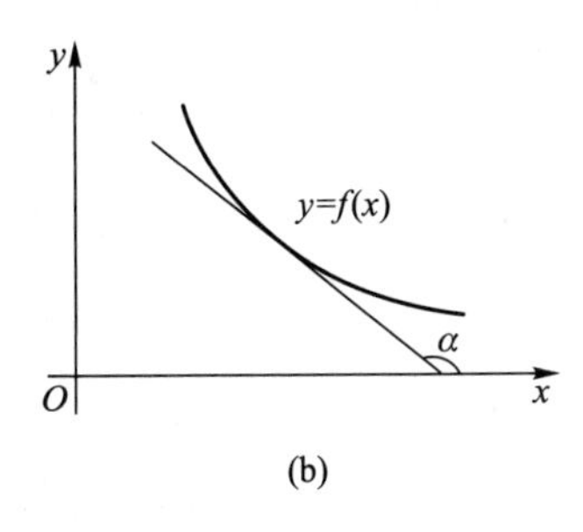

图 4.3

注　(1) 若条件改为 $f'(x)\geqslant 0$(或 $\leqslant 0$),其中等号只在个别点成立,即不存在某段子区间内恒有 $f'(x)=0$,则 $f(x)$ 仍是严格单调增加的(或严格单调减少的);

(2) 利用导数的符号来确定函数的单调性比直接使用定义判定要简单.

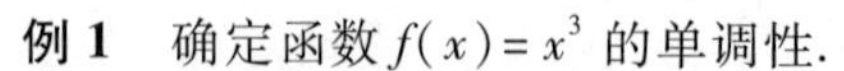

例 1　确定函数 $f(x)=x^3$ 的单调性.

解　此函数的定义域为 $(-\infty,+\infty)$. 因为

$$f'(x)=3x^2\geqslant 0,\quad x\in(-\infty,+\infty),$$

当且仅当 $x=0$ 时,等号成立,故函数 $f(x)$ 在整个定义域 $(-\infty,+\infty)$ 内是严格单调增加的(见图 4.4).

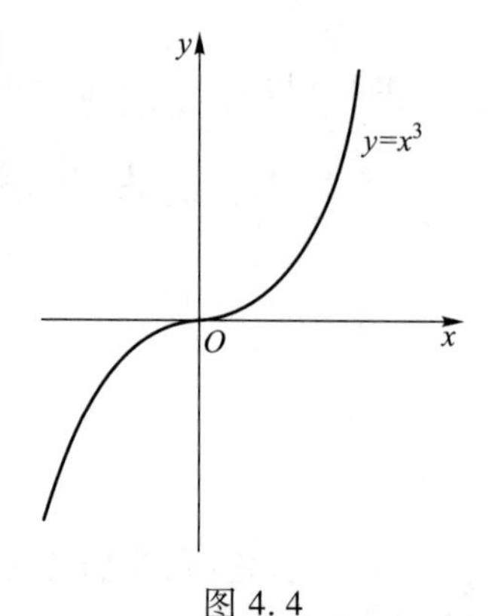

图 4.4

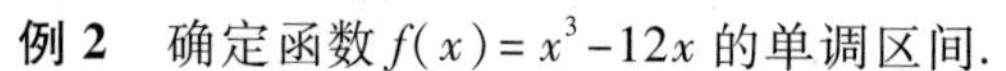

例 2　确定函数 $f(x)=x^3-12x$ 的单调区间.

解　此函数的定义域为 $(-\infty,+\infty)$. 因为

$$f'(x)=3x^2-12=3(x+2)(x-2),$$

令 $f'(x)=0$,得 $x=-2,2$,它们将定义域分为三个子区间 $(-\infty,-2)$,$(-2,2)$,$(2,+\infty)$. 分析如下:

x	$(-\infty,-2)$	$(-2,2)$	$(2,+\infty)$
y'	+	—	+
y	↗	↘	↗

由定理 1,函数 $f(x)$ 在 $(-\infty,-2)$ 及 $(2,+\infty)$ 内单调增加,在 $(-2,2)$ 内单调减少.

例 3　确定函数 $f(x)=\sqrt[3]{x^2}$ 的单调区间.

解　此函数的定义域为 $(-\infty,+\infty)$. 当 $x\neq 0$ 时,

$$f'(x)=\frac{2}{3\sqrt[3]{x}},$$

当 $x=0$ 时,$f'(x)$ 不存在. 函数 $f(x)$ 在 $(-\infty,0)$ 上 $f'(x)<0$,在 $(0,+\infty)$ 上 $f'(x)>0$. 由定理 1,函数在 $(-\infty,0)$ 内单调减少,在 $(0,+\infty)$ 内单调增加.

综上,求函数 $f(x)$ 单调区间的步骤如下:

(1) 确定函数的定义域;

(2) 求出定义域中的所有驻点和不可导点,并用这些点将定义域分成若干小区间;

(3) 根据定理 1,判定每个小区间上 $f'(x)$ 的符号,从而确定在每个区间上 $f(x)$ 的单调性.

此外,应用函数的单调性还可以证明不等式.

例 4　证明当 $x>0$ 时,$x>\ln(1+x)$.

证明　设 $f(x)=x-\ln(1+x)$. 由于当 $x>0$ 时,有

$$f'(x)=1-\frac{1}{1+x}=\frac{x}{1+x}>0.$$

又由于 $f(x)$ 在 $x=0$ 处连续,所以 $f(x)$ 在 $[0,+\infty)$ 上严格递增,从而当 $x>0$ 时,

$$f(x)=x-\ln(1+x)>f(0)=0,$$

即

$$x>\ln(1+x).$$

4.3.2 函数的极值

本章第一节中我们已经介绍了极值的概念,并且由费马引理可知,可导函数的极值点必为驻点,即驻点是可导函数取得极值的必要条件.

定理 2(极值存在的必要条件) **若函数 $f(x)$ 在 x_0 处可导,且在 x_0 处取得极值,则 $f'(x_0)=0$.**

由定理 2,若点 x_0 是函数 $f(x)$ 的极值点且可导,则点 x_0 必为驻点. 但是,驻点却不一定是极值点,如函数 $f(x)=x^3$,点 $x=0$ 为其驻点,但非极值点. 此外,函数的极值点也可能在导数不存在的点取得,如函数 $f(x)=|x|$,点 $x=0$ 是不可导点,但却是极小值点. 由此可见,极值点必在驻点和导数不存在的点取得,而驻点和导数不存在的点又不一定是极值点. 如何判断所求函数的驻点和不可导点是否为函数的极值点,是极大值还是极小值呢? 下面给出判断极值的两个充分条件.

定理 3(极值存在的第一充分条件) **设函数 $f(x)$ 在点 x_0 的某邻域 $U(x_0,\delta)$ 内连续,且在空心邻域 $\mathring{U}(x_0,\delta)$ 内可导($f'(x_0)$ 可以不存在).**

(1) 若当 $x\in(x_0-\delta,x_0)$ 时,$f'(x)>0$,当 $x\in(x_0,x_0+\delta)$ 时,$f'(x)<0$,则 $f(x)$ 在点 x_0 处取得极大值;

(2) 若当 $x\in(x_0-\delta,x_0)$ 时,$f'(x)<0$,当 $x\in(x_0,x_0+\delta)$ 时,$f'(x)>0$,则 $f(x)$ 在点 x_0 处取得极小值;

(3) 若当 $x\in\mathring{U}(x_0,\delta)$ 时,$f'(x)$ 不变号,则 $f(x)$ 在 x_0 处无极值.

证明 (1) 由定理条件及定理 1,$f(x)$ 在区间 $(x_0-\delta,x_0]$ 上严格单调递增,而在区间 $[x_0,x_0+\delta)$ 上严格单调递减,故在邻域 $U(x_0,\delta)$ 内,恒有 $f(x)<f(x_0)\ (x\neq x_0)$,即 $f(x_0)$ 为 $f(x)$ 的一个极大值.

情形(2)(3)可以类似证明.

定理 3 的几何意义是:当 x 由小增大经过 x_0 点时,若 $f'(x)$ 由正变负,则函数在 x_0 点达到极大值;若 $f'(x)$ 由负变正,则函数在 x_0 点达到极小值,若 $f'(x)$ 不改变符号,则函数在 x_0 点无极值.

由定理 3,求函数极值的一般步骤如下:

(1) 确定定义域,求出函数 $f(x)$ 的导数 $f'(x)$;

(2) 令 $f'(x)=0$,求出函数的全部驻点;

(3) 找出 $f(x)$ 在定义域内的所有不可导点;

(4) 考察 $f'(x)$ 在所求驻点及不可导点的两侧是否变号,确定极值点;

(5) 求出极值点处的函数值,得到函数的全部极值.

例 5 求 $f(x)=x-\dfrac{3}{2}\sqrt[3]{x^2}$ 的极值.

解 (1) 此函数的定义域为 $(-\infty,+\infty)$,且

$$f'(x)=1-x^{-\frac{1}{3}}.$$

(2) 令 $f'(x)=0$ 得驻点 $x=1$;

(3) 当 $x=0$ 时,$f'(x)$ 不存在;

(4) 驻点 $x=1$ 与不可导点 $x=0$ 将定义域分为三个子区间 $(-\infty,0),(0,1),(1,+\infty)$,分析

如下：

x	$(-\infty,0)$	0	$(0,1)$	1	$(1,+\infty)$
$f'(x)$	+	不存在	−	0	+
$f(x)$	↗	0 极大值	↘	$-\frac{1}{2}$ 极小值	↗

（5）可见：函数的极大值为 $f(0)=0$，极小值为 $f(1)=-\frac{1}{2}$.

当函数 $f(x)$ 在驻点处存在二阶导数且不为零时，有如下判定定理：

定理 4（极值存在的第二充分条件）　设函数 $f(x)$ 在点 x_0 处有二阶导数，且 $f'(x_0)=0$，$f''(x_0)\neq 0$，则

（1）若 $f''(x_0)<0$，则 $f(x)$ 在点 x_0 取得极大值；

（2）若 $f''(x_0)>0$，则 $f(x)$ 在点 x_0 取得极小值.

证明　（1）若 $f''(x_0)<0$，由二阶导数定义有

$$f''(x_0)=\lim_{x\to x_0}\frac{f'(x)-f'(x_0)}{x-x_0}<0.$$

由函数极限的局部保号性，存在 $\delta>0$，当 $x\in \mathring{U}(x_0,\delta)$ 时，有

$$\frac{f'(x)-f'(x_0)}{x-x_0}<0,$$

而 $f'(x_0)=0$，则有

$$\frac{f'(x)}{x-x_0}<0.$$

因此，当 $x\in(x_0-\delta,x_0)$ 时，$f'(x)>0$；当 $x\in(x_0,x_0+\delta)$ 时，$f'(x)<0$. 由定理 3 可知，$f(x)$ 在点 x_0 取得极大值.

情形（2）可以类似证明.

例 6　求函数 $f(x)=x^3-3x$ 的极值.

解　此函数的定义域为 $(-\infty,+\infty)$. 求 $f(x)$ 的一阶、二阶导数：

$$f'(x)=3x^2-3=3(x+1)(x-1),$$

$$f''(x)=6x.$$

令 $f'(x)=0$，得两个驻点 $x_1=1$，$x_2=-1$.

由于 $f''(1)=6>0$，故 $x_1=1$ 是该函数的极小值点，极小值为 $f(1)=-2$；

由于 $f''(-1)=-6<0$，故 $x_2=-1$ 是该函数的极大值点，极大值为 $f(-1)=2$.

说明：若函数 $f(x)$ 在驻点 x_0 处有 $f''(x_0)\neq 0$，用第二充分条件确定极值较为方便，但若 $f''(x_0)=0$，x_0 可能是极值点，也可能不是极值点. 此时该判别法失效，只能用第一充分条件来判断.

4.3.3　函数的最值

在实践中，常会遇到在一定条件下怎样成本最低、利润最大、效率最高、性能最好、进程最快

等问题，在许多场合，这些问题可归结为求一个函数在给定区间上的最大值或最小值问题.

由定义可知，函数的极值是一个局部性（某邻域内）概念. 一个函数在所给的区间上有若干个极大值或极小值，而且极大值不一定比极小值大. 图 4.5 中，函数 $f(x)$ 在点 x_1 和点 x_3 处取得极大值，在点 x_2 和点 x_4 处取得极小值，且极小值 $f(x_4)$ 大于极大值 $f(x_1)$，而 x_5 非极值点.

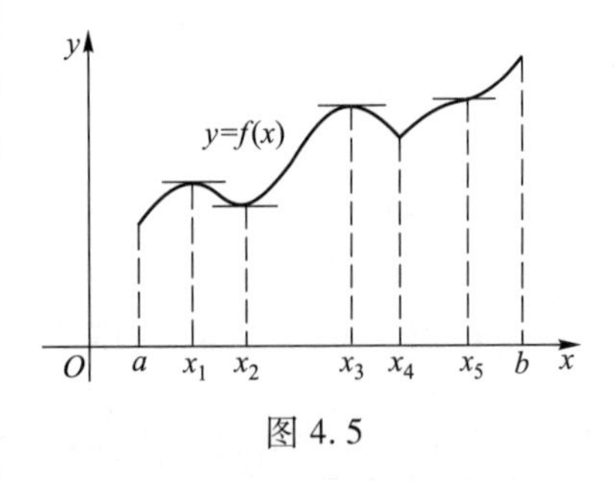

图 4.5

函数的最大值与最小值是整体性（整个定义域或区间）概念. 若函数在闭区间上连续，则函数一定存在最大值和最小值. 函数 $f(x)$ 的最大值与最小值只可能在 $[a,b]$ 的端点或 (a,b) 内的极值点处取得，而只有驻点和不可导点有可能是极值点. 因此，求函数 $f(x)$ 在闭区间 $[a,b]$ 上的最大值与最小值，其步骤如下：

（1）求出 $f(x)$ 在 $[a,b]$ 内的所有驻点和不可导点；

（2）求出各驻点、不可导点及区间端点处的函数值；

（3）比较上述各函数值的大小，其中最大者即为 $f(x)$ 在 $[a,b]$ 上的最大值，最小者为 $f(x)$ 在 $[a,b]$ 上的最小值.

例 7 求 $f(x)=x^4-8x^2+2$ 在 $[-1,3]$ 上的最大值与最小值.

解
$$f'(x)=4x^3-16x=4x(x-2)(x+2),$$
令 $f'(x)=0$，得驻点 $x_1=0, x_2=2, x_3=-2$（舍去）. 计算出 $f(0)=2, f(2)=-14$，再算出 $f(-1)=-5$，$f(3)=11$. 比较此四个函数值，即得出函数 $f(x)$ 在 $[-1,3]$ 上的最大值为 $f(3)=11$，最小值为 $f(2)=-14$.

例 8 求 $f(x)=\sqrt[3]{2x-x^2}$ 在 $[-1,4]$ 上的最大值与最小值.

解
$$f'(x)=\frac{2-2x}{3(2x-x^2)^{\frac{2}{3}}}=\frac{2(1-x)}{3\sqrt[3]{(2x-x^2)^2}},$$
令 $f'(x)=0$，得驻点 $x=1$. 函数的不可导点为 $x=0, x=2$. 计算出 $f(0)=0, f(1)=1, f(2)=0$，再算出 $f(-1)=-\sqrt[3]{3}, f(4)=-2$. 比较此五个函数值，得出函数 $f(x)$ 在 $[-1,4]$ 上的最大值为 $f(1)=1$，最小值为 $f(4)=-2$.

例 9 有一个圆形冰场，在其中心的上方高为 h 的地方装一盏灯. 设冰道半径为 a（常数），则在冰道上灯的照度 $T=k\dfrac{h}{\sqrt{(a^2+h^2)^3}}$，其中 k 是与灯光强度有关的常数. 问当 h 为何值时，照度最大？

解 令 $T'(h)=k\dfrac{a^2-2h^2}{\sqrt{(a^2+h^2)^5}}=0$，由 $h>0$，得唯一驻点 $h=\dfrac{\sqrt{2}}{2}a$. 当 $h\in\left(0,\dfrac{\sqrt{2}}{2}a\right)$ 时，$T'(h)>0$；当 $h\in\left(\dfrac{\sqrt{2}}{2}a,+\infty\right)$ 时，$T'(h)<0$. 该点为极大值点，必为最大值点. 故当 $h=\dfrac{\sqrt{2}}{2}a$ 时，照度最大.

例 10 从一块边长为 a 的正方形铁皮的四角上截去同样大小的正方形（图 4.6），然后沿虚线把四边折起来做成一个无盖的盒子，问要截去多大的小方块，可使盒子的容积最大？

解 设所截小正方形的边长为 x，则折成的盒子的容积为

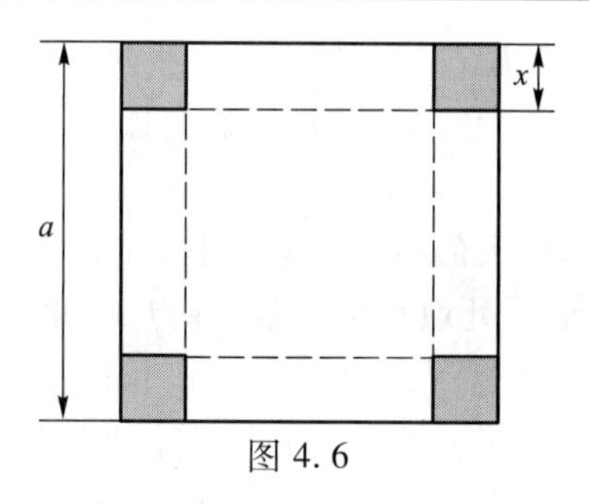

图 4.6

$$V=x(a-2x)^2,\quad x\in\left(0,\frac{a}{2}\right),$$

求导

$$V'=2(a-2x)(-2)x+(a-2x)^2=(a-2x)(a-6x).$$

令 $V'=0$,在区间$\left(0,\frac{a}{2}\right)$内,只有一个驻点 $x=\frac{a}{6}$,又

$$V''=-2(a-6x)-6(a-2x)=24x-8a,V''\left(\frac{a}{6}\right)=-4a<0.$$

所以,当 $x=\frac{a}{6}$时,V 有最大值,即从四角各截去一个边长为$\frac{a}{6}$的小正方形,可使盒子的容积最大.

例 11　已知某工厂生产的一种产品的产量 Q(件)为其价格 p(元)的函数,即需求函数为 $Q(p)=1\,000-100p$,成本函数为 $C(Q)=1\,000+3Q$. 问当工厂生产多少件产品时利润最大,此时价格为多少?

解　工厂的总收入为

$$R(Q)=pQ=Q\,\frac{1\,000-Q}{100}=10Q-\frac{Q^2}{100},$$

总利润为

$$L(Q)=R(Q)-C(Q)=\left(10Q-\frac{Q^2}{100}\right)-(1\,000+3Q)=7Q-\frac{Q^2}{100}-1\,000.$$

令 $L'(Q)=7-\frac{2Q}{100}=0$,得唯一驻点 $Q=350$. 又 $L''(Q)=-\frac{1}{50}$,可知 $L''(350)<0$,故当 $Q=350$ 时,利润最大. 此时价格为

$$p=\frac{1\,000-350}{100}=6.5(元).$$

注　(1) 若 $f(x)$ 是区间 $[a,b]$ 上的单调函数,则其最值在端点处取得;

(2) 若 $f(x)$ 在区间上连续,在区间内部有唯一极值点 x_0,若 x_0 为极大值,则 $f(x)$ 在点 x_0 取得最大值,若 x_0 为极小值,则 $f(x)$ 在点 x_0 取得最小值;

(3) 根据实际问题可知,若 $f(x)$ 的最大值(或最小值)一定存在,则唯一的极值点 x_0 处的函数值 $f(x_0)$ 就是所要求的最大值(或最小值).

4.3.4　函数的凹凸性与拐点

前面已经研究了函数的单调性和极值,但是为了准确地描绘函数的图形,还需知道函数曲线的弯曲方向及不同弯曲方向的分界点.

定义 1　若曲线 $f(x)$ 在区间 (a,b) 内的曲线段总位于其上任一点处切线的上方,则称曲线在 (a,b) 内是**凹的**(也称**下凸**)(图 4.7(a));若曲线总位于其上任一点处切线的下方,则称曲线在 (a,b) 内是**凸的**(也称**上凸**)(图 4.7(b)).

下面我们再给出定义 1 的一个等价定义.

定义 1′　设 $f(x)$ 在区间 I 上连续,对任意两点 $x_1,x_2\in I$,若恒有

$$f\left(\frac{x_1+x_2}{2}\right)<\frac{f(x_1)+f(x_2)}{2},$$

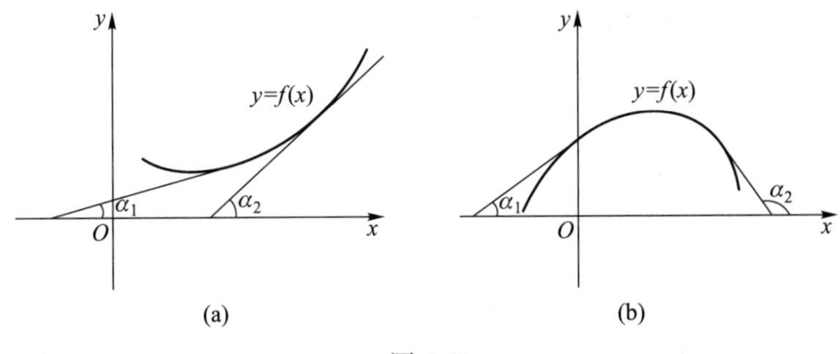

图 4.7

即函数曲线总是在弦的下方,则称函数 $f(x)$ 在区间 I 上是**凹的**(也称**下凸**)(图 4.8(a));若恒有

$$f\left(\frac{x_1+x_2}{2}\right)>\frac{f(x_1)+f(x_2)}{2},$$

即函数曲线总是在弦的上方,则称函数 $f(x)$ 在区间 I 上是**凸的**(也称**上凸**)(图 4.8(b)).

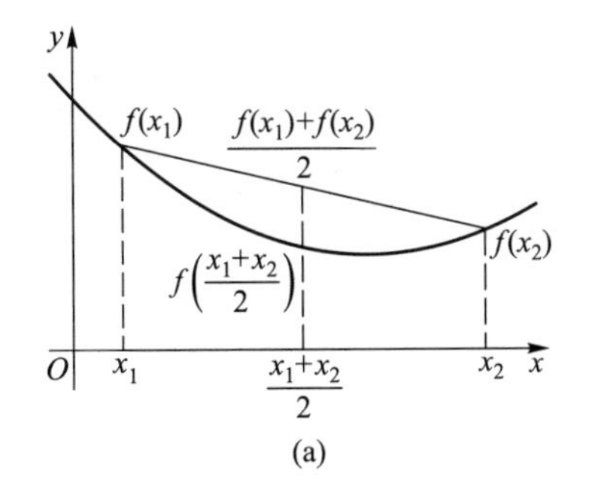

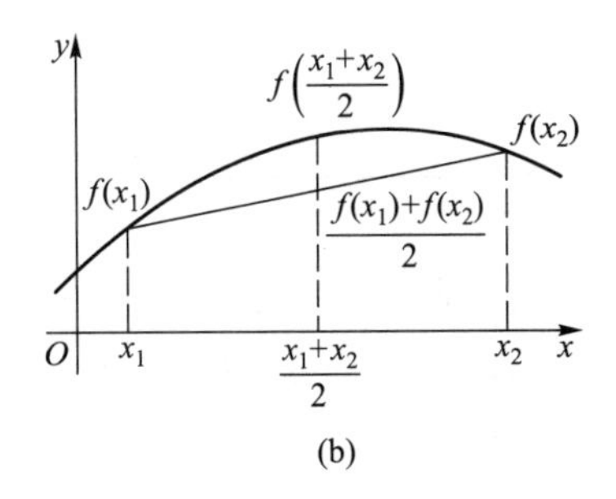

图 4.8

直接利用定义来判断函数的凹凸性是比较困难的,对于二阶可导函数,我们可用函数的一阶或二阶导数来判定.

定理 5(凹凸性的一阶判别法)　**设** $y=f(x)$ **在** $[a,b]$ **上连续,在** (a,b) **内具有一阶导数,则有**

(1) 若在 (a,b) **内,** $f'(x)$ **单调增加,则曲线** $y=f(x)$ **在** (a,b) **上是凹的;**

(2) 若在 (a,b) **内,** $f'(x)$ **单调减少,则曲线** $y=f(x)$ **在** (a,b) **上是凸的.**

证明从略.

定理 6(凹凸性的二阶判别法)　**设** $y=f(x)$ **在** $[a,b]$ **上连续,在** (a,b) **内具有一阶和二阶导数,则有**

(1) 若在 (a,b) **内,** $f''(x)>0$**,则曲线** $y=f(x)$ **在** (a,b) **上是凹的;**

(2) 若在 (a,b) **内,** $f''(x)<0$**,则曲线** $y=f(x)$ **在** (a,b) **上是凸的.**

证明　(1) 由条件在 (a,b) 内有 $f''(x)>0$,则函数 $f'(x)$ 在 (a,b) 上单调增加,故由定理 5 可知,曲线 $y=f(x)$ 在 (a,b) 上是凹的.

情形(2)可以类似证明.

设曲线的切线与 x 轴的正向的夹角为 α,则当 $f''(x)>0$ 时,$f'(x)$ 单调增加,由导数的几何意义知,$\tan\alpha$ 从小变大,由图 4.7(a)中可见曲线是凹的;反之,当 $f''(x)<0$ 时,$f'(x)$ 单调减少,

$\tan\alpha$ 从大变小,由图 4.7(b)中可见曲线是凸的.

定义 2　曲线上凹弧与凸弧的分界点称为曲线的**拐点**.

由于拐点是曲线凹凸的分界点,故拐点左右附近 $f''(x)$ 必然异号. 因此,曲线拐点的横坐标 x_0 只可能是使 $f''(x)=0$ 的点或 $f''(x)$ 不存在的点.

综上,求曲线凹向与拐点的步骤如下:

(1) 求函数的二阶导数 $f''(x)$;

(2) 求出使 $f''(x)=0$ 的点和 $f''(x)$ 不存在的点;

(3) 用上述点将定义域分成若干小区间,考察每个小区间上 $f''(x)$ 的符号,并判断凹凸性;

(4) 若 $f''(x)$ 在点 x_0 两侧异号,则点 $(x_0,f(x_0))$ 是拐点,否则不是.

例 12　求曲线 $y=2x^4-4x^3+1$ 的凹凸区间与拐点.

解　函数的定义域为 $(-\infty,+\infty)$. $y'=8x^3-12x^2$, $y''=24x^2-24x=24x(x-1)$, 令 $y''=0$, 得 $x_1=0$, $x_2=1$. 讨论如下:

x	$(-\infty,0)$	0	$(0,1)$	1	$(1,+\infty)$
y''	+	0	−	0	+
y	∪	拐点(0,1)	∩	拐点(1,−1)	∪

其中∩,∪分别表示曲线的凸与凹.

例 13　求曲线 $y=(x-1)\sqrt[3]{x^5}$ 的凹凸区间与拐点.

解　函数的定义域为 $(-\infty,+\infty)$. 求 y 的一阶、二阶导数:

$$y'=\frac{8}{3}\sqrt[3]{x^5}-\frac{5}{3}\sqrt[3]{x^2},\quad y''=\frac{40}{9}\sqrt[3]{x^2}-\frac{10}{9}\frac{1}{\sqrt[3]{x}}=\frac{10}{9}\frac{4x-1}{\sqrt[3]{x}},$$

当 $x=0$ 时, y'' 不存在;而当 $x=\frac{1}{4}$ 时, $y''=0$. 讨论如下:

x	$(-\infty,0)$	0	$\left(0,\frac{1}{4}\right)$	$\frac{1}{4}$	$\left(\frac{1}{4},+\infty\right)$
y''	+	不存在	−	0	+
y	∪	拐点 (0,0)	∩	拐点 $\left(\frac{1}{4},-\frac{3}{32\sqrt[3]{2}}\right)$	∪

4.3.5　曲线的渐近线

前面我们利用导数研究了函数的单调性、极值、最值,曲线的凹凸性及拐点,这对于作函数的图形是很必要的,但为了完整地描绘函数的图形,还应当了解曲线向无限远处延伸的趋势,即曲线的渐近线问题.

首先给出一般曲线的渐近线的定义.

定义 3 若曲线 C 上的动点 P 在沿着曲线无限地远离原点时,点 P 与某一固定直线 L 的距离趋于零,则称直线 L 为曲线 C 的**渐近线**(图 4.9).

渐近线分为三种:水平渐近线、垂直渐近线和斜渐近线.

1. 水平渐近线

定义 4 若 $\lim\limits_{x\to-\infty}f(x)=b$ 或 $\lim\limits_{x\to+\infty}f(x)=b$,则称直线 $y=b$ 为曲线 $y=f(x)$ 的**水平渐近线**.

例如,曲线 $y=\arctan x$. 因为 $\lim\limits_{x\to-\infty}\arctan x=-\dfrac{\pi}{2}$, $\lim\limits_{x\to+\infty}\arctan x=\dfrac{\pi}{2}$,所以直线 $y=-\dfrac{\pi}{2}$ 与 $y=\dfrac{\pi}{2}$ 都是该曲线的水平渐近线(图 4.10).

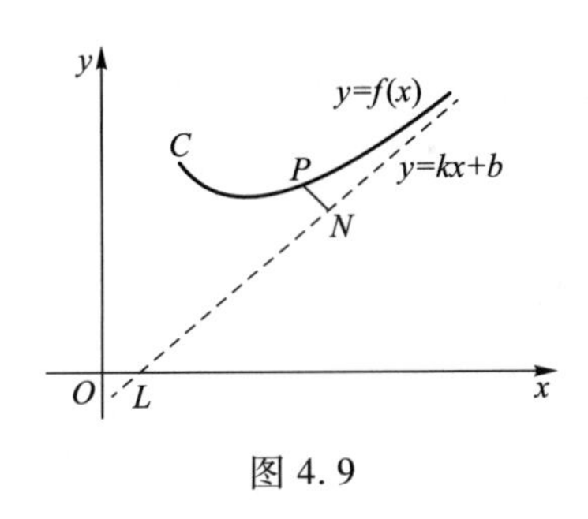

图 4.9

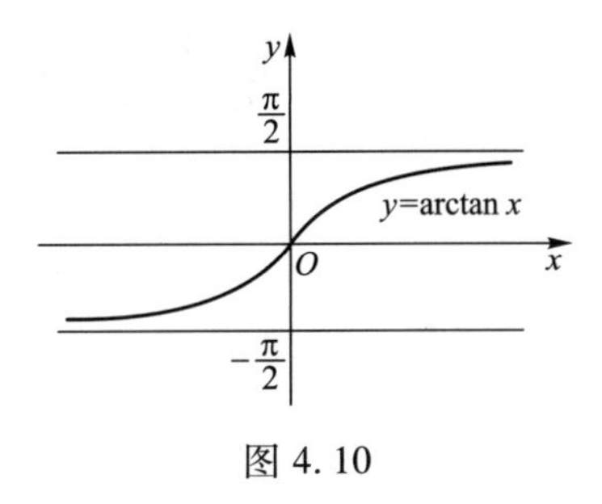

图 4.10

2. 垂直渐近线

定义 5 若 $\lim\limits_{x\to x_0}f(x)=\infty$(有时仅当 $\lim\limits_{x\to x_0^+}f(x)=\infty$ 或 $\lim\limits_{x\to x_0^-}f(x)=\infty$),则称直线 $x=x_0$ 为曲线 $y=f(x)$ 的**垂直渐近线**.

例 14 求曲线 $y=\dfrac{3}{x-2}$ 的渐近线.

解 因为

$$\lim_{x\to\infty}\frac{3}{x-2}=0,\quad \lim_{x\to2}\frac{3}{x-2}=\infty,$$

所以直线 $y=0$ 和 $x=2$ 分别为曲线的水平渐近线和垂直渐近线(图 4.11).

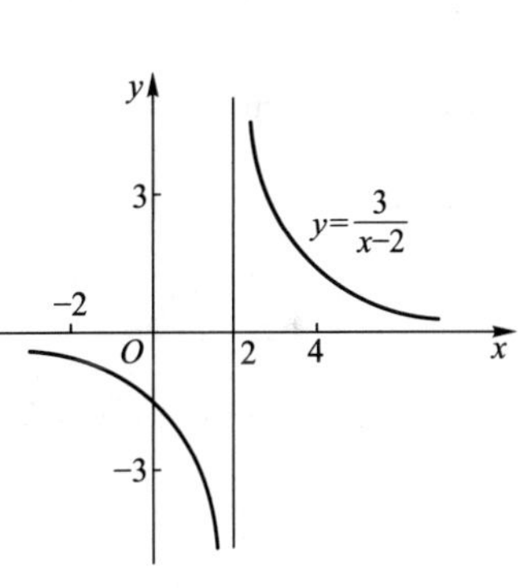

图 4.11

3. 斜渐近线

定义 6 若

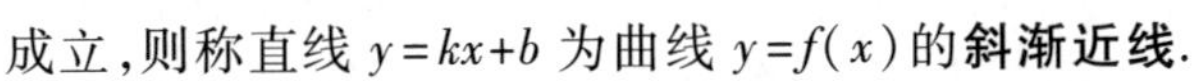

$$\lim_{x\to\pm\infty}[f(x)-(kx+b)]=0$$

成立,则称直线 $y=kx+b$ 为曲线 $y=f(x)$ 的**斜渐近线**.

定理 7 直线 $y=kx+b$ 为曲线 $y=f(x)$ 的斜渐近线的充要条件是

(1) $\lim\limits_{x\to\pm\infty}\dfrac{f(x)}{x}=k$;

(2) $\lim\limits_{x\to\pm\infty}[f(x)-kx]=b$.

证明 充分性. 由条件(2)可得

$$\lim_{x\to\pm\infty}[f(x)-kx]-b=0,$$

即

$$\lim_{x\to\pm\infty}[f(x)-(kx+b)]=0,$$

则直线 $y=kx+b$ 为曲线 $y=f(x)$ 的斜渐近线.

必要性. 若直线 $y=kx+b$ 为曲线 $y=f(x)$ 的斜渐近线,则有

$$\lim_{x\to\pm\infty}[f(x)-(kx+b)]=0,$$

即

$$\lim_{x\to\pm\infty}x\left[\frac{f(x)}{x}-k-\frac{b}{x}\right]=0.$$

又因为 x 为无穷大,故

$$\lim_{x\to\pm\infty}\left[\frac{f(x)}{x}-k-\frac{b}{x}\right]=0,\quad \lim_{x\to\pm\infty}\frac{b}{x}=0,$$

则

$$\lim_{x\to\pm\infty}\frac{f(x)}{x}-k=0,$$

即

$$\lim_{x\to\pm\infty}\frac{f(x)}{x}=k.$$

将 k 代入,可得 $\lim\limits_{x\to\pm\infty}[f(x)-kx]=b$.

例 15　求曲线 $y=\dfrac{x^2}{1+x}$的渐近线.

解　因为 $\lim\limits_{x\to-1}\dfrac{x^2}{1+x}=\infty$,所以直线 $x=-1$ 为曲线的垂直渐近线. 又因为

$$\lim_{x\to\infty}\frac{f(x)}{x}=\lim_{x\to\infty}\frac{x}{1+x}=1,$$

即 $k=1$. $\lim\limits_{x\to\infty}[f(x)-kx]=\lim\limits_{x\to\infty}\dfrac{-x}{1+x}=-1$,　即 $b=-1$.

所以曲线的斜渐近线为 $y=x-1$(图 4.12).

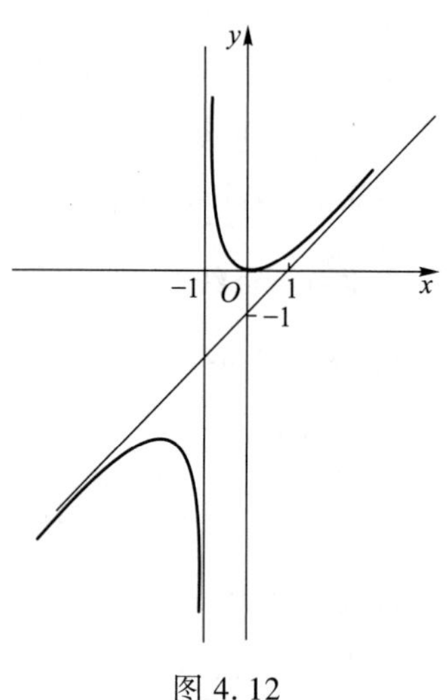

图 4.12

4.3.6　函数作图

前面我们详细讨论了函数的各种性态,利用函数的一阶导数,可以确定函数的单调区间和极值点;利用二阶导数,可以确定函数图形的凹凸性和拐点;利用渐近线可以了解函数图形向无限远延伸的变化趋势,这样我们就可以较为精确地描绘出函数的图形. 函数作图的一般步骤如下:

(1) 确定函数的定义域;

(2) 考察函数的奇偶性和周期性;

(3) 求出一阶、二阶导数的表达式及一阶、二阶导数的零点、不存在点. 此外还需求出函数的间断点;

(4) 用(3)中得到的点,按照由小到大的顺序,将定义域分为若干区间,讨论函数的一阶、二阶导数在各个区间的符号,从而确定函数在各区间上的单调性、极值点及凹凸性、拐点;

(5) 确定曲线的渐近线;

(6) 求出曲线的某些特殊点,如与坐标轴的交点等;

(7) 根据讨论结果作函数图形.

例 16 作函数$f(x)=\dfrac{1}{\sqrt{2\pi}}e^{-\frac{x^2}{2}}$的图形.

解 (1) 定义域为$(-\infty,+\infty)$;

(2) 由$f(x)=f(-x)$,故$f(x)$是偶函数,其图形关于y轴对称,只需讨论$[0,+\infty)$上函数的图形;

(3)
$$y'=-\frac{x}{\sqrt{2\pi}}e^{-\frac{x^2}{2}},\quad y''=\frac{(x+1)(x-1)}{\sqrt{2\pi}}e^{-\frac{x^2}{2}},$$

令$y'=0$,得驻点$x=0$,令$y''=0$,得$x=\pm1$;

(4) 由步骤(3)得到的点将$[0,+\infty)$分为区间$(0,1)$和$(1,+\infty)$,讨论如下:

x	0	$(0,1)$	1	$(1,+\infty)$
y'	0	−	−	−
y''	−	−	0	+
y	$\dfrac{1}{\sqrt{2\pi}}$ 极大值	↘ ∩	$\dfrac{1}{\sqrt{2\pi e}}$ 拐点$\left(1,\dfrac{1}{\sqrt{2\pi e}}\right)$	↘ ∪

(5) 因为$\lim\limits_{x\to\pm\infty}f(x)=\lim\limits_{x\to\pm\infty}\dfrac{1}{\sqrt{2\pi}}e^{-\frac{x^2}{2}}=0$,所以直线$y=0$是曲线的水平渐近线;

(6) 极大值点$M_1\left(0,\dfrac{1}{\sqrt{2\pi}}\right)$,拐点$M_2\left(1,\dfrac{1}{\sqrt{2\pi e}}\right)$,补充点$M_3\left(2,\dfrac{1}{\sqrt{2\pi}\,e^2}\right)$;

(7) 根据上述讨论作出函数的图形(图 4.13).

例 17 作函数$y=\dfrac{x^2}{x+1}$的图形.

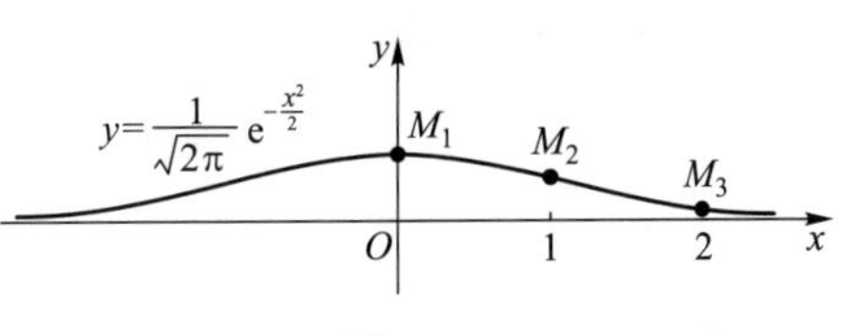

图 4.13

解 (1) 定义域为$(-\infty,-1)\cup(-1,+\infty)$;

(2) 无对称性和周期性;

(3) $y'=\dfrac{x(x+2)}{(x+1)^2}$,$y''=\dfrac{2}{(x+1)^3}$.

令$y'=0$,得驻点$x=0,-2$;

(4) 由步骤(3)得到的点将定义域分为若干区间,讨论如下:

x	$(-\infty,-2)$	-2	$(-2,-1)$	-1	$(-1,0)$	0	$(0,+\infty)$
y'	+	0	−	无	−	0	+
y''	−	−	−	无	+	+	+
y	↗ ∩	−4 极大值	↘ ∩	间断点	↘ ∪	0 极小值	↗ ∪

（5）因为 $\lim\limits_{x\to -1}\dfrac{x^2}{x+1}=\infty$，所以直线 $x=-1$ 是曲线的垂直渐近线，又因为

$$\lim_{x\to\infty}\frac{f(x)}{x}=\lim_{x\to\infty}\frac{\frac{x^2}{x+1}}{x}=1,$$

$$\lim_{x\to\infty}[f(x)-kx]=\lim_{x\to\infty}\left(\frac{x^2}{x+1}-x\right)=\lim_{x\to\infty}\frac{-x}{x+1}=-1,$$

所以直线 $y=x-1$ 是曲线的斜渐近线；

（6）补充点 $\left(-\frac{1}{2},\frac{1}{2}\right)$，$\left(2,\frac{4}{3}\right)$，$\left(3,\frac{9}{4}\right)$；

（7）根据上述讨论作出函数的图形（图 4.14）.

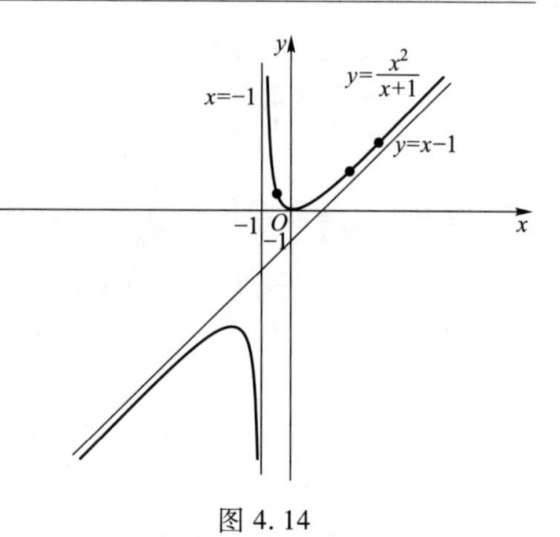

图 4.14

习　题　4.3

1. 求下列函数的单调区间：

（1）$y=x^4-2x^2+2$；　（2）$y=e^x-x-1$；

（3）$y=\dfrac{x^2}{1+x}$；　（4）$y=2x^2-\ln x$.

2. 证明函数 $y=x-\ln(1+x^2)$ 单调增加.

3. 证明函数 $y=\sin x-x$ 单调减少.

4. 证明下列不等式：

（1）当 $x>1$ 时，$2\sqrt{x}>3-\dfrac{1}{x}$；

（2）当 $x\in\left(0,\dfrac{\pi}{2}\right)$ 时，$\tan x>x+\dfrac{1}{3}x^3$.

5. 求下列函数的极值：

（1）$f(x)=2x^2-x^4$；　（2）$f(x)=\dfrac{2x}{1+x^2}$；

（3）$f(x)=x-\ln(1+x)$；　（4）$f(x)=2x^3-3x^2-12x+14$；

（5）$f(x)=x^2e^{-x}$；　（6）$f(x)=\arctan x-\dfrac{1}{2}\ln(1+x^2)$.

6. 求下列函数在给定区间上的最大值与最小值：

（1）$f(x)=x^5-5x^4+5x^3+1$，　$x\in[-1,2]$；

（2）$f(x)=\ln(x^2+1)$，　$x\in[-1,2]$；

（3）$f(x)=x+\sqrt{1-x}$，　$x\in[-5,1]$；

（4）$f(x)=\dfrac{x^2}{1+x}$，　$x\in\left[-\dfrac{1}{2},1\right]$.

7. 求下列函数的凹凸区间与拐点：

（1）$y=x^3-6x^2+9x+1$；　（2）$y=xe^x$；

（3）$y=x^2+\dfrac{1}{x}$；　（4）$y=\ln(x^2+1)$.

8. 证明曲线 $y=(2x-3)^4+8$ 无拐点.

9. 求下列曲线的渐近线：

(1) $y=\dfrac{x^3}{(x-1)^2}$；　　(2) $y=e^{\frac{1}{x}}-1$；

(3) $y=x\ln\left(e+\dfrac{1}{x}\right)$；　　(4) $y=\dfrac{e^x}{1+x}$.

10. 讨论下列函数的性态，并作它们的图形：

(1) $y=3x-x^3$；　　(2) $y=\dfrac{2x}{1+x^2}$；

(3) $y=x^2+\dfrac{1}{x}$；　　(4) $y=\ln(1+x^2)$.

11. 问当 a,b 为何值时，点 $(1,3)$ 为曲线 $y=ax^3+bx^2$ 的拐点？

12. 利用函数的凹凸性，证明下列不等式：

(1) $\dfrac{1}{2}(x^n+y^n)>\left(\dfrac{x+y}{2}\right)^n$　$(x>0,y>0,x\neq y,n$ 为大于 1 的正整数$)$；

(2) $x\ln x+y\ln y>(x+y)\ln\dfrac{x+y}{2}$　$(x>0,y>0,x\neq y)$.

4.4 曲　　率

一般来说，曲线在不同部分的弯曲程度是不同的，而曲线上各处的弯曲程度是描述曲线局部性态的一个重要标志. 本节讨论刻画曲线弯曲程度的度量，称为“曲率”.

4.4.1 弧微分

首先介绍弧微分的概念.

设函数 $f(x)$ 定义在区间 (a,b) 上，且 $f'(x)$ 连续，即其函数曲线 $C:y=f(x)$ 是光滑的. 在 C 上取固定点 $M_0(x_0,f(x_0))$ 作为计算弧长的起点，对 C 上任意点 $M(x,f(x))$，记弧 $\overset{\frown}{M_0M}$ 长为 $s=s(x)$，规定沿 x 增加的方向弧长 s 为正；沿 x 减少的方向弧长 s 为负. 易知 $s(x)$ 为 x 的严格单调递增函数. 下面推导 $s'(x)=\dfrac{ds}{dx}$ 的表达式.

设 $x,x+\Delta x$ 为区间 (a,b) 内邻近两点，其在曲线 C 上的对应点为 M,N，对应 x 的增量为 Δx，s 的增量为 Δs，则有

$$\Delta s=\overset{\frown}{M_0N}-\overset{\frown}{M_0M}=\overset{\frown}{MN},$$

于是

$$\left(\frac{\Delta s}{\Delta x}\right)^2=\left(\frac{\overset{\frown}{MN}}{\Delta x}\right)^2=\left(\frac{\overset{\frown}{MN}}{|MN|}\right)^2\left(\frac{|MN|}{\Delta x}\right)^2$$

$$=\left(\frac{\overset{\frown}{MN}}{|MN|}\right)^2\frac{(\Delta x)^2+(\Delta y)^2}{(\Delta x)^2}=\left(\frac{\overset{\frown}{MN}}{|MN|}\right)^2\left[1+\left(\frac{\Delta y}{\Delta x}\right)^2\right].$$

当 $\Delta x\to 0$ 时，$N\to M$，则以直代曲有 $\left(\frac{\overset{\frown}{MN}}{|MN|}\right)^2\to 1$. 而

$$s'^2(x)=\lim_{\Delta x\to 0}\left(\frac{\Delta s}{\Delta x}\right)^2=\lim_{\Delta x\to 0}\left[1+\left(\frac{\Delta y}{\Delta x}\right)^2\right]=1+y'^2.$$

由于 $s(x)$ 为单调增加，故 $s'(x)>0$，即

$$s'=\sqrt{1+y'^2},\quad \mathrm{d}s=\sqrt{1+y'^2}\,\mathrm{d}x.$$

4.4.2　曲率及其计算公式

分析可知，曲线的弯曲程度与切线转过的角度成正比，而与转过该角度曲线经过的长度成反比. 因此，我们可以用单位弧长上切线转过的角度来刻画曲线在此弧段上的平均弯曲程度，称为平均曲率.

定义1　设 α 表示曲线在点 $M(x,y)$ 处切线的倾角，$\Delta\alpha$ 表示动点由点 N 移至点 M 时切线倾角的增量. 若弧 $\overset{\frown}{MN}$ 长为 Δs，则称 $\overline{K}=\left|\frac{\Delta\alpha}{\Delta s}\right|$ 为弧 $\overset{\frown}{MN}$ 的**平均曲率**. 如果极限 $K=\lim\limits_{\Delta s\to 0}\overline{K}=\lim\limits_{\Delta s\to 0}\left|\frac{\Delta\alpha}{\Delta s}\right|=\left|\frac{\mathrm{d}\alpha}{\mathrm{d}s}\right|$ 存在，则称此极限 K 为曲线 C 在**点 M 处的曲率**.

下面给出曲率的计算公式.

(1) 设曲线的直角坐标方程是 $y=f(x)$，且具有二阶导数，则相应的曲率公式为

$$K=\frac{|y''|}{(1+y'^2)^{3/2}}.$$

(2) 设曲线的参数方程是

$$\begin{cases}x=x(t),\\ y=y(t),\end{cases}$$

则相应的曲率公式为

$$K=\frac{|x'(t)y''(t)-x''(t)y'(t)|}{[x'^2(t)+y'^2(t)]^{3/2}}.$$

例1　求直线 $y=ax+b$ 的曲率.

解　因为 $y'=a$，$y''=0$，所以

$$K=0,$$

即直线的弯曲程度为0(直线不弯曲).

例2　求椭圆 $\frac{x^2}{a^2}+\frac{y^2}{b^2}=1$ 在点 $(a,0)$ 和 $(0,b)$ 处的曲率.

解　椭圆的参数方程为

$$\begin{cases}x=a\cos t,\\ y=b\sin t,\end{cases}\quad 0\leqslant t\leqslant 2\pi.$$

$x'=-a\sin t$，$x''=-a\cos t$，$y'=b\cos t$，$y''=-b\sin t$，

$$K=\frac{|x'y''-x''y'|}{(x'^2+y'^2)^{3/2}}=\frac{ab}{(a^2\sin^2 t+b^2\cos^2 t)^{3/2}}.$$

在$(a,0)$点处的曲率为$K\big|_{t=0}=\dfrac{a}{b^2}$；

在$(0,b)$点处的曲率为$K\big|_{t=\pi/2}=\dfrac{b}{a^2}$.

4.4.3 曲率圆

定义 2 设已知曲线 C 在其上一点 M 处的曲率 $K\neq 0$，若过点 M 作一个半径为$\dfrac{1}{K}$的圆，使它在点 M 与曲线有相同的切线，并与曲线位于切线的同侧(图 4.15)，称这个圆为曲线在点 M 的**曲率圆**，曲率圆的圆心称为曲线在点 M 处的**曲率中心**，其半径 $R=\dfrac{1}{K}$，称为曲线在点 M 处的**曲率半径**.

由曲率圆的定义可以知道，曲线在点 M 既与曲率圆有相同的切线，又有相同的曲率和凹凸性.

例 3 设工件表面的截线为抛物线 $y=0.4x^2$(图 4.16)，现拟用砂轮磨削其内表面，问选用多大直径的砂轮比较合适？

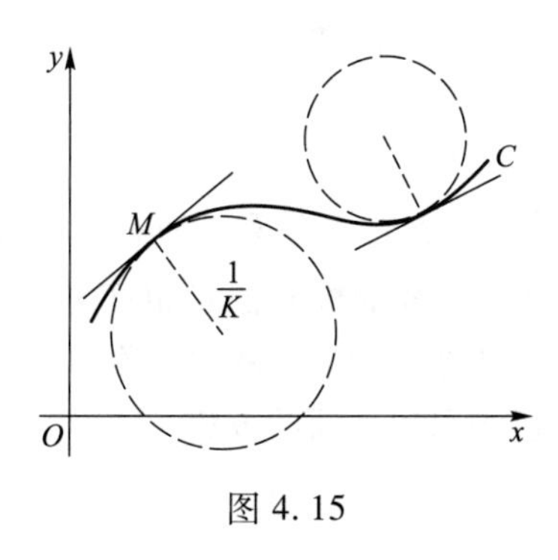

图 4.15

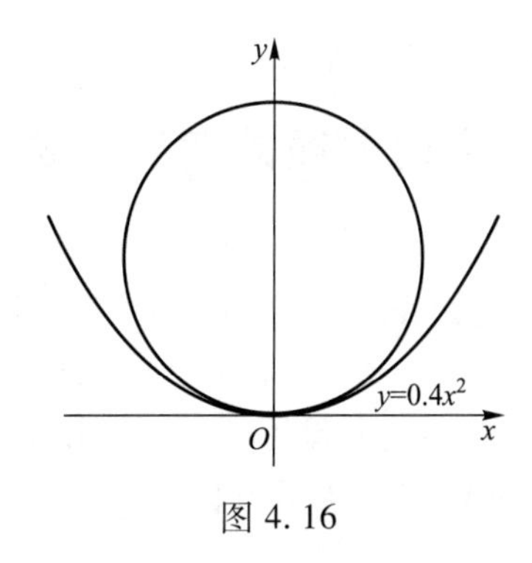

图 4.16

解 为了在磨削时不使砂轮与工件接触处附近的那部分工件磨去太多，砂轮的半径应小于或等于抛物线上各点处曲率半径中的最小值. 为此，首先应计算其曲率半径的最小值，即曲率的最大值.

因为 $y'=0.8x, y''=0.8$，所以曲率

$$K=\frac{0.8}{(1+0.64x^2)^{3/2}}.$$

欲使曲率最大，应使上式分母最小，因此当 $x=0$ 时，曲率最大，且

$$K=0.8.$$

于是曲率半径的最小值为

$$R=\frac{1}{K}=\frac{1}{0.8}=1.25.$$

可见，应选半径不超过 1.25 单位长，即直径不超过 2.5 单位长的砂轮.

当然，本题也可以直接用公式

$$R=\frac{(1+y'^2)^{3/2}}{|y''|}$$

求得曲率半径的最小值.

习　题　4.4

1. 求下列各曲线在指定点处的曲率及曲率半径：

(1) $xy=4$ 在点$(2,2)$处；　　(2) $y=x^3$ 在点$(1,1)$处；

(3) $y=\frac{1}{x}$在点$(1,1)$处.

2. 求曲线 $y=\ln(\sec x)$在点(x,y)处的曲率及曲率半径.

3. 函数 $y=\sin x(0<x<\pi)$在哪一点处的曲率半径最小？最小曲率半径是多少？

4.5　多元函数微分法在空间曲线、曲面上的应用

在一元函数中,我们应用导数求平面曲线在一点处的切线方程和法线方程.本节我们利用多元函数微分学的知识来研究空间曲线的切线与法平面,以及空间曲面的切平面与法线.

4.5.1　空间曲线的切线与法平面

定义 1　设 Γ 是一条空间曲线,M_0 是 Γ 上的定点,M 是 Γ 上任意一点,点 M_0 和 M 的连线 M_0M 称为曲线的**割线**.当动点 M 沿曲线 Γ 趋向于 M_0 时,割线的极限位置 M_0T 称为曲线 Γ **在点 M_0 处的切线**,而过点 M_0 且与切线垂直的平面称为曲线 Γ **在点 M_0 处的法平面**.

下面,我们按曲线方程的不同形式来分别讨论其切线和法平面的方程.

(1) 空间曲线 Γ 的参数方程为

$$\begin{cases}x=x(t),\\ y=y(t),\quad \alpha\leqslant t\leqslant\beta,\\ z=z(t),\end{cases}$$

设三个函数在$[\alpha,\beta]$上都可导,在 $t=t_0$ 处导数不全为零.

设 $M_0(x_0,y_0,z_0)$为曲线 Γ 上一点,其对应参数 $t=t_0$,动点 $M(x,y,z)$对应的参数 $t=t_0+\Delta t$,则割线 M_0M 的方程为

$$\frac{x-x_0}{\Delta x}=\frac{y-y_0}{\Delta y}=\frac{z-z_0}{\Delta z}.$$

等式的分母同除以 Δt,得

$$\frac{x-x_0}{\frac{\Delta x}{\Delta t}}=\frac{y-y_0}{\frac{\Delta y}{\Delta t}}=\frac{z-z_0}{\frac{\Delta z}{\Delta t}}.$$

当点 M 沿曲线 Γ 趋向于 M_0 时,$\Delta t\to 0$,即割线 M_0M 的方向向量$\left(\frac{\Delta x}{\Delta t},\frac{\Delta y}{\Delta t},\frac{\Delta z}{\Delta t}\right)$的极限向量

$(x'(t_0),y'(t_0),z'(t_0))$即为切线 M_0T 的方向向量,则曲线 Γ 在点 M_0 处的切线方程为

$$\frac{x-x_0}{x'(t_0)}=\frac{y-y_0}{y'(t_0)}=\frac{z-z_0}{z'(t_0)},$$

而曲线 Γ 在点 M_0 处的法平面的方程为

$$x'(t_0)(x-x_0)+y'(t_0)(y-y_0)+z'(t_0)(z-z_0)=0.$$

例 1 求曲线 $x=t,y=t^2,z=t^3$ 在点(1,1,1)处的切线与法平面方程.

解 由 $x'(t)=1,y'(t)=2t,z'(t)=3t^2$,点(1,1,1)对应的参数 $t_0=1$,故切线方程为

$$\frac{x-1}{1}=\frac{y-1}{2}=\frac{z-1}{3},$$

法平面的方程为

$$(x-1)+2(y-1)+3(z-1)=0,$$

即

$$x+2y+3z-6=0.$$

(2) 空间曲线 Γ 的方程为

$$\begin{cases}y=y(x),\\z=z(x),\end{cases}$$

令 x 为参数,其参数方程形式为

$$\begin{cases}x=x,\\y=y(x),\\z=z(x),\end{cases}$$

若 $z(x),y(x)$在 $x=x_0$ 处都可导,由情形(1)的结论,曲线 Γ 在点 $M_0(x_0,y_0,z_0)$处的切向量为$(1,y'(x_0),z'(x_0))$,故曲线在 M_0 处的切线方程为

$$\frac{x-x_0}{1}=\frac{y-y_0}{y'(x_0)}=\frac{z-z_0}{z'(x_0)},$$

法平面的方程为

$$(x-x_0)+y'(x_0)(y-y_0)+z'(x_0)(z-z_0)=0.$$

(3) 空间曲线 Γ 的一般式方程为

$$\begin{cases}F(x,y,z)=0,\\G(x,y,z)=0,\end{cases}$$

则对其确定的隐函数求导得 $y'(x),z'(x)$,进而求出曲线 Γ 在点 $M_0(x_0,y_0,z_0)$处的切向量为$(1,y'(x_0),z'(x_0))$,从而得到曲线在 M_0 处的切线方程和法平面方程.

4.5.2 空间曲面的切平面与法线

定义 2 若曲面 Σ 上过点 M_0 的任意一条光滑曲线在该点处的切线均在同一平面内,则此平面称为曲面 Σ **在点 M_0 处的切平面**. 该切平面的法向量也称为曲面 Σ **在点 M_0 处的法向量**. 过点 M_0 与切平面垂直的直线称为曲面 Σ **在点 M_0 处的法线**.

下面,我们按曲面方程的不同形式来分别讨论其切平面与法线的方程.

(1) 曲面 Σ 的方程为

$$F(x,y,z)=0,$$

其中 $F(x,y,z)$ 具有连续偏导数且不全为零. 设 $M_0(x_0,y_0,z_0)$ 为曲面 Σ 上一点,而曲线 Γ 为过点 M_0 的任意一条曲线并设其方程为

$$x=x(t),\quad y=y(t),\quad z=z(t),$$

而点 M_0 对应的参数为 $t=t_0$. 由于曲线 Γ 在曲面 Σ 上,故

$$F(x(t),y(t),z(t))=0,$$

等式两边对 t 求导并求在 t_0 点的导数,得

$$F_x(x_0,y_0,z_0)x'(t_0)+F_y(x_0,y_0,z_0)y'(t_0)+F_z(x_0,y_0,z_0)z'(t_0)=0.$$

定义向量 $\boldsymbol{n}=(F_x(x_0,y_0,z_0),F_y(x_0,y_0,z_0),F_z(x_0,y_0,z_0))$, $\boldsymbol{s}=(x'(t_0),y'(t_0),z'(t_0))$,则上式可写为 $\boldsymbol{n}\cdot\boldsymbol{s}=0$.

由于向量 $\boldsymbol{s}$ 为曲线 Γ 在点 M_0 处的切向量,而曲线 Γ 又是曲面 Σ 上过点 M_0 的任意曲线,故所有经过点 M_0 的曲线的切向量都与 $\boldsymbol{n}$ 垂直,即均在过点 M_0 并以 $\boldsymbol{n}$ 为法向量的平面(即切平面)内(图 4.17). 由此可得曲面 Σ 在点 M_0 的切平面方程为

$$F_x(x_0,y_0,z_0)(x-x_0)+F_y(x_0,y_0,z_0)(y-y_0)+F_z(x_0,y_0,z_0)(z-z_0)=0.$$

曲面 Σ 在点 M_0 的法线方程为

$$\frac{x-x_0}{F_x(x_0,y_0,z_0)}=\frac{y-y_0}{F_y(x_0,y_0,z_0)}=\frac{z-z_0}{F_z(x_0,y_0,z_0)}.$$

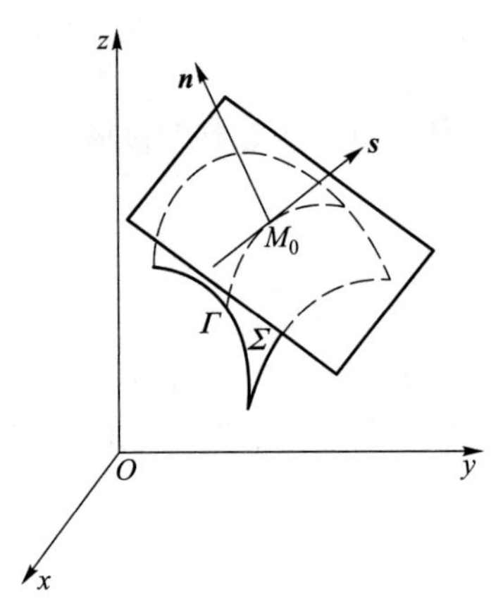

图 4.17

例 2 求单叶双曲面 $x^2+y^2-z^2=4$ 在点 $(2,-3,3)$ 处的切平面与法线方程.

解 令 $F(x,y,z)=x^2+y^2-z^2-4$,则有

$$\boldsymbol{n}=(F_x,F_y,F_z)=(2x,2y,-2z),$$

$$\boldsymbol{n}\big|_{(2,-3,3)}=(4,-6,-6),$$

故切平面方程为

$$2(x-2)-3(y+3)-3(z-3)=0,\quad 即\ 2x-3y-3z-4=0.$$

法线方程为

$$\frac{x-2}{2}=\frac{y+3}{-3}=\frac{z-3}{-3}.$$

(2) 设曲面 Σ 的方程为

$$z=f(x,y),$$

令

$$F(x,y,z)=f(x,y)-z,$$

则有

$$F_x=f_x,\quad F_y=f_y,\quad F_z=-1.$$

由情形(1),曲面在点 M_0 的切平面方程为

$$f_x(x_0,y_0)(x-x_0)+f_y(x_0,y_0)(y-y_0)-(z-z_0)=0.$$

曲面 Σ 在点 M_0 的法线方程为

$$\frac{x-x_0}{f_x(x_0,y_0)}=\frac{y-y_0}{f_y(x_0,y_0)}=\frac{z-z_0}{-1}.$$

例 3 求旋转抛物面 $z=x^2+y^2-1$ 在点 $(2,1,4)$ 处的切平面与法线方程.

解 $f(x,y)=x^2+y^2-1, f_x(x,y)=2x, f_y(x,y)=2y,$

$$f_x(2,1)=4,\quad f_y(2,1)=2,$$

故切平面方程为

$$4(x-2)+2(y-1)-(z-4)=0,\quad \text{即 } 4x+2y-z-6=0.$$

法线方程为

$$\frac{x-2}{4}=\frac{y-1}{2}=\frac{z-4}{-1}.$$

习 题 4.5

1. 求下列曲线在指定点处的切线和法平面方程：

(1) $x=a\cos t, y=bt, z=a\sin t$ 在点$\left(0,\frac{\pi}{2}b,a\right)$处；

(2) $y^2=2mx, z^2=m-x$ 在点(x_0,y_0,z_0)处；

(3) $y=x, z=x^2$ 在点$(1,1,1)$处.

2. 求下列曲面在指定点处的切平面和法线方程：

(1) $e^x+xy+z=3$ 在点$(0,1,2)$处；

(2) $z=\arctan\frac{y}{x}$在点$\left(1,1,\frac{\pi}{4}\right)$处.

3. 求曲面 $x^2+2y^2+3z^2=21$ 平行于平面 $x+4y+6z=0$ 的切平面.

4.6 方向导数与梯度

偏导数f_x,f_y是函数沿特殊方向即分别沿水平和铅直两个方向的变化率. 本节讨论函数$z=f(x,y)$在一点P沿任一给定方向的变化率问题. 这种问题有实际的应用背景. 如研究大气温度沿某一方向的变化率，或在哪一方向的变化率最大，这就是方向导数与梯度.

4.6.1 方向导数

定义 1 设函数$z=f(x,y)$在点$P(x,y)$的某邻域$U(P)$内有定义. 自点P引射线l，设$P'(x+\Delta x,y+\Delta y)$为$l$上的另一点且$P'\in U(P)$，记$P,P'$两点间距离为$\rho$，若极限

$$\lim_{\rho\to 0^+}\frac{f(x+\Delta x,y+\Delta y)-f(x,y)}{\rho}$$

存在，则称之为函数$f(x,y)$在点P沿方向l的**方向导数**，记为$\left.\frac{\partial f}{\partial l}\right|_P$.

从定义可以看出若函数$f(x,y)$在点P的偏导数存在，则f在点P沿x轴正向的方向导数恰为

$$\left.\frac{\partial f}{\partial l}\right|_P=\left.\frac{\partial f}{\partial x}\right|_P,$$

f在点P沿y轴正向的方向导数恰为

$$\left.\frac{\partial f}{\partial l}\right|_P=\left.\frac{\partial f}{\partial y}\right|_P.$$

关于方向导数的存在及计算,我们有以下定理.

定理1　**若 $z=f(x,y)$ 在点 $P(x,y)$ 可微,则函数在该点沿任一方向 l 的方向导数都存在,且有**

$$\left.\frac{\partial f}{\partial l}\right|_P=\left.\frac{\partial f}{\partial x}\right|_P\cos\alpha+\left.\frac{\partial f}{\partial y}\right|_P\cos\beta,$$

其中 $\cos\alpha,\cos\beta$ 是方向 l 的方向余弦.

证明　由 $z=f(x,y)$ 在点 P 可微,得

$$\Delta z=\frac{\partial f}{\partial x}\Delta x+\frac{\partial f}{\partial y}\Delta y+o(\rho).$$

$$\frac{\Delta z}{\rho}=\frac{\partial f}{\partial x}\frac{\Delta x}{\rho}+\frac{\partial f}{\partial y}\frac{\Delta y}{\rho}+\frac{o(\rho)}{\rho}=\frac{\partial f}{\partial x}\cos\alpha+\frac{\partial f}{\partial y}\cos\beta+\frac{o(\rho)}{\rho},$$

故 $\lim\limits_{\rho\to0^+}\dfrac{\Delta z}{\rho}=\dfrac{\partial f}{\partial x}\cos\alpha+\dfrac{\partial f}{\partial y}\cos\beta$,即 $\left.\dfrac{\partial f}{\partial l}\right|_P=\left.\dfrac{\partial f}{\partial x}\right|_P\cos\alpha+\left.\dfrac{\partial f}{\partial y}\right|_P\cos\beta.$

例1　求 $z=x^3-3x^2y+3xy^2+1$ 在点 $M(3,1)$ 处从点 M 到点 $M'(6,5)$ 的方向的方向导数.

解　这里方向 l 即向量 $\overrightarrow{MM'}=(3,4)$ 的方向,与 l 同向的单位向量 $\boldsymbol{e}_e=\left(\dfrac{3}{5},\dfrac{4}{5}\right)$.

$$z_x\mid_M=3x^2-6xy+3y^2\mid_M=12,$$
$$z_y\mid_M=-3x^2+6xy\mid_M=-9,$$

故所求方向导数为

$$\left.\frac{\partial f}{\partial l}\right|_M=12\times\frac{3}{5}+(-9)\times\frac{4}{5}=0.$$

对于三元函数 $u=f(x,y,z)$,它在空间一点 $P(x,y,z)$ 沿方向 l 的方向导数可定义为

$$\left.\frac{\partial f}{\partial l}\right|_P=\lim_{\rho\to0^+}\frac{f(x+\Delta x,y+\Delta y,z+\Delta z)-f(x,y,z)}{\rho},$$

其中 $\rho=\sqrt{(\Delta x)^2+(\Delta y)^2+(\Delta z)^2}$.

同样可以证明:如果函数 $f(x,y,z)$ 在点 P 可微分,那么函数在该点沿着方向 l 的方向导数为

$$\left.\frac{\partial f}{\partial l}\right|_P=\left.\frac{\partial f}{\partial x}\right|_P\cos\alpha+\left.\frac{\partial f}{\partial y}\right|_P\cos\beta+\left.\frac{\partial f}{\partial z}\right|_P\cos\gamma,$$

其中 $\cos\alpha,\cos\beta,\cos\gamma$ 是方向 l 的方向余弦.

例2　求 $u=xyz$ 在点 $M(5,1,2)$ 处从点 M 到点 $M'(9,4,14)$ 的方向的方向导数.

解　这里方向 e 即向量 $\overrightarrow{MM'}=(4,3,12)$ 的方向,与 e 同向的单位向量 $\boldsymbol{e}_l=\left(\dfrac{4}{13},\dfrac{3}{13},\dfrac{12}{13}\right)$.

$$u_x\mid_M=yz\mid_M=2,$$
$$u_y\mid_M=zx\mid_M=10,$$
$$u_z\mid_M=xy\mid_M=5.$$

故所求方向导数为

$$\frac{\partial f}{\partial l}=2\times\frac{4}{13}+10\times\frac{3}{13}+5\times\frac{12}{13}=\frac{98}{13}.$$

4.6.2 梯度

与方向导数有关联的一个概念是函数的梯度.

定义 2 设函数$f(x,y)$在平面区域D内具有一阶连续偏导数,则对于每一点$P\in D$都可定出一个向量

$$\frac{\partial f}{\partial x}\boldsymbol{i}+\frac{\partial f}{\partial y}\boldsymbol{j},$$

此向量称为函数$f(x,y)$在点P的**梯度**,记为$\mathbf{grad}\, f(x,y)$,即

$$\mathbf{grad}\, f(x,y)=\frac{\partial f}{\partial x}\boldsymbol{i}+\frac{\partial f}{\partial y}\boldsymbol{j}.$$

如果函数$f(x,y)$在点P可微分,$\boldsymbol{e}=(\cos\alpha,\cos\beta)$是与方向$l$同向的单位向量,则

$$\left.\frac{\partial f}{\partial l}\right|_P=\mathbf{grad}\, f(x,y)\cdot\boldsymbol{e}=\left|\mathbf{grad}\, f(x,y)\right|\cos\theta,$$

其中$\theta=\angle(\mathbf{grad}\, f(x,y),\boldsymbol{e})$.

特别,当$\mathbf{grad}\, f(x,y)$与$\boldsymbol{e}$的夹角$\theta=0$时,方向导数$\frac{\partial f}{\partial l}$取得最大值.因此梯度的方向是函数在这点的方向导数取得最大值的方向,梯度的模等于方向导数的最大值.

类似地,可以将梯度的概念推广到三元以及三元以上的函数.

例 3 求$\mathbf{grad}\,\frac{1}{x^2+y^2}$.

解 这里$f(x,y)=\frac{1}{x^2+y^2}$, $\frac{\partial f}{\partial x}=-\frac{2x}{(x^2+y^2)^2}$, $\frac{\partial f}{\partial y}=-\frac{2y}{(x^2+y^2)^2}$,

所以$\mathbf{grad}\,\frac{1}{x^2+y^2}=-\frac{2x}{(x^2+y^2)^2}\boldsymbol{i}-\frac{2y}{(x^2+y^2)^2}\boldsymbol{j}$.

例 4 求$f(x,y,z)=\ln(1+x^2+2y^2+3z^2)$在点$M_0(2,1,1)$处的梯度.

解 所求为

$$\begin{aligned}\mathbf{grad}\, f(2,1,1)&=(f_x,f_y,f_z)\Big|_{M_0}\\&=\left(\frac{2x}{1+x^2+2y^2+3z^2},\frac{4y}{1+x^2+2y^2+3z^2},\frac{6z}{1+x^2+2y^2+3z^2}\right)\Bigg|_{M_0}\\&=\left(\frac{2}{5},\frac{2}{5},\frac{3}{5}\right).\end{aligned}$$

习 题 4.6

1. 求函数$z=x^2+y^2$在点(1,2)处沿从点(1,2)到点$(2,2+\sqrt{3})$的方向的方向导数.
2. 求函数$u=xy^2+z^3-xyz$在点(1,1,2)处沿方向角$\alpha=\frac{\pi}{3},\beta=\frac{\pi}{4},\gamma=\frac{\pi}{3}$的方向的方向导数.
3. 设$f(x,y)=xy^2+y$,求$\mathbf{grad}\, f(2,1)$.
4. 设$f(x,y,z)=x^2+y^2+z^2$,求$\mathbf{grad}\, f(1,-1,2)$.

4.7　二元函数的泰勒公式

由 4.1.4 节可知,若函数$f(x)$在点 x_0 的某个邻域 $U(x_0)$ 内具有直到$(n+1)$阶的导数,则对任意的点 $x\in U(x_0)$,有一元函数的泰勒公式

$$f(x)=f(x_0)+f'(x_0)(x-x_0)+\frac{f''(x_0)}{2!}(x-x_0)^2+\cdots+\frac{f^{(n)}(x_0)}{n!}(x-x_0)^n+R_n(x),$$

其中

$$R_n(x)=\frac{f^{(n+1)}(\xi)}{(n+1)!}(x-x_0)^{n+1},$$

这里 ξ 是介于 x 与 x_0 之间的某个值,并且余项 $R_n(x)$ 可以根据情况分别取拉格朗日型与佩亚诺型两种形式,即用 n 次多项式来近似表达函数$f(x)$. 而对于多元函数,也可以利用多个变量的多项式作为给定函数的近似. 下面,给出二元函数的泰勒公式.

定理　设 $z=f(x,y)$ 在点(x_0,y_0)的某邻域内具有直到$(n+1)$阶的连续偏导数,对邻域中任意点$(x_0+\Delta x,y_0+\Delta y)$,有

$$\begin{aligned}f(x_0+\Delta x,y_0+\Delta y)=f(x_0,y_0)+&\left(\Delta x\frac{\partial}{\partial x}+\Delta y\frac{\partial}{\partial y}\right)f(x_0,y_0)+\\&\frac{1}{2!}\left(\Delta x\frac{\partial}{\partial x}+\Delta y\frac{\partial}{\partial y}\right)^2f(x_0,y_0)+\cdots+\\&\frac{1}{n!}\left(\Delta x\frac{\partial}{\partial x}+\Delta y\frac{\partial}{\partial y}\right)^nf(x_0,y_0)+R_n,\end{aligned}\tag{4.13}$$

其中余项 $R_n=\frac{1}{(n+1)!}\left(\Delta x\frac{\partial}{\partial x}+\Delta y\frac{\partial}{\partial y}\right)^{n+1}f(x_0+\theta\Delta x,y_0+\theta\Delta y)\ (0<\theta<1)$ **称为拉格朗日型余项. 记号**

$$\left(\Delta x\frac{\partial}{\partial x}+\Delta y\frac{\partial}{\partial y}\right)f(x_0,y_0)=f_x(x_0,y_0)\Delta x+f_y(x_0,y_0)\Delta y,$$

$$\left(\Delta x\frac{\partial}{\partial x}+\Delta y\frac{\partial}{\partial y}\right)^2f(x_0,y_0)=f_{xx}(x_0,y_0)(\Delta x)^2+2f_{xy}(x_0,y_0)\Delta x\Delta y+f_{yy}(x_0,y_0)(\Delta y)^2,$$

$$\left(\Delta x\frac{\partial}{\partial x}+\Delta y\frac{\partial}{\partial y}\right)^mf(x_0,y_0)=\sum_{k=0}^{m}\mathrm{C}_m^k\frac{\partial^m f}{\partial x^k\partial y^{m-k}}\bigg|_{(x_0,y_0)}(\Delta x)^k(\Delta y)^{m-k}.$$

证明从略.

在公式(4.13)中,取 $n=1$,则得到二元函数的拉格朗日中值公式

$$\begin{aligned}f(x_0+\Delta x,y_0+\Delta y)=f(x_0,y_0)+&f_x(x_0+\theta\Delta x,y_0+\theta\Delta y)\Delta x+\\&f_y(x_0+\theta\Delta x,y_0+\theta\Delta y)\Delta y,0<\theta<1.\end{aligned}$$

特别地,取 $n=2$,则得到二元函数的二阶泰勒公式

$$\begin{aligned}f(x_0+\Delta x,y_0+\Delta y)=f(x_0,y_0)+&\left(\Delta x\frac{\partial}{\partial x}+\Delta y\frac{\partial}{\partial y}\right)f(x_0,y_0)+\\&\frac{1}{2!}\left(\Delta x\frac{\partial}{\partial x}+\Delta y\frac{\partial}{\partial y}\right)^2f(x_0,y_0)+\end{aligned}$$

$$\frac{1}{3!}\left(\Delta x\frac{\partial}{\partial x}+\Delta y\frac{\partial}{\partial y}\right)^{3}f(x_0+\theta\Delta x,y_0+\theta\Delta y).$$

例　求函数 $f(x,y)=\ln(1+x+y)$ 在点 $(0,0)$ 的二阶泰勒公式.

解　$f_x(x,y)=f_y(x,y)=\dfrac{1}{1+x+y}$,

$$f_{xx}(x,y)=f_{xy}(x,y)=f_{yy}(x,y)=-\frac{1}{(1+x+y)^2},$$

$$\frac{\partial^3 f(x,y)}{\partial x^p\partial y^{3-p}}=\frac{2!}{(1+x+y)^3}\quad(p=0,1,2,3),$$

所以

$$\left(x\frac{\partial}{\partial x}+y\frac{\partial}{\partial y}\right)f(0,0)=x+y,$$

$$\left(x\frac{\partial}{\partial x}+y\frac{\partial}{\partial y}\right)^{2}f(0,0)=-(x+y)^2,$$

$$\left(x\frac{\partial}{\partial x}+y\frac{\partial}{\partial y}\right)^{3}f(0,0)=2(x+y)^3.$$

又 $f(0,0)=0$,故有

$$\ln(1+x+y)=x+y-\frac{1}{2}(x+y)^2+R_2,$$

其中 $R_2=\dfrac{1}{3!}\left(x\dfrac{\partial}{\partial x}+y\dfrac{\partial}{\partial y}\right)^{3}f(\theta x,\theta y)=\dfrac{1}{3}\dfrac{(x+y)^3}{(1+\theta x+\theta y)^3}\quad(0<\theta<1).$

习　题　4.7

求函数 $f(x,y)=e^x\ln(1+y)$ 在点 $(0,0)$ 的二阶泰勒公式.

4.8　多元函数极值与最值

4.8.1　多元函数极值与最值

在实际问题中,经常会遇到求多元函数的最大值、最小值问题. 与一元函数类似,多元函数的最值与其极值有密切联系. 下面,我们以二元函数为例来讨论多元函数的极值和最值.

定义　设函数 $z=f(x,y)$ 在点 $P_0(x_0,y_0)$ 的某邻域 $U(P_0)$ 内有定义,若对任意的 $P\in U(P_0)$ 有

$$f(P)\leqslant f(P_0)\ (\text{或 } f(P)\geqslant f(P_0)),$$

则称 $f(P_0)$ 为函数 $f(x,y)$ 的一个**极大值**(或**极小值**),并称点 P_0 为 $f(x,y)$ 的**极大值点**(或**极小值点**). 函数的极大值、极小值统称为函数的**极值**,极大值点、极小值点统称为**极值点**.

例如:函数 $z=\sqrt{1-x^2-y^2}$ 在点 $(0,0)$ 取得极大值 1,函数 $z=x^2+y^2$ 在点 $(0,0)$ 取得极小值 0.

定理 1(极值存在的必要条件)　设函数 $z=f(x,y)$ 在点 (x_0,y_0) 有一阶偏导数,且在点 $(x_0,$

y_0)处有极值,则它在该点的偏导数必为零,即

$$f_x(x_0,y_0)=0,\quad f_y(x_0,y_0)=0.$$

证明　不妨设 $z=f(x,y)$ 在点 (x_0,y_0) 处有极大值,则在点 (x_0,y_0) 的某个空心邻域内的点 (x,y) 都有

$$f(x,y)\leqslant f(x_0,y_0).$$

特别地,在该邻域内取 $y=y_0$,而 $x\neq x_0$ 的点,亦有

$$f(x,y_0)\leqslant f(x_0,y_0).$$

可见,一元函数 $f(x,y_0)$ 在 $x=x_0$ 点取得极大值,则由4.3.2节定理2必有

$$f_x(x_0,y_0)=0.$$

类似可证

$$f_y(x_0,y_0)=0.$$

与一元函数类似,使得 $f_x(x_0,y_0)=0$, $f_y(x_0,y_0)=0$ 同时成立的点 (x_0,y_0) 称为函数 $z=f(x,y)$ 的**驻点**,即偏导数存在的极值点必为驻点,但驻点不一定为极值点. 如函数 $z=xy$,即马鞍面,点 $(0,0)$ 为其驻点,但非极值点.

定理2(极值存在的充分条件)　设函数 $z=f(x,y)$ 在点 (x_0,y_0) 的某个邻域内连续且有一阶、二阶连续偏导数,又 $f_x(x_0,y_0)=0$, $f_y(x_0,y_0)=0$,令

$$f_{xx}(x_0,y_0)=A,\quad f_{xy}(x_0,y_0)=B,\quad f_{yy}(x_0,y_0)=C,$$

则函数在点 (x_0,y_0) 是否取得极值的条件如下:

(1) 当 $AC-B^2>0$ 时有极值,且当 $A<0$ 时为极大值,当 $A>0$ 时为极小值;

(2) 当 $AC-B^2<0$ 时无极值;

(3) 当 $AC-B^2=0$ 时不能确定是否有极值.

证明从略.

例1　求函数 $f(x,y)=x^3+y^3-3xy$ 的极值.

解　先解方程组

$$\begin{cases}f_x(x,y)=3x^2-3y=0,\\ f_y(x,y)=3y^2-3x=0,\end{cases}$$

求得全部驻点为 $(0,0)$, $(1,1)$. 再求二阶偏导数

$$f_{xx}(x,y)=6x,\quad f_{xy}(x,y)=-3,\quad f_{yy}(x,y)=6y.$$

在点 $(0,0)$ 处, $AC-B^2=-9<0$,故函数在此点无极值;

在点 $(1,1)$ 处, $AC-B^2=27>0$,故函数在此点取得极小值 $f(1,1)=-1$.

由连续函数的性质,若函数 $f(x,y)$ 在有界闭区域 D 上连续,则必有最大值和最小值. 与一元函数类似,函数的最值一定在区域 D 的内部的极值点或区域的边界点取得,而内部的极值点为驻点或偏导数不存在的点. 因此,求最值只需求出 D 的内部的全部极值点的函数值与边界上的最大值和最小值比较,其中最大的即为最大值,最小的即为最小值.

例2　求函数 $f(x,y)=3x^2+3y^2-2x^3$ 在区域 $D: x^2+y^2\leqslant 2$ 上的最大值和最小值.

解　先解方程组

$$\begin{cases}f_x(x,y)=6x-6x^2=0,\\ f_y(x,y)=6y=0,\end{cases}$$

求得全部驻点为(0,0),(1,0),而两驻点均在区域 D 的内部,且 $f(0,0)=0$, $f(1,0)=1$.

在边界 $x^2+y^2=2$ 上,消去自变量 y,将函数 f 转化为一元函数

$$g(x)=f(x,y(x))=3\cdot 2-2x^3,\quad x\in[-\sqrt{2},\sqrt{2}].$$

而函数 $g(x)$ 在区间 $[-\sqrt{2},\sqrt{2}]$ 上单调递减,故其在 $[-\sqrt{2},\sqrt{2}]$ 上最大值 $g(-\sqrt{2})=6+4\sqrt{2}$,最小值 $g(\sqrt{2})=6-4\sqrt{2}$.

比较这些点的函数值,得函数 $f(x,y)$ 在区域 D 上的最大值为 $6+4\sqrt{2}$,最小值为 0.

在实际问题中,如果知道函数的最大值(或最小值)一定能在区域 D 的内部取得,而函数在 D 内部只有唯一驻点,则该驻点必为函数在 D 上的最大值(或最小值).

例 3　设某工厂要用钢板做一个体积为 V 的长方形箱子,怎样选取长、宽、高的尺寸才能使得用料最省?

解　设箱子的长、宽、高分别为 x,y,z,容量为 V,则 $V=xyz$. 设箱子的表面积为 S,则有

$$S=2(xy+yz+zx).$$

又由于 $z=\dfrac{V}{xy}$,故

$$S=2\left(xy+\frac{V}{x}+\frac{V}{y}\right).$$

可见 $S=S(x,y)$ 是二元函数,其定义域 $D=\{(x,y)\mid x>0,y>0\}$. 根据实际问题可知,S 必存在最小值. 由

$$S_x=2\left(y-\frac{V}{x^2}\right)=0,\quad S_y=2\left(x-\frac{V}{y^2}\right)=0,$$

得唯一驻点 $(\sqrt[3]{V},\sqrt[3]{V})$. 所以,当 $x=y=z=\sqrt[3]{V}$ 时,函数 S 取得最小值 $6\sqrt[3]{V^2}$,即当箱子的长、宽、高相等时所用材料最省.

4.8.2　条件极值、拉格朗日乘数法

上面讨论的极值问题,对于自变量,除去定义域的限制外,没有其他任何条件约束,这种极值称为**无条件极值**.

在实际问题中,经常会遇到对自变量增加约束条件的情形,而这种带有约束条件的极值称为**条件极值**. 而求解此类极值的基本思想是将条件极值转化为无条件极值来处理. 下面介绍求条件极值的有效方法,**拉格朗日乘数法**.

(1) 求函数 $z=f(x,y)$ 在约束条件 $g(x,y)=0$ 下的极值,其步骤如下:

① 作辅助函数,即拉格朗日函数

$$F(x,y)=f(x,y)+\lambda g(x,y),$$

其中 λ 为常数,称为拉格朗日乘子;

② 求函数 $F(x,y)$ 对 x,y 的一阶偏导数,并使之为零,同时与方程 $g(x,y)=0$ 联立,得

$$\begin{cases}F_x=f_x(x,y)+\lambda g_x(x,y)=0,\\ F_y=f_y(x,y)+\lambda g_y(x,y)=0,\\ g(x,y)=0,\end{cases}$$

解方程组,消去 λ,得到 x,y,而 (x,y) 即为函数 $f(x,y)$ 在约束条件 $g(x,y)=0$ 下的可能的极值点;

③ 判别②中得到的点是否为极值点.

(2) 求函数 $z=f(x,y,z)$ 在约束条件 $g(x,y,z)=0,h(x,y,z)=0$ 下的极值,其步骤如下:

① 作辅助函数,即拉格朗日函数

$$F(x,y,z)=f(x,y,z)+\lambda g(x,y,z)+\mu h(x,y,z),$$

其中 λ,μ 为常数,称为拉格朗日乘子;

② 求函数 $F(x,y,z)$ 对 x,y,z 的一阶偏导数,并使之为零,同时与方程 $g(x,y,z)=0,h(x,y,z)=0$ 联立,得

$$\begin{cases}F_x(x,y,z)=f_x(x,y,z)+\lambda g_x(x,y,z)+\mu h_x(x,y,z)=0,\\F_y(x,y,z)=f_y(x,y,z)+\lambda g_y(x,y,z)+\mu h_y(x,y,z)=0,\\F_z(x,y,z)=f_z(x,y,z)+\lambda g_z(x,y,z)+\mu h_z(x,y,z)=0,\\g(x,y,z)=0,\\h(x,y,z)=0,\end{cases}$$

解方程组,消去 λ,μ,解出 x,y,z,而 (x,y,z) 即为函数 $f(x,y,z)$ 在约束条件 $g(x,y,z)=0,h(x,y,z)=0$ 下的可能的极值点.

③ 判别②中得到的点是否为极值点.

拉格朗日乘数法可推广到 n 元函数情形.

例 4　某工厂生产两种商品的日产量分别为 x 和 y(件),总成本函数 $C(x,y)=8x^2-xy+12y^2$(元),商品的限额为 $x+y=42$. 求最小成本.

解　求总成本函数 $C(x,y)=8x^2-xy+12y^2$ 在约束条件 $x+y-42=0$ 下的极小值.

作辅助函数 $F(x,y)=8x^2-xy+12y^2+\lambda(x+y-42)$,由

$$\begin{cases}F_x(x,y)=16x-y+\lambda=0,\\F_y(x,y)=-x+24y+\lambda=0,\\x+y-42=0,\end{cases}$$

解得

$$x=25,\quad y=17,$$

代入函数 $C(x,y)$,得 $C(x,y)=8\ 043$ 元.

由问题可知最小值存在,故最小成本为 8 043 元.

例 5　应用拉格朗日乘数法求解例 3.

解　作辅助函数,即拉格朗日函数

$$F(x,y,z)=2(xy+yz+zx)+\lambda(V-xyz),$$

由

$$\begin{cases}F_x(x,y,z)=2(y+z)-\lambda yz=0,\\F_y(x,y,z)=2(x+z)-\lambda xz=0,\\F_z(x,y,z)=2(y+x)-\lambda xy=0,\\V-xyz=0,\end{cases}$$

消去 λ,解出 $x=y=z=\sqrt[3]{V}$. 显然,与例 3 结果相同.

例 6 求曲面 $\Sigma: x^2+2y^2+4z^2=1$ 与平面 $\Pi: x+y+z=\sqrt{7}$ 间的最短距离.

解 设 $M(x,y,z)$ 为曲面 Σ 上任意一点,则 M 到平面 Π 的距离为

$$d=\frac{|x+y+z-\sqrt{7}|}{\sqrt{3}}.$$

问题可转化为求函数

$$f(x,y,z)=(x+y+z-\sqrt{7})^2$$

在约束条件 $g(x,y,z)=x^2+2y^2+4z^2-1=0$ 下的最小值.

作辅助函数

$$F(x,y,z)=(x+y+z-\sqrt{7})^2+\lambda(x^2+2y^2+4z^2-1),$$

由

$$\begin{cases}F_x(x,y,z)=2(x+y+z-\sqrt{7})+2\lambda x=0,\\F_y(x,y,z)=2(x+y+z-\sqrt{7})+4\lambda y=0,\\F_z(x,y,z)=2(x+y+z-\sqrt{7})+8\lambda z=0,\\x^2+2y^2+4z^2-1=0,\end{cases}$$

易知 $x=4z,\ y=2z$,代入约束条件 $x^2+2y^2+4z^2-1=0$,解出 $x=\pm\frac{2}{\sqrt{7}},\ y=\pm\frac{1}{\sqrt{7}},\ z=\pm\frac{1}{2\sqrt{7}}$,则 $\left(\pm\frac{2}{\sqrt{7}},\pm\frac{1}{\sqrt{7}},\pm\frac{1}{2\sqrt{7}}\right)$ 为可能的极值点. 由问题可知最短距离存在,并且 $f\left(\frac{2}{\sqrt{7}},\frac{1}{\sqrt{7}},\frac{1}{2\sqrt{7}}\right)=\frac{7}{4}$, $f\left(-\frac{2}{\sqrt{7}},-\frac{1}{\sqrt{7}},-\frac{1}{2\sqrt{7}}\right)=\frac{63}{4}$,故 $\left(\frac{2}{\sqrt{7}},\frac{1}{\sqrt{7}},\frac{1}{2\sqrt{7}}\right)$ 为函数 $f(x,y,z)$ 的最小值点,即为距离 d 的最小值点,则最短距离为

$$d_{\min}=\frac{\left|\frac{2}{\sqrt{7}}+\frac{1}{\sqrt{7}}+\frac{1}{2\sqrt{7}}-\sqrt{7}\right|}{\sqrt{3}}=\frac{\sqrt{21}}{6}.$$

例 7 求原点到椭圆 $\begin{cases}z=x^2+y^2,\\x+y+z=1\end{cases}$ 的最短距离.

解 设 (x,y,z) 为椭圆上任意一点,问题转化为求函数

$$f(x,y,z)=x^2+y^2+z^2$$

在约束条件 $g(x,y,z)=x^2+y^2-z=0,\ h(x,y,z)=x+y+z-1=0$ 下的极小值.

作辅助函数

$$F(x,y,z)=x^2+y^2+z^2+\lambda(x^2+y^2-z)+\mu(x+y+z-1),$$

由

$$\begin{cases}F_x(x,y,z)=2x+2\lambda x+\mu=0,\\F_y(x,y,z)=2y+2\lambda y+\mu=0,\\F_z(x,y,z)=2z-\lambda+\mu=0,\\x^2+y^2-z=0,\\x+y+z-1=0,\end{cases}$$

得到 $x=y$,进而解出

$$x=y=\frac{-1\pm\sqrt{3}}{2},\quad z=2\mp\sqrt{3},$$

代入函数 $f(x,y,z)$,得 $f=9\mp5\sqrt{3}$.

由问题可知最小值存在,故最短距离为 $\sqrt{9-5\sqrt{3}}$.

习　题　4.8

1. 求下列函数的极值:

(1) $f(x,y)=4(x-y)-x^2-y^2$;

(2) $f(x,y)=xy(a-x-y)\quad(a\neq0)$;

(3) $f(x,y)=e^{2x}(x+y^2+2y)$;

(4) $f(x,y)=e^x\cos y$.

2. 求下列函数在有界闭区域 D 上的最大值和最小值:

(1) $f(x,y)=x^2-y^2,\quad D=\{(x,y)\mid x^2+y^2\leqslant4\}$;

(2) $f(x,y)=x^2-xy+y^2,\quad D=\{(x,y)\mid |x|+|y|\leqslant1\}$.

3. 求下列函数在约束条件下的极值:

(1) $f(x,y)=xy$,若 $x+y=1$;

(2) $f(x,y)=x^2+y^2$,若$\dfrac{x}{a}+\dfrac{y}{b}=1$;

(3) $f(x,y)=\dfrac{y}{x}$,若$(x-3)^2+(y-3)^2=6$.

4. 求表面积为 a^2 而体积最大的长方体的体积.

5. 求抛物线 $y=x^2$ 与直线 $x-y-2=0$ 的最短距离.

总习题四

1. 设函数 $f(x)$,$g(x)$在区间$[a,b]$上连续,在(a,b)内可导,且 $f(a)=f(b)=0$,$g(x)\neq0$. 试证明:至少存在一点 $\xi\in(a,b)$使得 $f'(\xi)g(\xi)=g'(\xi)f(\xi)$.

2. 设函数 $f(x)$在区间$[a,b]$$(a>0)$上连续,在$(a,b)$内可导,试证明:至少存在一点 $\xi\in(a,b)$,使得 $2\xi[f(b)-f(a)]=(b^2-a^2)f'(\xi)$.

3. 设 $b>a>0$,试证明:$\lambda a^{\lambda-1}(b-a)<b^\lambda-a^\lambda<\lambda b^{\lambda-1}(b-a)$,其中 $\lambda>1$ 为常数.

4. 求下列各极限:

(1) $\lim\limits_{x\to0}\left(\dfrac{a^x+b^x+c^x}{3}\right)^{\frac{1}{x}}$,其中 $a,b,c>0$ 均为常数;

(2) $\lim\limits_{n\to\infty}\left(1+\dfrac{1}{n}+\dfrac{1}{n^2}\right)^n$;

(3) $\lim\limits_{n\to\infty}n^2[\arctan(n+1)-\arctan n]$;

（4）$\lim\limits_{n\to\infty}\left(n^2-n\cot\dfrac{1}{n}\right)$.

5. 证明下列各不等式：

（1）$x-\dfrac{x^2}{2}+\dfrac{x^3}{3}>\ln(1+x)$， $x>0$；

（2）$(a+b)^p<a^p+b^p, 0<a<b, 0<p<1$；

（3）$\dfrac{1-x}{1+x}<\mathrm{e}^{-2x}$， $0<x<1$；

（4）$\arctan x+\dfrac{1}{x}>\dfrac{\pi}{2}$， $x>0$.

6. 试证明方程 $\sin x=x$ 只有一个实根.

7. 判别 e^{π} 与 π^{e} 的大小关系.

8. 设 $y=y(x)$ 是由方程 $x^2+xy+y^2=3$ 所确定的隐函数，试求 $y(x)$ 在 $(-2,2)$ 内的极值.

9. 证明：如果函数 $y=ax^3+bx^2+cx+d$ 满足条件 $b^2-3ac<0$，其中 $a>0$，则该函数没有极值.

10. 求下列各函数的最大值与最小值：

（1）$f(x)=x^3-3x^2-9x+30, |x|\leqslant 4$；

（2）$f(x)=\dfrac{\ln x}{x}$， $x>0$；

（3）$f(x)=\arcsin\dfrac{2x}{1+x^2}+2\arctan x$， $x\in(-\infty,+\infty)$.

11. 求下列各函数图形的凹凸区间和拐点：

（1）$y=x^3(1-x)$；

（2）$y=1+\sqrt[3]{x-2}$；

（3）$y=\dfrac{x+1}{x^2}$.

12. 求曲线 $\begin{cases}x=2t-t^2,\\ y=3t-t^3\end{cases}$ 的拐点.

13. 求曲线 $y=\dfrac{1}{x}+\ln(1+\mathrm{e}^x)$ 的渐近线.

14. 描绘函数 $y=\mathrm{e}^{-\frac{1}{x}}$ 的图形.

15. 利用泰勒公式求下列极限：

（1）$\lim\limits_{x\to 0}\dfrac{\cos x-\mathrm{e}^{-\frac{x^2}{2}}}{x^2[x+\ln(1-x)]}$；

（2）$\lim\limits_{x\to 0}\dfrac{1+\frac{1}{2}x^2-\sqrt{1+x^2}}{x^2(\cos x-\mathrm{e}^{x^2})}$.

16. 试确定常数 a 和 b，使得 $f(x)=x-(a+b\cos x)\sin x$ 为当 $x\to 0$ 时关于 x 的 5 阶无穷小.

17. 设 $f''(x_0)$ 存在，证明：$\lim\limits_{h\to 0}\dfrac{f(x_0+h)+f(x_0-h)-2f(x_0)}{h^2}=f''(x_0)$.

18. 设 $f(x)$ 在 (a,b) 内二阶可导，且 $f''(x)\geqslant 0$，证明：对于 (a,b) 内任意两点 x_1,x_2 及 $0\leqslant t\leqslant 1$，$f[(1-t)x_1+tx_2]\leqslant(1-t)f(x_1)+tf(x_2)$ 成立.

19. 设函数 $f(x)$ 具有二阶连续导数，且 $f'(0)=0$，$\lim\limits_{x\to 0}\dfrac{f''(x)}{|x|}=1$，证明：$f(0)$ 是 $f(x)$ 的极小值.

20. 求曲线 $x=\dfrac{t}{1+t}$，$y=\dfrac{1+t}{t}$，$z=t^2$ 在 $t=1$ 对应点处的切线和法平面方程.

21. 求曲线 $x=t,y=t^2,z=t^3$ 上的点，使得在该点处的切线平行于平面 $x+2y+z=4$.

22. 求曲面 $3x^2+y^2-z^2=27$ 在点 $(3,1,1)$ 处的切平面与法线方程.

23. 在曲面 $z=xy$ 上求一点，使得在该点处的法线垂直于平面 $x+3y+z+9=0$，并给出这条法线方程.

24. 试证明：曲面 $\sqrt{x}+\sqrt{y}+\sqrt{z}=\sqrt{a}\,(a>0)$ 上任何点处切平面在各坐标轴上的截距之和等于 a.

25. 求函数 $f(x,y)=x^2(2+y^2)+y\ln y$ 的极值.

26. 求由方程 $2x^2+2y^2+z^2+8xz-z+8=0$ 所确定的函数 $z=f(x,y)$ 的极值.

27. 求函数 $u=xy+2yz$ 在约束条件 $x^2+y^2+z^2=10$ 下的最大值和最小值.

28. 求函数 $u=x^2+y^2+z^2$ 在约束条件 $z=x^2+y^2$ 和 $x+y+z=4$ 下的最大值和最小值.

读一读

中值定理是沟通导数值与函数值之间的桥梁，是研究函数的有力工具。利用中值定理可以由导数的局部性质来推断函数的整体性质，它在公式推导和不等式证明中有很重要的应用。

本章我们利用中值定理得到了洛必达法则和泰勒公式。洛必达法则是处理未定式极限（当分子和分母都趋于零或无穷大时分式的极限）的有力工具，由约翰·伯努利（Johann Bernoulli，1667—1748）证明，后被他的学生及好友洛必达（L'Hospital，1661—1704）收入其编写得非常有影响的微积分教材《用于理解曲线的无穷小分析》（1696）而得名。

泰勒公式使任意单变量函数展开为幂级数成为可能，我们可以借助级数表示和研究一般函数，使某些隐函数达到某种显化效果。泰勒公式是微积分进一步发展的有力武器，首次出现在泰勒（Taylor，1685—1731）的《增量法及其逆》（1715）一书中，泰勒也以该定理而著称于世。然而在近半个世纪里，数学家们并没有认识到泰勒定理的重大价值，后来由拉格朗日（Lagrange，1736—1813）发掘，将其作为自己工作的出发点，得到一系列重要成果。

自测题4

第 5 章

积分学

积分学是高等数学的主要内容之一,它包括一元函数的积分学和多元函数的积分学. 在这一章我们先介绍一元函数积分学,再介绍多元函数积分学.

5.1 不定积分的概念与性质

在微分学中,我们讨论了已知一个函数$f(x)$,如何求它的导数$f'(x)$. 在实际问题中,往往会遇到这样的问题:已知一个函数$f(x)$,求函数$F(x)$,使得$F'(x)=f(x)$. 这个问题是微分的逆运算,是积分学的基本问题之一——求不定积分.

5.1.1 原函数与不定积分的概念

定义 1 设函数$f(x)$和$F(x)$都在区间I上有定义,若对任一$x\in I$,都有

$$F'(x)=f(x) \quad 或 \quad \mathrm{d}F(x)=f(x)\,\mathrm{d}x,$$

则称$F(x)$为$f(x)$在区间I上的一个**原函数**.

例如,在实数集$\mathbf{R}$上,因为$\left(\frac{1}{3}x^3\right)'=x^2$,所以,$\frac{1}{3}x^3$是$x^2$在实数集$\mathbf{R}$上的一个原函数.

关于原函数的存在性问题,将在 5.4 节讨论,这里先给出一个结论.

原函数存在定理　如果函数$f(x)$在区间I上连续,那么在区间I上存在可导函数$F(x)$,使得对任一$x\in I$,都有

$$F'(x)=f(x).$$

即,连续函数一定有原函数.

关于原函数的两点说明:

(1) 一个函数如果存在原函数,则原函数不是唯一的.

设$F(x)$为$f(x)$在区间I上的一个原函数,由于常数的导数为零,故对任意的常数C,均有

$$(F(x)+C)'=F'(x)=f(x),$$

所以根据定义,$F(x)+C$也是$f(x)$的原函数.

这说明一个函数如果有原函数,那么它有无穷多个原函数.

(2) 如果在区间 I 上,$F(x)$ 与 $\Phi(x)$ 都是 $f(x)$ 的原函数,那么 $F(x)$ 与 $\Phi(x)$ 只相差一个常数.

因为

$$[\Phi(x)-F(x)]'=\Phi'(x)-F'(x)=f(x)-f(x)=0,$$

所以

$$\Phi(x)-F(x)=C \quad (C\text{ 为某个常数}).$$

定义 2　函数 $f(x)$ 在区间 I 上的全体原函数称为 $f(x)$ 在区间 I 上的**不定积分**,记作

$$\int f(x)\,\mathrm{d}x.$$

其中记号 $\int$ 称为**积分号**,$f(x)$ 称为**被积函数**,$f(x)\,\mathrm{d}x$ 称为**被积表达式**,x 称为**积分变量**.

由此定义及前面的说明可知,如果 $F(x)$ 为 $f(x)$ 在区间 I 上的一个原函数,那么 $\{F(x)+C\}$ 就是 $f(x)$ 的不定积分,其中 C 为任意常数. 为简便起见,写作

$$\int f(x)\,\mathrm{d}x=F(x)+C.$$

不定积分的几何意义　函数 $f(x)$ 的任意一个原函数 $F(x)$ 的图形称为 $f(x)$ 的一条积分曲线,而函数 $f(x)$ 的不定积分 $F(x)+C$ 的图形称为 $f(x)$ 的积分曲线族. 积分曲线族中的任意一条曲线都可以由曲线 $y=F(x)$ 沿 y 轴平移得到,因此,积分曲线族中的所有曲线在横坐标相同的点处具有平行的切线(图 5.1).

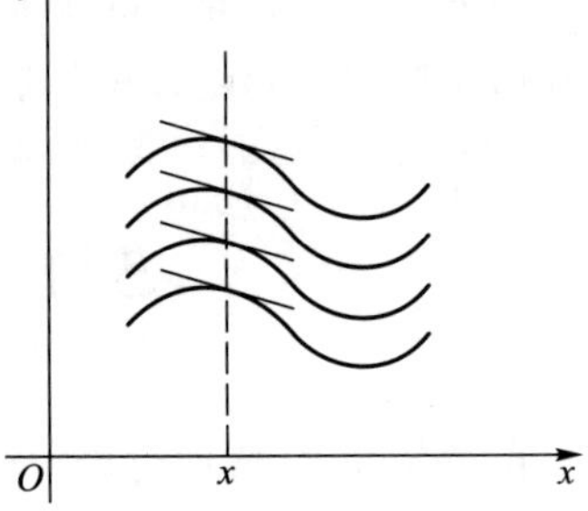

图 5.1

例 1　求 $\int \sin x\mathrm{d}x$.

解　由于 $(-\cos x)'=\sin x$,所以 $-\cos x$ 是 $\sin x$ 的一个原函数. 因此

$$\int \sin x\mathrm{d}x=-\cos x+C.$$

例 2　求 $\int \frac{1}{x}\mathrm{d}x$.

解　当 $x>0$ 时,由于 $(\ln x)'=\frac{1}{x}$,所以 $\ln x$ 是 $\frac{1}{x}$ 在 $(0,+\infty)$ 内的一个原函数. 因此,在 $(0,+\infty)$ 内,

$$\int \frac{1}{x}\mathrm{d}x=\ln x+C.$$

当 $x<0$ 时,由于 $[\ln(-x)]'=\frac{1}{-x}\cdot(-1)=\frac{1}{x}$,所以 $\ln(-x)$ 是 $\frac{1}{x}$ 在 $(-\infty,0)$ 内的一个原函数. 因此,在 $(-\infty,0)$ 内,

$$\int \frac{1}{x}\mathrm{d}x=\ln(-x)+C.$$

综上,在数集 $\mathbf{R}\setminus\{0\}$ 上,有

$$\int \frac{1}{x}\mathrm{d}x=\ln|x|+C.$$

例 3　设曲线通过点 $(1,2)$,且其上任一点处的切线斜率等于该点横坐标的两倍,求此曲线的方程.

解 设所求的曲线方程为 $y=f(x)$，按题设，$f'(x)=2x$，即 $f(x)$ 是 $2x$ 的一个原函数. 因为

$$\int 2x\mathrm{d}x=x^2+C,$$

故必有某个常数 C 使得 $f(x)=x^2+C$. 因为所求曲线通过点 $(1,2)$，故

$$2=1+C,\quad C=1.$$

于是所求曲线方程为

$$y=x^2+1.$$

5.1.2 不定积分的性质与基本积分公式

根据不定积分的定义，可以推得它有如下性质：

性质 1 如果 $F(x)$ 为 $f(x)$ 的一个原函数，则

(1) $\dfrac{\mathrm{d}}{\mathrm{d}x}\left[\int f(x)\mathrm{d}x\right]=f(x)$ 或 $\mathrm{d}\left[\int f(x)\mathrm{d}x\right]=f(x)\mathrm{d}x$；

(2) $\int F'(x)\mathrm{d}x=F(x)+C$ 或 $\int \mathrm{d}F(x)=F(x)+C$.

性质 1 说明：不定积分运算与微分运算是互逆的.

性质 2 设函数 $f(x)$ 与 $g(x)$ 的原函数都存在，则

$$\int [f(x)\pm g(x)]\mathrm{d}x=\int f(x)\mathrm{d}x\pm\int g(x)\mathrm{d}x.$$

性质 2 对于有限个函数都是成立的.

性质 3 设函数 $f(x)$ 的原函数存在，k 为非零常数，则

$$\int kf(x)\mathrm{d}x=k\int f(x)\mathrm{d}x.$$

由于积分运算与微分运算是互逆的运算，因此，由导数的基本公式就可以得到积分的基本公式. 下面把一些基本的积分公式列成一个表，叫做**基本积分表**.

(1) $\int k\mathrm{d}x=kx+C\quad(k$ 是常数$)$，

(2) $\int x^{\mu}\mathrm{d}x=\dfrac{x^{\mu+1}}{\mu+1}+C\quad(x>0,\mu\neq-1)$，

(3) $\int \dfrac{1}{x}\mathrm{d}x=\ln|x|+C\quad(x\neq0)$，

(4) $\int \dfrac{1}{1+x^2}\mathrm{d}x=\arctan x+C$，

(5) $\int \dfrac{1}{\sqrt{1-x^2}}\mathrm{d}x=\arcsin x+C$，

(6) $\int \cos x\mathrm{d}x=\sin x+C$，

(7) $\int \sin x\mathrm{d}x=-\cos x+C$，

(8) $\int \sec^2 x\mathrm{d}x=\int \dfrac{\mathrm{d}x}{\cos^2 x}=\tan x+C$，

(9) $\int \csc^2 x\mathrm{d}x=\int \frac{\mathrm{d}x}{\sin^2 x}=-\cot x+C$,

(10) $\int \sec x\tan x\mathrm{d}x=\sec x+C$,

(11) $\int \csc x\cot x\mathrm{d}x=-\csc x+C$,

(12) $\int \mathrm{e}^x\mathrm{d}x=\mathrm{e}^x+C$,

(13) $\int a^x\mathrm{d}x=\frac{a^x}{\ln a}+C \quad (a>0,a\neq 1)$.

利用不定积分的性质和基本积分表,可以求出一些简单函数的不定积分.

例4　求$\int x^2\sqrt{x}\mathrm{d}x$.

解　$\int x^2\sqrt{x}\mathrm{d}x=\int x^{\frac{5}{2}}\mathrm{d}x=\frac{2}{7}x^{\frac{7}{2}}+C$.

例5　求$\int \left(3\sin x+\frac{1}{5\sqrt{x}}\right)\mathrm{d}x$.

解

$$\begin{aligned}\int \left(3\sin x+\frac{1}{5\sqrt{x}}\right)\mathrm{d}x&=\int 3\sin x\mathrm{d}x+\int \frac{1}{5\sqrt{x}}\mathrm{d}x\\&=3\int \sin x\mathrm{d}x+\frac{1}{5}\int \frac{1}{\sqrt{x}}\mathrm{d}x=-3\cos x+\frac{2}{5}\sqrt{x}+C.\end{aligned}$$

例6　求$\int \frac{(x+1)(x-2)}{x^2}\mathrm{d}x$.

解

$$\begin{aligned}\int \frac{(x+1)(x-2)}{x^2}\mathrm{d}x&=\int \frac{x^2-x-2}{x^2}\mathrm{d}x=\int \left(1-\frac{1}{x}-\frac{2}{x^2}\right)\mathrm{d}x\\&=\int \mathrm{d}x-\int \frac{1}{x}\mathrm{d}x-2\int \frac{1}{x^2}\mathrm{d}x=x-\ln|x|+\frac{2}{x}+C.\end{aligned}$$

例7　求$\int \frac{1+x+x^2}{x(1+x^2)}\mathrm{d}x$.

解

$$\begin{aligned}\int \frac{1+x+x^2}{x(1+x^2)}\mathrm{d}x&=\int \frac{x+(1+x^2)}{x(1+x^2)}\mathrm{d}x\\&=\int \frac{1}{1+x^2}\mathrm{d}x+\int \frac{1}{x}\mathrm{d}x=\arctan x+\ln|x|+C.\end{aligned}$$

例8　求$\int \tan^2 x\mathrm{d}x$.

解　$\int \tan^2 x\mathrm{d}x=\int (\sec^2 x-1)\mathrm{d}x=\int \sec^2 x\mathrm{d}x-\int \mathrm{d}x=\tan x-x+C$.

例9　求$\int \cos^2\frac{x}{2}\mathrm{d}x$.

解　$\int \cos^2\frac{x}{2}\mathrm{d}x=\int \frac{1+\cos x}{2}\mathrm{d}x=\frac{1}{2}\int \mathrm{d}x+\frac{1}{2}\int \cos x\mathrm{d}x$

$$=\frac{1}{2}x+\frac{1}{2}\sin x+C.$$

习　题　5.1

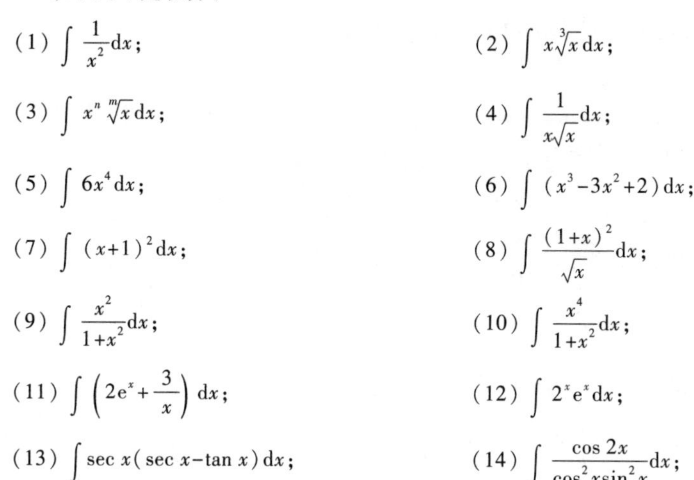

1. 求下列不定积分：

(1) $\int \frac{1}{x^2}\mathrm{d}x$；　　(2) $\int x\sqrt[3]{x}\,\mathrm{d}x$；

(3) $\int x^n\sqrt[m]{x}\,\mathrm{d}x$；　　(4) $\int \frac{1}{x\sqrt{x}}\mathrm{d}x$；

(5) $\int 6x^4\mathrm{d}x$；　　(6) $\int (x^3-3x^2+2)\mathrm{d}x$；

(7) $\int (x+1)^2\mathrm{d}x$；　　(8) $\int \frac{(1+x)^2}{\sqrt{x}}\mathrm{d}x$；

(9) $\int \frac{x^2}{1+x^2}\mathrm{d}x$；　　(10) $\int \frac{x^4}{1+x^2}\mathrm{d}x$；

(11) $\int \left(2\mathrm{e}^x+\frac{3}{x}\right)\mathrm{d}x$；　　(12) $\int 2^x\mathrm{e}^x\mathrm{d}x$；

(13) $\int \sec x(\sec x-\tan x)\mathrm{d}x$；　　(14) $\int \frac{\cos 2x}{\cos^2 x\sin^2 x}\mathrm{d}x$；

(15) $\int \frac{1+\sin 2x}{\sin x+\cos x}\mathrm{d}x$；　　(16) $\int \frac{\mathrm{d}x}{1+\cos 2x}$.

2. 一曲线通过点(1,0)，且在任一点(x,y)处切线的斜率为该点横坐标的平方的两倍，求曲线的方程.

5.2　不定积分的计算

利用不定积分的性质和基本积分表，只能计算非常有限的不定积分. 因此，本节将由一些求导法则推导出更多的不定积分法则.

5.2.1　第一类换元法

定理1　设$f(u)$具有原函数，$u=\varphi(x)$可导，则有换元公式

$$\int f[\varphi(x)]\varphi'(x)\mathrm{d}x=\left[\int f(u)\mathrm{d}u\right]_{u=\varphi(x)}. \tag{5.1}$$

证明　设$F(u)$为$f(u)$的一个原函数，则有$\int f(u)\mathrm{d}u=F(u)+C$. 于是

$$\{F[\varphi(x)]\}'=F'(u)\varphi'(x)=f(u)\varphi'(x)=f[\varphi(x)]\varphi'(x),$$

因此

$$\int f[\varphi(x)]\varphi'(x)\mathrm{d}x=F[\varphi(x)]+C=\left[\int f(u)\mathrm{d}u\right]_{u=\varphi(x)},$$

即公式(5.1)成立.

这种求不定积分的方法称为**第一类换元法**,又称为**凑微分法**,其实质就是将所求积分的被积表达式“凑”成基本积分表中的积分的形式.

例 1　求$\int(2x+3)^{50}\mathrm{d}x$.

解　被积函数$(2x+3)^{50}$可以看成$\frac{1}{2}\cdot(2x+3)^{50}\cdot(2x+3)'$. 因此

$$\int(2x+3)^{50}\mathrm{d}x=\frac{1}{2}\int(2x+3)^{50}(2x+3)'\mathrm{d}x=\frac{1}{2}\int(2x+3)^{50}\mathrm{d}(2x+3).$$

令 $u=2x+3$,则

$$\int(2x+3)^{50}\mathrm{d}x=\frac{1}{2}\int u^{50}\mathrm{d}u=\frac{1}{102}u^{51}+C.$$

将 $u=2x+3$ 代回,得到

$$\int(2x+3)^{50}\mathrm{d}x=\frac{1}{102}(2x+3)^{51}+C.$$

例 2　求$\int 2x\mathrm{e}^{x^2}\mathrm{d}x$.

解　被积函数 $2x\mathrm{e}^{x^2}$可以看成 $\mathrm{e}^{x^2}\cdot(x^2)'$. 因此

$$\int 2x\mathrm{e}^{x^2}\mathrm{d}x=\int\mathrm{e}^{x^2}(x^2)'\mathrm{d}x=\int\mathrm{e}^{x^2}\mathrm{d}x^2.$$

令 $u=x^2$,则

$$\int 2x\mathrm{e}^{x^2}\mathrm{d}x=\int\mathrm{e}^u\mathrm{d}u=\mathrm{e}^u+C.$$

将 $u=x^2$ 代回,得到

$$\int 2x\mathrm{e}^{x^2}\mathrm{d}x=\mathrm{e}^{x^2}+C.$$

例 3　求$\int\frac{1+\ln x}{x}\mathrm{d}x$.

解　被积函数$\frac{1+\ln x}{x}$可以看成$(1+\ln x)\cdot(1+\ln x)'$. 因此

$$\int\frac{1+\ln x}{x}\mathrm{d}x=\int(1+\ln x)(1+\ln x)'\mathrm{d}x=\int(1+\ln x)\mathrm{d}(1+\ln x).$$

令 $u=1+\ln x$,则

$$\int\frac{1+\ln x}{x}\mathrm{d}x=\int u\mathrm{d}u=\frac{1}{2}u^2+C.$$

将 $u=1+\ln x$ 代回,得到

$$\int\frac{1+\ln x}{x}\mathrm{d}x=\frac{1}{2}(1+\ln x)^2+C.$$

例 4　求$\int\sin 2x\mathrm{d}x$.

解　被积函数 $\sin 2x$ 可以看成$\frac{1}{2}\cdot\sin 2x\cdot(2x)'$. 因此

$$\int\sin 2x\mathrm{d}x=\int\frac{1}{2}\cdot\sin 2x\cdot(2x)'\mathrm{d}x=\frac{1}{2}\int\sin 2x\mathrm{d}(2x).$$

令 $u=2x$,则

$$\int \sin 2x\mathrm{d}x=\frac{1}{2}\int \sin u\mathrm{d}u=-\frac{1}{2}\cos u+C.$$

将 $u=2x$ 代回,得到

$$\int \sin 2x\mathrm{d}x=-\frac{1}{2}\cos 2x+C.$$

在对变量变换比较熟练后,就不一定写出中间变量 u.

例 5 求$\int \frac{1}{a^2+x^2}\mathrm{d}x$.

解 $$\int \frac{1}{a^2+x^2}\mathrm{d}x=\int \frac{1}{a^2}\cdot\frac{1}{1+\left(\frac{x}{a}\right)^2}\mathrm{d}x$$

$$=\frac{1}{a}\int \frac{1}{1+\left(\frac{x}{a}\right)^2}\mathrm{d}\,\frac{x}{a}=\frac{1}{a}\arctan\frac{x}{a}+C.$$

例 6 求$\int \frac{\mathrm{d}x}{\sqrt{a^2-x^2}}\ (a>0)$.

解 $$\int \frac{\mathrm{d}x}{\sqrt{a^2-x^2}}=\int \frac{1}{a}\cdot\frac{\mathrm{d}x}{\sqrt{1-\left(\frac{x}{a}\right)^2}}$$

$$=\int \frac{\mathrm{d}\,\frac{x}{a}}{\sqrt{1-\left(\frac{x}{a}\right)^2}}=\arcsin\frac{x}{a}+C.$$

例 7 求$\int \frac{1}{x^2-a^2}\mathrm{d}x$.

解 $$\int \frac{1}{x^2-a^2}\mathrm{d}x=\frac{1}{2a}\int\left(\frac{1}{x-a}-\frac{1}{x+a}\right)\mathrm{d}x.$$

$$=\frac{1}{2a}\left[\int \frac{1}{x-a}\mathrm{d}(x-a)-\int \frac{1}{x+a}\mathrm{d}(x+a)\right]$$

$$=\frac{1}{2a}\ln\left|\frac{x-a}{x+a}\right|+C.$$

下面举几个被积函数中含有三角函数的例子,计算这类积分往往要用到一些三角恒等式.

例 8 求$\int \tan x\mathrm{d}x$.

解 $$\int \tan x\mathrm{d}x=\int \frac{\sin x}{\cos x}\mathrm{d}x=-\int \frac{\mathrm{d}(\cos x)}{\cos x}$$

$$=-\ln|\cos x|+C=\ln|\sec x|+C.$$

类似地可得 $$\int \cot x\mathrm{d}x=\ln|\sin x|+C.$$

例 9 求$\int \csc x\mathrm{d}x$.

解　$\int \csc x\mathrm{d}x = \int \frac{1}{\sin x}\mathrm{d}x = \int \frac{1}{2\sin\frac{x}{2}\cos\frac{x}{2}}\mathrm{d}x$

$$= \int \frac{1}{\tan\frac{x}{2}\left(\cos\frac{x}{2}\right)^2}\mathrm{d}\left(\frac{x}{2}\right) = \int \frac{1}{\tan\frac{x}{2}}\mathrm{d}\left(\tan\frac{x}{2}\right)$$

$$= \ln\left|\tan\frac{x}{2}\right| + C = \ln|\csc x - \cot x| + C.$$

例 10　求 $\int \sec x\mathrm{d}x$.

解法 1　利用例 9 的结果,可得

$$\int \sec x\mathrm{d}x = \int \frac{1}{\cos x}\mathrm{d}x = \int \frac{\mathrm{d}\left(x+\frac{\pi}{2}\right)}{\sin\left(x+\frac{\pi}{2}\right)}$$

$$= \ln\left|\csc\left(x+\frac{\pi}{2}\right) - \cot\left(x+\frac{\pi}{2}\right)\right| + C$$

$$= \ln|\sec x + \tan x| + C.$$

解法 2

$$\int \sec x\mathrm{d}x = \int \frac{\sec x(\sec x+\tan x)}{\sec x+\tan x}\mathrm{d}x$$

$$= \int \frac{\mathrm{d}(\sec x+\tan x)}{\sec x+\tan x}$$

$$= \ln|\sec x+\tan x| + C.$$

例 11　求 $\int \sin^3 x\mathrm{d}x$.

解　$\int \sin^3 x\mathrm{d}x = \int \sin^2 x\cdot\sin x\mathrm{d}x = -\int (1-\cos^2 x)\mathrm{d}(\cos x)$

$$= -\int \mathrm{d}(\cos x) + \int \cos^2 x\mathrm{d}(\cos x)$$

$$= -\cos x + \frac{1}{3}\cos^3 x + C.$$

例 12　求 $\int \cos^2 x\mathrm{d}x$.

解　$\int \cos^2 x\mathrm{d}x = \int \frac{1+\cos 2x}{2}\mathrm{d}x = \frac{1}{2}\left(\int \mathrm{d}x + \int \cos 2x\mathrm{d}x\right)$

$$= \frac{1}{2}\int \mathrm{d}x + \frac{1}{4}\int \cos 2x\mathrm{d}(2x)$$

$$= \frac{x}{2} + \frac{\sin 2x}{4} + C.$$

例 13　求 $\int \sin^3 x\cos^5 x\mathrm{d}x$.

解　$\int \sin^3 x\cos^5 x\mathrm{d}x = \int \sin^3 x\cos^4 x\cdot\cos x\mathrm{d}x$

$$
\begin{aligned}
&=\int \sin^3x(1-\sin^2x)^2\mathrm{d}(\sin x)\\
&=\int \sin^3x(1-2\sin^2x+\sin^4x)\mathrm{d}(\sin x)\\
&=\int \sin^3x\mathrm{d}(\sin x)-2\int \sin^5x\mathrm{d}(\sin x)+\int \sin^7x\mathrm{d}(\sin x)\\
&=\frac{1}{4}\sin^4x-\frac{1}{3}\sin^6x+\frac{1}{8}\sin^8x+C.
\end{aligned}
$$

例 14 求$\int \tan^5x\sec^3x\mathrm{d}x$.

解

$$
\begin{aligned}
\int \tan^5x\sec^3x\mathrm{d}x &=\int \tan^4x\sec^2x\sec x\tan x\mathrm{d}x\\
&=\int (\sec^2x-1)^2\sec^2x\mathrm{d}(\sec x)\\
&=\int (\sec^6x-2\sec^4x+\sec^2x)\mathrm{d}(\sec x)\\
&=\frac{1}{7}\sec^7x-\frac{2}{5}\sec^5x+\frac{1}{3}\sec^3x+C.
\end{aligned}
$$

例 15 求$\int \cos 3x\cos 2x\mathrm{d}x$.

解 利用三角学中的积化和差公式

$$\cos A\cos B=\frac{1}{2}[\cos(A-B)+\cos(A+B)],$$

得

$$\cos 3x\cos 2x=\frac{1}{2}(\cos x+\cos 5x),$$

于是

$$
\begin{aligned}
\int \cos 3x\cos 2x\mathrm{d}x &=\frac{1}{2}\int (\cos x+\cos 5x)\mathrm{d}x\\
&=\frac{1}{2}\int \cos x\mathrm{d}x+\frac{1}{10}\int \cos 5x\mathrm{d}(5x)\\
&=\frac{1}{2}\sin x+\frac{1}{10}\sin 5x+C
\end{aligned}
$$

典型例题讲解

第一类换元法

5.2.2 第二类换元法

第一类换元积分法是利用代换 $u=\varphi(x)$ 把积分$\int f[\varphi(x)]\varphi'(x)\mathrm{d}x$ 化为$\int f(u)\mathrm{d}u$,从而使不定积分$\int f[\varphi(x)]\varphi'(x)\mathrm{d}x$ 得以解决. 而有的不定积分需要用相反的代换来解决:适当地选择变量代换 $x=\psi(t)$,将积分$\int f(x)\mathrm{d}x$ 化为积分$\int f[\psi(t)]\psi'(t)\mathrm{d}t$,而后面的不定积分对变元 t 容易求出,这种换元法称为**第二类换元积分法**.

定理 2 **设 $x=\psi(t)$ 是单调的、可导的函数,且 $\psi'(t)\neq0$. 又设 $f[\psi(t)]\psi'(t)$ 具有原函数,则**

有换元公式

$$\int f(x)\,dx=\left[\int f[\psi(t)]\psi'(t)\,dt\right]_{t=\psi^{-1}(x)},\tag{5.2}$$

其中 $t=\psi^{-1}(x)$ 是 $x=\psi(t)$ 的反函数.

证明　设 $f[\psi(t)]\psi'(t)$ 的原函数为 $\Phi(t)$，记 $\Phi[\psi^{-1}(x)]=F(x)$，则由复合函数和反函数求导法则，有

$$F'(x)=\frac{d\Phi}{dt}\cdot\frac{dt}{dx}=f[\psi(t)]\psi'(t)\cdot\frac{1}{\psi'(t)}=f[\psi(t)]=f(x),$$

即 $F(x)$ 是 $f(x)$ 的原函数. 所以有

$$\int f(x)\,dx=F(x)+C=\Phi[\psi^{-1}(x)]+C=\left[\int f[\psi(t)]\psi'(t)\,dt\right]_{t=\psi^{-1}(x)}.$$

这就证明了公式(5.2).

例 16　求 $\int\sqrt{a^2-x^2}\,dx\quad(a>0)$.

解　为了去掉被积函数中的根式，可作变换 $x=a\sin t,t\in\left(-\frac{\pi}{2},\frac{\pi}{2}\right)$，则

$$\sqrt{a^2-x^2}=\sqrt{a^2-(a\sin t)^2}=a\cos t,\quad dx=a\cos t\,dt,$$

于是根式变成了三角式，所求积分化为

$$\int\sqrt{a^2-x^2}\,dx=\int a\cos t\cdot a\cos t\,dt=a^2\int\cos^2t\,dt.$$

利用例 12 的结果得

$$\int\sqrt{a^2-x^2}\,dx=a^2\left(\frac{t}{2}+\frac{\sin 2t}{4}\right)+C=\frac{a^2}{2}(t+\sin t\cos t)+C.$$

由变换 $x=a\sin t,t\in\left(-\frac{\pi}{2},\frac{\pi}{2}\right)$，有 $\sin t=\frac{x}{a},t=\arcsin\frac{x}{a}$，于是

$$\cos t=\sqrt{1-\sin^2t}=\sqrt{1-\left(\frac{x}{a}\right)^2}=\frac{1}{a}\sqrt{a^2-x^2},$$

因此有

$$\int\sqrt{a^2-x^2}\,dx=\frac{a^2}{2}\arcsin\frac{x}{a}+\frac{1}{2}x\sqrt{a^2-x^2}+C.$$

例 17　求 $\int\frac{dx}{\sqrt{x^2+a^2}}\quad(a>0)$.

解　求这个积分的困难在于被积函数含有根式 $\sqrt{x^2+a^2}$，可利用三角恒等式

$$1+\tan^2t=\sec^2t$$

化去根式. 作变换

$$x=a\tan t,\quad t\in\left(-\frac{\pi}{2},\frac{\pi}{2}\right),$$

则

$$\sqrt{x^2+a^2}=\sqrt{a^2\tan^2t+a^2}=a\sec t,\quad dx=a\sec^2t\,dt,$$

于是

$$\int \frac{dx}{\sqrt{x^2+a^2}}=\int \frac{a\sec^2 t}{a\sec t}dt=\int \sec t dt=\ln|\sec t+\tan t|+C_1.$$

为了把 $\sec t,\tan t$ 换成 x 的函数,可以根据 $\tan t=\frac{x}{a}$ 作一个锐角为 t 的直角三角形,如图 5.2 所示,角 t 的对边为 x,相邻的直角边为 a,斜边为 $\sqrt{x^2+a^2}$,得 $\sec t=\frac{1}{a}\cdot\sqrt{x^2+a^2}$. 因此

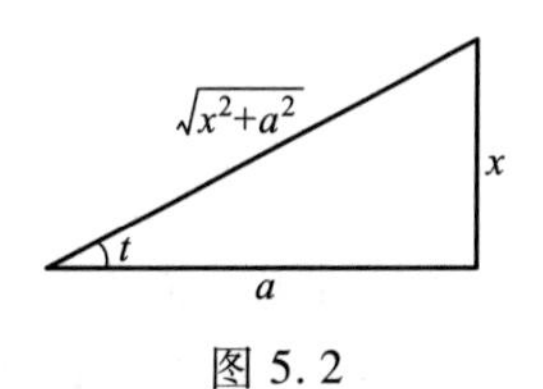

图 5.2

$$\int \frac{dx}{\sqrt{x^2+a^2}}=\ln\left|\frac{1}{a}\cdot\left(x+\sqrt{x^2+a^2}\right)\right|+C_1$$

$$=\ln(x+\sqrt{x^2+a^2})+C,$$

其中 $C=C_1-\ln a$.

例 18 求 $\int \frac{dx}{\sqrt{x^2-a^2}}\quad(a>0)$.

解 和上例类似,利用三角恒等式

$$\sec^2 t-1=\tan^2 t$$

化去根式. 注意到被积函数的定义区间是 $(-\infty,-a)\cup(a,+\infty)$,要在两个区间内分别求不定积分.

当 $x>a$ 时,令 $x=a\sec t,t\in\left(0,\frac{\pi}{2}\right)$,那么

$$\sqrt{x^2-a^2}=\sqrt{a^2\sec^2 t-a^2}=a\sqrt{\sec^2 t-1}=a\tan t,$$

$$dx=a\sec t\tan t dt,$$

于是

$$\int \frac{dx}{\sqrt{x^2-a^2}}=\int \frac{a\sec t\tan t}{a\tan t}dt=\int \sec t dt=\ln|\sec t+\tan t|+C_1.$$

为了把 $\sec t,\tan t$ 换成 x 的函数,可以根据 $\sec t=\frac{x}{a}$ 作一个辅助直角三角形,如图 5.3 所示,便有 $\tan t=\frac{\sqrt{x^2-a^2}}{a}$,因此

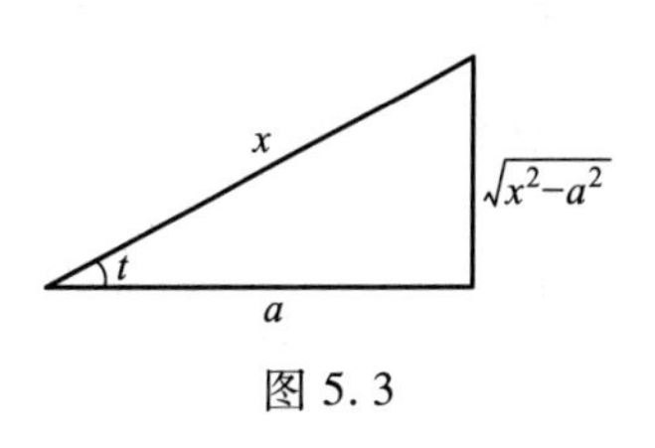

图 5.3

$$\int \frac{dx}{\sqrt{x^2-a^2}}=\ln\left|\frac{x}{a}+\frac{\sqrt{x^2-a^2}}{a}\right|+C_1=\ln|x+\sqrt{x^2-a^2}|+C,$$

其中 $C=C_1-\ln a$.

当 $x<-a$ 时,令 $x=-u$,那么 $u>a$,由上述结果,有

$$\int \frac{dx}{\sqrt{x^2-a^2}}=-\int \frac{du}{\sqrt{u^2-a^2}}=-\ln|u+\sqrt{u^2-a^2}|+C_1$$

$$=-\ln|-x+\sqrt{x^2-a^2}|+C_1$$

$$=\ln\left|\frac{-x-\sqrt{x^2-a^2}}{a^2}\right|+C_1$$

$$=\ln\left|-x-\sqrt{x^2-a^2}\right|+C_2,$$

其中 $C_2=C_1-2\ln a$. 把在 $x>a$ 及 $x<-a$ 内的结果合起来,可写作

$$\int\frac{\mathrm{d}x}{\sqrt{x^2-a^2}}=\ln\left|x+\sqrt{x^2-a^2}\right|+C.$$

注　从上面三个例子可以看出:如果被积函数含有 $\sqrt{a^2-x^2}$,可以作代换 $x=a\sin t$ 化去根式;如果被积函数含有 $\sqrt{x^2+a^2}$,可以作代换 $x=a\tan t$ 化去根式;如果被积函数含有 $\sqrt{x^2-a^2}$,可以作代换 $x=\pm a\sec t$ 化去根式. 但具体解题时要分析被积函数的具体情况,选取尽可能简捷的代换.

在本小节的例题中,有几个积分以后会常用到,所以也可以作为公式使用. 现将它们列举如下:

(14) $\int\tan x\mathrm{d}x=\ln|\sec x|+C$,

(15) $\int\cot x\mathrm{d}x=\ln|\sin x|+C$,

(16) $\int\sec x\mathrm{d}x=\ln|\sec x+\tan x|+C$,

(17) $\int\csc x\mathrm{d}x=\ln|\csc x-\cot x|+C$,

(18) $\int\frac{1}{a^2+x^2}\mathrm{d}x=\frac{1}{a}\arctan\frac{x}{a}+C$,

(19) $\int\frac{1}{x^2-a^2}\mathrm{d}x=\frac{1}{2a}\ln\left|\frac{x-a}{x+a}\right|+C$,

(20) $\int\frac{1}{\sqrt{a^2-x^2}}\mathrm{d}x=\arcsin\frac{x}{a}+C$,

(21) $\int\frac{1}{\sqrt{x^2+a^2}}\mathrm{d}x=\ln\left|x+\sqrt{x^2+a^2}\right|+C$,

(22) $\int\frac{1}{\sqrt{x^2-a^2}}\mathrm{d}x=\ln\left|x+\sqrt{x^2-a^2}\right|+C$.

例 19　求 $\int\frac{1}{x^2-4x+7}\mathrm{d}x$.

解　
$$\begin{aligned}\int\frac{1}{x^2-4x+7}\mathrm{d}x&=\int\frac{1}{(x-2)^2+3}\mathrm{d}x\\&=\int\frac{1}{(x-2)^2+(\sqrt{3})^2}\mathrm{d}(x-2)\\&=\frac{1}{\sqrt{3}}\arctan\frac{x-2}{\sqrt{3}}+C.\end{aligned}$$

例 20　求 $\int\frac{1}{\sqrt{1+x-x^2}}\mathrm{d}x$.

解　
$$\int\frac{1}{\sqrt{1+x-x^2}}\mathrm{d}x=\int\frac{1}{\sqrt{\left(\frac{\sqrt{5}}{2}\right)^2-\left(x-\frac{1}{2}\right)^2}}\mathrm{d}\left(x-\frac{1}{2}\right)=\arcsin\frac{2x-1}{\sqrt{5}}+C.$$

典型例题讲解
第二类换元法

5.2.3 分部积分法

设函数 $u=u(x)$ 及 $v=v(x)$ 都具有连续导函数. 那么,由两个函数乘积的求导法则,有

$$(uv)'=u'v+uv',$$

移项,得

$$uv'=(uv)'-u'v.$$

对这个等式两边求不定积分,得

$$\int uv'\mathrm{d}x=uv-\int u'v\mathrm{d}x, \tag{5.3}$$

公式(5.3)称为**分部积分公式**. 当 $\int uv'\mathrm{d}x$ 较难求,而计算 $\int u'v\mathrm{d}x$ 却相对较容易时,就可以利用分部积分公式了. 这种求不定积分的方法称为**分部积分法**.

为简便起见,也可把分部积分公式写成下面的形式:

$$\int u\mathrm{d}v=uv-\int v\mathrm{d}u \tag{5.4}$$

利用分部积分公式求不定积分的关键是正确选取 u 和 $\mathrm{d}v$,如果选取不当,将会使积分变得更难计算. 下面通过例子说明如何运用这个重要公式.

例 21 求 $\int x\cos x\mathrm{d}x$.

解 设 $u=x$, $\mathrm{d}v=\cos x\mathrm{d}x$,那么 $\mathrm{d}u=\mathrm{d}x$, $v=\sin x$,代入分部积分公式(5.4),得

$$\int x\cos x\mathrm{d}x=x\sin x-\int \sin x\mathrm{d}x,$$

而 $\int \sin x\mathrm{d}x$ 容易求出,所以

$$\int x\cos x\mathrm{d}x=x\sin x+\cos x+C.$$

例 22 求 $\int x\mathrm{e}^x\mathrm{d}x$.

解 设 $u=x$, $\mathrm{d}v=\mathrm{e}^x\mathrm{d}x$,那么 $\mathrm{d}u=\mathrm{d}x$, $v=\mathrm{e}^x$. 于是

$$\int x\mathrm{e}^x\mathrm{d}x=x\mathrm{e}^x-\int \mathrm{e}^x\mathrm{d}x=x\mathrm{e}^x-\mathrm{e}^x+C=(x-1)\mathrm{e}^x+C.$$

例 23 求 $\int x^2\mathrm{e}^x\mathrm{d}x$.

解 设 $u=x^2$, $\mathrm{d}v=\mathrm{e}^x\mathrm{d}x$,那么

$$\int x^2\mathrm{e}^x\mathrm{d}x=\int x^2\mathrm{d}\mathrm{e}^x=x^2\mathrm{e}^x-\int \mathrm{e}^x\mathrm{d}(x^2)=x^2\mathrm{e}^x-2\int x\mathrm{e}^x\mathrm{d}x,$$

对 $2\int x\mathrm{e}^x\mathrm{d}x$ 再利用分部积分公式,由例 22 的结果,有

$$\int x^2\mathrm{e}^x\mathrm{d}x=x^2\mathrm{e}^x-2(x-1)\mathrm{e}^x+C=(x^2-2x+2)\mathrm{e}^x+C.$$

总结上面三个例子可知:如果被积函数是幂函数和正(余)弦函数或幂函数和指数函数的乘积,就可以考虑用分部积分法,并设幂函数为 u. 这样用一次分部积分法就可以使幂函数的幂次降低一次.

注　初学者在使用分部积分法时,应该像上面例题一样,把 u 和 dv 分别写出来,然后再分别代入分部积分公式中,以免出错. 较熟练后,可以省去这些步骤.

例 24　求$\int x\ln x\mathrm{d}x$.

解
$$\begin{aligned}\int x\ln x\mathrm{d}x &= \int \ln x\mathrm{d}\left(\frac{x^2}{2}\right)\\ &= \frac{x^2}{2}\ln x - \int \frac{x^2}{2}\mathrm{d}\ln x = \frac{x^2}{2}\ln x - \frac{1}{2}\int x\mathrm{d}x\\ &= \frac{x^2}{2}\ln x - \frac{x^2}{4} + C.\end{aligned}$$

例 25　求$\int x\arctan x\mathrm{d}x$.

解
$$\begin{aligned}\int x\arctan x\mathrm{d}x &= \frac{1}{2}\int \arctan x\mathrm{d}(x^2)\\ &= \frac{1}{2}x^2\arctan x - \frac{1}{2}\int \frac{x^2}{1+x^2}\mathrm{d}x\\ &= \frac{1}{2}x^2\arctan x - \frac{1}{2}\int \frac{1+x^2-1}{1+x^2}\mathrm{d}x\\ &= \frac{1}{2}x^2\arctan x - \frac{1}{2}\int \left(1-\frac{1}{1+x^2}\right)\mathrm{d}x\\ &= \frac{1}{2}x^2\arctan x - \frac{1}{2}(x-\arctan x) + C\\ &= \frac{1}{2}(x^2+1)\arctan x - \frac{1}{2}x + C.\end{aligned}$$

总结上面两个例子可知:如果被积函数是幂函数和对数函数或幂函数和反三角函数的乘积,就可以考虑用分部积分法,并设对数函数或反三角函数为 u.

下面几个例子中所用的方法也是比较典型的.

例 26　求$\int \mathrm{e}^x\sin x\mathrm{d}x$.

解　因为
$$\begin{aligned}\int \mathrm{e}^x\sin x\mathrm{d}x &= \int \sin x\mathrm{d}(\mathrm{e}^x) = \mathrm{e}^x\sin x - \int \mathrm{e}^x\cos x\mathrm{d}x\\ &= \mathrm{e}^x\sin x - \int \cos x\mathrm{d}(\mathrm{e}^x)\\ &= \mathrm{e}^x\sin x - \mathrm{e}^x\cos x - \int \mathrm{e}^x\sin x\mathrm{d}x,\end{aligned}$$
积分$\int \mathrm{e}^x\sin x\mathrm{d}x$ 再次在等式右端出现,于是得到关于$\int \mathrm{e}^x\sin x\mathrm{d}x$ 的方程,解得
$$\int \mathrm{e}^x\sin x\mathrm{d}x = \frac{1}{2}\mathrm{e}^x(\sin x - \cos x) + C.$$

例 27　求$\int \sec^3 x\mathrm{d}x$.

解　因为

$$\begin{aligned}\int \sec^3 x\mathrm{d}x &= \int \sec x\sec^2 x\mathrm{d}x = \int \sec x\mathrm{d}(\tan x)\\ &= \sec x\tan x-\int \tan^2 x\sec x\mathrm{d}x\\ &= \sec x\tan x-\int (\sec^2 x-1)\sec x\mathrm{d}x\\ &= \sec x\tan x-\int \sec^3 x\mathrm{d}x+\int \sec x\mathrm{d}x\\ &= \sec x\tan x+\ln|\sec x+\tan x|-\int \sec^3 x\mathrm{d}x,\end{aligned}$$

所以

$$\int \sec^3 x\mathrm{d}x=\frac{1}{2}(\sec x\tan x+\ln|\sec x+\tan x|)+C.$$

在求不定积分的过程中,往往要兼用换元积分法和分部积分法,如下例.

例 28 求$\int \mathrm{e}^{\sqrt{x}}\mathrm{d}x$.

解 令$\sqrt{x}=t$,则 $x=t^2$,$\mathrm{d}x=2t\mathrm{d}t$. 于是

$$\int \mathrm{e}^{\sqrt{x}}\mathrm{d}x=2\int t\mathrm{e}^t\mathrm{d}t.$$

利用例 22 的结果,并用 $t=\sqrt{x}$ 代回,便得所求积分

$$\int \mathrm{e}^{\sqrt{x}}\mathrm{d}x=2\int t\mathrm{e}^t\mathrm{d}t=2\mathrm{e}^t(t-1)+C=2\mathrm{e}^{\sqrt{x}}(\sqrt{x}-1)+C.$$

5.2.4 几种特殊类型函数的积分

1. 有理函数的积分

设 $P(x)$ 和 $Q(x)$ 是非零多项式,凡形如

$$\frac{P(x)}{Q(x)}=\frac{a_0x^n+a_1x^{n-1}+\cdots+a_{n-1}x+a_n}{b_0x^m+b_1x^{m-1}+\cdots+b_{m-1}x+b_m}$$

的函数称为有理函数,其中 m 和 n 都是非负整数;$a_0,a_1,a_2,\cdots,a_n$ 及 $b_0,b_1,b_2,\cdots,b_m$ 都是实数,并且 $a_0\neq 0,b_0\neq 0$.

假定 $P(x)$ 和 $Q(x)$ 没有公因式. 当 $n<m$ 时,称这个有理函数为有理真分式;当 $n\geqslant m$ 时,称这个有理函数为有理假分式. 利用多项式的除法,每一个有理假分式都可以化为一个多项式与一个有理真分式的和,例如

$$\frac{x^2+x+1}{x+1}=x+\frac{1}{x+1}.$$

因此,每一个有理函数的积分都等于一个多项式函数(或零)的积分加上一个有理真分式的积分. 多项式函数的积分前边已经学过,这里主要讲有理真分式的积分.

假定$\frac{P(x)}{Q(x)}$是有理真分式. 根据实系数多项式的理论,$Q(x)$ 可以分解成一次因式和二次质因式的乘积,即

$$Q(x)=(x-a)^{\alpha}\cdots(x-b)^{\beta}(x^2+px+q)^{\lambda}\cdots(x^2+rx+s)^{\mu},$$

其中 $b_0=1,\alpha,\cdots,\beta,\lambda,\cdots,\mu$ 均为自然数，而且 $\alpha+\cdots+\beta+2(\lambda+\cdots+\mu)=m,p^2-4q<0,\cdots,r^2-4s<0$. 那么，可将$\frac{P(x)}{Q(x)}$作如下分解：

$$\begin{aligned}\frac{P(x)}{Q(x)}=&\frac{A_1}{(x-a)^{\alpha}}+\frac{A_2}{(x-a)^{\alpha-1}}+\cdots+\frac{A_{\alpha}}{x-a}+\\&\cdots+\\&\frac{B_1}{(x-b)^{\beta}}+\frac{B_2}{(x-b)^{\beta-1}}+\cdots+\frac{B_{\beta}}{x-b}+\\&\cdots+\\&\frac{M_1x+N_1}{(x^2+px+q)^{\lambda}}+\frac{M_2x+N_2}{(x^2+px+q)^{\lambda-1}}+\cdots+\frac{M_{\lambda}x+N_{\lambda}}{x^2+px+q}+\\&\cdots+\\&\frac{R_1x+S_1}{(x^2+rx+s)^{\mu}}+\frac{R_2x+S_2}{(x^2+rx+s)^{\mu-1}}+\cdots+\frac{R_{\mu}x+S_{\mu}}{x^2+rx+s},\end{aligned}$$

其中 $A_i,\cdots,B_i$ 及 $M_i,N_i,\cdots,R_i,S_i$ 等都是常数，可用待定系数法求出来. 等式右端的项称为部分分式. 根据线性性质，求有理真分式$\frac{P(x)}{Q(x)}$的积分就归结为求所有部分分式的积分之和.

例 29　求$\int\frac{x-3}{x^2-3x+2}\mathrm{d}x$.

解　被积函数$\frac{x-3}{x^2-3x+2}$是有理真分式. 因为

$$x^2-3x+2=(x-1)(x-2),$$

故可设

$$\frac{x-3}{x^2-3x+2}=\frac{A}{x-1}+\frac{B}{x-2},$$

其中 A,B 是待定常数. 将等式两边通分，得

$$x-3=A(x-2)+B(x-1)=(A+B)x-(2A+B).$$

比较等式两边 x 的同次幂的系数，有

$$\begin{cases}A+B=1,\\2A+B=3,\end{cases}$$

解方程组得 $A=2,B=-1$. 于是

$$\frac{x-3}{x^2-3x+2}=\frac{2}{x-1}-\frac{1}{x-2}.$$

因此

$$\begin{aligned}\int\frac{x-3}{x^2-3x+2}\mathrm{d}x&=\int\left(\frac{2}{x-1}-\frac{1}{x-2}\right)\mathrm{d}x\\&=\int\frac{2}{x-1}\mathrm{d}x-\int\frac{1}{x-2}\mathrm{d}x\end{aligned}$$

$$=\ln(x-1)^2-\ln|x-2|+C.$$

例 30 求 $\int\frac{1}{(1+2x)(1+x^2)}\mathrm{d}x$.

解 令

$$\frac{1}{(1+2x)(1+x^2)}=\frac{A}{1+2x}+\frac{Bx+C}{1+x^2},$$

其中 A,B,C 是待定常数. 将等式两边通分,得

$$1=A(1+x^2)+(Bx+C)(1+2x),$$

整理得

$$1=(A+2B)x^2+(B+2C)x+C+A.$$

比较等式两边 x 的同次幂的系数,有

$$\begin{cases}A+2B=0,\\B+2C=0,\\A+C=1,\end{cases}$$

解之得 $A=\frac{4}{5},B=-\frac{2}{5},C=\frac{1}{5}$. 于是

$$\frac{1}{(1+2x)(1+x^2)}=\frac{\frac{4}{5}}{1+2x}+\frac{-\frac{2}{5}x+\frac{1}{5}}{1+x^2},$$

因此

$$\begin{aligned}\int\frac{1}{(1+2x)(1+x^2)}\mathrm{d}x&=\int\left(\frac{\frac{4}{5}}{1+2x}+\frac{-\frac{2}{5}x+\frac{1}{5}}{1+x^2}\right)\mathrm{d}x\\&=\frac{2}{5}\int\frac{2}{1+2x}\mathrm{d}x-\frac{1}{5}\int\frac{2x}{1+x^2}\mathrm{d}x+\frac{1}{5}\int\frac{1}{1+x^2}\mathrm{d}x\\&=\frac{2}{5}\int\frac{1}{1+2x}\mathrm{d}(1+2x)-\frac{1}{5}\int\frac{1}{1+x^2}\mathrm{d}(1+x^2)+\frac{1}{5}\int\frac{1}{1+x^2}\mathrm{d}x\\&=\frac{2}{5}\ln|1+2x|-\frac{1}{5}\ln(1+x^2)+\frac{1}{5}\arctan x+C.\end{aligned}$$

例 31 求 $\int\frac{x-2}{x^2+2x+3}\mathrm{d}x$.

解 由于被积函数的分母是二次质因式,所以应想别的办法. 因为分子是一次因式,而分母的导数也是一个一次因式:$(x^2+2x+3)'=2x+2$,所以可以把分子拆成两部分之和:一部分是分母的导数乘上一个常数因子,另一部分是常数,即

$$x-2=\frac{1}{2}(2x+2)-3.$$

因此

$$\int\frac{x-2}{x^2+2x+3}\mathrm{d}x=\int\frac{\frac{1}{2}(2x+2)-3}{x^2+2x+3}\mathrm{d}x$$

$$=\frac{1}{2}\int\frac{2x+2}{x^2+2x+3}dx-3\int\frac{1}{x^2+2x+3}dx$$

$$=\frac{1}{2}\int\frac{d(x^2+2x+3)}{x^2+2x+3}-3\int\frac{d(x+1)}{(x+1)^2+(\sqrt{2})^2}$$

$$=\frac{1}{2}\ln(x^2+2x+3)-\frac{3}{\sqrt{2}}\arctan\frac{x+1}{\sqrt{2}}+C.$$

2. 可化为有理函数的积分举例

例 32　求$\int\frac{1+\sin x}{\sin x(1+\cos x)}dx$.

解　由三角学知道，$\sin x$ 和 $\cos x$ 都可以用 $\tan\frac{x}{2}$的有理式表示. 令 $u=\tan\frac{x}{2}(-\pi<x<\pi)$，则

$$\sin x=\frac{2\sin\frac{x}{2}\cos\frac{x}{2}}{\sin^2\frac{x}{2}+\cos^2\frac{x}{2}}=\frac{2\tan\frac{x}{2}}{1+\tan^2\frac{x}{2}}=\frac{2u}{1+u^2},$$

$$\cos x=\frac{\cos^2\frac{x}{2}-\sin^2\frac{x}{2}}{\sin^2\frac{x}{2}+\cos^2\frac{x}{2}}=\frac{1-\tan^2\frac{x}{2}}{1+\tan^2\frac{x}{2}}=\frac{1-u^2}{1+u^2},$$

而 $x=2\arctan u$，从而

$$dx=\frac{2}{1+u^2}du.$$

于是

$$\int\frac{1+\sin x}{\sin x(1+\cos x)}dx=\int\frac{1+\frac{2u}{1+u^2}}{\frac{2u}{1+u^2}\left(1+\frac{1-u^2}{1+u^2}\right)}\cdot\frac{2}{1+u^2}du$$

$$=\frac{1}{2}\int\left(u+2+\frac{1}{u}\right)du=\frac{1}{2}\left(\frac{u^2}{2}+2u+\ln|u|\right)+C$$

$$=\frac{1}{4}\tan^2\frac{x}{2}+\tan\frac{x}{2}+\frac{1}{2}\ln\left|\tan\frac{x}{2}\right|+C.$$

本例所用的变量代换 $u=\tan\frac{x}{2}$对三角函数有理式的积分都可以应用.

例 33　求$\int\frac{1}{x}\sqrt{\frac{1+x}{x}}dx$.

解　为了去掉根号，可以设 $t=\sqrt{\frac{1+x}{x}}$，于是 $x=\frac{1}{t^2-1}$，$dx=\frac{-2tdt}{(t^2-1)^2}$，从而

$$\int\frac{1}{x}\sqrt{\frac{1+x}{x}}dx=\int(t^2-1)t\cdot\frac{-2t}{(t^2-1)^2}dt=-2\int\frac{t^2}{t^2-1}dt$$

$$=-2\int\left(1+\frac{1}{t^2-1}\right)\mathrm{d}t=-2t-\ln\frac{t-1}{t+1}+C$$

$$=-2t+2\ln(t+1)-\ln|t^2-1|+C$$

$$=-2\sqrt{\frac{1+x}{x}}+2\ln\left(\sqrt{\frac{x+1}{x}}+1\right)+\ln|x|+C.$$

这个例子表明,如果被积函数中含有简单根式 $\sqrt[n]{ax+b}$ 或 $\sqrt[n]{\frac{ax+b}{cx+d}}$,可以令这个简单根式为 u,从而将被积函数化为有理函数.

习 题 5.2

1. 用换元法求下列不定积分:

(1) $\int\sqrt[3]{1-7x}\,\mathrm{d}x$;

(2) $\int 2\mathrm{e}^{4x}\mathrm{d}x$;

(3) $\int\frac{x}{\sqrt{1-x^2}}\mathrm{d}x$;

(4) $\int\frac{\mathrm{e}^x}{2+\mathrm{e}^x}\mathrm{d}x$;

(5) $\int x\mathrm{e}^{-x^2}\mathrm{d}x$;

(6) $\int\frac{\sin\sqrt{t}}{\sqrt{t}}\mathrm{d}t$;

(7) $\int\frac{x^3+2}{1+x^2}\mathrm{d}x$;

(8) $\int\frac{3x^3}{1-x^4}\mathrm{d}x$;

(9) $\int\frac{1}{2\sin^2x\cos^2x}\mathrm{d}x$;

(10) $\int\frac{\mathrm{d}x}{x\ln x\ln\ln x}$;

(11) $\int\tan^3x\sec x\mathrm{d}x$;

(12) $\int\frac{\sin x}{\cos^3x}\mathrm{d}x$;

(13) $\int\tan^{10}x\sec^2x\mathrm{d}x$;

(14) $\int\tan\sqrt{1+x^2}\frac{x\mathrm{d}x}{\sqrt{1+x^2}}$;

(15) $\int\cos^3x\mathrm{d}x$;

(16) $\int\sin 2x\cos 3x\mathrm{d}x$;

(17) $\int\sin 5x\sin 7x\mathrm{d}x$;

(18) $\int\frac{10^{2\arcsin x}}{\sqrt{1-x^2}}\mathrm{d}x$;

(19) $\int\frac{\arctan\sqrt{x}}{\sqrt{x}(1+x)}\mathrm{d}x$;

(20) $\int\frac{\mathrm{d}x}{(\arcsin x)^2\sqrt{1-x^2}}$;

(21) $\int\frac{1+\ln x}{(x\ln x)^2}\mathrm{d}x$;

(22) $\int\frac{\ln\tan x}{\sin x\cos x}\mathrm{d}x$;

(23) $\int\frac{x^2\mathrm{d}x}{\sqrt{a^2-x^2}}$;

(24) $\int\frac{\mathrm{d}x}{x\sqrt{x^2-1}}$;

(25) $\int\frac{\sqrt{x^2-9}}{x}\mathrm{d}x$;

(26) $\int\frac{\mathrm{d}x}{1+\sqrt{2x}}$;

(27) $\int \frac{dx}{1+\sqrt{1-x^2}}$；　　(28) $\int \frac{dx}{x+\sqrt{1-x^2}}$.

2. 用分部积分法求下列不定积分：

(1) $\int \ln x dx$；　　(2) $\int x e^{-x} dx$；

(3) $\int x\cos x dx$；　　(4) $\int x\arctan x dx$；

(5) $\int (\arcsin x)^2 dx$；　　(6) $\int x^2 \ln x dx$；

(7) $\int \ln^2 x dx$；　　(8) $\int e^x \sin^2 x dx$；

(9) $\int \cos \ln x dx$；　　(10) $\int x\cos \frac{x}{2} dx$；

(11) $\int \sin x \ln\tan x dx$；　　(12) $\int \frac{\ln^3 x}{x^2} dx$；

(13) $\int \frac{\arcsin x}{x^2} dx$；　　(14) $\int \frac{\ln \ln x}{x} dx$；

(15) $\int e^{-2x} \sin \frac{x}{2} dx$；　　(16) $\int x\sec^2 x dx$.

3. 计算下列有理函数和可化为有理函数的不定积分：

(1) $\int \frac{x^3}{x+3} dx$；　　(2) $\int \frac{2x+3}{x^2+3x-10} dx$；

(3) $\int \frac{x^5+x^4-8}{x^3-x} dx$；　　(4) $\int \frac{dx}{x(x^2+1)}$；

(5) $\int \frac{dx}{(x^2+1)(x^2+x)}$；　　(6) $\int \frac{3}{x^3+1} dx$；

(7) $\int \frac{dx}{3+\cos x}$；　　(8) $\int \frac{dx}{2\sin x-\cos x+5}$；

(9) $\int \frac{(\sqrt{x})^3+1}{\sqrt{x}+1} dx$；　　(10) $\int \sqrt{\frac{1-x}{1+x}} \frac{dx}{x}$；

(11) $\int \frac{dx}{1+\sqrt[3]{x+1}}$；　　(12) $\int \frac{dx}{\sqrt{x}+\sqrt[4]{x}}$.

5.3　定积分的概念与性质

5.3.1　定积分问题举例

1. 曲边梯形的面积

设 $y=f(x)$ 在区间 $[a,b]$ 上非负、连续. 由直线 $x=a, x=b, y=0$ 及曲线 $y=f(x)$ 所围成的图形(图 5.4)称为**曲边梯形**,其中曲线弧称为曲边. 下面讨论曲边梯形的面积.

我们知道,矩形的高是不变的,它的面积公式为

$$矩形面积=底\times高.$$

而曲边梯形在底边上各点处的高 $f(x)$ 在区间 $[a,b]$ 上是变动的,故它的面积不能直接按上述公式来计算.然而,由于曲边梯形的高 $f(x)$ 在区间 $[a,b]$ 上是连续变化的,故当 x 变化不大时,$f(x)$ 的变化也不大,近似于不变.

在区间 $[a,b]$ 内插入一些分点,将其划分为许多小区间,相应地,曲边梯形被划分成很多窄条形的小曲边梯形(如图 5.5).在这些小曲边梯形内,高度的差别不大,可用某一点处的高度近似代替小曲边梯形内各点处的高度,从而用一个小矩形的面积近似代替小曲边梯形的面积.所有小矩形的面积之和就是曲边梯形面积的近似值.把区间 $[a,b]$ 无限细分下去,即使每个小区间的长度都趋于零,这时所有小矩形的面积之和的极限就定义为曲边梯形的面积.现在把这种求曲边梯形面积的方法用数学语言详述于下:

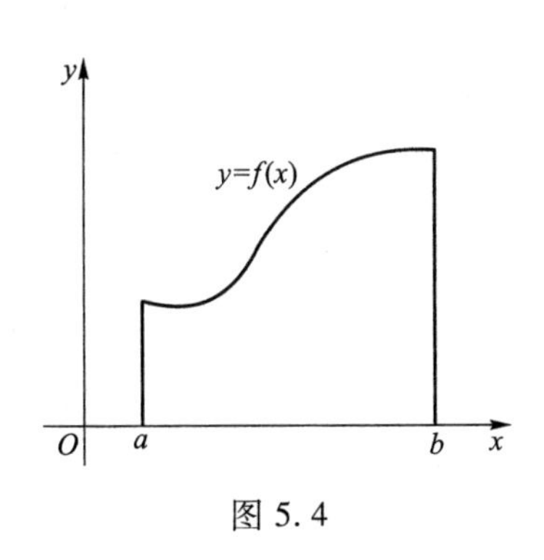

图 5.4

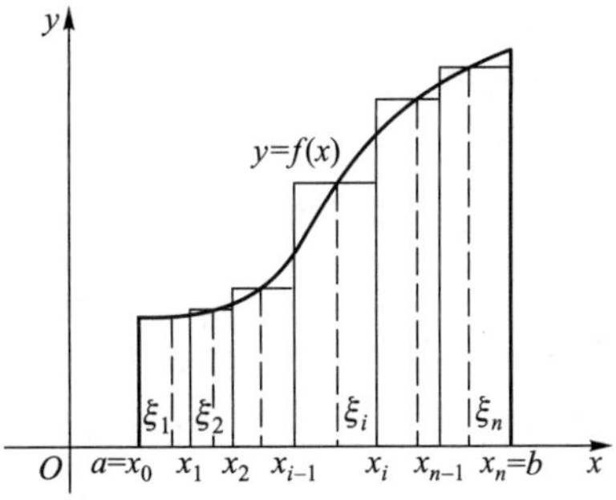

图 5.5

在区间 $[a,b]$ 中任意插入若干个分点

$$a=x_0<x_1<x_2<\cdots<x_{n-1}<x_n=b,$$

把 $[a,b]$ 分成 n 个小区间

$$[x_0,x_1],[x_1,x_2],\cdots,[x_{n-1},x_n],$$

各小区间的长度分别为

$$\Delta x_1=x_1-x_0,\Delta x_2=x_2-x_1,\cdots,\Delta x_n=x_n-x_{n-1}.$$

用直线 $x=x_i$ 将曲边梯形分成 n 个小曲边梯形.在每个小区间 $[x_{i-1},x_i]$ 上任取一点 ξ_i,用以 $[x_{i-1},x_i]$ 为底、$f(\xi_i)$ 为高的小矩形近似代替第 $i(i=1,2,\cdots,n)$ 个小曲边梯形,这样得到的 n 个小矩形面积之和就是曲边梯形面积 A 的近似值,即

$$A\approx\sum_{i=1}^{n}f(\xi_i)\Delta x_i.$$

记 $\lambda=\max\{\Delta x_1,\Delta x_2,\cdots,\Delta x_n\}$,如果当 $\lambda\to 0$ 时,上述和式的极限存在,则此极限值就是曲边梯形的面积

$$A=\lim_{\lambda\to 0}\sum_{i=1}^{n}f(\xi_i)\Delta x_i.$$

2. 变速直线运动的路程

设某物体做变速直线运动,已知速度 $v=v(t)$ 是时间间隔 $[T_1,T_2]$ 上 t 的连续函数,且 $v(t)\geqslant$

0,求物体在这段时间内所经过的路程 s.

如果物体做匀速直线运动,即 $v(t)=v_0, t\in[T_1,T_2]$,则

$$s=v_0\cdot(T_2-T_1).$$

但在我们的问题中,速度不是常量,而是随时间变化的变量,因此不能按照上述公式来计算路程.注意到速度函数 $v=v(t)$ 是连续变化的,在很短的一段时间内,速度的变化很小,近似于不变.因此,如果把时间间隔分小,在小段时间内,以匀速运动代替变速运动,就可以求出相应这一小段路程的近似值;再求和,就得到整个路程的近似值;最后,把时间间隔无限细分,求得整个路程近似值的极限,就是所求变速直线运动的路程的精确值.具体步骤如下:

在时间间隔 $[T_1,T_2]$ 中任意插入若干个分点

$$T_1=t_0<t_1<t_2<\cdots<t_{n-1}<t_n=T_2,$$

把 $[T_1,T_2]$ 分成 n 个小段

$$[t_0,t_1],[t_1,t_2],\cdots,[t_{n-1},t_n],$$

各小段的长度分别为

$$\Delta t_1=t_1-t_0, \Delta t_2=t_2-t_1, \cdots, \Delta t_n=t_n-t_{n-1}.$$

在各小段内物体经过的路程依次为

$$\Delta s_1, \Delta s_2, \cdots, \Delta s_n.$$

任取一个时刻 $\tau_i\in[t_{i-1},t_i]\ (i=1,2,\cdots,n)$,近似认为物体在时间间隔 $[t_{i-1},t_i]$ 上以 τ_i 时刻的速度 $v(\tau_i)$ 做匀速直线运动,于是这一小段路程 Δs_i 的近似值为

$$\Delta s_i\approx v(\tau_i)\Delta t_i \quad (i=1,2,\cdots,n),$$

总路程 s 的近似值为

$$s\approx\sum_{i=1}^{n}v(\tau_i)\Delta t_i.$$

记 $\lambda=\max\{\Delta t_1,\Delta t_2,\cdots,\Delta t_n\}$,当 $\lambda\to 0$ 时,取上述和式的极限,即得变速直线运动的路程

$$s=\lim_{\lambda\to 0}\sum_{i=1}^{n}v(\tau_i)\Delta t_i.$$

5.3.2 定积分的定义

上述两个问题,虽然背景不同,意义不同,但其实质都是计算一种特定形式的和式的极限.抛开问题的具体意义,我们从中抽象出定积分的定义.

定义 设函数 $f(x)$ 在区间 $[a,b]$ 上有界,在 $[a,b]$ 中任意插入 $n-1$ 个分点

$$a=x_0<x_1<x_2<\cdots<x_{n-1}<x_n=b,$$

把 $[a,b]$ 分成 n 个小区间

$$[x_0,x_1],[x_1,x_2],\cdots,[x_{n-1},x_n],$$

各小区间的长度分别为

$$\Delta x_1=x_1-x_0, \quad \Delta x_2=x_2-x_1, \quad \cdots, \quad \Delta x_n=x_n-x_{n-1}.$$

在每个小区间 $[x_{i-1},x_i]$ 上任取一点 $\xi_i\ (x_{i-1}\leqslant\xi_i\leqslant x_i)$,作函数值 $f(\xi_i)$ 与小区间长度 Δx_i 的乘积 $f(\xi_i)\Delta x_i\ (i=1,2,\cdots,n)$,并作和

$$S=\sum_{i=1}^{n}f(\xi_i)\Delta x_i.$$

记 $\lambda=\max\{\Delta x_1,\Delta x_2,\cdots,\Delta x_n\}$，如果不论对 $[a,b]$ 怎样划分，也不论在小区间 $[x_{i-1},x_i]$ 上点 ξ_i 怎样选取，只要当 $\lambda\to 0$ 时，和 S 总趋于确定的极限 I，则称该极限 I 为函数 $f(x)$ **在区间** $[a,b]$ **上的定积分**，记作 $\int_a^b f(x)\mathrm{d}x$，即

$$\int_a^b f(x)\mathrm{d}x=\lim_{\lambda\to 0}\sum_{i=1}^{n}f(\xi_i)\Delta x_i,$$

其中 $f(x)$ 称为**被积函数**，$f(x)\mathrm{d}x$ 称为**被积表达式**，x 称为**积分变量**，a 称为**积分下限**，b 称为**积分上限**，$[a,b]$ 称为**积分区间**.

上述定义可用 ε-δ 语言叙述如下：

设有常数 I，若对任意给定的正数 ε，总存在正数 δ，使得对于区间 $[a,b]$ 的任何分法，不论 ξ_i 在 $[x_{i-1},x_i]$ 中怎样选取，只要 $\lambda<\delta$，总有

$$\left|\sum_{i=1}^{n}f(\xi_i)\Delta x_i-I\right|<\varepsilon,$$

则称 I 为函数 $f(x)$ 在区间 $[a,b]$ 上的定积分，记作 $\int_a^b f(x)\mathrm{d}x$，即

$$I=\int_a^b f(x)\mathrm{d}x.$$

注 定积分 $\int_a^b f(x)\mathrm{d}x$ 只与被积函数 $f(x)$ 及积分区间 $[a,b]$ 有关，而与积分变量用什么符号表示无关，所以

$$\int_a^b f(x)\mathrm{d}x=\int_a^b f(u)\mathrm{d}u=\int_a^b f(t)\mathrm{d}t=\cdots.$$

和式 $\sum_{i=1}^{n}f(\xi_i)\Delta x_i$ 通常称为 $f(x)$ 的**积分和**. 如果 $f(x)$ 在区间 $[a,b]$ 上的定积分存在，我们就说 $f(x)$ **在** $[a,b]$ **上可积**.

对于定积分，有一个重要问题：需要满足什么样的条件，$f(x)$ 才在 $[a,b]$ 上可积？对这个问题我们不做深入讨论，只给出以下三个充分条件：

定理 1 **若 $f(x)$ 在区间 $[a,b]$ 上连续，则 $f(x)$ 在 $[a,b]$ 上可积.**

定理 2 **若 $f(x)$ 在区间 $[a,b]$ 上有界，且只有有限个间断点，则 $f(x)$ 在 $[a,b]$ 上可积.**

定理 3 **若 $f(x)$ 在区间 $[a,b]$ 上单调，则 $f(x)$ 在 $[a,b]$ 上可积.**

由定积分的定义可知，前面所讨论的两个实际问题可分别表述为：

由直线 $x=a,x=b,y=0$ 及连续曲线 $y=f(x)$ $(f(x)\geqslant 0)$ 所围成的曲边梯形的面积 A 等于函数 $f(x)$ 在区间 $[a,b]$ 上的定积分，即

$$A=\int_a^b f(x)\mathrm{d}x.$$

物体以变速 $v=v(t)$ $(v(t)\geqslant 0)$ 做直线运动，在时间间隔 $[T_1,T_2]$ 上物体所经过的路程 s 等于函数 $v(t)$ 在区间 $[T_1,T_2]$ 上的定积分，即

$$s=\int_{T_1}^{T_2}v(t)\mathrm{d}t.$$

定积分的几何意义：在区间$[a,b]$上，当$f(x)\geqslant 0$时，定积分$\int_a^b f(x)\mathrm{d}x$在几何上表示由曲线$y=f(x)$及直线$x=a,x=b$与x轴所围成的曲边梯形的面积；在区间$[a,b]$上，当$f(x)\leqslant 0$时，由曲线$y=f(x)$及直线$x=a,x=b$与x轴所围成的曲边梯形位于x轴下方，此时定积分$\int_a^b f(x)\mathrm{d}x$在几何上表示该曲边梯形面积的相反数，不妨称之为“负面积”；在区间$[a,b]$上，当$f(x)$既取得正值又取得负值时，定积分$\int_a^b f(x)\mathrm{d}x$在几何上表示曲线$y=f(x)$在x轴上方部分所有曲边梯形的正面积与下方部分所有曲边梯形的负面积的代数和(图 5.6).

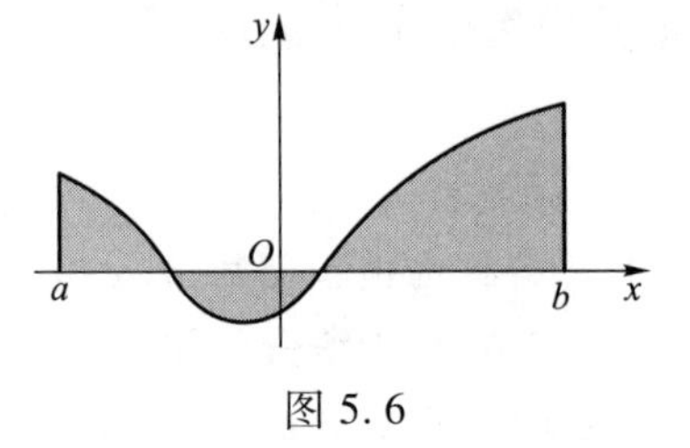

图 5.6

5.3.3　定积分的性质

为了以后计算及应用方便，对定积分作以下两点补充规定：

(1) 当$a=b$时，$\int_a^b f(x)\mathrm{d}x=0$；

(2) 当$a>b$时，$\int_a^b f(x)\mathrm{d}x=-\int_b^a f(x)\mathrm{d}x$.

在以下性质中，均假设$f(x),g(x)$为区间$[a,b]$上的可积函数.

性质 1　$\int_a^b[f(x)\pm g(x)]\mathrm{d}x=\int_a^b f(x)\mathrm{d}x\pm\int_a^b g(x)\mathrm{d}x$.

证明

$$\begin{aligned}\int_a^b[f(x)\pm g(x)]\mathrm{d}x&=\lim_{\lambda\to 0}\sum_{i=1}^{n}[f(\xi_i)\pm g(\xi_i)]\Delta x_i\\&=\lim_{\lambda\to 0}\sum_{i=1}^{n}f(\xi_i)\Delta x_i\pm\lim_{\lambda\to 0}\sum_{i=1}^{n}g(\xi_i)\Delta x_i\\&=\int_a^b f(x)\mathrm{d}x\pm\int_a^b g(x)\mathrm{d}x.\end{aligned}$$

性质 1 对于任意有限个函数都是成立的. 类似地，可以证明

性质 2　$\int_a^b kf(x)\mathrm{d}x=k\int_a^b f(x)\mathrm{d}x$($k$ **为常数**).

性质 3　**设**$a<c<b$，**则**

$$\int_a^b f(x)\mathrm{d}x=\int_a^c f(x)\mathrm{d}x+\int_c^b f(x)\mathrm{d}x.$$

证明　因为$f(x)$在$[a,b]$上可积，所以无论对区间$[a,b]$怎样分割，所得积分和的极限都相同. 因此在分割区间时，可以永远取c作为分点. 于是，$[a,b]$上的积分和等于$[a,c]$上的积分和加$[c,b]$上的积分和，即

$$\sum_{[a,b]}f(\xi_i)\Delta x_i=\sum_{[a,c]}f(\xi_i)\Delta x_i+\sum_{[c,b]}f(\xi_i)\Delta x_i.$$

令$\lambda\to 0$，上式两边同时取极限，得

$$\int_a^b f(x)\mathrm{d}x=\int_a^c f(x)\mathrm{d}x+\int_c^b f(x)\mathrm{d}x.$$

这个性质称为定积分关于积分区间的可加性.

注 不论 a,b,c 的相对位置如何,性质 3 总是成立.

性质 4 如果在区间 $[a,b]$ 上, $f(x)\equiv 1$,则

$$\int_a^b 1\,\mathrm{d}x=\int_a^b \mathrm{d}x=b-a.$$

性质 5 如果在区间 $[a,b]$ 上, $f(x)\geqslant 0$,则

$$\int_a^b f(x)\,\mathrm{d}x\geqslant 0 \quad (a<b).$$

这两个性质的证明请读者自己完成.

推论 1 如果在区间 $[a,b]$ 上, $f(x)\leqslant g(x)$,则

$$\int_a^b f(x)\,\mathrm{d}x\leqslant\int_a^b g(x)\,\mathrm{d}x \quad (a<b).$$

证明 令 $F(x)=g(x)-f(x)$,则 $F(x)\geqslant 0$. 由性质 5 得

$$\int_a^b F(x)\,\mathrm{d}x=\int_a^b [g(x)-f(x)]\,\mathrm{d}x\geqslant 0,$$

再由性质 1,即得所要证的不等式.

推论 2 $\left|\int_a^b f(x)\,\mathrm{d}x\right|\leqslant\int_a^b |f(x)|\,\mathrm{d}x \quad (a<b).$

证明 因为

$$-|f(x)|\leqslant f(x)\leqslant|f(x)|,$$

所以由推论 1 得

$$-\int_a^b |f(x)|\,\mathrm{d}x\leqslant\int_a^b f(x)\,\mathrm{d}x\leqslant\int_a^b |f(x)|\,\mathrm{d}x,$$

即

$$\left|\int_a^b f(x)\,\mathrm{d}x\right|\leqslant\int_a^b |f(x)|\,\mathrm{d}x.$$

性质 6 设 M 及 m 分别是 $f(x)$ 在 $[a,b]$ 上的最大值和最小值,则

$$m(b-a)\leqslant\int_a^b f(x)\,\mathrm{d}x\leqslant M(b-a) \quad (a<b).$$

证明 因为 $m\leqslant f(x)\leqslant M$,所以由性质 5 的推论 1,得

$$\int_a^b m\,\mathrm{d}x\leqslant\int_a^b f(x)\,\mathrm{d}x\leqslant\int_a^b M\,\mathrm{d}x,$$

再由性质 2 和性质 4 即得所要证的不等式.

利用性质 6 可以估计积分值的大致范围.

性质 7(积分中值定理) 若函数 $f(x)$ 在区间 $[a,b]$ 上连续,则在区间 $[a,b]$ 上至少存在一点 ξ,使得

$$\int_a^b f(x)\,\mathrm{d}x=f(\xi)(b-a),\quad a\leqslant\xi\leqslant b.$$

这个公式叫做**积分中值公式**.

证明 设 M 及 m 分别是 $f(x)$ 在 $[a,b]$ 上的最大值和最小值,由性质 6,得

$$m\leqslant\frac{1}{b-a}\int_a^b f(x)\,\mathrm{d}x\leqslant M,$$

即数值$\frac{1}{b-a}\int_a^b f(x)\mathrm{d}x$介于$f(x)$的最小值 m 和最大值 M 之间. 根据闭区间上连续函数的介值定理,在区间$[a,b]$上至少存在一点 ξ,使得

$$f(\xi)=\frac{1}{b-a}\int_a^b f(x)\mathrm{d}x,\quad a\leqslant\xi\leqslant b,$$

等式两端各乘 $b-a$,即得所要证明的等式.

显然,积分中值公式

$$\int_a^b f(x)\mathrm{d}x=f(\xi)(b-a)\quad(\xi \text{ 介于 } a \text{ 与 } b \text{ 之间})$$

不论 $a<b$ 或 $a>b$ 都是成立的.

积分中值公式的几何解释:在区间$[a,b]$上至少存在一点 ξ,使得以区间$[a,b]$为底边,以曲线 $y=f(x)$ 为曲边的曲边梯形的面积,等于有同一底边而高为$f(\xi)$的矩形的面积(图 5.7). 数值$\frac{1}{b-a}\int_a^b f(x)\mathrm{d}x$称为函数$f(x)$在区间$[a,b]$上的平均值.

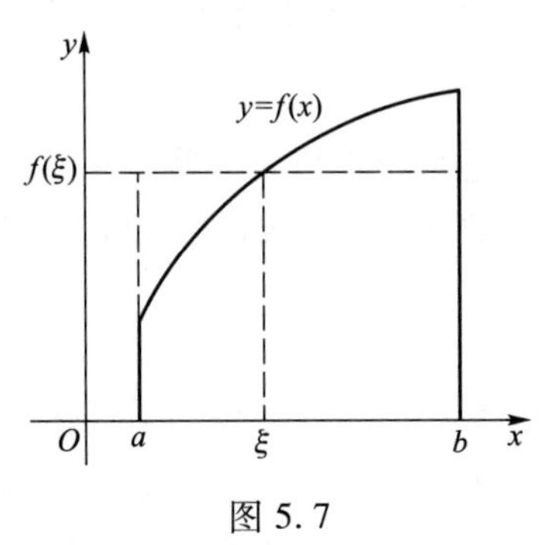

图 5.7

习　题　5.3

1. 根据定积分的几何意义,说明下列各式的正确性:

(1) $\int_0^{2\pi}\sin x\mathrm{d}x=0$;　　(2) $\int_0^1 2x\mathrm{d}x=1$;

(3) $\int_0^1\sqrt{1-x^2}\mathrm{d}x=\frac{\pi}{4}$;　　(4) $\int_{-\frac{\pi}{2}}^{\frac{\pi}{2}}\cos x\mathrm{d}x=2\int_0^{\frac{\pi}{2}}\cos x\mathrm{d}x$.

2. 根据定积分的性质,比较下列定积分的大小:

(1) $\int_0^1 x^2\mathrm{d}x$ 与 $\int_0^1 x^3\mathrm{d}x$;　　(2) $\int_0^1 \mathrm{e}^x\mathrm{d}x$ 与 $\int_0^1 \mathrm{e}^{x^2}\mathrm{d}x$;

(3) $\int_1^2\ln x\mathrm{d}x$ 与 $\int_1^2(\ln x)^2\mathrm{d}x$;　　(4) $\int_{-\frac{\pi}{2}}^{0}\cos x\mathrm{d}x$ 与 $\int_0^{\frac{\pi}{2}}\cos x\mathrm{d}x$.

3. 设$f(x)$与$g(x)$在$[a,b]$上连续,证明:

(1) 若在$[a,b]$上,$f(x)\geqslant 0$,且$\int_a^b f(x)\mathrm{d}x=0$,则在$[a,b]$上,$f(x)\equiv 0$;

(2) 若在$[a,b]$上,$f(x)\geqslant 0$,且$f(x)$不恒为 0,则$\int_a^b f(x)\mathrm{d}x>0$;

(3) 若在$[a,b]$上,$f(x)\leqslant g(x)$,且$\int_a^b f(x)\mathrm{d}x=\int_a^b g(x)\mathrm{d}x$,则在$[a,b]$上,$f(x)\equiv g(x)$.

5.4　定积分的计算与应用

5.4.1　微积分基本公式

直接应用定积分的定义计算定积分往往很困难,即使被积函数很简单也是如此. 因此,有必

要寻找一个便于计算的公式. 为此,我们先对变速直线运动中位置函数 $s(t)$ 与速度函数 $v(t)$ 之间的联系作进一步的研究.

1. 引例

有一物体沿一直线运动,已知速度 $v=v(t)$ 是时间间隔 $[T_1,T_2]$ 上 t 的连续函数,且 $v(t)\geqslant 0$,则由 5.3.2 节知道,物体在这段时间内所经过的路程 s 可用 $v(t)$ 在区间 $[T_1,T_2]$ 上的定积分

$$\int_{T_1}^{T_2} v(t)\,\mathrm{d}t$$

来表达;另一方面,这段路程又是位置函数 $s(t)$ 在区间 $[T_1,T_2]$ 上的增量

$$s(T_2)-s(T_1),$$

所以

$$\int_{T_1}^{T_2} v(t)\,\mathrm{d}t=s(T_2)-s(T_1).$$

因为 $s'(t)=v(t)$,即位置函数 $s(t)$ 是速度函数 $v(t)$ 的原函数,所以上式又可以写成

$$\int_{T_1}^{T_2} s'(t)\,\mathrm{d}t=s(T_2)-s(T_1).$$

这个结果是从特殊问题中得出来的,是定积分与原函数之间的关系. 在一定条件下,它具有普遍性. 一般地,如果函数 $f(x)$ 在区间 $[a,b]$ 上连续,且 $f(x)=F'(x)$,那么

$$\int_a^b f(x)\,\mathrm{d}x=F(b)-F(a).$$

2. 积分上限的函数

设函数 $f(x)$ 在区间 $[a,b]$ 上连续,则 $f(x)$ 在 $[a,b]$ 上可积. 对于任意 $x\in[a,b]$,由于 $f(x)$ 在区间 $[a,x]$ 上连续,所以积分 $\int_a^x f(t)\,\mathrm{d}t$ 存在. 如果其积分上限 x 在区间 $[a,b]$ 上变动,则对每一个确定的 x,都有唯一的积分值和它对应,所以就在 $[a,b]$ 上定义了一个函数,记作 $\Phi(x)$(图 5.8):

$$\Phi(x)=\int_a^x f(t)\,\mathrm{d}t \quad (a\leqslant x\leqslant b).$$

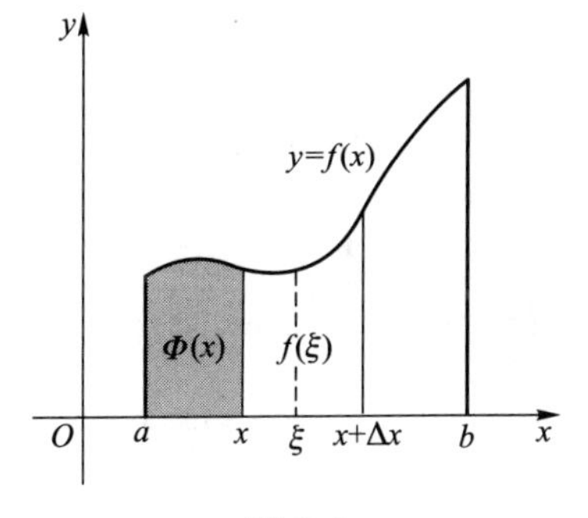

图 5.8

这个函数称为**积分上限的函数**,又称为**变上限的定积分**. 它具有如下重要性质:

定理 1　如果函数 $f(x)$ 在区间 $[a,b]$ 上连续,则积分上限的函数

$$\Phi(x)=\int_a^x f(t)\,\mathrm{d}t$$

在 $[a,b]$ 上可导,并且

$$\Phi'(x)=\frac{\mathrm{d}}{\mathrm{d}x}\int_a^x f(t)\,\mathrm{d}t=f(x) \quad (a\leqslant x\leqslant b).$$

证明　如果 $x\in(a,b)$,取不为零的增量 Δx,其绝对值足够小,使得 $x+\Delta x\in[a,b]$,那么

$$\Phi(x+\Delta x)=\int_a^{x+\Delta x} f(t)\,\mathrm{d}t.$$

因此函数增量为

$$\begin{aligned}\Delta\Phi &= \Phi(x+\Delta x)-\Phi(x)\\ &= \int_a^{x+\Delta x} f(t)\,\mathrm{d}t-\int_a^x f(t)\,\mathrm{d}t\\ &= \int_a^x f(t)\,\mathrm{d}t+\int_x^{x+\Delta x} f(t)\,\mathrm{d}t-\int_a^x f(t)\,\mathrm{d}t\\ &= \int_x^{x+\Delta x} f(t)\,\mathrm{d}t.\end{aligned}$$

由积分中值定理可知,存在介于 x 与 $x+\Delta x$ 之间的 ξ,使得

$$\Delta\Phi=f(\xi)\Delta x,$$

上式两端各除以 Δx,得函数增量与自变量增量的比值

$$\frac{\Delta\Phi}{\Delta x}=f(\xi).$$

由于函数 $f(x)$ 在区间 $[a,b]$ 上连续,且当 $\Delta x\to 0$ 时,$\xi\to x$,因此上式两边令 $\Delta x\to 0$ 取极限,即得

$$\Phi'(x)=\lim_{\Delta x\to 0}\frac{\Delta\Phi}{\Delta x}=\lim_{\Delta x\to 0}f(\xi)=f(x).$$

若 $x=a$,取 $\Delta x>0$,则同理可证 $\Phi'_+(a)=f(a)$;若 $x=b$,取 $\Delta x<0$,则同理可证 $\Phi'_-(b)=f(b)$.

由定理 1 可得

(1) $\dfrac{\mathrm{d}}{\mathrm{d}x}\displaystyle\int_x^b f(t)\,\mathrm{d}t=-f(x)$;

(2) $\dfrac{\mathrm{d}}{\mathrm{d}x}\displaystyle\int_a^{\varphi(x)} f(t)\,\mathrm{d}t=f[\varphi(x)]\varphi'(x)$.

例 1　求 $\dfrac{\mathrm{d}}{\mathrm{d}x}\displaystyle\int_a^{x^2}\sqrt{1+t^2}\,\mathrm{d}t$.

解　令 $\Phi(x)=\displaystyle\int_a^{x^2}\sqrt{1+t^2}\,\mathrm{d}t$,作代换 $u=x^2$,则

$$\Phi(x)=\Psi(u)=\int_a^u\sqrt{1+t^2}\,\mathrm{d}t.$$

由复合函数求导法则,可得

$$\begin{aligned}\Phi'(x)=\Psi'(u)\big|_{u=x^2}\cdot u' &= \left(\frac{\mathrm{d}}{\mathrm{d}u}\int_a^u\sqrt{1+t^2}\,\mathrm{d}t\right)_{u=x^2}\cdot 2x\\ &= \sqrt{1+u^2}\cdot 2x=2x\sqrt{1+x^4}.\end{aligned}$$

例 2　求 $\displaystyle\lim_{x\to 0}\frac{\int_{\cos x}^1 \mathrm{e}^{-t^2}\,\mathrm{d}t}{x^2}$.

解　这是一个 $\dfrac{0}{0}$ 型的未定式,利用洛必达法则来计算.

$$\lim_{x\to 0}\frac{\int_{\cos x}^1 \mathrm{e}^{-t^2}\,\mathrm{d}t}{x^2}=\lim_{x\to 0}\frac{\left(\int_{\cos x}^1 \mathrm{e}^{-t^2}\,\mathrm{d}t\right)'}{(x^2)'}=\lim_{x\to 0}\frac{-\mathrm{e}^{-\cos^2 x}\cdot(-\sin x)}{2x}=\frac{1}{2\mathrm{e}}.$$

典型例题讲解
积分上限的函数

定理 1 说明,积分上限的函数 $\Phi(x)$ 是连续函数 $f(x)$ 的一个原函数,因此连续函数必有原函数. 另一方面,这个定理还揭示了积分学中的两个基本概念定积分与原函数之间的关系,因此有可能通过原函数计算定积分.

3. 牛顿-莱布尼茨公式

定理 2 如果函数 $F(x)$ 是连续函数 $f(x)$ 在区间 $[a,b]$ 上的一个原函数,那么

$$\int_a^b f(x)\,\mathrm{d}x=F(b)-F(a). \tag{5.5}$$

证明 由于 $F(x)$ 和积分上限的函数 $\Phi(x)=\int_a^x f(t)\,\mathrm{d}t$ 都是 $f(x)$ 在 $[a,b]$ 上的原函数,所以这两个函数之差是一个常数 C,即

$$F(x)-\Phi(x)=F(x)-\int_a^x f(t)\,\mathrm{d}t=C.$$

在上式中令 $x=a$,得 $F(a)-\Phi(a)=C$,而由 $\Phi(x)$ 的定义,$\Phi(a)=\int_a^a f(t)\,\mathrm{d}t=0$,因此,$C=F(a)$,因此

$$\int_a^x f(t)\,\mathrm{d}t=F(x)-F(a).$$

在上式中令 $x=b$,并用 x 表示积分变量,即得所要证明的等式.

为方便起见,以后把 $F(b)-F(a)$ 记为 $[F(x)]_a^b$ 或 $F(x)\big|_a^b$,也就是公式(5.5)可以写成

$$\int_a^b f(x)\,\mathrm{d}x=[F(x)]_a^b$$

或

$$\int_a^b f(x)\,\mathrm{d}x=F(x)\big|_a^b.$$

这个公式称为**牛顿-莱布尼茨公式**. 它进一步揭示了定积分与原函数或不定积分之间的关系,并表明:一个连续函数 $f(x)$ 在区间 $[a,b]$ 上的定积分等于它的任意一个原函数 $F(x)$ 在区间 $[a,b]$ 上的增量. 这就为定积分的计算提供了一个简便而有效的方法,大大简化了定积分的计算.

例 3 计算定积分 $\int_0^1 x^2\,\mathrm{d}x$.

解 由于 $\frac{1}{3}x^3$ 是 x^2 的一个原函数,所以由牛顿-莱布尼茨公式,有

$$\int_0^1 x^2\,\mathrm{d}x=\left[\frac{1}{3}x^3\right]_0^1=\frac{1}{3}\cdot 1^3-\frac{1}{3}\cdot 0^3=\frac{1}{3}-0=\frac{1}{3}.$$

例 4 计算定积分 $\int_{-1}^{\sqrt{3}}\frac{\mathrm{d}x}{1+x^2}$.

解 由于 $\arctan x$ 是 $\frac{1}{1+x^2}$ 的一个原函数,所以由牛顿-莱布尼茨公式,有

$$\begin{aligned}\int_{-1}^{\sqrt{3}}\frac{\mathrm{d}x}{1+x^2}&=[\arctan x]_{-1}^{\sqrt{3}}=\arctan\sqrt{3}-\arctan(-1)\\&=\frac{\pi}{3}-\left(-\frac{\pi}{4}\right)=\frac{7}{12}\pi.\end{aligned}$$

例 5 计算正弦曲线 $y=\sin x$ 在 $[0,\pi]$ 上与 x 轴所围成的平面图形(如图 5.9)的面积.

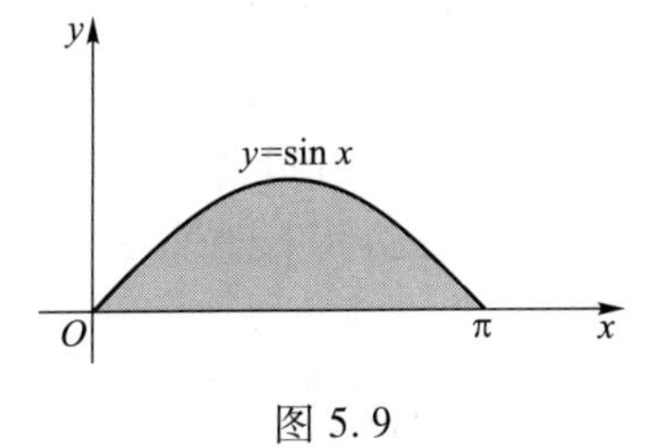

图 5.9

解 这个图形是一个曲边梯形,它的面积为

$$A=\int_0^{\pi}\sin x\mathrm{d}x=[-\cos x]_0^{\pi}=-(-1)-(-1)=2.$$

5.4.2　定积分的换元法与分部积分法

根据牛顿-莱布尼茨公式，计算定积分$\int_a^b f(x)\mathrm{d}x$就转化为求$f(x)$的任意一个原函数$F(x)$在区间$[a,b]$上的增量. 在 5.2 节中已经知道可以用换元法和分部积分法来求一些函数的原函数. 因此，在一定条件下，可以用换元积分法和分部积分法来计算定积分.

1. 定积分的换元法

为了说明如何用换元法计算定积分，先证明如下定理：

定理 3　设函数$f(x)$在区间$[a,b]$上连续，函数$x=\varphi(t)$满足条件

(1) $\varphi(\alpha)=a,\varphi(\beta)=b$;

(2) 在$[\alpha,\beta]$(或$[\beta,\alpha]$)上，$\varphi(t)$具有连续导函数且$a\leqslant\varphi(t)\leqslant b$,

则有

$$\int_a^b f(x)\mathrm{d}x=\int_{\alpha}^{\beta}f[\varphi(t)]\ \varphi'(t)\mathrm{d}t.$$

这个公式叫做**定积分的换元公式**.

证明　因为函数$f(x)$在区间$[a,b]$上连续，所以在该区间上必存在原函数. 设$F(x)$是$f(x)$在区间$[a,b]$上的一个原函数，根据牛顿-莱布尼茨公式，得

$$\int_a^b f(x)\mathrm{d}x=[F(x)]_a^b.$$

另外，根据复合函数的求导法则，$F(\varphi(t))$是$f(\varphi(t))\varphi'(t)$的一个原函数，所以

$$\int_{\alpha}^{\beta}f(\varphi(t))\varphi'(t)\mathrm{d}t=[F(\varphi(t))]_{\alpha}^{\beta}=F(\varphi(\beta))-F(\varphi(\alpha)).$$

又因为$\varphi(\alpha)=a,\varphi(\beta)=b$，所以

$$\int_{\alpha}^{\beta}f(\varphi(t))\varphi'(t)\mathrm{d}t=F(b)-F(a).$$

综上得

$$\int_a^b f(x)\mathrm{d}x=\int_{\alpha}^{\beta}f(\varphi(t))\ \varphi'(t)\mathrm{d}t.$$

在应用换元公式计算定积分时必须注意，在作变换$x=\varphi(t)$把原来的定积分$\int_a^b f(x)\mathrm{d}x$换成关于新变量t的定积分$\int_{\alpha}^{\beta}f(\varphi(t))\varphi'(t)\mathrm{d}t$时，积分限也要相应地换成变量$t$的积分限. 并且，求出被积函数$f(\varphi(t))\varphi'(t)$的原函数$F(\varphi(t))$之后，直接代入新变量$t$的上、下限就行了，而不必像不定积分那样再把变量$t$还原为变量$x$.

在不定积分部分介绍了两类换元法，对于不定积分的第一类换元法，相应地在定积分的换元公式中，是由右边到左边使用公式；而不定积分的第二类换元法，相应地在定积分的换元公式中，是由左边到右边使用公式. 正因为如此，在定积分中就不再区别第一类换元法和第二类换元法.

例 6　计算$\int_0^a\sqrt{a^2-x^2}\mathrm{d}x\quad(a>0)$.

解 设 $x=a\sin t, t\in\left[0,\frac{\pi}{2}\right]$，则 $\mathrm{d}x=a\cos t\mathrm{d}t$，且当 $x=0$ 时，$t=0$；当 $x=a$ 时，$t=\frac{\pi}{2}$. 于是

$$\int_0^a\sqrt{a^2-x^2}\,\mathrm{d}x=a^2\int_0^{\frac{\pi}{2}}\cos^2t\mathrm{d}t=\frac{a^2}{2}\int_0^{\frac{\pi}{2}}(1+\cos 2t)\,\mathrm{d}t=\left[\frac{a^2}{2}\left(t+\frac{1}{2}\sin 2t\right)\right]_0^{\frac{\pi}{2}}=\frac{\pi a^2}{4}.$$

例 7 计算 $\int_0^{\frac{\pi}{2}}\cos^5x\sin x\mathrm{d}x$.

解 设 $t=\cos x$，则 $\mathrm{d}t=-\sin x\mathrm{d}x$，且当 $x=0$ 时，$t=1$；当 $x=\frac{\pi}{2}$ 时，$t=0$. 于是

$$\int_0^{\frac{\pi}{2}}\cos^5x\sin x\mathrm{d}x=-\int_1^0t^5\mathrm{d}t=\int_0^1t^5\mathrm{d}t=\left[\frac{t^6}{6}\right]_0^1=\frac{1}{6}.$$

在例 7 中，如果我们不明显地写出新变量 t，那么定积分的上、下限就不要变更. 现在用这种记法计算如下：

$$\int_0^{\frac{\pi}{2}}\cos^5x\sin x\mathrm{d}x=-\int_0^{\frac{\pi}{2}}\cos^5x\mathrm{d}(\cos x)=\left[-\frac{\cos^6x}{6}\right]_0^{\frac{\pi}{2}}=-\left(0-\frac{1}{6}\right)=\frac{1}{6}.$$

例 8 计算 $\int_1^4\frac{\mathrm{d}x}{x+\sqrt{x}}$.

解 设 $t=\sqrt{x}$，则 $x=t^2$，$\mathrm{d}x=2t\mathrm{d}t$，且当 $x=1$ 时，$t=1$；当 $x=4$ 时，$t=2$. 于是

$$\int_1^4\frac{\mathrm{d}x}{x+\sqrt{x}}=\int_1^2\frac{2t\mathrm{d}t}{t^2+t}=2\int_1^2\frac{\mathrm{d}t}{t+1}=[2\ln(t+1)]_1^2=2\ln\frac{3}{2}.$$

例 9 设 $f(x)$ 在 $[-a,a]$ 上连续，证明：

(1) 若 $f(x)$ 为偶函数，则 $\int_{-a}^af(x)\,\mathrm{d}x=2\int_0^af(x)\,\mathrm{d}x$；

(2) 若 $f(x)$ 为奇函数，则 $\int_{-a}^af(x)\,\mathrm{d}x=0$.

证明 因为

$$\int_{-a}^af(x)\,\mathrm{d}x=\int_{-a}^0f(x)\,\mathrm{d}x+\int_0^af(x)\,\mathrm{d}x,$$

对积分 $\int_{-a}^0f(x)\,\mathrm{d}x$ 作代换 $x=-t$，得

$$\int_{-a}^0f(x)\,\mathrm{d}x=-\int_a^0f(-t)\,\mathrm{d}t=\int_0^af(-t)\,\mathrm{d}t=\int_0^af(-x)\,\mathrm{d}x.$$

于是

$$\int_{-a}^af(x)\,\mathrm{d}x=\int_0^a[f(-x)+f(x)]\,\mathrm{d}x.$$

(1) 若 $f(x)$ 为偶函数，则

$$f(x)+f(-x)=2f(x),$$

从而

$$\int_{-a}^af(x)\,\mathrm{d}x=2\int_0^af(x)\,\mathrm{d}x.$$

(2) 若 $f(x)$ 为奇函数，则

$$f(x)+f(-x)=0,$$

从而

$$\int_{-a}^{a} f(x)\,dx=0.$$

应用例 9 的结论,常可简化计算偶函数或奇函数在关于原点对称的区间上的定积分,例如:

$$\int_{-1}^{1} x^3 e^{-x^2} dx=0;\int_{-\frac{\pi}{2}}^{\frac{\pi}{2}} \sin^{2k-1} x dx=0\ (k\text{ 为正整数});\int_{-\frac{\pi}{2}}^{\frac{\pi}{2}} \sin^{2k} x dx=2\int_{0}^{\frac{\pi}{2}} \sin^{2k} x dx.$$

2. 定积分的分部积分法

根据不定积分的定义,牛顿-莱布尼茨公式也可以写成

$$\int_a^b f(x)\,dx=\left[\int f(x)\,dx\right]_a^b.$$

由不定积分的分部积分法和上述形式的牛顿-莱布尼茨公式,可得

$$\begin{aligned}\int_a^b u(x)v'(x)\,dx &=\left[\int u(x)v'(x)\,dx\right]_a^b\\ &=\left[u(x)\cdot v(x)-\int u'(x)\cdot v(x)\,dx\right]_a^b\\ &=[u(x)\cdot v(x)]_a^b-\int_a^b u'(x)\cdot v(x)\,dx,\end{aligned}$$

简记作

$$\int_a^b uv'dx=[uv]_a^b-\int_a^b u'vdx$$

或

$$\int_a^b udv=[uv]_a^b-\int_a^b vdu.$$

这个公式称为定积分的**分部积分公式**.

例 10　计算$\int_0^1 xe^x dx$.

解　$$\begin{aligned}\int_0^1 xe^x dx &=\int_0^1 xde^x=[xe^x]_0^1-\int_0^1 e^x dx\\ &=(e-0)-[e^x]_0^1\\ &=e-(e-1)=1.\end{aligned}$$

例 11　计算$\int_0^{\frac{1}{2}} \arcsin x dx$.

解　$$\begin{aligned}\int_0^{\frac{1}{2}} \arcsin x dx &=[x\arcsin x]_0^{\frac{1}{2}}-\int_0^{\frac{1}{2}} \frac{x}{\sqrt{1-x^2}}dx\\ &=\frac{1}{2}\cdot\frac{\pi}{6}+[\sqrt{1-x^2}]_0^{\frac{1}{2}}\\ &=\frac{\pi}{12}+\frac{\sqrt{3}}{2}-1.\end{aligned}$$

5.4.3 定积分的应用

本小节应用前面介绍的定积分理论来解决几何学和物理学中的一些问题.

1. 微元法

在定积分的应用中,经常采用微元法. 为了说明这种方法,先回顾一下曲边梯形的面积问题.

设 $y=f(x)$ 在区间 $[a,b]$ 上非负、连续. 求以 $y=f(x)$ 为曲边,以区间 $[a,b]$ 为底边的曲边梯形的面积 A. 把这个面积 A 表示为定积分

$$A=\int_a^b f(x)\,\mathrm{d}x$$

的步骤如下:

(1) 在区间 $[a,b]$ 中任意插入 $n-1$ 个分点,把它分成 n 个长度分别为 $\Delta x_i(i=1,2,\cdots,n)$ 的小区间,相应地,曲边梯形就被分成 n 个面积分别为 $\Delta A_i(i=1,2,\cdots,n)$ 的小曲边梯形,所以

$$A=\sum_{i=1}^{n}\Delta A_i;$$

(2) 计算 ΔA_i 的近似值

$$\Delta A_i\approx f(\xi_i)\Delta x_i\quad(\xi_i\in[x_{i-1},x_i]);$$

(3) 求和,得 A 的近似值

$$A\approx\sum_{i=1}^{n}f(\xi_i)\Delta x_i;$$

(4) 求极限,得

$$A=\lim_{\lambda\to 0}\sum_{i=1}^{n}f(\xi_i)\Delta x_i=\int_a^b f(x)\,\mathrm{d}x.$$

接下来考虑上述解题过程.

首先,在这个问题中,所求量(即面积 A)与区间 $[a,b]$ 有关. 如果把区间 $[a,b]$ 分成许多部分区间,则所求量相应地分成许多部分量(即 ΔA_i),且所求量等于这些部分量之和 $\left(\text{即 } A=\sum\limits_{i=1}^{n}\Delta A_i\right)$,这个性质称为所求量对区间 $[a,b]$ 具有**可加性**.

其次,部分量 ΔA_i 可以表示成 $f(\xi_i)\Delta x_i$ 与 Δx_i 的高阶无穷小的和,因此和式 $\sum\limits_{i=1}^{n}f(\xi_i)\Delta x_i$ 的极限是 A 的精确值,而 A 可以表示成定积分

$$A=\int_a^b f(x)\,\mathrm{d}x.$$

在上述四个步骤中,最关键的一步是确定 ΔA_i 的近似值 $f(\xi_i)\Delta x_i$. 在实用上,为了简便起见,省略下标 i,用 ΔA 表示任一小区间 $[x,x+\mathrm{d}x]$ 上的小曲边梯形的面积,并取 $[x,x+\mathrm{d}x]$ 的左端点 x 为 ξ,于是

$$\Delta A\approx f(x)\,\mathrm{d}x.$$

上式右端 $f(x)\,\mathrm{d}x$ 叫做面积微元,记为 $\mathrm{d}A=f(x)\,\mathrm{d}x$. 于是

$$A=\sum\Delta A\approx\sum f(x)\,\mathrm{d}x,$$

则

$$A=\lim\sum f(x)\,\mathrm{d}x=\int_a^b f(x)\,\mathrm{d}x.$$

一般地，如果一个实际问题中的所求量 U 符合下列条件：

(1) U 是一个与变量 x 的变化区间 $[a,b]$ 有关的量；

(2) U 对区间 $[a,b]$ 具有可加性，就是说，如果把区间 $[a,b]$ 分成许多部分区间，则 U 相应地分成许多部分量，而 U 等于所有部分量之和；

(3) 部分量 ΔU_i 的近似值可表示为 $f(\xi_i)\Delta x_i$.

那么就考虑用定积分来表达这个量 U. 通常写出这个量 U 的积分表达式的步骤是：

(1) 选取一个变量 x 为积分变量，并确定它的变化区间 $[a,b]$；

(2) 设想把区间 $[a,b]$ 分成 n 个小区间，取其中任一小区间并记作 $[x,x+\mathrm{d}x]$，求出相应于这个小区间的 ΔU 的近似值 $f(x)\,\mathrm{d}x$，记为 $\mathrm{d}U$，称作所求量 U 的"微元"，即

$$\mathrm{d}U=f(x)\,\mathrm{d}x;$$

(3) 以所求量 U 的微元 $\mathrm{d}U=f(x)\,\mathrm{d}x$ 为被积表达式，在区间 $[a,b]$ 上作定积分，得

$$U=\int_a^b f(x)\,\mathrm{d}x,$$

这就是所求量 U 的积分表达式.

这个方法通常叫做**微元法**. 以下将用这个方法来求一些几何量和一些物理量.

2. 几何应用

(1) 平面图形的面积

① 直角坐标情形

设函数 $y=f(x)$ 在区间 $[a,b]$ 上非负、连续，则由曲线 $y=f(x)$ 及直线 $x=a,x=b,x$ 轴所围成的曲边梯形的面积

$$A=\int_a^b f(x)\,\mathrm{d}x.$$

下面讨论如何用定积分计算平面图形的面积，分以下几种情形进行讨论：

情形 1　由直线 $x=a,x=b,x$ 轴及曲线 $y=f(x)$（其中 $f(x)$ 在 $[a,b]$ 上连续）所围成的平面图形的面积（我们所讨论的平面图形都是指平面直角坐标系中有界的图形）.

由于 $f(x)$ 在 $[a,b]$ 上可能有正有负，而面积总是非负的，这时 $\int_a^b f(x)\,\mathrm{d}x$ 就未必是所求的面积，但是由 $x=a,x=b,x$ 轴及曲线 $y=|f(x)|$ 所围成的平面图形的面积与所求的面积是相等的（因为绝对值可以使位于 x 轴下方的部分关于 x 轴对称地变到 x 轴上方且保持 x 轴上方的部分不变（图 5.10））. 因此所求的面积为

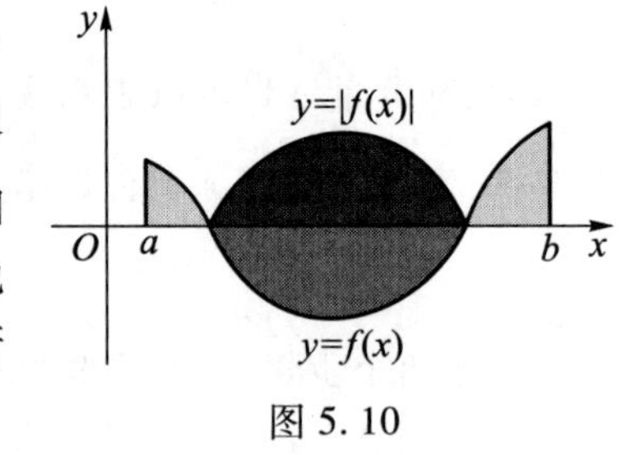

图 5.10

$$A=\int_a^b |f(x)|\,\mathrm{d}x.$$

情形 2　由直线 $x=a,x=b$，曲线 $y=f(x)$ 及曲线 $y=g(x)$ 所围成的平面图形（图 5.11）的面积（其中 $f(x),g(x)$ 是 $[a,b]$ 上的连续函数）.

由情形 1 易知所求平面图形的面积为

$$A=\int_a^b |f(x)-g(x)|\,\mathrm{d}x.$$

情形3 由直线 $y=c,y=d$,曲线 $x=\varphi(y)$ 及曲线 $x=\psi(y)$ 所围成的平面图形(图5.12)的面积(其中 $\varphi(y),\psi(y)$ 是 $[c,d]$ 上的连续函数).

类似于情形2易知所求平面图形的面积为

$$A=\int_c^d |\varphi(y)-\psi(y)|\,\mathrm{d}y.$$

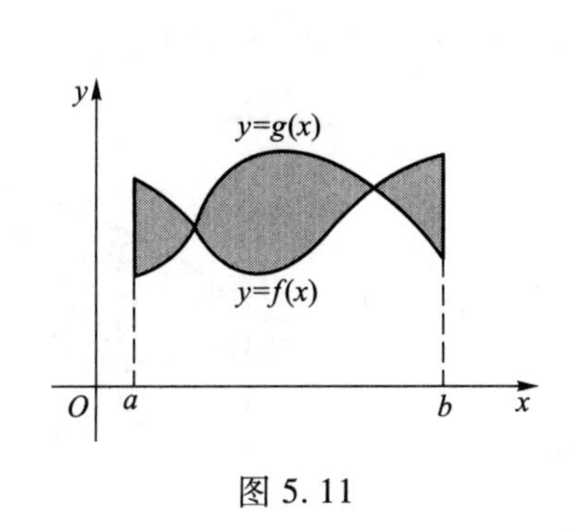

图5.11

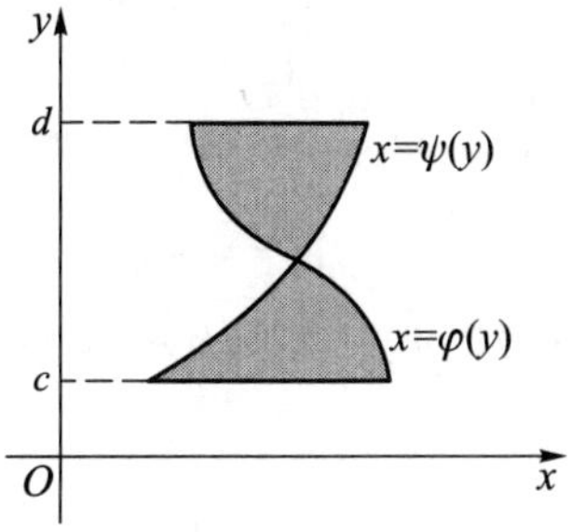

图5.12

例12 计算由两条抛物线:$y^2=x,y=x^2$ 所围成的图形(图5.13)的面积.

解 为了具体定出图形所在的范围,先求出这两条抛物线的交点.为此,解方程组

$$\begin{cases}y^2=x,\\ y=x^2,\end{cases}$$

得到两个解:

$$x=0,y=0 \quad 及 \quad x=1,y=1,$$

即这两条抛物线的交点为(0,0)及(1,1).从而知道这图形在直线 $x=0$ 与 $x=1$ 之间.

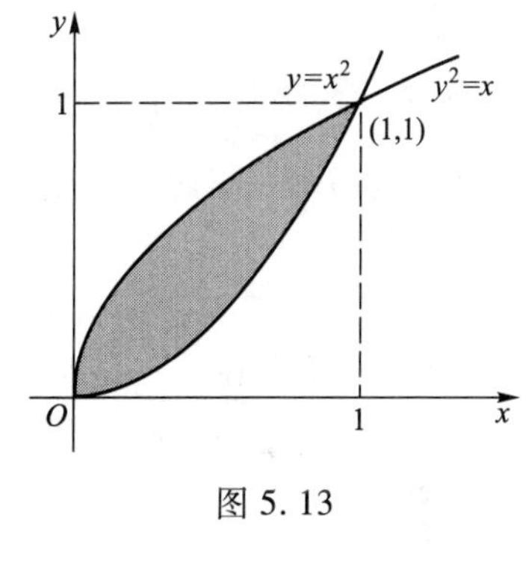

图5.13

取横坐标 x 为积分变量,它的变化区间为[0,1].相应于[0,1]上的任一小区间 $[x,x+\mathrm{d}x]$ 的窄条的面积近似于高为 $\sqrt{x}-x^2$、底为 $\mathrm{d}x$ 的窄矩形的面积,从而得到面积微元

$$\mathrm{d}A=(\sqrt{x}-x^2)\,\mathrm{d}x.$$

以 $(\sqrt{x}-x^2)\,\mathrm{d}x$ 为被积表达式,在闭区间[0,1]上作定积分,便得所求面积为

$$A=\int_0^1(\sqrt{x}-x^2)\,\mathrm{d}x=\left[\frac{2}{3}x^{\frac{3}{2}}-\frac{1}{3}x^3\right]_0^1=\frac{1}{3}.$$

例13 求由曲线 $y=\sin x,y=\cos x$ 及直线 $x=0,x=\dfrac{\pi}{2}$ 所围成的图形(图5.14)的面积.

解 $y=\sin x,y=\cos x$ 的交点的横坐标为 $\dfrac{\pi}{4}$.故所求的面积为

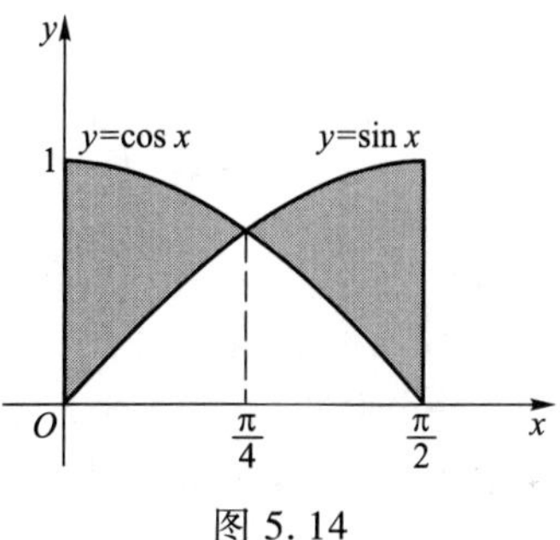

图5.14

$$
\begin{aligned}
A &= \int_0^{\frac{\pi}{2}} |\sin x - \cos x|\,\mathrm{d}x \\
&= \int_0^{\frac{\pi}{4}} (\cos x - \sin x)\,\mathrm{d}x + \int_{\frac{\pi}{4}}^{\frac{\pi}{2}} (\sin x - \cos x)\,\mathrm{d}x \\
&= [\sin x + \cos x]_0^{\frac{\pi}{4}} + [-\cos x - \sin x]_{\frac{\pi}{4}}^{\frac{\pi}{2}} \\
&= 2(\sqrt{2} - 1).
\end{aligned}
$$

例 14　计算抛物线 $y^2=2x$ 与直线 $y=x-4$ 所围成的图形(图 5.15)的面积.

解　为确定积分限,解方程组

$$
\begin{cases} y^2 = 2x, \\ y = x-4, \end{cases}
$$

得交点(2,-2)和(8,4). 取 y 为积分变量,它的变化区间为[-2,4],所求面积为

$$
A = \int_{-2}^{4} \left(y+4-\frac{1}{2}y^2 \right) \mathrm{d}y = \left[\frac{y^2}{2} + 4y - \frac{y^3}{6} \right]_{-2}^{4} = 18.
$$

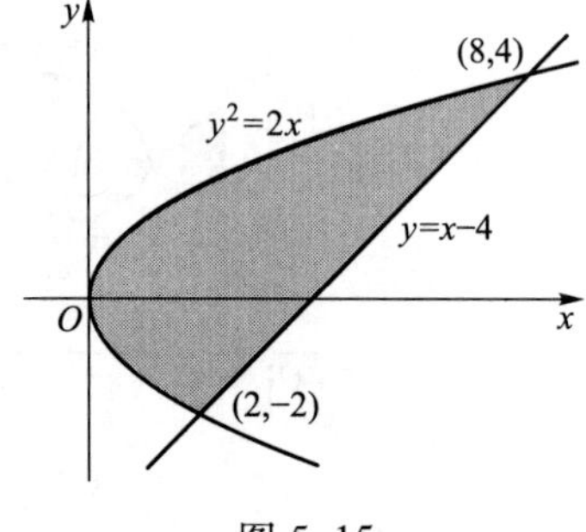

图 5.15

此题如果用 x 为积分变量,则必须分成两部分,即

$$
A = 2\int_0^2 \sqrt{2x}\,\mathrm{d}x + \int_2^8 (\sqrt{2x} - (x-4))\,\mathrm{d}x.
$$

例 15　求椭圆 $\dfrac{x^2}{a^2}+\dfrac{y^2}{b^2}=1$ 所围成的图形(图 5.16)的面积.

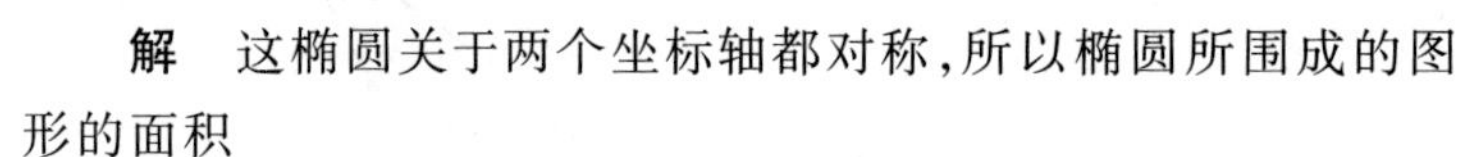

解　这椭圆关于两个坐标轴都对称,所以椭圆所围成的图形的面积

$$
A = 4A_1,
$$

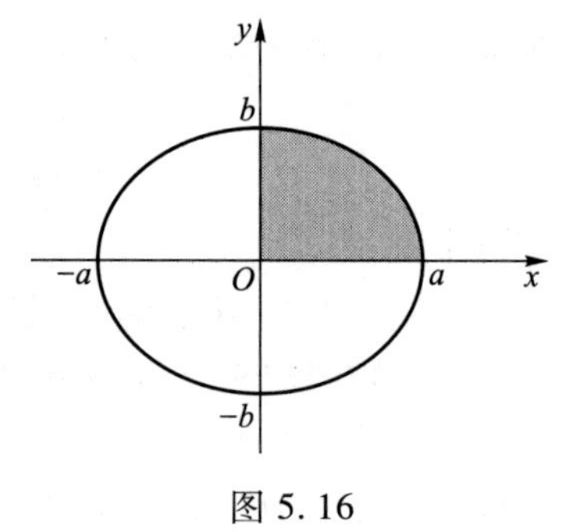

图 5.16

其中 A_1 为该椭圆在第一象限与两坐标轴所围图形的面积,因此

$$
A = 4A_1 = 4\int_0^a y\,\mathrm{d}x.
$$

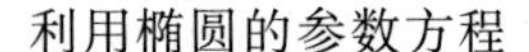

利用椭圆的参数方程

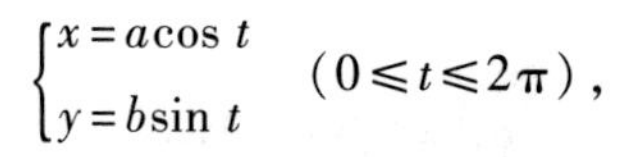

$$
\begin{cases} x = a\cos t \\ y = b\sin t \end{cases} \quad (0 \leqslant t \leqslant 2\pi),
$$

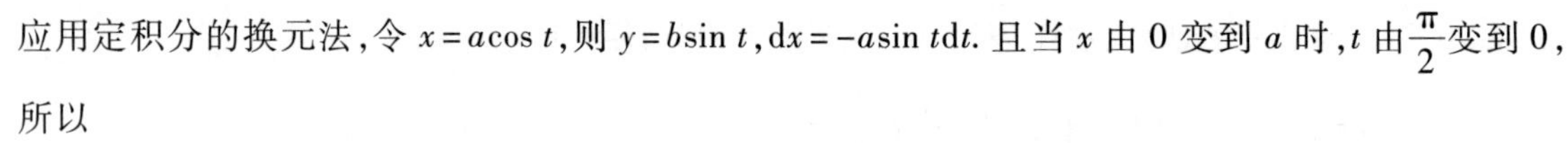

应用定积分的换元法,令 $x=a\cos t$,则 $y=b\sin t$, $\mathrm{d}x=-a\sin t\mathrm{d}t$. 且当 x 由 0 变到 a 时,t 由 $\dfrac{\pi}{2}$ 变到 0,所以

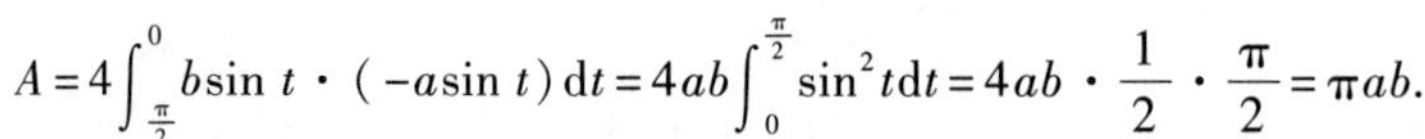

$$
A = 4\int_{\frac{\pi}{2}}^{0} b\sin t \cdot (-a\sin t)\,\mathrm{d}t = 4ab\int_0^{\frac{\pi}{2}} \sin^2 t\,\mathrm{d}t = 4ab \cdot \frac{1}{2} \cdot \frac{\pi}{2} = \pi ab.
$$

当 $a=b$ 时,就得到我们所熟悉的圆面积公式 $A=\pi a^2$.

② 极坐标情形

某些平面图形,用极坐标来计算它们的面积比较方便.

设曲线 $\rho=\varphi(\theta)$ 及射线 $\theta=\alpha$, $\theta=\beta$ 围成一图形(简称为曲边扇形,如图 5.17),现在要计算它的面积. 这里,$\varphi(\theta)$ 在 $[\alpha,\beta]$ 上连续,且 $\varphi(\theta) \geqslant 0$.

由于当 θ 在$[\alpha,\beta]$上变动时,极径 $\rho=\varphi(\theta)$ 也随之变动,因此所求图形的面积不能直接利用圆扇形面积公式 $A=\frac{1}{2}R^2\theta$ 来计算.取极角 θ 为积分变量,它的变化区间为$[\alpha,\beta]$.相应于任一小区间$[\theta,\theta+\mathrm{d}\theta]$的小曲边扇形的面积可以用半径为 $\rho=\varphi(\theta)$,中心角为 $\mathrm{d}\theta$ 的圆扇形面积来近似代替,从而得到这小曲边扇形面积的近似值,即曲边扇形的面积微元

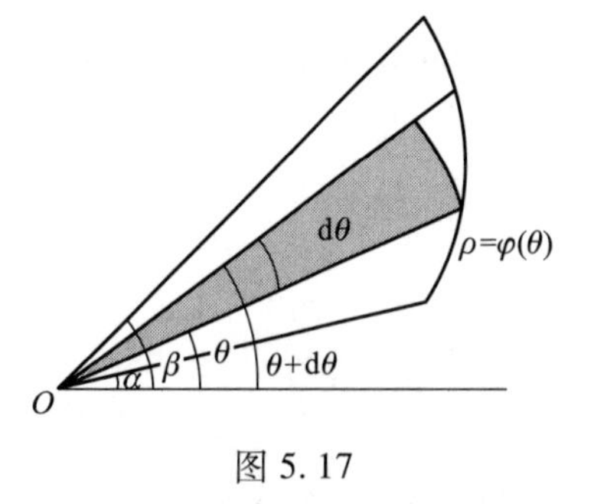

图 5.17

$$\mathrm{d}A=\frac{1}{2}[\varphi(\theta)]^2\mathrm{d}\theta.$$

以$\frac{1}{2}[\varphi(\theta)]^2\mathrm{d}\theta$ 为被积表达式,在闭区间$[\alpha,\beta]$上作定积分,便得所求曲边扇形的面积为

$$A=\int_\alpha^\beta\frac{1}{2}[\varphi(\theta)]^2\mathrm{d}\theta.$$

例 16　计算阿基米德螺线

$$\rho=a\theta\quad(a>0)$$

上相应于 θ 从 0 变到 2π 的一段弧与极轴所围成的图形(图 5.18)的面积.

解　积分变量 θ 的变化区间为$[0,2\pi]$,所求面积为

$$A=\int_0^{2\pi}\frac{a^2}{2}\theta^2\mathrm{d}\theta=\frac{a^2}{2}\left[\frac{\theta^3}{3}\right]_0^{2\pi}=\frac{4}{3}a^2\pi^3.$$

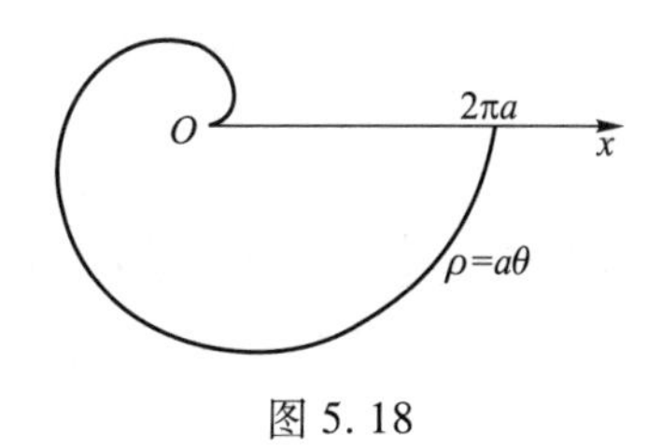

图 5.18

根据以上几个例题我们看到,利用定积分计算平面图形的面积,一般是先画出草图,根据图形特点,选择积分变量,即对 x 还是对 y 积分,然后再求曲线的交点,定出积分上、下限,写出面积的表达式,最后计算定积分.

(2) 立体的体积

用定积分计算立体的体积,我们只考虑下面两种简单情形.

情形 1　已知平行截面面积求立体的体积

设空间某立体由一曲面和垂直于 x 轴的两平面 $x=a,x=b$ 围成(如图 5.19),如果用过任意点 $x(a\leqslant x\leqslant b)$ 且垂直于 x 轴的平面截立体所得的截面的面积 $A(x)$ 是已知的连续函数,则用微元法不难求得,此立体的体积为

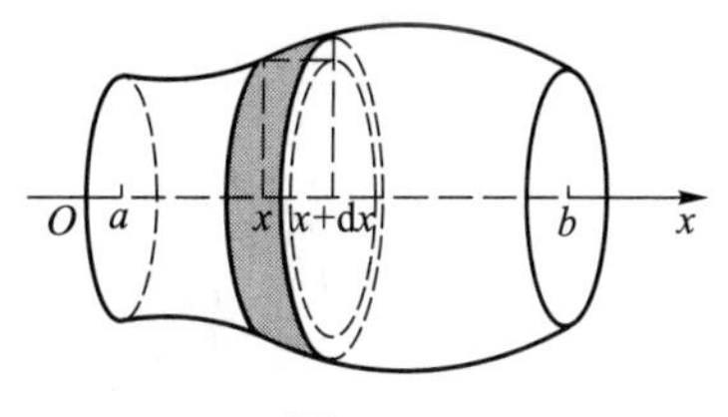

图 5.19

$$V=\int_a^b A(x)\,\mathrm{d}x.$$

例 17　一平面经过半径为 R 的圆柱体的底圆中心,并与底面交成角 α(如图 5.20).计算此平面截圆柱体所得立体的体积.

解　取此平面与圆柱体的底面的交线为 x 轴,底面上过圆中心且垂直于 x 轴的直线为 y 轴.那么,底圆的方程为 $x^2+y^2=R^2$.立体上过 x 轴上的点 x 且垂直于 x 轴的截面是一个直角三角形.它的两条直角边的长分别为 y 及 $y\tan\alpha$,即 $\sqrt{R^2-x^2}$ 及

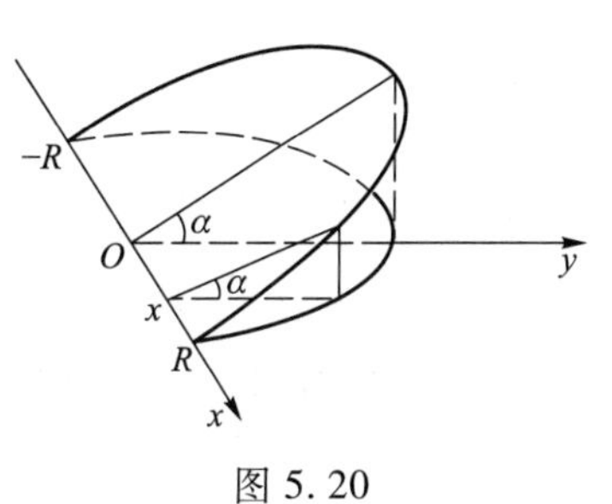

图 5.20

$\sqrt{R^2-x^2}\tan\alpha$. 因而截面面积为 $A(x)=\frac{1}{2}(R^2-x^2)\tan\alpha$，于是所求立体的体积为

$$\begin{aligned}V&=\int_{-R}^{R}\frac{1}{2}(R^2-x^2)\tan\alpha\mathrm{d}x\\&=\frac{1}{2}\tan\alpha\left[R^2x-\frac{1}{3}x^3\right]_{-R}^{R}\\&=\frac{2}{3}R^3\tan\alpha.\end{aligned}$$

情形2　旋转体的体积

一个平面图形绕着此平面上的一条直线旋转一周而成的立体，叫做**旋转体**，这条直线称为**旋转轴**. 比如，圆柱、圆锥可分别看作矩形绕它的一条边、直角三角形绕它的一条直角边旋转一周而成的立体.

考虑由连续曲线 $y=f(x)$、直线 $x=a$，$x=b$ 及 x 轴所围成的曲边梯形绕 x 轴旋转一周而成的立体（如图5.21）.

显然，此立体的任何一个垂直于 x 轴的截面都是圆，且在任意一点 x 处的截面的面积为

$$A(x)=\pi[f(x)]^2.$$

由已知平行截面面积的立体的体积公式，不难得出旋转体的体积公式

$$V=\int_a^b\pi[f(x)]^2\mathrm{d}x.$$

类似地，建立由连续曲线 $x=\varphi(y)$、直线 $y=c$，$y=d$ 及 y 轴所围曲边梯形绕 y 轴旋转一周所得的旋转体（图5.22）的体积公式为

$$V=\int_c^d\pi[\varphi(y)]^2\mathrm{d}y.$$

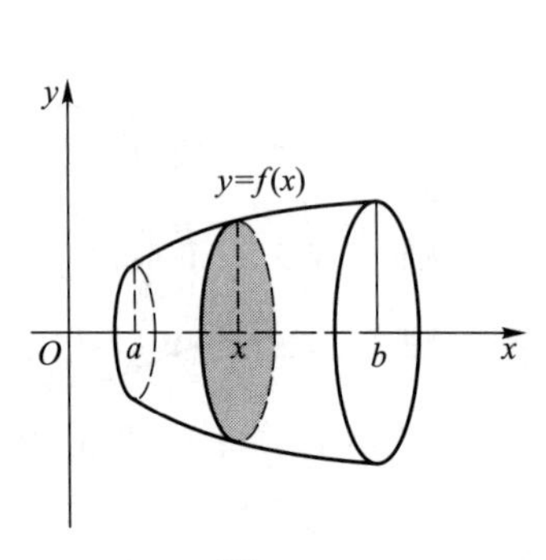

图5.21

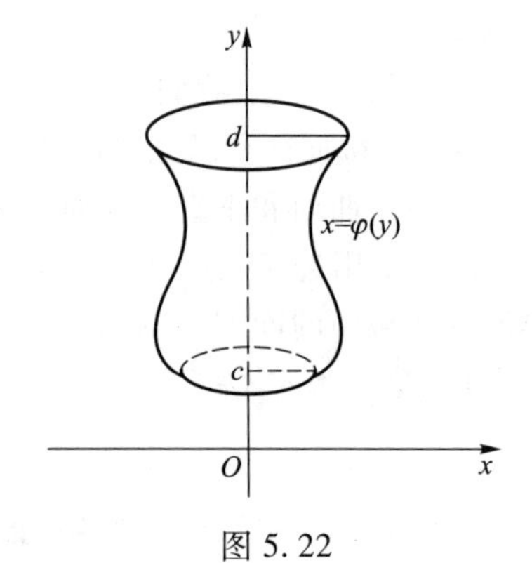

图5.22

例18　计算由椭圆 $\frac{x^2}{a^2}+\frac{y^2}{b^2}=1$ 所围图形绕 x 轴旋转一周而成的旋转体（叫做旋转椭球体（图5.23））的体积.

解　这个旋转椭球体也可以看作由半个椭圆

$$y=\frac{b}{a}\sqrt{a^2-x^2}\quad(-a\leqslant x\leqslant a)$$

及 x 轴围成的图形绕 x 轴旋转一周而成的立体. 由体积公式得

$$V=\int_{-a}^{a}\pi\frac{b^2}{a^2}(a^2-x^2)\,\mathrm{d}x=\pi\frac{b^2}{a^2}\left[a^2x-\frac{1}{3}x^3\right]_{-a}^{a}=\frac{4}{3}\pi ab^2.$$

(3) 平面曲线的弧长

设 A,B 是平面曲线 C 的两个端点,在 C 上从 A 到 B 依次任取分点 $A=M_0,M_1,M_2,\cdots,M_{i-1},M_i,\cdots,M_{n-1},M_n=B$,并依次连接相邻的分点得 C 的一条内接折线(如图 5.24). 当分点的数目无限增加且每个小段 $M_{i-1}M_i$ 都缩向一点时,如果折线的长 $\sum\limits_{i=1}^{n}|M_{i-1}M_i|$ 的极限存在,则称此极限为**曲线 C 的弧长**,并称此**曲线 C 是可求长的**.

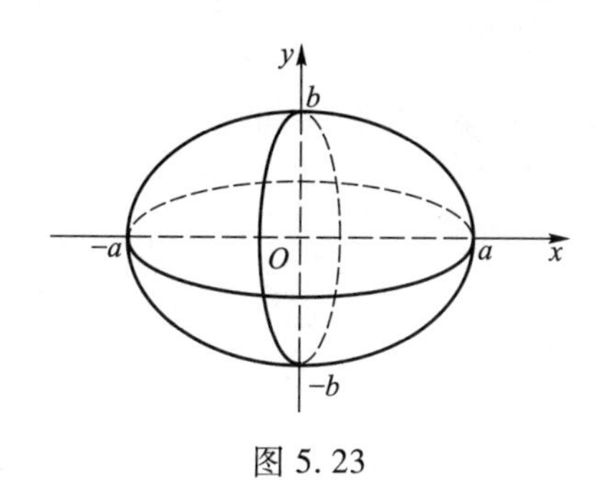

图 5.23

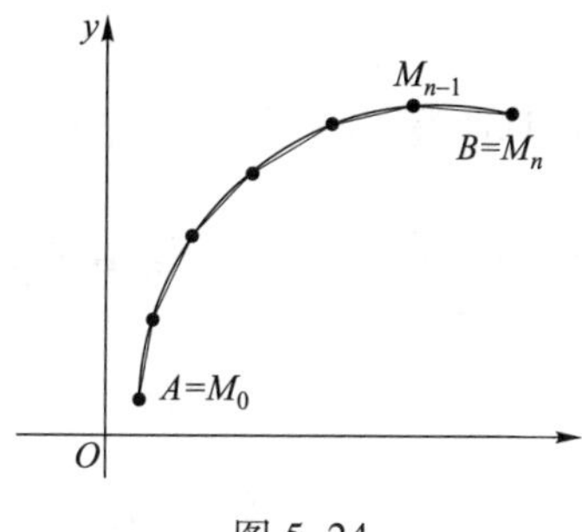

图 5.24

可以证明,光滑曲线(其上每一点都有切线,且切线随切点的移动而连续变化)是可求长的. 下面我们用定积分的微元法来讨论平面光滑曲线弧长的计算公式.

设曲线由参数方程

$$\begin{cases}x=\varphi(t),\\ y=\psi(t)\end{cases}\quad(\alpha\leqslant t\leqslant\beta)$$

给出,其中 $\varphi(t),\psi(t)$ 在 $[\alpha,\beta]$ 上具有连续导数. 取参数 t 为积分变量,它的变化区间为 $[\alpha,\beta]$. 相应于 $[\alpha,\beta]$ 上任一小区间 $[t,t+\mathrm{d}t]$ 的小弧段的长度 Δs 近似等于对应的弦的长度 $\sqrt{(\Delta x)^2+(\Delta y)^2}$,因为

$$\Delta x=\varphi(t+\mathrm{d}t)-\varphi(t)\approx\mathrm{d}x=\varphi'(t)\,\mathrm{d}t,$$
$$\Delta y=\psi(t+\mathrm{d}t)-\psi(t)\approx\mathrm{d}y=\psi'(t)\,\mathrm{d}t,$$

所以 Δs 的近似值(弧微分)即弧长微元为

$$\mathrm{d}s=\sqrt{(\mathrm{d}x)^2+(\mathrm{d}y)^2}=\sqrt{\varphi'^2(t)(\mathrm{d}t)^2+\psi'^2(t)(\mathrm{d}t)^2}=\sqrt{\varphi'^2(t)+\psi'^2(t)}\,\mathrm{d}t.$$

于是所求弧长为

$$s=\int_{\alpha}^{\beta}\sqrt{\varphi'^2(t)+\psi'^2(t)}\,\mathrm{d}t.$$

当曲线由直角坐标方程

$$y=f(x)\quad(a\leqslant x\leqslant b)$$

给出,其中 $f(x)$ 在 $[a,b]$ 上具有一阶连续导数,这时曲线有参数方程

$$\begin{cases}x=x,\\ y=f(x)\end{cases}\quad(a\leqslant x\leqslant b),$$

从而所求弧长为

$$s=\int_a^b \sqrt{1+y'^2}\,\mathrm{d}x=\int_a^b \sqrt{1+f'^2(x)}\,\mathrm{d}x.$$

当曲线由极坐标方程

$$r=r(\theta)\quad(\alpha\leqslant\theta\leqslant\beta)$$

给出，且 $r(\theta)$ 具有连续导数，则由直角坐标与极坐标的关系可得

$$\begin{cases}x=r(\theta)\cos\theta,\\ y=r(\theta)\sin\theta\end{cases}\quad(\alpha\leqslant\theta\leqslant\beta),$$

这就是以极角 θ 为参数的曲线弧的参数方程. 从而所求弧长为

$$s=\int_\alpha^\beta \sqrt{r^2(\theta)+r'^2(\theta)}\,\mathrm{d}\theta.$$

例 19　计算曲线 $y=\frac{2}{3}x^{\frac{3}{2}}$ 上相应于 x 从 a 到 b 的一段弧（图 5.25）的长度.

解　因为 $y=\frac{2}{3}x^{\frac{3}{2}}$，$y'=x^{\frac{1}{2}}$，所以所求弧长为

$$\begin{aligned}s&=\int_a^b \sqrt{1+(x^{\frac{1}{2}})^2}\,\mathrm{d}x=\int_a^b \sqrt{1+x}\,\mathrm{d}x=\left[\frac{2}{3}(1+x)^{\frac{3}{2}}\right]_a^b\\&=\frac{2}{3}\left[(1+b)^{\frac{3}{2}}-(1+a)^{\frac{3}{2}}\right].\end{aligned}$$

例 20　计算摆线

$$\begin{cases}x=a(t-\sin t),\\ y=a(1-\cos t)\end{cases}\quad(a>0)$$

的一拱 $(0\leqslant t\leqslant 2\pi)$（图 5.26）的长度.

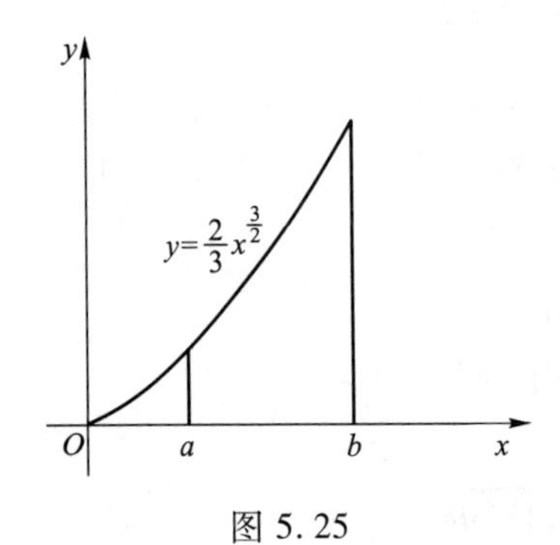

图 5.25

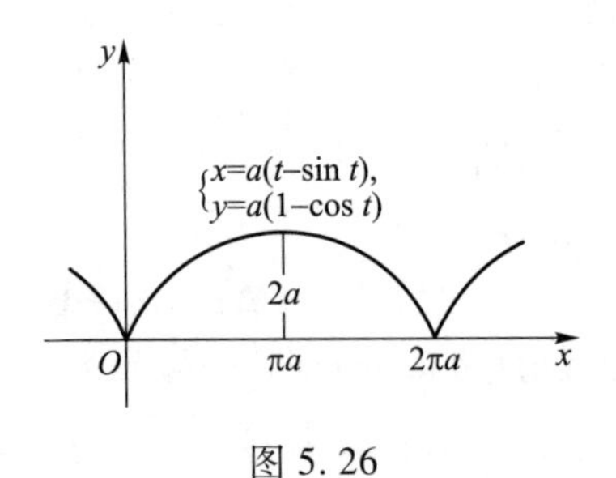

图 5.26

解　根据弧长公式

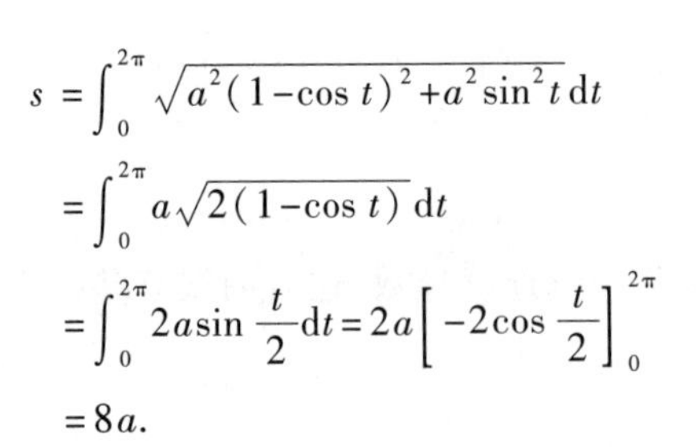

$$\begin{aligned}s&=\int_0^{2\pi} \sqrt{a^2(1-\cos t)^2+a^2\sin^2 t}\,\mathrm{d}t\\&=\int_0^{2\pi} a\sqrt{2(1-\cos t)}\,\mathrm{d}t\\&=\int_0^{2\pi} 2a\sin\frac{t}{2}\mathrm{d}t=2a\left[-2\cos\frac{t}{2}\right]_0^{2\pi}\\&=8a.\end{aligned}$$

例 21　求阿基米德螺线 $r=a\theta(a>0)$ 相应于 θ 从 0 到 2π 的一段（如图 5.18）的弧长.

解　根据弧长公式

$$s=\int_{0}^{2\pi}\sqrt{a^{2}\theta^{2}+a^{2}}\,\mathrm{d}\theta=a\int_{0}^{2\pi}\sqrt{1+\theta^{2}}\,\mathrm{d}\theta$$

$$=a\pi\sqrt{1+4\pi^{2}}+\frac{a}{2}\ln(2\pi+\sqrt{1+4\pi^{2}}).$$

3. 物理应用

定积分在物理学中常用于求各种物理量，这里只简要介绍应用定积分计算变力所做的功和引力.

（1）变力沿直线所做的功

若物体在做直线运动的过程中受到一个恒力 F 的作用，其方向与物体运动方向一致，那么，在物体移动了距离 s 时，恒力 F 对物体所做的功为

$$W=F\cdot s.$$

如果物体在运动过程中所受到的力是变化的，就会遇到变力对物体所做功的问题. 下面通过具体例子说明如何计算变力所做的功.

例 22　把一个带 $+q$ 电量的点电荷放在 r 轴上坐标原点 O 处，它产生一个电场. 这个电场对周围的电荷有作用力. 由物理学知道，如果一个单位正电荷放在这个电场中距离原点 O 为 r 的地方，那么电场对它的作用力的大小为

$$F=k\frac{q}{r^{2}}\quad(k\text{ 是常数}),$$

当这个单位正电荷在电场中从 $r=a$ 处沿 r 轴移动到 $r=b(a<b)$ 处（图 5.27）时，计算电场力 F 对它所做的功.

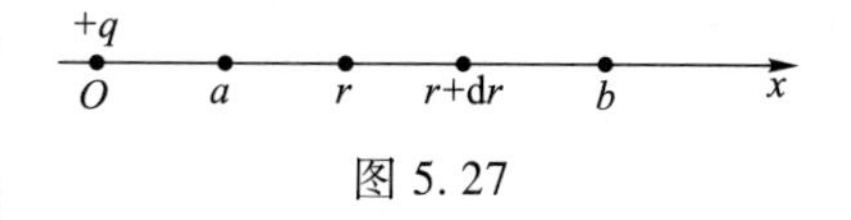

图 5.27

解　在上述移动过程中，电场对这单位正电荷的作用力是变的. 取 r 为积分变量，它的变化区间为 $[a,b]$. 设 $[r,r+\mathrm{d}r]$ 为 $[a,b]$ 上的任一小区间. 当单位正电荷从 r 移动到 $r+\mathrm{d}r$ 时，电场力对它所做的功近似于 $\frac{kq}{r^{2}}\mathrm{d}r$，即功微元为

$$\mathrm{d}W=\frac{kq}{r^{2}}\mathrm{d}r.$$

于是所求的功为

$$W=\int_{a}^{b}\frac{kq}{r^{2}}\mathrm{d}r=kq\left[-\frac{1}{r}\right]_{a}^{b}=kq\left(\frac{1}{a}-\frac{1}{b}\right).$$

（2）引力

从物理学知道，质量分别为 m_1,m_2，相距为 r 的两质点间的引力的大小为

$$F=G\frac{m_1m_2}{r^{2}},$$

其中 G 为引力常量，引力的方向沿着两质点连线的方向.

如果要计算一根细棒对一个质点的引力，那么，由于细棒上各点与该质点的距离是变化的，且各点对该质点的引力的方向也是变化的，因此就不能用上述公式来计算. 下面举例说明它的计算方法.

例 23　设有一长度为 l,线密度为 μ 的均匀细直棒,在其中垂线上距棒 a 单位处有一质量为 m 的质点 M. 试计算该棒对质点的引力.

解　建立坐标系如图 5.28 所示,使棒位于 y 轴上,质点 M 位于 x 轴上,棒的中点为原点 O. 取 y 为积分变量,它的变化区间为 $\left[-\dfrac{l}{2},\dfrac{l}{2}\right]$. 设 $[y,y+\mathrm{d}y]$ 为 $\left[-\dfrac{l}{2},\dfrac{l}{2}\right]$ 上的任一小区间,把细直棒上相应于 $[y,y+\mathrm{d}y]$ 的一段近似地看成质点,其质量为 $\mu\mathrm{d}y$,与 M 相距 $r=\sqrt{a^2+y^2}$. 因此可以按照两质点间的引力计算公式求出这段细直棒对质点 M 的引力 ΔF 的大小为

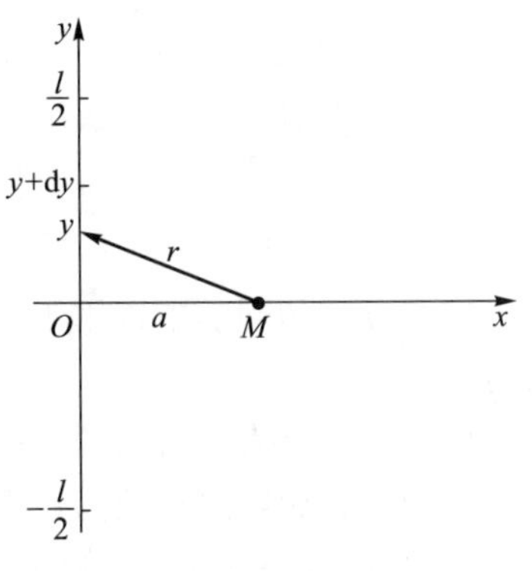

图 5.28

$$\Delta F\approx G\frac{m\mu\mathrm{d}y}{a^2+y^2},$$

从而求出 ΔF 在水平方向分力 ΔF_x 的近似值,即细直棒对质点 M 的引力在水平方向分力 F_x 的元素为

$$\mathrm{d}F_x=\mathrm{d}F\cdot\sin\theta=-G\frac{am\mu\mathrm{d}y}{(a^2+y^2)^{\frac{3}{2}}},$$

于是得引力在水平方向分力为

$$F_x=-\int_{-\frac{l}{2}}^{\frac{l}{2}}G\frac{am\mu}{(a^2+y^2)^{\frac{3}{2}}}\mathrm{d}y=\frac{-2Gm\mu l}{a\sqrt{4a^2+l^2}}.$$

由对称性知,引力在铅直方向分力为 $F_y=0$.

习　题　5.4

1. 计算以下导数:

(1) $\dfrac{\mathrm{d}}{\mathrm{d}x}\displaystyle\int_0^{x^2}\sqrt{1+t^2}\,\mathrm{d}t$;　　(2) $\dfrac{\mathrm{d}}{\mathrm{d}x}\displaystyle\int_{\cos x}^{\sin x}\cos(\pi t^2)\,\mathrm{d}t$.

2. 用牛顿-莱布尼茨公式计算下列定积分:

(1) $\displaystyle\int_0^1(x^2-2x+3)\,\mathrm{d}x$;　　(2) $\displaystyle\int_4^9\sqrt{x}(1+\sqrt{x})\,\mathrm{d}x$;

(3) $\displaystyle\int_{\frac{1}{\sqrt{3}}}^{\sqrt{3}}\frac{1}{1+x^2}\mathrm{d}x$;　　(4) $\displaystyle\int_0^2|1-x|\,\mathrm{d}x$;

(5) $\displaystyle\int_0^{2\pi}|\sin x|\,\mathrm{d}x$;　　(6) $\displaystyle\int_{-1}^0\frac{3x^4+3x^2+1}{x^2+1}\mathrm{d}x$;

(7) $\displaystyle\int_{\frac{\pi}{6}}^{\frac{\pi}{3}}\tan^2x\,\mathrm{d}x$;　　(8) $\displaystyle\int_0^1\frac{\mathrm{d}x}{\sqrt{4-x^2}}$.

3. 求下列极限:

(1) $\displaystyle\lim_{x\to 0}\frac{\int_0^x\cos t^2\,\mathrm{d}t}{x}$;　　(2) $\displaystyle\lim_{x\to 0}\frac{\left(\int_0^x\mathrm{e}^{t^2}\mathrm{d}t\right)^2}{\int_0^x t\,\mathrm{e}^{2t^2}\mathrm{d}t}$.

4. 用换元法计算下列定积分：

(1) $\int_{-2}^{1}\frac{\mathrm{d}x}{(11+5x)^{3}}$；　　(2) $\int_{0}^{\frac{\pi}{2}}\sin x\cos^{3}x\mathrm{d}x$；

(3) $\int_{-2}^{0}\frac{\mathrm{d}x}{x^{2}+2x+2}$；　　(4) $\int_{-\frac{\pi}{2}}^{\frac{\pi}{2}}\cos x\cos 2x\mathrm{d}x$；

(5) $\int_{-\frac{1}{2}}^{\frac{1}{2}}\frac{(\arcsin x)^{2}}{\sqrt{1-x^{2}}}\mathrm{d}x$.　　(6) $\int_{\frac{1}{\sqrt{2}}}^{1}\frac{\sqrt{1-x^{2}}}{x^{2}}\mathrm{d}x$；

(7) $\int_{0}^{\sqrt{2}}\sqrt{2-x^{2}}\,\mathrm{d}x$；　　(8) $\int_{-\sqrt{2}}^{\sqrt{2}}\sqrt{8-2y^{2}}\,\mathrm{d}y$；

(9) $\int_{1}^{\sqrt{3}}\frac{\mathrm{d}x}{x^{2}\sqrt{1+x^{2}}}$；　　(10) $\int_{1}^{4}\frac{\mathrm{d}x}{1+\sqrt{x}}$；

(11) $\int_{\frac{3}{4}}^{1}\frac{\mathrm{d}x}{\sqrt{1-x}-1}$；　　(12) $\int_{1}^{e^{2}}\frac{\mathrm{d}x}{x\sqrt{1+\ln x}}$.

5. 设$f(x)$在$[a,b]$上连续，证明

$$\int_{a}^{b}f(x)\mathrm{d}x=\int_{a}^{b}f(a+b-x)\mathrm{d}x.$$

6. 证明：$\int_{x}^{1}\frac{\mathrm{d}x}{1+x^{2}}=\int_{1}^{\frac{1}{x}}\frac{\mathrm{d}x}{1+x^{2}}(x>0)$.

7. 设$f(x)$是以l为周期的连续函数，证明$\int_{a}^{a+l}f(x)\mathrm{d}x$的值与$a$无关.

8. 用分部积分法计算下列定积分：

(1) $\int_{1}^{4}\frac{\ln x}{\sqrt{x}}\mathrm{d}x$；　　(2) $\int_{1}^{e}x\ln x\mathrm{d}x$；

(3) $\int_{0}^{\ln 2}xe^{-x}\mathrm{d}x$；　　(4) $\int_{0}^{1}\arcsin x\mathrm{d}x$；

(5) $\int_{0}^{\sqrt{3}}x\arctan x\mathrm{d}x$；　　(6) $\int_{0}^{\pi}x\sin x\mathrm{d}x$；

(7) $\int_{0}^{\frac{\pi}{2}}e^{2x}\cos x\mathrm{d}x$；　　(8) $\int_{1}^{e}\sin(\ln x)\mathrm{d}x$.

9. 求由下列各曲线所围成的图形的面积：

(1) $y=x$与$y=\sqrt{x}$；　　(2) $y=2x$与$y=3-x^{2}$；

(3) $y=x^{2}$，$y=x$与$y=2x$；　　(4) $y=e^{x}$，$y=e^{-x}$与$x=1$.

10. 求由抛物线$y=-x^{2}+4x-3$及其在点$(0,-3)$和$(3,0)$处的切线所围成的图形的面积.

11. 计算底面是半径为R的圆，而垂直于底面上一条固定直径的所有截面都是等边三角形的立体（图5.29）的体积.

12. 由$y=x^{3}$，$x=2$与$y=0$所围成的图形，分别绕x轴及y轴旋转，计算所得两个旋转体的体积.

13. 求下列已知曲线所围成的图形按指定的轴旋转所得的旋转体的体积：

(1) $y=x^{2}$，$x=y^{2}$，绕y轴；

(2) $x^{2}+(y-2)^{2}=1$，绕x轴；

(3) $y=\ln x$，$y=0$，$x=e$，绕x轴及y轴.

14. 计算曲线$y=\ln x$上相应于$\sqrt{3}\leqslant x\leqslant\sqrt{8}$的一段的弧的长度.

15. 计算抛物线 $y^2=2px$ 从顶点到这曲线上的一点 $M(x,y)$ 的弧长.

16. 计算星形线 $x=a\cos^3 t, y=a\sin^3 t$(图 5.30)的全长.

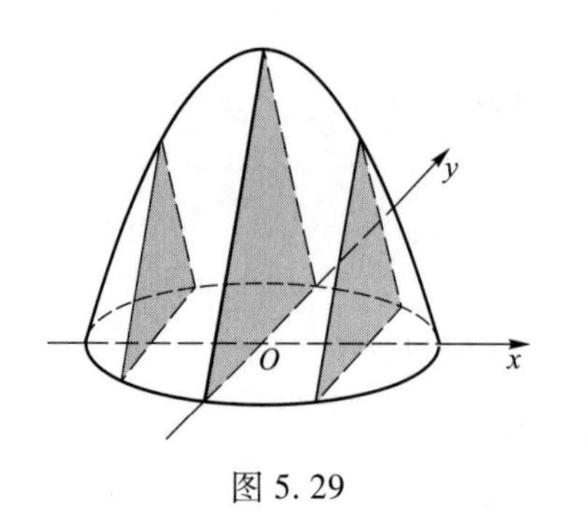

图 5.29

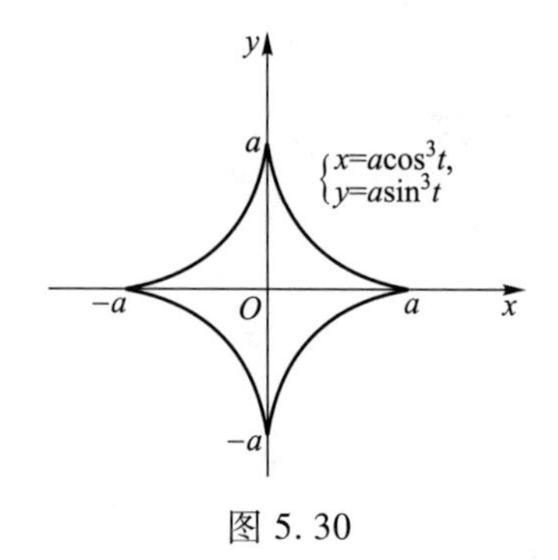

图 5.30

17. 求心形线 $\rho=a(1+\cos\theta)$ 的全长.

18. 根据胡克定律,弹簧在拉伸过程中,需要的力 F 与弹簧伸长量 s 成正比,即

$$F=ks \quad (k \text{ 是比例常数}).$$

如果把弹簧由原长拉伸 6 cm,计算所做的功.

19. 一物体按规律 $x=ct^3$ 做直线运动,介质的阻力与速度的平方成正比,且比例常数为 R. 计算物体由 $x=0$ 移至 $x=a$ 时,克服介质阻力所做的功.

5.5 反常积分

在实际应用中,常遇到积分区间为无穷区间或被积函数在积分区间上无界的积分. 按定义,这些积分都不能算作定积分. 因此,要对定积分作适当推广,从而形成**反常积分**的概念.

5.5.1 无穷限的反常积分

引例 曲线 $y=\frac{1}{x^2}$ 和直线 $x=1$ 及 x 轴所围成的开口曲边梯形的面积可记作

$$A=\int_1^{+\infty}\frac{\mathrm{d}x}{x^2},$$

其含义可理解为

$$A=\lim_{b\to+\infty}\int_1^b\frac{\mathrm{d}x}{x^2}=\lim_{b\to+\infty}\left(-\frac{1}{x}\right)\Bigg|_1^b=\lim_{b\to+\infty}\left(1-\frac{1}{b}\right)=1.$$

定义 1 设函数 $f(x)$ 在区间 $[a,+\infty)$ 上连续,取 $b>a$,定义

$$\int_a^{+\infty}f(x)\,\mathrm{d}x=\lim_{b\to+\infty}\int_a^b f(x)\,\mathrm{d}x,$$

称 $\int_a^{+\infty}f(x)\,\mathrm{d}x$ 为 $f(x)$ **在无穷区间** $[a,+\infty)$ **上的反常积分**.

如果 $\lim\limits_{b\to+\infty}\int_a^b f(x)\,\mathrm{d}x$ 存在,则称**反常积分** $\int_a^{+\infty}f(x)\,\mathrm{d}x$ **收敛**;

如果 $\lim\limits_{b\to+\infty}\int_a^b f(x)\,\mathrm{d}x$ 不存在,则称**反常积分** $\int_a^{+\infty} f(x)\,\mathrm{d}x$ **发散**.

类似地,还可以定义反常积分

$$\int_{-\infty}^b f(x)\,\mathrm{d}x=\lim_{a\to-\infty}\int_a^b f(x)\,\mathrm{d}x \quad (a<b).$$

利用上述两种反常积分,可定义函数 $f(x)$ **在区间** $(-\infty,+\infty)$ **上的反常积分**

$$\begin{aligned}\int_{-\infty}^{+\infty} f(x)\,\mathrm{d}x&=\int_{-\infty}^{c} f(x)\,\mathrm{d}x+\int_c^{+\infty} f(x)\,\mathrm{d}x\\&=\lim_{a\to-\infty}\int_a^c f(x)\,\mathrm{d}x+\lim_{b\to+\infty}\int_c^b f(x)\,\mathrm{d}x.\end{aligned}$$

不难证明,这样定义的反常积分 $\int_{-\infty}^{+\infty} f(x)\,\mathrm{d}x$ 的值是不依赖于点 c 的选取的. 应当指出,$\int_{-\infty}^{+\infty} f(x)\,\mathrm{d}x$ 收敛是要求反常积分 $\int_{-\infty}^{c} f(x)\,\mathrm{d}x$ 和 $\int_c^{+\infty} f(x)\,\mathrm{d}x$ 同时收敛,如果这两个反常积分均发散,或者其中某一个发散,则反常积分 $\int_{-\infty}^{+\infty} f(x)\,\mathrm{d}x$ 必定发散.

为了计算方便,$\int_{-\infty}^{+\infty} f(x)\,\mathrm{d}x$ 常写成下面的式子:

$$\int_{-\infty}^{+\infty} f(x)\,\mathrm{d}x=\int_{-\infty}^{0} f(x)\,\mathrm{d}x+\int_0^{+\infty} f(x)\,\mathrm{d}x.$$

上述反常积分统称为**无穷限的反常积分**.

由上述定义及牛顿-莱布尼茨公式,可得如下结果:

设 $F(x)$ 为 $f(x)$ 在区间 $[a,+\infty)$ 上的一个原函数,若 $\lim\limits_{x\to+\infty}F(x)$ 存在,则反常积分

$$\int_a^{+\infty} f(x)\,\mathrm{d}x=\lim_{x\to+\infty}F(x)-F(a);$$

若 $\lim\limits_{x\to+\infty}F(x)$ 不存在,则反常积分 $\int_a^{+\infty} f(x)\,\mathrm{d}x$ 发散.

如果记 $F(+\infty)=\lim\limits_{x\to+\infty}F(x)$,$[F(x)]_a^{+\infty}=F(+\infty)-F(a)$,则当 $F(+\infty)$ 存在时,

$$\int_a^{+\infty} f(x)\,\mathrm{d}x=[F(x)]_a^{+\infty};$$

当 $F(+\infty)$ 不存在时,反常积分 $\int_a^{+\infty} f(x)\,\mathrm{d}x$ 发散.

类似地,若在 $(-\infty,b]$ 上 $F(x)$ 为 $f(x)$ 的一个原函数,则当 $F(-\infty)$ 存在时,

$$\int_{-\infty}^{b} f(x)\,\mathrm{d}x=[F(x)]_{-\infty}^{b};$$

当 $F(-\infty)$ 不存在时,反常积分 $\int_{-\infty}^{b} f(x)\,\mathrm{d}x$ 发散.

若在 $(-\infty,+\infty)$ 内 $F(x)$ 为 $f(x)$ 的一个原函数,则当 $F(-\infty)$ 与 $F(+\infty)$ 都存在时,

$$\int_{-\infty}^{+\infty} f(x)\,\mathrm{d}x=[F(x)]_{-\infty}^{+\infty};$$

当 $F(-\infty)$ 与 $F(+\infty)$ 有一个不存在时,反常积分 $\int_{-\infty}^{+\infty} f(x)\,\mathrm{d}x$ 发散.

例 1 计算反常积分 $\int_{-\infty}^{+\infty}\dfrac{\mathrm{d}x}{1+x^2}$.

解 $\int_{-\infty}^{+\infty}\frac{\mathrm{d}x}{1+x^2}=[\arctan x]_{-\infty}^{+\infty}$

$=\lim\limits_{x\to+\infty}\arctan x-\lim\limits_{x\to-\infty}\arctan x$

$=\frac{\pi}{2}-\left(-\frac{\pi}{2}\right)$

$=\pi.$

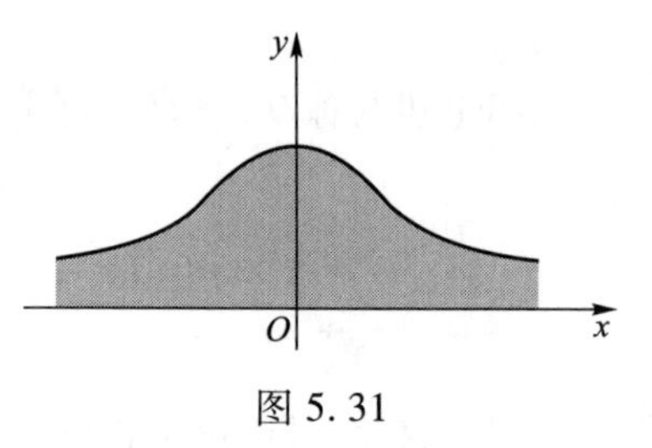

图 5.31

根据反常积分的定义和定积分的几何意义,这个反常积分的值就等于曲线 $y=\frac{1}{1+x^2}$ 下方、x 轴上方的图形的面积,如图 5.31 所示.

例 2 证明反常积分 $\int_a^{+\infty}\frac{\mathrm{d}x}{x^p}(a>0)$ 当 $p>1$ 时收敛,当 $p\leqslant1$ 时发散.

证明 当 $p=1$ 时,

$$\int_a^{+\infty}\frac{\mathrm{d}x}{x^p}=\int_a^{+\infty}\frac{\mathrm{d}x}{x}=[\ln|x|]_a^{+\infty}=+\infty,$$

当 $p\neq1$ 时,

$$\int_a^{+\infty}\frac{\mathrm{d}x}{x^p}=\left[\frac{x^{1-p}}{1-p}\right]_a^{+\infty}=\begin{cases}+\infty, & p<1,\\ \frac{a^{1-p}}{p-1}, & p>1,\end{cases}$$

因此,当 $p>1$ 时,这反常积分收敛,其值为 $\frac{a^{1-p}}{p-1}$;当 $p\leqslant1$ 时,这反常积分发散.

5.5.2 无界函数的反常积分

如果函数 $f(x)$ 在点 a 的任一邻域内都无界,那么点 a 称为函数 $f(x)$ 的**瑕点**(也称为无穷间断点). 无界函数的反常积分又称为**瑕积分**.

定义 2 设函数 $f(x)$ 在区间 $(a,b]$ 上连续,点 a 为 $f(x)$ 的瑕点. 任取 $\varepsilon>0$,定义

$$\int_a^b f(x)\,\mathrm{d}x=\lim_{\varepsilon\to0^+}\int_{a+\varepsilon}^b f(x)\,\mathrm{d}x,$$

称 $\int_a^b f(x)\,\mathrm{d}x$ 为**函数 $f(x)$ 在区间 $(a,b]$ 上的反常积分**.

如果 $\lim\limits_{\varepsilon\to0^+}\int_{a+\varepsilon}^b f(x)\,\mathrm{d}x$ 存在,则称**反常积分** $\int_a^b f(x)\,\mathrm{d}x$ **收敛**;

如果 $\lim\limits_{\varepsilon\to0^+}\int_{a+\varepsilon}^b f(x)\,\mathrm{d}x$ 不存在,则称**反常积分** $\int_a^b f(x)\,\mathrm{d}x$ **发散**.

类似地,若函数 $f(x)$ 在区间 $[a,b)$ 上连续,点 b 为 $f(x)$ 的瑕点. 任取 $\varepsilon>0$,定义

$$\int_a^b f(x)\,\mathrm{d}x=\lim_{\varepsilon\to0^+}\int_a^{b-\varepsilon} f(x)\,\mathrm{d}x,$$

称 $\int_a^b f(x)\,\mathrm{d}x$ 为**函数 $f(x)$ 在区间 $[a,b)$ 上的反常积分**.

如果 $\lim\limits_{\varepsilon\to0^+}\int_a^{b-\varepsilon} f(x)\,\mathrm{d}x$ 存在,则称**反常积分** $\int_a^b f(x)\,\mathrm{d}x$ **收敛**;

如果 $\lim\limits_{\varepsilon\to 0^+}\int_a^{b-\varepsilon} f(x)\,\mathrm{d}x$ 不存在，则称**反常积分** $\int_a^b f(x)\,\mathrm{d}x$ **发散**.

若函数 $f(x)$ 在区间 $[a,b]$ 上除点 c 外连续，点 c 为 $f(x)$ 的瑕点，则定义反常积分

$$\int_a^b f(x)\,\mathrm{d}x=\int_a^c f(x)\,\mathrm{d}x+\int_c^b f(x)\,\mathrm{d}x=\lim_{\varepsilon\to 0^+}\int_a^{c-\varepsilon} f(x)\,\mathrm{d}x+\lim_{\eta\to 0^+}\int_{c+\eta}^b f(x)\,\mathrm{d}x.$$

若两个反常积分 $\int_a^c f(x)\,\mathrm{d}x$ 与 $\int_c^b f(x)\,\mathrm{d}x$ 都收敛，则称反常积分 $\int_a^b f(x)\,\mathrm{d}x$ 收敛；否则，就称反常积分 $\int_a^b f(x)\,\mathrm{d}x$ 发散.

计算无界函数的反常积分，也可以借助于牛顿-莱布尼茨公式.

设 $x=a$ 为 $f(x)$ 的瑕点，在 $(a,b]$ 上 $F'(x)=f(x)$，如果极限 $\lim\limits_{x\to a^+}F(x)$ 存在，则反常积分

$$\int_a^b f(x)\,\mathrm{d}x=F(b)-\lim_{x\to a^+}F(x)=F(b)-F(a^+);$$

如果 $\lim\limits_{x\to a^+}F(x)$ 不存在，则反常积分 $\int_a^b f(x)\,\mathrm{d}x$ 发散.

我们仍用记号 $[F(x)]_a^b$ 来表示 $F(b)-F(a^+)$，从而形式上仍有

$$\int_a^b f(x)\,\mathrm{d}x=[F(x)]_a^b.$$

对于 $f(x)$ 在 $[a,b)$ 上连续，b 为瑕点的反常积分，也有类似的计算公式.

例 3　计算反常积分 $\int_0^a \frac{\mathrm{d}x}{\sqrt{a^2-x^2}}\ (a>0)$.

解　因为

$$\lim_{x\to a^-}\frac{1}{\sqrt{a^2-x^2}}=+\infty,$$

所以点 a 是瑕点，于是

$$\int_0^a \frac{\mathrm{d}x}{\sqrt{a^2-x^2}}=\left[\arcsin\frac{x}{a}\right]_0^a=\lim_{x\to a^-}\arcsin\frac{x}{a}-0=\frac{\pi}{2}.$$

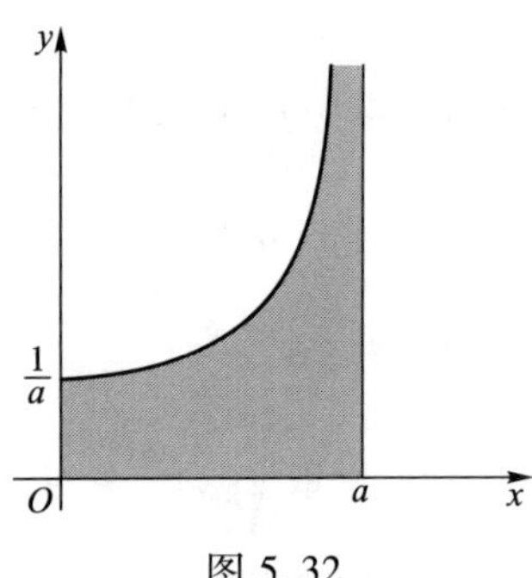

图 5.32

这个反常积分的几何意义是：位于曲线 $y=\frac{1}{\sqrt{a^2-x^2}}$ 之下，x 轴之上，直线 $x=0$ 与 $x=a$ 之间的图形的面积（图 5.32）.

例 4　证明反常积分 $\int_a^b \frac{\mathrm{d}x}{(x-a)^q}$ 当 $q<1$ 时收敛，当 $q\geqslant 1$ 时发散.

证明　当 $q=1$ 时，

$$\int_a^b \frac{\mathrm{d}x}{(x-a)^q}=\int_a^b \frac{\mathrm{d}x}{x-a}=[\ln(x-a)]_a^b=\ln(b-a)-\lim_{x\to a^+}\ln(x-a)=+\infty.$$

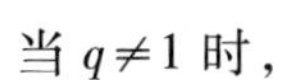

当 $q\neq 1$ 时，

$$\int_a^b \frac{\mathrm{d}x}{(x-a)^q}=\left[\frac{(x-a)^{1-q}}{1-q}\right]_a^b=\begin{cases}\dfrac{(b-a)^{1-q}}{1-q}, & q<1,\\ +\infty, & q>1.\end{cases}$$

因此,当 $q<1$ 时,这反常积分收敛,其值为$\dfrac{(b-a)^{1-q}}{1-q}$;当 $q\geqslant 1$ 时,这反常积分发散.

5.5.3 反常积分的审敛法

反常积分的敛散性可以通过定义来判定,但有时候判定起来比较难. 本节中我们建立它的审敛法. 限于篇幅,本节的定理都不给出证明.

1. 无穷限反常积分的审敛法

定理 1　设函数 $f(x)$ 在区间 $[a,+\infty)$ 上连续,且 $f(x)\geqslant 0$. 若函数

$$F(x)=\int_a^x f(t)\,\mathrm{d}t$$

在 $[a,+\infty)$ 上有界,则反常积分 $\int_a^{+\infty} f(x)\,\mathrm{d}x$ 收敛.

定理 2(比较审敛法)　设函数 $f(x), g(x)$ 在区间 $[a,+\infty)$ 上连续,且

$$0\leqslant f(x)\leqslant g(x)\quad (a\leqslant x<+\infty),$$

那么

(1) 当 $\int_a^{+\infty} g(x)\,\mathrm{d}x$ 收敛时, $\int_a^{+\infty} f(x)\,\mathrm{d}x$ 收敛;

(2) 当 $\int_a^{+\infty} f(x)\,\mathrm{d}x$ 发散时, $\int_a^{+\infty} g(x)\,\mathrm{d}x$ 发散.

定理 3(比较审敛法的极限形式)　设函数 $f(x), g(x)$ 在区间 $[a,+\infty)$ 上非负、连续,且恒有

$$\lim_{x\to+\infty}\frac{f(x)}{g(x)}=\rho,$$

那么

(1) 当 $0<\rho<+\infty$ 时,反常积分 $\int_a^{+\infty} f(x)\,\mathrm{d}x$ 与 $\int_a^{+\infty} g(x)\,\mathrm{d}x$ 有相同的敛散性;

(2) 当 $\rho=0$ 时,若 $\int_a^{+\infty} g(x)\,\mathrm{d}x$ 收敛,则 $\int_a^{+\infty} f(x)\,\mathrm{d}x$ 收敛;

(3) 当 $\rho=+\infty$ 时,若 $\int_a^{+\infty} g(x)\,\mathrm{d}x$ 发散,则 $\int_a^{+\infty} f(x)\,\mathrm{d}x$ 发散.

特别地,取 $g(x)=\dfrac{1}{x^p}$,有下面的判别法:

定理 4(极限审敛法 1)　设函数 $f(x)$ 在区间 $[a,+\infty)$ 上非负、连续. 如果存在常数 $p>1$,使得 $\lim\limits_{x\to+\infty} x^p f(x)$ 存在,那么 $\int_a^{+\infty} f(x)\,\mathrm{d}x$ 收敛;如果存在常数 $p\leqslant 1$,使得 $\lim\limits_{x\to+\infty} x^p f(x)=\rho>0$(或 $\lim\limits_{x\to+\infty} x^p f(x)=+\infty$),则 $\int_a^{+\infty} f(x)\,\mathrm{d}x$ 发散.

例 5　判别反常积分 $\int_1^{+\infty}\dfrac{\mathrm{d}x}{x\sqrt{1+x^2}}$ 的敛散性.

解 由于

$$\lim_{x\to+\infty} x^2\cdot\frac{1}{x\sqrt{1+x^2}}=\lim_{x\to+\infty}\frac{1}{\sqrt{\frac{1}{x^2}+1}}=1,$$

根据极限审敛法 1,所给反常积分收敛.

例 6 判别反常积分 $\int_1^{+\infty}\frac{\arctan x}{x}\mathrm{d}x$ 的敛散性.

解 由于

$$\lim_{x\to+\infty} x\cdot\frac{\arctan x}{x}=\lim_{x\to+\infty}\arctan x=\frac{\pi}{2},$$

根据极限审敛法 1,所给反常积分发散.

2. 无界函数的反常积分的审敛法

对于无界函数的反常积分,也有类似的比较审敛法及其相应的极限形式.这里只写出**极限审敛法** 2.

定理 5(极限审敛法 2) **设函数 $f(x)$ 在区间 $(a,b]$ 上非负、连续,a 为 $f(x)$ 的瑕点.如果存在常数 $0<p<1$,使得 $\lim\limits_{x\to a^+}(x-a)^p f(x)$ 存在,那么反常积分 $\int_a^b f(x)\mathrm{d}x$ 收敛;如果存在常数 $p\geqslant1$,使得 $\lim\limits_{x\to a^+}(x-a)^p f(x)=\rho>0$(或 $\lim\limits_{x\to a^+}(x-a)^p\cdot f(x)=+\infty$),则 $\int_a^b f(x)\mathrm{d}x$ 发散.**

例 7 判别反常积分 $\int_1^{\mathrm{e}}\frac{\mathrm{d}x}{\ln x}$ 的敛散性.

解 这里 $x=1$ 是函数 $\frac{1}{\ln x}$ 的瑕点.由洛必达法则知

$$\lim_{x\to1^+}(x-1)\frac{1}{\ln x}=\lim_{x\to1^+}\frac{1}{\frac{1}{x}}=1>0,$$

根据极限审敛法 2,所给反常积分发散.

例 8 判定椭圆积分 $\int_0^1\frac{\mathrm{d}x}{\sqrt{(1-x^2)(1-k^2x^2)}}(k^2<1)$ 的敛散性.

解 这里 $x=1$ 是被积函数的瑕点.由于

$$\lim_{x\to1^-}(1-x)^{\frac{1}{2}}\cdot\frac{1}{\sqrt{(1-x^2)(1-k^2x^2)}}$$

$$=\lim_{x\to1^-}\frac{1}{\sqrt{(1+x)(1-k^2x^2)}}=\frac{1}{\sqrt{2(1-k^2)}},$$

根据极限审敛法 2,所给反常积分收敛.

习 题 5.5

讨论下列积分是否收敛,若收敛,则求其值:

(1) $\int_{0}^{+\infty} x\mathrm{e}^{-x^2}\mathrm{d}x$；　　(2) $\int_{1}^{+\infty} \frac{\mathrm{d}x}{x^2(1+x)}$；

(3) $\int_{-\infty}^{+\infty} \mathrm{e}^{x}\sin x\mathrm{d}x$；　　(4) $\int_{0}^{+\infty} \frac{\mathrm{d}x}{\sqrt{1+x^2}}$；

(5) $\int_{0}^{1} \frac{\mathrm{d}x}{1-x^2}$；　　(6) $\int_{0}^{1} \frac{x}{\sqrt{1-x^2}}\mathrm{d}x$.

5.6　二重积分

在一元函数积分学中，已经知道定积分是函数在区间上的某种特定形式的和的极限. 若将这种和的极限的概念推广到区域上多元函数的情形，便得到重积分的概念. 因此重积分是一元函数定积分的推广和发展.

5.6.1　二重积分的概念及性质

1. 引例

(1) 求曲顶柱体的体积 V

设函数 $z=f(x,y)\geqslant 0$ 在有界闭区域 D 上连续，以曲面 $z=f(x,y)$，$(x,y)\in D$ 为顶，区域 D 为底，母线平行于 z 轴，D 的边界为准线的柱面为侧面的立体(图 5.33)称为**曲顶柱体**. 求该曲顶柱体的体积.

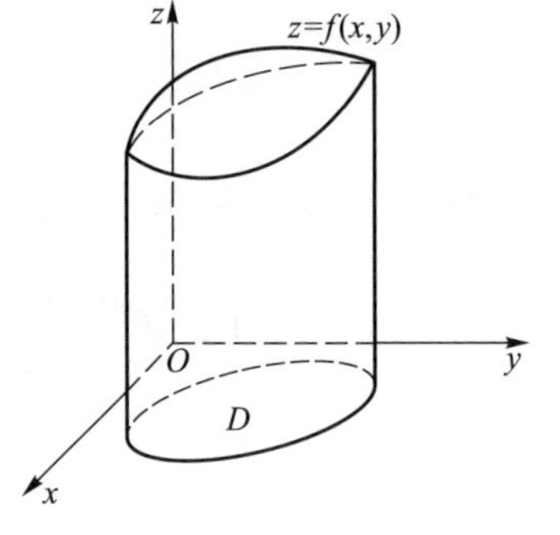

图 5.33

若立体的顶是平行于 xOy 面的平面，则计算它的体积可以用公式：

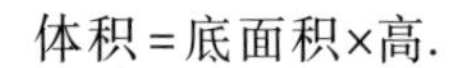
体积=底面积×高.

对于曲顶柱体不能直接利用上面的计算公式，但可以用类似于求曲边梯形面积的方法来求曲顶柱体的体积.

第一步：用一组曲线网将 D 任意分成 n 个小闭区域 $D_1, D_2, \cdots, D_n$，$\Delta\sigma_i$ 表示 D_i 的面积. 每个小闭区域 D_i 都对应着一个小曲顶柱体 ΔV_i，其中 ΔV_i 既表示第 i 个小曲顶柱体，又表示其体积.

第二步：当 D_i 的直径 d_i(即 D_i 中相距最远的两点的距离)很小时，由于 $z=f(x,y)$ 连续，小曲顶柱体 ΔV_i 可近似看作小平顶柱体. 任意取 $(\xi_i,\eta_i)\in D_i$，以 $f(\xi_i,\eta_i)$ 为高而底为 D_i 的小平顶柱体的体积 $f(\xi_i,\eta_i)\Delta\sigma_i$ 作为 ΔV_i 的近似值.

第三步：大曲顶柱体的体积 $V=\sum_{i=1}^{n}\Delta V_i \approx \sum_{i=1}^{n} f(\xi_i,\eta_i)\Delta\sigma_i$.

第四步：记 $\lambda=\max\limits_{1\leqslant i\leqslant n}\{d_i, i=1,2,\cdots,n\}$，区域分割得越细，则右端的近似值越接近于精确值 V，若分割得“无限细”，则右端近似值会无限接近于精确值 V，也就是 $V=\lim\limits_{\lambda\to 0}\sum_{i=1}^{n} f(\xi_i,\eta_i)\Delta\sigma_i$.

(2) 平面薄板的质量

若平面薄板的质量均匀分布，则有平面薄板的质量=面密度×面积.

若平面薄板的质量分布不均匀,考虑应如何计算该薄板的质量.

设一平面薄板,所占区域为闭域 D,面密度 $\mu(x,y)>0$ 且在 D 上连续,求该平面薄板的质量 M.

第一步:用曲线网将 D 任意分成 n 个小闭区域 $D_1,D_2,\cdots,D_n$,$\Delta\sigma_i$ 表示 D_i 的面积.

第二步:在 D_i 上任取一点 (ξ_i,η_i),由于 $\mu(x,y)>0$ 连续,当 D_i 很小时,$\mu(x,y)$ 在 D_i 上的变化不大,可近似看作 $\mu(x,y)$ 在 D_i 上是不变的. 从而这一小块质量的近似值 $\Delta m_i\approx\mu(\xi_i,\eta_i)\Delta\sigma_i$.

第三步:平面薄板的质量 $M=\sum\limits_{i=1}^{n}\Delta m_i\approx\sum\limits_{i=1}^{n}\mu(\xi_i,\eta_i)\Delta\sigma_i$.

第四步:记 $\lambda=\max\limits_{1\leqslant i\leqslant n}\{d_i\}$,其中 d_i 表示 D_i 的直径(即 D_i 中相距最远的两点的距离),则 $M=\lim\limits_{\lambda\to 0}\sum\limits_{i=1}^{n}\mu(\xi_i,\eta_i)\Delta\sigma_i$.

从上述两例看到,尽管所研究问题的实际背景不同,但都用到了相同的数学思想,或说其数学模型是相同的,即都可以归结为求某个特殊和式的极限. 因此不难抽象出二重积分的定义.

2. 二重积分的概念与性质

定义 1 设 $f(x,y)$ 是定义在有界闭区域 D 上的有界函数. 将 D 任意分割成 n 个无公共内点的小闭区域 $\Delta\sigma_1,\Delta\sigma_2,\cdots,\Delta\sigma_n$,其中 $\Delta\sigma_i$ 表示第 i 个小闭区域,也表示它的面积. 在每个 $\Delta\sigma_i$ 上任取一点 (ξ_i,η_i)(如图 5.34),作积 $f(\xi_i,\eta_i)\Delta\sigma_i(i=1,2,\cdots,n)$,作和 $\sum\limits_{i=1}^{n}f(\xi_i,\eta_i)\Delta\sigma_i$. 如果当各小闭区域的直径中的最大值 λ 趋于零时,此和的极限总存在,此极限的值不依赖于区域的分法,也不依赖于 (ξ_i,η_i) 的取法,则称此极限为函数 $f(x,y)$ 在闭区域 D 上的**二重积分**,记作 $\iint\limits_D f(x,y)\,\mathrm{d}\sigma$,即

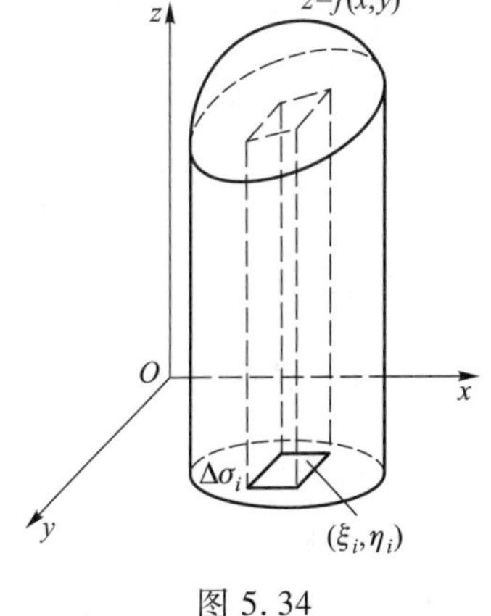

图 5.34

$$\iint\limits_D f(x,y)\,\mathrm{d}\sigma=\lim_{\lambda\to 0}\sum_{i=1}^{n}f(\xi_i,\eta_i)\Delta\sigma_i,\qquad(5.6)$$

其中 D 称为**积分区域**,$f(x,y)$ 称为**被积函数**,$f(x,y)\,\mathrm{d}\sigma$ 称为**被积表达式**,$\mathrm{d}\sigma$ 称为**面积元素**,x,y 称为**积分变量**,和式 $\sum\limits_{i=1}^{n}f(\xi_i,\eta_i)\Delta\sigma_i$ 称为**积分和**.

这里需要指出的是,当 $f(x,y)$ 在闭区域 D 上连续时,(5.6)式右端的和的极限必定存在,也就是说,函数 $f(x,y)$ 在 D 上的二重积分必定存在. 本书总是假设 $f(x,y)$ 在闭区域 D 上连续,以后就不再每次加以说明了.

按照二重积分的定义,曲顶柱体的体积可表示为 $V=\iint\limits_D f(x,y)\,\mathrm{d}\sigma$,平面薄板的质量可表示为 $M=\iint\limits_D\mu(x,y)\,\mathrm{d}\sigma$.

在二重积分的定义中对闭区域 D 的划分是任意的,若在直角坐标系下将 D 用两族平行于 x 轴和 y 轴的直线分割,则除边界上区域外,其余的小闭区域都是矩形闭区域,设矩形闭区域 $\Delta\sigma_i$ 的边长为 Δx_i 和 Δy_i,则 $\Delta\sigma_i=\Delta x_i\Delta y_i$. 因此在直角坐标系中,有时也把面积元素 $\mathrm{d}\sigma$ 记作 $\mathrm{d}x\mathrm{d}y$,而

把二重积分记作$\iint\limits_D f(x,y)\mathrm{d}x\mathrm{d}y$,其中 $\mathrm{d}x\mathrm{d}y$ 叫做直角坐标系下的面积元素.

比较定积分和二重积分的定义可以想到,二重积分具有与定积分类似的性质.现叙述如下:

性质 1　设 k 为常数,则$\iint\limits_D kf(x,y)\mathrm{d}\sigma=k\iint\limits_D f(x,y)\mathrm{d}\sigma$.

性质 2　$\iint\limits_D [f(x,y)\pm g(x,y)]\mathrm{d}\sigma=\iint\limits_D f(x,y)\mathrm{d}\sigma\pm\iint\limits_D g(x,y)\mathrm{d}\sigma$.

性质 3　设 $D=D_1\cup D_2$,且 D_1,D_2 无公共内点,则

$$\iint\limits_D f(x,y)\mathrm{d}\sigma=\iint\limits_{D_1} f(x,y)\mathrm{d}\sigma+\iint\limits_{D_2} f(x,y)\mathrm{d}\sigma.$$

性质 4　$\iint\limits_D \mathrm{d}\sigma=|D|$,**其中 $|D|$ 为区域 D 的面积.**

此性质的几何意义是很明显的,因为高为 1 的平顶柱体的体积在数值上就等于柱体的底面积.

性质 5　若在 D 上有 $f(x,y)\leqslant g(x,y)$,则

$$\iint\limits_D f(x,y)\mathrm{d}\sigma\leqslant\iint\limits_D g(x,y)\mathrm{d}\sigma.$$

推论　(i) **若在 D 上 $f(x,y)\geqslant 0$,则**$\iint\limits_D f(x,y)\mathrm{d}\sigma\geqslant 0$.

(ii) $\left|\iint\limits_D f(x,y)\mathrm{d}\sigma\right|\leqslant\iint\limits_D |f(x,y)|\mathrm{d}\sigma$.

性质 6　若在 D 上 $m\leqslant f(x,y)\leqslant M$,则

$$m|D|\leqslant\iint\limits_D f(x,y)\mathrm{d}\sigma\leqslant M|D|,$$

其中 $|D|$ 为区域 D 的面积.

上述不等式是对二重积分估值的不等式,因为 $m\leqslant f(x,y)\leqslant M$,由性质 5 有

$$\iint\limits_D m\mathrm{d}\sigma\leqslant\iint\limits_D f(x,y)\mathrm{d}\sigma\leqslant\iint\limits_D M\mathrm{d}\sigma,$$

再由性质 1 和性质 4,便得上述不等式.

性质 7(二重积分中值定理)　设函数 $f(x,y)$ 在闭区域 D 上连续,则在 D 上至少存在一点 (ξ,η),使得$\iint\limits_D f(x,y)\mathrm{d}\sigma=f(\xi,\eta)\cdot|D|$,**其中 $|D|$ 为区域 D 的面积.**

证明　易知 $|D|\neq 0$.把性质 6 中不等式各除以 $|D|$,有

$$m\leqslant\frac{1}{|D|}\iint\limits_D f(x,y)\mathrm{d}\sigma\leqslant M.$$

说明确定的数值$\frac{1}{|D|}\iint\limits_D f(x,y)\mathrm{d}\sigma$介于函数 $f(x,y)$ 的最大值 M 与最小值 m 之间.根据闭区域上连续函数的介值定理,在 D 上至少存在一点 (ξ,η) 使得函数在该点的值与这个确定的数值相等,即

$$\frac{1}{|D|}\iint\limits_D f(x,y)\mathrm{d}\sigma=f(\xi,\eta).$$

上式两端各乘 $|D|$,就得所需证明公式.

3. 二重积分的几何意义

(1) 当 $z=f(x,y)\geqslant 0$ 时,$\iint\limits_D f(x,y)\,\mathrm{d}\sigma$ 为曲顶柱体的体积.

(2) 当 $z=f(x,y)\leqslant 0$ 时,$\iint\limits_D f(x,y)\,\mathrm{d}\sigma$ 为曲顶柱体的体积的相反数.

(3) 如果 $f(x,y)$ 在 D 的若干部分区域上是正的,而在其他的部分区域上是负的,那么 $\iint\limits_D f(x,y)\,\mathrm{d}\sigma$ 是这部分区域上的柱体体积的代数和.

5.6.2 直角坐标系下二重积分的计算

一般来说,用二重积分的定义计算二重积分是很困难的,本节介绍一种计算二重积分的方法,这种方法的基本思想是将二重积分化为二次积分(即累次积分).

设积分区域 D 是由两条平行于 y 轴的直线 $x=a,x=b$ 及两条曲线 $y=\varphi_1(x),y=\varphi_2(x)$ 围成.即,D 可用不等式

$$\varphi_1(x)\leqslant y\leqslant\varphi_2(x),\quad a\leqslant x\leqslant b$$

来表示(图 5.35(a)(b)),其中 $\varphi_1(x)$ 和 $\varphi_2(x)$ 在区间 $[a,b]$ 上连续.

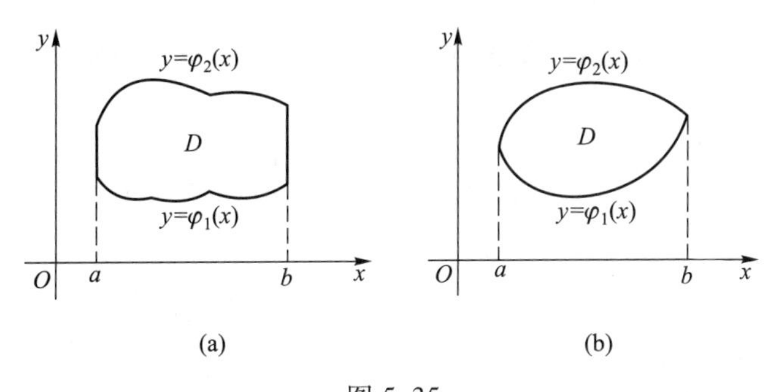

图 5.35

由二重积分的几何意义知,当 $f(x,y)\geqslant 0$ 时,$\iint\limits_D f(x,y)\,\mathrm{d}\sigma$ 表示以区域 D 为底,曲面 $z=f(x,y)$ 为顶的曲顶柱体的体积. 下面应用计算"平行截面面积已知的立体体积"的方法,计算曲顶柱体的体积.

首先计算截面面积. 用平面 $x=x_0(a\leqslant x_0\leqslant b)$ 去截柱体,所得截面是以区间 $[\varphi_1(x_0),\varphi_2(x_0)]$ 为底,曲线 $z=f(x_0,y)$ 为曲边的曲边梯形(如图 5.36),其面积为

$$S(x_0)=\int_{\varphi_1(x_0)}^{\varphi_2(x_0)}f(x_0,y)\,\mathrm{d}y.$$

一般地,用过区间 $[a,b]$ 上任一点 x,且平行于 yOz 面的平面去截曲顶柱体,截面的面积为

$$S(x)=\int_{\varphi_1(x)}^{\varphi_2(x)}f(x,y)\,\mathrm{d}y.$$

于是应用平行截面面积为已知的立体体积的计算方法,得到曲顶柱体体积为

$$V=\int_a^b S(x)\,\mathrm{d}x=\int_a^b\left[\int_{\varphi_1(x)}^{\varphi_2(x)}f(x,y)\,\mathrm{d}y\right]\mathrm{d}x. \qquad (5.7)$$

此体积即为所求二重积分的值,从而

$$\iint_D f(x,y)\,\mathrm{d}\sigma=\int_a^b\left[\int_{\varphi_1(x)}^{\varphi_2(x)}f(x,y)\,\mathrm{d}y\right]\mathrm{d}x,$$

右端称为先对 y,再对 x 的二次积分(也称为累次积分).

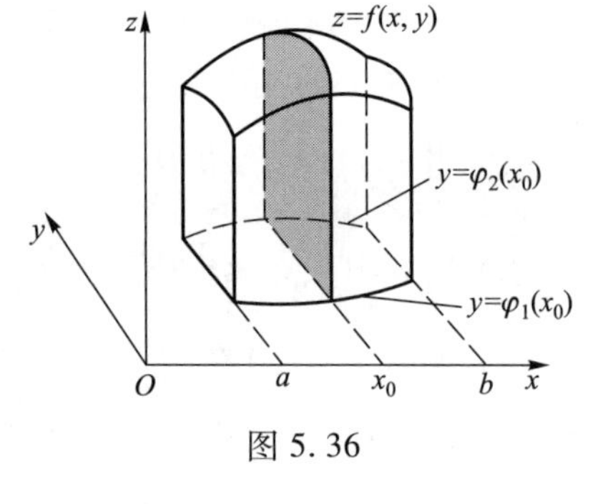

图 5.36

在公式中计算积分 $\int_{\varphi_1(x)}^{\varphi_2(x)}f(x,y)\,\mathrm{d}y$ 时,把 $f(x,y)$ 只看作 y 的函数,得到一个关于 x 的函数;然后再对 x 计算在区间 $[a,b]$ 上的定积分. 习惯上常将右端的二次积分记作

$$\int_a^b \mathrm{d}x\int_{\varphi_1(x)}^{\varphi_2(x)}f(x,y)\,\mathrm{d}y.$$

因此

$$\iint_D f(x,y)\,\mathrm{d}\sigma=\int_a^b \mathrm{d}x\int_{\varphi_1(x)}^{\varphi_2(x)}f(x,y)\,\mathrm{d}y=\int_a^b\left[\int_{\varphi_1(x)}^{\varphi_2(x)}f(x,y)\,\mathrm{d}y\right]\mathrm{d}x.$$

在上述讨论中,我们假定 $f(x,y)\geqslant 0$,但实际上公式(5.7)的成立不受此限制.

类似地,若积分区域 D 可表示为

$$\psi_1(y)\leqslant x\leqslant \psi_2(y),\quad c\leqslant y\leqslant d,$$

其中 $\psi_1(y)$,$\psi_2(y)$ 均在 $[c,d]$ 上连续(如图 5.37),则二重积分可化为先对 x,再对 y 的二次积分,记为

$$\iint_D f(x,y)\,\mathrm{d}\sigma=\int_c^d \mathrm{d}y\int_{\psi_1(y)}^{\psi_2(y)}f(x,y)\,\mathrm{d}x=\int_c^d\left[\int_{\psi_1(y)}^{\psi_2(y)}f(x,y)\,\mathrm{d}x\right]\mathrm{d}y. \qquad (5.8)$$

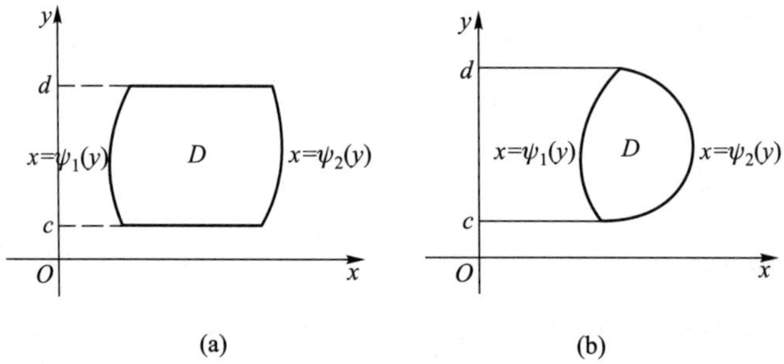

(a)　　(b)

图 5.37

我们称图 5.35 所示的积分区域为 X 型区域,X 型区域 D 的特点是:穿过 D 内部且平行于 y 轴的直线与 D 的边界相交不多于两点. 图 5.37 所示的积分区域为 Y 型区域,Y 型区域 D 的特点是:穿过 D 内部且平行于 x 轴的直线与 D 的边界相交不多于两点. 应用公式(5.7)时,积分区域必须是 X 型区域,应用公式(5.8)时,积分区域必须是 Y 型区域.

如果积分区域 D 的形状较复杂,既不是 X 型区域,也不是 Y 型区域(图 5.38),那么可以将积分区域划分为几个小区域,使每个小区域是 X 型区域或 Y 型区域,再利用积分区域可加性,就可得到最后结果.

若 D 既是 X 型区域：

$$\varphi_1(x) \leqslant y \leqslant \varphi_2(x),\quad a \leqslant x \leqslant b,$$

又是 Y 型区域：

$$\psi_1(y) \leqslant x \leqslant \psi_2(y), c \leqslant y \leqslant d$$

(图 5.39),则

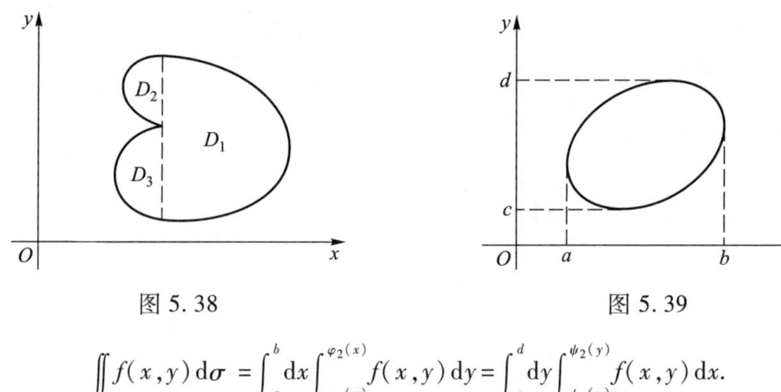

图 5.38　　图 5.39

$$\iint\limits_D f(x,y)\,\mathrm{d}\sigma = \int_a^b \mathrm{d}x \int_{\varphi_1(x)}^{\varphi_2(x)} f(x,y)\,\mathrm{d}y = \int_c^d \mathrm{d}y \int_{\psi_1(y)}^{\psi_2(y)} f(x,y)\,\mathrm{d}x.$$

化二重积分为二次积分的关键是确定积分的上、下限,而积分限是由积分区域 D 的几何形状确定的. 因此,在计算二重积分时,首先应画出积分区域 D 的图形,根据图形来确定是先对 x 积分还是先对 y 积分方便. 理论上讲,将二重积分化成两种不同顺序的积分,结果是一样的,但在实际计算中,可能影响到计算的繁简,甚至影响到能否计算出来,故应根据被积函数的特点,结合积分域选择积分顺序.

例 1　计算 $\iint\limits_D \mathrm{e}^{x+y}\mathrm{d}x\mathrm{d}y$,其中 $D=\{(x,y)\mid 0 \leqslant x \leqslant 1, 0 \leqslant y \leqslant 1\}$.

解　积分区域是矩形,既是 X 型区域, 又是 Y 型区域.

$$\iint\limits_D \mathrm{e}^{x+y}\mathrm{d}x\mathrm{d}y = \int_0^1 \mathrm{d}x \int_0^1 \mathrm{e}^{x+y}\mathrm{d}y = \int_0^1 \mathrm{e}^x \mathrm{d}x \int_0^1 \mathrm{e}^y \mathrm{d}y = \mathrm{e}^x \Big|_0^1 \cdot \mathrm{e}^y \Big|_0^1 = (\mathrm{e}-1)^2.$$

例 2　计算 $\iint\limits_D xy\,\mathrm{d}\sigma$,其中 D 是由直线 $y=x, x=1, y=0$ 围成.

解　画出积分区域(图 5.40).

解法 1　将上述积分化为先对 y 后对 x 的二次积分,得

$$\iint\limits_D xy\,\mathrm{d}\sigma = \int_0^1 \mathrm{d}x \int_0^x xy\,\mathrm{d}y = \int_0^1 \frac{1}{2}x^3\,\mathrm{d}x = \frac{1}{8}.$$

解法 2　将上述积分化为先对 x 后对 y 的二次积分得

$$\iint\limits_D xy\,\mathrm{d}\sigma = \int_0^1 \mathrm{d}y \int_y^1 xy\,\mathrm{d}x = \int_0^1 \frac{1}{2}y(1-y^2)\,\mathrm{d}y = \frac{1}{8}.$$

例 3　计算 $\iint\limits_D 2xy^2\,\mathrm{d}\sigma$,其中 D 是由直线 $y=x-2$ 与抛物线 $y^2=x$ 所围成的区域.

解　画出积分区域(图 5.41). 求出直线与抛物线的交点 $A(4,2)$ 与 $B(1,-1)$. 选择先对 x 后对 y 的二次积分,利用公式(5.8)得

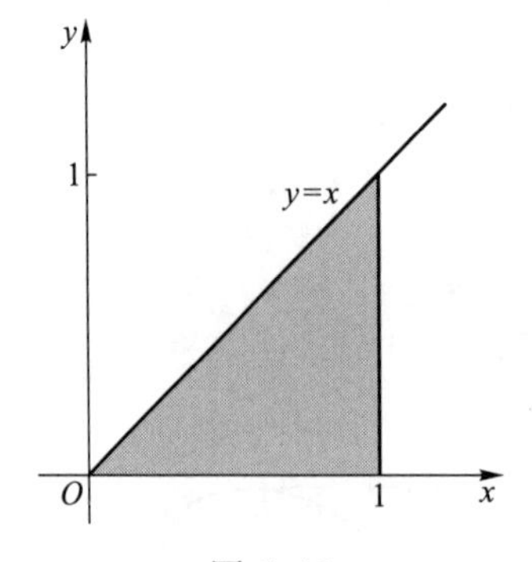

图 5.40

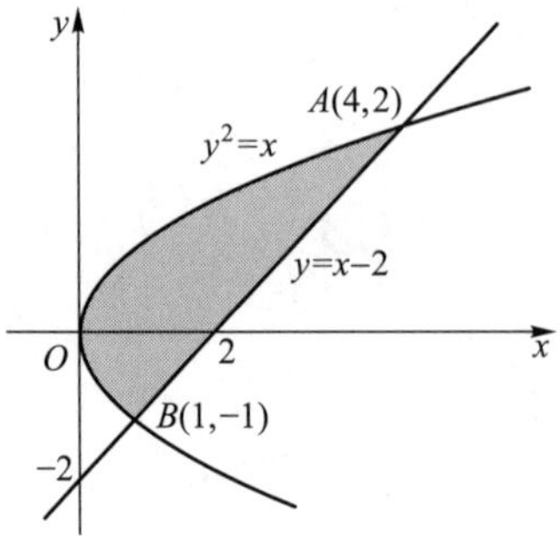

图 5.41

$$\iint_D 2xy^2\mathrm{d}\sigma = \int_{-1}^{2}\mathrm{d}y\int_{y^2}^{y+2}2xy^2\,\mathrm{d}x = \int_{-1}^{2}y^2(x^2)\Big|_{y^2}^{y+2}\mathrm{d}y$$

$$= \int_{-1}^{2}(y^4+4y^3+4y^2-y^6)\,\mathrm{d}y$$

$$= \left(\frac{y^5}{5}+y^4+\frac{4}{3}y^3-\frac{y^7}{7}\right)\Big|_{-1}^{2}$$

$$= 15\frac{6}{35}.$$

若利用公式(5.7)计算,由于在区间[0, 1]及[1,4]上表示 $\varphi_1(x)$ 的式子不同,所以要将区域 D 分成区域 D_1 和区域 D_2 两部分,其中

$$D_1 = \{(x,y)\mid -\sqrt{x}\leqslant y\leqslant\sqrt{x},0\leqslant x\leqslant 1\},$$

$$D_2 = \{(x,y)\mid x-2\leqslant y\leqslant\sqrt{x},1\leqslant x\leqslant 4\}.$$

由二重积分的性质 3,就有

$$\iint_D 2xy^2\mathrm{d}\sigma = \iint_{D_1}2xy^2\mathrm{d}\sigma + \iint_{D_2}2xy^2\mathrm{d}\sigma$$

$$= \int_0^1\mathrm{d}x\int_{-\sqrt{x}}^{\sqrt{x}}2xy^2\,\mathrm{d}y + \int_1^4\mathrm{d}x\int_{x-2}^{\sqrt{x}}2xy^2\,\mathrm{d}y.$$

可见,用公式(5.7)计算较麻烦.

例 4　交换 $I=\int_0^a\mathrm{d}y\int_{\sqrt{a^2-y^2}}^{y+a}f(x,y)\,\mathrm{d}x$ 的积分顺序,其中 $a>0$.

解　这是先对 x 后对 y 的积分,由积分上、下限可知积分区域为

$$D = \{(x,y)\mid\sqrt{a^2-y^2}\leqslant x\leqslant y+a,0\leqslant y\leqslant a\},$$

如图 5.42 所示.把积分化为先对 y 后对 x 的积分,用 $x=a$ 把区域分成两部分,得

$$I = \int_0^a\mathrm{d}x\int_{\sqrt{a^2-x^2}}^{a}f(x,y)\,\mathrm{d}y + \int_a^{2a}\mathrm{d}x\int_{x-a}^{a}f(x,y)\,\mathrm{d}y.$$

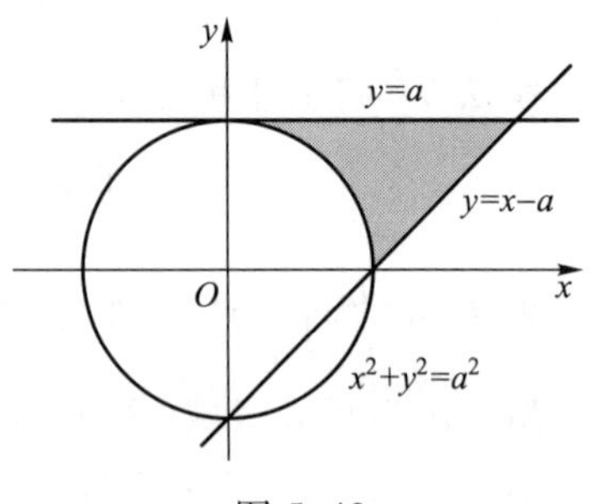

图 5.42

例 5　求 $\int_0^1\mathrm{d}y\int_y^{\sqrt{y}}\frac{\sin x}{x}\mathrm{d}x$.

解　由于 $y=\frac{\sin x}{x}$ 的原函数不是初等函数,所以,按原题所

给的积分顺序不能直接求解. 因此,应考虑通过交换积分顺序计算二重积分. 由积分表达式可知,积分区域为 D(图 5.43),其中

$$D=\{(x,y)\mid y\leqslant x\leqslant\sqrt{y},0\leqslant y\leqslant 1\}.$$

交换积分顺序将 D 改写为

$$D=\{(x,y)\mid x^2\leqslant y\leqslant x,0\leqslant x\leqslant 1\}.$$

于是

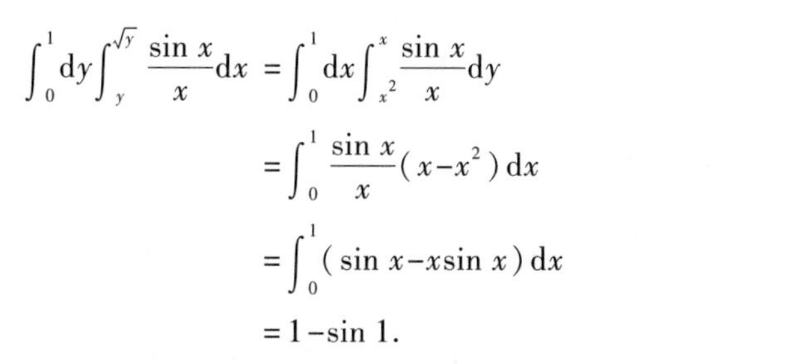

$$\begin{aligned}\int_0^1\mathrm{d}y\int_y^{\sqrt{y}}\frac{\sin x}{x}\mathrm{d}x&=\int_0^1\mathrm{d}x\int_{x^2}^{x}\frac{\sin x}{x}\mathrm{d}y\\&=\int_0^1\frac{\sin x}{x}(x-x^2)\,\mathrm{d}x\\&=\int_0^1(\sin x-x\sin x)\,\mathrm{d}x\\&=1-\sin 1.\end{aligned}$$

典型例题讲解
二重积分的计算

上述例题提示我们在计算二重积分时,除了要考虑积分区域的几何特点外,还要根据被积函数的特点确定积分顺序,一般来说,应考虑选择第一次积分容易积出的顺序.

例 6　求两个底圆半径都等于 ρ 的直交圆柱面所围成的立体的体积.

解　设这两个圆柱面的方程分别为

$$x^2+y^2=\rho^2\ \text{及}\ x^2+z^2=\rho^2.$$

利用立体关于坐标平面的对称性,只要算出它在第一卦限部分(图 5.44)的体积 V_1,然后再乘 8 就行了.

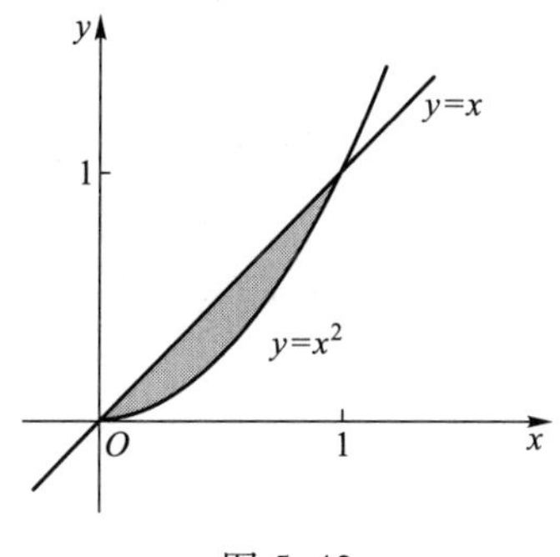

图 5.43

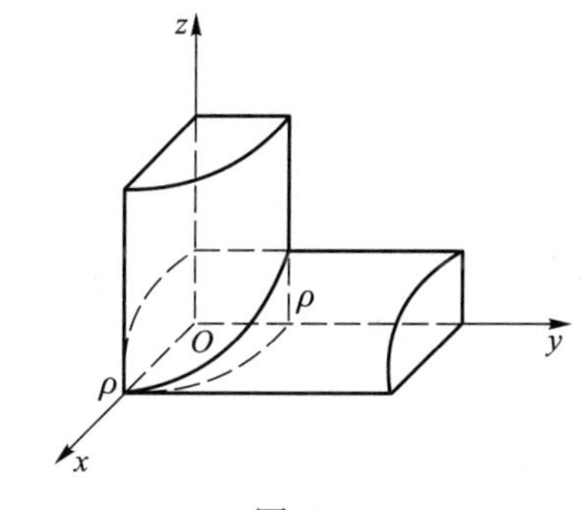

图 5.44

第一卦限部分是以 $D=\{(x,y)\mid 0\leqslant y\leqslant\sqrt{\rho^2-x^2},0\leqslant x\leqslant\rho\}$ 为底,以 $z=\sqrt{\rho^2-x^2}$ 为顶的曲顶柱体. 于是

$$V=8\iint_D\sqrt{\rho^2-x^2}\,\mathrm{d}\sigma=8\int_0^{\rho}\mathrm{d}x\int_0^{\sqrt{\rho^2-x^2}}\sqrt{\rho^2-x^2}\,\mathrm{d}y=8\int_0^{\rho}(\rho^2-x^2)\,\mathrm{d}x=\frac{16}{3}\rho^3.$$

5.6.3　极坐标系下二重积分的计算

在计算二重积分时,经常会遇到积分区域是圆形域、扇形域或环形域等,或者被积函数具有 $f(x^2+y^2)$ 或 $f\left(\dfrac{x}{y}\right)$ 的形式,这时,利用极坐标系计算二重积分更为方便.

首先考虑在极坐标系下二重积分的表达式. 设从极点 O 出发且穿过闭区域 D 内部的射线与 D 的边界交点个数至多两个. 以从极点 O 出发的一族射线 θ=常数及以极点为中心的一族同心圆 ρ=常数构成的网将区域 D 分为 n 个小闭区域(图 5.45),除了包含边界点的一些小闭区域外,小闭区域 $\Delta\sigma_i$ 的面积为

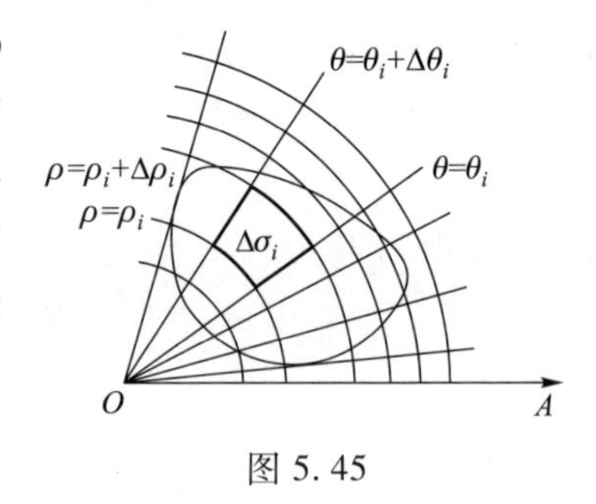

图 5.45

$$\begin{aligned}\Delta\sigma_i&=\frac{1}{2}(\rho_i+\Delta\rho_i)^2\Delta\theta_i-\frac{1}{2}\rho_i^2\Delta\theta_i\\&=\frac{1}{2}(2\rho_i+\Delta\rho_i)\Delta\rho_i\Delta\theta_i\\&=\frac{\rho_i+(\rho_i+\Delta\rho_i)}{2}\Delta\rho_i\Delta\theta_i=\bar{\rho}_i\Delta\rho_i\Delta\theta_i,\end{aligned}$$

其中 $\bar{\rho}_i$ 表示相邻两圆弧的半径的平均值. 在 $\Delta\sigma_i$ 内取点 $(\bar{\rho}_i,\bar{\theta}_i)$,设其对应的直角坐标为 (ξ_i,η_i),则有 $\xi_i=\bar{\rho}_i\cos\bar{\theta}_i,\eta_i=\bar{\rho}_i\sin\bar{\theta}_i$. 于是

$$\lim_{\lambda\to 0}\sum_{i=1}^{n}f(\xi_i,\eta_i)\Delta\sigma_i=\lim_{\lambda\to 0}\sum_{i=1}^{n}f(\bar{\rho}_i\cos\bar{\theta}_i,\bar{\rho}_i\sin\bar{\theta}_i)\bar{\rho}_i\Delta\rho_i\Delta\theta_i,$$

即

$$\iint\limits_D f(x,y)\,\mathrm{d}\sigma=\iint\limits_D f(\rho\cos\theta,\rho\sin\theta)\rho\mathrm{d}\rho\mathrm{d}\theta.$$

由于在直角坐标系中 $\iint\limits_D f(x,y)\,\mathrm{d}\sigma$ 也常记作 $\iint\limits_D f(x,y)\,\mathrm{d}x\mathrm{d}y$,所以上式可写为

$$\iint\limits_D f(x,y)\,\mathrm{d}x\mathrm{d}y=\iint\limits_D f(\rho\cos\theta,\rho\sin\theta)\rho\mathrm{d}\rho\mathrm{d}\theta,\tag{5.9}$$

其中 $\rho\mathrm{d}\rho\mathrm{d}\theta$ 是极坐标系下的面积元素.

在极坐标系中的二重积分同样可以化为二次积分计算. 根据积分区域的不同,分情况讨论.

1. 极点在积分区域的外面

设积分区域 D 用不等式 $\rho_1(\theta)\leqslant\rho\leqslant\rho_2(\theta),\alpha\leqslant\theta\leqslant\beta$ 来表示(图 5.46),其中 $\rho_1(\theta),\rho_2(\theta)$ 在 $[\alpha,\beta]$ 上连续,则此时二重积分为

$$\iint\limits_D f(\rho\cos\theta,\rho\sin\theta)\rho\mathrm{d}\rho\mathrm{d}\theta=\int_\alpha^\beta\mathrm{d}\theta\int_{\rho_1(\theta)}^{\rho_2(\theta)}f(\rho\cos\theta,\rho\sin\theta)\rho\mathrm{d}\rho.\tag{5.10}$$

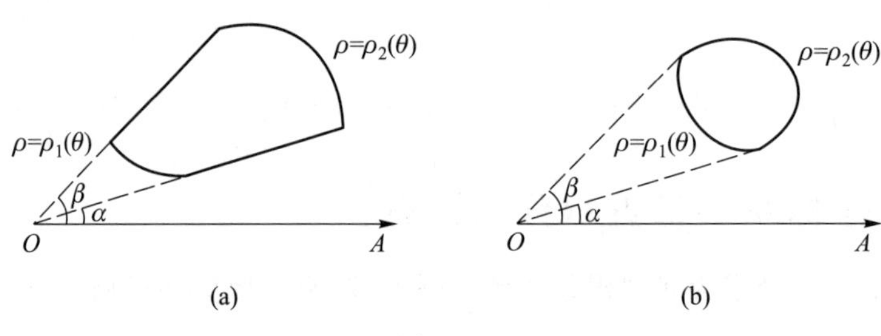

图 5.46

2. 极点在积分区域的边界

设积分区域 D 用不等式 $0\leqslant\rho\leqslant\rho(\theta),\alpha\leqslant\theta\leqslant\beta$ 来表示，如图 5.47 所示，则此时二重积分化为

$$\iint_D f(\rho\cos\theta,\rho\sin\theta)\rho\mathrm{d}\rho\mathrm{d}\theta=\int_\alpha^\beta\mathrm{d}\theta\int_0^{\rho(\theta)}f(\rho\cos\theta,\rho\sin\theta)\rho\mathrm{d}\rho. \tag{5.11}$$

3. 极点在积分区域的内部

设积分区域 D 用不等式 $0\leqslant\rho\leqslant\rho(\theta),0\leqslant\theta\leqslant2\pi$ 来表示，如图 5.48 所示，则此时二重积分化为

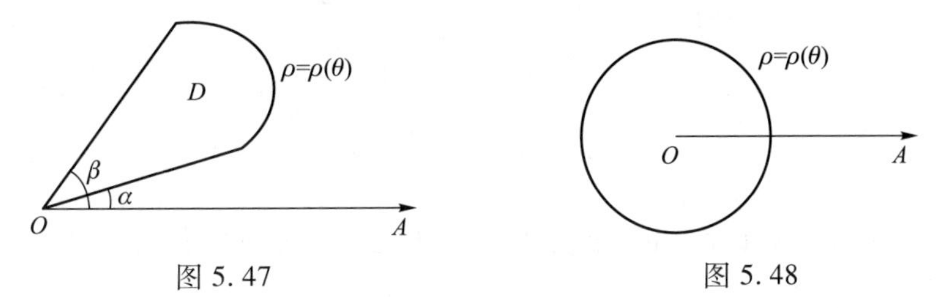

图 5.47　　　图 5.48

$$\iint_D f(\rho\cos\theta,\rho\sin\theta)\rho\mathrm{d}\rho\mathrm{d}\theta=\int_0^{2\pi}\mathrm{d}\theta\int_0^{\rho(\theta)}f(\rho\cos\theta,\rho\sin\theta)\rho\mathrm{d}\rho. \tag{5.12}$$

由二重积分的性质 4，闭区域 D 的面积 σ 可以表示为

$$\sigma=\iint_D\mathrm{d}\sigma.$$

在极坐标系中，面积元素为 $\mathrm{d}\sigma=\rho\mathrm{d}\rho\mathrm{d}\theta$，上式成为

$$\sigma=\iint_D\rho\mathrm{d}\rho\mathrm{d}\theta.$$

如果闭区域 D 如图 5.46 所示，则由公式(5.10)有

$$\sigma=\iint_D\rho\mathrm{d}\rho\mathrm{d}\theta=\int_\alpha^\beta\mathrm{d}\theta\int_{\rho_1(\theta)}^{\rho_2(\theta)}\rho\mathrm{d}\rho=\frac{1}{2}\int_\alpha^\beta[\rho_2^2(\theta)-\rho_1^2(\theta)]\mathrm{d}\theta.$$

特别地，如果闭区域 D 如图 5.47 所示，则 $\rho_1(\theta)=0,\rho_2(\theta)=\rho(\theta)$. 于是

$$\sigma=\frac{1}{2}\int_\alpha^\beta\rho^2(\theta)\mathrm{d}\theta.$$

根据上面几种情况的讨论，在极坐标系下计算二重积分一般选择先对 ρ 积分，再对 θ 积分的顺序. 这主要是因为如果先对 θ 积分，积分限将会出现反三角函数，常使得积分计算变得复杂化.

例 7　计算 $\iint\limits_D\sqrt{1-x^2-y^2}\,\mathrm{d}x\mathrm{d}y$，其中 $D:x^2+y^2\leqslant1$.

解　在极坐标系下，闭区域 D 可表示为 $0\leqslant\rho\leqslant1,0\leqslant\theta\leqslant2\pi$. 于是

$$\begin{aligned}\iint_D\sqrt{1-x^2-y^2}\,\mathrm{d}x\mathrm{d}y&=\int_0^{2\pi}\mathrm{d}\theta\int_0^1\sqrt{1-\rho^2\cos^2\theta-\rho^2\sin^2\theta}\cdot\rho\mathrm{d}\rho\\&=\int_0^{2\pi}\mathrm{d}\theta\int_0^1\sqrt{1-\rho^2}\cdot\rho\mathrm{d}\rho\\&=2\pi\cdot\left[-\frac{1}{2}\int_0^1\sqrt{1-\rho^2}\,\mathrm{d}(-\rho^2)\right]\end{aligned}$$

$$=-\pi\cdot\frac{2}{3}(1-\rho^2)^{\frac{3}{2}}\Big|_0^1=\frac{2}{3}\pi.$$

例8　计算$\iint\limits_D e^{-x^2-y^2}\mathrm{d}x\mathrm{d}y$,其中$D$是由中心在原点、半径为$a$的圆周所围成的闭区域.

解　在极坐标系中,闭区域D可表示为

$$0\leqslant\rho\leqslant a,\quad 0\leqslant\theta\leqslant 2\pi.$$

于是

$$\begin{aligned}\iint\limits_D e^{-x^2-y^2}\mathrm{d}x\mathrm{d}y&=\iint\limits_D e^{-\rho^2}\rho\mathrm{d}\rho\mathrm{d}\theta\\&=\int_0^{2\pi}\left[\int_0^a e^{-\rho^2}\rho\mathrm{d}\rho\right]\mathrm{d}\theta=\int_0^{2\pi}\left[-\frac{1}{2}e^{-\rho^2}\right]_0^a\mathrm{d}\theta\\&=\frac{1}{2}(1-e^{-a^2})\int_0^{2\pi}\mathrm{d}\theta=\pi(1-e^{-a^2}).\end{aligned}$$

本题如果用直角坐标系计算,由于积分$\int e^{-x^2}\mathrm{d}x$不能用初等函数表示,所以计算不出来.现在利用上面的结果来计算工程上常用的反常积分$\int_0^{+\infty}e^{-x^2}\mathrm{d}x$.

设

$$D_1=\{(x,y)\mid x^2+y^2\leqslant R^2,x\geqslant 0,y\geqslant 0\},$$
$$D_2=\{(x,y)\mid x^2+y^2\leqslant 2R^2,x\geqslant 0,y\geqslant 0\},$$
$$S=\{(x,y)\mid 0\leqslant x\leqslant R,0\leqslant y\leqslant R\},$$

显然$D_1\subset S\subset D_2$,如图5.49所示.由于$e^{-x^2-y^2}>0$,则在这些闭区域上的二重积分之间有不等式

$$\iint\limits_{D_1}e^{-x^2-y^2}\mathrm{d}x\mathrm{d}y<\iint\limits_S e^{-x^2-y^2}\mathrm{d}x\mathrm{d}y<\iint\limits_{D_2}e^{-x^2-y^2}\mathrm{d}x\mathrm{d}y.\tag{5.13}$$

因为

$$\iint\limits_S e^{-x^2-y^2}\mathrm{d}x\mathrm{d}y=\int_0^R e^{-x^2}\mathrm{d}x\cdot\int_0^R e^{-y^2}\mathrm{d}y=\left(\int_0^R e^{-x^2}\mathrm{d}x\right)^2,$$

又应用上面已得的结果有

$$\iint\limits_{D_1}e^{-x^2-y^2}\mathrm{d}x\mathrm{d}y=\frac{\pi}{4}(1-e^{-R^2}),$$
$$\iint\limits_{D_2}e^{-x^2-y^2}\mathrm{d}x\mathrm{d}y=\frac{\pi}{4}(1-e^{-2R^2}),$$

于是式(5.13)可写成

$$\frac{\pi}{4}(1-e^{-R^2})<\left(\int_0^R e^{-x^2}\mathrm{d}x\right)^2<\frac{\pi}{4}(1-e^{-2R^2}).$$

令$R\to\infty$,上式两端趋于同一极限$\frac{\pi}{4}$,从而

$$\int_0^{+\infty}e^{-x^2}\mathrm{d}x=\frac{\sqrt{\pi}}{2}.$$

例 9 求球体 $x^2+y^2+z^2\leqslant 4a^2$ 被圆柱面 $x^2+y^2=2ax(a>0)$ 所截得的(含在圆柱面内的部分)立体(图 5.50)的体积.

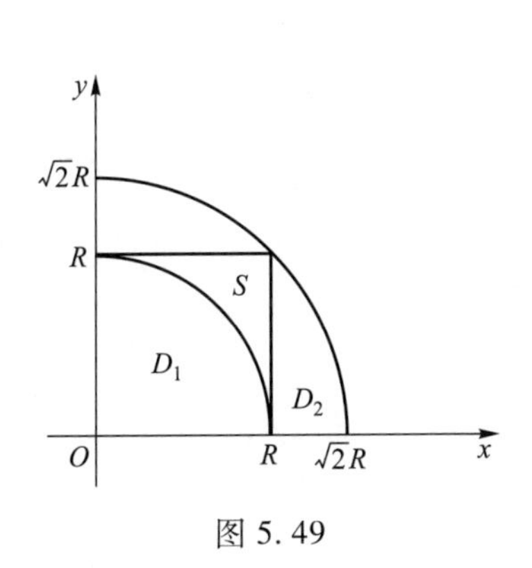

图 5.49

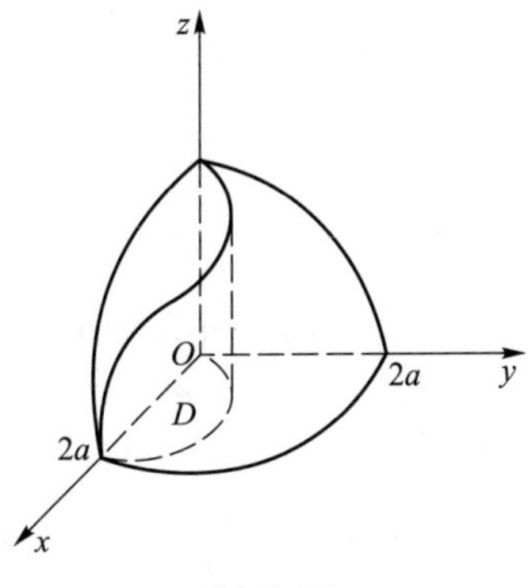

图 5.50

解 由对称性,立体体积为第一卦限部分体积的四倍

$$V=4\iint\limits_{D}\sqrt{4a^2-x^2-y^2}\,\mathrm{d}x\mathrm{d}y,$$

其中 D 为半圆周 $y=\sqrt{2ax-x^2}$ 及 x 轴所围成的闭区域. 在极坐标系中 D 可表示为 $0\leqslant\rho\leqslant 2a\cos\theta$, $0\leqslant\theta\leqslant\frac{\pi}{2}$. 于是

$$\begin{aligned}V&=4\iint\limits_{D}\sqrt{4a^2-\rho^2}\,\rho\mathrm{d}\rho\mathrm{d}\theta=4\int_0^{\frac{\pi}{2}}\mathrm{d}\theta\int_0^{2a\cos\theta}\sqrt{4a^2-\rho^2}\,\rho\mathrm{d}\rho\\&=\frac{32}{3}a^3\int_0^{\frac{\pi}{2}}(1-\sin^3\theta)\,\mathrm{d}\theta=\frac{32}{3}a^3\left(\frac{\pi}{2}-\frac{2}{3}\right).\end{aligned}$$

习 题 5.6

1. 设 xOy 平面上的一块平面薄片 D,薄片上分布有密度为 $u(x,y)$ 的电荷,且 $u(x,y)$ 在 D 上连续,试给出薄片上电荷 Q 的二重积分的表达式.

2. 用二重积分表示出以下列曲面为顶,区域 D 为底的曲顶柱体的体积:

(1) $z=x+y+1$,区域 D 是长方形 $0\leqslant x\leqslant 2,0\leqslant y\leqslant 5$;

(2) $z=\sqrt{R^2-x^2-y^2}$,区域 D 由圆 $x^2+y^2\leqslant R^2$ 所围成;

(3) 由平面$\frac{x}{2}+\frac{4y}{3}+z=1$,$x=0$,$y=0$,$z=0$ 围成的四面体的体积 V.

3. 根据二重积分的性质比较下列积分的大小:

(1) $I_1=\iint\limits_{D}(x+y)^3\mathrm{d}\sigma$ 与 $I_2=\iint\limits_{D}(x+y)^4\mathrm{d}\sigma$,其中 D 由 $x=0$,$y=0$ 和 $x+y=1$ 围成;

(2) $I_1=\iint\limits_{D}(x+y)^3\mathrm{d}\sigma$ 与 $I_2=\iint\limits_{D}(x+y)^4\mathrm{d}\sigma$,其中 D:$(x-1)^2+(y-2)^2\leqslant 2$;

(3) $I_1=\iint\limits_{D}\ln(x+y)\,\mathrm{d}\sigma$ 与 $I_2=\iint\limits_{D}[\ln(x+y)]^2\mathrm{d}\sigma$,其中 D 是以 $(1,0)$,$(0,1)$,$(1,1)$ 为顶点的三角形区域;

(4) $I_1=\iint\limits_D \ln(x+y)\,\mathrm{d}\sigma$ 与 $I_2=\iint\limits_D [\ln(x+y)]^2\,\mathrm{d}\sigma$,其中 D 是矩形区域 $3\leqslant x\leqslant 5, 0\leqslant y\leqslant 1$.

4. 利用二重积分的几何意义计算下列二重积分：

(1) $\iint\limits_D \sqrt{R^2-x^2-y^2}\,\mathrm{d}\sigma, D: x^2+y^2\leqslant R^2$;

(2) $\iint\limits_D \sqrt{2x-x^2-y^2}\,\mathrm{d}\sigma, D: x^2+y^2\leqslant 2x$.

5. 估计下列积分的值：

(1) $I=\iint\limits_D (1+\sqrt{x^2+y^2})\,\mathrm{d}\sigma$,其中区域 $D: x^2+y^2\leqslant 2x$;

(2) $I=\iint\limits_D (x+y+1)\,\mathrm{d}\sigma$,其中区域 $D: 0\leqslant x\leqslant 1, 0\leqslant y\leqslant 2$.

6. 计算下列二重积分：

(1) $\iint\limits_D xy\,\mathrm{d}\sigma$,其中 D 由 $y=1, x=2, y=x$ 所围成;

(2) $\iint\limits_D (x+y)\,\mathrm{d}\sigma$,其中 $D=\{(x,y)\mid 0\leqslant y\leqslant x^2, 0\leqslant x\leqslant 1\}$;

(3) $\iint\limits_D (x^2+y^3+3xy)\,\mathrm{d}\sigma$,其中 $D=\{(x,y)\mid 0\leqslant x\leqslant 1, 0\leqslant y\leqslant 1\}$;

(4) $\iint\limits_D x\,\mathrm{d}\sigma$,其中 D 是由抛物线 $x=\sqrt{y}$,直线 $x=0$ 和 $3x-2y+2=0$ 围成;

(5) $\iint\limits_D (x+6y)\,\mathrm{d}\sigma$,其中 D 是由 $y=x, y=5x, y=1$ 所围成;

(6) $\iint\limits_D (x^2+y^2)\,\mathrm{d}\sigma$,其中 $D=\{(x,y)\mid |x|+|y|\leqslant 1\}$.

7. 按两种不同的顺序,化二重积分 $\iint\limits_D f(x,y)\,\mathrm{d}\sigma$ 为二次积分,其中积分区域 D 是：

(1) 由抛物线 $y=x^2$ 与直线 $y=4x$ 所围成的闭区域;

(2) 由 y 轴和左半圆 $x^2+y^2=4(x\leqslant 0)$ 所围成的闭区域;

(3) 由直线 $y=x, x=2$ 及双曲线 $y=\dfrac{1}{x}(x>0)$ 所围成的闭区域.

8. 改变下列积分顺序：

(1) $\int_0^2 \mathrm{d}x\int_{\frac{x^2}{4}}^1 f(x,y)\,\mathrm{d}y$;　　(2) $\int_{-1}^2 \mathrm{d}y\int_{y^2}^{y+2} f(x,y)\,\mathrm{d}x$;

(3) $\int_1^2 \mathrm{d}x\int_{2-x}^{\sqrt{2x-x^2}} f(x,y)\,\mathrm{d}y$;　　(4) $\int_1^2 \mathrm{d}x\int_1^x f(x,y)\,\mathrm{d}y$;

(5) $\int_0^1 \mathrm{d}y\int_{1-\sqrt{1-y^2}}^{3-y} f(x,y)\,\mathrm{d}x$;　　(6) $\int_0^a \mathrm{d}y\int_{-y}^{\sqrt{y}} f(x,y)\,\mathrm{d}x$.

9. 求由三个坐标平面及平面 $x=2, y=1, x+y+z=4$ 所围成的立体的体积.

10. 设区域 $D: \dfrac{1}{2}\leqslant |x|+|y|\leqslant 1$,证明：$\iint\limits_D \ln(x^2+y^2)\,\mathrm{d}x\mathrm{d}y<0$.

11. 画出积分区域,将二重积分 $\iint\limits_D f(x,y)\,\mathrm{d}\sigma$ 化为极坐标系下的二次积分,其中积分区域 D 为：

(1) $x^2+y^2\leqslant 4$;　　(2) $x^2+y^2\leqslant 2x$;

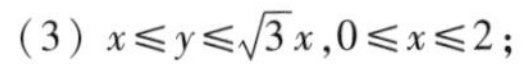

(3) $x \leqslant y \leqslant \sqrt{3}x, 0 \leqslant x \leqslant 2$;　　(4) $0 \leqslant y \leqslant 1-x, 0 \leqslant x \leqslant 1$.

12. 化下列二次积分为极坐标形式的二次积分：

(1) $\int_0^{\frac{\sqrt{2}}{2}} dy \int_y^{\sqrt{1-y^2}} f(x,y) dx$;　　(2) $\int_0^{2a} dx \int_0^{\sqrt{2ax-x^2}} f(x^2+y^2) dy$，其中 $a>0$；

(3) $\int_0^1 dx \int_{x^2}^{x} (x^2+y^2)^{-\frac{1}{2}} dy$;　　(4) $\int_0^1 dx \int_{1-x}^{\sqrt{1-x^2}} f(x,y) dy$.

13. 利用极坐标计算下列积分：

(1) $\iint\limits_D \sqrt{x^2+y^2} \, dxdy, D = \{(x,y) \mid a^2 \leqslant x^2+y^2 \leqslant b^2\}$;

(2) $\iint\limits_D \sqrt{1-x^2-y^2} \, dxdy$，$D$：$x^2+y^2=1$ 及坐标轴围成的第一象限内的闭区域；

(3) $\iint\limits_D \frac{1+xy}{1+x^2+y^2} dxdy, D = \{(x,y) \mid x^2+y^2 \leqslant 1, x \geqslant 0\}$;

(4) $\iint\limits_D \sin \sqrt{x^2+y^2} \, dxdy, D = \{(x,y) \mid x^2+y^2 \leqslant \pi^2\}$;

(5) $\iint\limits_D \arctan \frac{y}{x} d\sigma, D = \{(x,y) \mid 1 \leqslant x^2+y^2 \leqslant 4, 0 \leqslant y \leqslant x\}$.

14. 求由曲面 $z=x^2+2y^2$ 以及 $z=6-2x^2-y^2$ 所围成的立体的体积.

5.7 三重积分

5.7.1 三重积分的概念与性质

引例　非均匀物体的质量

设非均匀物体分布在三维空间中的一个有界闭域 Ω 上，其体密度 μ 为点坐标 (x,y,z) 的连续函数 $\mu(x,y,z)$，求物体 Ω 的质量 m.

首先，把 Ω 任意分割成 n 个空间小区域 $\Delta V_1, \Delta V_2, \cdots, \Delta V_n$，在每个小区域 $\Delta V_i(i=1,2,\cdots,n)$ 中任取一点 (x_i,y_i,z_i)，当小区域 ΔV_i 的直径很小时，由于体密度函数 μ 为 (x,y,z) 的连续函数，故在 ΔV_i 上的体密度可近似地看作常量 $\mu(x_i,y_i,z_i)$. 若小区域 ΔV_i 的体积也用 ΔV_i 表示，则小区域 ΔV_i 的质量 Δm_i 可以用 $\mu(x_i,y_i,z_i)\Delta V_i$ 近似代替，即为

$$\Delta m_i \approx \mu(x_i,y_i,z_i)\Delta V_i.$$

因此，整个 Ω 的质量的近似值为

$$m = \sum_{i=1}^{n} \Delta m_i \approx \sum_{i=1}^{n} \mu(x_i,y_i,z_i)\Delta V_i.$$

设 $d_i(i=1,2,\cdots,n)$ 为小区域 ΔV_i 的直径，并记小区域中的最大直径为

$$\lambda = \max\{d_1, d_2, \cdots, d_n\},$$

则当 $\lambda \to 0$ 时，和式 $\sum\limits_{i=1}^{n} \mu(x_i,y_i,z_i)\Delta V_i$ 的极限就是该非均匀物体的质量 m，即

$$m=\lim_{\lambda\to 0}\sum_{i=1}^{n}\mu(x_i,y_i,z_i)\Delta V_i.$$

由此实例给出三重积分的定义.

定义1 设$\Omega\subset\mathbf{R}^3$为有界闭区域,$f(x,y,z)$是定义在$\Omega$上的有界函数.将$\Omega$任意分成$n$个无公共内点的小区域$\Omega_i(i=1,2,\cdots,n)$,用$\Delta V_i$表示$\Omega_i$的体积.在每个$\Omega_i$上任取一点$(x_i,y_i,z_i)$,作和$\sum\limits_{i=1}^{n}f(x_i,y_i,z_i)\Delta V_i$.如果当各个小闭区域直径中的最大值$\lambda$趋于零时这和的极限总存在,此极限的值不依赖于区域的分法,也不依赖于(x_i,y_i,z_i)的取法,则称此极限为函数$f(x,y,z)$在闭区域Ω上的三重积分.记作$\iiint\limits_{\Omega}f(x,y,z)\,\mathrm{d}v$,即

$$\iiint\limits_{\Omega}f(x,y,z)\,\mathrm{d}v=\lim_{\lambda\to 0}\sum_{i=1}^{n}f(x_i,y_i,z_i)\Delta V_i,\tag{5.14}$$

其中Ω称为**积分区域**,$f(x,y,z)$称为**被积函数**,$\mathrm{d}v$称为**体积元素**.

当$f(x,y,z)$在闭区域Ω上连续时,式(5.14)右端的和的极限总是存在的.以后我们总假定函数$f(x,y,z)$在闭区域Ω上是连续的.

与二重积分类似,在直角坐标系中,当被积函数$f(x,y,z)$在闭区域Ω上可积时,用平行于坐标面的平面来分割Ω,这样体积元素$\mathrm{d}v=\mathrm{d}x\mathrm{d}y\mathrm{d}z$,因此在直角坐标系中三重积分常记作$\iiint\limits_{\Omega}f(x,y,z)\,\mathrm{d}x\mathrm{d}y\mathrm{d}z$.

与二重积分的性质类似,三重积分同样具有这些性质,这里不再重复,读者可参照二重积分的性质,写出三重积分相应的性质.

5.7.2 三重积分在直角坐标系下的计算

计算三重积分的基本方法是将三重积分化为三次积分来计算,这里仅限于叙述三重积分化为三次积分的方法.

假设平行于z轴穿过闭区域Ω内部的直线与闭区域Ω的边界曲面S相交不多于两点.把闭区域Ω投影到xOy面上,得到平面闭域D_{xy},如图5.51所示.不妨假设Ω的下面的边界曲面为$\sum_1:z=z_1(x,y)$,上面的边界曲面为$\sum_2:z=z_2(x,y)$,其中$z_1(x,y)$,$z_2(x,y)$都是D_{xy}上的连续函数,在此情形下,积分区域Ω可表示为

$$\Omega=\{(x,y,z)\mid z_1(x,y)\leqslant z\leqslant z_2(x,y),(x,y)\in D_{xy}\}.$$

则三重积分可表示为

$$\iiint\limits_{\Omega}f(x,y,z)\,\mathrm{d}v=\iint\limits_{D_{xy}}\left[\int_{z_1(x,y)}^{z_2(x,y)}f(x,y,z)\,\mathrm{d}z\right]\mathrm{d}x\mathrm{d}y.\tag{5.15}$$

在计算上式右端最里面的积分时,视x,y为常数,将$f(x,y,z)$对z积分(由$z_1(x,y)$积到$z_2(x,y)$),积分的结果是x,y的一个函数,然后再将这个函数在D_{xy}上作二重积分计算.

假如闭区域$D_{xy}=\{(x,y)\mid y_1(x)\leqslant y\leqslant y_2(x),a\leqslant x\leqslant b\}$,则可把上述二重积分化为二次积分,于是得到三重积分的计算公式

$$\iiint\limits_{\Omega} f(x,y,z)\,\mathrm{d}v=\int_a^b \mathrm{d}x\int_{y_1(x)}^{y_2(x)}\mathrm{d}y\int_{z_1(x,y)}^{z_2(x,y)} f(x,y,z)\,\mathrm{d}z. \tag{5.16}$$

公式(5.16)把三重积分化为先对 z、次对 y、最后对 x 的三次积分.

如果平行于 x 轴或 y 轴且穿过闭区域 Ω 内部的直线与 Ω 的边界曲面 S 相交不多于两点,也可把闭区域 Ω 投影到 yOz 面上或 xOz 面上,这样也可把三重积分化为其他顺序的三次积分. 如果平行于坐标轴且穿过区域 Ω 内部的直线与边界曲面 S 的交点多于两个,可把 Ω 分成若干部分,使 Ω 上的三重积分化为各部分闭区域上的三重积分的和.

例 1 计算三重积分 $I=\iiint\limits_{\Omega} x\mathrm{d}x\mathrm{d}y\mathrm{d}z$,其中 Ω 为三个坐标平面及平面 $x+2y+z=1$ 所围成的区域(图 5.52).

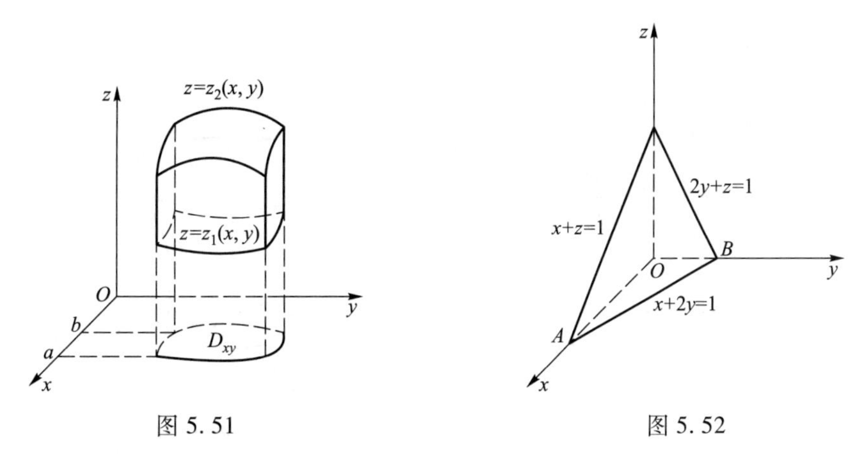

图 5.51　　图 5.52

解 Ω 在 xOy 面上的投影区域 D 为 $\triangle OAB$,其中直线 AB 是平面 $x+2y+z=1$ 与平面 $z=0$ 的交线,其在 xOy 面上的方程为 $x+2y=1$. 用不等式表示区域 Ω 为

$$\Omega=\left\{(x,y,z)\ \middle|\ 0\leqslant z\leqslant 1-x-2y,0\leqslant y\leqslant \frac{1-x}{2},0\leqslant x\leqslant 1\right\}.$$

于是,由公式(5.16)得

$$\begin{aligned}I&=\iiint\limits_{\Omega} x\mathrm{d}x\mathrm{d}y\mathrm{d}z=\int_0^1\mathrm{d}x\int_0^{\frac{1}{2}(1-x)}\mathrm{d}y\int_0^{1-x-2y}x\mathrm{d}z\\&=\int_0^1 x\mathrm{d}x\int_0^{\frac{1}{2}(1-x)}(1-x-2y)\,\mathrm{d}y\\&=\frac{1}{4}\int_0^1(x-2x^2+x^3)\,\mathrm{d}x=\frac{1}{48}.\end{aligned}$$

前面介绍的是化三重积分为三次积分的过程. 而有时,在计算三重积分时也可以将三重积分化为先计算一个二重积分再计算一个定积分,即有下面的计算公式.

设空间有界闭区域 $\Omega=\{(x,y,z)\mid (x,y)\in D_z,c_1\leqslant z\leqslant c_2\}$,其中 D_z 是平面 $z=z$ 截有界闭区域 Ω 所得到的一个平面闭区域,如图 5.53,则有

$$\iiint\limits_{\Omega} f(x,y,z)\,\mathrm{d}v=\int_{c_1}^{c_2}\mathrm{d}z\iint\limits_{D_z} f(x,y,z)\,\mathrm{d}x\mathrm{d}y. \tag{5.17}$$

同样可得其他两种情况的计算公式：

$$\iiint_{\Omega} f(x,y,z)\,\mathrm{d}v=\int_{b_1}^{b_2}\mathrm{d}y\iint_{D_y} f(x,y,z)\,\mathrm{d}x\mathrm{d}z, \tag{5.18}$$

其中 D_y 是平面 $y=y$ 截有界闭区域 Ω 所得到的一个平面闭区域；

$$\iiint_{\Omega} f(x,y,z)\,\mathrm{d}v=\int_{a_1}^{a_2}\mathrm{d}x\iint_{D_x} f(x,y,z)\,\mathrm{d}y\mathrm{d}z, \tag{5.19}$$

其中 D_x 是平面 $x=x$ 截有界闭区域 Ω 所得到的一个平面闭区域.

例2　计算 $I=\iiint_{\Omega}\mathrm{e}^z\mathrm{d}x\mathrm{d}y\mathrm{d}z$，其中 Ω 是由曲面 $x^2+y^2-z^2=1$ 和平面 $z=0,z=2$ 所围成的区域，如图5.54所示.

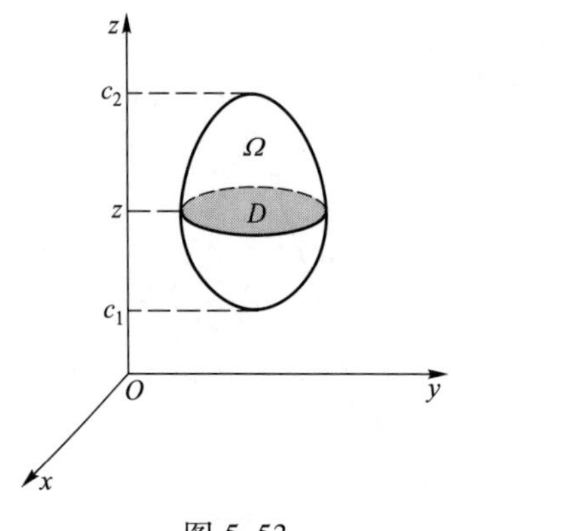

图5.53

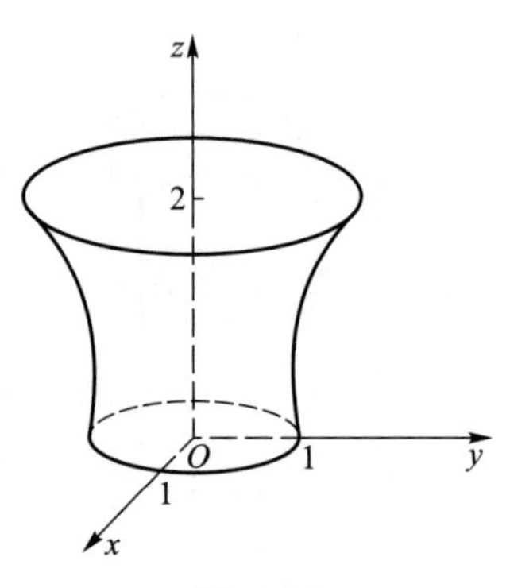

图5.54

解　区域 Ω 可表示为 $x^2+y^2\leqslant 1+z^2, 0\leqslant z\leqslant 2$.

由公式(5.17)得

$$I=\iiint_{\Omega}\mathrm{e}^z\mathrm{d}x\mathrm{d}y\mathrm{d}z=\int_0^2\mathrm{e}^z\mathrm{d}z\iint_{x^2+y^2\leqslant 1+z^2}\mathrm{d}x\mathrm{d}y$$

$$=\pi\int_0^2\mathrm{e}^z(1+z^2)\,\mathrm{d}z=3\pi(\mathrm{e}^2-1).$$

5.7.3　三重积分在柱面坐标系及球面坐标系下的计算

与在二重积分计算中引入极坐标系的理由类似，对于三重积分可以用柱面坐标和球面坐标来计算. 首先讨论用柱面坐标来计算三重积分.

1. 柱面坐标系中三重积分的累次积分法

定义2　对于直角坐标系中的点 $P(x,y,z)$，其中 x,y 是 P 在 xOy 面上的投影点 M 在 xOy 面上的直角坐标(图5.55). 如果用极坐标 (ρ,θ) 来表示点 M，则空间一点 P 与数组 (ρ,θ,z) 也是一一对应的(限定 $0\leqslant\rho<+\infty, 0\leqslant\theta\leqslant 2\pi, -\infty<z<\infty$)，这样所确定的坐标系称为柱面坐标系，称 (ρ,θ,z) 为点 P 的柱面坐标，记作 $P(\rho,\theta,z)$.

显然，点 P 的直角坐标与柱面坐标的关系为：

$$\begin{cases} x=\rho\cos\theta, \\ y=\rho\sin\theta, \\ z=z. \end{cases}$$

三组坐标面分别是:

当 $\rho=$常数时,表示以 z 轴为中心轴的圆柱面;

当 $\theta=$常数时,表示通过 z 轴,与平面 xOz 的夹角为 θ 的半平面;

当 $z=$常数时,表示平行于平面 xOy 的平面.

现在讨论三重积分在柱面坐标系中的计算方法. 由于积分值与 Ω 的分法及小区域上点的取法无关,为此用 $\rho=$常数,$\theta=$常数,$z=$常数把 Ω 分成许多小闭区域,除了含 Ω 的边界点的一些不规则小闭区域外,都是柱体,因此考虑由 $\rho=\rho,\rho=\rho+\mathrm{d}\rho;\theta=\theta,\theta=\theta+\mathrm{d}\theta;z=z,z=z+\mathrm{d}z$ 所围成的柱体的体积(如图 5.56). 这个体积等于高 $\mathrm{d}z$ 与底面积的乘积,底面积在不计高阶无穷小时近似等于 $\rho\mathrm{d}\rho\mathrm{d}\theta$(即极坐标系中的面积元素). 于是得

$$\mathrm{d}v=\rho\mathrm{d}\rho\mathrm{d}\theta\mathrm{d}z,$$

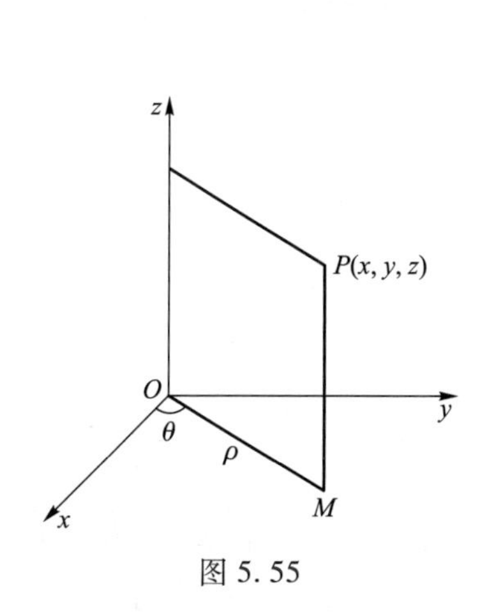

图 5.55

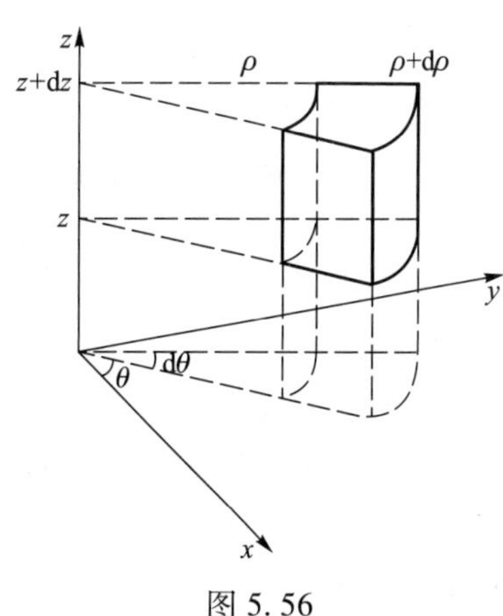

图 5.56

这是柱面坐标系中的体积元素. 再将坐标变换关系式代入被积函数 $f(x,y,z)$ 中,便得到三重积分在柱面坐标系中的表达式

$$\iiint\limits_{\Omega} f(x,y,z)\,\mathrm{d}v=\iiint\limits_{\Omega} f(\rho\cos\theta,\rho\sin\theta,z)\rho\mathrm{d}\rho\mathrm{d}\theta\mathrm{d}z, \tag{5.20}$$

式(5.20)就是把三重积分的变量从直角坐标变换为柱面坐标的公式. 在计算时,再进一步将式(5.20)化为累次积分.

例 3 计算三重积分 $\iiint\limits_{\Omega}(x^2+y^2)\,\mathrm{d}v$,其中 Ω 是由曲面 $z=4(x^2+y^2)$ 和平面 $z=4$ 所围成的区域.

解 把闭区域 Ω 投影到 xOy 面上,得到一个圆心在原点的单位圆(图 5.57),所以 $\Omega=\{4\rho^2\leqslant z\leqslant 4,0\leqslant\theta\leqslant 2\pi,0\leqslant\rho\leqslant 1\}$.

$$\iiint\limits_{\Omega}(x^2+y^2)\,\mathrm{d}v=\iiint\limits_{\Omega}\rho^2\rho\mathrm{d}\rho\mathrm{d}\theta\mathrm{d}z=\int_0^{2\pi}\mathrm{d}\theta\int_0^1\rho^3\mathrm{d}\rho\int_{4r^2}^4\mathrm{d}z$$

$$=8\pi\cdot\int_0^1(\rho^3-\rho^5)\,\mathrm{d}\rho=\frac{2}{3}\pi.$$

2. 球面坐标系中三重积分的累次积分法

定义 3　设 P 为空间中的一点，点 M 为点 P 在 xOy 面上的投影，r 表示点 P 到原点 O 的距离，θ 为从正 z 轴来看自 x 轴逆时针方向转到有向线段$\overline{OM}$的角，φ 为有向线段$\overline{OP}$与 z 轴正向的夹角（图 5.58），并规定 $0\leqslant r<+\infty$，$0\leqslant\varphi\leqslant\pi$，$0\leqslant\theta\leqslant 2\pi$，于是空间任一点 P 就与有序数组(r,θ,φ)一一对应，这样所确定的坐标系称为**球面坐标系**，称(r,θ,φ)为点 P 的**球面坐标**.

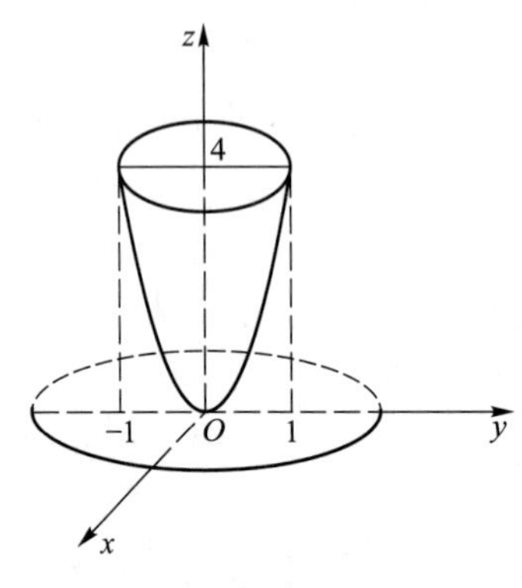

图 5.57

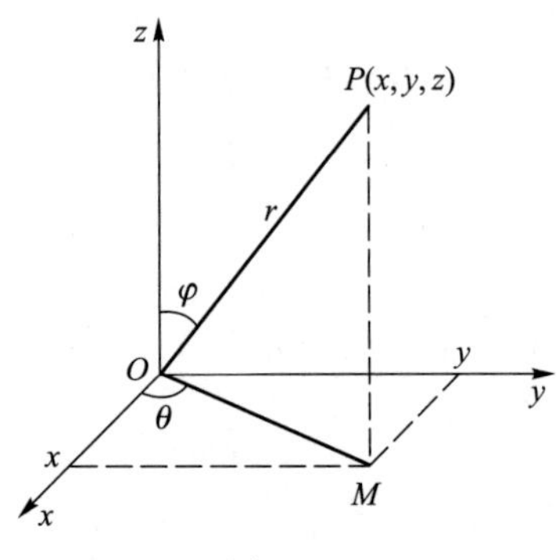

图 5.58

点 P 的球面坐标和直角坐标的关系为

$$\begin{cases}x=r\sin\varphi\cos\theta,\\ y=r\sin\varphi\sin\theta,\\ z=r\cos\varphi.\end{cases}$$

球面坐标系中的三组坐标面为：

$r=$常数，表示以原点为中心的球面族；

$\theta=$常数，表示通过 z 轴的半平面族；

$\varphi=$常数，表示顶点在原点、以 z 轴为中心轴的圆锥面族.

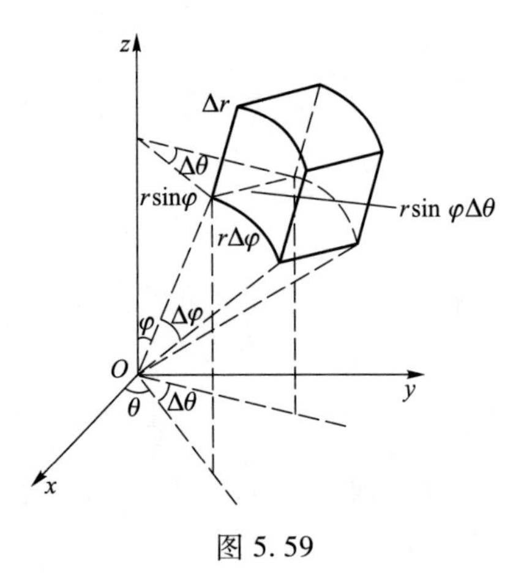

图 5.59

为了应用球面坐标来计算 $f(x,y,z)$ 在 Ω 上的三重积分，我们来考虑积分区域 Ω 被球面坐标的三族坐标面分割后的小区域 Δv 的体积（图 5.59），可看出 Δv 可以近似地看作以 $r\sin\varphi\Delta\theta$，$r\Delta\varphi$，Δr 为棱长的小长方体，因此

$$\Delta v\approx r^2\sin\varphi\Delta r\Delta\theta\Delta\varphi.$$

于是，在球面坐标系中的体积元素为

$$\mathrm{d}v=r^2\sin\varphi\mathrm{d}r\mathrm{d}\theta\mathrm{d}\varphi.$$

再将坐标变换关系式代入被积函数 $f(x,y,z)$ 中，便得到三重积分在球面坐标系中的表达式

$$\iiint\limits_{\Omega}f(x,y,z)\,\mathrm{d}v=\iiint\limits_{\Omega}f(r\sin\varphi\cos\theta,r\sin\varphi\sin\theta,r\cos\varphi)\,r^2\sin\varphi\mathrm{d}r\mathrm{d}\theta\mathrm{d}\varphi.\tag{5.21}$$

在计算时，再进一步将式(5.21)化为累次积分.

例 4　计算三重积分$\iiint\limits_{\Omega}(x^2+y^2+z^2)\,\mathrm{d}x\mathrm{d}y\mathrm{d}z$，其中 Ω 为锥面 $z=\sqrt{x^2+y^2}$ 与球面 $x^2+y^2+z^2=R^2$ 所

围的立体.

解 在球面坐标系下 $\Omega:\begin{cases}0\leqslant r\leqslant R,\\0\leqslant\varphi\leqslant\dfrac{\pi}{4},\\0\leqslant\theta\leqslant 2\pi.\end{cases}$ 于是

$$\begin{aligned}&\iiint\limits_{\Omega}(x^2+y^2+z^2)\,\mathrm{d}x\mathrm{d}y\mathrm{d}z\\=&\int_0^{2\pi}\mathrm{d}\theta\int_0^{\frac{\pi}{4}}\sin\varphi\,\mathrm{d}\varphi\int_0^R r^4\,\mathrm{d}r=\frac{1}{5}\pi R^5(2-\sqrt{2}).\end{aligned}$$

习 题 5.7

1. 化三重积分 $\iiint\limits_{\Omega}f(x,y,z)\,\mathrm{d}v$ 为三次积分,其中积分区域 Ω 为

(1) 由曲面 $z=x^2+2y^2$ 及 $z=2-x^2$ 所围成的区域;

(2) 由曲面 $x^2+y^2=1$ 及 $z=0,z=1$ 所围成的区域;

(3) 由旋转抛物面 $x^2+y^2=2z$ 与平面 $z=2$ 所围成的区域.

2. 计算下列积分:

(1) $\iiint\limits_{\Omega}x\,\mathrm{d}x\mathrm{d}y\mathrm{d}z$,其中 Ω 是平面 $x+y+z=1$ 与三个坐标面所围成的闭区域;

(2) $\iiint\limits_{\Omega}(x+y+z)\,\mathrm{d}x\mathrm{d}y\mathrm{d}z$,其中 Ω 是平面 $z=1$ 与 $z=x^2+y^2$ 所围成的闭区域;

(3) $\iiint\limits_{\Omega}(xy+z^2)\,\mathrm{d}x\mathrm{d}y\mathrm{d}z$,其中 $\Omega=[-2,5]\times[-3,3]\times[0,1]$;

(4) $\iiint\limits_{\Omega}y\cos(x+z)\,\mathrm{d}x\mathrm{d}y\mathrm{d}z$,其中 Ω 是 $y=\sqrt{x},y=0,z=0,x+z=\dfrac{\pi}{2}$ 所围成的闭区域;

(5) $\iiint\limits_{\Omega}xyz\,\mathrm{d}x\mathrm{d}y\mathrm{d}z$,其中 Ω 是球面 $x^2+y^2+z^2=1$ 与三个坐标面所围成的位于第一卦限内的闭区域.

3. 设有一物体占有空间闭域 $\Omega=\{(x,y,z)\mid 0\leqslant x\leqslant 2,0\leqslant y\leqslant 1,0\leqslant z\leqslant 1\}$,在 (x,y,z) 的密度为 $\rho(x,y,z)=x+y+z$,计算该物体的质量.

4. 应用三重积分计算由平面 $x=0,y=0,z=0,z=2x+y+2$ 所围成的四面体的体积.

5. 利用适当的坐标,计算下列三重积分:

(1) $\iiint\limits_{\Omega}z\,\mathrm{d}v$,其中 Ω 是由曲面 $2(x^2+y^2)=z$ 以及 $z=4$ 所围成的区域;

(2) $\iiint\limits_{\Omega}(z+1)\,\mathrm{d}v$,其中 Ω 是由旋转抛物面 $z=x^2+y^2$,平面 $z=1,z=2$ 所围成的区域;

(3) $\iiint\limits_{\Omega}(x^2+y^2)\,\mathrm{d}v$,其中 Ω 是右半球面 $x^2+y^2+z^2\leqslant a^2,y\geqslant 0$ 所围成的区域;

(4) $\iiint\limits_{\Omega}z^3\,\mathrm{d}v$,其中 Ω 是由球面 $x^2+y^2+z^2=2az$ 与锥面 $\sqrt{x^2+y^2}=z\tan\alpha\left(0<\alpha<\dfrac{\pi}{2}\right)$ 所围成的区域;

(5) $\iiint\limits_{\Omega}\sqrt{x^2+y^2+z^2}\,\mathrm{d}v$,其中 Ω 是由曲面 $z=x^2+y^2+z^2$ 所围成的区域.

6. 利用三重积分计算下列曲面所围成的立体的体积：

(1) $z=x^2+y^2, z=2(x^2+y^2), y=x, y=x^2$；

(2) $x^2+y^2+z^2\leqslant 4z, x^2+y^2\leqslant 3z^2$（包含 z 轴的部分）；

(3) $x^2+y^2=4z, z=\sqrt{5-x^2-y^2}$.

7. 设球体 $x^2+y^2+z^2\leqslant 2x$ 上各点的密度等于该点到坐标原点的距离，求球体的质量.

5.8　重积分的应用

由在引入重积分概念时举的实例知道，二重积分可用来计算平面区域的面积、空间立体的体积等. 本节进一步介绍重积分在几何、物理上的一些其他应用.

5.8.1　曲面的面积

设曲面 $S: z=z(x,y)$ 在区域 D 上有连续偏导数，其中 D 为 S 在 xOy 面上的投影区域，在 D 上任取小闭区域 $\mathrm{d}\sigma$（其面积仍记为 $\mathrm{d}\sigma$），以 $\mathrm{d}\sigma$ 的边界为准线作母线平行于 z 轴的柱面，相应地得到 S 上小曲面 $\mathrm{d}S$（其面积仍记为 $\mathrm{d}S$）. 在曲面 $\mathrm{d}S$ 上任取一点 $M(x,y,z(x,y))$，过 M 作曲面 S 的切平面（图 5.60），用此切平面被柱面截下的切平面微元 $\mathrm{d}A$（其面积仍记为 $\mathrm{d}A$）近似代替 $\mathrm{d}S$. 设切平面的法向量与 z 轴正向所夹锐角为 γ，则

$$\mathrm{d}S\approx \mathrm{d}A=\frac{\mathrm{d}\sigma}{\cos\gamma}=\sqrt{1+z_x^2+z_y^2}\,\mathrm{d}\sigma,$$

所以

$$S=\iint_D \sqrt{1+z_x^2+z_y^2}\,\mathrm{d}\sigma,$$

也用 S 表示曲面 S 的面积，这就是计算曲面面积的公式.

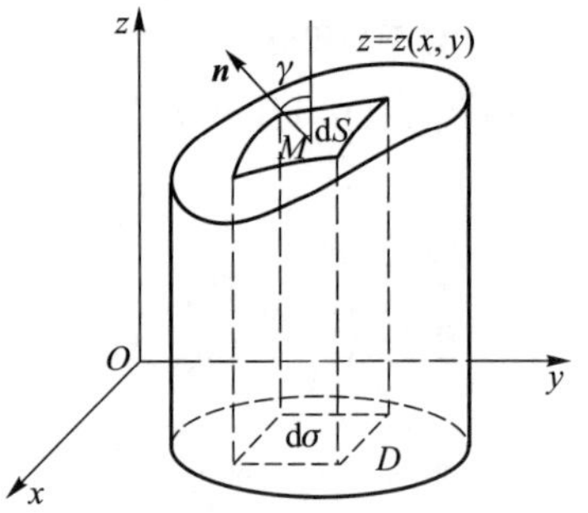

图 5.60

类似地可得到当曲面方程为 $x=x(y,z)$ 或 $y=y(x,z)$ 时相应的面积公式

$$S=\iint_{D'} \sqrt{1+x_y^2+x_z^2}\,\mathrm{d}\sigma,$$

$$S=\iint_{D''} \sqrt{1+y_x^2+y_z^2}\,\mathrm{d}\sigma,$$

其中 D', D'' 分别是曲面 S 在坐标平面 yOz 和 zOx 上的投影区域.

例 1　求圆锥 $z=\sqrt{x^2+y^2}$ 在圆柱体 $x^2+y^2\leqslant x$ 内部的面积.

解　由曲面面积公式知 $S=\iint\limits_D \sqrt{1+z_x^2+z_y^2}\,\mathrm{d}\sigma$，其中 D 是 $x^2+y^2\leqslant x$. 所求曲面方程 $z=\sqrt{x^2+y^2}$，可得

$$z_x=\frac{x}{\sqrt{x^2+y^2}},\quad z_y=\frac{y}{\sqrt{x^2+y^2}}.$$

因此

$$S=\iint_D \sqrt{1+z_x^2+z_y^2}\,\mathrm{d}\sigma=\iint_D \sqrt{2}\,\mathrm{d}x\mathrm{d}y=\sqrt{2}\,S_D=\frac{\sqrt{2}}{4}\pi.$$

5.8.2 物体质心

1. 平面薄板

设 xOy 平面上有 n 个质点，坐标分别为 $(x_1,y_1),(x_2,y_2),\cdots,(x_n,y_n)$，质量分别为 m_1，$m_2,\cdots,m_n$，由静力学知识，该质点系关于 x 轴与 y 轴的静力矩 M_x,M_y 和总质量 M 分别是

$$M_x=\sum_{i=1}^{n} y_i m_i,\quad M_y=\sum_{i=1}^{n} x_i m_i,\quad M=\sum_{i=1}^{n} m_i.$$

质心的坐标 $(\bar{x},\bar{y})$ 为

$$\bar{x}=\frac{M_y}{M}=\frac{\sum\limits_{i=1}^{n} x_i m_i}{\sum\limits_{i=1}^{n} m_i},\quad \bar{y}=\frac{M_x}{M}=\frac{\sum\limits_{i=1}^{n} y_i m_i}{\sum\limits_{i=1}^{n} m_i}.$$

设薄板占有平面闭区域 D，面密度 $\rho(x,y)$ 在 D 上连续. 在 D 上任取小区域 $\mathrm{d}\sigma$（其面积也记作 $\mathrm{d}\sigma$）及其上面任意一点 (x,y)，$\mathrm{d}\sigma$ 的质量 $\mathrm{d}M\approx\rho(x,y)\mathrm{d}\sigma$. $\mathrm{d}M$ 对 x 轴和 y 轴的静力矩分别为

$$\mathrm{d}M_x=y\rho(x,y)\mathrm{d}\sigma,\quad \mathrm{d}M_y=x\rho(x,y)\mathrm{d}\sigma,$$

以这些元素为被积表达式，在闭区域 D 上积分便得

$$M_x=\iint_D y\rho(x,y)\mathrm{d}\sigma,\quad M_y=\iint_D x\rho(x,y)\mathrm{d}\sigma,$$

于是平面薄板的质心的坐标为

$$\bar{x}=\frac{M_y}{M}=\frac{\iint\limits_D x\rho(x,y)\mathrm{d}\sigma}{\iint\limits_D \rho(x,y)\mathrm{d}\sigma},\quad \bar{y}=\frac{M_x}{M}=\frac{\iint\limits_D y\rho(x,y)\mathrm{d}\sigma}{\iint\limits_D \rho(x,y)\mathrm{d}\sigma}.$$

2. 空间物体

物体占有空间有界闭区域 Ω，密度 $\rho(x,y,z)$ 在 Ω 上连续，则物体的质心坐标为

$$\bar{x}=\frac{\iiint\limits_\Omega x\rho(x,y,z)\mathrm{d}v}{\iiint\limits_\Omega \rho(x,y,z)\mathrm{d}v},\quad \bar{y}=\frac{\iiint\limits_\Omega y\rho(x,y,z)\mathrm{d}v}{\iiint\limits_\Omega \rho(x,y,z)\mathrm{d}v},\quad \bar{z}=\frac{\iiint\limits_\Omega z\rho(x,y,z)\mathrm{d}v}{\iiint\limits_\Omega \rho(x,y,z)\mathrm{d}v}.$$

例 2 设一均匀薄片为闭区域 D，D 由半圆 $y=\sqrt{4-x^2}$，圆 $x^2+(y-1)^2=1$ 及 x 轴所围成（图 5.61），求薄片的质心.

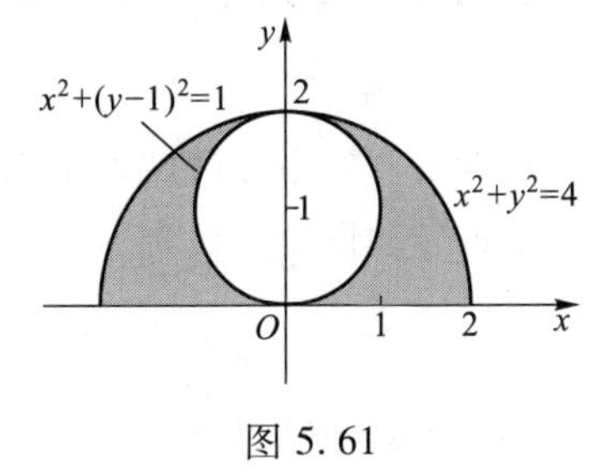

图 5.61

解 设均匀薄片的质心的坐标为 $(\bar{x},\bar{y})$，由对称性有 $\bar{x}=0$. 设薄片的面密度为 ρ（常数），则质量为

$$M=\iint_D \rho\mathrm{d}x\mathrm{d}y=\rho\pi,$$

其中$\iint\limits_D \mathrm{d}x\mathrm{d}y=2\pi$(半圆的面积)$-\pi$(圆的面积).

$$M_x=\iint\limits_D y\rho\mathrm{d}x\mathrm{d}y=\rho\int_0^{\pi}\mathrm{d}\theta\int_{2\sin\theta}^{2}r^2\sin\theta\mathrm{d}r$$

$$=\rho\int_0^{\pi}\frac{1}{3}(8\sin\theta-8\sin^4\theta)\,\mathrm{d}\theta=\frac{16}{3}\rho-\rho\pi,$$

所以

$$\bar{y}=\frac{M_x}{M}=\frac{\iint\limits_D y\rho(x,y)\,\mathrm{d}\sigma}{\iint\limits_D \rho(x,y)\,\mathrm{d}\sigma}=\frac{16}{3\pi}-1,$$

即质心坐标为$\left(0,\frac{16}{3\pi}-1\right)$.

例 3　求均匀半球体的质心.

解　取半球体的对称轴为 z 轴,原点取在球心上,设球半径为 a,则半球体所占区域为

$$\Omega=\{(x,y,z)\mid x^2+y^2+z^2\leqslant a^2,z\geqslant 0\}.$$

显然,质心在 z 轴上,因此 $\bar{x}=\bar{y}=0$.

$$\bar{z}=\frac{\iiint\limits_{\Omega} z\rho(x,y,z)\,\mathrm{d}v}{\iiint\limits_{\Omega}\rho(x,y,z)\,\mathrm{d}v}=\frac{1}{V}\iiint\limits_{\Omega} z\mathrm{d}v,$$

其中 $V=\frac{2}{3}\pi a^3$ 为半球体体积. 而

$$\iiint\limits_{\Omega} z\mathrm{d}v=\iiint\limits_{\Omega} r\cos\varphi\cdot r^2\sin\varphi\mathrm{d}r\mathrm{d}\varphi\mathrm{d}\theta$$

$$=\int_0^{2\pi}\mathrm{d}\theta\int_0^{\frac{\pi}{2}}\cos\varphi\sin\varphi\mathrm{d}\varphi\int_0^{a}r^3\mathrm{d}r$$

$$=2\pi\cdot\left[\frac{\sin^2\varphi}{2}\right]_0^{\frac{\pi}{2}}\cdot\frac{a^4}{4}=\frac{\pi a^4}{4}.$$

因此,$\bar{z}=\frac{3}{8}a$,质心的坐标为$\left(0,0,\frac{3}{8}a\right)$.

5.8.3　转动惯量

1. 平面薄板

设薄板占有平面区域 D,面密度 $\rho(x,y)$ 在 D 上连续. 由静力学及微元法可知,薄板对 x 轴以及 y 轴的转动惯量分别为

$$I_x=\iint\limits_D y^2\rho(x,y)\,\mathrm{d}\sigma,\quad I_y=\iint\limits_D x^2\rho(x,y)\,\mathrm{d}\sigma,$$

关于原点的转动惯量是

$$I_o=\iint\limits_D (x^2+y^2)\rho(x,y)\,\mathrm{d}\sigma.$$

2. 空间物体

类似地,对于体密度为$\rho(x,y,z)$的空间物体Ω对坐标轴的转动惯量分别为

$$I_x=\iiint\limits_\Omega (y^2+z^2)\rho(x,y,z)\,\mathrm{d}v,$$

$$I_y=\iiint\limits_\Omega (z^2+x^2)\rho(x,y,z)\,\mathrm{d}v,$$

$$I_z=\iiint\limits_\Omega (x^2+y^2)\rho(x,y,z)\,\mathrm{d}v.$$

例 4 求半径为a的均匀半圆薄片(面密度为常量μ)对于其直径边的转动惯量.

解 取坐标系如图 5.62 所示,则薄片所占闭域$D=\{(x,y)\mid x^2+y^2\leqslant a^2,y\geqslant 0\}$,所求的转动惯量是半圆薄片关于$x$轴的转动惯量$I_x$.

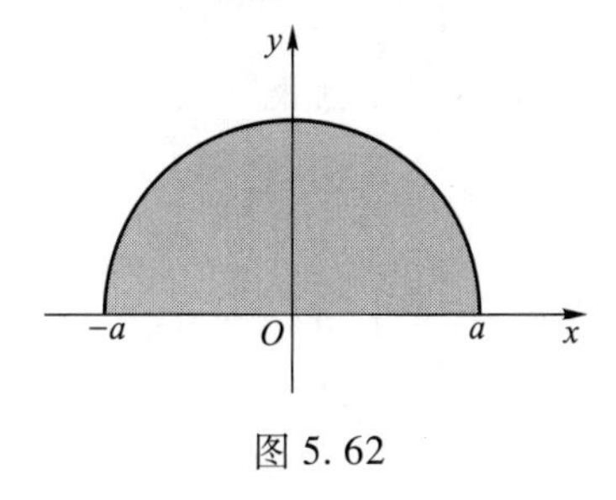

图 5.62

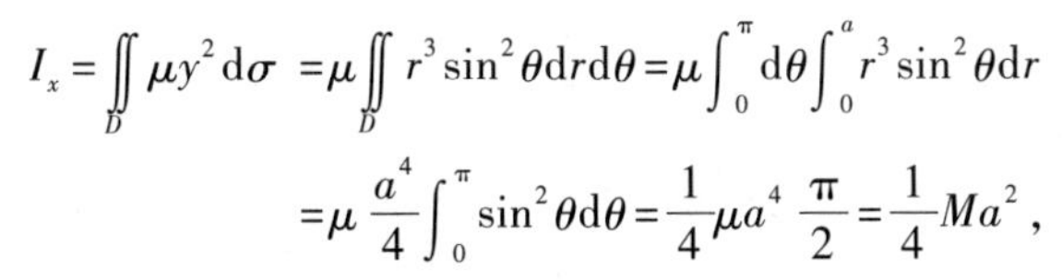

$$I_x=\iint\limits_D \mu y^2\,\mathrm{d}\sigma=\mu\iint\limits_D r^3\sin^2\theta\,\mathrm{d}r\mathrm{d}\theta=\mu\int_0^{\pi}\mathrm{d}\theta\int_0^a r^3\sin^2\theta\,\mathrm{d}r$$

$$=\mu\frac{a^4}{4}\int_0^{\pi}\sin^2\theta\,\mathrm{d}\theta=\frac{1}{4}\mu a^4\ \frac{\pi}{2}=\frac{1}{4}Ma^2,$$

其中$M=\frac{1}{2}\pi a^2\mu$为半圆薄片的质量.

习 题 5.8

1. 求曲面$az=xy$包含在圆柱$x^2+y^2=a^2$内部分的面积.
2. 求锥面$z=\sqrt{x^2+y^2}$被柱面$z^2=2x$所截部分的曲面面积.
3. 求曲线$z=\varphi(x)\,(0<a\leqslant x\leqslant b)$绕$z$轴旋转一周所生成的旋转曲面的面积,其中函数$\varphi(x)\in C^1([a,b])$.
4. 求xOy平面上位于两个圆$x^2+y^2=2y,x^2+y^2=4y$之间的均匀薄片的质心.
5. 求密度均匀的上半球体$x^2+y^2+z^2\leqslant 1$的质心.
6. 求密度均匀的由坐标面及平面$x+2y-z=1$所围的四面体的质心.
7. 求质量为M,长与宽分别为a,b的长方形均匀薄片对长边的转动惯量.
8. 某均匀物体(密度ρ为常量)所占闭区域Ω由曲面$z=x^2+y^2$和平面$z=0,|x|=a,|y|=a$所围成,求该物体关于z轴的转动惯量.

总 习 题 五

1. 求下列不定积分:

(1) $\int\frac{\mathrm{d}x}{\mathrm{e}^x-\mathrm{e}^{-x}}$;　　(2) $\int\frac{x^3}{\sqrt{1+x^2}}\mathrm{d}x$;

(3) $\int xe^{x}\cos x\mathrm{d}x$;　　(4) $\int \frac{\ln\ln x}{x}\mathrm{d}x$;

(5) $\int \tan^{4}x\mathrm{d}x$;　　(6) $\int \frac{x}{\sqrt{1-x^{2}}}\mathrm{e}^{\arcsin x}\mathrm{d}x$;

(7) $\int \frac{\mathrm{d}x}{\sqrt{1+\mathrm{e}^{x}}}$;　　(8) $\int \frac{\mathrm{d}x}{x^{2}\sqrt{x^{2}-1}}$;

(9) $\int \sqrt{x}\sin\sqrt{x}\,\mathrm{d}x$;　　(10) $\int \frac{\sqrt{1+\cos x}}{\sin x}\mathrm{d}x$;

(11) $\int \frac{\mathrm{d}x}{(1+\mathrm{e}^{x})^{2}}$;　　(12) $\int \frac{\ln x}{(1+x^{2})^{\frac{3}{2}}}\mathrm{d}x$;

(13) $\int \frac{\cot x}{1+\sin x}\mathrm{d}x$;　　(14) $\int \frac{\mathrm{d}x}{\sin^{3}x\cos x}$.

2. 计算下列极限：

(1) $\lim\limits_{n\to\infty}\frac{1}{n}\sum\limits_{i=1}^{n}\sqrt{1+\frac{i}{n}}$;　　(2) $\lim\limits_{n\to\infty}\frac{1^{p}+2^{p}+\cdots+n^{p}}{n^{p+1}}$.

3. 计算下列定积分：

(1) $\int_{0}^{a}\frac{\mathrm{d}x}{x+\sqrt{a^{2}-x^{2}}}$;　　(2) $\int_{0}^{\frac{\pi}{2}}\frac{\mathrm{d}x}{1+\cos^{2}x}$.

4. 设$f(x)$,$g(x)$在区间$[a,b]$上均连续,证明柯西–施瓦茨不等式：

$$\left(\int_{a}^{b}f(x)g(x)\mathrm{d}x\right)^{2}\leqslant\int_{a}^{b}f^{2}(x)\mathrm{d}x\cdot\int_{a}^{b}g^{2}(x)\mathrm{d}x.$$

5. 设$f(x)$在区间$[a,b]$上连续,且$f(x)>0$.证明：

$$\int_{a}^{b}f(x)\mathrm{d}x\cdot\int_{a}^{b}\frac{1}{f(x)}\mathrm{d}x\geqslant(b-a)^{2}.$$

6. 设$f(x)$为连续函数,证明：

$$\int_{0}^{x}f(t)(x-t)\mathrm{d}t=\int_{0}^{x}\left(\int_{0}^{t}f(u)\mathrm{d}u\right)\mathrm{d}t.$$

7. 设$f(x)$在区间$[a,b]$上连续,$g(x)$在区间$[a,b]$上连续且不变号.证明至少存在一点$\xi\in[a,b]$,使下式成立

$$\int_{a}^{b}f(x)g(x)\mathrm{d}x=f(\xi)\int_{a}^{b}g(x)\mathrm{d}x\quad（积分第一中值定理）.$$

8. 求由曲线$y=x^{\frac{3}{2}}$与直线$x=4$,x轴所围图形绕y轴旋转而成的旋转体的体积.

9. 求抛物线$y=\frac{1}{2}x^{2}$被圆$x^{2}+y^{2}=3$所截下的有限部分的弧长.

10. 判断下列反常积分的敛散性：

(1) $\int_{0}^{+\infty}\frac{x^{2}}{x^{4}+x^{2}+1}\mathrm{d}x$;　　(2) $\int_{1}^{+\infty}\frac{\mathrm{d}x}{x\sqrt[3]{x^{2}+1}}$;

(3) $\int_{1}^{+\infty}\frac{x\arctan x}{1+x^{3}}\mathrm{d}x$;　　(4) $\int_{1}^{2}\frac{\sqrt{x}}{\ln x}\mathrm{d}x$;

(5) $\int_0^{\pi}\frac{\sin x}{x^{3/2}}\mathrm{d}x$;　　(6) $\int_0^1\frac{\ln x}{1-x}\mathrm{d}x$.

11. 设二元函数

$$f(x,y)=\begin{cases}x^2, & |x|+|y|\leqslant 1,\\ \dfrac{1}{\sqrt{x^2+y^2}}, & 1<|x|+|y|\leqslant 2,\end{cases}$$

计算二重积分$\iint\limits_D f(x,y)\mathrm{d}\sigma$,其中$D=\{(x,y)\,\|x|+|y|\leqslant 2\}$.

12. 计算二重积分$\iint\limits_D |x^2+y^2-1|\mathrm{d}\sigma$,其中$D=\{(x,y)\,|\,0\leqslant x\leqslant 1,0\leqslant y\leqslant 1\}$.

13. 求$\iint\limits_D(\sqrt{x^2+y^2}+y)\mathrm{d}\sigma$,其中$D$是由圆$x^2+y^2=4$和$(x+1)^2+y^2=1$所围成的平面区域.

14. 设$D=\{(x,y)\,|\,x^2+y^2\leqslant\sqrt{2},x\geqslant 0,y\geqslant 0\}$,$[1+x^2+y^2]$表示不超过$1+x^2+y^2$的最大整数. 计算二重积分$\iint\limits_D xy[1+x^2+y^2]\mathrm{d}x\mathrm{d}y$.

15. 计算二重积分$\iint\limits_{x^2+y^2\leqslant 4}\mathrm{sgn}(x^2-y^2+2)\mathrm{d}\sigma$.

读一读

积分学与微分学联系密切,共同组成了分析学的基本内容. 积分学的思想萌芽比微分学早得多,促成定积分概念形成的问题是计算平面上的曲边形面积. 这个问题相当古老,例如古希腊数学家阿基米德(Archimedes,约公元前 287—约前 212 年)用穷竭法正确计算出弓形的面积,中国古代数学家刘徽(263 年左右)用割圆术成功推算出圆周率等,都是用无限小过程处理特殊形状的面积的例子.

尽管求积问题自古就被直观地、经验地理解着,也得到了正确的计算结果,但古代数学家们只完成了一些特殊的曲边形面积或体积的计算,各类问题的解决都需要对应特殊的技巧,始终缺乏一般的计算方法. 直到 17 世纪,牛顿、莱布尼茨首先发现了积分运算与微分运算的密切联系,才明确地提出了面积计算的普遍方法,核心工具是联系着定积分和不定积分的“牛顿-莱布尼茨公式”.

前面学习的微分学部分中,问题常常归结到求某一个已知函数的导函数. 现在我们要考虑一个反问题:已知一个函数,能从哪个函数求导而得来? 这就是“不定积分”问题,显然它是求导运算的逆过程,积分是微分的逆运算. 我们将微分公式倒转顺序,便立刻可以得到一些简单的积分公式.

通过“牛顿-莱布尼茨公式”,可以将求平面图形面积的定积分问题转化为不定积分问题,将原来需要特殊技巧方法的求积问题用统一的一般方法来处理.

自测题 5

第 6 章 曲线积分与曲面积分

定积分与重积分是讨论定义在直线段(闭区间)、平面或空间有界闭区域上的函数的积分问题,本章则研究定义在曲线段或曲面块上的函数的积分,即曲线积分和曲面积分,主要介绍它们的定义、计算方法以及与定积分、重积分的关系.

6.1 曲线积分

6.1.1 第一类与第二类曲线积分

1. 第一类曲线积分的概念和性质

曲线形构件的质量 设有一曲线状物体,其形状为一条平面曲线 $L=\widehat{AB}$,它位于 xOy 平面内(图 6.1).假设它的质量分布是不均匀的,其线密度为

$$\mu=\mu(x,y),(x,y)\in L,$$

求此物体的质量 m.

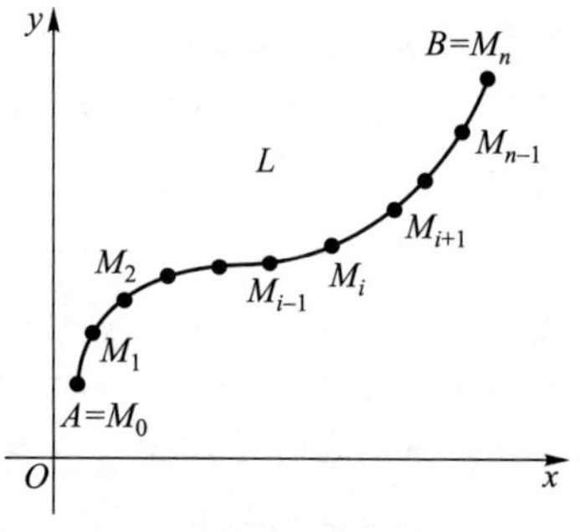

图 6.1

解 当该物体的质量分布均匀时,其质量=线密度×长度,基于这一点采用分割的方法求此质量分布不均匀的构件的质量.将该物体分成 n 小段,记分点为

$$A=M_0,M_1,\cdots,M_{n-1},M_n=B,$$

如图 6.1 所示.在每一段小弧$\widehat{M_{i-1}M_i}$($i=1,2,\cdots,n$)上任取一点(ξ_i,η_i),则小弧段$\widehat{M_{i-1}M_i}$的质量 Δm_i 可近似地表示为

$$\Delta m_i\approx\mu(\xi_i,\eta_i)\Delta l_i,$$

其中 Δl_i 为小弧段$\widehat{M_{i-1}M_i}$的长度.再记 $\lambda=\max\limits_{1\leqslant i\leqslant n}\{\Delta l_i\}$,则该物体的质量为

$$m=\lim_{\lambda\to 0}\sum_{i=1}^{n}\mu(\xi_i,\eta_i)\Delta l_i.$$

将上述方法抽象出来形成下面第一类曲线积分的定义.

定义 1 设 L 为 xOy 面内的一条光滑曲线弧，函数 $f(x,y)$ 在 L 上有界. 在 L 上任意插入 $n-1$ 个分点 $M_1,M_2,\cdots,M_{n-1}$，将 L 分割成 n 个小弧段. 设第 i 个小弧段的长度为 Δl_i，记 $\lambda=\max\limits_{1\leqslant i\leqslant n}\{\Delta l_i\}$. 在第 i 个小弧段上任取一点 (ξ_i,η_i)，并作和式 $\sum\limits_{i=1}^{n}f(\xi_i,\eta_i)\Delta l_i$. 如果当 $\lambda\to 0$ 时，该和式的极限存在，此极限的值不依赖于弧段的分法，也不依赖于 (ξ_i,η_i) 的取法，则称此极限为函数 $f(x,y)$ 在曲线 L 上对**弧长的曲线积分**或**第一类曲线积分**，记作 $\int_L f(x,y)\,\mathrm{d}s$，即

$$\int_L f(x,y)\,\mathrm{d}s=\lim_{\lambda\to 0}\sum_{i=1}^{n}f(\xi_i,\eta_i)\Delta l_i,$$

其中 $f(x,y)$ 叫做**被积函数**，L 叫做**积分弧段**（或**积分路径**）. 当积分弧段为封闭曲线时，常在积分号上加一个圆圈，记为 $\oint_L f(x,y)\,\mathrm{d}s$.

$\int_L f(x,y)\,\mathrm{d}s$ 是一个极限值，那么在什么情况下这个极限一定存在呢？在下面的叙述中我们将看到，当 $f(x,y)$ 在光滑曲线弧 L 上连续时，$\int_L f(x,y)\,\mathrm{d}s$ 一定存在. 以后总假设这个条件是成立的.

根据这个定义，若曲线 L 上的线密度函数 $\mu(x,y)$ 连续，则曲线的质量 m 就等于 $\mu(x,y)$ 对弧长的曲线积分，即 $m=\int_L \mu(x,y)\,\mathrm{d}s$.

特别地，当 $\mu(x,y)=1$ 时，$\int_L 1\,\mathrm{d}s=s$，s 表示曲线 L 的长度.

容易看出，当积分路径 L 为 x 轴上的区间 $[a,b]$ 时，第一类曲线积分便成为定积分，因此，定积分是一种特殊的第一类曲线积分.

根据定义可以推导出第一类曲线积分的性质.

性质 1 $\int_L[\alpha f(x,y)+\beta g(x,y)]\,\mathrm{d}s=\alpha\int_L f(x,y)\,\mathrm{d}s+\beta\int_L g(x,y)\,\mathrm{d}s$（$\alpha,\beta$ 为常数）.

性质 2 **若 L 可分成两段仅有公共端点的光滑曲线弧 L_1,L_2，则**

$$\int_L f(x,y)\,\mathrm{d}s=\int_{L_1}f(x,y)\,\mathrm{d}s+\int_{L_2}f(x,y)\,\mathrm{d}s.$$

性质 3 **若 $L_1=\overset{\frown}{AB}$，$L_2=\overset{\frown}{BA}$，则 $\int_{L_1}f(x,y)\,\mathrm{d}s=\int_{L_2}f(x,y)\,\mathrm{d}s$，即第一类曲线积分与积分路径的方向无关.**

上述定义可类似地推广到积分弧段为空间光滑曲线弧 Γ 的情形：

$$\int_\Gamma f(x,y,z)\,\mathrm{d}s=\lim_{\lambda\to 0}\sum_{i=1}^{n}f(\xi_i,\eta_i,\zeta_i)\Delta l_i.$$

2. 第一类曲线积分的计算方法

定理 1 **设 $f(x,y)$ 在曲线弧 L 上有定义且连续，L 的参数方程为 $\begin{cases}x=\varphi(t),\\ y=\psi(t)\end{cases}$ $(\alpha\leqslant t\leqslant\beta)$，其中 $\varphi(t),\psi(t)$ 在 $[\alpha,\beta]$ 上具有一阶连续导数，且 $\varphi'^2(t)+\psi'^2(t)\neq 0$（这样的曲线称为光滑曲线），则曲线积分 $\int_L f(x,y)\,\mathrm{d}s$ 存在，且**

$$\int_L f(x,y)\,\mathrm{d}s=\int_\alpha^\beta f[\varphi(t),\psi(t)]\sqrt{\varphi'^2(t)+\psi'^2(t)}\,\mathrm{d}t \qquad (\alpha<\beta). \tag{6.1}$$

对式(6.1)的理解:$f(x,y)$中的变量x,y用参数t的形式表示,$\mathrm{d}s$表示对弧长的微分,由弧长的微分公式得$\mathrm{d}s=\sqrt{\varphi'^2(t)+\psi'^2(t)}\,\mathrm{d}t$.

如果曲线弧L的方程为$y=g(x)\,(a\leqslant x\leqslant b)$,$g(x)$在$[a,b]$上有连续导数,可以把曲线$L$的方程看作参数方程$\begin{cases}x=x,\\ y=g(x)\end{cases}(a\leqslant x\leqslant b)$,根据公式(6.1)得

$$\int_L f(x,y)\,\mathrm{d}s=\int_a^b f[x,g(x)]\sqrt{1+g'^2(x)}\,\mathrm{d}x \quad (a<b). \tag{6.2}$$

如果曲线弧L的方程为$x=h(y)\,(c\leqslant y\leqslant d)$,$h(y)$在$[c,d]$上有连续导数,则

$$\int_L f(x,y)\,\mathrm{d}s=\int_c^d f[h(y),y]\sqrt{1+h'^2(y)}\,\mathrm{d}y \quad (c<d). \tag{6.3}$$

式(6.1)可推广到空间曲线弧Γ上.

若Γ的参数方程为$x=\varphi(t),y=\psi(t),z=\omega(t)\,(\alpha\leqslant t\leqslant\beta)$,这样就有

$$\int_\Gamma f(x,y,z)\,\mathrm{d}s=\int_\alpha^\beta f[\varphi(t),\psi(t),\omega(t)]\sqrt{\varphi'^2(t)+\psi'^2(t)+\omega'^2(t)}\,\mathrm{d}t.$$

例 1　计算$\int_L\sqrt{y}\,\mathrm{d}s$,其中$L$是(见图 6.2)

(1) 抛物线$y=x^2$上从点$O(0,0)$到点$B(1,1)$的一段弧;

(2) 折线OAB,其中点$A(1,0)$.

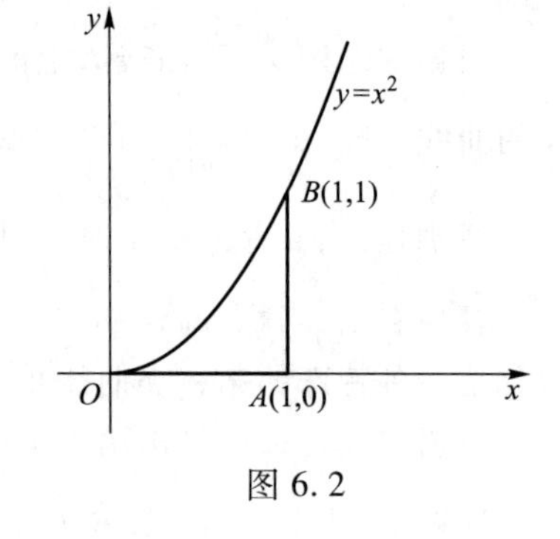

图 6.2

解　(1) L的方程为$y=x^2(0\leqslant x\leqslant 1)$,于是

$$\begin{aligned}\int_L\sqrt{y}\,\mathrm{d}s&=\int_0^1\sqrt{x^2}\sqrt{1+(x^2)'^2}\,\mathrm{d}x\\&=\int_0^1 x\sqrt{1+4x^2}\,\mathrm{d}x\\&=\frac{1}{12}(5\sqrt{5}-1).\end{aligned}$$

(2) $\int_L\sqrt{y}\,\mathrm{d}s=\int_{OA}\sqrt{y}\,\mathrm{d}s+\int_{AB}\sqrt{y}\,\mathrm{d}s.$

而OA的方程为$y=0(0\leqslant x\leqslant 1)$,故

$$\int_{OA}\sqrt{y}\,\mathrm{d}s=0.$$

AB的方程为$x=1(0\leqslant y\leqslant 1)$,故

$$\int_{AB}\sqrt{y}\,\mathrm{d}s=\int_0^1\sqrt{y}\sqrt{1+0}\,\mathrm{d}y=\frac{2}{3}.$$

于是

$$\int_L\sqrt{y}\,\mathrm{d}s=0+\frac{2}{3}=\frac{2}{3}.$$

例 2　计算$\oint_L y^2\,\mathrm{d}s$,其中L为圆周:$x^2+y^2=R^2$.

解　L的参数方程为$\begin{cases}x=R\cos t,\\ y=R\sin t\end{cases}\quad(0\leqslant t\leqslant 2\pi)$,所以

$$\oint_L f(x,y)\,\mathrm{d}s=\int_0^{2\pi}R^2\sin^2t\sqrt{(-R\sin t)^2+(R\cos t)^2}\,\mathrm{d}t$$
$$=\frac{R^3}{2}\int_0^{2\pi}(1-\cos 2t)\,\mathrm{d}t=\frac{R^3}{2}\left(t-\frac{\sin 2t}{2}\right)\Bigg|_0^{2\pi}$$
$$=\pi R^3.$$

3. 第二类曲线积分的概念和性质

变力沿曲线所做的功 设有一质点,在变力 $\boldsymbol{F}(x,y)$ 的作用下从 A 点沿光滑曲线 L 移动到 B 点(图 6.3),已知 $\boldsymbol{F}(x,y)=P(x,y)\boldsymbol{i}+Q(x,y)\boldsymbol{j}$,其中 $P(x,y)$,$Q(x,y)$ 分别是力 $\boldsymbol{F}$ 在 x 轴、y 轴上的投影,它们在 L 上连续,求变力 $\boldsymbol{F}$ 所做的功.

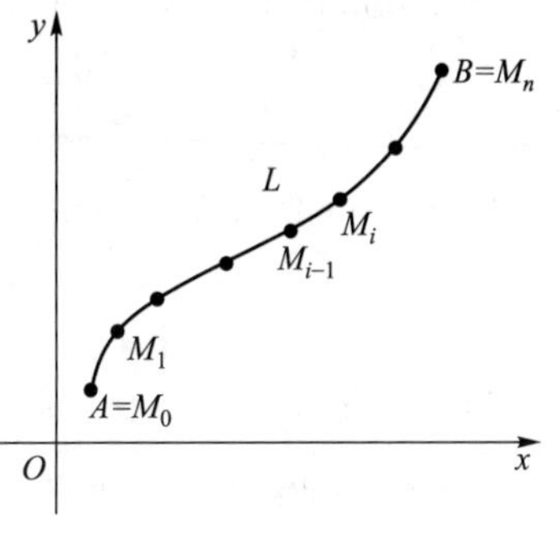

图 6.3

解 若 $\boldsymbol{F}$ 是恒力,那么 $\boldsymbol{F}$ 所做的功 $W=\boldsymbol{F}\cdot\overrightarrow{AB}$. 现在 $\boldsymbol{F}$ 是变力,仍用分割的方法来解决这个问题. 用分点 $A=M_0,M_1,\cdots,M_{n-1},M_n=B$ 将曲线段 $L=\widehat{AB}$ 分成 n 个小弧段,先考虑在力 $\boldsymbol{F}$ 的作用下,当质点从 M_{i-1} 沿 L 运动到 M_i 时力所做的功 ΔW_i. 当弧长 $\widehat{M_{i-1}M_i}$ 很小时,在该弧上任取一点 (ξ_i,η_i),将 ΔW_i 近似地视为恒力 $\boldsymbol{F}(\xi_i,\eta_i)=P(\xi_i,\eta_i)\boldsymbol{i}+Q(\xi_i,\eta_i)\boldsymbol{j}$ 作用于质点使之沿弧 $\widehat{M_{i-1}M_i}$ 运动,所做的功

$$\Delta W_i\approx\boldsymbol{F}(\xi_i,\eta_i)\cdot\overrightarrow{M_{i-1}M_i},$$

$\overrightarrow{M_{i-1}M_i}$ 是位移向量,$\overrightarrow{M_{i-1}M_i}=(x_i-x_{i-1})\boldsymbol{i}+(y_i-y_{i-1})\boldsymbol{j}=\Delta x_i\boldsymbol{i}+\Delta y_i\boldsymbol{j}$. 于是

$$\Delta W_i\approx P(\xi_i,\eta_i)\Delta x_i+Q(\xi_i,\eta_i)\Delta y_i,$$

$$W=\sum_{i=1}^{n}\Delta W_i\approx\sum_{i=1}^{n}[P(\xi_i,\eta_i)\Delta x_i+Q(\xi_i,\eta_i)\Delta y_i].$$

记 $\lambda=\max\limits_{1\leqslant i\leqslant n}\{\widehat{M_{i-1}M_i}\text{的弧长}\}$,则

$$W=\lim_{\lambda\to 0}\sum_{i=1}^{n}[P(\xi_i,\eta_i)\Delta x_i+Q(\xi_i,\eta_i)\Delta y_i].$$

下面就此引出第二类曲线积分的定义.

定义 2 设 L 为 xOy 平面内以 A 为起点、B 为终点的一条有向光滑曲线弧,函数 $P(x,y)$,$Q(x,y)$ 在 L 上有界,在 L 上沿 L 的方向任意插入 $n-1$ 个分点 $M_1(x_1,y_1),M_2(x_2,y_2),\cdots,M_{n-1}(x_{n-1},y_{n-1})$,将 L 分割成 n 个有向小弧段 $\widehat{M_{i-1}M_i}\,(i=1,2,\cdots,n;M_0(x_0,y_0)=A,M_n(x_n,y_n)=B)$. 设 $\Delta x_i=x_i-x_{i-1},\Delta y_i=y_i-y_{i-1}$,记 $\lambda=\max\limits_{1\leqslant i\leqslant n}\{\widehat{M_{i-1}M_i}\text{的弧长}\}$,在每个小弧段 $\widehat{M_{i-1}M_i}$ 上任取一点 (ξ_i,η_i),如果当 $\lambda\to 0$ 时,$\sum\limits_{i=1}^{n}P(\xi_i,\eta_i)\Delta x_i$ 的极限总存在,此极限的值不依赖于弧段的分法,也不依赖于 (ξ_i,η_i) 的取法,则称此极限为函数 $P(x,y)$ 在有向曲线 L 上对**坐标 x 的曲线积分**,记作 $\int_L P(x,y)\,\mathrm{d}x$. 类似地,如果 $\lim\limits_{\lambda\to 0}\sum\limits_{i=1}^{n}Q(\xi_i,\eta_i)\Delta y_i$ 存在,则称此极限为函数 $Q(x,y)$ 在有向曲线 L 上对**坐标 y 的曲线积分**,记作 $\int_L Q(x,y)\,\mathrm{d}y$. 即

$$\int_L P(x,y)\,\mathrm{d}x=\lim_{\lambda\to 0}\sum_{i=1}^{n}P(\xi_i,\eta_i)\Delta x_i,$$

$$\int_L Q(x,y)\,\mathrm{d}y=\lim_{\lambda\to 0}\sum_{i=1}^{n}Q(\xi_i,\eta_i)\Delta y_i.$$

式中 $P(x,y)$，$Q(x,y)$ 叫做**被积函数**，L 叫做**积分弧段**（或**积分路径**）. 对坐标的曲线积分也称为**第二类曲线积分**.

在实际应用中，经常出现的是 $\int_L P(x,y)\,\mathrm{d}x+\int_L Q(x,y)\,\mathrm{d}y$ 这种组合起来的形式，为简单起见，上式可简写为 $\int_L P(x,y)\,\mathrm{d}x+Q(x,y)\,\mathrm{d}y$.

根据定义，变力 $\boldsymbol{F}(x,y)=P(x,y)\boldsymbol{i}+Q(x,y)\boldsymbol{j}$ 沿曲线 L 所做的功为

$$W=\int_L P(x,y)\,\mathrm{d}x+Q(x,y)\,\mathrm{d}y.$$

当 $P(x,y)$，$Q(x,y)$ 在有向光滑曲线弧 L 上连续时，$\int_L P(x,y)\,\mathrm{d}x$ 与 $\int_L Q(x,y)\,\mathrm{d}y$ 都存在.

对坐标的曲线积分有如下性质：

性质 4　若 L 可分成仅有公共端点的两段有向光滑曲线弧 L_1，L_2，则

$$\int_L P(x,y)\,\mathrm{d}x+Q(x,y)\,\mathrm{d}y=\int_{L_1}P(x,y)\,\mathrm{d}x+Q(x,y)\,\mathrm{d}y+\int_{L_2}P(x,y)\,\mathrm{d}x+Q(x,y)\,\mathrm{d}y.$$

性质 5　若 $L_1=\widehat{AB}$，$L_2=\widehat{BA}$，则

$$\int_{L_1}P(x,y)\,\mathrm{d}x+Q(x,y)\,\mathrm{d}y=-\int_{L_2}P(x,y)\,\mathrm{d}x+Q(x,y)\,\mathrm{d}y,$$

其中 $\widehat{AB}$ 与 $\widehat{BA}$ 是相同的曲线弧，但方向相反.

性质 5 说明第二类曲线积分与积分路径的方向有关，这是因为改变积分路径的方向，就改变了定义 2 中 Δx_i，Δy_i 的符号.

上述定义可以类似地推广到积分弧段为空间有向光滑曲线弧 Γ 的情形：

$$\int_\Gamma P(x,y,z)\,\mathrm{d}x=\lim_{\lambda\to 0}\sum_{i=1}^{n}P(\xi_i,\eta_i,\zeta_i)\Delta x_i,$$

$$\int_\Gamma Q(x,y,z)\,\mathrm{d}y=\lim_{\lambda\to 0}\sum_{i=1}^{n}Q(\xi_i,\eta_i,\zeta_i)\Delta y_i,$$

$$\int_\Gamma R(x,y,z)\,\mathrm{d}z=\lim_{\lambda\to 0}\sum_{i=1}^{n}R(\xi_i,\eta_i,\zeta_i)\Delta z_i.$$

4. 第二类曲线积分的计算方法

定理 2　设 $P(x,y)$，$Q(x,y)$ 在有向曲线弧 L 上有定义且连续，L 的参数方程为 $\begin{cases}x=\varphi(t),\\ y=\psi(t),\end{cases}$ 且满足下列条件：

（1）L 的起点 A 及终点 B 分别对应于参数值 α 及 β（这里 α 不一定小于 β），当参数 t 由 α 变到 β 时，点 $M(x,y)$ 从起点 A 沿曲线 L 移动到终点 B；

(2) **函数 $\varphi(t),\psi(t)$ 在以 α 及 β 为端点的闭区间上具有一阶连续导数,且 $\varphi'^2(t)+\psi'^2(t)\neq 0$,则曲线积分 $\int_L P(x,y)\mathrm{d}x+Q(x,y)\mathrm{d}y$ 存在,且**

$$\int_L P(x,y)\mathrm{d}x+Q(x,y)\mathrm{d}y=\int_\alpha^\beta \{P[\varphi(t),\psi(t)]\varphi'(t)+Q[\varphi(t),\psi(t)]\psi'(t)\}\mathrm{d}t. \tag{6.4}$$

对公式(6.4)的理解:$\int_L P(x,y)\mathrm{d}x+Q(x,y)\mathrm{d}y$ 中的变量 x,y 用参数 t 的形式表示.

如果光滑曲线弧 L 的方程为 $y=g(x)$,$x=a$ 对应 L 的起点,$x=b$ 对应 L 的终点,则

$$\int_L P(x,y)\mathrm{d}x+Q(x,y)\mathrm{d}y=\int_a^b \{P[x,g(x)]+Q[x,g(x)]g'(x)\}\mathrm{d}x. \tag{6.5}$$

如果光滑曲线弧 L 的方程为 $x=h(y)$,$y=c$ 对应 L 的起点,$y=d$ 对应 L 的终点,则

$$\int_L P(x,y)\mathrm{d}x+Q(x,y)\mathrm{d}y=\int_c^d \{P[h(y),y]h'(y)+Q[h(y),y]\}\mathrm{d}y. \tag{6.6}$$

公式(6.4)可推广到空间有向曲线弧 Γ 上. 若 Γ 的参数方程为 $x=\varphi(t),y=\psi(t),z=\omega(t)$,就有

$$\begin{aligned}&\int_L P(x,y,z)\mathrm{d}x+Q(x,y,z)\mathrm{d}y+R(x,y,z)\mathrm{d}z\\ =&\int_\alpha^\beta \{P[\varphi(t),\psi(t),\omega(t)]\varphi'(t)+Q[\varphi(t),\psi(t),\omega(t)]\psi'(t)+\\ &R[\varphi(t),\psi(t),\omega(t)]\omega'(t)\}\mathrm{d}t,\end{aligned}$$

这里下限 α 对应曲线弧 Γ 的起点,上限 β 对应曲线弧 Γ 的终点.

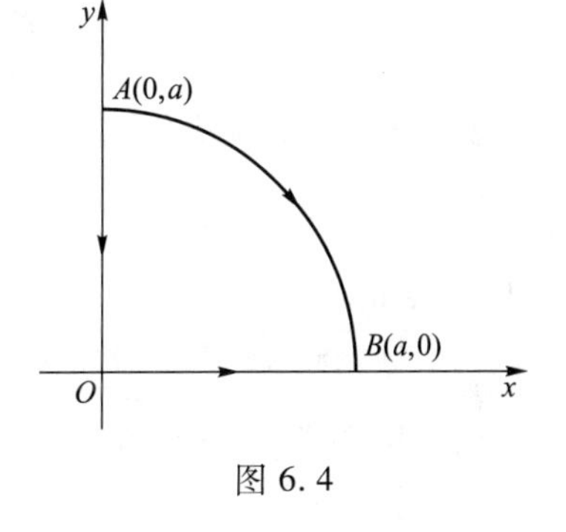

图 6.4

例 3　计算 $\int_L x\mathrm{d}x-y\mathrm{d}y$,其中 L(图 6.4)为:

(1) 从点 $A(0,a)$ 到点 $B(a,0)$ 的圆弧 $\widehat{AB}$;

(2) 从点 $A(0,a)$ 到点 $B(a,0)$ 的折线段 AOB.

解　(1) 利用圆的参数方程,$L(\widehat{AB})$ 可表示为

$$\begin{cases}x=a\cos t,\\ y=a\sin t,\end{cases}$$

且起点 A 对应于 $t=\frac{\pi}{2}$,终点 B 对应于 $t=0$. 因此

$$\begin{aligned}\int_L x\mathrm{d}x-y\mathrm{d}y&=\int_{\frac{\pi}{2}}^0 [a\cos t(-a\sin t)-a\sin t(a\cos t)]\,\mathrm{d}t\\ &=2a^2\int_0^{\frac{\pi}{2}}\sin t\cos t\mathrm{d}t\\ &=2a^2\left(\frac{\sin^2 t}{2}\right)\Bigg|_0^{\frac{\pi}{2}}=a^2.\end{aligned}$$

(2) $\int_L x\mathrm{d}x-y\mathrm{d}y=\int_{AO}x\mathrm{d}x-y\mathrm{d}y+\int_{OB}x\mathrm{d}x-y\mathrm{d}y.$

直线段 AO 的方程为 $x=0$(y 由 a 变到 0),故

$$\int_{AO}x\mathrm{d}x-y\mathrm{d}y=\int_0^a y\mathrm{d}y=\frac{a^2}{2}.$$

直线段 OB 的方程为 $y=0$(x 由 0 变到 a),故

$$\int_{OB} x\mathrm{d}x-y\mathrm{d}y=\int_0^a x\mathrm{d}x=\frac{a^2}{2}.$$

因此

$$\int_L x\mathrm{d}x+y\mathrm{d}y=\frac{a^2}{2}+\frac{a^2}{2}=a^2.$$

例 4　计算$\int_L xy^2\mathrm{d}y$,其中 L 为折线 OAB(图 6.5),其中 $A(1,1)$,$B(2,0)$.

解　$\int_L xy^2\mathrm{d}y=\int_{OA} xy^2\mathrm{d}y+\int_{AB} xy^2\mathrm{d}y.$

直线段 OA 的方程为 $y=x(0\leqslant x\leqslant 1)$,故

$$\int_{OA} xy^2\mathrm{d}y=\int_0^1 x^3\mathrm{d}x=\frac{1}{4}.$$

直线段 AB 的方程为 $y=-x+2(1\leqslant x\leqslant 2)$,故

$$\begin{aligned}\int_{AB} xy^2\mathrm{d}y&=\int_1^2 x(-x+2)^2(-1)\mathrm{d}x=-\left(\frac{x^4}{4}-\frac{4x^3}{3}+2x^2\right)\Bigg|_1^2\\&=-\frac{5}{12}.\end{aligned}$$

因此

$$\int_{OA} xy^2\mathrm{d}y+\int_{AB} xy^2\mathrm{d}y=\frac{1}{4}-\frac{5}{12}=-\frac{1}{6}.$$

例 5　计算曲线积分

$$\int_L 2xy\mathrm{d}x+x^2\mathrm{d}y,$$

其中 L(图 6.6)为

(1) 抛物线 $y=x^2$ 从 $O(0,0)$ 到 $B(1,1)$ 的一段;

(2) 抛物线 $y=\sqrt{x}$ 从 $O(0,0)$ 到 $B(1,1)$ 的一段;

(3) 折线 OAB.

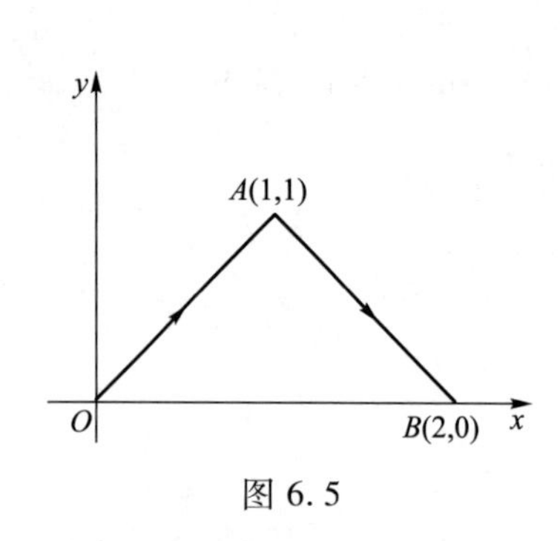

图 6.5

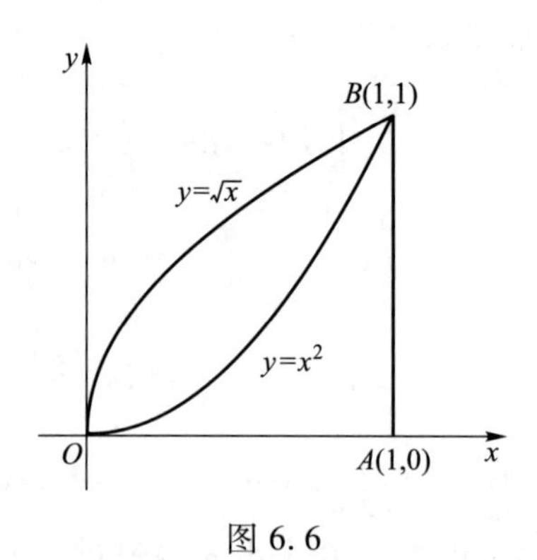

图 6.6

解　(1) $\int_L 2xy\mathrm{d}x+x^2\mathrm{d}y=\int_0^1(2x\cdot x^2+x^2\cdot 2x)\mathrm{d}x=1$;

(2) $\int_L 2xy\mathrm{d}x+x^2\mathrm{d}y=\int_0^1\left(2x\cdot\sqrt{x}+x^2\cdot\frac{1}{2\sqrt{x}}\right)\mathrm{d}x=\int_0^1\frac{5}{2}x^{\frac{3}{2}}\mathrm{d}x=1$;

(3) $\int_L 2xy\mathrm{d}x+x^2\mathrm{d}y=\int_{OA}2xy\mathrm{d}x+x^2\mathrm{d}y+\int_{AB}2xy\mathrm{d}x+x^2\mathrm{d}y$

$$=\int_0^1 2x\cdot 0\mathrm{d}x+\int_0^1 1^2\mathrm{d}y=1.$$

6.1.2 格林公式 曲线积分与积分路径的无关性

本节主要研究第二类曲线积分与二重积分的关系,即格林公式.由此推导出曲线积分与积分路径无关的条件.

1. 格林公式

在介绍格林(Green)公式之前,先介绍有关平面区域的概念.

设 D 为平面区域,如果 D 内任一闭曲线所围的部分都属于 D,则称 D 为平面单连通区域,否则称为复连通区域.通俗地说,单连通区域是没有"洞"的区域,复连通区域是有"洞"的区域.如图 6.7(a)是单连通区域,图 6.7(b)是复连通区域.

设平面区域 D 的边界曲线为 L,规定 L 的正向如下:当观察者沿 L 行走时,D 内在他近处的部分总在他的左侧.例如,D 是边界曲线 L 及 l 所围成的复连通区域(图 6.7(b)),作为 D 的正向边界,L 的正向是逆时针方向,而 l 的正向是顺时针方向.

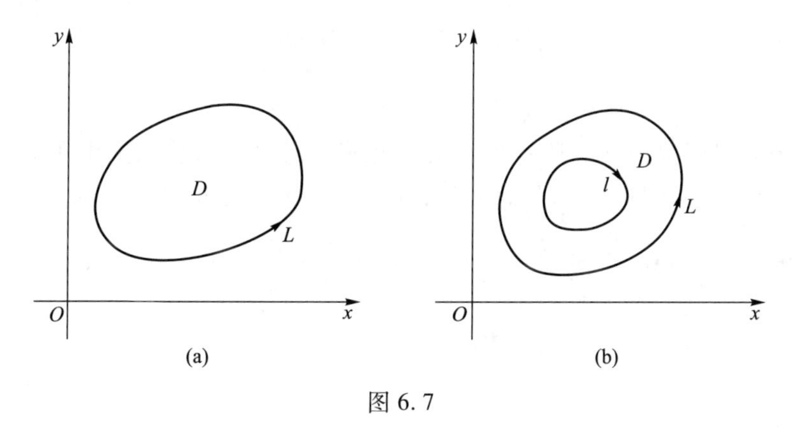

图 6.7

定理 3(格林公式) 设平面闭区域 D 由分段光滑的曲线 L 围成,函数 $P(x,y)$ 及 $Q(x,y)$ 在 D 上具有一阶连续偏导数,则有

$$\iint_D\left(\frac{\partial Q}{\partial x}-\frac{\partial P}{\partial y}\right)\mathrm{d}x\mathrm{d}y=\oint_L P\mathrm{d}x+Q\mathrm{d}y, \qquad (6.7)$$

这里 L 为区域 D 的正向边界.

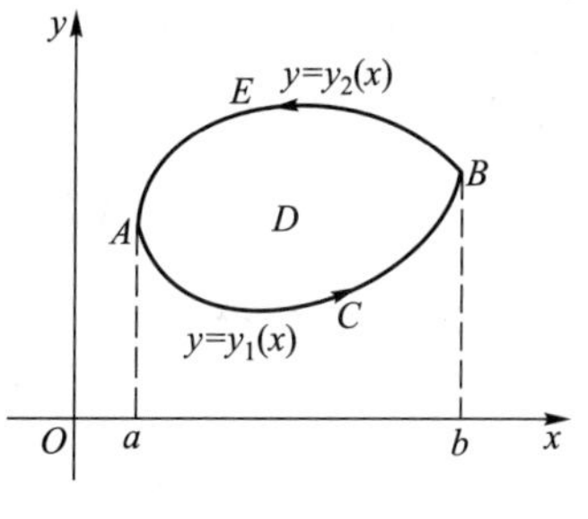

图 6.8

证明 为计算式(6.7)左端第二个二重积分,设构成区域 D 的边界 L 的两条曲线 $\widehat{ACB}$ 和 $\widehat{AEB}$ 的方程分别为 $y=y_1(x)$ 和 $y=y_2(x)$,$a\leqslant x\leqslant b$,如图 6.8 所示,于是

$$\iint_D \frac{\partial P}{\partial y}\mathrm{d}x\mathrm{d}y = \int_a^b \mathrm{d}x\int_{y_1(x)}^{y_2(x)} \frac{\partial P}{\partial y}\mathrm{d}y$$

$$= \int_a^b P(x,y)\Big|_{y_1(x)}^{y_2(x)}\mathrm{d}x$$

$$= \int_a^b P(x,y_2(x)) - P(x,y_1(x))\,\mathrm{d}x. \tag{6.8}$$

再考察式(6.7)右端的第一个曲线积分，

$$\oint_L P(x,y)\,\mathrm{d}x = \int_{\widehat{ACB}} P(x,y)\,\mathrm{d}x + \int_{\widehat{BEA}} P(x,y)\,\mathrm{d}x$$

$$= \int_{\widehat{ACB}} P(x,y)\,\mathrm{d}x - \int_{\widehat{AEB}} P(x,y)\,\mathrm{d}x$$

$$= \int_a^b P(x,y_1(x))\,\mathrm{d}x - \int_a^b P(x,y_2(x))\,\mathrm{d}x$$

$$= -\int_a^b [P(x,y_2(x)) - P(x,y_1(x))]\,\mathrm{d}x. \tag{6.9}$$

比较式(6.8)和式(6.9)，得到

$$\oint_L P(x,y)\,\mathrm{d}x = -\iint_D \frac{\partial P}{\partial y}\mathrm{d}x\mathrm{d}y. \tag{6.10}$$

同理可证

$$\oint_L Q(x,y)\,\mathrm{d}y = \iint_D \frac{\partial Q}{\partial x}\mathrm{d}x\mathrm{d}y. \tag{6.11}$$

由式(6.10)和式(6.11)即知格林公式(6.7)成立.

注　格林公式对于如图 6.9 所示的区域 D 也成立. 这时，只要如图中所画的那样用直线 MNR 把区域 D 分成三个子区域 D_1, D_2, D_3，记它们的边界分别为 L_1, L_2, L_3，则

$$\iint_D \left(\frac{\partial Q}{\partial x} - \frac{\partial P}{\partial y}\right)\mathrm{d}x\mathrm{d}y = \iint_{D_1} \left(\frac{\partial Q}{\partial x} - \frac{\partial P}{\partial y}\right)\mathrm{d}x\mathrm{d}y + \iint_{D_2} \left(\frac{\partial Q}{\partial x} - \frac{\partial P}{\partial y}\right)\mathrm{d}x\mathrm{d}y +$$

$$\iint_{D_3} \left(\frac{\partial Q}{\partial x} - \frac{\partial P}{\partial y}\right)\mathrm{d}x\mathrm{d}y$$

$$= \oint_{L_1} P(x,y)\,\mathrm{d}x + Q(x,y)\,\mathrm{d}y +$$

$$\oint_{L_2} P(x,y)\,\mathrm{d}x + Q(x,y)\,\mathrm{d}y + \oint_{L_3} P(x,y)\,\mathrm{d}x + Q(x,y)\,\mathrm{d}y.$$

注意到 L_1, L_2, L_3 在分割线 MNR 上是重复的，但方向相反，因此上式等于

$$\oint_L P(x,y)\,\mathrm{d}x + Q(x,y)\,\mathrm{d}y.$$

在式(6.7)中取

$$P = -y, Q = x,$$

可得

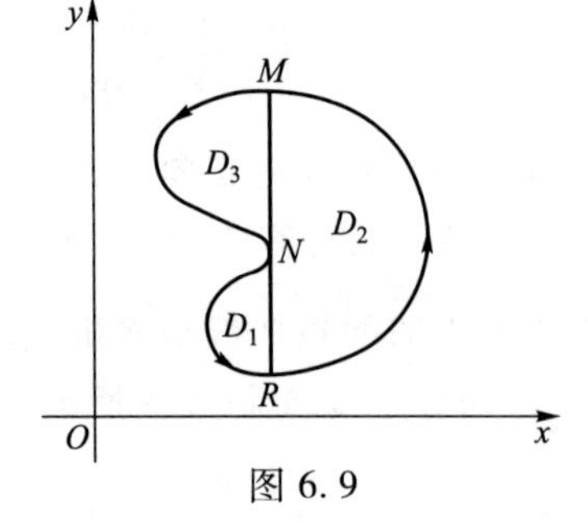

图 6.9

$$2\iint_D \mathrm{d}x\mathrm{d}y=\oint_L x\mathrm{d}y-y\mathrm{d}x,$$

上式左端为区域 D 的面积 A 的 2 倍,因此有

$$A=\frac{1}{2}\oint_L x\mathrm{d}y-y\mathrm{d}x. \tag{6.12}$$

例 6 计算椭圆$\frac{x^2}{a^2}+\frac{y^2}{b^2}=1$ 的面积 A.

解 该椭圆可用参数方程表示为

$$\begin{cases}x=a\cos t,\\ y=b\sin t,\end{cases}\quad 0\leqslant t\leqslant 2\pi.$$

设 L 为椭圆的正向边界,利用面积公式有

$$\begin{aligned}A&=\frac{1}{2}\oint_L x\mathrm{d}y-y\mathrm{d}x\\&=\frac{1}{2}\int_0^{2\pi}[a\cos t b\cos t-b\sin t(-a\sin t)]\mathrm{d}t\\&=\frac{1}{2}ab\int_0^{2\pi}(\cos^2 t+\sin^2 t)\mathrm{d}t\\&=\frac{1}{2}ab\int_0^{2\pi}1\mathrm{d}t=\pi ab.\end{aligned}$$

例 7 计算$\oint_L -(x^2y+2x^3-1)\mathrm{d}x+(xy^2+3y^4+5)\mathrm{d}y$,其中 L 为圆周 $x^2+y^2=R^2$ 依逆时针方向.

解 由题意知,$P=-(x^2y+2x^3-1)$,$Q=xy^2+3y^4+5$,$\frac{\partial P}{\partial y}=-x^2$,$\frac{\partial Q}{\partial x}=y^2$,$L$ 为闭区域 $D=\{(x,y)\mid x^2+y^2\leqslant R^2\}$边界的正向. 应用格林公式有

$$\begin{aligned}&\oint_L(xy^2+3y^4+5)\mathrm{d}y-(x^2y+2x^3-1)\mathrm{d}x\\=&\iint_D\left(\frac{\partial Q}{\partial x}-\frac{\partial P}{\partial y}\right)\mathrm{d}x\mathrm{d}y=\iint_D(x^2+y^2)\mathrm{d}x\mathrm{d}y\\=&\int_0^{2\pi}\int_0^R r^2 r\mathrm{d}r\mathrm{d}\theta=\frac{\pi R^4}{2}.\end{aligned}$$

从上面两个例子可以看到,在计算对坐标的曲线积分时,如果积分曲线 L 是闭曲线,有时可以利用格林公式化为二重积分,使计算变得简单. 但如果所给的积分曲线不是闭曲线,常通过添加一段简单的辅助曲线,使它与所给曲线构成一闭曲线,然后再利用格林公式计算.

例 8 计算$\int_{\widehat{AB}}y\mathrm{d}x$,其中曲线 AB 是半径为 a 的圆在第一象限的部分(图 6.10).

解 记 $L=\overrightarrow{OA}+\widehat{AB}+\overrightarrow{BO}$,$-L$ 构成半径为 a 的四分之一圆域 D 的正向边界,应用格林公式有

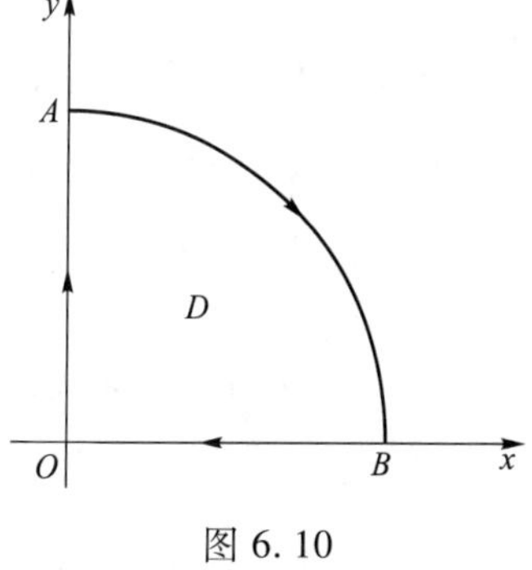

图 6.10

$$\iint_D (-1)\,\mathrm{d}x\mathrm{d}y = \oint_{-L} y\mathrm{d}x = -\left(\int_{\overrightarrow{OA}} y\mathrm{d}x + \int_{\widehat{AB}} y\mathrm{d}x + \int_{\overrightarrow{BO}} y\mathrm{d}x\right).$$

由于$\int_{\overrightarrow{OA}} y\mathrm{d}x = 0$，$\int_{\overrightarrow{BO}} y\mathrm{d}x = 0$，所以

$$\int_{\widehat{AB}} y\mathrm{d}x = \iint_D \mathrm{d}x\mathrm{d}y = \frac{1}{4}\pi a^2.$$

2. 平面上曲线积分与路径无关的条件

从定义我们知道，曲线积分的值与被积函数及积分路径有关，因此沿着具有相同起点和终点但不同的积分路径的第二类曲线积分，其积分值可能相同也可能不同. 下面将讨论在怎样的条件下，平面曲线积分与路径无关. 为此先介绍平面曲线积分与路径无关的概念.

定义 3　（曲线积分与路径无关）设函数 $P(x,y)$ 及 $Q(x,y)$ 在平面区域 D 内具有一阶连续偏导数，若对于 D 内任意给定的两点 A，B 以及 D 内从点 A 到点 B 的任意两条曲线 L_1，L_2，都有

$$\int_{L_1} P\mathrm{d}x + Q\mathrm{d}y = \int_{L_2} P\mathrm{d}x + Q\mathrm{d}y,$$

则称**曲线积分**$\int_L P\mathrm{d}x + Q\mathrm{d}y$ **在** D **内与路径无关，否则称积分与路径有关.**

在定义中，若曲线积分$\int_L P\mathrm{d}x + Q\mathrm{d}y$ 在 D 内与路径无关，则

$$\int_{L_1} P\mathrm{d}x + Q\mathrm{d}y = \int_{L_2} P\mathrm{d}x + Q\mathrm{d}y,$$

而

$$\int_{L_2} P\mathrm{d}x + Q\mathrm{d}y = -\int_{-L_2} P\mathrm{d}x + Q\mathrm{d}y \text{（}-L_2\text{ 是与 }L_2\text{ 方向相反的同一条曲线），}$$

$$\int_{L_1+(-L_2)} P\mathrm{d}x + Q\mathrm{d}y = \int_{L_1} P\mathrm{d}x + Q\mathrm{d}y + \int_{-L_2} P\mathrm{d}x + Q\mathrm{d}y = 0.$$

这里 $L_1+(-L_2)$ 是一条有向闭曲线，因此，若曲线积分$\int_L P\mathrm{d}x + Q\mathrm{d}y$ 在 D 内与路径无关，则在 D 内沿任意一条闭曲线的曲线积分为零；反之，若在 D 内沿任意一条闭曲线的曲线积分为零，容易推得曲线积分$\int_L P\mathrm{d}x + Q\mathrm{d}y$ 在 D 内与路径无关.

定理 4　设函数 $P(x,y)$ 和 $Q(x,y)$ 在平面单连通区域 D 内具有一阶连续偏导数，则下列命题等价：

（1）曲线积分$\int_L P\mathrm{d}x + Q\mathrm{d}y$ 在 D 内与路径无关；

（2）$P\mathrm{d}x + Q\mathrm{d}y$ 是某一个二元函数 $u(x,y)$ 的全微分，即 $\mathrm{d}u = P\mathrm{d}x + Q\mathrm{d}y$；

（3）$\dfrac{\partial Q}{\partial x} = \dfrac{\partial P}{\partial y}$，对任意 $(x,y) \in D$ 成立；

（4）对 D 内任意一条光滑或逐段光滑闭曲线 L，都有$\oint_L P\mathrm{d}x + Q\mathrm{d}y = 0$.

证明从略.

说明：验证曲线积分$\int_L P\mathrm{d}x + Q\mathrm{d}y$ 在平面单连通区域 D 内与路径无关或验证 $P\mathrm{d}x + Q\mathrm{d}y$ 是某一

个二元函数 $u(x,y)$ 的全微分,常用定理 4 的等价条件$\frac{\partial Q}{\partial x}=\frac{\partial P}{\partial y}$,因为这个条件是最易验证的条件.

下面讨论当 $P\mathrm{d}x+Q\mathrm{d}y$ 是某一个二元函数 $u(x,y)$ 的全微分,即 $\mathrm{d}u=P\mathrm{d}x+Q\mathrm{d}y$ 时,如何求 $u(x,y)$.

由定理 4 可知,如果曲线积分$\int_L P\mathrm{d}x+Q\mathrm{d}y$ 与路径无关,仅与积分曲线 L 的起点和终点有关.那么,在 D 内以任取的固定点 $M_0(x_0,y_0)$ 为起点,动点 $M(x,y)$ 为终点的任意曲线上的曲线积分就是函数 $u(x,y)$,即

$$u(x,y)=\int_{(x_0,y_0)}^{(x,y)} P(x,y)\,\mathrm{d}x+Q(x,y)\,\mathrm{d}y. \tag{6.13}$$

这时称 $u(x,y)$ 为 $P(x,y)\,\mathrm{d}x+Q(x,y)\,\mathrm{d}y$ 的原函数.现在介绍这样的函数 $u(x,y)$ 的具体求法.

因为公式(6.13)中的曲线积分与路径无关,为计算简便起见,可选取平行于坐标轴的直线段连成的折线 M_0RM 或 M_0SM 作为积分路线(图 6.11),当然要假定这些折线完全位于 D 内.

在公式(6.13)中取 M_0RM 作为积分路线,得

$$u(x,y)=\int_{x_0}^{x} P(x,y_0)\,\mathrm{d}x+\int_{y_0}^{y} Q(x,y)\,\mathrm{d}y. \tag{6.14}$$

在公式(6.13)中取 M_0SM 作为积分路线,则函数 u 也可表示为

$$u(x,y)=\int_{y_0}^{y} Q(x_0,y)\,\mathrm{d}y+\int_{x_0}^{x} P(x,y)\,\mathrm{d}x. \tag{6.15}$$

通常情况下,为计算简单,常选起点 (x_0,y_0) 为一些特殊点,如果 $(0,0)\in D$,常选 $(0,0)$ 为起点.

例 9 计算 $I=\int_L (\mathrm{e}^y+x-2)\,\mathrm{d}x+(x\mathrm{e}^y-2y+3)\,\mathrm{d}y$,其中 L 为过点 $O(0,0)$,$A(0,1)$,$B(1,2)$ 三点所决定的圆周上的一段弧$\overset{\frown}{OAB}$(图 6.12).

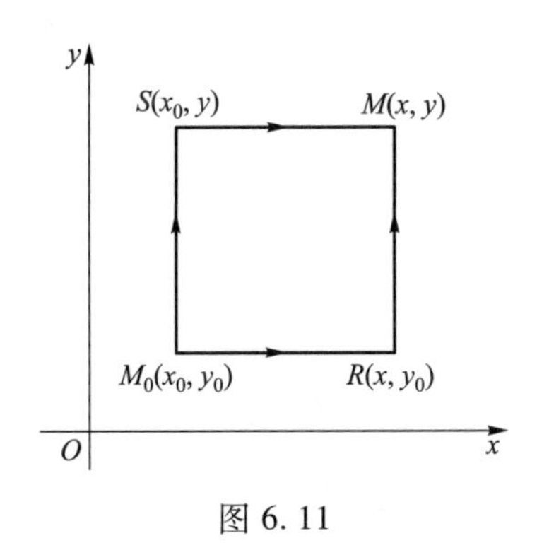

图 6.11

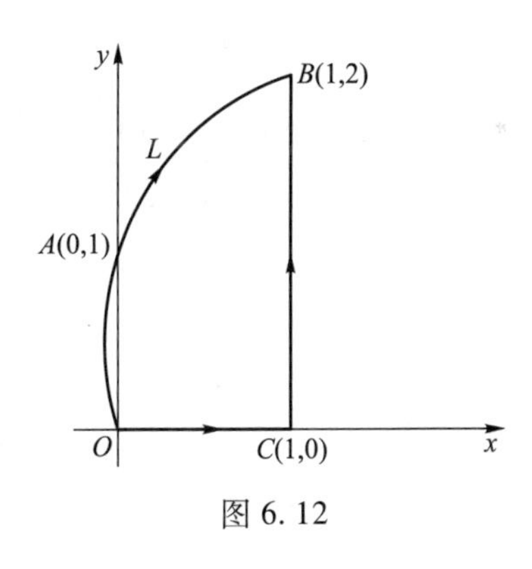

图 6.12

解 如直接用对坐标的曲线积分计算法,首先要建立过已知三点 $O(0,0)$,$A(0,1)$,$B(1,2)$ 的圆的方程,显然,计算是比较复杂的.为此,先判断所给的曲线积分是否与路径无关.这里,$P=\mathrm{e}^y+x-2$,$Q=x\mathrm{e}^y-2y+3$.由于

$$\frac{\partial P}{\partial y}=\mathrm{e}^y=\frac{\partial Q}{\partial x}$$

在全平面(单连通区域)内成立,且$\frac{\partial P}{\partial y}$及$\frac{\partial Q}{\partial x}$在全平面内连续,因此,所给的曲线积分在全平面内与

路径无关. 为计算方便起见,可选取平行于坐标轴的折线 OCB 来代替 L 进行计算.

OC 的方程为 $y=0(0\leqslant x\leqslant 1)$,$CB$ 的方程为 $x=1(0\leqslant y\leqslant 2)$. 于是得

典型例题讲解
曲线积分与积分路径的无关性

$$
\begin{aligned}
I &= \int_{OC}(e^y+x-2)\,dx+(xe^y-2y+3)\,dy+\int_{CB}(e^y+x-2)\,dx+(xe^y-2y+3)\,dy\\
&=\int_0^1(e^0+x-2)\,dx+\int_0^2(e^y-2y+3)\,dy\\
&=\int_0^1(-1+x)\,dx+\int_0^2(e^y-2y+3)\,dy\\
&=\left(-x+\frac{x^2}{2}\right)\Bigg|_0^1+(e^y-y^2+3y)\Bigg|_0^2=e^2+\frac{1}{2}.
\end{aligned}
$$

例 10　验证:$(2x+\sin y)\,dx+(x\cos y)\,dy$ 在整个 xOy 面内是某一个二元函数的全微分,并求出这样一个函数 $u(x,y)$.

解　$P=2x+\sin y,Q=x\cos y$,且 $\dfrac{\partial P}{\partial y}=\cos y=\dfrac{\partial Q}{\partial x}$ 在整个 xOy 面内恒成立. 因此,在整个 xOy 面内所给微分式是某个函数 $u(x,y)$ 的全微分.

为了求函数 $u(x,y)$,利用公式(6.13),即有

$$
u(x,y)=\int_{(x_0,y_0)}^{(x,y)}(2x+\sin y)\,dx+(x\cos y)\,dy.
$$

由于上式右端的曲线积分与路径无关,可以选取某个起点 (x_0,y_0) 及由起点到终点 (x,y) 的某些特殊的路径来计算这个曲线积分. 如取原点 $O(0,0)$ 为起点,动点 $M(x,y)$ 为终点,积分路径为折线 OAM(图 6.13). 由公式(6.14)得

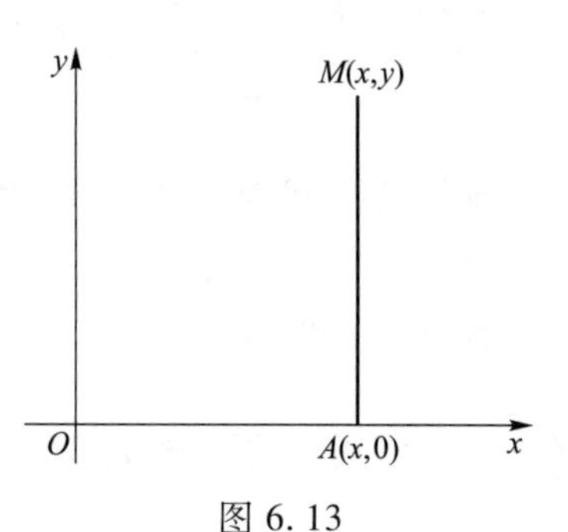

图 6.13

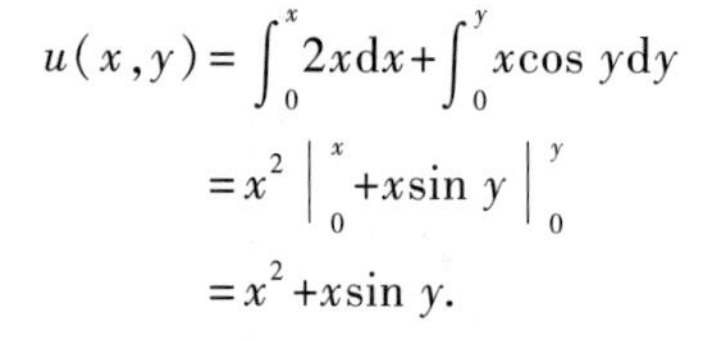

$$
\begin{aligned}
u(x,y)&=\int_0^x 2x\,dx+\int_0^y x\cos y\,dy\\
&=x^2\Big|_0^x+x\sin y\Big|_0^y\\
&=x^2+x\sin y.
\end{aligned}
$$

习　题　6.1

1. 计算下列第一类曲线积分:

(1) $\int_L xy\,ds$,其中 L 是由直线 $x=0,y=0,x=4$ 及 $y=2$ 所构成的矩形回路;

(2) $\int_L(x+y)\,ds$,其中 L 是连接(1,0)及(0,1)的直线段;

(3) $\int_L y^2\,ds$,其中 L 为摆线 $x=a(t-\sin t),y=a(1-\cos t),0\leqslant t\leqslant 2\pi$.

2. 计算下列第二类曲线积分:

(1) $\int_L(x^2-2xy)\,dx+(y^2-2xy)\,dy$,其中 L 为抛物线 $y=x^2$ 上对应于 x 由 -1 增加到 1 的那一段;

(2) $\int_L(x-y^2)\,dx+2xy\,dy$,其中 L 为折线从 $O(0,0)$ 到 $P(1,0)$ 再到 $A(1,1)$;

(3) $\int_L (2a-y)\mathrm{d}x+\mathrm{d}y$,其中 L 为摆线 $x=a(t-\sin t), y=a(1-\cos t)(0\leqslant t\leqslant 2\pi)$ 沿 t 增加的方向的一段.

3. 应用格林公式计算下列曲线积分:

(1) $\oint_L xy^2\mathrm{d}x-x^2y\mathrm{d}y$,其中 L 为圆周 $x^2+y^2=a^2$ 的正向;

(2) $\oint_L (2xy-x^2)\mathrm{d}x+(x+y^2)\mathrm{d}y$,其中 L 是由曲线 $y=x^2$ 与 $y^2=x$ 所围成的区域的正向边界.

6.2 曲面积分

6.2.1 第一类曲面积分

本节讨论的曲面都是光滑的或分片光滑的,所谓光滑曲面,是指曲面上每一点都有切平面,并且切平面的法向量随曲面上点的连续变动而连续变化. 而所谓的分片光滑的曲面,是指曲面由有限个光滑的曲面拼接起来. 例如,球面和椭球面是光滑曲面,而正方体和四面体的边界面是分片光滑的曲面.

1. 第一类曲面积分的概念与性质

首先看一个物理学中的实例:

已知有限光滑曲面 Σ 上每点的密度为 $\rho(x,y,z)$,$\rho(x,y,z)$ 为连续函数,求曲面的质量.

将曲面用曲线网(图 6.14)细分后的任一小块曲面的面积记为 ΔS_k,并在第 k 小块曲面上任取一点 (x_k,y_k,z_k),假定面密度 $\rho(x,y,z)$ 在曲面 Σ 上连续,则用完全类似的"分割、近似、求和、取极限"的做法也可求出曲面 Σ 的质量为

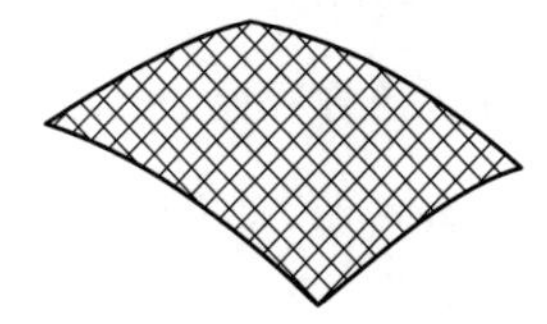

图 6.14

$$m=\lim_{\lambda\to 0}\sum_{k=1}^{n}\rho(x_k,y_k,z_k)\Delta S_k,$$

其中 λ 为所有小块曲面的最大直径.

抛开该问题的具体意义,就可以抽象出第一类曲面积分即对面积的曲面积分的概念.

定义 1 设 $f(x,y,z)$ 是定义在光滑曲面 Σ 上的有界函数,把 Σ 任意分成 n 小块:ΔS_1, $\Delta S_2,\cdots,\Delta S_n$($\Delta S_i$ 也代表曲面的面积),在 ΔS_i 上任取一点 (ξ_i,η_i,ζ_i),如果当各小块曲面的直径的最大值 $\lambda\to 0$ 时,极限 $\lim\limits_{\lambda\to 0}\sum\limits_{i=1}^{n}f(\xi_i,\eta_i,\zeta_i)\Delta S_i$ 存在,此极限的值不依赖于小曲面的分法,也不依赖于 (ξ_i,η_i,ζ_i) 的取法,则称此极限值为函数在曲面 Σ 上的**第一类曲面积分**或**对面积的曲面积分**,并记作

$$\iint_{\Sigma}f(x,y,z)\mathrm{d}S,$$

即

$$\iint_{\Sigma}f(x,y,z)\mathrm{d}S=\lim_{\lambda\to 0}\sum_{i=1}^{n}f(\xi_i,\eta_i,\zeta_i)\Delta S_i, \tag{6.16}$$

其中,$f(x,y,z)$ 称为**被积函数**,Σ 称为**积分曲面**,$\mathrm{d}S$ 为**面积微元**.

当 $f(x,y,z)$ 在光滑曲面 Σ 上连续时,第一类曲面积分 $\iint\limits_{\Sigma} f(x,y,z)\,\mathrm{d}S$ 是存在的. 今后总是假定函数 $f(x,y,z)$ 在 Σ 上连续,故曲面的质量可表示为 $m=\iint\limits_{\Sigma}\rho(x,y,z)\,\mathrm{d}S$.

第一类曲面积分的性质与第一类曲线积分的性质相类似,例如

(1) $\iint\limits_{\Sigma}[k_1 f_1(x,y,z)\pm k_2 f_2(x,y,z)]\,\mathrm{d}S=k_1\iint\limits_{\Sigma} f_1(x,y,z)\,\mathrm{d}S\pm k_2\iint\limits_{\Sigma} f_2(x,y,z)\,\mathrm{d}S$,其中,$k_1,k_2$ 为常数.

(2) $\iint\limits_{\Sigma} f(x,y,z)\,\mathrm{d}S=\iint\limits_{\Sigma_1} f(x,y,z)\,\mathrm{d}S+\iint\limits_{\Sigma_2} f(x,y,z)\,\mathrm{d}S+\cdots+\iint\limits_{\Sigma_k} f(x,y,z)\,\mathrm{d}S$,

其中,Σ 是由 $\Sigma_1,\Sigma_2,\cdots,\Sigma_k$ 构成的分片光滑曲面,我们规定函数在 Σ 上的曲面积分等于函数在光滑的各片曲面上的曲面积分之和. 这个性质也表明曲面积分对于积分曲面具有可加性.

2. 第一类曲面积分的计算

第一类曲面积分可化为二重积分来计算.

定理　设有光滑曲面 Σ:$z=z(x,y)$,$(x,y)\in D_{xy}$, $f(x,y,z)$ 为 Σ 上的连续函数,则

$$\iint\limits_{\Sigma} f(x,y,z)\,\mathrm{d}S=\iint\limits_{D_{xy}} f(x,y,z(x,y))\sqrt{1+z_x^2(x,y)+z_y^2(x,y)}\,\mathrm{d}x\mathrm{d}y, \tag{6.17}$$

其中 D_{xy} 为 Σ 在 xOy 面上的投影.

公式(6.17)就是把第一类曲面积分化为二重积分计算的公式. 这公式是容易记忆的,因为曲面 Σ 的方程是 $z=z(x,y)$,而曲面的面积元素 $\mathrm{d}S$ 就是 $\sqrt{1+z_x^2+z_y^2}\,\mathrm{d}x\mathrm{d}y$. 在计算时,只要把变量 z 换成 $z(x,y)$,把 $\mathrm{d}S$ 换成 $\sqrt{1+z_x^2+z_y^2}\,\mathrm{d}x\mathrm{d}y$,再确定 Σ 在 xOy 面上的投影区域 D_{xy},这样,就把第一类曲面积分化为在 Σ 的投影区域 D_{xy} 上的二重积分了.

如果积分曲面 Σ 由方程 $x=x(y,z)$ 或 $y=y(x,z)$ 给出,也可类似地把第一类曲面积分化为相应的二重积分,它们分别为

$$\iint\limits_{\Sigma} f(x,y,z)\,\mathrm{d}S=\iint\limits_{D_{yz}} f(x(y,z),y,z)\sqrt{1+x_y^2(y,z)+x_z^2(y,z)}\,\mathrm{d}y\mathrm{d}z, \tag{6.18}$$

$$\iint\limits_{\Sigma} f(x,y,z)\,\mathrm{d}S=\iint\limits_{D_{xz}} f(x,y(x,z),z)\sqrt{1+y_x^2(x,z)+y_z^2(x,z)}\,\mathrm{d}x\mathrm{d}z, \tag{6.19}$$

其中,D_{yz} 及 D_{xz} 分别为曲面 Σ 在 yOz 面及 xOz 面上的投影区域.

例 1　计算 $I=\iint\limits_{\Sigma}(x+y+z)\,\mathrm{d}S$,其中 Σ 是上半球面 $x^2+y^2+z^2=a^2$, $z\geqslant 0$.

解　曲面 S 的方程为 $z=\sqrt{a^2-x^2-y^2}$,且

$$z_x=\frac{-x}{\sqrt{a^2-x^2-y^2}},\quad z_y=\frac{-y}{\sqrt{a^2-x^2-y^2}},$$

于是

$$I=\iint\limits_{D_{xy}}(x+y+\sqrt{a^2-x^2-y^2})\sqrt{1+z_x^2+z_y^2}\,\mathrm{d}x\mathrm{d}y$$

$$=\iint_{D_{xy}}\left[\frac{a(x+y)}{\sqrt{a^2-x^2-y^2}}+a\right]\mathrm{d}x\mathrm{d}y$$

$$=0+\iint_{D_{xy}}a\mathrm{d}x\mathrm{d}y=\pi a^3.$$

例 2 计算$\oiint\limits_{\Sigma}xyz\mathrm{d}S$,其中 Σ 是由平面 $x=0,y=0,z=0$ 及 $x+y+z=1$ 所围成的四面体的边界曲面.

解 Σ 由平面 $x=0,y=0,z=0$ 及 $x+y+z=1$ 所围成,分别记作 $\Sigma_1,\Sigma_2,\Sigma_3,\Sigma_4$,则

$$\iint_{\Sigma}xyz\mathrm{d}S=\iint_{\Sigma_1}xyz\mathrm{d}S+\iint_{\Sigma_2}xyz\mathrm{d}S+\iint_{\Sigma_3}xyz\mathrm{d}S+\iint_{\Sigma_4}xyz\mathrm{d}S.$$

由于在 $\Sigma_1,\Sigma_2,\Sigma_3$ 上,被积函数 $f(x,y,z)=xyz$ 均为 0,故

$$\iint_{\Sigma_1}xyz\mathrm{d}S=\iint_{\Sigma_2}xyz\mathrm{d}S=\iint_{\Sigma_3}xyz\mathrm{d}S=0,$$

在 Σ_4 上,$D_{xy}:0\leqslant x+y\leqslant 1$,有

$$\iint_{\Sigma}xyz\mathrm{d}S=\iint_{\Sigma_4}xyz\mathrm{d}S=\iint_{D_{xy}}\sqrt{3}xy(1-x-y)\mathrm{d}x\mathrm{d}y$$

$$=\sqrt{3}\int_0^1\mathrm{d}x\int_0^{1-x}xy(1-x-y)\mathrm{d}y=\frac{\sqrt{3}}{120}.$$

6.2.2 第二类曲面积分

1. 第二类曲面积分的概念与性质

引例 先观察不可压缩液体穿过曲面的流量问题. 设某流体以一定的流速

$$\boldsymbol{v}=(P(x,y,z),Q(x,y,z),R(x,y,z))$$

从给定曲面 Σ 的一侧流向另一侧(如图 6.15),其中 P,Q,R 为讨论范围上的连续函数,求单位时间内流经曲面 Σ 的总流量 Φ.

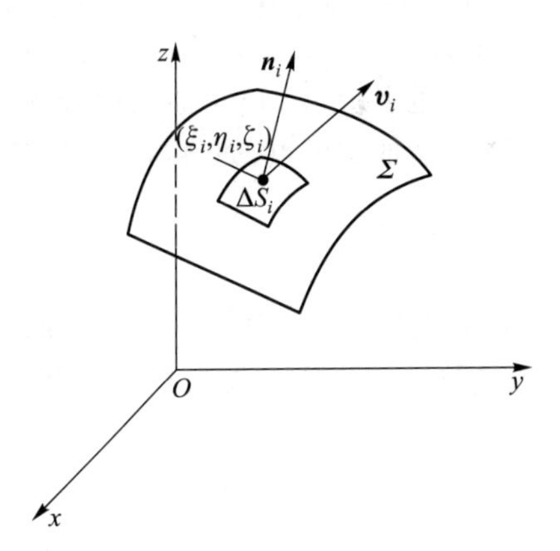

图 6.15

为了给曲面确定方向,先来说明曲面的方向问题:

在光滑曲面 Σ 上任取一点 P,过点 P 法线有两个方向,选定一个为正. 当点 P 在 Σ 上连续变动时,法线也连续变动. 如果点 P 在 Σ 上沿任意闭曲线变动,但不越过 Σ 的边界,回到原来位置时,点 P 的法线方向与原来方向相同,则称 Σ 为**双侧曲面**,否则称为**单侧曲面**. 例如,将一个长方形纸带的一端扭转 180°后,与另一端黏和起来,所得的曲面就是一个**单侧曲面**(称之为**默比乌斯带**).

本书只考虑双侧曲面. 对于一个双侧曲面,在其上取定一个法向量,相应地就指定了曲面的一侧,例如,由方程 $z=z(x,y)$ 表示的曲面有上侧与下侧之分. 对于闭曲面有内侧和外侧之分,这种取定了侧的曲面称为有向曲面.

把曲面 Σ 分成 n 小块 ΔS_i,n 个小块曲面直径的最大值设为 λ,设在曲面 Σ 的正侧上任一点

(x,y,z) 处的单位法向量为 $\boldsymbol{n}=(\cos\alpha,\cos\beta,\cos\gamma)$，这里 α,β,γ 是 x,y,z 的函数，则单位时间内流经小曲面 ΔS_i 的流量近似地等于

$$\begin{aligned}\Phi &\approx \boldsymbol{v}(\xi_i,\eta_i,\zeta_i)\cdot\boldsymbol{n}(\xi_i,\eta_i,\zeta_i)\Delta S_i\\&=\sum_{i=1}^{n}[P(\xi_i,\eta_i,\zeta_i)\cos\alpha_i+Q(\xi_i,\eta_i,\zeta_i)\cos\beta_i+R(\xi_i,\eta_i,\zeta_i)\cos\gamma_i]\Delta S_i,\end{aligned}$$

其中 (ξ_i,η_i,ζ_i) 是 ΔS_i 上任意取定的一点，$\cos\alpha_i,\cos\beta_i,\cos\gamma_i$ 是 ΔS_i 的正侧上法线的方向余弦，又 $\Delta S_i\cos\alpha_i,\Delta S_i\cos\beta_i,\Delta S_i\cos\gamma_i$ 分别是 ΔS_i 的正侧在坐标面 yOz,zOx 和 xOy 上投影区域面积的近似值，并分别记作 $(\Delta S_i)_{yz},(\Delta S_i)_{zx},(\Delta S_i)_{xy}$. 于是单位时间内由小曲面 ΔS_i 的负侧流向正侧的流量也近似地等于

$$P(\xi_i,\eta_i,\zeta_i)(\Delta S_i)_{yz}+Q(\xi_i,\eta_i,\zeta_i)(\Delta S_i)_{zx}+R(\xi_i,\eta_i,\zeta_i)(\Delta S_i)_{xy},$$

因此单位时间内曲面 Σ 的负侧流向正侧的总流量

$$\Phi=\lim_{\lambda\to 0}\sum_{i=1}^{n}[P(\xi_i,\eta_i,\zeta_i)(\Delta S_i)_{yz}+Q(\xi_i,\eta_i,\zeta_i)(\Delta S_i)_{zx}+R(\xi_i,\eta_i,\zeta_i)(\Delta S_i)_{xy}],$$

这种和曲面的侧有关的和式极限就是要讨论的第二类曲面积分.

设 Σ 是有向曲面，在 Σ 上取一小曲面 ΔS，把 ΔS 投影到 xOy 平面上得到一个投影区域，记该投影区域的面积为 $\Delta\sigma_{xy}$. 而 ΔS 在 xOy 平面上的有向投影为 $(\Delta S)_{xy}$，它有正负之分，其正负号规定如下：

(1) $(\Delta S)_{xy}=\Delta\sigma_{xy},\cos\gamma>0$;

(2) $(\Delta S)_{xy}=0,\cos\gamma=0$;

(3) $(\Delta S)_{xy}=-\Delta\sigma_{xy},\cos\gamma<0$,

其中，γ 是 ΔS 上的法向量与 z 轴的夹角，这里假定 ΔS 上各点的法向量与 z 轴的夹角的余弦值同号.

同样可以规定 ΔS 在 yOz 和 zOx 平面的有向投影 $(\Delta S)_{yz}$ 和 $(\Delta S)_{zx}$.

定义 2　设 $R(x,y,z)$ 是定义在光滑的有向曲面 Σ 上的有界函数，把 Σ 任意分成 n 小块曲面 ΔS_i（ΔS_i 也表示第 i 块小曲面的面积），ΔS_i 在 xOy 平面上的有向投影为 $(\Delta S_i)_{xy}$，(ξ_i,η_i,ζ_i) 是 ΔS_i 上任意取定的点，如果当 n 个小块曲面直径的最大值 $\lambda\to 0$ 时，极限

$$\lim_{\lambda\to 0}\sum_{i=1}^{n}R(\xi_i,\eta_i,\zeta_i)(\Delta S_i)_{xy}$$

存在，此极限的值不依赖于小曲面的分法，也不依赖于 (ξ_i,η_i,ζ_i) 的取法，则称此极限为 $R(x,y,z)$ 在有向曲面 Σ 上的**第二类曲面积分**或**对坐标 x,y 的曲面积分**，记作

$$\iint_{\Sigma}R(x,y,z)\,\mathrm{d}x\mathrm{d}y=\lim_{\lambda\to 0}\sum_{i=1}^{n}R(\xi_i,\eta_i,\zeta_i)(\Delta S_i)_{xy},\tag{6.20}$$

式(6.20)中，$R(x,y,z)$ 称为**被积函数**，Σ 称为**积分曲面**.

类似地，可以定义另外两个第二类曲面积分

$$\iint_{\Sigma}P(x,y,z)\,\mathrm{d}y\mathrm{d}z=\lim_{\lambda\to 0}\sum_{i=1}^{n}P(\xi_i,\eta_i,\zeta_i)(\Delta S_i)_{yz},\tag{6.21}$$

$$\iint_{\Sigma}Q(x,y,z)\,\mathrm{d}z\mathrm{d}x=\lim_{\lambda\to 0}\sum_{i=1}^{n}Q(\xi_i,\eta_i,\zeta_i)(\Delta S_i)_{xz}.\tag{6.22}$$

由定义 2 可知,当有向曲面的侧(或法向量)改变时,第二类曲面积分要改变符号. 例如

$$\iint_{\Sigma} R\mathrm{d}x\mathrm{d}y = -\iint_{-\Sigma} R\mathrm{d}x\mathrm{d}y, \tag{6.23}$$

式(6.23)中,$-\Sigma$ 表示改变了有向曲面的 Σ 的方向(取 Σ 的另一侧).

2. 第二类曲面积分的计算

下面以 $\iint_{\Sigma} R(x,y,z)\mathrm{d}x\mathrm{d}y$ 为例讨论第二类曲面积分的计算.

设光滑曲面 Σ 的方程为单值函数 $z=z(x,y)$,Σ 在 xOy 平面上的投影区域为 D_{xy}. 由于被积函数 $R(x,y,z)$ 是三元函数,它定义在曲面 Σ 上,故其中的变量 $z=z(x,y)$ 实质上依赖于变量 x,y,我们将 $\iint_{\Sigma} R(x,y,z)\mathrm{d}x\mathrm{d}y$ 的计算转化成二重积分来计算,分两种情况讨论:

(1) 当指定沿曲面 Σ 上侧积分(即曲面的法向量 $\boldsymbol{n}$ 与 z 轴的夹角为锐角)时,$\cos\gamma>0$, $(\Delta S_k)_{xy}=(\Delta\sigma_k)_{xy}$,所以由定义可知

$$\begin{aligned}\iint_{\Sigma} R(x,y,z)\mathrm{d}x\mathrm{d}y &= \lim_{\lambda\to 0}\sum_{k=1}^{n}\left[R(\xi_k,\eta_k,\zeta_k)(\Delta S_k)_{xy}\right] \\ &= \lim_{\lambda\to 0}\sum_{k=1}^{n}\left[R(\xi_k,\eta_k,z(\xi_k,\eta_k))(\Delta\sigma_k)_{xy}\right] \\ &= \iint_{D_{xy}} R[x,y,z(x,y)]\mathrm{d}x\mathrm{d}y.\end{aligned} \tag{6.24}$$

(2) 当指定沿曲面 Σ 下侧积分(即曲面的法向量 $\boldsymbol{n}$ 与 z 轴的夹角为钝角)时,$\cos\gamma<0$, $(\Delta S_k)_{xy}=-(\Delta\sigma_k)_{xy}$,所以

$$\iint_{\Sigma} R(x,y,z)\mathrm{d}x\mathrm{d}y = -\iint_{D_{xy}} R[x,y,z(x,y)]\mathrm{d}x\mathrm{d}y. \tag{6.25}$$

综合式(6.24)、式(6.25),有

$$\iint_{\Sigma} R(x,y,z)\mathrm{d}x\mathrm{d}y = \pm\iint_{D_{xy}} R[x,y,z(x,y)]\mathrm{d}x\mathrm{d}y,$$

当 Σ 取曲面的上侧时,等式右端取正号;当 Σ 取曲面的下侧时,等式右端取负号.

类似地,当曲面方程为 $x=x(y,z)$ 时,有

$$\iint_{\Sigma} P(x,y,z)\mathrm{d}y\mathrm{d}z = \pm\iint_{D_{yz}} R[x(y,z),y,z]\mathrm{d}y\mathrm{d}z, \tag{6.26}$$

当 Σ 取曲面的前侧时,等式右端取正号;当 Σ 取曲面的后侧时,等式右端取负号.

当曲面方程为 $y=y(x,z)$ 时,有

$$\iint_{\Sigma} Q(x,y,z)\mathrm{d}z\mathrm{d}x = \pm\iint_{D_{xz}} R[x,y(x,z),z]\mathrm{d}x\mathrm{d}z, \tag{6.27}$$

当 Σ 取曲面的右侧时,等式右端取正号;当 Σ 取曲面的左侧时,等式右端取负号.

例 3 计算 $\iint_{\Sigma} z\mathrm{d}x\mathrm{d}y$,其中,$\Sigma$ 是球面 $x^2+y^2+z^2=a^2(x\geqslant 0,y\geqslant 0)$ 的外侧.

解 把 Σ 分为 Σ_1 和 Σ_2 两部分(图 6.16),Σ_1 的方程为

$$z_1=-\sqrt{a^2-x^2-y^2},$$

Σ_2 的方程为

$$z_2=\sqrt{a^2-x^2-y^2}.$$

于是

$$\iint\limits_{\Sigma} z\mathrm{d}x\mathrm{d}y=\iint\limits_{\Sigma_1} z\mathrm{d}x\mathrm{d}y+\iint\limits_{\Sigma_2} z\mathrm{d}x\mathrm{d}y,$$

其中 Σ_1 取下侧,Σ_2 取上侧. 可得

$$\begin{aligned}\iint\limits_{\Sigma} z\mathrm{d}x\mathrm{d}y&=-\iint\limits_{D_{xy}}(-\sqrt{a^2-x^2-y^2})\mathrm{d}x\mathrm{d}y+\iint\limits_{D_{xy}}(\sqrt{a^2-x^2-y^2})\mathrm{d}x\mathrm{d}y\\&=2\iint\limits_{D_{xy}}(\sqrt{a^2-x^2-y^2})\mathrm{d}x\mathrm{d}y\xlongequal{\text{化为极坐标}}2\iint\limits_{D_{xy}}(\sqrt{a^2-\rho^2})\rho\mathrm{d}\rho\mathrm{d}\theta\\&=2\int_0^{\frac{\pi}{2}}\mathrm{d}\theta\int_0^a\sqrt{a^2-\rho^2}\rho\mathrm{d}\rho=\frac{\pi}{2}\left[-\frac{2}{3}(a^2-\rho^2)^{\frac{3}{2}}\right]_0^a=\frac{\pi}{3}a^3.\end{aligned}$$

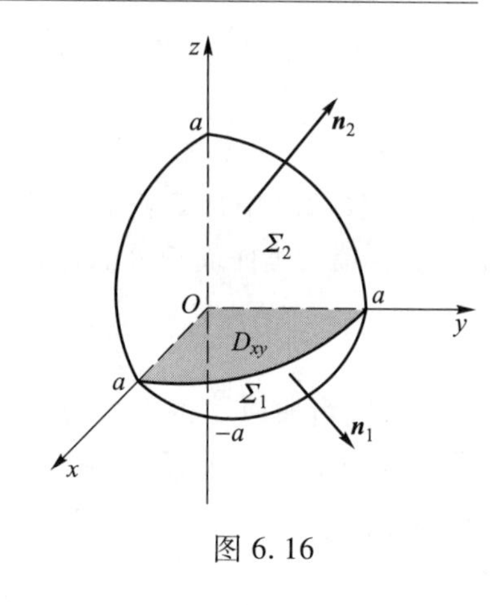

图 6.16

例 4　计算

$$I=\iint\limits_{\Sigma} x^2\mathrm{d}y\mathrm{d}z+y^2\mathrm{d}z\mathrm{d}x+z^2\mathrm{d}x\mathrm{d}y,$$

其中 Σ 是长方体 $0\leqslant x\leqslant a,0\leqslant y\leqslant b,0\leqslant z\leqslant c$ 表面的外侧.

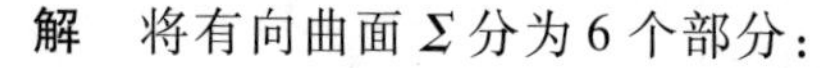

解　将有向曲面 Σ 分为 6 个部分:

$\Sigma_1: z=c\ (0\leqslant x\leqslant a,0\leqslant y\leqslant b)$ 的上侧,

$\Sigma_2: z=0\ (0\leqslant x\leqslant a,0\leqslant y\leqslant b)$ 的下侧,

$\Sigma_3: x=a\ (0\leqslant y\leqslant b,0\leqslant z\leqslant c)$ 的前侧,

$\Sigma_4: x=0\ (0\leqslant y\leqslant b,0\leqslant z\leqslant c)$ 的后侧,

$\Sigma_5: y=b\ (0\leqslant x\leqslant a,0\leqslant z\leqslant c)$ 的右侧,

$\Sigma_6: y=0\ (0\leqslant x\leqslant a,0\leqslant z\leqslant c)$ 的左侧.

除 Σ_1,Σ_2 外,其余四片曲面在 xOy 平面上投影面积为零,故

$$\iint\limits_{\Sigma} z^2\mathrm{d}x\mathrm{d}y=\iint\limits_{\Sigma_1} z^2\mathrm{d}x\mathrm{d}y+\iint\limits_{\Sigma_2} z^2\mathrm{d}x\mathrm{d}y=\iint\limits_{D_{xy}} c^2\mathrm{d}x\mathrm{d}y=abc^2.$$

同理

$$\iint\limits_{\Sigma} y^2\mathrm{d}z\mathrm{d}x=ab^2c,\ \iint\limits_{\Sigma} x^2\mathrm{d}y\mathrm{d}z=a^2bc,$$

于是

$$I=(a+b+c)abc.$$

典型例题讲解

第二类曲面积分的计算

习　题　6.2

1. 计算下列第一类曲面积分:

(1) $\iint\limits_{\Sigma}\left(2x+\frac{4}{3}y+z\right)\mathrm{d}S$,其中 Σ 为平面 $\frac{x}{2}+\frac{y}{3}+\frac{z}{4}=1$ 在第一卦限的部分;

(2) $\iint\limits_{\Sigma}\frac{1}{z}\mathrm{d}S$,其中 Σ 是球面 $x^2+y^2+z^2=a^2$ 被平面 $z=h(0<h<a)$ 所截的顶部;

(3) $\iint\limits_{\Sigma}(x^2+y^2)\mathrm{d}S$,其中 Σ 为立体 $\sqrt{x^2+y^2}\leqslant z\leqslant 1$ 的边界曲面.

2. 计算下列第二类曲面积分:

(1) $\iint\limits_{\Sigma}x^2y^2z\mathrm{d}x\mathrm{d}y$,其中 Σ 是球面 $x^2+y^2+z^2=R^2$ 的下半部分下侧;

(2) $\oint\limits_{\Sigma}xy\mathrm{d}y\mathrm{d}z+yz\mathrm{d}z\mathrm{d}x+xz\mathrm{d}x\mathrm{d}y$,其中 Σ 是由三个坐标面和平面 $x+y+z=1$ 所围成的四面体的外表面;

(3) $\iint\limits_{\Sigma}x^2\mathrm{d}y\mathrm{d}z+y^2\mathrm{d}x\mathrm{d}z+z^2\mathrm{d}x\mathrm{d}y$,其中 Σ 是球面 $(x-a)^2+(y-b)^2+(z-c)^2=R^2$ 并取外侧为正向.

6.3 高斯公式、斯托克斯公式

6.3.1 高斯公式

格林公式表达了平面区域 D 上的二重积分与其边界曲线 L 上的曲线积分之间的关系,而高斯公式表达了有界闭区域 Ω 上的三重积分与边界曲面上的曲面积分之间的关系,同样是牛顿-莱布尼茨公式的推广.

定理 1 设空间闭区域 Ω 由分片光滑的闭曲面 Σ 围成,函数 $P(x,y,z)$,$Q(x,y,z)$,$R(x,y,z)$ 在 Ω 上有一阶连续的偏导数,则有

$$\iiint\limits_{\Omega}\left(\frac{\partial P}{\partial x}+\frac{\partial Q}{\partial y}+\frac{\partial R}{\partial z}\right)\mathrm{d}V=\oint\limits_{\Sigma}P\mathrm{d}y\mathrm{d}z+Q\mathrm{d}z\mathrm{d}x+R\mathrm{d}x\mathrm{d}y,\tag{6.28}$$

其中,Σ 是 Ω 的整个边界曲面的外侧,上述公式称为高斯(Gauss)公式.

证明 高斯公式的证明类似于格林公式的证明,只需分别证明

$$\iiint\limits_{\Omega}\frac{\partial P}{\partial x}\mathrm{d}V=\oint\limits_{\Sigma}P\mathrm{d}y\mathrm{d}z,$$

$$\iiint\limits_{\Omega}\frac{\partial Q}{\partial y}\mathrm{d}V=\oint\limits_{\Sigma}Q\mathrm{d}z\mathrm{d}x,$$

$$\iiint\limits_{\Omega}\frac{\partial R}{\partial z}\mathrm{d}V=\oint\limits_{\Sigma}R\mathrm{d}x\mathrm{d}y.$$

下面以 $\iiint\limits_{\Omega}\frac{\partial R}{\partial z}\mathrm{d}V=\oint\limits_{\Sigma}R\mathrm{d}x\mathrm{d}y$ 为例证明.

设 Ω 在 xOy 面上的投影区域为 σ_{xy},假定穿过区域 Ω 内部且平行于 z 轴的直线与 Ω 的边界曲面 Σ 至多只有两个交点,这时,可设 Σ 由 Σ_1,Σ_2 及 Σ_3 所组成,其中 $\Sigma_1:z=z_1(x,y)$,取其下侧,$\Sigma_2:z=z_2(x,y)$,取其上侧,$z_1(x,y)\leqslant z_2(x,y)$,$\Sigma_3$ 是以 σ_{xy} 的边界曲线为准线,母线平行于 z 轴的柱面的一部分,取其外侧. 由三重积分的计算,有

$$\iiint_{\Omega}\frac{\partial R}{\partial z}\mathrm{d}V=\iint_{\sigma_{xy}}\left(\int_{z_1(x,y)}^{z_2(x,y)}\frac{\partial R}{\partial z}\mathrm{d}z\right)\mathrm{d}x\mathrm{d}y$$
$$=\iint_{\sigma_{xy}}[R(x,y,z_2(x,y))-R(x,y,z_1(x,y))]\mathrm{d}x\mathrm{d}y.$$

再根据第二类曲面积分的计算,有

$$\oiint_{\Sigma}R\mathrm{d}x\mathrm{d}y=\iint_{\Sigma_1}R\mathrm{d}x\mathrm{d}y+\iint_{\Sigma_2}R\mathrm{d}x\mathrm{d}y+\iint_{\Sigma_3}R\mathrm{d}x\mathrm{d}y$$
$$=-\iint_{\sigma_{xy}}R(x,y,z_1(x,y)\mathrm{d}x\mathrm{d}y+\iint_{\sigma_{xy}}R(x,y,z_2(x,y))\mathrm{d}x\mathrm{d}y+0$$
$$=\iint_{\sigma_{xy}}[R(x,y,z_2(x,y))-R(x,y,z_1(x,y))]\mathrm{d}x\mathrm{d}y.$$

比较上面两个积分的结果,立刻得到

$$\iiint_{\Omega}\frac{\partial R}{\partial z}\mathrm{d}V=\oiint_{\Sigma}R\mathrm{d}x\mathrm{d}y.$$

用类似的方法可证明

$$\iiint_{\Omega}\frac{\partial P}{\partial x}\mathrm{d}V=\oiint_{\Sigma}P\mathrm{d}y\mathrm{d}z,\quad \iiint_{\Omega}\frac{\partial Q}{\partial y}\mathrm{d}V=\oiint_{\Sigma}Q\mathrm{d}z\mathrm{d}x.$$

将上述三式两端分别相加,即得到高斯公式.

对穿过区域 Ω 内部且平行于坐标轴的直线与 Ω 的边界交点多于两个的情况,可添加若干片辅助平面,将 Ω 分成若干个子区域,使每个小区域均满足高斯公式的条件,并注意到作为各个子区域的分界面,沿辅助曲面相反两侧的曲面积分可互相抵消,所以将各个小区域上的等式相加即知,高斯公式对一般的空间区域依然成立.

利用高斯公式也可以计算空间区域的体积. 设 Ω 为一空间区域,其边界为分片光滑的闭曲面 Σ,则

$$V=\iiint_{\Omega}\mathrm{d}x\mathrm{d}y\mathrm{d}z=\frac{1}{3}\oiint_{\Sigma}x\mathrm{d}y\mathrm{d}z+y\mathrm{d}z\mathrm{d}x+z\mathrm{d}x\mathrm{d}y,\tag{6.29}$$

其中,Σ 是 Ω 的整个边界曲面的外侧.

例 1　利用高斯公式计算 $I=\iint_{\Sigma}y(x-z)\mathrm{d}y\mathrm{d}z+x^2\mathrm{d}z\mathrm{d}x+(y^2+xz)\mathrm{d}x\mathrm{d}y$,其中 Σ 是如图 6.17 所示的边长为 a 的立方体 Ω 表面,并取外侧.

解　利用高斯公式,有

$$I=\iiint_{\Omega}\left[\frac{\partial}{\partial x}(y(x-z))+\frac{\partial}{\partial y}x^2+\frac{\partial}{\partial z}(y^2+xz)\right]\mathrm{d}x\mathrm{d}y\mathrm{d}z$$
$$=\iiint_{\Omega}(y+x)\mathrm{d}x\mathrm{d}y\mathrm{d}z=\int_0^a\int_0^a\int_0^a(y+x)\mathrm{d}x\mathrm{d}y\mathrm{d}z$$
$$=a\int_0^a\left(ay+\frac{1}{2}a^2\right)\mathrm{d}y=a^4.$$

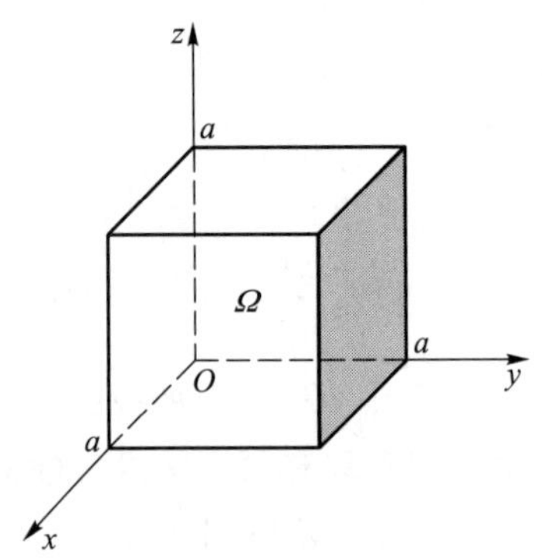

图 6.17

例 2　利用高斯公式计算 $I=\oiint_{\Sigma}x^3\mathrm{d}y\mathrm{d}z+y^3\mathrm{d}z\mathrm{d}x+z^3\mathrm{d}x\mathrm{d}y$,其中

Σ 是单位球面 $x^2+y^2+z^2=1$ 的外侧.

解 由高斯公式,有

$$
\begin{aligned}
I &= 3\iiint_{\Omega}(x^2+y^2+z^2)\,\mathrm{d}x\mathrm{d}y\mathrm{d}z \\
&= 3\int_0^{\pi}\int_0^{2\pi}\int_0^1 r^4\sin\varphi\,\mathrm{d}r\mathrm{d}\theta\mathrm{d}\varphi=\frac{12}{5}\pi.
\end{aligned}
$$

6.3.2 斯托克斯(Stokes)公式

格林公式给出了平面闭曲线上的第二类曲线积分与其所围成的平面区域上的二重积分之间的关系. 将它推广到空间情况,便是斯托克斯公式. 斯托克斯公式揭示了空间第二类曲面积分与以该曲面边界曲线为闭路径的第二类曲线积分之间的关系,因此它可看作是格林公式的推广.

设 Σ 是以分段光滑曲线 Γ 为其边界曲线的有向曲面,规定曲面 Σ 的正侧与其边界闭曲线的正向遵从右手法则,即当右手的四指依 Γ 的正方向绕行时,大拇指的指向应与 Σ 正侧的法方向相同.

定理 2 **设 Σ 为光滑的有向曲面,Σ 的正向边界 Γ 为分段光滑的闭曲线,又函数** $P(x,y,z)$, $Q(x,y,z)$, $R(x,y,z)$ **在 Σ 及其边界上具有连续的一阶偏导数,则**

$$
\oint_{\Gamma}P\mathrm{d}x+Q\mathrm{d}y+R\mathrm{d}z=\iint_{\Sigma}\left(\frac{\partial R}{\partial y}-\frac{\partial Q}{\partial x}\right)\mathrm{d}y\mathrm{d}z+\left(\frac{\partial P}{\partial z}-\frac{\partial R}{\partial x}\right)\mathrm{d}z\mathrm{d}x+\left(\frac{\partial Q}{\partial x}-\frac{\partial P}{\partial y}\right)\mathrm{d}x\mathrm{d}y. \tag{6.30}
$$

式(6.30)称为**斯托克斯公式**.

证明从略.

注 (1) 为了便于记忆可用行列式的形式将斯托克斯公式表示为

$$
\oint_{\Gamma}P\mathrm{d}x+Q\mathrm{d}y+R\mathrm{d}z=\iint_{\Sigma}\begin{vmatrix}\mathrm{d}y\mathrm{d}z & \mathrm{d}z\mathrm{d}x & \mathrm{d}x\mathrm{d}y\\ \dfrac{\partial}{\partial x} & \dfrac{\partial}{\partial y} & \dfrac{\partial}{\partial z}\\ P & Q & R\end{vmatrix}, \tag{6.31}
$$

其中将上述积分号后的三阶行列式按第一行展开便得到式(6.31)右端的形式.

(2) 在斯托克斯公式中,当 Σ 为平面区域,Γ 为平面区域的边界曲线时,由于 $\mathrm{d}z=0$,故 $\mathrm{d}y\mathrm{d}z=\mathrm{d}z\mathrm{d}x=0$,则斯托克斯公式即为格林公式,这说明格林公式是斯托克斯公式的特例.

例 3 计算曲线积分 $I=\oint_{\Gamma}z\mathrm{d}x+x\mathrm{d}y+y\mathrm{d}z$,其中 Γ 是单位球面 $x^2+y^2+z^2=1$ 被三个坐标平面所截得的部分的全部边界,其正向与单位球面的外侧法向量满足右手法则(图 6.18).

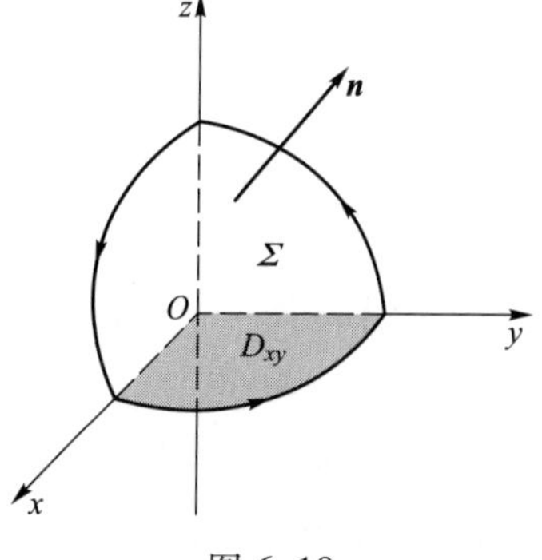

图 6.18

解 由斯托克斯公式有

$$
I=\iint_{\Sigma}\begin{vmatrix}\mathrm{d}y\mathrm{d}z & \mathrm{d}z\mathrm{d}x & \mathrm{d}x\mathrm{d}y\\ \dfrac{\partial}{\partial x} & \dfrac{\partial}{\partial y} & \dfrac{\partial}{\partial z}\\ P & Q & R\end{vmatrix}=\iint_{\Sigma}\mathrm{d}y\mathrm{d}z+\mathrm{d}z\mathrm{d}x+\mathrm{d}x\mathrm{d}y
$$

$$=3\iint_{D_{xy}}\mathrm{d}x\mathrm{d}y=\frac{3}{4}\pi.$$

习　题　6.3

1. 利用高斯公式计算下列曲面积分：

（1）$\oiint_{\Sigma} yz\mathrm{d}y\mathrm{d}z+zx\mathrm{d}z\mathrm{d}x+xy\mathrm{d}x\mathrm{d}y$，其中 Σ 是单位球面 $x^2+y^2+z^2=1$ 的外侧；

（2）$\oiint_{\Sigma} x^2\mathrm{d}y\mathrm{d}z+y^2\mathrm{d}x\mathrm{d}z+z^2\mathrm{d}x\mathrm{d}y$，其中 Σ 是立方体 $0\leqslant x,y,z\leqslant a$ 的表面的外侧.

2. 利用斯托克斯公式计算下列曲线积分：

（1）$\oint_{\Gamma} x^3y^3\mathrm{d}x+\mathrm{d}y+z\mathrm{d}z$，其中 Γ 为 $y^2+z^2=1$，$x=y$ 所交的椭圆的正向曲线；

（2）$\oint_{\Gamma}(z-y)\mathrm{d}x+(x-z)\mathrm{d}y+(y-x)\mathrm{d}z$，其中 Γ 为以 $A(a,0,0)$，$B(0,a,0)$，$C(0,0,a)$ 为顶点的三角形沿 $ABCA$ 的方向的折线.

总 习 题 六

1. 计算下列曲线积分：

（1）$\int_L (x+y)\mathrm{d}s$，其中 L 是以 $O(0,0)$，$A(0,1)$，$B(1,1)$ 为顶点的三角形；

（2）$\int_L |y|\mathrm{d}s$，其中 L 为单位圆周 $x^2+y^2=1$；

（3）$\int_{\Gamma} z\mathrm{d}s$，其中 Γ 为圆锥螺线 $x=t\cos t$，$y=t\sin t$，$z=t(0\leqslant t\leqslant t_0)$ 的一段弧；

（4）$\int_L \dfrac{(x+y)\mathrm{d}x-(x-y)\mathrm{d}y}{x^2+y^2}$，其中 L 为圆周 $x^2+y^2=a^2$ 的正向；

（5）$\int_L (1+x\mathrm{e}^{2y})\mathrm{d}x+(x^2\mathrm{e}^{2y}-y^2)\mathrm{d}y$，其中 L 是从点 $O(0,0)$ 经圆周 $(x-2)^2+y^2=4$ 的上半部到点 $A(4,0)$ 的一段弧；

（6）$\int_L (2xy^3-y^2\cos x)\mathrm{d}x+(1-2y\sin x+3x^2y^2)\mathrm{d}y$，其中 L 为抛物线 $2x=\pi y^2$ 上从点 $O(0,0)$ 到点 $A\left(\dfrac{\pi}{2},1\right)$ 的一段弧.

2. 验证下列 $P(x,y)\mathrm{d}x+Q(x,y)\mathrm{d}y$ 在整个 xOy 平面内是某一函数 $u(x,y)$ 的全微分，并求这样一个 $u(x,y)$：

（1）$(2x\cos y+y^2\cos x)\mathrm{d}x+(2y\sin x-x^2\sin y)\mathrm{d}y$；

（2）$y^2\mathrm{d}x+2xy\mathrm{d}y$.

3. 计算下列曲面积分：

（1）$\iint_{\Sigma} z^3\mathrm{d}S$，其中 Σ 是半球面 $z=\sqrt{a^2-x^2-y^2}$ 内部的部分；

（2）$\iint\limits_{\Sigma}\frac{dS}{x^2+y^2}$，其中 Σ 为柱面 $x^2+y^2=R^2$ 被平面 $z=0,z=H$ 所截取的部分；

（3）$\iint\limits_{\Sigma}y(x-z)\,dydz+x^2dzdx+(y^2+xz)\,dxdy$，其中 Σ 为由 $x=y=z=0,x=y=z=a$ 六个平面所围成的立方体表面并取外侧为正向；

（4）$\iint\limits_{\Sigma}(x^2+y^2+z^2)\,dydz$，其中 Σ 是球面 $x^2+y^2+z^2=R^2$，取外侧.

读一读

我们已经知道如何求解非均匀（变密度）直线形构件的质量，曲线形状的怎么求？变力作用使质点在平面上运动，沿两个坐标轴方向做的功分别是多少？

上述两个问题就是所谓的第一类和第二类曲线积分问题。相应地把积分域放在曲面上，就有了两类曲面积分问题。曲线积分和曲面积分有着非常丰富的物理应用背景，是微积分这门学科征服自然方面的精彩篇章。

微积分的核心工具“牛顿-莱布尼茨公式”表明，函数在闭区间上的定积分可通过原函数在该区间的两个端点处的值来表示。“格林公式”将告诉我们，在平面区域上的二重积分可以通过沿区域的边界上的曲线积分来表示。

格林（Green，1793—1841）是英国自学成才的数学家，生前默默无闻。短促的一生共发表过10篇数学论文，虽数量不多，却包含了影响19世纪数学物理发展的宝贵思想。

“格林公式”以及沟通三重积分与曲面积分的“高斯公式”、联系着曲面积分和曲线积分的“斯托克斯公式”应用广泛，体现了数学的内在统一美。

自测题 6

第7章 无穷级数

无穷级数是高等数学的一个重要组成部分,在表达函数、研究函数的性质、进行数值计算及求解微分方程等方面都有重要的应用.

本章首先介绍无穷级数的概念,再讨论常数项级数的审敛法及幂级数,最后研究如何将函数展开成幂级数和傅里叶级数.

7.1 无穷级数的概念和性质

我们已知道,有限个实数相加,其结果是一个实数,本章将讨论“无限个实数相加”.

例如,对数列$\frac{1}{2},\frac{1}{2^2},\cdots,\frac{1}{2^n},\cdots$,将其所有项加起来:$\frac{1}{2}+\frac{1}{2^2}+\frac{1}{2^3}+\cdots+\frac{1}{2^n}+\cdots$,显然这不是通常意义下的和,而是“无限个数相加”.

再如“无限个数相加”的表达式

$$1+(-1)+1+(-1)+\cdots,$$

写作

$$(1-1)+(1-1)+\cdots=0+0+\cdots,$$

结果是0,而写作

$$1+[(-1)+1]+[(-1)+1]+\cdots=1+0+0+\cdots,$$

结果则是1,两个结果完全不同.

因为无限项相加与有限项相加本质上是有差别的,有限项相加的和总是存在的,而无限项相加是否一定有“和”? 如果有,“和”怎么计算? 为进一步明确这个问题,需建立它本身严格的理论.

7.1.1 无穷级数的概念

定义1 设有一个数列$u_1,u_2,\cdots,u_n,\cdots$,则由数列构成的表达式

$$u_1+u_2+\cdots+u_n+\cdots$$

称为**常数项无穷级数**,简称**数项级数**. 记为$\sum\limits_{n=1}^{\infty}u_n$,即

$$\sum_{n=1}^{\infty} u_n = u_1 + u_2 + \cdots + u_n + \cdots,$$

其中 u_n 称为级数的**一般项**(或**通项**).

定义 2 级数 $\sum\limits_{n=1}^{\infty} u_n$ 的前 n 项和叫做级数的**部分和**,记为 s_n,即

$$s_n = u_1 + u_2 + \cdots + u_n,$$

当 n 依次取 $1,2,3,\cdots$ 时,它们构成一个新的数列 $\{s_n\}$,称为级数 $\sum\limits_{n=1}^{\infty} u_n$ 的**部分和数列**,其中

$$s_1 = u_1, s_2 = u_1 + u_2, \cdots, s_n = u_1 + u_2 + \cdots + u_n, \cdots.$$

自然地,我们将无穷多个数的和的问题归结为部分和数列的极限问题.

定义 3 设 $\{s_n\}$ 为级数 $\sum\limits_{n=1}^{\infty} u_n$ 的部分和数列,若 $\lim\limits_{n\to\infty} s_n = s$,则称级数 $\sum\limits_{n=1}^{\infty} u_n$ **收敛**,且 s 称为级数 $\sum\limits_{n=1}^{\infty} u_n$ 的和,记为 $\sum\limits_{n=1}^{\infty} u_n = s$. 若 $\lim\limits_{n\to\infty} s_n$ 不存在,则称级数 $\sum\limits_{n=1}^{\infty} u_n$ **发散**,发散的级数没有和. 当级数 $\sum\limits_{n=1}^{\infty} u_n$ 收敛时,其部分和 s_n 是和 s 的近似值,它们的差值

$$r_n = s - s_n = u_{n+1} + u_{n+2} + \cdots$$

称为级数 $\sum\limits_{n=1}^{\infty} u_n$ 的**余项**.

例 1 讨论等比级数(又称几何级数)

$$\sum_{n=1}^{\infty} aq^{n-1} = a + aq + aq^2 + \cdots + aq^n + \cdots (a \neq 0)$$

的敛散性.

解 当 $q \neq 1$ 时,等比级数的前 n 项和

$$s_n = a + aq + aq^2 + \cdots + aq^{n-1} = \frac{a(1-q^n)}{1-q},$$

因此,

(i) 当 $|q|<1$ 时,$\lim\limits_{n\to\infty} s_n = \dfrac{a}{1-q}$,等比级数收敛,其和为$\dfrac{a}{1-q}$.

(ii) 当 $|q|>1$ 时,$\lim\limits_{n\to\infty} s_n = \infty$,等比级数发散.

(iii) 当 $q=1$ 时,$s_n = a + a + \cdots + a = na$,$\lim\limits_{n\to\infty} s_n = \infty$,等比级数发散.

当 $q=-1$ 时,$s_{2n}=0$,$s_{2n+1}=a$,$\lim\limits_{n\to\infty} s_n$ 不存在,等比级数发散.

总之,等比级数 $\sum\limits_{n=1}^{\infty} aq^{n-1}$,当 $|q|<1$ 时收敛,当 $|q| \geqslant 1$ 时发散.

例 2 判别级数 $\sum\limits_{n=1}^{\infty} \dfrac{1}{n(n+1)}$的敛散性.

解 级数的前 n 项和

$$s_n = \frac{1}{1\times2} + \frac{1}{2\times3} + \cdots + \frac{1}{n(n+1)}$$

$$=\left(1-\frac{1}{2}\right)+\left(\frac{1}{2}-\frac{1}{3}\right)+\cdots+\left(\frac{1}{n}-\frac{1}{n+1}\right)$$
$$=1-\frac{1}{n+1}.$$

由于

$$\lim_{n\to\infty} s_n=\lim_{n\to\infty}\left(1-\frac{1}{n+1}\right)=1,$$

故该级数收敛,且和为 1.

例 3　证明级数

$$1+2+3+\cdots+n+\cdots$$

是发散的.

证明　级数的前 n 项和

$$s_n=1+2+3+\cdots+n=\frac{n(n+1)}{2},$$

显然,$\lim\limits_{n\to\infty} s_n=+\infty$,从而所给级数是发散的.

7.1.2　收敛级数的基本性质

根据无穷级数收敛、发散的定义以及数列极限的运算法则可以得出收敛级数的几个基本性质.

性质 1　如果级数 $\sum\limits_{n=1}^{\infty} u_n$ 收敛,其和为 s,则级数 $\sum\limits_{n=1}^{\infty} ku_n$($k$ 为常数)也收敛,其和为 ks.

证明　设级数 $\sum\limits_{n=1}^{\infty} u_n$ 与级数 $\sum\limits_{n=1}^{\infty} ku_n$ 的前 n 项和分别为 s_n 和 σ_n,则

$$\sigma_n=ku_1+ku_2+\cdots+ku_n=ks_n,$$

从而

$$\lim_{n\to\infty}\sigma_n=\lim_{n\to\infty} ks_n=k\lim_{n\to\infty} s_n=ks.$$

这表明级数 $\sum\limits_{n=1}^{\infty} ku_n$ 收敛,且和为 ks.

推论　如果级数 $\sum\limits_{n=1}^{\infty} u_n$ 发散,$k\neq 0$,则级数 $\sum\limits_{n=1}^{\infty} ku_n$ 也发散.

因此,级数的每一项乘一个不为零的常数后,它的敛散性不变.

性质 2　如果级数 $\sum\limits_{n=1}^{\infty} u_n$, $\sum\limits_{n=1}^{\infty} v_n$ 分别收敛于和 s,σ,则级数 $\sum\limits_{n=1}^{\infty}(u_n\pm v_n)$ 也收敛,且其和为 $s\pm\sigma$.

证明　设级数 $\sum\limits_{n=1}^{\infty} u_n$ 与级数 $\sum\limits_{n=1}^{\infty} v_n$ 的前 n 项和分别为 s_n,σ_n,则级数 $\sum\limits_{n=1}^{\infty}(u_n\pm v_n)$ 的前 n 项和

$$\tau_n=(u_1\pm v_1)+(u_2\pm v_2)+\cdots+(u_n\pm v_n)=s_n\pm\sigma_n,$$

从而

$$\lim_{n\to\infty}\tau_n=\lim_{n\to\infty}(s_n\pm\sigma_n)=s\pm\sigma.$$

这表明级数 $\sum\limits_{n=1}^{\infty}(u_n\pm v_n)$ 收敛,且其和为 $s\pm\sigma$.

性质 2 说明两个收敛级数可对应逐项相加与逐项相减. 例如 $\sum_{n=1}^{\infty}\frac{1}{2^n}$ 与 $\sum_{n=1}^{\infty}\frac{1}{3^n}$ 都收敛,由性质 2 知道,级数 $\sum_{n=1}^{\infty}\left(\frac{1}{2^n}+\frac{1}{3^n}\right)$ 也收敛.

由性质 2 还知道:如果级数 $\sum_{n=1}^{\infty}u_n$ 收敛,级数 $\sum_{n=1}^{\infty}v_n$ 发散,则级数 $\sum_{n=1}^{\infty}(u_n\pm v_n)$ 一定发散. 事实上,如果级数 $\sum_{n=1}^{\infty}(u_n+v_n)$ 收敛,又 $\sum_{n=1}^{\infty}u_n$ 收敛,则 $\sum_{n=1}^{\infty}((u_n+v_n)-u_n)=\sum_{n=1}^{\infty}v_n$ 也收敛,与 $\sum_{n=1}^{\infty}v_n$ 发散矛盾. 同理可证 $\sum_{n=1}^{\infty}(u_n-v_n)$ 发散.

性质 3　在级数中去掉、增加或改变有限项,不会改变级数的敛散性.

证明　只证明在级数前面增加一项不改变级数的敛散性.

设级数 $\sum_{n=1}^{\infty}u_n$ 的前 n 项和为 s_n,在级数 $\sum_{n=1}^{\infty}u_n$ 的前面增加一项 u_0,得新级数 $\sum_{n=0}^{\infty}u_n$,它的前 n 项和为 σ_n,则 $\sigma_n=u_0+s_{n-1}$,显然数列 $\{s_n\}$ 与 $\{\sigma_n\}$ 的敛散性相同,所以级数 $\sum_{n=1}^{\infty}u_n$ 与 $\sum_{n=0}^{\infty}u_n$ 的敛散性相同.

注　去掉、增加或改变有限项,不会改变级数的敛散性,但是“级数的和”一般会改变.

性质 4　如果级数 $\sum_{n=1}^{\infty}u_n$ 收敛,则对该级数任意加括号后所形成的新级数仍收敛,且其和不变.

证明　设有收敛级数

$$s=u_1+u_2+u_3+\cdots+u_n+\cdots,$$

它的前 n 项和为 s_n,该级数任意加括号后所成的级数为

$$(u_1+u_2+\cdots+u_{n_1})+(u_{n_1+1}+\cdots+u_{n_2})+\cdots+(u_{n_{k-1}+1}+\cdots+u_{n_k})+\cdots,$$

其前 k 项和为 σ_k,于是,

$$\sigma_1=s_{n_1},\sigma_2=s_{n_2},\cdots,\sigma_k=s_{n_k},\cdots,$$

显然数列 $\{\sigma_k\}$ 是 $\{s_n\}$ 的一个子列,又 $\lim\limits_{n\to\infty}s_n=s$,所以 $\lim\limits_{k\to\infty}\sigma_k=\lim\limits_{n\to\infty}s_n=s$,即加括号后的级数仍收敛且其和不变.

推论　如果一个级数加括号后所成的级数发散,则原级数也发散

事实上,若原来的级数收敛,那么加括号后的级数就应该收敛,这就产生矛盾.

注　(1) 对收敛的级数可以任意加括号但不能改变项的顺序.

(2) 加括号后收敛的级数,原来的级数不一定收敛,例如 $(1-1)+(1-1)+\cdots+(1-1)+\cdots$ 收敛,但 $1-1+1-1+\cdots$ 发散.

7.1.3　级数收敛的必要条件

定理　如果级数 $\sum_{n=1}^{\infty}u_n$ 收敛,则它的一般项(或通项)趋于零,即 $\lim\limits_{n\to\infty}u_n=0$.

证明　设级数 $\sum_{n=1}^{\infty} u_n$ 的前 n 项和为 s_n，且 $\lim_{n\to\infty} s_n = s$，由于 $u_n = s_n - s_{n-1}$，所以 $\lim_{n\to\infty} u_n = \lim_{n\to\infty}(s_n - s_{n-1}) = \lim_{n\to\infty} s_n - \lim_{n\to\infty} s_{n-1} = s - s = 0$.

推论　如果级数 $\sum_{n=1}^{\infty} u_n$ 满足 $\lim_{n\to\infty} u_n \neq 0$，则该级数必然发散.

例如 $\sum_{n=1}^{\infty}(-1)^n$，有 $\lim_{n\to\infty}(-1)^n \neq 0$，所以该级数发散.

注　若 $\lim_{n\to\infty} u_n = 0$，则级数 $\sum_{n=1}^{\infty} u_n$ 既可能收敛也可能发散. 即级数的一般项趋于零并不是级数收敛的充分条件，有些级数虽然一般项趋于零，但仍然是发散的.

例 4　证明调和级数 $\sum_{n=1}^{\infty}\frac{1}{n}$ 发散.

证明　用反证法，假设 $\sum_{n=1}^{\infty}\frac{1}{n}$ 收敛于 S，它的前 n 项和为 s_n，则 $\lim_{n\to\infty}(s_{2n} - s_n) = s - s = 0$. 但是

$$\begin{aligned} s_{2n} - s_n &= \frac{1}{n+1} + \frac{1}{n+2} + \cdots + \frac{1}{2n} \\ &> \frac{1}{2n} + \frac{1}{2n} + \cdots + \frac{1}{2n} = \frac{1}{2}, \end{aligned}$$

矛盾，所以级数 $\sum_{n=1}^{\infty}\frac{1}{n}$ 是发散的.

习　题　7.1

1. 根据级数收敛与发散的定义判别下列级数的敛散性：

(1) $\sum_{n=1}^{\infty}(\sqrt{n+1} - \sqrt{n})$；

(2) $\frac{1}{1\times3} + \frac{1}{3\times5} + \frac{1}{5\times7} + \cdots + \frac{1}{(2n-1)(2n+1)} + \cdots$；

(3) $\sum_{n=1}^{\infty}\ln\frac{n}{n+1}$.

2. 判别下列级数的敛散性：

(1) $\frac{8}{9} - \frac{8^2}{9^2} + \frac{8^3}{9^3} - \frac{8^4}{9^4} + \cdots + (-1)^{n-1}\frac{8^n}{9^n} + \cdots$；

(2) $\frac{1}{1\,001} + \frac{2}{2\,001} + \frac{3}{3\,001} + \cdots + \frac{n}{1\,000n+1} + \cdots$；

(3) $\frac{1}{3} + \frac{1}{6} + \frac{1}{9} + \cdots + \frac{1}{3n} + \cdots$；

(4) $\sum_{n=1}^{\infty}\left[\left(\frac{e}{3}\right)^n + \left(\frac{2}{e}\right)^n\right]$；

(5) $\sum_{n=1}^{\infty}\left(\frac{1}{2^n} + \frac{1}{2n}\right)$.

7.2 常数项级数的收敛判别法

判断常数项级数的敛散性是研究级数的一项非常重要的内容. 因为如果级数发散,它就没有和,而如果级数收敛,即使不易求级数的和,也可求和的近似值. 然而,一般情况下,直接利用常数项级数收敛的定义来判断级数的敛散性是相当困难的,所以本节中我们着重介绍常数项级数敛散性的一些判别法.

7.2.1 正项级数的收敛判别法

一般的常数项级数,它的各项可以是正数、负数或零,现在我们先讨论各项都是正数或零的级数,这种级数称为正项级数. 正项级数特别重要,因为许多级数的敛散性问题都可归结为正项级数的敛散性问题.

1. 正项级数收敛的充要条件

设 $\sum\limits_{n=1}^{\infty} u_n = u_1+u_2+\cdots+u_n+\cdots$ 为正项级数($u_n \geqslant 0$),其部分和数列 $\{s_n\}$ 为

$$s_1=u_1, \quad s_2=u_1+u_2, \cdots, s_n=u_1+u_2+\cdots+u_n, \cdots,$$

由于 $u_n \geqslant 0(n=1,2,\cdots)$,所以

$$s_1 \leqslant s_2 \leqslant \cdots \leqslant s_n \leqslant s_{n+1} \leqslant \cdots,$$

即它的部分和数列 $\{s_n\}$ 是单调增加的.

如果 $\{s_n\}$ 有上界,由数列极限存在的单调有界准则知,数列 $\{s_n\}$ 有极限;反之当数列 $\{s_n\}$ 有极限时,它也必有上界. 因此可得下面的基本定理:

定理 1(基本定理)　正项级数 $\sum\limits_{n=1}^{\infty} u_n$ 收敛的充要条件是它的部分和数列 $\{s_n\}$ 有界.

由定理 1 知正项级数 $\sum\limits_{n=1}^{\infty} u_n$ 发散的充要条件是 $\lim\limits_{n\to\infty} s_n=+\infty$.

由于定理 1 是推导正项级数其他收敛判别法的基础,故称其为基本定理.

2. 比较判别法及其极限形式

定理 2　设 $\sum\limits_{n=1}^{\infty} u_n$, $\sum\limits_{n=1}^{\infty} v_n$ 都是正项级数,且 $u_n \leqslant v_n(n=1,2,\cdots)$,

(1) 若级数 $\sum\limits_{n=1}^{\infty} v_n$ 收敛,则级数 $\sum\limits_{n=1}^{\infty} u_n$ 也收敛;

(2) 若级数 $\sum\limits_{n=1}^{\infty} u_n$ 发散,则级数 $\sum\limits_{n=1}^{\infty} v_n$ 也发散.

证明　(1) 设级数 $\sum\limits_{n=1}^{\infty} v_n$ 收敛于和 σ,而级数 $\sum\limits_{n=1}^{\infty} u_n$ 的部分和

$$s_n=u_1+u_2+\cdots+u_n \leqslant v_1+v_2+\cdots+v_n \leqslant \sigma \quad (n=1,2,\cdots),$$

即部分和数列 $\{s_n\}$ 有界,由定理 1 知级数 $\sum\limits_{n=1}^{\infty} u_n$ 收敛.

(2) 设级数 $\sum_{n=1}^{\infty} u_n$ 发散,则级数 $\sum_{n=1}^{\infty} v_n$ 必发散.因为若级数 $\sum_{n=1}^{\infty} v_n$ 收敛,由(1)级数 $\sum_{n=1}^{\infty} u_n$ 也收敛,与假设矛盾.

根据收敛级数的性质,定理 1 中的条件 $u_n \leqslant v_n(n=1,2,\cdots)$ 可替换为:存在正整数 N,使当 $n \geqslant N$ 时有 $u_n \leqslant kv_n(k>0$ 为常数)成立.

例 1　讨论级数 $\sum_{n=1}^{\infty} \frac{1}{n!}$ 的敛散性.

解　当 $n \geqslant 4$ 时,有 $\frac{1}{n!} \leqslant \frac{1}{2^n}$,而 $\sum_{n=1}^{\infty} \frac{1}{2^n}$ 是公比为 $\frac{1}{2}$ 的等比级数,它是收敛的级数,根据比较判别法可知级数 $\sum_{n=1}^{\infty} \frac{1}{n!}$ 收敛.

例 2　证明级数 $\sum_{n=1}^{\infty} \frac{1}{\sqrt{n(n+1)}}$ 是发散的.

证明　因为 $\frac{1}{\sqrt{n(n+1)}} > \frac{1}{n+1}$,而级数 $\sum_{n=1}^{\infty} \frac{1}{n+1} = \frac{1}{2} + \frac{1}{3} + \cdots + \frac{1}{n+1} + \cdots$ 是发散的,根据比较判别法可知级数 $\sum_{n=1}^{\infty} \frac{1}{\sqrt{n(n+1)}}$ 也是发散的.

例 3　讨论 p 级数 $\sum_{n=1}^{\infty} \frac{1}{n^p} = 1 + \frac{1}{2^p} + \frac{1}{3^p} + \cdots + \frac{1}{n^p} + \cdots$ 的敛散性.

解　(1) 当 $p \leqslant 1$ 时 $\frac{1}{n} \leqslant \frac{1}{n^p}$,而调和级数 $\sum_{n=1}^{\infty} \frac{1}{n}$ 是发散的,根据比较判别法可知,p 级数发散;

(2) 当 $p>1$ 时,对任意 n 取充分大的自然数 k,使 $2^k>n$,有

$$
\begin{aligned}
s_n &= 1 + \frac{1}{2^p} + \frac{1}{3^p} + \cdots + \frac{1}{n^p} \\
&\leqslant 1 + \left(\frac{1}{2^p} + \frac{1}{3^p}\right) + \left(\frac{1}{4^p} + \frac{1}{5^p} + \frac{1}{6^p} + \frac{1}{7^p}\right) + \cdots + \left(\frac{1}{(2^{k-1})^p} + \cdots + \frac{1}{(2^k-1)^p}\right) \\
&< 1 + \left(\frac{1}{2^p} + \frac{1}{2^p}\right) + \left(\frac{1}{4^p} + \frac{1}{4^p} + \frac{1}{4^p} + \frac{1}{4^p}\right) + \cdots + \left(\frac{1}{(2^{k-1})^p} + \cdots + \frac{1}{(2^{k-1})^p}\right) \\
&= 1 + \frac{2}{2^p} + \frac{4}{4^p} + \frac{8}{8^p} + \cdots + \frac{2^{k-1}}{(2^{k-1})^p} \\
&= 1 + \frac{1}{2^{p-1}} + \left(\frac{1}{2^{p-1}}\right)^2 + \cdots + \left(\frac{1}{2^{p-1}}\right)^{k-1} = \frac{1 - \left(\frac{1}{2^{p-1}}\right)^k}{1 - \frac{1}{2^{p-1}}} < \frac{1}{1 - \frac{1}{2^{p-1}}}.
\end{aligned}
$$

即 $\{s_n\}$ 有上界,所以 p 级数收敛.

综上,p 级数 $\sum_{n=1}^{\infty} \frac{1}{n^p}$,当 $p>1$ 时收敛,当 $p \leqslant 1$ 时发散.

在很多情况下,使用比较判别法的极限形式更方便.

定理 3(比较判别法的极限形式)　设 $\sum_{n=1}^{\infty} u_n$, $\sum_{n=1}^{\infty} v_n$ 都是正项级数,

(1) 若 $\lim\limits_{n\to\infty}\frac{u_n}{v_n}=l(0<l<+\infty)$,则级数 $\sum\limits_{n=1}^{\infty}u_n$ 与 $\sum\limits_{n=1}^{\infty}v_n$ 具有相同的敛散性;

(2) 若 $\lim\limits_{n\to\infty}\frac{u_n}{v_n}=0$,且级数 $\sum\limits_{n=1}^{\infty}v_n$ 收敛,则级数 $\sum\limits_{n=1}^{\infty}u_n$ 收敛;

(3) 若 $\lim\limits_{n\to\infty}\frac{u_n}{v_n}=+\infty$,且级数 $\sum\limits_{n=1}^{\infty}v_n$ 发散,则级数 $\sum\limits_{n=1}^{\infty}u_n$ 发散.

证明 (1) 由 $\lim\limits_{n\to\infty}\frac{u_n}{v_n}=l(0<l<+\infty)$,对给定 $\varepsilon=\frac{l}{2}$,存在正整数 N,使当$n\geqslant N$时,有

$$\left|\frac{u_n}{v_n}-l\right|<\frac{l}{2},\quad 即\quad \frac{l}{2}v_n<u_n<\frac{3l}{2}v_n.$$

根据比较判别法可知,若级数 $\sum\limits_{n=1}^{\infty}v_n$ 收敛,则级数 $\sum\limits_{n=1}^{\infty}u_n$ 也收敛,若级数 $\sum\limits_{n=1}^{\infty}v_n$ 发散,则级数 $\sum\limits_{n=1}^{\infty}u_n$ 也发散.

(2)(3)的证明类似于(1)的证明,留作练习.

例 4 判定级数 $\sum\limits_{n=1}^{\infty}\sin\frac{1}{n}$的敛散性.

解 因为

$$\lim_{n\to\infty}\frac{\sin\frac{1}{n}}{\frac{1}{n}}=1>0,$$

而调和级数 $\sum\limits_{n=1}^{\infty}\frac{1}{n}$是发散的,根据定理 3 知,此级数发散.

注 在用比较判别法及其极限形式时,需选取一个适当的已知敛散性的级数作比较,最常选作比较级数的是等比级数和 p 级数.

3. 比值判别法(达朗贝尔(d'Alembert)判别法)

定理 4 **设 $\sum\limits_{n=1}^{\infty}u_n$ 为正项级数,如果 $\lim\limits_{n\to\infty}\frac{u_{n+1}}{u_n}=\rho(0\leqslant\rho\leqslant+\infty)$,则**

(1) 当 $\rho<1$ 时,级数收敛;

(2) 当 $\rho>1$ 时,级数发散;

(3) 当 $\rho=1$ 时,级数可能收敛也可能发散.

证明 (1) 当 $\rho<1$ 时,取一个适当小的正数 ε,使得 $\rho+\varepsilon=r<1$,由数列极限的定义,存在正整数 N,使当 $n\geqslant N$ 时,有

$$\frac{u_{n+1}}{u_n}<\rho+\varepsilon=r<1,$$

因此

$$u_{N+1}<ru_N,u_{N+2}<ru_{N+1}<r^2u_N,\cdots,u_{N+n}<r^nu_N,\cdots,$$

于是级数

$$u_{N+1}+u_{N+2}+\cdots+u_{N+n}+\cdots$$

的各项小于收敛的等比级数

$$ru_N+r^2u_N+\cdots+r^nu_N+\cdots$$

的对应项,故级数 $\sum\limits_{n=1}^{\infty}u_n$ 收敛.

(2) 当 $1<\rho<+\infty$ 时,取一个适当小的正数 ε,使得 $\rho-\varepsilon=r>1$,由数列极限的定义,存在正整数 N,使当 $n\geqslant N$ 时,有

$$\frac{u_{n+1}}{u_n}>\rho-\varepsilon=r>1,$$

即

$$u_{n+1}>u_n.$$

从而 $\lim\limits_{n\to\infty}u_n\neq0$,根据级数收敛的必要条件知级数 $\sum\limits_{n=1}^{\infty}u_n$ 发散.

类似地,可以证明当 $\rho=+\infty$ 时,级数 $\sum\limits_{n=1}^{\infty}u_n$ 发散.

(3) 当 $\rho=1$ 时,级数可能收敛也可能发散.

例如:p 级数 $\sum\limits_{n=1}^{\infty}\frac{1}{n^p}$,对任何 $p>0$,都有

$$\lim_{n\to\infty}\frac{u_{n+1}}{u_n}=\frac{\dfrac{1}{(n+1)^p}}{\dfrac{1}{n^p}}=1,$$

而事实上,当 $p>1$ 时级数收敛;当 $p\leqslant1$ 时级数发散.

例 5　判别下列级数的敛散性:

(1) $\sum\limits_{n=1}^{\infty}\frac{n!}{10^n}$;　　　　(2) $\sum\limits_{n=1}^{\infty}\frac{n^{100}}{2^n}$.

解　(1) 由于

$$\frac{u_{n+1}}{u_n}=\frac{\dfrac{(n+1)!}{10^{n+1}}}{\dfrac{n!}{10^n}}=\frac{n+1}{10},$$

$$\lim_{n\to\infty}\frac{u_{n+1}}{u_n}=\lim_{n\to\infty}\frac{n+1}{10}=+\infty.$$

根据比值判别法可知,级数 $\sum\limits_{n=1}^{\infty}\frac{n!}{10^n}$ 发散.

典型例题讲解
级数敛散性的判定

(2) 由于

$$\frac{u_{n+1}}{u_n}=\frac{\dfrac{(n+1)^{100}}{2^{n+1}}}{\dfrac{n^{100}}{2^n}}=\frac{1}{2}\left(\frac{n+1}{n}\right)^{100},$$

$$\lim_{n\to\infty}\frac{u_{n+1}}{u_n}=\lim_{n\to\infty}\frac{1}{2}\left(\frac{n+1}{n}\right)^{100}=\frac{1}{2}<1.$$

根据比值判别法可知,级数 $\sum_{n=1}^{\infty}\frac{n^{100}}{2^n}$ 收敛.

比值判别法多用于级数的一般项中含有阶乘或带有某一数的 n 次幂的级数.

4. 根值判别法(柯西(Cauchy)判别法)

定理 5　**设** $\sum_{n=1}^{\infty}u_n$ **为正项级数,如果** $\lim_{n\to\infty}\sqrt[n]{u_n}=\rho(0\leqslant\rho\leqslant+\infty)$**,则**

(1) **当** $\rho<1$ **时,级数收敛;**

(2) **当** $\rho>1$ **时,级数发散;**

(3) **当** $\rho=1$ **时,级数可能收敛也可能发散.**

定理 5 的证明与定理 4 的证明类似,这里从略.

例 6　判别下列级数的敛散性:

(1) $\sum_{n=1}^{\infty}\left(\frac{5n-1}{4n+3}\right)^n$;　　(2) $\sum_{n=1}^{\infty}\frac{2+(-1)^n}{3^n}$.

解　(1) 由于

$$\sqrt[n]{u_n}=\sqrt[n]{\left(\frac{5n-1}{4n+3}\right)^n}=\frac{5n-1}{4n+3},$$

$$\lim_{n\to\infty}\sqrt[n]{u_n}=\lim_{n\to\infty}\frac{5n-1}{4n+3}=\frac{5}{4}>1.$$

根据根值判别法可知,级数 $\sum_{n=1}^{\infty}\left(\frac{5n-1}{4n+3}\right)^n$ 发散.

(2) 由于

$$\sqrt[n]{u_n}=\sqrt[n]{\frac{2+(-1)^n}{3^n}}=\frac{\sqrt[n]{2+(-1)^n}}{3}=\begin{cases}\frac{1}{3}, & n\text{ 为奇数},\\ \frac{\sqrt[n]{3}}{3}, & n\text{ 为偶数},\end{cases}$$

$$\lim_{n\to\infty}\sqrt[n]{u_n}=\frac{1}{3}<1.$$

根据根值判别法可知,级数 $\sum_{n=1}^{\infty}\frac{2+(-1)^n}{3^n}$ 收敛.

根值判别法多用于级数的一般项中含有 n 次方的级数.

注　比值判别法与根值判别法都不需要寻找比较级数,而只利用级数本身的特点就可判别级数的敛散性,与比较法相比更方便些,但它们的使用也有一定的局限性,如当 $\rho=1$ 时,两判别法失效,需考虑其他判别法.

以上,介绍了正项级数的几种收敛判别法,下面将讨论各项可取正值也可取负值的级数——任意项级数的收敛判别法. 首先讨论形式比较简单且应用又较多的交错级数.

7.2.2　交错级数的收敛判别法

定义 1　若 $u_n>0(n=1,2,\cdots)$,称级数

$$\sum_{n=1}^{\infty}(-1)^{n-1}u_n=u_1-u_2+u_3-u_4+\cdots+(-1)^{n-1}u_n+\cdots,$$

或

$$\sum_{n=1}^{\infty}(-1)^{n}u_n=-u_1+u_2-u_3+u_4-\cdots+(-1)^{n}u_n+\cdots$$

为**交错级数**.

交错级数的各项正负交错. 例如, $\sum_{n=1}^{\infty}(-1)^{n-1}\frac{1}{n}=1-\frac{1}{2}+\frac{1}{3}-\frac{1}{4}+\cdots+(-1)^{n-1}\frac{1}{n}+\cdots$为交错级数.

关于交错级数的敛散性有下面的判别法:

定理 6(莱布尼茨判别法)　若交错级数 $\sum_{n=1}^{\infty}(-1)^{n-1}u_n(u_n>0)$ 满足:

(1) $u_n\geqslant u_{n+1}(n=1,2,\cdots)$;

(2) $\lim\limits_{n\to\infty}u_n=0$.

则级数 $\sum_{n=1}^{\infty}(-1)^{n-1}u_n$ 收敛,且其和 $s\leqslant u_1$,余项的绝对值 $|r_n|\leqslant u_{n+1}$.

证明　设级数 $\sum_{n=1}^{\infty}(-1)^{n-1}u_n$ 的前 n 项和为 s_n,于是

$$s_{2m}=(u_1-u_2)+(u_3-u_4)+\cdots+(u_{2m-1}-u_{2m}),$$

由条件(1)知 $s_{2m}\geqslant 0$ 且随 m 递增,

$$s_{2m}=u_1-(u_2-u_3)-(u_4-u_5)-\cdots-(u_{2m-2}-u_{2m-1})-u_{2m}\leqslant u_1,$$

数列$\{s_{2m}\}$递增有界,因而有极限,令

$$\lim_{m\to\infty}s_{2m}=s\leqslant u_1,$$

又

$$s_{2m+1}=s_{2m}+u_{2m+1},$$

再由条件(2),

$$\lim_{m\to\infty}s_{2m+1}=\lim_{m\to\infty}s_{2m}+\lim_{m\to\infty}u_{2m+1}=s+0=s.$$

所以

$$\lim_{n\to\infty}s_n=s\leqslant u_1.$$

交错级数的余项 $r_n=s-s_n$,其绝对值 $|r_n|=u_{n+1}-u_{n+2}+u_{n+3}-u_{n+4}+\cdots$ 仍然是交错级数,并满足级数收敛的两个条件,所以这个级数是收敛的,且它的和小于或等于 u_{n+1},即 $|r_n|\leqslant u_{n+1}$.

例 7　判别级数 $\sum_{n=1}^{\infty}(-1)^{n-1}\frac{1}{n}$的敛散性.

解　此级数为交错级数,满足级数收敛的两个条件:

(1) $u_n=\frac{1}{n}\geqslant\frac{1}{n+1}=u_{n+1}(n=1,2,\cdots)$;

(2) $\lim\limits_{n\to\infty}u_n=\lim\limits_{n\to\infty}\frac{1}{n}=0.$

根据交错级数的莱布尼茨判别法,级数 $\sum_{n=1}^{\infty}(-1)^{n-1}\frac{1}{n}$收敛. 如果用前 n 项和 $s_n=1-\frac{1}{2}+\frac{1}{3}-\frac{1}{4}+\cdots+(-1)^{n-1}\frac{1}{n}$作为 s 的近似值,则误差 $|r_n|\leqslant\frac{1}{n+1}$.

7.2.3 任意项级数的敛散性——绝对收敛与条件收敛

现在我们讨论一般的级数

$$\sum_{n=1}^{\infty}u_n=u_1+u_2+\cdots+u_n+\cdots,$$

它的各项为任意实数,又称为**任意项级数**.

其各项绝对值所构成的正项级数为

$$\sum_{n=1}^{\infty}|u_n|=|u_1|+|u_2|+\cdots+|u_n|+\cdots,$$

上述两个级数的敛散性有以下重要关系:

定理 7 如果级数 $\sum_{n=1}^{\infty}|u_n|$收敛,则级数 $\sum_{n=1}^{\infty}u_n$ 一定收敛.

证明 因为

$$0\leqslant|u_n|-u_n\leqslant 2|u_n|,$$

而级数 $\sum_{n=1}^{\infty}|u_n|$收敛,根据比较判别法可知 $\sum_{n=1}^{\infty}(|u_n|-u_n)$收敛.

又 $u_n=|u_n|-(|u_n|-u_n)$,再由收敛级数的性质,级数 $\sum_{n=1}^{\infty}u_n$ 收敛.

由定理 7 可将许多任意项级数的敛散性判别问题转化为正项级数的敛散性判别问题.

定义 2 (1) 如果级数 $\sum_{n=1}^{\infty}|u_n|$收敛,则称级数 $\sum_{n=1}^{\infty}u_n$ **绝对收敛**.

(2) 如果级数 $\sum_{n=1}^{\infty}u_n$ 收敛,而 $\sum_{n=1}^{\infty}|u_n|$发散,则称级数 $\sum_{n=1}^{\infty}u_n$ **条件收敛**.

例如:级数 $\sum_{n=1}^{\infty}(-1)^{n-1}\frac{1}{n^2}$绝对收敛,$\sum_{n=1}^{\infty}(-1)^{n-1}\frac{1}{n}$条件收敛.

定理 7 告诉我们**绝对收敛的级数一定是收敛级数**.

例 8 判别级数 $\sum_{n=1}^{\infty}\frac{\sin nx}{n^2}$的敛散性.

解 由于

$$\left|\frac{\sin nx}{n^2}\right|\leqslant\frac{1}{n^2},$$

而级数 $\sum_{n=1}^{\infty}\frac{1}{n^2}$收敛,所以级数 $\sum_{n=1}^{\infty}\left|\frac{\sin nx}{n^2}\right|$也收敛,由定理 7 知,级数 $\sum_{n=1}^{\infty}\frac{\sin nx}{n^2}$收敛.

一般来说,如果级数 $\sum_{n=1}^{\infty}|u_n|$ 发散,我们不能断定级数 $\sum_{n=1}^{\infty}u_n$ 发散,但是,如果用比值判别法

或根值判别法根据 $\lim\limits_{n\to\infty}\left|\dfrac{u_{n+1}}{u_n}\right|=\rho>1$ 或 $\lim\limits_{n\to\infty}\sqrt[n]{|u_n|}=\rho>1$ 判定级数 $\sum\limits_{n=1}^{\infty}|u_n|$ 发散，则可断定级数 $\sum\limits_{n=1}^{\infty}u_n$ 必定发散，这是因为从 $\rho>1$ 可推出 $\lim\limits_{n\to\infty}|u_n|\neq0$，从而 $\lim\limits_{n\to\infty}u_n\neq0$，因此级数 $\sum\limits_{n=1}^{\infty}u_n$ 是发散的.

例 9　判别级数 $\sum\limits_{n=1}^{\infty}(-1)^n\dfrac{1}{2^n}\left(1+\dfrac{1}{n}\right)^{n^2}$ 的敛散性.

典型例题讲解
判别级数是否绝对收敛

解　由于

$$\lim_{n\to\infty}\sqrt[n]{|u_n|}=\lim_{n\to\infty}\frac{1}{2}\left(1+\frac{1}{n}\right)^n=\frac{\mathrm{e}}{2}>1,$$

即 $\lim\limits_{n\to\infty}|u_n|\neq0$，所以级数 $\sum\limits_{n=1}^{\infty}(-1)^n\dfrac{1}{2^n}\left(1+\dfrac{1}{n}\right)^{n^2}$ 发散.

绝对收敛级数有一些条件收敛级数所不具备的性质.

***定理 8　绝对收敛级数经过改变项的顺序后构成的级数也收敛，且与原级数有相同的和.**

设有级数 $\sum\limits_{n=1}^{\infty}u_n$，$\sum\limits_{n=1}^{\infty}v_n$，称

$$u_1v_1+(u_1v_2+u_2v_1)+\cdots+(u_1v_n+u_2v_{n-1}+\cdots+u_nv_1)+\cdots$$

为级数 $\sum\limits_{n=1}^{\infty}u_n$ 和 $\sum\limits_{n=1}^{\infty}v_n$ 的**柯西乘积**.

***定理 9（绝对收敛级数的乘积）　设级数 $\sum\limits_{n=1}^{\infty}u_n$，$\sum\limits_{n=1}^{\infty}v_n$ 都绝对收敛，其和分别为 s 与 σ，则它们的柯西乘积**

$$u_1v_1+(u_1v_2+u_2v_1)+\cdots+(u_1v_n+u_2v_{n-1}+\cdots+u_nv_1)+\cdots$$

也是绝对收敛的，且其和为 $s\cdot\sigma$.

习　题　7.2

1. 用比较判别法及其极限形式判别下列级数的敛散性：

(1) $\sum\limits_{n=1}^{\infty}\dfrac{1}{2n-1}$；　(2) $\sum\limits_{n=1}^{\infty}\dfrac{1}{(n+1)(n+4)}$；

(3) $\sum\limits_{n=1}^{\infty}\sin\dfrac{\pi}{2^n}$；　(4) $\sum\limits_{n=1}^{\infty}\dfrac{1}{an+b}(a>0,b>0)$.

2. 用比值判别法判别下列级数的敛散性：

(1) $\sum\limits_{n=1}^{\infty}\dfrac{n^2}{3^n}$；　(2) $\sum\limits_{n=1}^{\infty}\dfrac{n!}{4^n}$；

(3) $\sum\limits_{n=1}^{\infty}\dfrac{2^nn!}{n^n}$；　(4) $\sum\limits_{n=1}^{\infty}\dfrac{n^3}{n!}$.

3. 用根值判别法判别下列级数的敛散性：

(1) $\sum\limits_{n=1}^{\infty}\left(\dfrac{n}{3n+1}\right)^n$；　(2) $\sum\limits_{n=1}^{\infty}\dfrac{1}{[\ln(n+1)]^n}$；

(3) $\sum\limits_{n=1}^{\infty}\left(\dfrac{n+1}{n}\right)^{n^2}$.

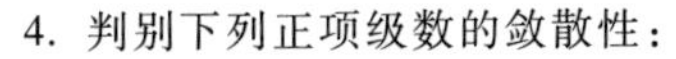
4. 判别下列正项级数的敛散性：

(1) $\sum\limits_{n=1}^{\infty} n\left(\frac{3}{4}\right)^n$； (2) $\sum\limits_{n=1}^{\infty} 2^n \sin \frac{\pi}{3^n}$；

(3) $\sum\limits_{n=1}^{\infty} \frac{n^2}{\left(2+\frac{1}{n}\right)^n}$； (4) $\sum\limits_{n=1}^{\infty} \frac{(n!)^2}{2n^2}$.

5. 判别下列级数是否收敛,是绝对收敛还是条件收敛：

(1) $\sum\limits_{n=1}^{\infty} (-1)^{n-1} \frac{1}{\sqrt{n}}$；

(2) $\frac{1}{\ln 2} - \frac{1}{\ln 3} + \frac{1}{\ln 4} - \frac{1}{\ln 5} + \cdots + (-1)^{n-1} \frac{1}{\ln(n+1)} + \cdots$；

(3) $\sum\limits_{n=1}^{\infty} (-1)^n \frac{n^3}{3^n}$；

(4) $\sum\limits_{n=1}^{\infty} \frac{\sin n}{n^3}$.

7.3 幂 级 数

幂级数是最简单的一种函数项级数,是无穷级数的重点内容. 其中幂级数求和与函数的幂级数展开在函数的数值计算中有重要的应用.

7.3.1 函数项级数的概念

定义 设 $u_1(x), u_2(x), \cdots, u_n(x), \cdots$ 是定义在区间 I 的函数列,则由这函数列构成的表达式

$$u_1(x)+u_2(x)+\cdots+u_n(x)+\cdots \tag{7.1}$$

称为定义在区间 I 的**函数项(无穷)级数**,简称**函数项级数**,记为 $\sum\limits_{n=1}^{\infty} u_n(x)$,即

$$\sum_{n=1}^{\infty} u_n(x) = u_1(x)+u_2(x)+\cdots+u_n(x)+\cdots.$$

对每一个确定的 $x_0 \in I$,函数项级数(7.1)成为常数项级数

$$u_1(x_0)+u_2(x_0)+\cdots+u_n(x_0)+\cdots. \tag{7.2}$$

级数(7.2)可能收敛也可能发散,若级数(7.2)收敛,则称点 x_0 是函数项级数(7.1)的**收敛点**. 若级数(7.2)发散,则称点 x_0 是函数项级数(7.1)的**发散点**. 函数项级数(7.1)的收敛点的全体称为它的**收敛域**.

收敛域内的每一个点 x,对应一个收敛的常数项级数,因而有一确定的和 s,这样在收敛域上,函数项级数的和是 x 的函数 $s(x)$,称 $s(x)$ 为函数项级数的**和函数**. 和函数的定义域就是函数项级数的收敛域. 于是在收敛域上

$$s(x) = u_1(x)+u_2(x)+\cdots+u_n(x)+\cdots.$$

函数项级数(7.1)的前 n 项和记为 $s_n(x)$,则在收敛域上有

$$\lim_{n\to\infty} s_n(x) = s(x).$$

称

$$r_n(x)=s(x)-s_n(x)=u_{n+1}(x)+u_{n+2}(x)+\cdots$$

为函数项级数(7.1)的**余项**,它的定义域也是函数项级数的收敛域. 于是

$$\lim_{n\to\infty} r_n(x)=\lim_{n\to\infty}(s(x)-s_n(x))=0.$$

例如,函数项级数

$$\sum_{n=0}^{\infty} x^n=1+x+x^2+\cdots+x^n+\cdots$$

的收敛域为$(-1,1)$,和函数是$\frac{1}{1-x}$,即

$$\sum_{n=0}^{\infty} x^n=1+x+x^2+\cdots+x^n+\cdots=\frac{1}{1-x}, x\in(-1,1).$$

7.3.2 幂级数及其敛散性

函数项级数中简单而常见的一类级数就是各项都是幂函数的函数项级数,即所谓**幂级数**. 其形式为

$$\sum_{n=0}^{\infty} a_n(x-x_0)^n=a_0+a_1(x-x_0)+a_2(x-x_0)^2+\cdots+a_n(x-x_0)^n+\cdots, \tag{7.3}$$

其中常数 $a_0,a_1,a_2,\cdots,a_n,\cdots$称为**幂级数的系数**.

当 $x_0=0$ 时,幂级数(7.3)有更简单的形式

$$\sum_{n=0}^{\infty} a_nx^n=a_0+a_1x+a_2x^2+\cdots+a_nx^n+\cdots. \tag{7.4}$$

幂级数 $\sum\limits_{n=0}^{\infty} a_n(x-x_0)^n$ 通过变换 $t=x-x_0$ 可化为幂级数 $\sum\limits_{n=0}^{\infty} a_nt^n$,所以下面的讨论以幂级数(7.4)为主.

对于幂级数 $\sum\limits_{n=0}^{\infty} a_nx^n$,我们首先要问:它的收敛域是怎样的? 即当 x 取哪些值时幂级数收敛. 显然当 $x=0$ 时幂级数 $\sum\limits_{n=0}^{\infty} a_nx^n$ 总是收敛的,并且和为 a_0. 这说明幂级数的收敛域总是非空的,不仅如此,幂级数的收敛域还表现为非常特别的形式——区间. 下面是著名的挪威数学家阿贝尔(Abel)给出的结论.

定理1(阿贝尔定理) (1) **如果幂级数** $\sum\limits_{n=0}^{\infty} a_nx^n$ **在** $x=x_0(x_0\neq0)$ **处收敛,则对于一切满足条件** $|x|<|x_0|$ **的** x,**级数** $\sum\limits_{n=0}^{\infty} a_nx^n$ **都绝对收敛;**

(2) **如果幂级数** $\sum\limits_{n=0}^{\infty} a_nx^n$ **在** $x=x_1$ **处发散,则对于一切满足条件** $|x|>|x_1|$ **的** x,**级数** $\sum\limits_{n=0}^{\infty} a_nx^n$ **都发散.**

证明 (1) 设级数 $\sum\limits_{n=0}^{\infty} a_nx^n$ 在 $x=x_0(x_0\neq0)$ 处收敛,则有 $\lim\limits_{n\to\infty} a_nx_0^n=0$,从而 $\{a_nx_0^n\}$ 有界,即,存在常数 $M>0$ 使 $|a_nx_0^n|\leqslant M(n=1,2,\cdots)$. 因为

$$|a_nx^n|=|a_nx_0^n|\left|\frac{x^n}{x_0^n}\right|\leqslant M\left|\frac{x^n}{x_0^n}\right|,$$

而当$\left|\frac{x}{x_0}\right|<1$时，即$|x|<|x_0|$时，等比级数$\sum\limits_{n=0}^{\infty}M\left|\frac{x^n}{x_0^n}\right|$收敛，所以根据比较判别法可知级数$\sum\limits_{n=0}^{\infty}|a_nx^n|$收敛，即级数$\sum\limits_{n=0}^{\infty}a_nx^n$绝对收敛.

(2) 设级数$\sum\limits_{n=0}^{\infty}a_nx^n$在$x=x_1$处发散，如果存在$x_0$，其中$|x_0|>|x_1|$，使级数在$x=x_0$收敛，由(1)级数$\sum\limits_{n=0}^{\infty}a_nx^n$应在$x=x_1$收敛，这与所设矛盾，定理得证.

根据阿贝尔定理易得下面推论.

推论　如果幂级数$\sum\limits_{n=0}^{\infty}a_nx^n$不是仅在$x=0$收敛，也不是在整个实轴上都收敛，则必存在一个确定的正数R，使得(1)当$|x|<R$时，$\sum\limits_{n=0}^{\infty}a_nx^n$绝对收敛；(2)当$|x|>R$时，$\sum\limits_{n=0}^{\infty}a_nx^n$发散；(3)当$x=\pm R$时，幂级数可能收敛也可能发散.

这个正数R称为幂级数$\sum\limits_{n=0}^{\infty}a_nx^n$的**收敛半径**，开区间$(-R,R)$称为幂级数$\sum\limits_{n=0}^{\infty}a_nx^n$的**收敛区间**，再由幂级数在$x=\pm R$的敛散性决定它的收敛域(图7.1).

如果幂级数$\sum\limits_{n=0}^{\infty}a_nx^n$仅在$x=0$收敛，规定其收敛半径$R=0$；如果对一切$x\in(-\infty,+\infty)$幂级数$\sum\limits_{n=0}^{\infty}a_nx^n$均收敛，则规定其收敛半径$R=+\infty$.

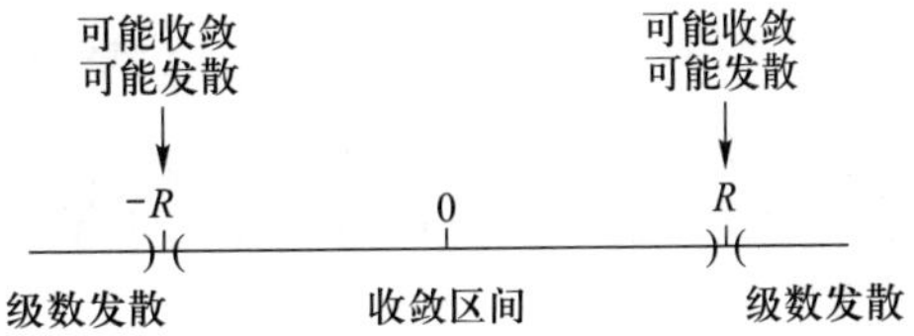

可能收敛
可能发散
$-R$　　0　　R
级数发散　　收敛区间　　级数发散

图 7.1

关于幂级数收敛半径的求法，有下面的定理.

定理 2　在幂级数$\sum\limits_{n=0}^{\infty}a_nx^n$中，如果

$$\lim_{n\to\infty}\left|\frac{a_{n+1}}{a_n}\right|=\rho,$$

其中a_n,a_{n+1}是幂级数$\sum\limits_{n=0}^{\infty}a_nx^n$相邻两项的系数，则此幂级数的收敛半径

$$R=\begin{cases}\dfrac{1}{\rho}, & 0<\rho<+\infty,\\ +\infty, & \rho=0,\\ 0, & \rho=+\infty.\end{cases}$$

证明　当$x=0$时级数必收敛. 当$x\neq0$时，考察当幂级数$\sum\limits_{n=0}^{\infty}a_nx^n$的各项取绝对值时构成的级数

$$\sum_{n=0}^{\infty}|a_nx^n|=|a_0|+|a_1x|+|a_2x^2|+\cdots+|a_nx^n|+\cdots,$$

由比值判别法,得

$$\lim_{n\to\infty}\left|\frac{a_{n+1}x^{n+1}}{a_nx^n}\right|=\lim_{n\to\infty}\left|\frac{a_{n+1}}{a_n}\right||x|=\rho|x|.$$

(1) 如果 $0<\rho<+\infty$,则当 $\rho|x|<1$ 时,即 $|x|<\frac{1}{\rho}$时,级数 $\sum\limits_{n=0}^{\infty}a_nx^n$ 绝对收敛;当 $\rho|x|>1$ 时,即当 $|x|>\frac{1}{\rho}$时,级数 $\sum\limits_{n=0}^{\infty}|a_nx^n|$发散,且存在正整数 N,当 $n\geqslant N$ 时,有 $|a_{n+1}x^{n+1}|>|a_nx^n|$,所以 $\sum\limits_{n=0}^{\infty}|a_nx^n|$的一般项不趋于零,即$\lim\limits_{n\to\infty}|a_nx^n|\neq 0$,所以也有$\lim\limits_{n\to\infty}a_nx^n\neq 0$,从而 $\sum\limits_{n=0}^{\infty}a_nx^n$ 发散,于是收敛半径 $R=\frac{1}{\rho}$.

(2) 如果 $\rho=0$,则对一切 $x\neq 0$ 均有

$$\lim_{n\to\infty}\left|\frac{a_{n+1}x^{n+1}}{a_nx^n}\right|=\lim_{n\to\infty}\left|\frac{a_{n+1}}{a_n}\right||x|=0\cdot|x|=0<1.$$

所以,正项级数 $\sum\limits_{n=0}^{\infty}|a_nx^n|$收敛,从而级数 $\sum\limits_{n=0}^{\infty}a_nx^n$ 绝对收敛,于是收敛半径$R=+\infty$.

(3) 如果 $\rho=+\infty$,则对一切 $x\neq 0$,总有

$$\lim_{n\to\infty}\left|\frac{a_{n+1}x^{n+1}}{a_nx^n}\right|=\lim_{n\to\infty}\left|\frac{a_{n+1}}{a_n}\right||x|=+\infty.$$

从而有$\lim\limits_{n\to\infty}|a_nx^n|\neq 0$,即$\lim\limits_{n\to\infty}a_nx^n\neq 0$,级数 $\sum\limits_{n=0}^{\infty}a_nx^n$ 对一切 $x\neq 0$ 都发散,于是收敛半径 $R=0$.

例 1　求幂级数 $\sum\limits_{n=1}^{\infty}\frac{(-1)^{n-1}}{n}x^n$ 的收敛半径与收敛域.

解　因为

$$\rho=\lim_{n\to\infty}\left|\frac{a_{n+1}}{a_n}\right|=\lim_{n\to\infty}\frac{\frac{1}{n+1}}{\frac{1}{n}}=1,$$

所以级数的收敛半径 $R=\frac{1}{\rho}=1$,收敛区间为$(-1,1)$.

对于端点 $x=1$,级数为交错级数 $1-\frac{1}{2}+\frac{1}{3}-\frac{1}{4}+\cdots+(-1)^{n-1}\frac{1}{n}+\cdots$,级数收敛;

对于端点 $x=-1$,级数成为$-1-\frac{1}{2}-\frac{1}{3}-\frac{1}{4}-\cdots-\frac{1}{n}-\cdots$,级数发散.

因此收敛域为$(-1,1]$.

例 2　求幂级数 $\sum\limits_{n=0}^{\infty}\frac{1}{n!}x^n$ 的收敛半径与收敛域.

解　因为

$$\rho=\lim_{n\to\infty}\left|\frac{a_{n+1}}{a_n}\right|=\lim_{n\to\infty}\frac{\frac{1}{(n+1)!}}{\frac{1}{n!}}=\lim_{n\to\infty}\frac{1}{n+1}=0,$$

所以级数的收敛半径 $R=+\infty$，收敛区间与收敛域均为 $(-\infty,+\infty)$.

例 3 求幂级数 $\sum_{n=0}^{\infty} n!\,x^n$ 的收敛半径与收敛域.

解 因为

$$\rho=\lim_{n\to\infty}\left|\frac{a_{n+1}}{a_n}\right|=\lim_{n\to\infty}\frac{(n+1)!}{n!}=\lim_{n\to\infty}(n+1)=+\infty,$$

所以级数的收敛半径 $R=0$，级数仅在 $x=0$ 收敛.

与幂级数 $\sum_{n=0}^{\infty} a_n x^n$ 类似，幂级数 $\sum_{n=0}^{\infty} a_n(x-x_0)^n$ 的收敛域有以下三种情形：

(1) 仅在 $x=x_0$ 收敛；

(2) $(-\infty,+\infty)$；

(3) $[x_0-R,x_0+R]$，$(x_0-R,x_0+R]$，$[x_0-R,x_0+R)$，(x_0-R,x_0+R) 之一.

这里的 R 也称为收敛半径.

求幂级数 $\sum_{n=0}^{\infty} a_n(x-x_0)^n$ 的收敛半径，可通过变换 $t=x-x_0$ 化为幂级数 $\sum_{n=0}^{\infty} a_n t^n$，两幂级数的收敛半径相同.

例 4 求幂级数 $\sum_{n=1}^{\infty}\frac{(-1)^{n-1}}{n^2}(x-2)^n$ 的收敛半径与收敛域.

解 令 $t=x-2$，上述级数变为 $\sum_{n=1}^{\infty}\frac{(-1)^{n-1}}{n^2}t^n$. 因为

$$\rho=\lim_{n\to\infty}\left|\frac{a_{n+1}}{a_n}\right|=\lim_{n\to\infty}\frac{\frac{1}{(n+1)^2}}{\frac{1}{n^2}}=1,$$

所以级数 $\sum_{n=1}^{\infty}\frac{(-1)^{n-1}}{n^2}t^n$ 的收敛半径 $R=\frac{1}{\rho}=1$，收敛区间为 $(-1,1)$ $(|t|<1)$.

从而级数 $\sum_{n=1}^{\infty}\frac{(-1)^{n-1}}{n^2}(x-2)^n$ 的收敛半径 $R=1$，收敛区间为 $(1,3)$ $(|x-2|<1)$.

对于端点 $x=1$，级数成为 $\sum_{n=1}^{\infty}\frac{(-1)^{n-1}}{n^2}(1-2)^n=\sum_{n=1}^{\infty}\frac{-1}{n^2}$，此级数收敛；

对于端点 $x=3$，级数成为 $\sum_{n=1}^{\infty}\frac{(-1)^{n-1}}{n^2}$，此级数收敛.

因此幂级数 $\sum_{n=1}^{\infty}\frac{(-1)^{n-1}}{n^2}(x-2)^n$ 的收敛域为 $[1,3]$.

根据幂级数的系数特点，有时我们也可用根值判别法求收敛半径，此时 $\rho=\lim_{n\to\infty}\sqrt[n]{|a_n|}$.

例 5 求幂级数 $\sum_{n=1}^{\infty} n^n x^n$ 的收敛半径与收敛域.

解 因为

$$\rho=\lim_{n\to\infty}\sqrt[n]{n^n}=\lim_{n\to\infty}n=+\infty\ ,$$

所以级数的收敛半径 $R=0$,级数仅在 $x=0$ 收敛.

定理 2 中 a_n 是幂级数 $\sum\limits_{n=0}^{\infty}a_nx^n$ 中 x^n 的系数,如果幂级数有缺项,如缺少奇数次幂或偶数次幂的项,则直接用比值判别法或根值判别法,或者利用变量替换来求收敛半径.

例 6　求幂级数 $\sum\limits_{n=0}^{\infty}\dfrac{1}{3^n}x^{2n}$的收敛半径与收敛域.

解　级数缺少奇次幂的项,定理 2 不能应用,直接由比值判别法,得

$$\lim_{n\to\infty}\left|\frac{u_{n+1}(x)}{u_n(x)}\right|=\lim_{n\to\infty}\left|\frac{\dfrac{x^{2n+2}}{3^{n+1}}}{\dfrac{x^{2n}}{3^n}}\right|=\frac{1}{3}x^2.$$

当$\dfrac{1}{3}x^2<1$ 时,即当$|x|<\sqrt{3}$时,级数 $\sum\limits_{n=0}^{\infty}\dfrac{1}{3^n}x^{2n}$绝对收敛;当$\dfrac{1}{3}x^2>1$ 时,即当$|x|>\sqrt{3}$时,级数 $\sum\limits_{n=0}^{\infty}\dfrac{1}{3^n}x^{2n}$的一般项不趋于零,级数发散. 所以级数的收敛半径 $R=\sqrt{3}$,收敛区间为$(-\sqrt{3},\sqrt{3})$.

对于端点 $x=\pm\sqrt{3}$,级数成为 $\sum\limits_{n=0}^{\infty}1$,一般项不趋于零,级数发散,所以幂级数 $\sum\limits_{n=0}^{\infty}\dfrac{1}{3^n}x^{2n}$ 的收敛域为$(-\sqrt{3},\sqrt{3})$.

或令 $t=x^2$,上述级数变为 $\sum\limits_{n=0}^{\infty}\dfrac{1}{3^n}t^n$,其收敛半径 $R_t=3$,原幂级数的收敛半径 $R=\sqrt{3}$.

7.3.3　幂级数的运算性质及幂级数的和函数

1. 代数运算

设幂级数

$$\sum_{n=0}^{\infty}a_nx^n=a_0+a_1x+a_2x^2+\cdots+a_nx^n+\cdots$$

与

$$\sum_{n=0}^{\infty}b_nx^n=b_0+b_1x+b_2x^2+\cdots+b_nx^n+\cdots$$

的收敛半径分别为 R_a 与 R_b,令 $R=\min\{R_a,R_b\}$,则在$(-R,R)$内有

(1) 加减法

$$\sum_{n=0}^{\infty}a_nx^n\pm\sum_{n=0}^{\infty}b_nx^n=\sum_{n=0}^{\infty}(a_n\pm b_n)x^n.$$

(2) 乘法

$$\left(\sum_{n=0}^{\infty}a_nx^n\right)\left(\sum_{n=0}^{\infty}b_nx^n\right)=\sum_{n=0}^{\infty}c_nx^n,$$

其中

$$c_n=a_0b_n+a_1b_{n-1}+a_2b_{n-2}+\cdots+a_nb_0.$$

2. 分析运算

定理 3 **设幂级数** $\sum_{n=0}^{\infty} a_n x^n$ **在收敛区间**$(-R,R)$**内的和函数为** $s(x)$**,即**

$$s(x)=\sum_{n=0}^{\infty} a_n x^n, \quad x\in(-R,R),$$

则有

(1) $s(x)$**在**$(-R,R)$**内是连续的;**

(2) $s(x)$**在**$(-R,R)$**内可导,且有逐项求导公式:**

$$s'(x)=\Big(\sum_{n=0}^{\infty} a_n x^n\Big)'=\sum_{n=0}^{\infty}(a_n x^n)'=\sum_{n=1}^{\infty} n a_n x^{n-1};$$

(3) $s(x)$**在**$(-R,R)$**内可积,且有逐项积分公式:**

$$\int_0^x s(x)\,\mathrm{d}x=\int_0^x\Big(\sum_{n=0}^{\infty} a_n x^n\Big)\,\mathrm{d}x=\sum_{n=0}^{\infty}\int_0^x a_n x^n\,\mathrm{d}x=\sum_{n=0}^{\infty}\frac{a_n}{n+1}x^{n+1}.$$

且逐项求导后得到的幂级数 $\sum_{n=1}^{\infty} n a_n x^{n-1}$ **和逐项积分后所得到的幂级数** $\sum_{n=0}^{\infty}\frac{a_n}{n+1}x^{n+1}$ **与原来的幂级数** $\sum_{n=0}^{\infty} a_n x^n$ **有相同的收敛半径.**

注 幂级数逐项求导或逐项积分后收敛半径不变,但是收敛域可能不同.

3. 求幂级数的和函数

利用幂级数的逐项求导或逐项积分运算可以求出一些简单的幂级数在其收敛区间内的和函数,并可利用幂级数的和函数求数项级数的和.

此外,几何级数的和函数

$$1+x+x^2+\cdots+x^n+\cdots=\frac{1}{1-x}, \quad x\in(-1,1)$$

是幂级数求和的一个基本结果,许多幂级数求和的问题都可利用幂级数的分析性质转化为几何级数的求和问题来解决.

例 7 求幂级数 $\sum_{n=0}^{\infty}\frac{x^n}{n+1}$的和函数.

解 先求收敛域,因为

$$\lim_{n\to\infty}\left|\frac{a_{n+1}}{a_n}\right|=\lim_{n\to\infty}\frac{\frac{1}{n+2}}{\frac{1}{n+1}}=1,$$

所以收敛半径 $R=1$,收敛区间为$(-1,1)$. 在端点 $x=-1$ 处,级数成为 $\sum_{n=0}^{\infty}\frac{(-1)^n}{n+1}$,是收敛的交错级数;在端点 $x=1$ 处,级数成为 $\sum_{n=0}^{\infty}\frac{1}{n+1}$,是发散的,因此收敛域为$[-1,1)$.

设和函数为 $s(x)$,即

$$s(x)=\sum_{n=0}^{\infty}\frac{x^n}{n+1}, x\in[-1,1).$$

于是

$$xs(x)=\sum_{n=0}^{\infty}\frac{x^{n+1}}{n+1},$$

利用逐项求导,并由

$$1+x+x^2+\cdots+x^n+\cdots=\frac{1}{1-x},\quad x\in(-1,1),$$

得

$$[xs(x)]'=\sum_{n=0}^{\infty}\left(\frac{x^{n+1}}{n+1}\right)'=\sum_{n=0}^{\infty}x^n=\frac{1}{1-x},\quad x\in(-1,1).$$

对上式从 0 到 x 积分,得

$$xs(x)=\int_0^x\frac{1}{1-x}\mathrm{d}x=-\ln(1-x),\quad x\in[-1,1).$$

所以,当 $x\neq0$ 时,有 $s(x)=-\frac{1}{x}\ln(1-x)$,而当 $x=0$ 时,$s(0)=a_0=1$.

故所求的和函数为

$$s(x)=\begin{cases}-\frac{1}{x}\ln(1-x), & x\in[-1,0)\cup(0,1),\\ 1, & x=0.\end{cases}$$

典型例题讲解
幂级数和函数的求法

例 8　求幂级数 $\sum_{n=0}^{\infty}(n+1)x^n$ 的和函数,并求数项级数 $\sum_{n=0}^{\infty}\frac{n+1}{2^n}$的和.

解　先求收敛域,因为

$$\lim_{n\to\infty}\left|\frac{a_{n+1}}{a_n}\right|=\lim_{n\to\infty}\frac{n+2}{n+1}=1,$$

所以收敛半径 $R=1$,收敛区间为$(-1,1)$. 级数 $\sum_{n=0}^{\infty}(n+1)x^n$ 在端点 $x=\pm1$ 处均发散,因此收敛域为$(-1,1)$.

设幂级数的和函数为 $s(x)$,即

$$s(x)=\sum_{n=0}^{\infty}(n+1)x^n,\quad x\in(-1,1).$$

利用逐项积分

$$\begin{aligned}\int_0^x s(x)\,\mathrm{d}x&=\int_0^x\left(\sum_{n=0}^{\infty}(n+1)x^n\right)\mathrm{d}x=\sum_{n=0}^{\infty}\int_0^x(n+1)x^n\mathrm{d}x\\&=\sum_{n=0}^{\infty}x^{n+1}=\frac{x}{1-x},\quad x\in(-1,1).\end{aligned}$$

上式两端对 x 求导,得

$$s(x)=\left(\frac{x}{1-x}\right)'=\frac{1}{(1-x)^2},\quad x\in(-1,1).$$

所以 $\sum_{n=0}^{\infty}(n+1)x^n=\frac{1}{(1-x)^2}$,$x\in(-1,1)$,故 $\sum_{n=0}^{\infty}\frac{n+1}{2^n}=4$.

习 题 7.3

1. 求下列幂级数的收敛半径与收敛域:

(1) $\sum\limits_{n=1}^{\infty} nx^n$;　　(2) $\sum\limits_{n=1}^{\infty} \dfrac{(-1)^n}{n \cdot 2^n}x^n$;

(3) $\sum\limits_{n=1}^{\infty} \dfrac{x^n}{2 \cdot 4 \cdot 6 \cdot \cdots \cdot (2n)}$;　　(4) $\sum\limits_{n=1}^{\infty} \dfrac{(-1)^{n-1}}{n \cdot 3^n}x^{2n+1}$;

(5) $\sum\limits_{n=1}^{\infty} \dfrac{(x-5)^n}{\sqrt{n}}$;　　(6) $\sum\limits_{n=1}^{\infty} (1+2+\cdots+n)x^n$.

2. 求下列幂级数的和函数:

(1) $\sum\limits_{n=1}^{\infty} nx^n$;　　(2) $\sum\limits_{n=0}^{\infty} \dfrac{1}{2n+1}x^{2n+1}$.

7.4 泰勒级数及其应用

在前一节中,讨论的是一个幂函数的收敛域及其和函数的问题,下面我们就提出其相反的问题:已知一个函数,能否找到一个幂级数,它在某个区间内收敛,且其和函数恰好就是给定的函数.如果能找到这样的幂级数,就称函数在该区间内能展开成幂级数.在本节中就来讨论这个问题,并且还要进一步讨论函数的幂级数展开式的应用.

7.4.1 泰勒(Taylor)级数

若函数$f(x)$在x_0的某个邻域内具有$n+1$阶导数,则在该邻域内有

$$f(x)=f(x_0)+f'(x_0)(x-x_0)+\frac{f''(x_0)}{2!}(x-x_0)^2+\cdots+\frac{f^{(n)}(x_0)}{n!}(x-x_0)^n+R_n(x),$$

此式称为$f(x)$在点x_0处的n阶泰勒公式,其中

$$R_n(x)=\frac{f^{(n+1)}(\xi)}{(n+1)!}(x-x_0)^{n+1}\quad(\xi\text{ 介于 }x\text{ 与 }x_0\text{ 之间})$$

称为函数$f(x)$的拉格朗日余项.

定义 1 若函数$f(x)$在x_0的某个邻域内具有任意阶导数,则称

$$f(x_0)+f'(x_0)(x-x_0)+\frac{f''(x_0)}{2!}(x-x_0)^2+\cdots+\frac{f^{(n)}(x_0)}{n!}(x-x_0)^n+\cdots$$

为$f(x)$在$x=x_0$处的**泰勒级数**.

当$x_0=0$时,泰勒级数又称为**麦克劳林级数**,即

$$f(0)+f'(0)x+\frac{f''(0)}{2!}x^2+\cdots+\frac{f^{(n)}(0)}{n!}x^n+\cdots.$$

待解决的问题：

(1) 泰勒级数的收敛域是什么？

(2) 在此收敛域内，和函数是否为$f(x)$？

定理1　设函数$f(x)$在点x_0的某个邻域$U(x_0)$内具有各阶导数，则$f(x)$在该邻域内能展开成泰勒级数的充要条件是$f(x)$的泰勒公式中的余项满足$\lim\limits_{n\to\infty} R_n(x)=0$.

证明　设

$$f(x)=\sum_{n=0}^{\infty}\frac{f^{(n)}(x_0)}{n!}(x-x_0)^n,\quad x\in U(x_0).$$

令

$$s_{n+1}(x)=\sum_{k=0}^{n}\frac{f^{(k)}(x_0)}{k!}(x-x_0)^k,$$

则

$$f(x)=s_{n+1}(x)+R_n(x),$$

可推出

$$\lim_{n\to\infty} R_n(x)=\lim_{n\to\infty}[f(x)-s_{n+1}(x)]=0,\quad x\in U(x_0).$$

反之也成立. 定理证毕.

定理2　若$f(x)$能展开成x的幂级数，则这种展开式是唯一的，且与它的麦克劳林级数相同.

证明　设$f(x)$所展开成的幂级数为

$$f(x)=a_0+a_1x+a_2x^2+\cdots+a_nx^n+\cdots,\quad x\in(-R,R).$$

可知

$$a_0=f(0),$$

$$f'(x)=a_1+2a_2x+\cdots+na_nx^{n-1}+\cdots,\quad a_1=f'(0);$$

$$f''(x)=2a_2+\cdots+n(n-1)a_nx^{n-2}+\cdots,\quad a_2=\frac{1}{2!}f''(0);$$

$$\cdots\cdots\cdots\cdots$$

$$f^{(n)}(x)=n!\ a_n+\cdots,\quad a_n=\frac{1}{n!}f^{(n)}(0);$$

$$\cdots\cdots\cdots\cdots$$

显然结论成立. 定理证毕.

7.4.2　函数展开成泰勒级数

展开方法：

(1) 直接展开法：利用泰勒公式；

(2) 间接展开法：利用已知函数的泰勒级数进行展开.

1. 直接展开法

由泰勒级数理论可知，函数$f(x)$展开成x的幂级数的步骤如下：

第一步：求函数$f(x)$的各阶导数及其在$x=0$处的值.

第二步：写出函数$f(x)$的麦克劳林级数，并求出其收敛半径R.

第三步：判别在收敛区域$(-R,R)$内，$\lim\limits_{n\to\infty}R_n(x)=0$.

例 1　将函数$f(x)=\mathrm{e}^x$展开成x的幂级数.

解　因为$f^{(n)}(x)=\mathrm{e}^x$，所以$f^{(n)}(0)=1(n=0,1,2,\cdots)$. 故得级数

$$1+x+\frac{1}{2!}x^2+\cdots+\frac{1}{n!}x^n+\cdots,$$

其收敛半径为

$$R=\lim_{n\to\infty}\frac{\dfrac{1}{n!}}{\dfrac{1}{(n+1)!}}=+\infty.$$

对任何有限的数x，其余项满足

$$|R_n(x)|=\left|\frac{\mathrm{e}^{\xi}}{(n+1)!}x^{n+1}\right|\leqslant \mathrm{e}^{|\xi|}\frac{|x|^{n+1}}{(n+1)!}\to 0(n\to\infty),$$

ξ介于x与0之间. 故

$$\mathrm{e}^x=1+x+\frac{1}{2!}x^2+\cdots+\frac{1}{n!}x^n+\cdots,\quad x\in(-\infty,+\infty).$$

例 2　将函数$f(x)=\sin x$展开成x的幂级数.

解　因为

$$f^{(n)}(x)=\sin\left(x+n\frac{\pi}{2}\right)\quad(n=0,1,2,\cdots),$$

所以

$$f^{(n)}(0)=\begin{cases}0, & n=2k,\\(-1)^k, & n=2k+1\end{cases}\quad(k=0,1,2,\cdots).$$

得级数

$$x-\frac{1}{3!}x^3+\frac{1}{5!}x^5-\cdots+(-1)^k\frac{1}{(2k+1)!}x^{2k-1}+\cdots,$$

可求得收敛半径$R=+\infty$. 对任何有限数x，其余项满足

$$|R_n(x)|=\left|\frac{\sin\left(\xi+(n+1)\dfrac{\pi}{2}\right)}{(n+1)!}x^{n+1}\right|\leqslant\frac{|x|^{n+1}}{(n+1)!}\to 0(n\to\infty),$$

ξ介于x与0之间. 所以

$$\sin x=x-\frac{1}{3!}x^3+\frac{1}{5!}x^5-\cdots+(-1)^k\frac{1}{(2k+1)!}x^{2k+1}+\cdots,x\in(-\infty,+\infty).$$

类似地可推出：

$$\cos x=1-\frac{1}{2!}x^2+\frac{1}{4!}x^4-\cdots+(-1)^k\frac{1}{(2k)!}x^{2k}+\cdots,\quad x\in(-\infty,+\infty).$$

例 3　将函数$f(x)=(1+x)^m$展开成x的幂级数，其中m为任意常数.

解　易求出$f(0)=1$，　$f'(0)=m$，　$f''(0)=m(m-1),\cdots$，

$$f^{(n)}(0)=m(m-1)(m-2)\cdots(m-n+1),\cdots,$$

于是得级数

$$1+mx+\frac{m(m-1)}{2!}x^2+\cdots+\frac{m(m-1)\cdots(m-n+1)}{n!}x^n+\cdots,$$

由于

$$R=\lim_{n\to\infty}\left|\frac{a_n}{a_{n+1}}\right|=\lim_{n\to\infty}\left|\frac{n+1}{m-n}\right|=1,$$

因此,对于任何常数 m,级数在区间 $(-1,1)$ 内收敛.

为避免研究余项,设此级数的和函数为 $F(x)$, $-1<x<1$,则

$$F(x)=1+mx+\frac{m(m-1)}{2!}x^2+\cdots+\frac{m(m-1)\cdots(m-n+1)}{n!}x^n+\cdots,$$

$$F'(x)=m\left[1+\frac{m-1}{1!}x+\cdots+\frac{(m-1)\cdots(m-n+1)}{(n-1)!}x^{n-1}+\cdots\right],$$

可推出

$$(1+x)F'(x)=mF(x),\quad F(0)=1,$$

变形

$$\frac{F'(x)}{F(x)}=\frac{m}{1+x},$$

从 0 到 x 积分得

$$\ln F(x)-\ln F(0)=m\ln(1+x),$$

所以

$$F(x)=(1+x)^m,$$

由此可得

$$(1+x)^m=1+mx+\frac{m(m-1)}{2!}x^2+\cdots+\frac{m(m-1)\cdots(m-n+1)}{n!}x^n+\cdots\ (-1<x<1).$$

称此式为二项展开式.

说明:

(1) 在 $x=\pm1$ 处级数的敛散性与 m 有关;

(2) 当 m 为正整数时,级数为 x 的 m 次多项式,上式就是代数学中的二项式定理.

对应 $m=\frac{1}{2},-\frac{1}{2},-1$ 的二项展开式分别为

$$\sqrt{1+x}=1+\frac{1}{2}x-\frac{1}{2\cdot4}x^2+\frac{1\cdot3}{2\cdot4\cdot6}x^3-\frac{1\cdot3\cdot5}{2\cdot4\cdot6\cdot8}x^4+\cdots\quad(-1\leqslant x\leqslant1);$$

$$\frac{1}{\sqrt{1+x}}=1-\frac{1}{2}x+\frac{1\cdot3}{2\cdot4}x^2-\frac{1\cdot3\cdot5}{2\cdot4\cdot6}x^3+\frac{1\cdot3\cdot5\cdot7}{2\cdot4\cdot6\cdot8}x^4-\cdots\quad(-1<x\leqslant1);$$

$$\frac{1}{1+x}=1-x+x^2-x^3+\cdots+(-1)^nx^n+\cdots\quad(-1<x<1);$$

把 x 换成 $-x$ 得

$$\frac{1}{1-x}=1+x+x^2+x^3+\cdots+x^n+\cdots\quad(-1<x<1).$$

2. 间接展开法

利用一些已知函数的幂级数的展开式及幂级数的运算性质,将所给函数展开成幂级数.

例 4 将函数 $f(x)=\arctan x$ 展开成 x 的幂级数.

解 因为

$$\frac{1}{1+x}=1-x+x^2-x^3+\cdots+(-1)^n x^n+\cdots \quad (-1<x<1).$$

把 x 换成 x^2 可得

$$\frac{1}{1+x^2}=1-x^2+x^4-x^6+\cdots+(-1)^n x^{2n}+\cdots \quad (-1<x<1).$$

$$\begin{aligned}\arctan x&=\int_0^x \frac{1}{1+x^2}\mathrm{d}x=\int_0^x \sum_{n=0}^{\infty}(-1)^n x^{2n}\mathrm{d}x\\&=\sum_{n=0}^{\infty}(-1)^n\int_0^x x^{2n}\mathrm{d}x=\sum_{n=0}^{\infty}(-1)^n\frac{x^{2n+1}}{2n+1}\\&=x-\frac{1}{3}x^3+\frac{1}{5}x^5-\cdots+(-1)^n\frac{1}{2n+1}x^{2n+1}+\cdots \quad (-1<x<1).\end{aligned}$$

例 5 将函数 $f(x)=\ln(1+x)$ 展开成 x 的幂级数.

解
$$f'(x)=\frac{1}{1+x}=1-x+x^2-x^3+\cdots+(-1)^n x^n+\cdots \quad (-1<x<1).$$

从 0 到 x 积分得

$$\begin{aligned}\ln(1+x)&=\sum_{n=0}^{\infty}(-1)^n\int_0^x x^n\mathrm{d}x=\sum_{n=0}^{\infty}\frac{(-1)^n}{n+1}x^{n+1}\\&=x-\frac{1}{2}x^2+\frac{1}{3}x^3-\frac{1}{4}x^4+\cdots+\frac{(-1)^{n-1}}{n}x^n+\cdots \quad (-1<x<1).\end{aligned}$$

上式右端的幂级数在 $x=1$ 处收敛,而函数 $\ln(1+x)$ 在 $x=1$ 处有定义且连续,所以展开式对 $x=1$ 也是成立的. 于是,级数的收敛区间为 $(-1,1]$.

利用此题可得

$$\ln 2=1-\frac{1}{2}+\frac{1}{3}-\frac{1}{4}+\cdots+(-1)^{n-1}\frac{1}{n}+\cdots.$$

例 6 将函数 $f(x)=\sin x$ 展开成 $x-\frac{\pi}{4}$ 的幂级数.

解
$$\begin{aligned}\sin x&=\sin\left[\frac{\pi}{4}+\left(x-\frac{\pi}{4}\right)\right]\\&=\sin\frac{\pi}{4}\cos\left(x-\frac{\pi}{4}\right)+\cos\frac{\pi}{4}\sin\left(x-\frac{\pi}{4}\right)\\&=\frac{1}{\sqrt{2}}\left[\cos\left(x-\frac{\pi}{4}\right)+\sin\left(x-\frac{\pi}{4}\right)\right]\\&=\frac{1}{\sqrt{2}}\left[\left(1-\frac{1}{2!}\left(x-\frac{\pi}{4}\right)^2+\frac{1}{4!}\left(x-\frac{\pi}{4}\right)^4-\cdots\right)+\left(\left(x-\frac{\pi}{4}\right)-\frac{1}{3!}\left(x-\frac{\pi}{4}\right)^3+\frac{1}{5!}\left(x-\frac{\pi}{4}\right)^5-\cdots\right)\right]\\&=\frac{1}{\sqrt{2}}\left[1+\left(x-\frac{\pi}{4}\right)-\frac{1}{2!}\left(x-\frac{\pi}{4}\right)^2-\frac{1}{3!}\left(x-\frac{\pi}{4}\right)^3+\cdots\right] \quad (-\infty<x<+\infty).\end{aligned}$$

例 7 将函数 $f(x)=\frac{1}{x^2+3x+2}$ 展开成 $x+4$ 的幂级数.

解
$$\frac{1}{x^2+3x+2}=\frac{1}{(x+1)(x+2)}=\frac{1}{x+1}-\frac{1}{x+2}$$
$$=\frac{1}{x+4-3}-\frac{1}{x+4-2}$$
$$=\frac{1}{2\left(1-\frac{x+4}{2}\right)}-\frac{1}{3\left(1-\frac{x+4}{3}\right)}\quad(|x+4|<2)$$
$$=\frac{1}{2}\sum_{n=0}^{\infty}\left(\frac{x+4}{2}\right)^n-\frac{1}{3}\sum_{n=0}^{\infty}\left(\frac{x+4}{3}\right)^n$$
$$=\sum_{n=0}^{\infty}\left(\frac{1}{2^{n+1}}-\frac{1}{3^{n+1}}\right)(x+4)^n\quad(-6<x<-2).$$

7.4.3　利用函数的幂级数展开式作近似计算

例 8　计算 e 的值精确到小数点第四位.

解　e^x 的幂级数展开式为
$$e^x=1+x+\frac{1}{2!}x^2+\cdots+\frac{1}{n!}x^n+\cdots\quad x\in(-\infty,+\infty).$$
令 $x=1$ 得
$$e=1+1+\frac{1}{2!}+\frac{1}{3!}+\cdots+\frac{1}{n!}+\cdots.$$
取前 $n+1$ 项作 e 的近似值
$$e\approx1+1+\frac{1}{2!}+\frac{1}{3!}+\cdots+\frac{1}{n!}.$$
则
$$R_n=\frac{1}{(n+1)!}+\frac{1}{(n+2)!}+\frac{1}{(n+3)!}+\cdots$$
$$=\frac{1}{(n+1)!}\left[1+\frac{1}{n+2}+\frac{1}{(n+2)(n+3)}+\cdots\right]$$
$$<\frac{1}{(n+1)!}\left[1+\frac{1}{n+1}+\frac{1}{(n+1)^2}+\cdots\right]$$
$$=\frac{1}{(n+1)!}\frac{1}{1-\frac{1}{n+1}}=\frac{1}{n!n}.$$
要求 e 精确到小数点后第四位，需误差不超过 10^{-4}，而
$$\frac{1}{6!6}=\frac{1}{4\,320}>10^{-4},\quad\frac{1}{7!7}=\frac{1}{35\,280}<3\times10^{-5}<10^{-4}.$$
故取 $n=7$，即取幂级数的前 $7+1$ 项作近似计算
$$e\approx1+1+\frac{1}{2!}+\frac{1}{3!}+\frac{1}{4!}+\frac{1}{5!}+\frac{1}{6!}+\frac{1}{7!}\approx2.718\,26.$$

例 9　用 $\sin x\approx x-\frac{x^3}{3!}$ 求 $\sin 18°$ 的近似值，并估计误差.

解　将度转换为弧度

$$18^{\circ}=18\cdot\frac{\pi}{180}=\frac{\pi}{10},$$

由于

$$\sin x=x-\frac{1}{3!}x^{3}+\frac{1}{5!}x^{5}-\cdots+(-1)^{n-1}\frac{1}{(2n-1)!}x^{2n-1}+\cdots,x\in(-\infty,+\infty).$$

所以

$$\sin\frac{\pi}{10}\approx\frac{\pi}{10}-\frac{1}{3!}\left(\frac{\pi}{10}\right)^{3}\approx 0.3.$$

故误差
$$\left|R_{4}\left(\frac{\pi}{10}\right)\right|\leqslant\frac{1}{5!}\cdot\left(\frac{\pi}{10}\right)^{5}<\frac{\pi^{5}}{120}\cdot 10^{-5}\approx 2.6\times 10^{-5}.$$

例 10 计算积分$\int_{0}^{0.2}\mathrm{e}^{-x^{2}}\mathrm{d}x$.

解 $\mathrm{e}^{-x^{2}}$的原函数不能用初等函数表示,故用展开为幂级数的方法来求$\int_{0}^{0.2}\mathrm{e}^{-x^{2}}\mathrm{d}x$的近似值.

在 e^{x} 的展开式中以$-x^{2}$ 换 x,得到

$$\mathrm{e}^{-x^{2}}=1-x^{2}+\frac{1}{2!}x^{4}-\cdots+(-1)^{n}\frac{1}{n!}x^{2n}+\cdots,$$

故有
$$\begin{aligned}\int_{0}^{0.2}\mathrm{e}^{-x^{2}}\mathrm{d}x&=\int_{0}^{0.2}\left[1-x^{2}+\frac{1}{2!}x^{4}-\cdots+(-1)^{n}\frac{1}{n!}x^{2n}+\cdots\right]\mathrm{d}x\\&=\left[x-\frac{x^{3}}{3}+\frac{x^{5}}{10}-\cdots\right]_{0}^{0.2}\\&=0.2-0.0026667+0.0000320-\cdots\\&\approx 0.1973,\end{aligned}$$

这里只取前三项作近似计算.

7.4.4 欧拉(Euler)公式

对复数项级数

$$\sum_{n=1}^{\infty}(u_{n}+\mathrm{i}v_{n}),\tag{7.5}$$

若级数$\sum\limits_{n=1}^{\infty}u_{n}$,$\sum\limits_{n=1}^{\infty}v_{n}$ 分别收敛于和 u,v,则称复数项级数(7.5)收敛,且其和为 $u+\mathrm{i}v$.

若$\sum\limits_{n=1}^{\infty}|u_{n}+\mathrm{i}v_{n}|=\sum\limits_{n=1}^{\infty}\sqrt{u_{n}^{2}+v_{n}^{2}}$收敛,则称复数项级数(7.5)绝对收敛.

如果级数$\sum\limits_{n=1}^{\infty}(u_{n}+\mathrm{i}v_{n})$绝对收敛,由于

$$|u_{n}|\leqslant\sqrt{u_{n}^{2}+v_{n}^{2}},\quad|v_{n}|\leqslant\sqrt{u_{n}^{2}+v_{n}^{2}},$$

故级数$\sum\limits_{n=1}^{\infty}u_{n}$,$\sum\limits_{n=1}^{\infty}v_{n}$ 绝对收敛,从而$\sum\limits_{n=1}^{\infty}(u_{n}+\mathrm{i}v_{n})$收敛.

定义 2 复变量 $z=x+\mathrm{i}y$ 的指数函数为

$$\mathrm{e}^{z}=1+z+\frac{1}{2!}z^{2}+\cdots+\frac{1}{n!}z^{n}+\cdots\quad(|z|<+\infty).$$

易证它在整个复平面上绝对收敛.

当 $y=0$ 时,它与实变量指数函数 e^x 的幂级数展开式一致.

当 $x=0$ 时,

$$\begin{aligned}e^{iy}&=1+iy+\frac{1}{2!}(iy)^2+\frac{1}{3!}(iy)^3+\cdots+\frac{1}{n!}(iy)^n+\cdots\\&=\left(1-\frac{1}{2!}y^2+\frac{1}{4!}y^4-\cdots\right)+i\left(y-\frac{1}{3!}y^3+\frac{1}{5!}y^5-\cdots\right)\\&=\cos y+i\sin y.\end{aligned}$$

称 $e^{ix}=\cos x+i\sin x$ 为**欧拉公式**.

又因为 $e^{-ix}=\cos x-i\sin x$,则

$$\begin{cases}\cos x=\dfrac{e^{ix}+e^{-ix}}{2},\\ \sin x=\dfrac{e^{ix}-e^{-ix}}{2i}\end{cases}$$

也称为**欧拉公式**.

利用欧拉公式可得复数的指数形式(图 7.2)

$$z=x+iy=r(\cos\theta+i\sin\theta)=re^{i\theta}.$$

据此可得$(\cos\theta+i\sin\theta)^n=\cos n\theta+i\sin n\theta$(棣莫弗公式).

利用幂级数的乘法,不难验证:

$$e^{z_1+z_2}=e^{z_1}\cdot e^{z_2}.$$

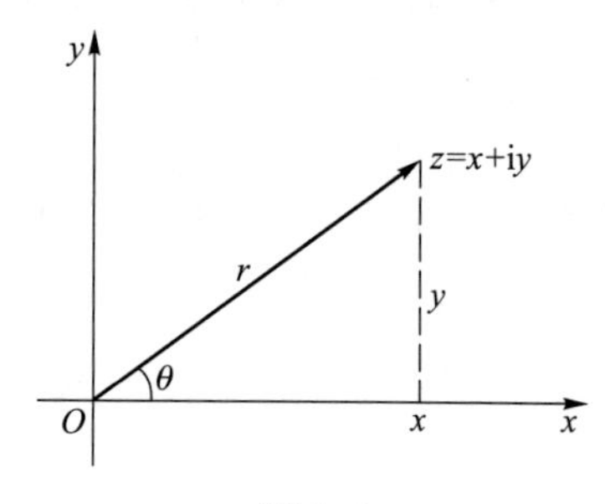

图 7.2

特别有

$$e^{x+iy}=e^x\cdot e^{iy}=e^x(\cos y+i\sin y)\quad(x,y\in\mathbf{R}),$$

$$|e^{x+iy}|=|e^x(\cos y+i\sin y)|=e^x.$$

习　题　7.4

1. 将下列函数展开成 x 的幂级数:

(1) $f(x)=e^{-x^2}$;　　(2) $f(x)=\sin^2 x$;

(3) $f(x)=\sin\dfrac{x}{2}$;　　(4) $f(x)=\dfrac{x}{1+x-2x^2}$;

(5) $f(x)=\ln\dfrac{1+x}{1-x}$.

2. 将函数 $f(x)=\cos x$ 展开成 $x-\dfrac{\pi}{3}$的幂级数.

3. 将函数 $f(x)=\dfrac{1}{x+1}$展开成 $x+4$ 的幂级数.

4. 将函数 $f(x)=\dfrac{1}{x^2+4x+3}$展开成 $x-1$ 的幂级数.

5. 利用函数的幂级数展开式求下列各数的近似值,精确到 10^{-4}:

(1) $\dfrac{1}{\sqrt{e}}$;　　(2) $\cos 2°$.

6. 利用被积函数的幂级数展开式求下列定积分的近似值,精确到10^{-4}:

(1) $\int_0^{0.5}\frac{1}{1+x^4}\mathrm{d}x$;　　(2) $\int_0^1 \sin x^2\mathrm{d}x$.

7.5 傅里叶级数

从讨论函数的幂级数展开中得知,在研究一个比较复杂的函数时,往往是把它化作一些简单函数的叠加. 幂级数就是最简单的函数$1,x,x^2,\cdots,x^n,\cdots$的叠加. 在现实世界中,周期的物理现象一般可用周期函数来表示,最简单的周期函数是三角函数. 本节就来讨论如何将一个周期函数表示为无限多个余弦函数和正弦函数的线性组合,即傅里叶级数. 还要进一步讨论如何将定义在任意有限区间上的函数展开成傅里叶级数.

7.5.1 三角级数及三角函数系的正交性

简单的周期运动:$y=A\sin(\omega t+\varphi)$,此函数称为谐波函数,其中$A$为振幅,$\omega$为角频率,$\varphi$为初相.

复杂的周期运动:$y=A_0+\sum\limits_{n=1}^{\infty}A_n\sin(n\omega t+\varphi_n)$为谐波叠加,其中

$$A_n\sin(n\omega t+\varphi_n)=A_n\sin\varphi_n\cos n\omega t+A_n\cos\varphi_n\sin n\omega t.$$

令

$$\frac{a_0}{2}=A_0,a_n=A_n\sin\varphi_n,b_n=A_n\cos\varphi_n,x=\omega t,$$

得函数项级数

$$\frac{a_0}{2}+\sum_{n=1}^{\infty}(a_n\cos nx+b_n\sin nx),$$

称此级数为**三角级数**.

定理1　三角函数系

$$1,\cos x,\sin x,\cos 2x,\sin 2x,\cdots,\cos nx,\sin nx,\cdots$$

在$[-\pi,\pi]$上正交,即其中任意两个不同的函数之积在$[-\pi,\pi]$上的积分等于0.

证明

$$\int_{-\pi}^{\pi}1\cdot\cos nx\mathrm{d}x=\int_{-\pi}^{\pi}1\cdot\sin nx\mathrm{d}x=0\quad(n=1,2,\cdots),$$

$$\int_{-\pi}^{\pi}\cos kx\cos nx\mathrm{d}x=\frac{1}{2}\int_{-\pi}^{\pi}[\cos(k+n)x+\cos(k-n)x]\mathrm{d}x$$
$$=0\quad(k\neq n;k,n=1,2,\cdots),$$

同理可证:

$$\int_{-\pi}^{\pi}\sin kx\sin nx\mathrm{d}x=0\quad(k\neq n;k,n=1,2,\cdots),$$

$$\int_{-\pi}^{\pi}\cos kx\sin nx\mathrm{d}x=0\quad(k,n=1,2,\cdots).$$

定理证毕.

但在三角函数系中两个相同函数的乘积在$[-\pi,\pi]$上的积分不等于0. 且有

$$\int_{-\pi}^{\pi} 1 \cdot 1 \mathrm{d}x = 2\pi,$$

$$\int_{-\pi}^{\pi} \cos^2 nx \mathrm{d}x = \pi \quad (n=1,2,\cdots),$$

$$\int_{-\pi}^{\pi} \sin^2 nx \mathrm{d}x = \pi \quad (n=1,2,\cdots).$$

7.5.2　函数展开成傅里叶级数

1. 将周期为 2π 的周期函数 $f(x)$ 展开成傅里叶级数

定理2　**设 $f(x)$ 是周期为 2π 的周期函数,且**

$$f(x) = \frac{a_0}{2} + \sum_{n=1}^{\infty} (a_n \cos nx + b_n \sin nx), \tag{7.6}$$

右端级数可在区间 $[-\pi,\pi]$ 上逐项积分,则有

$$\begin{cases} a_n = \dfrac{1}{\pi}\displaystyle\int_{-\pi}^{\pi} f(x)\cos nx \mathrm{d}x \quad (n=0,1,2,\cdots), \\ b_n = \dfrac{1}{\pi}\displaystyle\int_{-\pi}^{\pi} f(x)\sin nx \mathrm{d}x \quad (n=1,2,\cdots). \end{cases} \tag{7.7}$$

证明　由定理条件,对式(7.6)在 $[-\pi,\pi]$ 上逐项积分,得

$$\begin{aligned} \int_{-\pi}^{\pi} f(x)\mathrm{d}x &= \frac{a_0}{2}\int_{-\pi}^{\pi}\mathrm{d}x + \sum_{n=1}^{\infty}\left(a_n\int_{-\pi}^{\pi}\cos nx\mathrm{d}x + b_n\int_{-\pi}^{\pi}\sin nx\mathrm{d}x\right) \\ &= a_0\pi, \end{aligned}$$

所以

$$a_0 = \frac{1}{\pi}\int_{-\pi}^{\pi} f(x)\mathrm{d}x.$$

用 $\cos kx$ 乘式(7.6)两边,再逐项积分,利用正交性可得

$$\begin{aligned} \int_{-\pi}^{\pi} f(x)\cos kx\mathrm{d}x &= \frac{a_0}{2}\int_{-\pi}^{\pi}\cos kx\mathrm{d}x + \sum_{n=1}^{\infty}\left(a_n\int_{-\pi}^{\pi}\cos kx\cos nx\mathrm{d}x + b_n\int_{-\pi}^{\pi}\cos kx\sin nx\mathrm{d}x\right) \\ &= a_k\int_{-\pi}^{\pi}\cos^2 kx\mathrm{d}x = a_k\pi, \end{aligned}$$

所以

$$a_k = \frac{1}{\pi}\int_{-\pi}^{\pi} f(x)\cos kx\mathrm{d}x \quad (k=1,2,\cdots).$$

类似地,以 $\sin kx$ 乘式(7.6)两边,再逐项积分,利用正交性可得

$$b_k = \frac{1}{\pi}\int_{-\pi}^{\pi} f(x)\sin kx\mathrm{d}x \quad (k=1,2,\cdots).$$

定理证毕.

由公式(7.7)确定的系数 a_n, b_n 称为函数 $f(x)$ 的**傅里叶系数**,以 $f(x)$ 的傅里叶系数为系数的三角级数(7.6)称为 $f(x)$ 的**傅里叶级数**.

定理3(收敛定理、展开定理)　**设 $f(x)$ 是周期为 2π 的周期函数,并满足狄利克雷(Dirichlet)条件:**

(1) 在一个周期内连续或只有有限个第一类间断点；

(2) 在一个周期内至多只有有限个极值点.

则 $f(x)$ 的傅里叶级数收敛，且有

$$\frac{a_0}{2}+\sum_{n=1}^{\infty}(a_n\cos nx+b_n\sin nx)$$

$$=\begin{cases}f(x), & x\text{ 为 }f(x)\text{ 的连续点},\\ \dfrac{f(x^+)+f(x^-)}{2}, & x\text{ 为 }f(x)\text{ 的间断点},\end{cases}$$

其中 a_n,b_n 为 $f(x)$ 的傅里叶系数.

注 函数展开成傅里叶级数的条件比展开成幂级数的条件低得多.

例 1 设 $f(x)$ 是周期为 2π 的周期函数，它在 $[-\pi,\pi)$ 上的表达式为

$$f(x)=\begin{cases}0, & -\pi\leqslant x<0,\\ 1, & 0\leqslant x<\pi,\end{cases}$$

将 $f(x)$ 展开成傅里叶级数.

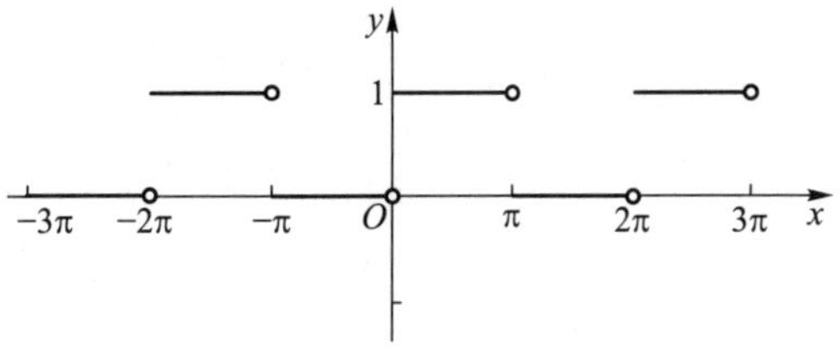

图 7.3

解 $f(x)$ 的图形如图 7.3 所示：

$$a_0=\frac{1}{\pi}\int_{-\pi}^{\pi}f(x)\,\mathrm{d}x=\frac{1}{\pi}\int_0^{\pi}1\cdot\mathrm{d}x=1;$$

$$a_n=\frac{1}{\pi}\int_{-\pi}^{\pi}f(x)\cos nx\mathrm{d}x=\frac{1}{\pi}\int_0^{\pi}1\cdot\cos nx\mathrm{d}x=0\quad(n=0,1,2,\cdots);$$

$$b_n=\frac{1}{\pi}\int_{-\pi}^{\pi}f(x)\sin nx\mathrm{d}x=\frac{1}{\pi}\int_0^{\pi}1\cdot\sin nx\mathrm{d}x$$

$$=\frac{1}{\pi}\left[-\frac{\cos nx}{n}\right]_0^{\pi}=\frac{1}{n\pi}(1-\cos n\pi)$$

$$=\frac{1}{n\pi}[1-(-1)^n]=\begin{cases}\dfrac{2}{n\pi}, & n=2k-1,\\ 0, & n=2k\end{cases}\quad(k=1,2,\cdots).$$

所以
$$f(x)=\frac{1}{2}+\frac{2}{\pi}\left[\sin x+\frac{1}{3}\sin 3x+\cdots+\frac{1}{2n-1}\sin(2n-1)x+\cdots\right]$$

$$(-\infty<x<+\infty;x\neq k\pi,k=0,\pm1,\pm2,\cdots).$$

说明：根据收敛定理可知，当 $x=k\pi(k=0,\pm1,\pm2,\cdots)$ 时，$f(x)$ 的傅里叶级数收敛于 $\frac{1+0}{2}=\frac{1}{2}$.

例 2 设 $f(x)$ 是周期为 2π 的周期函数，它在 $(-\pi,\pi]$ 上的表达式为

$$f(x)=\begin{cases}0, & -\pi<x<0,\\ x, & 0\leqslant x\leqslant\pi,\end{cases}$$

将 $f(x)$ 展开成傅里叶级数.

解 $f(x)$ 的图形如图 7.4 所示：

$$a_0=\frac{1}{\pi}\int_{-\pi}^{\pi}f(x)\,\mathrm{d}x=\frac{1}{\pi}\int_0^{\pi}x\mathrm{d}x=\frac{1}{\pi}\left[\frac{x^2}{2}\right]_0^{\pi}=\frac{\pi}{2};$$

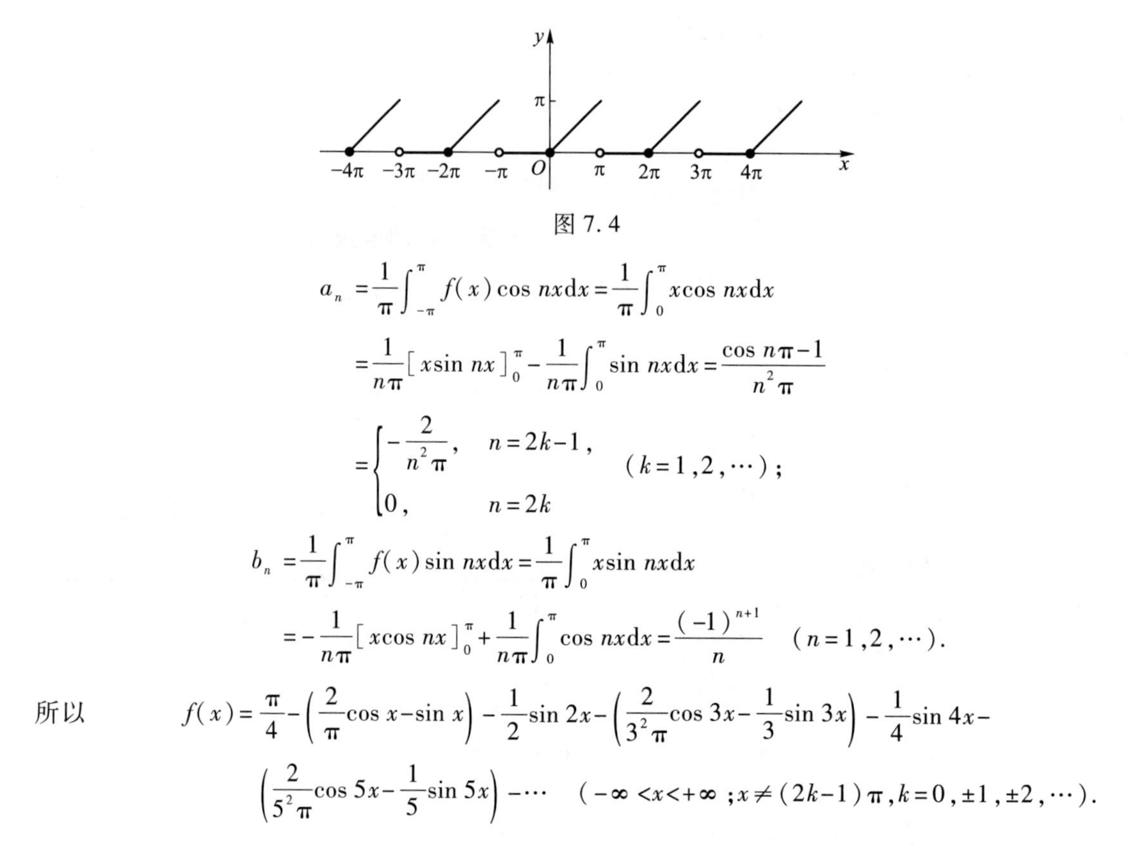

图 7.4

$$a_n=\frac{1}{\pi}\int_{-\pi}^{\pi}f(x)\cos nx\mathrm{d}x=\frac{1}{\pi}\int_{0}^{\pi}x\cos nx\mathrm{d}x$$

$$=\frac{1}{n\pi}[x\sin nx]_0^{\pi}-\frac{1}{n\pi}\int_0^{\pi}\sin nx\mathrm{d}x=\frac{\cos n\pi-1}{n^2\pi}$$

$$=\begin{cases}-\dfrac{2}{n^2\pi}, & n=2k-1,\\ 0, & n=2k\end{cases}\quad (k=1,2,\cdots);$$

$$b_n=\frac{1}{\pi}\int_{-\pi}^{\pi}f(x)\sin nx\mathrm{d}x=\frac{1}{\pi}\int_{0}^{\pi}x\sin nx\mathrm{d}x$$

$$=-\frac{1}{n\pi}[x\cos nx]_0^{\pi}+\frac{1}{n\pi}\int_0^{\pi}\cos nx\mathrm{d}x=\frac{(-1)^{n+1}}{n}\quad (n=1,2,\cdots).$$

所以

$$f(x)=\frac{\pi}{4}-\left(\frac{2}{\pi}\cos x-\sin x\right)-\frac{1}{2}\sin 2x-\left(\frac{2}{3^2\pi}\cos 3x-\frac{1}{3}\sin 3x\right)-\frac{1}{4}\sin 4x-$$

$$\left(\frac{2}{5^2\pi}\cos 5x-\frac{1}{5}\sin 5x\right)-\cdots\quad (-\infty<x<+\infty;x\neq(2k-1)\pi,k=0,\pm1,\pm2,\cdots).$$

说明：当 $x=(2k-1)\pi\quad(k=0,\pm1,\pm2,\cdots)$ 时，$f(x)$ 的傅里叶级数收敛于 $\frac{0+\pi}{2}=\frac{\pi}{2}$.

2. 将定义在 $[-\pi,\pi]$ 上的函数 $f(x)$ 展开成傅里叶级数

在区间 $[-\pi,\pi)$ 或 $(-\pi,\pi]$ 外补充 $f(x)$ 的定义，使它延拓成一个周期为 2π 的周期函数 $F(x)$，这种拓广函数定义域的方法称为**周期延拓**. 将周期延拓后的函数 $F(x)$ 展开成傅里叶级数，然后再限制 x 在区间 $(-\pi,\pi)$ 内，此时显然有 $F(x)\equiv f(x)$，这样便得到 $f(x)$ 的傅里叶级数展开式，这个级数在区间端点 $x=\pm\pi$ 处，收敛于 $\frac{f(\pi^-)+f(-\pi^+)}{2}$.

例 3　将函数 $f(x)=\begin{cases}-x, & -\pi\leqslant x<0,\\ x, & 0\leqslant x<\pi\end{cases}$ 展开成傅里叶级数.

解　将 $f(x)$ 周期延拓成以周期为 2π 的周期函数 $F(x)$，$F(x)$ 的图形如图 7.5所示：

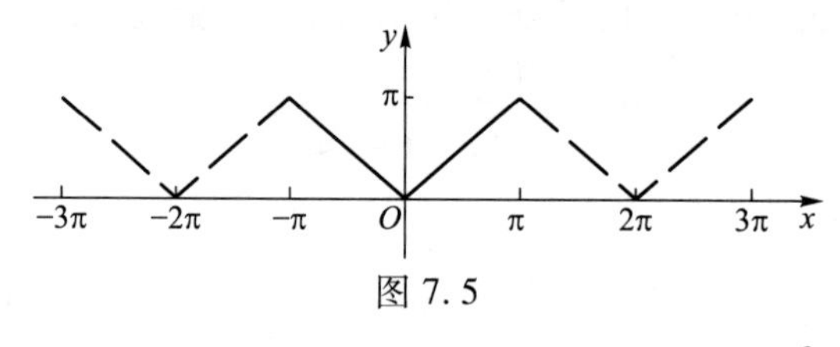

图 7.5

$$a_0=\frac{1}{\pi}\int_{-\pi}^{\pi}F(x)\mathrm{d}x=\frac{1}{\pi}\int_{-\pi}^{\pi}f(x)\mathrm{d}x=\frac{2}{\pi}\int_0^{\pi}x\mathrm{d}x=\frac{2}{\pi}\left[\frac{x^2}{2}\right]_0^{\pi}=\pi;$$

$$\begin{aligned}a_n&=\frac{1}{\pi}\int_{-\pi}^{\pi}F(x)\cos nx\mathrm{d}x=\frac{1}{\pi}\int_{-\pi}^{\pi}f(x)\cos nx\mathrm{d}x\\&=\frac{2}{\pi}\int_0^{\pi}x\cos nx\mathrm{d}x=\frac{2}{\pi}\left[\frac{x\sin nx}{n}+\frac{\cos nx}{n^2}\right]_0^{\pi}\\&=\begin{cases}-\dfrac{4}{n^2\pi}, & n=2k-1,\\ 0, & n=2k\end{cases}\quad(k=1,2,\cdots);\end{aligned}$$

$$b_n=\frac{1}{\pi}\int_{-\pi}^{\pi}F(x)\sin nx\mathrm{d}x=\frac{1}{\pi}\int_{-\pi}^{\pi}f(x)\sin nx\mathrm{d}x=0\quad(n=1,2,\cdots).$$

所以 $$f(x)=\frac{\pi}{2}-\frac{4}{\pi}\left(\cos x+\frac{1}{3^2}\cos 3x+\frac{1}{5^2}\cos 5x+\cdots\right)\quad(-\pi\leqslant x\leqslant\pi).$$

说明:利用此展开式可求出几个特殊的数项级数的和.

当 $x=0$ 时,$f(x)=0$,得

$$\frac{\pi^2}{8}=1+\frac{1}{3^2}+\frac{1}{5^2}+\cdots+\frac{1}{(2n-1)^2}+\cdots,$$

设 $$\sigma=1+\frac{1}{2^2}+\frac{1}{3^2}+\frac{1}{4^2}+\cdots,\quad \sigma_1=1+\frac{1}{3^2}+\frac{1}{5^2}+\frac{1}{7^2}+\cdots,$$

$$\sigma_2=\frac{1}{2^2}+\frac{1}{4^2}+\frac{1}{6^2}+\cdots,\quad \sigma_3=1-\frac{1}{2^2}+\frac{1}{3^2}-\frac{1}{4^2}+\cdots,$$

已知 $\sigma_1=\frac{\pi^2}{8}$,因为 $\sigma_2=\frac{\sigma}{4}=\frac{\sigma_1+\sigma_2}{4}$,所以 $\sigma_2=\frac{\sigma_1}{3}=\frac{\pi^2}{24}$. 又

$$\sigma=\sigma_1+\sigma_2=\frac{\pi^2}{8}+\frac{\pi^2}{24}=\frac{\pi^2}{6},$$

$$\sigma_3=\sigma_1-\sigma_2=\frac{\pi^2}{8}-\frac{\pi^2}{24}=\frac{\pi^2}{12}.$$

7.5.3 正弦级数和余弦级数

1. 周期为 2π 的奇、偶函数的傅里叶级数

定理 4 对周期为 2π 的奇函数 $f(x)$,其傅里叶级数为正弦级数,它的傅里叶系数为

$$\begin{cases}a_n=0, & n=0,1,2,\cdots,\\ b_n=\dfrac{2}{\pi}\displaystyle\int_0^{\pi}f(x)\sin nx\mathrm{d}x, & n=1,2,\cdots;\end{cases}$$

周期为 2π 的偶函数 $f(x)$,其傅里叶级数为余弦级数,它的傅里叶系数为

$$\begin{cases}a_n=\dfrac{2}{\pi}\displaystyle\int_0^{\pi}f(x)\cos nx\mathrm{d}x, & n=0,1,2,\cdots,\\ b_n=0, & n=1,2,\cdots.\end{cases}$$

例 4 设 $f(x)$ 是周期为 2π 的周期函数,它在 $[-\pi,\pi)$ 上的表达式为 $f(x)=x$,将 $f(x)$ 展开成傅里叶级数.

解 若不计 $x=(2k+1)\pi\quad(k=0,\pm1,\pm2,\cdots)$,则 $f(x)$ 是周期为 2π 的奇函数. 其图形如图 7.6 所示:

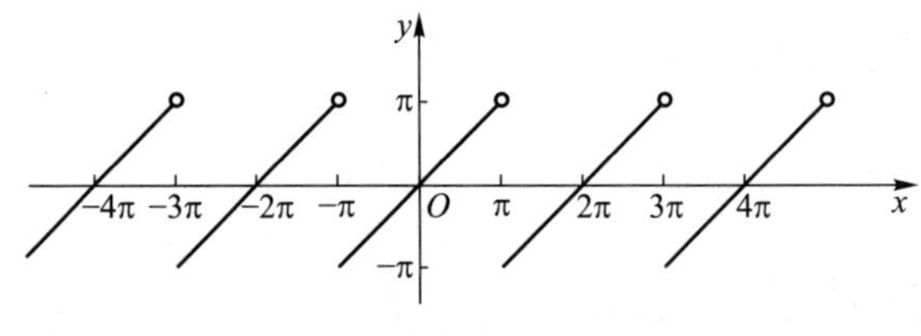

图 7.6

因此
$$a_n=0\quad(n=0,1,2,\cdots);$$
$$b_n=\frac{2}{\pi}\int_0^{\pi}f(x)\sin nx\mathrm{d}x=\frac{2}{\pi}\int_0^{\pi}x\sin nx\mathrm{d}x=\frac{2}{\pi}\left[-\frac{x\cos nx}{n}+\frac{\sin nx}{n^2}\right]_0^{\pi}$$
$$=-\frac{2}{n}\cos n\pi=\frac{2}{n}(-1)^{n+1}\quad(n=1,2,\cdots).$$
根据收敛定理可得$f(x)$的正弦级数为
$$f(x)=2\left(\sin x-\frac{1}{2}\sin 2x+\frac{1}{3}\sin 3x-\frac{1}{4}\sin 4x+\cdots\right)$$
$$(-\infty<x<+\infty;x\neq(2k+1)\pi,k=0,\pm1,\pm2,\cdots).$$

例 5 将周期函数 $u(t)=|E\sin t|$展开成傅里叶级数,其中 E 为正常数.

解 $u(x)$是周期为 2π 的偶函数,其图形如图 7.7 所示:

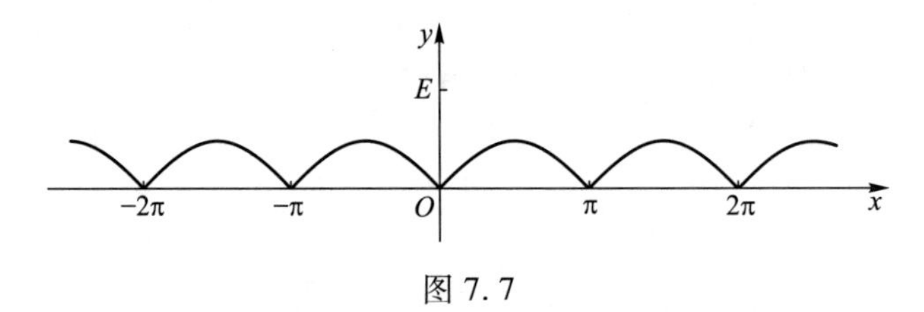

图 7.7

因此
$$b_n=0\quad(n=1,2,\cdots);$$
$$a_0=\frac{2}{\pi}\int_0^{\pi}u(t)\mathrm{d}t=\frac{2}{\pi}\int_0^{\pi}E\sin t\mathrm{d}t=\frac{4E}{\pi};$$
$$a_n=\frac{2}{\pi}\int_0^{\pi}u(t)\cos nt\mathrm{d}t=\frac{2}{\pi}\int_0^{\pi}E\sin t\cos nt\mathrm{d}t$$
$$=\frac{E}{\pi}\int_0^{\pi}(\sin(n+1)t-\sin(n-1)t)\mathrm{d}t$$
$$=\begin{cases}-\dfrac{4E}{(n^2-1)\pi}, & n=2k,\\ 0, & n=2k+1\end{cases}\quad(k=1,2,\cdots);$$
$$a_1=\frac{E}{\pi}\int_0^{\pi}\sin 2t\mathrm{d}t=0.$$
所以
$$u(t)=\frac{4E}{\pi}\left(\frac{1}{2}-\frac{1}{3}\cos 2t-\frac{1}{15}\cos 4t-\frac{1}{35}\cos 6t-\cdots\right)\quad(-\infty<t<+\infty).$$

2. 将定义在$[0,\pi]$上的函数$f(x)$展开成正弦级数与余弦级数

可以将函数作如下两种延拓:

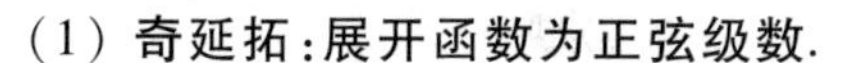

(1) **奇延拓:展开函数为正弦级数.**

令

$$F(x)=\begin{cases}f(x), & x\in(0,\pi],\\ 0, & x=0,\\ -f(-x), & x\in(-\pi,0),\end{cases}$$

则 $F(x)$ 是定义在 $(-\pi,\pi]$ 上的奇函数,将 $F(x)$ 在 $(-\pi,\pi]$ 上展开为傅里叶级数,所得级数必是正弦级数,再限制 x 在 $[0,\pi]$ 上,就得到 $f(x)$ 的正弦级数展开式.

(2) **偶延拓:展开函数为余弦级数.**

令

$$F(x)=\begin{cases}f(x), & x\in[0,\pi],\\ f(-x), & x\in(-\pi,0),\end{cases}$$

则 $F(x)$ 是定义在 $(-\pi,\pi]$ 上的偶函数,将 $F(x)$ 在 $(-\pi,\pi]$ 上展开为傅里叶级数,所得级数必是余弦级数,再限制 x 在 $[0,\pi]$ 上,就得到 $f(x)$ 的余弦级数展开式.

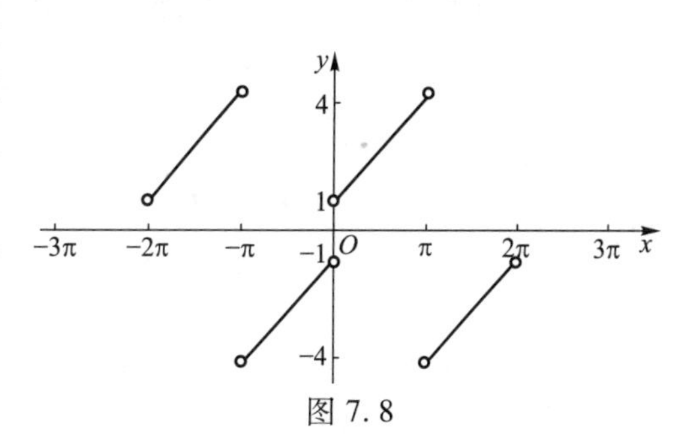

图 7.8

例 6 将函数 $f(x)=x+1(0\leqslant x\leqslant\pi)$ 分别展开成正弦级数和余弦级数.

解 先求正弦级数. 去掉端点,将 $f(x)$ 作奇周期延拓. 图形如图 7.8 所示:

$$\begin{aligned}b_n&=\frac{2}{\pi}\int_0^{\pi}f(x)\sin nx\mathrm{d}x=\frac{2}{\pi}\int_0^{\pi}(x+1)\sin nx\mathrm{d}x\\&=\frac{2}{\pi}\left[-\frac{x\cos nx}{n}+\frac{\sin nx}{n^2}-\frac{\cos nx}{n}\right]_0^{\pi}=\frac{2}{n\pi}(1-\pi\cos n\pi-\cos n\pi)\\&=\begin{cases}\dfrac{2}{\pi}\dfrac{\pi+2}{n}, & n=2k-1,\\ -\dfrac{2}{n}, & n=2k\end{cases}\quad(k=1,2,\cdots).\end{aligned}$$

因此得 $x+1=\dfrac{2}{\pi}\left[(\pi+2)\sin x-\dfrac{\pi}{2}\sin 2x+\dfrac{\pi+2}{3}\sin 3x-\dfrac{\pi}{4}\sin 4x+\cdots\right]\quad(0<x<\pi)$.

注意在端点 $x=0,\pi$ 处,级数的和为 0,与给定函数 $f(x)=x+1$ 的值不同.

再求余弦级数,将 $f(x)$ 作偶周期延拓,则其图形如图 7.9 所示. 则有

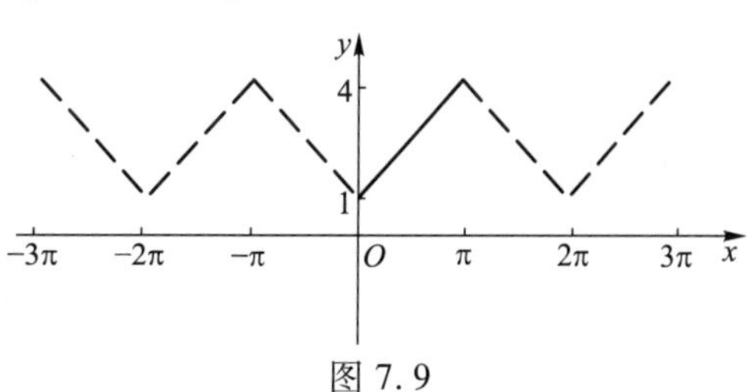

图 7.9

$$a_0=\frac{2}{\pi}\int_0^{\pi}(x+1)\mathrm{d}x=\frac{2}{\pi}\left(\frac{x^2}{2}+x\right)_0^{\pi}=\pi+2;$$

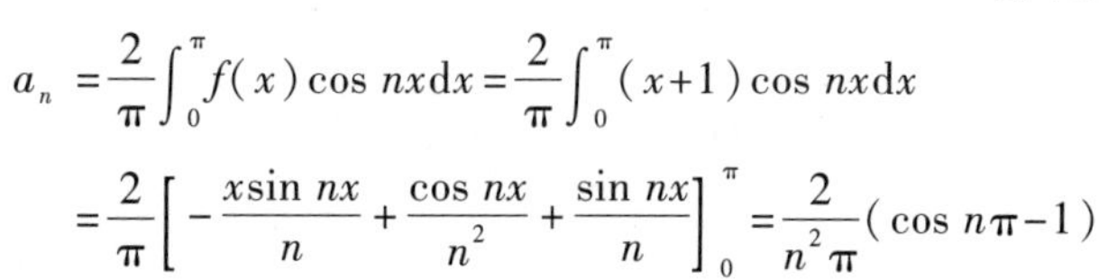

$$\begin{aligned}a_n&=\frac{2}{\pi}\int_0^{\pi}f(x)\cos nx\mathrm{d}x=\frac{2}{\pi}\int_0^{\pi}(x+1)\cos nx\mathrm{d}x\\&=\frac{2}{\pi}\left[-\frac{x\sin nx}{n}+\frac{\cos nx}{n^2}+\frac{\sin nx}{n}\right]_0^{\pi}=\frac{2}{n^2\pi}(\cos n\pi-1)\end{aligned}$$

$$=\begin{cases}-\dfrac{4}{n^2\pi}, & n=2k-1,\\ 0, & n=2k\end{cases}\quad (k=1,2,\cdots).$$

所以得　$x+1=\dfrac{\pi}{2}+1-\dfrac{4}{\pi}\left[\cos x+\dfrac{1}{3^2}\cos 3x+\dfrac{1}{5^2}\cos 5x+\cdots\right]\quad(0\leqslant x\leqslant\pi).$

7.5.4　以 $2l$ 为周期的函数的傅里叶级数

1. 将周期为 $2l$ 的周期函数 $f(x)$ 展开成傅里叶级数

通过变量替换 $z=\dfrac{\pi x}{l}$,将周期为 $2l$ 的函数 $f(x)$ 转换为周期为 2π 的函数 $F(z)$,然后对 $F(z)$ 进行傅里叶级数展开,再将变量替换代入就得到 $f(x)$ 的傅里叶展开式.

定理 5　设周期为 $2l$ 的周期函数 $f(x)$ 满足收敛定理条件,则它的傅里叶展开式为

$$f(x)=\frac{a_0}{2}+\sum_{n=1}^{\infty}\left(a_n\cos\frac{n\pi x}{l}+b_n\sin\frac{n\pi x}{l}\right)\quad(\text{在 } f(x) \text{ 的连续点处}),$$

其中,

$$\begin{cases}a_n=\dfrac{1}{l}\displaystyle\int_{-l}^{l}f(x)\cos\frac{n\pi x}{l}\mathrm{d}x, & n=0,1,2,\cdots,\\ b_n=\dfrac{1}{l}\displaystyle\int_{-l}^{l}f(x)\sin\frac{n\pi x}{l}\mathrm{d}x, & n=1,2,\cdots.\end{cases}$$

证明　令 $z=\dfrac{\pi x}{l}$,则 $x\in[-l,l]$ 转换为 $z\in[-\pi,\pi]$,令

$$F(z)=f(x)=f\left(\frac{lz}{\pi}\right),$$

则

$$F(z+2\pi)=f\left(\frac{l(z+2\pi)}{\pi}\right)=f\left(\frac{lz}{\pi}+2l\right)=f\left(\frac{lz}{\pi}\right)=F(z),$$

所以 $F(z)$ 是以 2π 为周期的周期函数,且它满足收敛定理条件,将它展开成傅里叶级数,即,

$$F(z)=\frac{a_0}{2}+\sum_{n=1}^{\infty}(a_n\cos nz+b_n\sin nz)\quad(\text{在 } F(z) \text{ 的连续点处}),$$

其中,

$$\begin{cases}a_n=\dfrac{1}{\pi}\displaystyle\int_{-\pi}^{\pi}F(z)\cos nz\mathrm{d}z, & n=0,1,2,\cdots,\\ b_n=\dfrac{1}{\pi}\displaystyle\int_{-\pi}^{\pi}F(z)\sin nz\mathrm{d}z, & n=1,2,\cdots.\end{cases}$$

令 $z=\dfrac{\pi x}{l}$,可得

$$\begin{cases}a_n=\dfrac{1}{l}\displaystyle\int_{-l}^{l}f(x)\cos\frac{n\pi x}{l}\mathrm{d}x, & n=0,1,2,\cdots,\\ b_n=\dfrac{1}{l}\displaystyle\int_{-l}^{l}f(x)\sin\frac{n\pi x}{l}\mathrm{d}x, & n=1,2,\cdots.\end{cases}$$

$$f(x)=\frac{a_0}{2}+\sum_{n=1}^{\infty}\left(a_n\cos\frac{n\pi x}{l}+b_n\sin\frac{n\pi x}{l}\right)\quad(\text{在 } f(x) \text{ 的连续点处}).$$

定理证毕.

说明：

（1）如果 $f(x)$ 为周期为 $2l$ 的奇函数，则有 $f(x)=\sum\limits_{n=1}^{\infty}b_n\sin\dfrac{n\pi x}{l}$（在 $f(x)$ 的连续点处），其中，$b_n=\dfrac{2}{l}\int_0^l f(x)\sin\dfrac{n\pi x}{l}\mathrm{d}x\ (n=1,2,\cdots)$. 称此级数为**正弦级数**.

（2）如果 $f(x)$ 为周期为 $2l$ 的偶函数，则有 $f(x)=\dfrac{a_0}{2}+\sum\limits_{n=1}^{\infty}a_n\cos\dfrac{n\pi x}{l}$（在 $f(x)$ 的连续点处），其中，$a_n=\dfrac{2}{l}\int_0^l f(x)\cos\dfrac{n\pi x}{l}\mathrm{d}x\quad(n=0,1,2,\cdots)$. 称此级数为**余弦级数**.

（3）无论哪种情况，在 $f(x)$ 的间断点 $x=x_0$ 处，其傅里叶级数收敛于 $\dfrac{f(x_0^-)+f(x_0^+)}{2}$.

例 7 将 $f(x)=x\ (0<x<2)$ 展开成（1）正弦级数；（2）余弦级数.

解 （1）将 $f(x)$ 作奇周期延拓，图形如图 7.10 所示：

则有

$$
\begin{aligned}
b_n&=\frac{2}{l}\int_0^l f(x)\sin\frac{n\pi x}{l}\mathrm{d}x=\int_0^2 x\sin\frac{n\pi x}{2}\mathrm{d}x\\
&=\left[-\frac{2}{n\pi}x\cos\frac{n\pi x}{2}+\left(\frac{2}{n\pi}\right)^2\sin\frac{n\pi x}{2}\right]_0^2\\
&=-\frac{4}{n\pi}\cos n\pi=\frac{4}{n\pi}(-1)^{n+1}\quad(n=1,2,\cdots);
\end{aligned}
$$

所以

$$
f(x)=x=\frac{4}{\pi}\sum_{n=1}^{\infty}\frac{(-1)^{n+1}}{n}\sin\frac{n\pi x}{2}\quad(0<x<2).
$$

（2）将 $f(x)$ 作偶周期延拓，图形如图 7.11 所示：

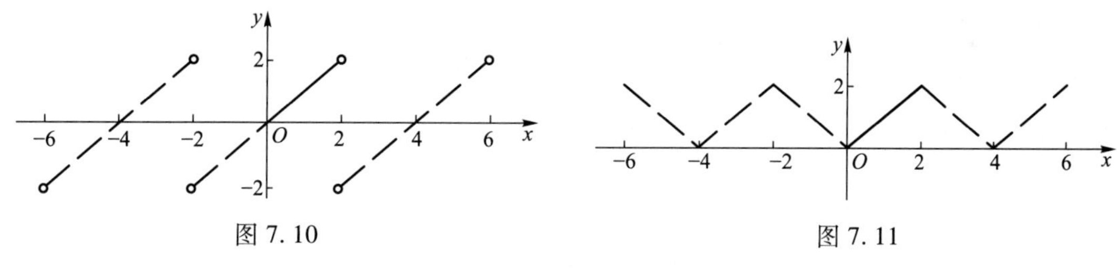

图 7.10　　　　图 7.11

则有

$$
a_0=\frac{2}{l}\int_0^l f(x)\mathrm{d}x=\frac{2}{2}\int_0^2 x\mathrm{d}x=2;
$$

$$
\begin{aligned}
a_n&=\frac{2}{l}\int_0^l f(x)\cos\frac{n\pi x}{l}\mathrm{d}x=\frac{2}{2}\int_0^2 x\cos\frac{n\pi x}{2}\mathrm{d}x\\
&=\left[\frac{2}{n\pi}x\sin\frac{n\pi x}{2}+\left(\frac{2}{n\pi}\right)^2\cos\frac{n\pi x}{2}\right]_0^2\\
&=\frac{4}{n^2\pi^2}[(-1)^n-1]=\begin{cases}0, & n=2k,\\ -\dfrac{8}{n^2\pi^2}, & n=2k-1\end{cases}\quad(k=1,2,\cdots);
\end{aligned}
$$

所以

$$f(x)=x=1-\frac{8}{\pi^2}\sum_{k=1}^{\infty}\frac{1}{(2k-1)^2}\cos\frac{(2k-1)\pi x}{2}\qquad(0<x<2).$$

2. 将定义在$[a,b]$上的函数$f(x)$展开成傅里叶级数

当函数$f(x)$定义在任意有限区间$[a,b]$上，其傅里叶展开方法如下：

方法1 令$x=z+\frac{b+a}{2}$，即$z=x-\frac{b+a}{2}$，得

$$F(z)=f(x)=f\left(z+\frac{b+a}{2}\right),\quad z\in\left[-\frac{b-a}{2},\frac{b-a}{2}\right],$$

作$F(z)$的周期延拓，然后将$F(z)$在$\left[-\frac{b-a}{2},\frac{b-a}{2}\right]$上展开成傅里叶级数，最后再将$z=x-\frac{b+a}{2}$代入展开式就得到了$f(x)$在$[a,b]$上的傅里叶级数.

方法2 令$x=z+a$，即$z=x-a$，则得

$$F(z)=f(x)=f(z+a),\quad z\in[0,b-a],$$

作$F(z)$的奇或偶周期延拓，将$F(z)$在$[0,b-a]$上展开成正弦或余弦级数，最后再将$z=x-a$代入展开式就得到了$f(x)$在$[a,b]$上的正弦或余弦级数.

例8 将$f(x)=10-x(5<x<15)$展开成傅里叶级数.

解 采用方法1，令$z=x-10$，得

$F(z)=f(x)=f(z+10)=-z\quad(-5<z<5)$，

将$F(z)$延拓成周期为10的周期函数，则它满足收敛定理的条件. 由于$F(z)$是奇函数，故

$$a_n=0\quad(n=0,1,2,\cdots);$$

$$b_n=\frac{2}{5}\int_0^5(-z)\sin\frac{n\pi z}{5}\mathrm{d}z=(-1)^n\frac{10}{n\pi}\quad(n=1,2,\cdots).$$

所以

$$F(z)=\frac{10}{\pi}\sum_{n=1}^{\infty}\frac{(-1)^n}{n}\sin\frac{n\pi z}{5}\quad(-5<z<5).$$

即得

$$10-x=\frac{10}{\pi}\sum_{n=1}^{\infty}\frac{(-1)^n}{n}\sin\frac{n\pi x}{5}\quad(5<x<15).$$

习 题 7.5

1. 下列周期函数$f(x)$的周期为2π，$f(x)$在$[-\pi,\pi)$内的表达式如下，试将$f(x)$展开成傅里叶级数：

(1) $f(x)=\mathrm{e}^{2x}$；

(2) $f(x)=\begin{cases}bx, & -\pi\leqslant x<0,\\ ax, & 0\leqslant x<\pi,\end{cases}$其中$a,b$为常数，且$a>b>0$.

2. 将函数$f(x)=\frac{x}{2}(-\pi\leqslant x<\pi)$展开成傅里叶级数.

3. 将函数$f(x)=x^2(0\leqslant x\leqslant\pi)$展开成正弦和余弦级数，并求级数$\sum_{n=1}^{\infty}\frac{(-1)^{n-1}}{n^2}$的和.

4. 将函数 $f(x)=x-1(0\leqslant x\leqslant 2)$ 展开成周期为 4 的余弦级数.

总 习 题 七

1. 如果级数 $\sum\limits_{n=1}^{\infty}a_n^2$, $\sum\limits_{n=1}^{\infty}b_n^2$ 收敛,证明级数 $\sum\limits_{n=1}^{\infty}|a_nb_n|$, $\sum\limits_{n=1}^{\infty}(a_n+b_n)^2$ 及 $\sum\limits_{n=1}^{\infty}\dfrac{|a_n|}{n}$ 均收敛.

2. 判断级数 $\sum\limits_{n=1}^{\infty}\dfrac{1}{1+a^n}(a>0)$ 的敛散性.

3. 证明 $\lim\limits_{n\to\infty}\dfrac{n^n}{(n!)^2}=0$.

4. 讨论 p 为何值时级数 $\sum\limits_{n=1}^{\infty}\dfrac{(-1)^n}{n^p}(p>0)$ 的绝对收敛与条件收敛.

5. 求幂级数 $\sum\limits_{n=1}^{\infty}\dfrac{x^n}{n(n+1)}$ 的和函数.

6. 将下列函数展开成 x 的幂级数:

(1) $\ln(x+\sqrt{1+x^2})$;　　(2) $\dfrac{1}{(2-x)^2}$.

7. 设周期为 2 的周期函数 $f(x)$,其表达式如下:

$$f(x)=\begin{cases}x, & -1\leqslant x<0,\\ 1, & 0\leqslant x<\dfrac{1}{2},\\ -1, & \dfrac{1}{2}\leqslant x\leqslant 1,\end{cases}$$

试将其展开成傅里叶级数.

8. 将函数 $f(x)=2+|x|(-1\leqslant x\leqslant 1)$ 展开成周期为 2 的傅里叶级数,并求级数 $\sum\limits_{n=1}^{\infty}\dfrac{1}{n^2}$ 的和.

读一读

前面我们曾学到过,可以借助级数表示一般函数,使某些隐函数达到显化效果. 本章我们系统学习了无穷级数的相关理论,可以借助级数去研究函数微分、积分性质,进行近似计算等.

事实上,微积分的发展与无穷级数的研究密不可分. 牛顿在他的微积分工作中运用无穷级数进行运算. 在 18 世纪,各种初等函数的级数展开陆续被求得,并在实际运算中被普遍用来代表函数而成为微积分的有力工具. 特别是雅科布·伯努利(Jacob Bernoulli,1654—1705)的工作具有代表性,他在 18 世纪初完成五篇论文,涉及函数的级数表示及其在求函数的微分与积分、求曲线下的面积和曲线长等方面的应用.

敛散性是级数理论的根本性问题,起初人们没有意识到. 如,在

$$\frac{1}{1+x}=1-x+x^2-x^3+\cdots$$

中令 $x=1$,得

$$\frac{1}{2}=1-1+1-1+\cdots=(1-1)+(1-1)+\cdots=0,$$

这类发散级数悖论激起了人们对无穷级数的敛散性的思考. 18 世纪先后出现了莱布尼茨判别法、达朗贝尔判别法等一些级数收敛的判别法则,对这一问题的真正严格处理要到 19 世纪.

1807 年,傅里叶(Fourier,1768—1830)完成长篇论文《热的传播》,但由于受到严格批评未能发表,后来几经修订出版了专著《热的解析理论》(1822),该著作是记载着傅里叶级数与傅里叶积分诞生经过的重要历史文献,在科学史上公认是一部划时代的经典著作. 他在研究热传导问题时发展出了傅里叶积分理论,并大胆断言:"任意"函数都可以展开成三角级数,并且列举大量函数和运用图形来说明函数的三角级数展开的普遍性. 虽然他没有给出明确的条件和严格的证明,但毕竟由此开创出"傅里叶分析"这一重要的数学分支. 傅里叶的研究成果是表现数学美的典型,被一些科学家称颂为"一首数学的诗".

自测题 7

第 8 章

常微分方程

函数是客观事物的内部联系在数量方面的反映,在长期的实践活动中,人们在研究自然科学、工程技术及经济学等许多问题时,常常要利用函数关系对客观事物的规律性进行研究.因此如何寻求函数关系在实践中有着重要意义.然而,在许多情况下,往往会遇到复杂的运动过程,所需的函数关系不能直接得到,但是根据问题所提供的条件,有时可以得到要找的函数与其导数的关系式,这样的关系式就是微分方程.未知函数为一元函数的微分方程称之为常微分方程,未知函数为多元函数的微分方程称之为偏微分方程.微分方程建立以后,对它进行研究,找出未知函数,这就是解微分方程.本章主要介绍常微分方程的一些基本概念和几种常用的常微分方程的解法.

8.1 常微分方程的基本概念

下面通过两个具体例子来说明常微分方程的基本概念.

例 1 已知一曲线上任一点处的切线的斜率为这点横坐标的 2 倍,求曲线方程.若又知曲线过点(1,2),确定此曲线.

解 设所求曲线方程为 $y=y(x)$.根据导数的几何意义可知未知函数应满足关系式

$$\frac{dy}{dx}=2x, \tag{8.1}$$

将其两边积分得所求曲线

$$y=x^2+c, \tag{8.2}$$

其中 c 是任意常数.

若曲线过点(1,2),即当 $x=1$ 时,$y=2$,将其代入式(8.2)得 $c=1$,所求曲线为

$$y=x^2+1. \tag{8.3}$$

例 2 质量为 m 的物体只受重力的作用自由下落,试建立落地前物体所经过的路程 s 和时间 t 的关系.

解 把物体开始下落处取为原点,物体降落的铅垂线取作 s 轴,其指向朝下,设物体在时刻 t 的位置为 $s=s(t)$,物体受重力的作用而自由下落,加速度为 $a=\frac{d^2s}{dt^2}$.由牛顿第二定律,$F=ma$,物体在下落过程中满足关系式

$$m\frac{d^2s}{dt^2}=mg,$$

或

$$\frac{d^2s}{dt^2}=g. \tag{8.4}$$

两边同时积分得

$$\frac{ds}{dt}=gt+c_1, \tag{8.5}$$

$$s=\frac{1}{2}gt^2+c_1t+c_2, \tag{8.6}$$

其中 c_1,c_2 是两个任意常数.

若考虑到自由落体的特点,当 $t=0$ 时,$s=0,\frac{ds}{dt}=0$,将其代入式(8.5)和式(8.6)得 $c_1=0,c_2=0$,故所求函数为

$$s=\frac{1}{2}gt^2. \tag{8.7}$$

上述两例中的关系式(8.1)和(8.4)都含有未知函数的导数,它们都是微分方程.

定义1　含有自变量、未知函数及其导数的关系式叫做**微分方程**.当未知函数是一元函数时,叫做**常微分方程**;当未知函数是多元函数时,叫做**偏微分方程**.

本章只讨论常微分方程,常微分方程简称为微分方程或方程.

定义2　微分方程中所出现的最高阶导数的阶数,叫做**微分方程的阶**.

例如,方程(8.1)是一阶微分方程,方程(8.4)是二阶微分方程.又如,方程 $xy'''+y''-4y^4=2x^2$ 是三阶微分方程,而方程 $y^{(4)}-2(y''')^5+xy''-4y=\sin 3x$ 是四阶微分方程.

一般地,n 阶微分方程的形式为

$$F(x,y,y',\cdots,y^{(n)})=0, \tag{8.8}$$

其中 F 是 $n+2$ 个变量的函数,$y^{(n)}$ 必须出现,其他变量则可以不出现.例如 n 阶微分方程 $y^{(n)}-1=0$.

如果能从方程(8.8)中解出最高阶导数,则可得微分方程

$$y^{(n)}=f(x,y,y',\cdots,y^{(n-1)}). \tag{8.9}$$

本章讨论的方程都是已解出或能解出最高阶导数的方程,且式(8.9)右端的函数 f 在所讨论的范围内连续.

讨论微分方程一个重要的任务就是从方程中找出未知函数,即求方程的解.

定义3　如果一个函数代入微分方程能使该方程成为恒等式,那么这个函数就称为**微分方程的解**.

设函数 $y=\varphi(x)$ 在区间 I 上有 n 阶连续导数,如果在区间 I 上满足

$$F[x,\varphi(x),\varphi'(x),\cdots,\varphi^{(n)}(x)]\equiv 0,$$

那么函数 $y=\varphi(x)$ 就是微分方程(8.8)在区间 I 上的解.

例如,函数(8.2)和(8.3)都是微分方程(8.1)的解,函数(8.6)和(8.7)都是微分方程(8.4)的解.

定义4　如果由关系式 $\Phi(x,y)=0$ 决定的函数 $y=\varphi(x)$ 是微分方程的解,就称 $\Phi(x,y)=0$

为**微分方程的隐式解**.

例如,一阶微分方程$\frac{dy}{dx}=-\frac{x}{y}$有解 $y=\sqrt{1-x^2}$ 和 $y=-\sqrt{1-x^2}$,而关系式 $x^2+y^2=1$ 就是该方程的隐式解,以后不再区分解和隐式解.

定义 5 如果微分方程的解中含有相互独立的任意常数,且任意常数的个数与微分方程的阶数相同,这样的解叫做**微分方程的通解**.

这里所说的相互独立的任意常数是指它们不能合并而使得任意常数的个数减少.

例如,函数(8.2)是方程(8.1)的通解,函数(8.6)是方程(8.4)的通解.

由于通解中含有任意常数,所以它还不能完全确定地反映某一客观事物的规律性.要想完全确定地反映客观事物的规律性,必须确定这些常数的值.为此,要根据问题的实际情况找出确定这些常数的条件,通常叫做定解条件,常见的定解条件叫初值条件.例如,例 1 中的条件“$x=1,y=2$”和例 2 中的条件“$t=0,s=0,\frac{ds}{dt}=0$”都是初值条件.

当一阶方程 $F(x,y,y')=0$ 的初值条件是 $x=x_0$ 时,$y=y_0$,或写成$y(x_0)=y_0$,也可写成 $y\big|_{x=x_0}=y_0$.

二阶方程 $F(x,y,y',y'')=0$ 的初值条件是

$$\text{当 } x=x_0 \text{ 时},\quad y=y_0,\quad y'=y_0',$$

或写成

$$y(x_0)=y_0,\quad y'(x_0)=y_0',$$

也可写成

$$y\big|_{x=x_0}=y_0,\quad y'\big|_{x=x_0}=y_0',$$

其中 x_0,y_0,y_0'都是给定的常数.

定义 6 满足初值条件的解叫做**微分方程的特解**.

例如,式(8.3)是方程(8.1)满足初值条件“$x=1,y=2$”的特解;式(8.7)是方程(8.4)满足初值条件“$t=0,s=0,\frac{ds}{dt}=0$”的特解.

求微分方程 $y'=f(x,y)$ 满足初值条件 $y(x_0)=y_0$ 的特解的问题叫做一阶方程的初值问题.记作

$$\begin{cases}y'=f(x,y),\\ y(x_0)=y_0.\end{cases}\tag{8.10}$$

微分方程的解的图形是一条曲线,叫做微分方程的**积分曲线**.

初值问题(8.10)的几何意义,就是求微分方程的过点(x_0,y_0)的那条积分曲线.

二阶微分方程的初值问题

$$\begin{cases}y''=f(x,y,y'),\\ y(x_0)=y_0,\quad y'(x_0)=y_0'\end{cases}$$

的几何意义是求微分方程的过点(x_0,y_0)且在该点处的切线斜率为 y_0'的那条积分曲线.

例 3 验证函数

$$y=c_1\cos x+c_2\sin x\tag{8.11}$$

是微分方程

$$\frac{\mathrm{d}^2y}{\mathrm{d}x^2}+y=0 \tag{8.12}$$

的通解. 并求方程满足初值条件 $y|_{x=0}=1, y'|_{x=0}=2$ 的特解.

解
$$\frac{\mathrm{d}y}{\mathrm{d}x}=-c_1\sin x+c_2\cos x, \tag{8.13}$$

$$\frac{\mathrm{d}^2y}{\mathrm{d}x^2}=-c_1\cos x-c_2\sin x,$$

把 $\frac{\mathrm{d}^2y}{\mathrm{d}x^2}, y$ 代入方程(8.12)得

$$-c_1\cos x-c_2\sin x+c_1\cos x+c_2\sin x\equiv 0.$$

所以函数(8.11)是方程(8.12)的解. 又因为方程(8.12)是二阶微分方程,而函数(8.11)中含有两个独立的任意常数,故是通解.

将条件 $y|_{x=0}=1, y'|_{x=0}=2$ 代入式(8.11)和式(8.13)得 $c_1=1, c_2=2$,所以方程的特解为

$$y=\cos x+2\sin x.$$

习　题　8.1

1. 指出下列方程的阶数:

(1) $x(y')^2-2yy'+xy''=0$;　　(2) $y''+8y^3=\cos x$;

(3) $xy\mathrm{d}x+(x+y)\mathrm{e}^x\mathrm{d}y=0$;　　(4) $xy'''-x^2y^4+y=0$.

2. 验证下列各函数是否为相应方程的解或通解:

(1) $xy'-2y=0, y=5x^2$;

(2) $y''-2y'+y=0, y=x^2\mathrm{e}^x$;

(3) $(x-y)\mathrm{d}x+x\mathrm{d}y=0, y=x(C-\ln x)$;

(4) $y''-(\lambda_1+\lambda_2)y'+\lambda_1\lambda_2y=0, y=C_1\mathrm{e}^{\lambda_1x}+C_2\mathrm{e}^{\lambda_2x}$.

3. 验证 $xy=C$ 是微分方程 $xy'+y=0$ 的通解,并求满足 $y(1)=1$ 的特解.

4. 建立由下列条件确定的曲线所满足的微分方程:

(1) 曲线在 (x,y) 处的切线斜率为 $2x^2$;

(2) 曲线在 $P(x,y)$ 处的切线与 y 轴的交点为 Q,线段 PQ 的长度为 2.

8.2　可分离变量方程和齐次方程

对于微分方程的研究,其中心问题之一就是要求微分方程的解. 迄今,人们已经知道了许多求解微分方程的方法,其中初等积分法即用初等函数或它们的积分来表示方程的解的方法是一个最基本和重要的方法,但并非所有的方程都能用初等积分法求解. 例如,早在 1686 年,著名的数学家莱布尼茨提出一阶微分方程 $\frac{\mathrm{d}y}{\mathrm{d}x}=x^2+y^2$ 的求解问题,这个看似很简单的方程经过 150 多年的探索,直到 1838 年,才被法国数学家刘维尔(Liouville)证明了此方程不能用初等积分法求解.

尽管如此,初等积分法对某些类型的微分方程求解还是很有效的,从本节到第四节介绍几类可用初等积分法求解的一阶微分方程.

8.2.1 可分离变量方程

形如

$$\frac{dy}{dx}=f(x)\varphi(y) \tag{8.14}$$

的方程,称为可分离变量方程,这里 $f(x)$, $\varphi(y)$ 分别是 x, y 的连续函数.

例如,方程

$$\frac{dy}{dx}=2x, \tag{8.15}$$

$$\frac{dy}{dx}=-\frac{x}{y}, \tag{8.16}$$

$$(1+x)ydx+(1-y)xdy=0, \tag{8.17}$$

都是可分离变量方程.

对于方程(8.15)在上节中已经遇到过,只需要用微积分的知识对等式两端积分即可得方程的通解.具体可按以下步骤求解:

将方程恒等变形为 $dy=2xdx$,两边同时进行不定积分运算 $\int dy=\int 2xdx$,

得通解

$$y=x^2+c.$$

但并不是所有的可分离变量方程都可这样求解,如方程(8.16),若将方程改写成 $dy=-\frac{x}{y}dx$,两端积分,右端积分含有未知函数 y,求不出结果.为了解决这个困难,可将方程恒等变形为

$$ydy=-xdx,$$

然后两端积分得

$$\frac{1}{2}y^2=-\frac{1}{2}x^2+c_1,$$

化简得

$$y^2+x^2=c,$$

这就是方程(8.16)的隐式通解.

对于一般的可分离变量方程都可按这种方法求解,具体步骤如下:

如果 $\varphi(y)\neq 0$,我们可将方程(8.14)改写成 $\frac{dy}{\varphi(y)}=f(x)dx$,这样就把变量分离开来.两边积分,得到

$$\int\frac{dy}{\varphi(y)}=\int f(x)dx, \tag{8.18}$$

积分结果加上任意常数 c,可以验证上式所确定的函数满足方程(8.14),因此式(8.18)是方程(8.14)的隐式通解.

但式(8.18)不适合 $\varphi(y)=0$ 的情形.如果存在 y_0,使得 $\varphi(y_0)=0$,可直接验证 $y=y_0$ 也是方程(8.14)的解,这个解有可能不包含在通解中.

解此方程的关键一步是将变量分离开来,即把方程一端写成只含 y 的函数和 dy,另一端只含 x 的函数和 dx.所以可分离变量方程也可以这样理解,一个一阶方程如果能写成 $g(y)dy=f(x)dx$ 的形式,即为可分离变量方程.

例1　求解微分方程 $\dfrac{dy}{dx}=2xy$.

解　该方程是可分离变量方程,分离变量后得

$$\frac{dy}{y}=2xdx,$$

两端积分得

$$\ln|y|=x^2+c_1,$$

化简得通解为

$$y=\pm e^{x^2+c_1}=\pm e^{c_1}e^{x^2}=ce^{x^2},$$

这里 $c=\pm e^{c_1}$ 为非零的任意常数.

在分离变量时假设了 $y\neq 0$,可直接验证 $y=0$ 也是方程的解,若允许 $c=0$,这个解包含在通解中,所以该方程的通解为

$$y=ce^{x^2},$$

c 为任意常数.

例2　求解方程　$(1+x)ydx+(1-y)xdy=0$.

解　该方程是可分离变量方程,分离变量后得

$$\frac{y-1}{y}dy=\frac{1+x}{x}dx,$$

两端积分得

$$y-\ln|y|=x+\ln|x|+c,$$

化简得通解为

$$y-x-\ln|xy|=c.$$

另外 $y=0$ 也是方程的解,它不包含在通解中.

8.2.2　齐次方程

形如

$$\frac{dy}{dx}=g\left(\frac{y}{x}\right) \tag{8.19}$$

的方程,称为齐次方程,这里 $g(u)$ 是 u 的连续函数.

例如,方程

$$\frac{dy}{dx}=\frac{y}{x}+1,$$

$$x\frac{\mathrm{d}y}{\mathrm{d}x}+2\sqrt{xy}=y,\quad x>0,$$

$$(x+y)\mathrm{d}x+(x-y)\mathrm{d}y=0,$$

都是齐次方程.

对于齐次方程作变量变换

$$u=\frac{y}{x},\tag{8.20}$$

就可化为可分离变量方程.事实上,由式(8.20)得

$$y=ux,\quad \frac{\mathrm{d}y}{\mathrm{d}x}=u+x\frac{\mathrm{d}u}{\mathrm{d}x},$$

代入方程(8.19)得

$$u+x\frac{\mathrm{d}u}{\mathrm{d}x}=g(u),$$

整理后得

$$\frac{\mathrm{d}u}{\mathrm{d}x}=\frac{g(u)-u}{x}.$$

此方程是一个可分离变量方程,求出解后代回原来变量即得方程(8.19)的解.

例 3　求解方程$\frac{\mathrm{d}y}{\mathrm{d}x}=\frac{y}{x}+1$.

解　这是齐次方程,以 $u=\frac{y}{x}$和$\frac{\mathrm{d}y}{\mathrm{d}x}=u+x\frac{\mathrm{d}u}{\mathrm{d}x}$代入,则原方程变为

$$x\frac{\mathrm{d}u}{\mathrm{d}x}=1,$$

这是可分离变量方程,解得

$$u=\ln|x|+c.$$

代回原来变量,得到原方程的通解为

$$y=x(\ln|x|+c).$$

例 4　求解方程 $x\frac{\mathrm{d}y}{\mathrm{d}x}+2\sqrt{xy}=y,x>0$.

解　原方程可写成

$$\frac{\mathrm{d}y}{\mathrm{d}x}=-2\sqrt{\frac{y}{x}}+\frac{y}{x},$$

因此是齐次方程.以 $u=\frac{y}{x}$和$\frac{\mathrm{d}y}{\mathrm{d}x}=u+x\frac{\mathrm{d}u}{\mathrm{d}x}$代入,则原方程化为

$$x\frac{\mathrm{d}u}{\mathrm{d}x}=-2\sqrt{u}.$$

分离变量得

$$\frac{\mathrm{d}u}{2\sqrt{u}}=-\frac{\mathrm{d}x}{x},$$

两端积分得

$$\sqrt{u}=-\ln x+c,$$

当 $-\ln x+c>0$ 时，可写为

$$u=(-\ln x+c)^{2},$$

此外方程还有解 $u=0$. 以 $\frac{y}{x}$ 代上式中的 u，便得所求方程的通解为

$$y=x(-\ln x+c)^{2},-\ln x+c>0,$$

另有解 $y=0$，且不含于通解中.

典型例题讲解
求解齐次方程

习　题　8.2

1. 求下列可分离变量方程的通解：

(1) $y'=\sin x$;　(2) $(1+y^2)\mathrm{d}x-(1+x^2)\mathrm{d}y=0$;

(3) $y\mathrm{d}x+(x^2-4x)\mathrm{d}y=0$;　(4) $(\mathrm{e}^{x+y}-\mathrm{e}^{x})\mathrm{d}x+(\mathrm{e}^{x+y}+\mathrm{e}^{y})\mathrm{d}y=0$;

(5) $\tan y\mathrm{d}x-\cot x\mathrm{d}y=0$.

2. 求下列齐次方程的通解：

(1) $y^2\mathrm{d}x-(x^2+xy)\mathrm{d}y=0$;　(2) $xy'-y=x\tan\frac{y}{x}$;

(3) $(x-y)\mathrm{d}x+x\mathrm{d}y=0$.

3. 求下列满足初值条件的特解：

(1) $\frac{\mathrm{d}y}{\mathrm{d}x}=y(y-1),y(0)=1$;　(2) $y'=\mathrm{e}^{2x-y},y(0)=0$;

(3) $x\mathrm{d}y+2y\mathrm{d}x=0,y(2)=1$;　(4) $y'=\frac{y}{x}+\frac{x}{y},y(1)=2$.

4. 一曲线过点(2,3)，它在坐标轴间的任意切线段均被切点所平分，求该曲线方程.

5. 质量为 1 g 的质点受外力的作用做直线运动，这外力和时间成正比，和质点的运动速度成反比，在 $t=10$ s 时，速度等于 50 cm/s，外力为 4 g · cm/s^2，问从运动开始经过一分钟后速度是多少？

8.3　一阶线性微分方程和伯努利方程

8.3.1　一阶线性微分方程

形如

$$\frac{\mathrm{d}y}{\mathrm{d}x}=P(x)y+Q(x)\tag{8.21}$$

的方程为一阶线性微分方程. 其中 $P(x),Q(x)$ 为所考虑区间上的连续函数. 若 $Q(x)\equiv0$，则方程(8.21)变为

$$\frac{\mathrm{d}y}{\mathrm{d}x}=P(x)y,\tag{8.22}$$

称为**一阶齐次线性微分方程**. 若 $Q(x)\neq 0$,方程(8.21)称为**一阶非齐次线性微分方程**.

方程(8.22)是可分离变量方程,分离变量得

$$\frac{\mathrm{d}y}{y}=P(x)\mathrm{d}x,$$

两端积分得

$$\ln|y|=\int P(x)\mathrm{d}x+c_1,$$

或

$$y=c\mathrm{e}^{\int P(x)\mathrm{d}x}\quad(c=\pm\mathrm{e}^{c_1}),\tag{8.23}$$

这是方程(8.22)的通解,其中$\int P(x)\mathrm{d}x$ 表示 $P(x)$的某个原函数.

现在讨论非齐次线性微分方程(8.21)的通解的求法.

不难看出方程(8.22)是方程(8.21)的特殊情况,式(8.23)是方程(8.22)的解,一定不会是方程(8.21)的解. 设想当式(8.23)中常数 c 取适当的函数时是否有可能会是方程(8.21)的解,为此令

$$y=c(x)\mathrm{e}^{\int P(x)\mathrm{d}x}.\tag{8.24}$$

求导得

$$\frac{\mathrm{d}y}{\mathrm{d}x}=\frac{\mathrm{d}c(x)}{\mathrm{d}x}\mathrm{e}^{\int P(x)\mathrm{d}x}+c(x)P(x)\mathrm{e}^{\int P(x)\mathrm{d}x}.\tag{8.25}$$

以式(8.24)、式(8.25)代入方程(8.21),得到

$$\frac{\mathrm{d}c(x)}{\mathrm{d}x}\mathrm{e}^{\int P(x)\mathrm{d}x}+c(x)P(x)\mathrm{e}^{\int P(x)\mathrm{d}x}=P(x)c(x)\mathrm{e}^{\int P(x)\mathrm{d}x}+Q(x),$$

即

$$\frac{\mathrm{d}c(x)}{\mathrm{d}x}=Q(x)\mathrm{e}^{-\int P(x)\mathrm{d}x},$$

积分后得

$$c(x)=\int Q(x)\mathrm{e}^{-\int P(x)\mathrm{d}x}\mathrm{d}x+\bar{c},$$

这里 $\bar{c}$ 是任意常数. 将上式代入式(8.24)得到方程(8.21)的通解

$$y=\mathrm{e}^{\int P(x)\mathrm{d}x}\left(\int Q(x)\mathrm{e}^{-\int P(x)\mathrm{d}x}\mathrm{d}x+\bar{c}\right),\tag{8.26}$$

或写成

$$y=\bar{c}\mathrm{e}^{\int P(x)\mathrm{d}x}+\mathrm{e}^{\int P(x)\mathrm{d}x}\int Q(x)\mathrm{e}^{-\int P(x)\mathrm{d}x}\mathrm{d}x.\tag{8.27}$$

这种将常数变易为待定函数的方法,通常称为**常数变易法**.

式(8.27)的右端第一项对应的是齐次线性方程(8.22)的通解,第二项是非齐次线性方程(8.21)的一个特解. 由此可知,一阶非齐次线性方程的通解等于对应的齐次线性方程的通解与非齐次线性方程的一个特解之和.

例 1 求方程$\frac{\mathrm{d}y}{\mathrm{d}x}=\frac{2y}{x+1}+(x+1)^{\frac{3}{2}}$的通解.

解　这是一个非齐次线性方程，先求对应的齐次线性方程

$$\frac{dy}{dx}=\frac{2y}{x+1}$$

的通解. 由

$$\frac{dy}{y}=\frac{2}{x+1}dx,$$

得到齐次线性方程的通解

$$\ln|y|=2\ln|x+1|+c_1,$$

即 $y=c(x+1)^2$，其中 $c=\pm e^{c_1}$.

用常数变易法，令 $y=c(x)(x+1)^2$，则

$$\frac{dy}{dx}=\frac{dc(x)}{dx}(x+1)^2+2c(x)(x+1),$$

代入原方程得

$$\frac{dc(x)}{dx}(x+1)^2=(x+1)^{\frac{3}{2}},$$

典型例题讲解

求解一阶线性方程

解得

$$c(x)=2(x+1)^{\frac{1}{2}}+c,$$

所以原方程的通解为

$$y=c(x+1)^2+2(x+1)^{\frac{5}{2}}.$$

求解该方程也可直接将 $P(x)=\frac{2}{x+1}$，$Q(x)=(x+1)^{\frac{3}{2}}$ 代入公式(8.27)而得通解.

8.3.2　伯努利方程

形如

$$\frac{dy}{dx}=P(x)y+Q(x)y^n \tag{8.28}$$

的方程，称为伯努利方程，这里 $P(x)$，$Q(x)$ 为 x 的连续函数，$n\neq 0,1$ 是常数.

利用变量变换可将伯努利方程化为线性方程. 事实上，对于 $y\neq 0$，用 y^{-n} 乘方程(8.28)的两边，得到

$$y^{-n}\frac{dy}{dx}=y^{1-n}P(x)+Q(x),$$

而上式左边

$$y^{-n}\frac{dy}{dx}=\frac{1}{1-n}\frac{dy^{1-n}}{dx}.$$

显然，引入变量

$$z=y^{1-n},$$

方程变为

$$\frac{1}{1-n}\frac{dz}{dx}=P(x)z+Q(x),$$

即

$$\frac{\mathrm{d}z}{\mathrm{d}x}=(1-n)P(x)z+(1-n)Q(x). \tag{8.29}$$

这是线性微分方程,求出其通解代回原来的变量,便得方程(8.28)的通解. 此外,当$n>0$时,方程还有解 $y=0$.

例 2　求方程$\frac{\mathrm{d}y}{\mathrm{d}x}=\frac{y}{x}-xy^2$ 的通解.

解　这是当 $n=2$ 时的伯努利方程. 令

$$z=y^{-1},$$

得

$$\frac{\mathrm{d}z}{\mathrm{d}x}=-y^{-2}\frac{\mathrm{d}y}{\mathrm{d}x},$$

代入原方程得到

$$\frac{\mathrm{d}z}{\mathrm{d}x}=-\frac{z}{x}+x,$$

这是线性微分方程,求得它的通解为

$$z=\frac{c}{x}+\frac{x^2}{3}.$$

代回原来的变量,得到

$$\frac{1}{y}=\frac{c}{x}+\frac{x^2}{3},$$

或者

$$\frac{x}{y}-\frac{x^3}{3}=c,$$

这就是原方程的通解. 此外方程还有解 $y=0$.

在本章第二节齐次方程的求解中,我们通过变量变换 $u=\frac{y}{x}$,把它化为可分离变量方程,求得其通解. 在本节线性方程中,所谓的常数变易法其实也是变量变换,我们通过先求解齐次线性方程得到变量变换 $y=c(x)\mathrm{e}^{\int P(x)\mathrm{d}x}$,利用这一变换把方程化为可分离变量方程

$$\frac{\mathrm{d}c(x)}{\mathrm{d}x}=Q(x)\mathrm{e}^{-\int P(x)\mathrm{d}x},$$

两边积分求出 $c(x)$代回得线性方程的通解. 同样在伯努利方程的求解中,我们通过变量变换 $z=y^{1-n}$,把它化为线性方程,从而求得其通解.

利用变量变换把方程化为另一类型方程,从而求得其解是解方程最常用的方法. 下面再举一例.

例 3　求解方程$\frac{\mathrm{d}y}{\mathrm{d}x}=\frac{1}{x+y}$.

解　(一) 若把方程变形为

$$\frac{\mathrm{d}x}{\mathrm{d}y}=x+y,$$

即为未知函数是 x,自变量是 y 的一阶线性方程.

先求解方程$\frac{\mathrm{d}x}{\mathrm{d}y}=x$,得

$$x=ce^{y},$$

令 $x=c(y)\mathrm{e}^{y}$ 代入方程得

$$\frac{\mathrm{d}c(y)}{\mathrm{d}y}=y\mathrm{e}^{-y},$$

解得

$$c(y)=-\mathrm{e}^{-y}(y+1)+a,$$

故

$$x=-y-1+a\mathrm{e}^{y}$$

或

$$x+y+1=a\mathrm{e}^{y}.$$

(二)若直接对原方程作变量变换 $u=x+y$,则$\frac{\mathrm{d}y}{\mathrm{d}x}=\frac{\mathrm{d}u}{\mathrm{d}x}-1$,代入原方程得

$$\frac{\mathrm{d}u}{\mathrm{d}x}-1=\frac{1}{u},\quad \frac{\mathrm{d}u}{\mathrm{d}x}=\frac{u+1}{u},$$

分离变量得

$$\frac{u}{u+1}\mathrm{d}u=\mathrm{d}x,$$

两边积分得

$$u-\ln|u+1|=x+c,$$

代回原来变量得

$$y-\ln|x+y+1|=c,$$

即 $x+y+1=c_1\mathrm{e}^{y}$.

习　题　8.3

1. 求下列方程的通解:

(1) $y'-\frac{1}{x}y=x^{2}$;

(2) $y'-\frac{2}{x+1}y=(x+1)^{2}$;

(3) $\frac{\mathrm{d}y}{\mathrm{d}x}+\frac{y}{x}=\frac{1}{x}$;

(4) $\frac{\mathrm{d}y}{\mathrm{d}x}+2y=x$;

(5) $y'+y\tan x=\sin 2x$

(6) $y\ln y\mathrm{d}x+(x-\ln y)\mathrm{d}y=0$;

(7) $y'-ay=f(x)$, a 为任意实数.

2. 求下列方程的特解:

(1) $\frac{\mathrm{d}y}{\mathrm{d}x}+3y=8$, $y(0)=2$;

(2) $\frac{\mathrm{d}y}{\mathrm{d}x}+\frac{y}{x}=\frac{\sin x}{x}$, $y(\pi)=3$;

(3) $y'=\frac{y}{y-x}$, $y(1)=1$.

3. 求下列伯努利方程的解：

(1) $y'+y-x\sqrt{y}=0$；　　(2) $xy'-y=xy^2$.

4. 求一曲线方程，这曲线过原点且在(x,y)处的切线斜率等于$2x+y$.

5. 设$y_1(x),y_2(x),y_3(x)$为一阶线性微分方程$y'+p(x)y=q(x)$的三个相异特解，证明$\dfrac{y_3(x)-y_1(x)}{y_2(x)-y_1(x)}$为一定值.

6. 验证形如$yf(xy)\mathrm{d}x+xg(xy)\mathrm{d}y=0$的微分方程经变量替换$v=xy$可化为可分离变量方程.

7. 通过变量替换，求下列微分方程的解：

(1) $y'=(x+y)^2$；

(2) $y(xy+1)\mathrm{d}x+x(1+xy+x^2y^2)\mathrm{d}y=0$.

8.4 全微分方程

一阶微分方程可以写成如下形式：

$$P(x,y)\mathrm{d}x+Q(x,y)\mathrm{d}y=0,\tag{8.30}$$

其中$P(x,y),Q(x,y)$是连续函数且具有连续偏导数，如果其左端恰好是某一个函数$u=u(x,y)$的全微分，即

$$\mathrm{d}u(x,y)=P(x,y)\mathrm{d}x+Q(x,y)\mathrm{d}y,$$

就称方程(8.30)为全微分方程，也称为**恰当方程**. 这里

$$\frac{\partial u}{\partial x}=P(x,y),\quad \frac{\partial u}{\partial y}=Q(x,y).$$

而方程(8.30)变为

$$\mathrm{d}u(x,y)=0.$$

容易验证$u(x,y)=c$为方程(8.30)的通解，c为任意常数. 这样求解全微分方程就归结为求函数$u(x,y)$.

由微积分知识可知，当$P(x,y),Q(x,y)$在单联通区域G内具有一阶连续偏导数时，方程(8.30)为全微分方程的充要条件是

$$\frac{\partial Q}{\partial x}=\frac{\partial P}{\partial y}\tag{8.31}$$

在区域G内成立. 且当此条件满足时，有

$$u(x,y)=\int_{x_0}^{x}P(x,y_0)\mathrm{d}x+\int_{y_0}^{y}Q(x,y)\mathrm{d}y,\tag{8.32}$$

或

$$u(x,y)=\int_{x_0}^{x}P(x,y)\mathrm{d}x+\int_{y_0}^{y}Q(x_0,y)\mathrm{d}y,\tag{8.33}$$

其中x_0,y_0是在区域G内选定适当的点的坐标.

例 1 求$(3x^2+6xy^2)\mathrm{d}x+(6x^2y+4y^3)\mathrm{d}y=0$的通解.

解 这里

$$\frac{\partial Q}{\partial x}=12xy=\frac{\partial P}{\partial y},$$

因此方程是全微分方程，可取 $x_0=0, y_0=0$，由公式(8.32)，有

$$u(x,y)=\int_0^x 3x^2\,\mathrm{d}x+\int_0^y (6x^2y+4y^3)\,\mathrm{d}y=x^3+3x^2y^2+y^4.$$

于是方程的通解为

$$x^3+3x^2y^2+y^4=c.$$

往往在判断方程是全微分方程后，并不需要按照上述一般方法求解，而是可采用“分项组合”的方法，先把那些本身已构成全微分的项分出，再把剩余的项凑成全微分.

例2　用“分项组合”的方法求解例1.

解　把方程重新“分项组合”，得到

$$3x^2\,\mathrm{d}x+4y^3\,\mathrm{d}y+6xy^2\,\mathrm{d}x+6x^2y\,\mathrm{d}y=0,$$

即

$$\mathrm{d}x^3+\mathrm{d}y^4+\mathrm{d}(3x^2y^2)=0,$$

或写成

$$\mathrm{d}(x^3+y^4+3x^2y^2)=0.$$

于是，方程的通解为

$$x^3+y^4+3x^2y^2=c,$$

这里 c 为任意常数.

习　题　8.4

1. 判别下列方程哪些是全微分方程，并求全微分方程的通解：

(1) $xy\,\mathrm{d}x+\frac{1}{2}(x^2+y)\,\mathrm{d}y=0$；　　(2) $\frac{y}{x}\mathrm{d}x+(y^3+\ln x)\,\mathrm{d}y=0$；

(3) $\mathrm{e}^x\mathrm{d}x+(x\mathrm{e}^y-4y^3)\,\mathrm{d}y=0$；　　(4) $2xy\,\mathrm{d}x+(x^2-y^2)\,\mathrm{d}y=0$；

(5) $(x^2+y^2)\,\mathrm{d}x+xy\,\mathrm{d}y=0$；　　(6) $(x^2-y)\,\mathrm{d}x-x\,\mathrm{d}y=0$.

2. 证明：微分方程 $yf(xy)\,\mathrm{d}x+xg(xy)\,\mathrm{d}y=0$ 的两端乘 $\frac{1}{xy[f(xy)-g(xy)]}$ 可化为全微分方程.

8.5　可降阶的高阶微分方程

二阶以及二阶以上的微分方程叫高阶微分方程，一般说来高阶方程要比一阶方程难求解，因此可以通过变量变换将高阶方程化为较低阶方程从而求解. 例如某些二阶方程，如果能将其化为一阶方程就有可能通过前面的方法求出它的解来.

本节介绍三种容易降阶的高阶方程的求解方法.

1. 形如 $y^{(n)}=f(x)$ 的微分方程.

此方程中只要作变量变换 $z=y^{(n-1)}$ 即得一阶方程 $z'=f(x)$，若求得其解为 $z=\varphi(x)$，即得方程

$y^{(n-1)}=\varphi(x)$，继续该方法可求得原方程的通解. 事实上对原方程连续积分 n 次即得原方程的通解.

例 1　求解微分方程 $y'''=\mathrm{e}^{-x}-\sin x+1$.

解　对该方程连续积分三次得

$$y''=-\mathrm{e}^{-x}+\cos x+x+c,$$

$$y'=\mathrm{e}^{-x}+\sin x+\frac{1}{2}x^2+cx+c_2,$$

$$y=-\mathrm{e}^{-x}-\cos x+\frac{1}{6}x^3+c_1x^2+c_2x+c_3,$$

即为方程的通解.

2. 形如 $F(x,y',y'')=0$ 的微分方程.

方程

$$F(x,y',y'')=0 \tag{8.34}$$

中不显含未知函数 y. 如果设 $y'=p$，那么 $y''=\frac{\mathrm{d}p}{\mathrm{d}x}=p'$，代入方程(8.34)得

$$F(x,p,p')=0,$$

这是一个关于变量 x,p 的一阶微分方程. 设其通解为

$$p=\varphi(x,c),$$

即得一阶方程

$$y'=\varphi(x,c),$$

对其积分即得方程的通解

$$y=\int\varphi(x,c)\mathrm{d}x+c_1.$$

例 2　求微分方程 $(1+x^2)y''-2xy'=0$ 满足初值条件 $y(0)=1,y'(0)=-1$ 的特解.

解　设 $y'=p$，则 $y''=\frac{\mathrm{d}p}{\mathrm{d}x}$，代入方程得

$$(1+x^2)\frac{\mathrm{d}p}{\mathrm{d}x}=2xp,$$

分离变量得

$$\frac{\mathrm{d}p}{p}=\frac{2x}{1+x^2}\mathrm{d}x,$$

两边积分得

$$\ln|p|=\ln(1+x^2)+c,$$

即

$$p=y'=c_1(1+x^2),$$

由条件 $y'(0)=-1$，得 $c_1=-1$，所以

$$y'=-(1+x^2),$$

两边再积分得

$$y=-\frac{1}{3}x^3-x+c_2,$$

又由条件 $y(0)=1$，得 $c_2=1$，于是所求特解为

$$y=-\frac{1}{3}x^3-x+1.$$

3. 形如 $F(y,y',y'')=0$ 的微分方程.

方程

$$F(y,y',y'')=0 \tag{8.35}$$

中不显含自变量 x. 为了求解该方程，我们令 $y'=p$，则

$$y''=\frac{\mathrm{d}p}{\mathrm{d}x}=\frac{\mathrm{d}p}{\mathrm{d}y}\frac{\mathrm{d}y}{\mathrm{d}x}=p\frac{\mathrm{d}p}{\mathrm{d}y}.$$

代入方程(8.35)得

$$F\left(y,p,p\frac{\mathrm{d}p}{\mathrm{d}y}\right)=0,$$

这是一个关于变量 y,p 的一阶微分方程，设它的通解可求出为

$$p=y'=\varphi(y,c),$$

这是一个变量分离方程，解得原方程的通解为

$$\int\frac{\mathrm{d}y}{\varphi(y,c)}=x+c_1.$$

例 3　求解微分方程 $yy''+y'^2=0$.

解　该方程不显含自变量 x，令 $y'=p$，则 $y''=p\frac{\mathrm{d}p}{\mathrm{d}y}$，代入方程得

$$yp\frac{\mathrm{d}p}{\mathrm{d}y}+p^2=0,$$

分离变量得

$$\frac{\mathrm{d}p}{p}=-\frac{\mathrm{d}y}{y},$$

两边积分得

$$\ln|p|=-\ln|y|+c,$$

得 $p=\frac{c_0}{y}$，即 $y'=\frac{c_0}{y}$，分离变量，两边积分得方程的通解

$$y^2=c_1x+c_2.$$

习　题　8.5

1. 求下列微分方程的通解：

(1) $y''=\frac{1}{1+x^2}$；　(2) $y''=1+(y')^2$；

(3) $y''=(y')^2+y'$；　(4) $xy''-y'\ln y'=0$；

(5) $yy''+3(y')^2=0$.

2. 求下列微分方程满足所给初值条件的解：

(1) $2x^2y''-(y')^3=0, y(1)=1, y'(1)=1$；　(2) $y''=3\sqrt{y}, y(0)=1, y'(0)=2$.

3. 求 $y^3y''+1=0$ 的积分曲线,使积分曲线通过点$\left(0,\frac{1}{2}\right)$,且在该点处切线的斜率为 2.

8.6　高阶线性微分方程解的性质及通解结构

在本节中,我们以二阶线性微分方程为例讨论解的性质与通解结构,所有结论对于 n 阶线性微分方程也成立.

形如

$$y''+P(x)y'+Q(x)y=f(x) \tag{8.36}$$

的方程称为**二阶线性微分方程**,其中 $P(x),Q(x),f(x)$ 都是连续函数.

若 $f(x)\equiv 0$,方程(8.36)变为

$$y''+P(x)y'+Q(x)y=0, \tag{8.37}$$

称为**二阶齐次线性方程**.

当 $f(x)\neq 0$ 时,称方程(8.36)为**二阶非齐次线性微分方程**.

8.6.1　二阶齐次线性微分方程解的性质与通解结构

定理 1　如果函数 $y_1(x)$ 与 $y_2(x)$ 都是方程(8.37)的解,那么 $y=c_1y_1(x)+c_2y_2(x)$ 也是方程(8.37)的解,其中 c_1,c_2 是任意常数.

证明　由 $y_1(x),y_2(x)$ 都是方程(8.37)的解,知

$$y_1''+P(x)y_1'+Q(x)y_1=0,\quad y_2''+P(x)y_2'+Q(x)y_2=0,$$

将 $y=c_1y_1(x)+c_2y_2(x)$ 代入方程(8.37)的左端得

$$\begin{aligned}&(c_1y_1''+c_2y_2'')+P(x)(c_1y_1'+c_2y_2')+Q(x)(c_1y_1+c_2y_2)\\=&c_1(y_1''+P(x)y_1'+Q(x)y_1)+c_2(y_2''+P(x)y_2'+Q(x)y_2)\\=&0,\end{aligned}$$

定理得证.

通常将这个性质称为齐次线性方程解的叠加原理.

在定理 1 的结论中这个解含有两个任意常数,但它不一定是方程(8.37)的通解. 因为在某些情况下,两个任意常数可以合并成一个. 那么在什么情况下才是通解呢? 为了回答这个问题下面引入有关函数线性相关与线性无关的概念.

定义　设 $y_1(x),y_2(x)$ 为定义在区间 I 上的函数,如果存在两个不全为零的常数 k_1,k_2,使得对于任意 $x\in I,k_1y_1(x)+k_2y_2(x)=0$ 恒成立,称 $y_1(x),y_2(x)$ 在 I 上线性相关;否则称**线性无关**.

由此定义可知,两个函数相关与否,只要看它们的比是否恒为常数,如果比恒为常数,那么它们就线性相关;否则就线性无关.

下面给出二阶齐次线性微分方程(8.37)通解的结构定理.

定理 2　如果 $y_1(x),y_2(x)$ 是方程(8.37)的两个线性无关的解,那么

$$y=c_1y_1(x)+c_2y_2(x)$$

就是方程(8.37)的通解.

有了这个定理,求二阶齐次线性方程的通解问题转化为求它的两个线性无关的特解的问题.

例如,容易验证 $y_1=e^x$ 与 $y_2=e^{-x}$ 是方程 $y''-y=0$ 的两个线性无关的解,因此 $y=c_1e^x+c_2e^{-x}$ 是该方程的通解.

8.6.2 二阶非齐次线性微分方程解的性质与通解结构

在第三节中已知一阶非齐次线性方程的通解等于与其对应的齐次线性方程的通解与它本身的一个特解之和,高阶线性方程的通解同样具有相同的结构.

定理3 **设** $y_1(x),y_2(x)$ **分别是方程(8.36)和(8.37)的解,则** $y_1(x)+y_2(x)$ **是方程(8.36)的解.**

定理4 **设** $y_1(x),y_2(x)$ **是方程(8.36)的解,则** $y_1(x)-y_2(x)$ **是方程(8.37)的解.**

定理5 **设** $y_1(x),y_2(x)$ **是二阶齐次线性方程(8.37)的两个线性无关的解,** $y^*(x)$ **是二阶非齐次线性方程(8.36)的一个特解,那么方程(8.36)的通解为**

$$y=c_1y_1(x)+c_2y_2(x)+y^*(x).$$

例如,容易验证 $y=x^2+2$ 是方程 $y''-y=-x^2$ 的特解,因此它的通解为

$$y=c_1e^x+c_2e^{-x}+x^2+2.$$

求非齐次线性方程(8.36)的特解经常借助于下面所谓的非齐次线性方程的解的叠加原理.

定理6 **设** $y_1(x)$ **及** $y_2(x)$ **分别是方程**

$$y''+P(x)y'+Q(x)y=f_1(x)$$

和

$$y''+P(x)y'+Q(x)y=f_2(x)$$

的解,则 $y_1(x)+y_2(x)$ **是方程**

$$y''+P(x)y'+Q(x)y=f_1(x)+f_2(x)$$

的解.

定理7 **设** $y=y_1(x)+iy_2(x)$ **是方程(8.37)的解,则** $y_1(x)$ **与** $y_2(x)$ **都是方程(8.37)的解.**

证明 将 $y=y_1(x)+iy_2(x)$ 代入方程(8.37)得

$$(y_1''+iy_2'')+P(x)(y_1'+iy_2')+Q(x)(y_1+y_2)=0,$$

即

$$(y_1''+P(x)y_1'+Q(x)y_1)+i(y_2''+P(x)y_2'+Q(x)y_2)=0,$$

由此得

$$y_1''+P(x)y_1'+Q(x)y_1=0,\quad y_2''+P(x)y_2'+Q(x)y_2=0,$$

结论得证.

习 题 8.6

1. 指出下列函数哪些在其定义区间内是线性无关的:

(1) x,x^2;　　(2) $x,2x$;

(3) e^x,e^{-x};　　(4) $\cos 2x,\sin 2x$.

2. 验证 $y_1=x^5,y_2=\frac{1}{x}$ 是 $x^2y''-3xy'-5y=0$ 的解,并写出方程的通解.

3. 验证：

(1) $y=c_1x+c_2xe^{-\frac{1}{x}}$($c_1,c_2$ 为任意常数)是 $x^3y''-xy'+y=0$ 的通解；

(2) $y=c_1e^{x^2}+c_2xe^{x^2}$(c_1,c_2 为任意常数)是 $y''-4xy'+(4x^2-2)y=0$ 的通解.

4. 已知 $y_1=3,y_2=3+x^2,y_3=3+x^2+e^x$ 都是 $(x^2-2x)y''-(x^2-2)y'+2(x-1)y=6(x-1)$ 的解,求方程的通解.

5. 已知 $e^x,\sin 2x+e^x,\cos 2x+e^x$ 都是 $y''+4y=5e^x$ 的解,求方程满足初值条件 $y(0)=2,y'(0)=3$ 的解.

8.7 常系数齐次线性微分方程的解法

8.7.1 二阶常系数齐次线性微分方程的解法

在方程(8.37)中如果 $P(x),Q(x)$ 均为常数 p,q,则方程

$$y''+py'+qy=0 \tag{8.38}$$

为二阶常系数齐次线性微分方程.

要求其通解,由上节定理 2 只需找到它的两个线性无关解.

对于一阶常系数齐次线性方程$\frac{dy}{dx}=ay$,它的通解为 $y=ce^{ax}$,设想方程(8.38)也有形如 $y=e^{rx}$ 的解,那么当 r 取什么值时 $y=e^{rx}$可以成为方程(8.38)的解呢？为此,将 $y=e^{rx}$代入方程(8.38)看 r 能否取到适当的值.将 $y=e^{rx},y'=re^{rx},y''=r^2e^{rx}$代入方程(8.38)得

$$(r^2+pr+q)e^{rx}=0,$$

由于 $e^{rx}\neq 0$,所以

$$r^2+pr+q=0. \tag{8.39}$$

由此可见只要 r 满足一元二次代数方程(8.39),即 r 为方程(8.39)的根,函数 $y=e^{rx}$就是方程(8.38)的解.我们把代数方程(8.39)叫做微分方程(8.38)的**特征方程**,它的根叫做微分方程(8.38)的**特征根**.所以说当 r 是方程(8.38)的特征根时,函数 $y=e^{rx}$是方程(8.38)的解.要得到方程(8.38)的通解需要知道它两个线性无关的解,而代数方程(8.39)的根可能会出现三种情况:有两个不相同的实根,有两个相同的实根,有一对共轭复根.下面根据特征根的不同情况讨论方程(8.38)的通解.

(1) 特征方程有两个不同的实根:r_1,r_2.

由前面讨论知此时方程(8.38)有两个解 $y_1=e^{r_1x}$和 $y_2=e^{r_2x}$,并且由于$\frac{y_1}{y_2}=e^{(r_1-r_2)x}$不是常数,因此方程(8.38)的通解为 $y=c_1e^{r_1x}+c_2e^{r_2x}$.

(2) 特征方程有两个相等的实根:$r_1=r_2$.

这时只能得到方程(8.38)的一个解 $y_1=e^{r_1x}$,为了得到其通解,还需要知道另一个和 y_1 线性无关的解 y_2,根据线性无关的概念知所求另一解 y_2 只需满足$\frac{y_2}{y_1}$不是常数即可.

设 $y_2=y_1u(x)=e^{r_1x}u(x)$,只需找到适当的非常数函数 $u(x)$,使 y_2 成为方程(8.38)的解.为此将

$$y_2=e^{r_1x}u(x),$$
$$y_2'=e^{r_1x}(u'+r_1u),$$
$$y_2''=e^{r_1x}(u''+2r_1u'+r_1^2u),$$

代入方程(8.38)得

$$e^{r_1x}[(u''+2r_1u'+r_1^2u)+p(u'+r_1u)+qu]=0,$$

化简得

$$u''+(2r_1+p)u'+(r_1^2+pr_1+q)u=0.$$

由于 r_1 是特征方程(8.39)的二重根,所以 $r_1^2+pr_1+q=0$,且 $2r_1+p=0$,于是得

$$u''=0.$$

因为只需要得到一个非常数函数,所以可取 $u=x$,此时得方程(8.38)的另一个解

$$y_2=xe^{r_1x}.$$

从而方程(8.38)的通解为

$$y=c_1e^{r_1x}+c_2xe^{r_1x}.$$

(3) 特征方程是一对共轭复根 $r_1=\alpha+i\beta, r_2=\alpha-i\beta(\beta\neq0)$.

这时 $y_1=e^{(\alpha+i\beta)x}, y_2=e^{(\alpha-i\beta)x}$是方程(8.38)的两个解,但他们是复值函数,为了得到实值函数,可利用欧拉公式 $e^{i\theta}=\cos\theta+i\sin\theta$ 将 y_1, y_2 改写为

$$y_1=e^{\alpha x}e^{i\beta x}=e^{\alpha x}(\cos\beta x+i\sin\beta x),$$
$$y_2=e^{\alpha x}e^{-i\beta x}=e^{\alpha x}(\cos\beta x-i\sin\beta x).$$

由上节定理 7 知 $y=e^{\alpha x}\cos\beta x, y=e^{\alpha x}\sin\beta x$ 也是方程(8.38)的解,且它们线性无关,所以得方程(8.38)的通解为

$$y=e^{\alpha x}(c_1\cos\beta x+c_2\sin\beta x).$$

综上所述,求二阶常系数齐次线性微分方程(8.38)的通解的一般步骤如下:

第一步,写出方程(8.38)的特征方程(8.39);

第二步,求出特征根;

第三步,根据特征根的形式按上述三种情况写出其通解.

例 1 求微分方程 $y''-3y'+2y=0$ 的通解,并求满足初值条件 $y(0)=1, y'(0)=-1$ 的特解.

解 其特征方程为 $r^2-3r+2=0$,特征根为 $r_1=1, r_2=2$,所以所求通解为

$$y=c_1e^x+c_2e^{2x}.$$

将初值条件 $y(0)=1, y'(0)=-1$ 代入 $y=c_1e^x+c_2e^{2x}$ 和 $y'=c_1e^x+2c_2e^{2x}$ 得 $c_1+c_2=1, c_1+2c_2=-1$,解得

$$c_1=3,\quad c_2=-2,$$

所以所求特解为

$$y=3e^x-2e^{2x}.$$

例 2 求微分方程 $y''-4y'+4y=0$ 的通解.

解 其特征方程为 $r^2-4r+4=0$,特征根为两个相同的实根 $r_1=r_2=2$,所以通解为 $y=c_1e^{2x}+c_2xe^{2x}$.

例 3 求微分方程 $y''+2y'+5y=0$ 的通解.

解 其特征方程为 $r^2+2r+5=0$,特征根为一对共轭复根 $r_{1,2}=-1\pm3i$,所以通解为 $y=e^{-x}(c_1\cos3x+c_2\sin3x)$.

例 4 求以 $y=3\mathrm{e}^{x}\cos 2x$ 为一个特解的二阶常系数齐次线性微分方程.

解 由特解形式知 $1\pm 2\mathrm{i}$ 是特征根,由韦达定理可得特征方程为 $\lambda^{2}-2\lambda+5=0$,故所求微分方程为 $y''-2y'+5y=0$.

8.7.2 n 阶常系数齐次线性微分方程的解法

上面关于二阶常系数齐次线性微分方程的方法和结果可以推广到 n 阶常系数齐次线性微分方程上去,简单叙述如下:

n 阶常系数齐次线性微分方程的一般形式为

$$y^{(n)}+a_1y^{(n-1)}+a_2y^{(n-2)}+\cdots+a_{n-1}y'+a_ny=0, \tag{8.40}$$

其中 $a_1,a_2,\cdots,a_n$ 都是常数.

同样去寻找形如 $y=\mathrm{e}^{rx}$的解,为此将 $y=\mathrm{e}^{rx},y'=r\mathrm{e}^{rx},\cdots,y^{(n)}=r^n\mathrm{e}^{rx}$代入方程(8.40)得其特征方程为

$$r^n+a_1r^{n-1}+a_2r^{n-2}+\cdots+a_{n-1}r+a_n=0. \tag{8.41}$$

特征根有以下四种情况,所对应的微分方程(8.40)的解有下面四种结果:

1. r 是实单根,对应方程(8.40)有一解 $y=\mathrm{e}^{rx}$.
2. r 是 k 重实根,对应方程(8.40)有 k 个线性无关解 $y_1=\mathrm{e}^{rx},y_2=x\mathrm{e}^{rx},\cdots,y_k=x^{k-1}\mathrm{e}^{rx}$.
3. r 是一对单复根,设 $r=\alpha\pm\mathrm{i}\beta$,对应方程(8.40)有两个解 $y_1=\mathrm{e}^{\alpha x}\cos\beta x,y_2=\mathrm{e}^{\alpha x}\sin\beta x$.
4. r 是一对 k 重复根,设 $r=\alpha\pm\mathrm{i}\beta$,对应方程(8.40)有 $2k$ 个解

$$y=\mathrm{e}^{\alpha x}\cos\beta x,\quad y=x\mathrm{e}^{\alpha x}\cos\beta x,\quad \cdots,\quad y=x^{k-1}\mathrm{e}^{\alpha x}\cos\beta x,$$
$$y=\mathrm{e}^{\alpha x}\sin\beta x,\quad y=x\mathrm{e}^{\alpha x}\sin\beta x,\quad \cdots,\quad y=x^{k-1}\mathrm{e}^{\alpha x}\sin\beta x.$$

例 5 求微分方程 $y^{(4)}-2y'''+5y''=0$ 的通解

解 其特征方程为 $r^4-2r^3+5r^2=0$,特征根为 $r_1=r_2=0,r_{3,4}=1\pm 2\mathrm{i}$,所以通解为 $y=c_1+c_2x+c_3\mathrm{e}^{x}\cos 2x+c_4\mathrm{e}^{x}\sin 2x$.

习 题 8.7

1. 求下列微分方程的通解:

(1) $y''+y'-2y=0$;　　(2) $y''-4y'=0$;

(3) $y''-4y'+4y=0$;　　(4) $y''+y=0$;

(5) $9y''+6y'+y=0$;　　(6) $y''-6y'+25y=0$;

(7) $y^{(4)}+2y''+y=0$;　　(8) $y'''-3ay''+3a^2y'-a^3y=0$.

2. 求下列微分方程满足初值条件的特解:

(1) $y''-10y'=0,y(0)=0,y'(0)=1$;　　(2) $4y''+4y'+y=0,y(0)=2,y'(0)=0$;

(3) $y''-3y'-4y=0,y(0)=0,y'(0)=-5$;　　(4) $y''+25y=0,y(0)=2,y'(0)=5$.

3. 已知 $1,-3+2\mathrm{i}$ 分别是常系数齐次线性微分方程的特征方程的二重根和单根,写出满足此条件的四阶线性微分方程并求其通解.

4. 已知某二阶常系数齐次线性微分方程的通解为 $y=c_1\mathrm{e}^{x}+c_2\mathrm{e}^{5x}$,写出该方程.

8.8　常系数非齐次线性微分方程的解法

已知常系数齐次线性微分方程通解的求法,由线性方程通解的结构定理,现在求解常系数非齐次线性微分方程只需再求其一个特解即可. 本节重点介绍两类二阶常系数非齐次线性微分方程特解的求法.

二阶常系数非齐次线性微分方程的一般形式为

$$y''+py'+qy=f(x), \tag{8.42}$$

其中 p,q 均是常数,$f(x)$ 是已知的连续函数.

8.8.1　$f(x)=P(x)\mathrm{e}^{\lambda x}$,$\lambda$ 是常数,$P(x)$ 是已知的 m 次多项式

求方程(8.42)的解即求一个函数,将其代入方程的左端与右端使其相等,右端是多项式函数与指数函数的乘积,而多项式函数与指数函数的乘积的各阶导数仍是多项式函数和指数函数的乘积,因此推测形如多项式函数和指数函数乘积的函数有可能是方程(8.42)的特解. 不妨设

$$y^{*}=Q(x)\mathrm{e}^{\lambda x},$$

其中 $Q(x)$ 是多项式函数.

将 y^{*} 及其一阶和二阶导数代入方程(8.42)并约去 $\mathrm{e}^{\lambda x}$ 得

$$[Q''(x)+2\lambda Q'(x)+\lambda^{2}Q(x)]+p[Q'(x)+\lambda Q(x)]+qQ(x)=P(x),$$

即

$$Q''(x)+(2\lambda+p)Q'(x)+(\lambda^{2}+p\lambda+q)Q(x)=P(x).$$

下面分三种情况讨论确定 $Q(x)$:

(1) λ 不是方程(8.38)的特征根,即 $\lambda^{2}+p\lambda+q\neq0$,则 $Q(x)$ 应是一个 m 次多项式,即 $Q(x)=a_{0}x^{m}+a_{1}x^{m-1}+\cdots+a_{m-1}x+a_{m}$,代入方程(8.42),比较左右两端 x 同次幂的系数可求得 $a_{0},a_{1},\cdots,a_{m}$,从而得所求特解.

(2) λ 是方程(8.38)的特征单根,即 $\lambda^{2}+p\lambda+q=0$,但 $2\lambda+p\neq0$,则 $Q'(x)$ 应是一个 m 次多项式,此时可设 $Q(x)=x(a_{0}x^{m}+a_{1}x^{m-1}+\cdots+a_{m-1}x+a_{m})$,并可用与上同样的方法确定出 $Q(x)$,从而得所求特解.

(3) λ 是方程(8.38)的二重特征根,即 $\lambda^{2}+p\lambda+q=0$,且 $2\lambda+p=0$,则 $Q''(x)$ 应是一个 m 次多项式,此时可设 $Q(x)=x^{2}(a_{0}x^{m}+a_{1}x^{m-1}+\cdots+a_{m-1}x+a_{m})$,并可用与上同样的方法确定出 $Q(x)$,从而得所求特解.

综上所述,方程(8.42)有形为

$$y^{*}=x^{k}Q_{m}(x)\mathrm{e}^{\lambda x}$$

的特解,其中,$Q_{m}(x)$ 是与 $P(x)$ 同次的多项式,而 k 按 λ 不是特征根、是特征单根或是二重特征根依次取为 0、1 或 2.

例 1　求微分方程 $y''+2y'-3y=3x-5$ 的通解.

解　特征方程为 $r^{2}+2r-3=0$,特征根为

$$r_1=1,\quad r_2=-3.$$

由于 $\lambda=0$ 不是特征根,故方程有特解

$$y^*=ax+b,$$

将其代入方程得 $-3ax+2a-3b=3x-5$,比较同次幂系数得

$$a=-1,\quad b=1,$$

故所给方程的通解为

$$y=c_1\mathrm{e}^x+c_2\mathrm{e}^{-3x}-x+1.$$

典型例题求解

常系数非齐次线性微分方程的求解

例 2　求微分方程 $y''-5y'+6y=3\mathrm{e}^{2x}$ 的通解.

解　特征方程为 $r^2-5r+6=0$,特征根为

$$r_1=2,\quad r_2=3,$$

由于 $\lambda=2$ 是特征单根,故方程有特解

$$y^*=ax\mathrm{e}^{2x},$$

将其代入方程得 $a=-3$,故所给方程的通解为

$$y=c_1\mathrm{e}^{2x}+c_2\mathrm{e}^{3x}-3x\mathrm{e}^{2x}.$$

8.8.2　$f(x)=[P(x)\cos\beta x+Q(x)\sin\beta x]\mathrm{e}^{\alpha x}$,$\alpha,\beta$ 是常数,$P(x)$,$Q(x)$ 是多项式

此时方程有特解 $y^*=x^k[A(x)\cos\beta x+B(x)\sin\beta x]\mathrm{e}^{\alpha x}$,其中,$A(x)$,$B(x)$ 是 m 次多项式,m 是 $P(x)$,$Q(x)$ 二者中次数的最大值,而 k 按 $\alpha+\mathrm{i}\beta$ 不是特征根、是特征单根依次取 0 或 1.

证明从略.

例 3　求微分方程 $y''+4y=3\cos x$ 的通解.

解　特征方程为 $r^2+4=0$,特征根为 $r_1=2\mathrm{i}$,$r_2=-2\mathrm{i}$,由于 $\lambda=\mathrm{i}$ 不是特征根,故方程有特解 $y^*=a\cos x+b\sin x$,将其代入方程得 $a=1$,$b=0$,故所给方程的通解为 $y=c_1\cos 2x+c_2\sin 2x+\cos x$.

习　题　8.8

1. 求下列微分方程的通解:

(1) $y''-7y'+12y=3x$;

(2) $y''-6y'+8y=8x$;

(3) $y''-2y'+y=x\mathrm{e}^x$;

(4) $2y''+5y'=5x^2-2x-1$;

(5) $y''+4y=x\cos x$;

(6) $y''+y=3\sin 2x$;

(7) $y''+y'-2y=8\cos 2x$;

(8) $y''-3y'=x+\cos x$.

2. 求下列微分方程的特解:

(1) $y''-10y'+9y=\mathrm{e}^{2x}$,$y(0)=\dfrac{6}{7}$,$y'(0)=\dfrac{33}{7}$;

(2) $y''+2y'=3$,$y(0)=1$,$y'(0)=0$;

(3) $y''+4y=\sin 2x$,$y(0)=0$,$y'(0)=2$;

(4) $y''-y=x\mathrm{e}^x$,$y(0)=0$,$y'(0)=4$.

3. 设函数 $y(x)$ 满足 $y''-3y'+2y=2\mathrm{e}^x$,且图形在(0,1)处的切线与曲线 $y=x^2-x+1$ 在该点的切线重合,求 $y(x)$.

8.9 欧拉方程

一般来说,变系数线性微分方程是不容易求解的,但是某些特殊的变系数线性微分方程可以通过适当的变量变换将其化为可以求解的方程,欧拉方程就是其中之一.

以二阶欧拉方程为例,形如

$$x^2\frac{\mathrm{d}^2y}{\mathrm{d}x^2}+p_1x\frac{\mathrm{d}y}{\mathrm{d}x}+p_2y=0 \tag{8.43}$$

的微分方程称为欧拉方程,其中 p_1,p_2 为常数. 此方程可以经过变换化为常系数齐次线性微分方程.

事实上,作变换 $x=\mathrm{e}^t$ 即 $t=\ln x$(这里仅考虑 $x>0$ 的情形,当 $x<0$ 时作变换 $x=-\mathrm{e}^t$ 即可).

由复合函数求导公式得

$$\frac{\mathrm{d}y}{\mathrm{d}x}=\frac{\mathrm{d}y}{\mathrm{d}t}\frac{\mathrm{d}t}{\mathrm{d}x}=\mathrm{e}^{-t}\frac{\mathrm{d}y}{\mathrm{d}t},$$

$$\frac{\mathrm{d}^2y}{\mathrm{d}x^2}=\frac{\mathrm{d}}{\mathrm{d}t}\left(\mathrm{e}^{-t}\frac{\mathrm{d}y}{\mathrm{d}t}\right)\frac{\mathrm{d}t}{\mathrm{d}x}=\mathrm{e}^{-2t}\left(\frac{\mathrm{d}^2y}{\mathrm{d}t^2}-\frac{\mathrm{d}y}{\mathrm{d}t}\right).$$

将上述关系代入方程(8.43)得二阶常系数齐次线性微分方程 $\frac{\mathrm{d}^2y}{\mathrm{d}t^2}+(p_1-1)\frac{\mathrm{d}y}{\mathrm{d}t}+p_2y=0$,求出该方程的解,设为 $y=y(t)$,于是 $y=y(\ln|x|)$是欧拉方程(8.43)的解.

例 1　求解方程 $x^2\frac{\mathrm{d}^2y}{\mathrm{d}x^2}-x\frac{\mathrm{d}y}{\mathrm{d}x}+y=0.$

解　作变换 $x=\mathrm{e}^t$,原方程化为

$$\frac{\mathrm{d}^2y}{\mathrm{d}t^2}-2\frac{\mathrm{d}y}{\mathrm{d}t}+y=0.$$

其特征方程为 $\lambda^2-2\lambda+1=0$,$\lambda=1$ 为二重特征根,$y=\mathrm{e}^t$,$y=t\mathrm{e}^t$ 为其两个线性无关的解. 所以 $y=x$,$y=x\ln|x|$ 为原方程的两个线性无关的解,故原方程的通解为

$$y=c_1x+c_2x\ln|x|.$$

例 2　求解方程 $x^2\frac{\mathrm{d}^2y}{\mathrm{d}x^2}+x\frac{\mathrm{d}y}{\mathrm{d}x}-4y=x.$

解　作变换 $x=\mathrm{e}^t$,原方程化为

$$\frac{\mathrm{d}^2y}{\mathrm{d}t^2}-4y=\mathrm{e}^t,$$

可求得其通解为

$$y=c_1\mathrm{e}^{2t}+c_2\mathrm{e}^{-2t}-\frac{1}{3}\mathrm{e}^t,$$

于是原方程的通解为

$$y=c_1x^2+c_2x^{-2}-\frac{1}{3}x.$$

习 题 8.9

求欧拉方程的通解：

(1) $x^2y''+2xy'-2y=0$；

(2) $x^2y''-xy'+y=0$；

(3) $x^2y''-4xy'+4y=0$；

(4) $x^2y''-2xy'+2y=\ln^2 x-2\ln x$；

(5) $x^2y''+xy'-4y=x^3$.

8.10 微分方程的应用

微分方程在数学领域中处于重要地位，主要是因为许多实际问题的研究最终归结于求解微分方程. 它已成为当今科学研究不可或缺的工具，广泛应用于物理、化学、生物、经济等各个领域. 本节就微分方程的应用作一简单介绍.

8.10.1 一阶微分方程应用举例

例 1 已知一放射材料以与当前的质量成正比的速度衰减，最初有 50 mg 的材料，两个小时后减少了 10%，求：

(1) 在任何时刻 t 该材料的质量的表达式；

(2) 4 个小时后材料的质量；

(3) 在何时材料质量比最初减半？

解 (1) 记 $N(t)$ 为在任意时刻 t 材料的质量，则根据题目所给条件 $N(t)$ 应满足微分方程

$$\frac{\mathrm{d}N}{\mathrm{d}t}=kN,$$

其中 k 是待定常数. 该方程为变量分离方程，其解为

$$N=c\mathrm{e}^{kt}.$$

由条件 $N(0)=50$，可得 $c=50$，又 $N(2)=50-50\times10\%=45$，解得

$$k=\frac{1}{2}\ln\frac{45}{50}=-0.053.$$

则得到在任意时刻 t 该材料的质量为 $N=50\mathrm{e}^{-0.053t}$.

(2) 当 $t=4$ 时，材料的质量为

$$N(4)=50\mathrm{e}^{-0.053\times4}=50\times0.809=40.5\ (\mathrm{mg}).$$

(3) 我们要求时刻 t，使得 $N=\frac{50}{2}=25$. 将 $N=25$ 代入 $N=50\mathrm{e}^{-0.053t}$ 解得 $t=13(\mathrm{h})$，即 13 小时后质量减半.

例 2 我们知道，当机场跑道的长度不够时，经常使用减速伞作为飞机的减速装置. 减速伞的应用原理是，在飞机接触跑道开始着陆时，由飞机尾部张开减速伞，利用空气对伞的阻力来减少飞机的滑跑距离，通常情况下阻力与飞机的速度成正比，以保障飞机在较短的跑道上安全着陆. 请解决下列两个问题：

（1）一架重 4.5×10^3 kg 的歼击机以每小时 600 km 的速度开始着陆，在减速伞的作用下滑跑 500 m 后速度减为每小时 100 km. 问减速伞的阻力系数是多少？

（2）对于重 9×10^3 kg 的轰炸机以每小时 700 km 的速度开始着陆，机场跑道为 1 500 m，问轰炸机能否安全着陆？

解　设飞机质量为 m，着陆速度为 v_0，滑跑距离为 $x(t)$，减速伞的阻力系数为 k，则根据牛顿第二定律，可得出运动方程为

$$m\frac{\mathrm{d}v}{\mathrm{d}t}=-kv.$$

求解上述微分方程，可得

$$v(t)=v_0\mathrm{e}^{-\frac{k}{m}t},$$

同时由运动方程可得

$$m\frac{\mathrm{d}v}{\mathrm{d}t}=m\frac{\mathrm{d}v}{\mathrm{d}x}\cdot\frac{\mathrm{d}x}{\mathrm{d}t}=mv\frac{\mathrm{d}v}{\mathrm{d}x}=-kv,$$

因此$\frac{\mathrm{d}v}{\mathrm{d}x}=-\frac{k}{m}$，解该微分方程，得到 $v(t)$ 与 $x(t)$ 的关系为

$$v-v_0=-\frac{k}{m}x.$$

（1）将 $v_0=600$ km/h，$x=500$ m，$v=100$ km/h，$m=4.5\times10^3$ kg 代入上式可得阻力系数为 $k=4.5\times10^6$ kg/h；

（2）将 $v(t)=v_0\mathrm{e}^{-\frac{k}{m}t}$代入 $v-v_0=-\frac{k}{m}x$，可得 $x(t)$ 随 t 的变化关系为

$$x(t)=\frac{mv_0}{k}\left(1-\mathrm{e}^{-\frac{k}{m}t}\right).$$

根据问题 2 及问题 1 的结果计算可得安全着陆距离为 1 400 m，因此跑道长度能保障飞机安全着陆.

例 3　设商品的价格 p 由供求关系决定，供给量 q_s 与需求量 q_d 均是价格 p 的线性函数：

$$\begin{cases}q_s=-a+bp,\\ q_d=m-np,\end{cases}\quad a,b,m,n\text{ 为正常数},$$

当供求平衡时，均衡价格为 $p^*=\frac{a+m}{b+n}$，若价格 p 是时间 t 的函数，且在时刻 t，价格对时间的变化率与此时的过剩需求量 q_d-q_s 成正比，初始价格为 p_0. 试求价格与时间函数的关系.

解　由题设有

$$\frac{\mathrm{d}p}{\mathrm{d}t}=k(q_d-q_s)\quad(k\text{ 为比例常数}),$$

代入得

$$\frac{\mathrm{d}p}{\mathrm{d}t}=k(m-np+a-bp),$$

即

$$\frac{\mathrm{d}p}{\mathrm{d}t}+k(n+b)p=k(m+a),$$

这是一阶线性非齐次方程，通解为

$$p=Ce^{-k(n+b)t}+p^*.$$

再由初值条件 $p(0)=p_0$，得 $C=p_0-p^*$，则所求价格与时间函数的关系为

$$p=(p_0-p^*)e^{-k(n+b)t}+p^*.$$

8.10.2 高阶微分方程应用举例

例 4 一质量为 m 的潜水艇从水面由静止状态开始下降，所受阻力与下降速度成正比（比例系数为 k），求潜水艇下降深度 x 与时间 t 的函数关系.

解 潜水艇下降过程中受到重力 mg 与阻力 $-k\dfrac{dx}{dt}$ 的作用，于是运动方程为

$$mg-k\frac{dx}{dt}=m\frac{d^2x}{dt^2},$$

即

$$m\frac{d^2x}{dt^2}+k\frac{dx}{dt}=mg. \tag{8.44}$$

这是二阶非齐次线性方程，对应齐次方程的特征方程为

$$m\lambda^2+k\lambda=0,$$

特征根为 $\lambda=0,\lambda=-\dfrac{k}{m}$，故对应齐次方程的通解为

$$x=c_1+c_2e^{-\frac{k}{m}t}. \tag{8.45}$$

由于非齐次项 $f(x)=mg$，0 是特征单根，故方程（8.44）的特解设为

$$\tilde{x}=At,$$

代入方程（8.44）得 $A=\dfrac{mg}{k}$，从而特解为

$$\tilde{x}=\frac{mg}{k}t. \tag{8.46}$$

由式（8.45）、（8.46）知方程（8.44）的通解为

$$x=c_1+c_2e^{-\frac{k}{m}t}+\frac{mg}{k}t. \tag{8.47}$$

依题意，当 $t=0$ 时 $x(0)=0,x'(0)=0$，代入式（8.47）中有

$$x(0)=c_1+c_2=0,$$

$$x'(0)=\left(-\frac{k}{m}c_2e^{-\frac{k}{m}t}+\frac{mg}{k}\right)\bigg|_{t=0}=0,$$

解出 $c_1=-\dfrac{m^2g}{k^2},c_2=\dfrac{m^2g}{k^2}$. 于是得到潜水艇下降深度 x 与时间 t 的函数关系是

$$x(t)=-\frac{m^2g}{k^2}(1-e^{-\frac{k}{m}t})+\frac{mg}{k}t.$$

例 5 一质量为 m 的物体，自高为 h 处以水平速度 v_0 抛射，设空气阻力与速度成正比，求物体的运动轨迹.

解　由于运动是平面上的曲线运动,为便于应用牛顿第二定律,将运动分解为铅直方向的运动和水平方向的运动,建立直角坐标系(图 8.1).

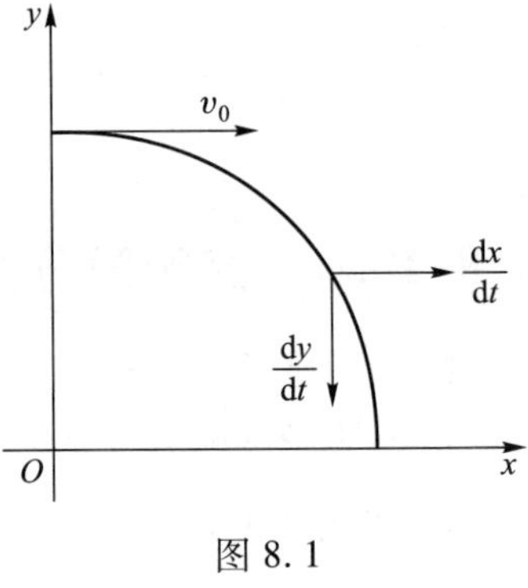

图 8.1

设在时刻 t,物体位于 $p(x(t),y(t))$ 处,物体的运动分解为 x 轴方向和 y 轴方向,则 x 轴方向的速度为$\frac{\mathrm{d}x}{\mathrm{d}t}$,$y$ 轴方向的速度为$\frac{\mathrm{d}y}{\mathrm{d}t}$,$x$ 轴方向的受力为阻力$-k\frac{\mathrm{d}x}{\mathrm{d}t}$(比例系数 $k>0$,负号表示阻力方向与速度方向相反),y 轴方向的受力为重力$-mg$ 和阻力$-k\frac{\mathrm{d}y}{\mathrm{d}t}$. 于是由牛顿第二定律并考虑初值条件,物体在 x 轴方向和 y 轴方向的运动方程分别为如下初值问题:

$$\begin{cases} m\frac{\mathrm{d}^2x}{\mathrm{d}t^2}=-k\frac{\mathrm{d}x}{\mathrm{d}t}, \\ x(0)=0, \quad x'(0)=v_0; \end{cases} \tag{8.48}$$

$$\begin{cases} m\frac{\mathrm{d}^2y}{\mathrm{d}t^2}=-k\frac{\mathrm{d}y}{\mathrm{d}t}-mg, \\ y(0)=h, \quad y'(0)=0. \end{cases} \tag{8.49}$$

式(8.48)是二阶常系数齐次线性微分方程,其通解为

$$x=c_1+c_2\mathrm{e}^{-\frac{k}{m}t}.$$

代入初值条件得 $c_1=-c_2=\frac{mv_0}{k}$,故初值问题(8.48)的解,即物体在 x 轴方向的运动方程为

$$x=\frac{mv_0}{k}(1-\mathrm{e}^{-\frac{k}{m}t}).$$

式(8.49)是二阶常系数非齐次线性微分方程,其对应齐线性方程通解为

$$y=c_1+c_2\mathrm{e}^{-\frac{k}{m}t},$$

易求得方程(8.49)的一个特解为$-\frac{mg}{k}t$,故其通解为

$$x=c_1+c_2\mathrm{e}^{-\frac{k}{m}t}-\frac{mg}{k}t.$$

代入初值条件得 $c_1=h+\frac{m^2g}{k^2}$,$c_2=-\frac{m^2g}{k^2}$,故初值问题(8.49)的解,即物体在 y 轴方向的运动方程为

$$y=h-\frac{mg}{k}+\frac{m^2g}{k^2}(1-\mathrm{e}^{-\frac{k}{m}t}).$$

总习题八

1. 求下列方程的通解:

(1) $x\mathrm{d}y=y(1+\ln y-\ln x)\mathrm{d}x$;　　(2) $(y^2-x)\frac{\mathrm{d}y}{\mathrm{d}x}=y$;

(3) $x\mathrm{d}x+y\mathrm{d}y+x^2\mathrm{d}y+2xy\mathrm{d}x=0$；　　(4) $y''+2y'-2y=\mathrm{e}^{2x}$；

(5) $y''+4y=3\sin x$.

2. 求以下列各式所表示的函数为通解的微分方程：

(1) $(x+c)^2+y^2=1$；　　(2) $y=c_1\mathrm{e}^x+c_2x\mathrm{e}^x$.

3. 设$f(x)$二阶连续可导且$f(0)=f'(0)=1$，求$f(x)$使方程$[5\mathrm{e}^{2x}-f(x)]y\mathrm{d}x+[f'(x)-\sin y]\mathrm{d}y=0$为全微分方程，并求该方程的通解.

4. 求 $xy'+(1-x)y=\mathrm{e}^{2x}(0<x<+\infty)$ 满足$\lim\limits_{x\to0^+}y(x)=1$ 的特解.

5. 设$f(x)$在$x=0$处可导，且$f'(0)=2$，对任意x,y有$f(x+y)=\mathrm{e}^xf(y)+\mathrm{e}^yf(x)$，求$f(x)$.

6. 设一曲线过点$(4,-1)$，且曲线上任意一点P处的切线与x轴交点为Q，线段PQ被y轴平分，求该曲线方程.

7. 设$F(x)=f(x)g(x)$，其中函数$f(x),g(x)$在$(-\infty,+\infty)$内满足以下条件：$f'(x)=g(x)$，$g'(x)=f(x)$且$f(0)=0$，$f(x)+g(x)=2\mathrm{e}^x$. 求：

(1) $F(x)$所满足的一阶微分方程；

(2) $F(x)$的表达式.

8. 设二阶线性微分方程$y''+p(x)y'=f(x)$有一特解$y_0=x^2$，其对应的齐次方程有一特解$y_1=\mathrm{e}^x$，求：

(1) $p(x),f(x)$的表达式；

(2) 二阶微分方程的通解.

9. 已知$y=f(x)$所确定曲线与x轴相切于原点，且满足$f(x)=2+\sin x-f''(x)$，试求$f(x)$.

10. 设函数$\varphi(x)$连续，且满足$\varphi(x)=\mathrm{e}^x+\int_0^x t\varphi(t)\mathrm{d}t-x\int_0^x\varphi(t)\mathrm{d}t$，求$\varphi(x)$.

11. 设摩托艇以5 m/s的速度在静水上运动，全速时停止了发动机，过了20 s后，摩托艇的速度减至$v_1=3$ m/s，确定发动机停止2 min后摩托艇的速度，假定水的阻力与摩托艇的运动速度成正比.

读一读

微分方程来源于对自然法则的表述. 科学家在揭示自然规律过程中，需要用函数关系来描述物质运动和它的变化规律. 因此就需要寻求满足某些条件的一个或者几个未知函数，解决过程要用到微分和导数的知识. 例如牛顿运动方程、热传导方程、弦振动方程、波动方程等.

莱布尼茨首先提出了“微分方程”一词，在1684年的论文中公开使用. 他提出了一阶常微分方程的一般性解题思路，引进了变量分离方法. 1696年雅科布·伯努利、莱布尼茨分别独立得到了“伯努利方程”的解法. 欧拉(Euler,1707—1783)对于研究一般性问题率先做出了开创性贡献，于1743年完整解决了一般的常系数线性齐次方程的问题；1767年拉格朗日系统地发展了常数变易法，从而完全解决了常系数线性方程的问题.

自测题8

附录 I　MATLAB 概要

MATLAB 以矩阵作为基本数据单位,在线性代数、数理统计、自动控制、数字信号处理、动态系统仿真等方面已经成为首选工具,同时也是科研工作人员和大学生、研究生进行科学研究的得力工具.本附录将简要介绍 MATLAB 语言的基本知识.

MATLAB 操作窗口如图 I.1 所示:

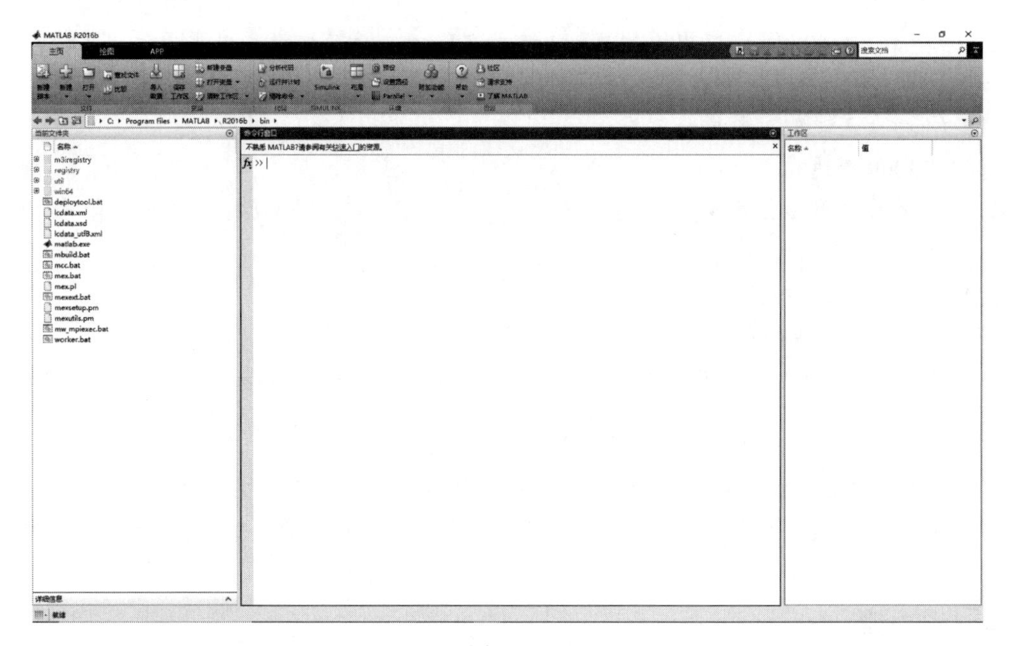

图 I.1

Command Window 是进行各种 MATLAB 操作的最主要的窗口,各种运行的指令、函数、表达式都在 Command Window 中输入.

一、向量和矩阵的生成

1. 向量的生成

(1) 逐个输入元素生成向量

如 a=[0.2,pi,-1,sin(pi/3),exp(-5)].

(2) 使用冒号生成向量

例 1　生成一个从 0 到 2 的行向量,步长为 0.5.

```
>>a=0:0.5:2
```

```
a =

  0   0.5000   1.0000   1.5000   2.0000
```

(3) 使用 MATLAB 函数生成向量

linspace(a,b,n) 以 a,b 为左右端点,生成线性等间隔 n 维向量;

logspace(a,b,n) 以 a,b 为左右端点,生成对数等间隔 n 维向量.

2. 矩阵的生成

(1) 直接输入

矩阵输入应遵循以下规则:

- 矩阵元素应用方括号“[ ]”括住.
- 每行内的元素间用逗号“,”或空格隔开.
- 行与行之间用分号“;”或回车键隔开.

例 2 利用直接输入法创建矩阵

$$\boldsymbol{A}=\begin{bmatrix}1&2&3\\4&5&6\\7&8&9\end{bmatrix}.$$

```
>>A=[1 2 3;4 5 6;7 8 9]

A =

     1     2     3
     4     5     6
     7     8     9
```

(2) 利用矩阵编辑器

具体方法如下:

- 单击工作空间(Workspace)的图标,便在工作空间生成一个名为unnamed 的变量.
- 双击 unnamed 变量产生一个界面——矩阵编辑器.
- 输入数据后按 Enter 键,使矩阵元素数据保存在变量 unnamed 中.
- 在工作空间浏览器中把变量名 unnamed 修改成所需名称.

(3) 利用 MATLAB 矩阵函数生成特殊矩阵

常用矩阵函数如下所示:

函数名称	生成矩阵	函数名称	生成矩阵
eye (n)	n 阶单位矩阵	ones (size (A))	与矩阵 $\boldsymbol{A}$ 同阶的全 1 矩阵
eye (m,n)	$m\times n$ 的单位矩阵	diag (A)	矩阵 $\boldsymbol{A}$ 的对角部分
zeors (n)	n 阶零矩阵	triu (A)	矩阵 $\boldsymbol{A}$ 的上三角部分
zeors (m,n)	$m\times n$ 的零矩阵	tril (A)	矩阵 $\boldsymbol{A}$ 的下三角部分
ones (m,n)	$m\times n$ 的全 1 矩阵	rand (m,n)	$m\times n$ 的随机矩阵

(4) 用矩阵下标修改矩阵元素、调用子矩阵

例 3　>>A=[1　2　3　4;5　6　7　8;9　10　11　12;13　14　15　16]

```
A =

    1    2    3    4
    5    6    7    8
    9   10   11   12
   13   14   15   16
     >>A(2,3)=A(1,1)+A(3,2)
A =

    1    2    3    4
    5    6   11    8
    9   10   11   12
   13   14   15   16
```

可用矩阵下标得到子矩阵. 例如,设 ***A*** 为例 1.3 中的矩阵,则

A(:,3)　　　　　　为 A 的第 3 列元素构成的列向量;

A(1:3,2)　　　　　为 A 的前 3 行的第二列元素构成的行向量;

A([1 3 4],[2,4])为 A 的第 1,3,4 行,第 2,4 列元素构成的子矩阵.

二、与高等数学有关的函数库

MATLAB 提供了大量的数学函数,这里只列出常用的与高等数学有关的函数.

1. 常用基本函数

函数符号	名称	函数符号	名称
sin(x)	正弦函数	asin(x)	反正弦函数
cos(x)	余弦函数	acos(x)	反余弦函数
tan(x)	正切函数	atan(x)	反正切函数
cot(x)	余切函数	acot(x)	反余切函数
sinh(x)	双曲正弦函数	asinh(x)	反双曲正弦函数
abs(x)	绝对值	sum(x)	求和
max(x)	最大值	min(x)	最小值
sqrt(x)	开算术平方	exp(x)	以 e 为底的指数
log(x)	自然对数	log10(x)	以 10 为底的对数
ceil(x)	比 x 大的最小整数	floor(x)	比 x 小的最大整数

2. 相关运算函数

函数名	函数功能
x=sym('x')	建立符号变量 x
syms x y z	建立多个符号变量 x,y,z
y=compose(f,g)	输出 $y=f(u)$ 和 $u=g(x)$ 的复合函数
g=finverse(f)	输出 $y=f(x)$ 的反函数
limit(f,x,a)	返回当符号变量 $x\to a$ 时,符号表达式 $f(x)$ 的极限
limit(f,x,a,'left')	返回函数 f 在符号变量 x 趋于 a 时的左极限
diff(f(x))	求函数 $f(x)$ 的一阶导数
diff(f(x),n)	求函数 $f(x)$ 的 n 阶导数
diff(f(x,y),x)	求函数 $f(x,y)$ 对变量 x 的偏导数
fminbnd(f,x1,x2)	求函数 f 在区间[$x1,x2$]上的极小值
int(f,t)	求函数 f 关于变量 t 的不定积分
int(f,t,a,b)	求函数 f 关于变量 t 的从 a 到 b 的定积分
symsum(S)	求通项为 S 的级数的和
symsum(S,a,b)	求从第 a 项到第 b 项通项为 S 的级数的和
taylor(f,t,n,a)	依泰勒公式将函数 f 在自变量 $t=a$ 处展开到第 n 项
y=dsolve('eqn','var')	求常微分方程 *eqn* 的解,其中自变量为 *var*
y=dsolve('eqn','cond1','cond2',…,'condn','var')	求常微分方程 *eqn* 满足初值条件为 *cond1*,*cond2*,…,*condn* 的解,其中自变量为 *var*

三、MATLAB 程序设计

1. 输入输出函数

(1) input 命令提示用户从键盘输入数据.

例 4　>>x=input('please enter x:')

```
please enter x:[0.5  -1  0.7]

x =

    0.5000   -1.0000    0.7000
```

(2) disp 命令显示变量或字符串内容无"x="或者"ans=".

例 5　>>disp(x)

```
    0.5000   -1.0000    0.7000
```

(3) fprintf 命令能够以加后缀的方式显示不同的格式.

fprintf 常用的类型说明符和特殊符如下所示:

类型符	类型	字符	含义
%c	字符型	\n	换行
%s	字符串型	\t	跳到下一个 Tab 位置
%d	十进制整型	\r	回车
%f	浮点型	\f	换页
%e	十进制指数型	%%	%

例 6　>>fprintf('x(1) is %6.5f\n x(2) is %5.2f',x(1),x(3))

x(1)is　0.50000

x(2)is　0.70>>

2. M 文件

如果要一次执行大量的 MATLAB 命令,可将这些命令编写成 M 文件,且以.m 为文件名后缀.在 MATLAB 命令提示符下输入文件名和相关参数即可运行 M 文件,也可以在其他 M 文件中调用这个文件.

M 文件有两种形式:命令文件和函数文件.

要创建 M 文件,点击菜单项 File_New_M-File 就可进入 M 文件编辑器(Editor),编写文件后,Save 并输入文件名即可.

(1) 命令文件

- 命令文件运行产生的变量都保存在 MATLAB 的工作空间中,可以查看这些变量;在命令窗口中运行的命令都可以使用这些变量.
- 命令文件的命令可以使用工作空间的所有数据.为避免工作空间和命令文件中的同名变量互相覆盖,一般在命令文件的开头使用"clear"命令清除工作空间的变量.

例 7　设 $\boldsymbol{a}=(1,1,1)$,$\boldsymbol{b}=(1,2,3)$,编写 M 命令文件求 $\boldsymbol{a}$,$\boldsymbol{b}$ 之间夹角的余弦.

解　在 M 文件编辑器中,输入以下命令,建立一个命令文件 test1.m:

```
a=input('input vector a:');
b=input('input vector b:');
r1=dot(a,b);        %求向量 a,b 的数量积
c1=sqrt(dot(a,a));
c2=sqrt(dot(b,b));
r2=c1*c2;
costheta=r1/r2
```

运行结果为

```
>>test1
input vector a:[1  1  1]
input vector b:[1  2  3]

costheta=

    0.9258
```

(2) 函数文件

• 函数文件第一行是以 function 开头的函数声明,格式如下:

function[输出参数列表]=函数名(输入参数列表)

其中参数列表的多个参数之间用“,”隔开.

• 函数文件在运行过程中产生的变量都存放在函数本身的工作空间中,随函数文件调用而产生并随调用结束而删除.

• 在保存函数文件时最好使函数名与文件名一致.

例 8　编写 M 函数文件求上例中 $\boldsymbol{a},\boldsymbol{b}$ 之间夹角的余弦.

```
function f=test2(a,b)          % 函数名为 test2.m
r1=dot(a,b);
c1=sqrt(dot(a,a));
c2=sqrt(dot(b,b));
r2=c1*c2;
f=r1/r2;
```

运行结果为

```
>>a=[1,1,1];b=[1,2,3];costheta=test2(a,b)

costheta=

  0.9258
```

3. 控制语句

MATLAB 的控制语句主要有 for 循环、while 循环和 if 语句三种.

(1) for 循环

for 循环语句适用于循环次数确定的循环结构,其调用格式为

```
for 循环变量=表达式1:表达式2:表达式3
循环体语句
end
```

其中表达式 1 的值为循环变量的初值,表达式 2 的值为步长,表达式 3 的值为循环变量的终值.

(2) while 循环

while 循环语句适用于不能确定循环次数的循环结构,其调用格式为

```
while 控制表达式
循环体语句
end
```

当控制表达式为真时执行循环体语句,当控制表达式为假时循环终止.

(3) if 语句

if 语句的调用格式如下:

```
if 逻辑表达式1
```

```
    语句体 1
elseif 逻辑表达式 2
    语句体 2
…………
else
    语句体 n
end
```

if 语句根据逻辑表达式的值来确定是否执行所属语句，当 if 和 elseif 后的所有逻辑表达式的值都为假时，执行 else 的语句体 n.

四、MATLAB 绘图

1. 绘制二维图形

(1) 基本绘图命令 plot

利用 plot 函数可以生成线段、曲线和参数方程的函数图形，其基本调用格式如下：

plot(x,y,'s')

其中 ***x***,***y*** 是长度相同的向量，分别指定点的横坐标和纵坐标. 字符串"s"用来指定曲线的颜色、线型和点形，缺省时 plot 使用默认设置.

例 9　用黑色虚线画出正弦函数图像并在已知点处画一个菱形.

```
>>x=0:0.5:4*pi;              %0.5 为步长
>>y=sin(x);
>>plot(x,y,'k:diamond')      %k 代表黑色，:代表虚线
                             %diamond 指定点型为菱形
```

可以使用 plot 命令在同一坐标系下绘制多条函数曲线，调用格式为

plot(x1,y1,'s1',x2,y2,'s2',…,xn,yn,'sn')

也可在已经画好的图形上设置 hold on，MATLAB 将把新的 plot 命令产生的图形叠加在原来的图形上，命令 hold off 将结束这个过程.

(2) 图形标记

使用 MATLAB 命令可以在所绘图形和坐标轴加入说明文字以增加图形的可读性，常用图形标记函数如下所示：

函数名	功能说明
title('s')	图形的标题 s
xlabel('s')	x 轴标注 s
ylabel('s')	y 轴标注 s
legend('s1',…)	多条曲线线型说明
text(xt,yt,'s')	在图形(xt,yt)处书写注释 s
gtext	使用鼠标放置文本
grid	是否画网格线的双向切换(使当前状态翻转)

例 10　在同一窗口作出函数 $\sin x$ 和 e^{-x} 的图形，并添加标题、线型说明以及 x 轴和 y 轴标注.

```
>>x=0:0.1:2*pi;
>>y1=sin(x);
>>y2=exp(-x);
>>plot(x,y1,'--*',x,y2,':o')
>>xlabel('x=0 to 2*pi');
>>ylabel('values of sin(x) and e^{-x}');
>>title('Function Plots of sin(x) and e^{-x}');
>>legend('sin(x)','e^{-x}');
```

运行结果如图 I.2 所示.

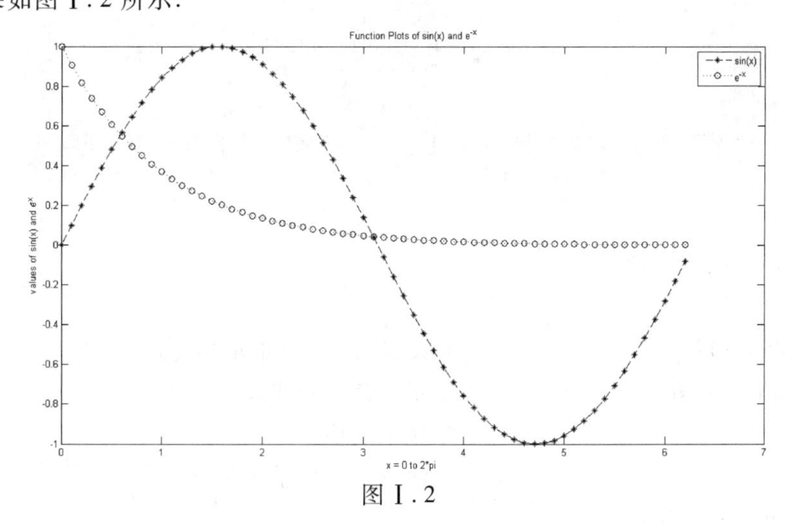

图 I.2

(3) 一个图形窗口多个子图的绘制

利用 subplot(m,n,p) 函数可以在一个平面内同时建立多个坐标系，从而独立绘制多个图形. 该命令将平面分为 $m\times n$ 个图形区域，p 代表当前的区域号，其算法为由左至右，由上到下.

例 11　在同一个窗口作出如下函数的图形：

$$y=\sin x,\quad y=\cos x,\quad y=e^{x},\quad y=\ln x.$$

解　MATLAB 命令为

```
>>x=0.1:pi/15:2*pi;
>>subplot(2,2,1);plot(x,sin(x));title('sin(x)');
>>subplot(2,2,2);plot(x,cos(x));title('cos(x)');
>>subplot(2,2,3);plot(x,exp(x));title('exp(x)');
>>subplot(2,2,4);plot(x,log(x));title('ln(x)');
```

运行结果如图 I.3 所示.

2. 绘制三维图形

(1) 三维曲线绘图命令 plot3

该命令将 plot 函数的特性扩展到三维空间. 函数格式除了包括第三维的信息（z 方向）之外，与 plot 函数相同.

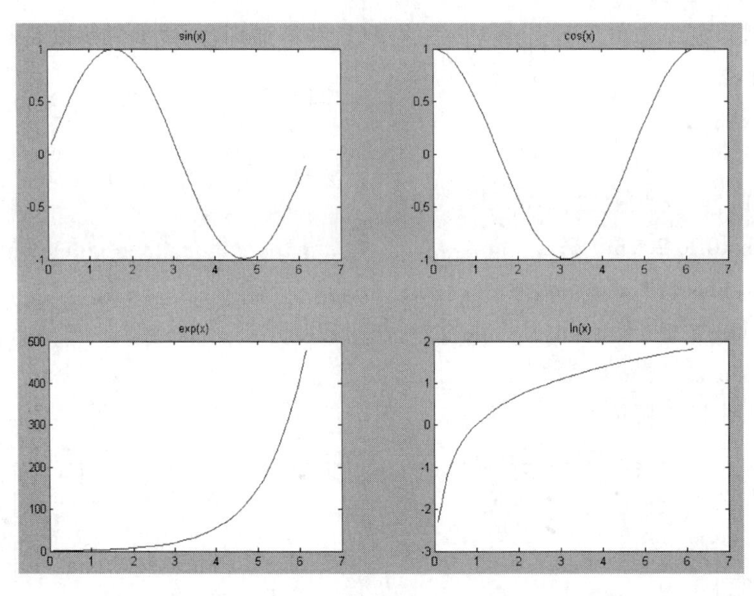

图Ⅰ.3

例 12 使用 plot3 函数绘制螺旋线.

解 MATLAB 命令为

```
>>t=0:pi/50:10*pi;                  %设置自变量 t 的取值范围
>>plot3(sin(t),cos(t),t,'r*')       %用红色星号线画出
>>grid on;                          %显示网格
>>axis square;                      %使三个坐标轴等长
```

运行结果如图Ⅰ.4 所示.

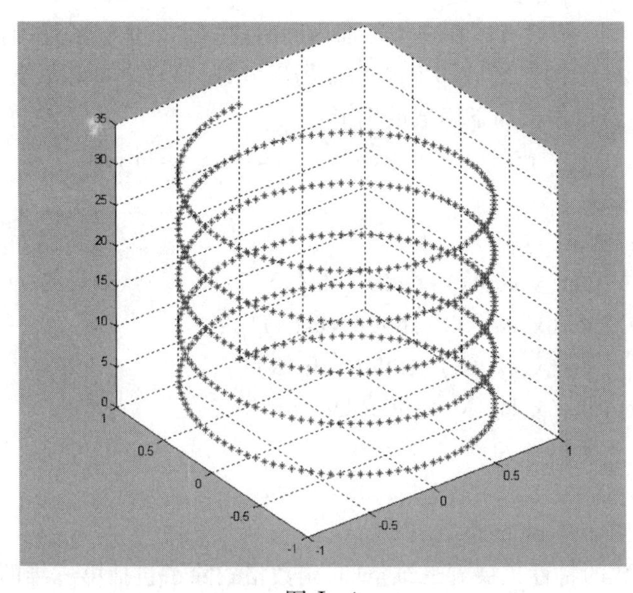

图Ⅰ.4

(2) 三维曲面绘图

二元函数 $z=f(x,y)$ 的图形是三维空间曲面.要画出这个曲面需要做以下数据准备:

- 确定自变量 x,y 的取值范围和取值间隔:x=x1:dx:x2;y=y1:dy:y2
- 生成能得到 xOy 平面上的格点(xi,yi)坐标的格点矩阵:[X,Y]=meshgrid(x,y)
- 计算格点上的函数值:Z=f(x,y)

绘制曲面的基本命令有:

mesh(X,Y,Z):根据数据点绘制网格线,X,Y,Z 分别为三维空间的坐标;

surf(X,Y,Z):根据数据点绘制表面图,X,Y,Z 分别为三维空间的坐标;

例 13　画出函数 $z=x^2+y^2$ 的图形,其中 $x,y\in[-3,3]$.

解　MATLAB 命令为

```
>>x=-3:0.1:3;y=-3:0.1:3;
>>[X,Y]=meshgrid(x,y);
>>Z=X.^2+Y.^2;
>>subplot(2,2,1),mesh(X,Y,Z),title('mesh');
>>subplot(2,2,2),mesh(X,Y,Z),title('view(30,0)'),view(30,0)
>>subplot(2,2,3),surf(X,Y,Z),title('surf');
>>subplot(2,2,4),surf(X,Y,Z),title('view(30,30)'),view(30,30)
```

运行结果如图Ⅰ.5 所示.

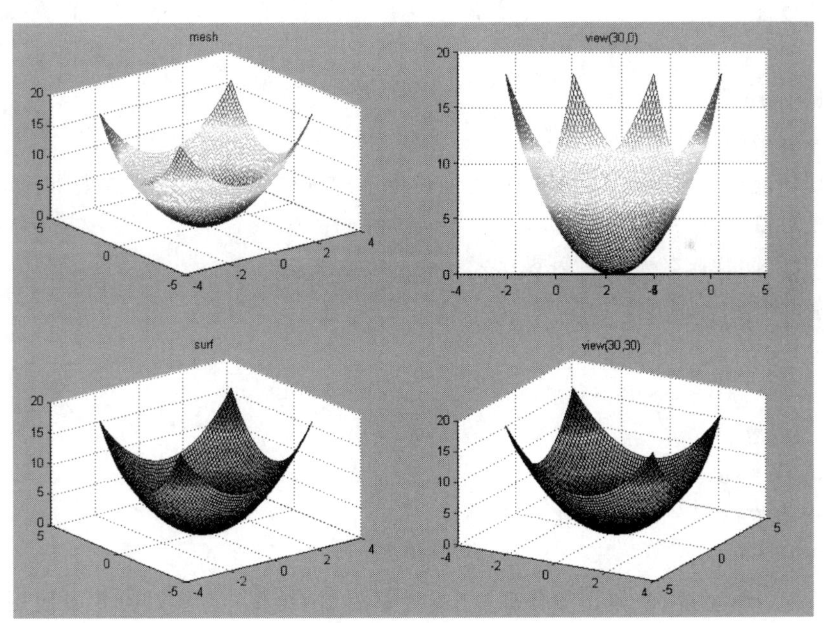

图Ⅰ.5

例 13 中的 view 函数为视角控制命令,其调用格式为:

view(az,el):设置查看三维图的角度.其中 az 为水平方向角,从 Y 轴负向开始,以逆时针方向旋转为正;el 为垂直方位角,以向 Z 轴正方向的旋转为正,向 Z 轴负方向旋转为负.

五、MATLAB 的符号运算功能

所谓符号计算是指:在算数学表达式、解方程时,不是在离散的数值点上进行,而是凭借一系列恒等式和数学定理,通过推理和演绎,获得解析结果.

1. 符号对象和符号表达式

在符号运算中,要使用符号常数、符号变量、符号函数等元素,符号变量和符号表达式在使用前必须对其进行说明,在创建了相关的符号变量和表达式以后,才能进一步对其进行操作,这项工作由函数 sym 或 syms 完成,下面分别对它们进行简单介绍.

(1) sym 函数使用方法

sym('num')　　创建一个符号数字(其中 num 是一个数字)

a=sym('num')　　创建一个等于数值 num 的符号常数 a

a=sym('a')　　创建一个符号变量 a

例 14　使用 sym 函数定义符号表达式 ax^2+bx+c.

在命令窗口输入如下指令:

```
>>a=sym('a');
>>b=sym('b');
>>c=sym('c');
>>x=sym('x');
>>f=a*x^2+b*x+c
f=
a*x^2+b*x+c
```

(2) syms 函数的使用方法

syms 函数功能比 sym 强大,它可以一次创建更多的符号变量,使用格式如下:

syms var1 var2 var3 …

例 15　使用 syms 函数定义符号表达式 $a\sin x+b\cos x+c$.

在命令窗口中输入如下指令:

```
>>syms a b c x
>>f=a*sin(x)+b*cos(x)+c
f=
a*sin(x)+b*cos(x)+c
```

2. 符号运算在微积分中的应用

(1) 求极限

极限是微积分的基础,微分和积分都是"无穷逼近"的结果. 在 MATLAB 中使用 limit 函数用于求表达式的极限,这个函数的调用格式为:

limit(f,x,a)　　求极限 $\lim\limits_{x\to a}f(x)$

limit(f,x,a,'right')　　求右极限 $\lim\limits_{x\to a^+}f(x)$

limit(f,x,a,'left')　　求左极限 $\lim\limits_{x\to a^-}f(x)$

例 16　求$\lim\limits_{x\to\infty}\left(1-\frac{1}{2x}\right)^{kx}$.

在命令窗口中输入如下指令：

```
>>syms x k
>>f=(1-1/(2*x))^(k*x)
>>limit(f,x,inf)
```

屏幕显示结果为：

```
ans=
 exp(-1/2*k)
```

(2) 求导函数

MATLAB 中使用 diff 函数求导函数,调用格式如下：

diff(f,x,n)　　　　求$\frac{d^n f(x)}{dx^n}$

例 17　已知$f(x)=e^{2x}\cos x$,求$f'^{(x)}$,$f''(x)$.

在命令窗口中输入如下指令：

```
>>syms x
>>f=exp(2*x)*cos(x)
>>diff(f,x)
ans=
 2*exp(2*x)*cos(x)-exp(2*x)*sin(x)
>>diff(f,x,2)
ans=
 3*exp(2*x)*cos(x)-4*exp(2*x)*sin(x)
```

说明：diff(f,x)就是 diff(f,x,1).

(3) 求积分

在 MATLAB 中,int 函数实现符号积分运算,调用格式如下：

Int(f,x)　　　　给出 f 对指定变量 x 的(不带积分常数)不定积分

Int(f,x,a,b)　　　　给出 f 对指定变量 x 的定积分

例 18　求$\int(2x+3)^{50}dx$.

在命令窗口中输入如下指令：

```
>>syms x
>>f=(2*x+3)^(50)
>>int(f,x)
```

屏幕显示如下：

```
ans=
 1/102*(2*x+3)^51
```

例 19　求$\int_0^1\sin(2x)dx$.

在命令窗口中输入如下指令：

```
>>syms x
>>f=sin(2*x);
>>int(f,x,0,1)
```

屏幕显示如下：

```
ans=
 1/2-1/2*cos(2)
```

(4) 泰勒级数

在 MATLAB 中,泰勒函数用于实现泰勒级数的计算. 这个函数的调用格式如下：

taylor(f,n,x,a)　把 f(x)在 x=a 处展开为幂级数 $\sum_{k=0}^{n-1}\frac{f^{(k)}(a)}{k!}(x-a)^{k}$

例 20　已知 $f(x)=xe^{x}$,求 $f(x)$ 在 $x=0$ 处的 8 阶麦克劳林公式.

在命令窗口中输入如下指令：

```
>>syms x
>>f=x*exp(x);
>>taylor(f,9,x,0)
```

屏幕显示如下：

```
ans=
 x+x^2+1/2*x^3+1/6*x^4+1/24*x^5+1/120*x^6+1/720*x^7+1/5040*x^8
```

附录Ⅱ 常用三角函数公式

$$\sin^2\alpha+\cos^2\alpha=1,$$
$$\sec^2\alpha-\tan^2\alpha=1,$$
$$\csc^2\alpha-\cot^2\alpha=1.$$

三角和差公式

$$\sin(\alpha\pm\beta)=\sin\alpha\cos\beta\pm\cos\alpha\sin\beta,$$
$$\cos(\alpha\pm\beta)=\cos\alpha\cos\beta\mp\sin\alpha\sin\beta.$$

倍角公式

$$\sin 2\alpha=2\sin\alpha\cos\alpha,$$
$$\cos 2\alpha=\cos^2\alpha-\sin^2\alpha=2\cos^2\alpha-1=1-2\sin^2\alpha.$$

半角公式

$$\cos^2\frac{\alpha}{2}=\frac{1+\cos\alpha}{2},\sin^2\frac{\alpha}{2}=\frac{1-\cos\alpha}{2}.$$

万能公式

$$\sin\alpha=\frac{2\tan\frac{\alpha}{2}}{1+\tan^2\frac{\alpha}{2}},\cos\alpha=\frac{1-\tan^2\frac{\alpha}{2}}{1+\tan^2\frac{\alpha}{2}},\tan\alpha=\frac{2\tan\frac{\alpha}{2}}{1-\tan^2\frac{\alpha}{2}}.$$

积化和差公式

$$\cos\alpha\cos\beta=\frac{1}{2}[\cos(\alpha+\beta)+\cos(\alpha-\beta)],$$
$$\sin\alpha\sin\beta=-\frac{1}{2}[\cos(\alpha+\beta)-\cos(\alpha-\beta)],$$
$$\cos\alpha\sin\beta=\frac{1}{2}[\sin(\alpha+\beta)-\sin(\alpha-\beta)],$$
$$\sin\alpha\cos\beta=\frac{1}{2}[\sin(\alpha+\beta)+\sin(\alpha-\beta)].$$

和差化积公式

$$\cos\alpha+\cos\beta=2\cos\frac{\alpha+\beta}{2}\cos\frac{\alpha-\beta}{2},$$
$$\cos\alpha-\cos\beta=-2\sin\frac{\alpha+\beta}{2}\sin\frac{\alpha-\beta}{2},$$
$$\sin\alpha+\sin\beta=2\sin\frac{\alpha+\beta}{2}\cos\frac{\alpha-\beta}{2},$$
$$\sin\alpha-\sin\beta=2\cos\frac{\alpha+\beta}{2}\sin\frac{\alpha-\beta}{2}.$$

部分习题参考答案

参考文献